머리말

 토목공학을 2년 이상 공부한 사람이라면 어쩌면 당연히 취득해야 할 자격증이 토목(산업)기사라고 할 수 있다. 의대에서 공부한 사람이 의사면허를 취득하는 것과 마찬가지다. 그러나, 토목기사 시험의 난이도는 그렇게 호락호락하지 않다. 일반적인 합격률은 30% 정도이다. 왜 이렇게 합격률이 낮을까도 의구심이 들기는 하지만, 이 학문을 먼저 수학한 본인 역시 토목이라는 학문 자체가 만만하지 않다. 필기시험 6과목은 상호 공통되는 연결고리가 일부 있기는 하지만 전혀 다른 분야라고 할 수 있다. 게다가 어느 한 과목도 만만하지 않다. 그중에서도 응용역학과 철근콘크리트 과목은 특히 어렵기 때문에, 이 두 과목에서 과락이 흔하게 발생한다.

 예전에는 대부분 문제은행식(기출문제에서만 문제를 선정)으로 출제되었지만, 지금은 완전히 동일한 기출문제는 30% 정도에 불과하다. 따라서, 예전과 달리 기출문제를 이해하지 않고 답만 주먹구구식으로 암기해서는 합격할 수가 없다. 이제는 충분한 이해를 바탕으로 기출문제를 여러 번 연습해야만 한다. 그런데, 시중에 출판된 도서들은 기출문제를 나열한 정도가 대부분이다. 이런 교재로는 효율적인 학습을 기대하기 어렵다.

 효율적인 학습은 비슷한 유형의 기출문제들을 모아서 연습하는 것이다. 이를 통해서 기출문제를 응용한 다양한 실전 문제도 충분히 적응할 수 있도록 해야 한다. 본 도서는 이러한 효율적인 학습을 도모하고자, 최근 6년간 17회분의 기출문제를 철저히 분석하여 총 94가지 문제유형을 추출했다. 모든 기출문제를 각 문제유형별로 각각 모아서 집중적으로 학습할 수 있도록 편집하였다. 그러므로, 이론적 이해가 다소 부족하더라도 문제를 해결함에 있어서는 부족함이 최소화될 것이라 본다.

토목기사/산업기사 응시자격

토목산업기사
- 토목관련학과 2년제 이상 졸업자 또는 졸업예정자
- 유사 직무분야에 산업기사 수준의 기술훈련과정 이수자 또는 이수예정자
- 기능사 자격 취득 후 유사 직무분야에 1년 이상 실무에 종사한 사람
- 유사 직무분야에 2년 이상 실무에 종사한 사람
- 유사 직무분야의 다른 종목의 산업기사를 취득한 사람
- 고용노동부령으로 정하는 기능경기대회 입상자
- 외국에서 동일 종목에 해당하는 자격을 취득한 사람

토목기사
- 토목관련학과 4년제 졸업자 또는 졸업예정자
- 토목관련학과 3년제 졸업 후 유사 직무분야에 1년 이상 실무에 종사한 사람
- 토목관련학과 2년제 졸업 후 유사 직무분야에 2년 이상 실무에 종사한 사람
- 유사 직무분야에 기사 수준의 기술훈련과정 이수자 또는 이수예정자
- 기능사 자격 취득 후 유사 직무분야에 3년 이상 실무에 종사한 사람
- 유사 직무분야에 4년 이상 실무에 종사한 사람
- 유사 직무분야의 다른 종목의 기사를 취득한 사람
- 고용노동부령으로 정하는 기능경기대회 입상자
- 외국에서 동일 종목에 해당하는 자격을 취득한 사람

시험접수 및 시행

시험접수처
- 한국산업인력공단 큐넷 q-net.or.kr
- 회원가입 후 인터넷으로 접수

시험일정
- 토목기사 연간 3회, 토목산업기사 연간 2회 실시
- 큐넷 : 국가자격시험 → 시험일정 → 연간 국가기술자격 시험일정 → 기사.산업기사

시험방식 및 합격률

필기시험	• 과목당 4지 택일 20문항 총 120문항(과목당 30분) • 각 과목 40점 이상이고, 6과목 평균 60점 이상 합격 • CBT 방식 적용(고사장에서 수험용 컴퓨터로 작성)
실기시험 (토목기사)	• 필답형(답안을 수기로 서술식으로 작성) • 60점 이상 합격 • 3시간
합격률	• 필기시험 30% 내외 • 실기시험 45% 내외

전자 계산기

허용계산기 기준	• 허용된 공학용 계산기 사용 가능 • 사칙연산만 되는 일반계산기는 기종에 관계없이 허용 • 비 허용된 공학용 계산기 사용시, 수험자가 메모리 리셋하여 감독관 확인 후 사용
허용된 공학용 계산기	• 카시오 : FX80~120, FX301~399, FX501~599, FX 901~999 • 샤프 : EL501~599, EL5100, EL5230, EL5250, EL5500 • 기타 : 캐논, 유니원, 모닝글로리 일부 모델 • 각 기종의 모델명 말미의 영어표기(ES, MS, EX 등)는 무관
추천 모델	• 샤프 EL-5500X • 3만원대 가격, 태양광+LR44 배터리 사용 • Write View 가능, Eng 부동소수점 처리, π key 노출, 분수⇔소수 전환 key • 해당 제조업체와 무관

문제유형별 출제빈도 분석

분석방법
- 2017년 ~ 2022년 총 17회 기출문제
- 각 과목 당 12~17개 문제유형으로 분류 (6과목 총 94개 유형)

1과목 응용역학

	문제유형	출제문항수	출제빈도
정정구조	1 역학 기본	25	1.5
	2 정정보	40	2.4
	3 라멘과 아치	23	1.4
	4 트러스	17	1.0
재료역학	5 단면특성치	34	2.0
	6 재료특성치와 축응력	25	1.5
	7 휨응력	8	0.5
	8 전단응력	20	1.2
	9 비틀림응력	5	0.3
	10 모어 응력원과 압력용기	3	0.2
	11 단주의 편심	13	0.8
	12 장주의 좌굴	20	1.2
처짐, 부정정	13 보의 처짐	37	2.2
	14 트러스의 처짐과 에너지	19	1.1
	15 부정정 구조	32	1.9
	16 스프링과 하중분배	5	0.3
	17 영향선	14	0.8

2과목 측량학

	문제유형	출제문항수	출제빈도
측량개요	1 측량학 분류	8	0.5
	2 국제좌표계	8	0.5
기본측량	3 거리측량과 오차의 처리	28	1.6
	4 평판측량	1	0.1
	5 수준측량 야장기입	22	1.3
	6 수준측량의 오차보정	28	1.6
	7 각측량 방법과 측각오차	13	0.8
	8 다각측량과 폐합오차	22	1.3
	9 방위각과 배횡거	16	0.9
	10 삼각측량	29	1.7
응용측량	11 지형측량	26	1.5
	12 면적과 체적	19	1.1
	13 노선측량	59	3.5
	14 하천측량	21	1.2
	15 사진측량과 원격측정	25	1.5
	16 위성측량	15	0.9

3과목 수리학 및 수문학

	문제유형	출제문항수	출제빈도
정수역학	1 물의 성질과 점성	15	0.9
	2 정수역학	14	0.8
	3 부체	16	0.9
동수역학 및 관수로	4 물의 흐름 종류와 연속방정식	18	1.1
	5 운동량 보존법칙과 관로의 분기	4	0.2
	6 에너지 보존법칙(베르누이 정리)	26	1.5
	7 수두손실과 관망	45	2.6
	8 펌프	7	0.4
	9 항력	7	0.4
개수로	10 최적수로단면과 개수로의 유속분포	16	0.9
	11 비에너지	38	2.2
	12 위어와 큰 오리피스	22	1.3
	13 상사법칙	6	0.4
지하수	14 지하수의 투수	28	1.6
수문학	15 강우와 물의 순환	43	2.5
	16 침투와 유출	28	1.6
해양수리	17 파랑	7	0.4

4과목 철근콘크리트 및 강구조

	문제유형	출제문항수	출제빈도
설계일반	1 토목일반	9	0.5
	2 토목재료	32	1.9
주요부재설계	3 휨설계	81	4.8
	4 전단 및 비틀림	38	2.2
	5 기둥	13	0.8
	6 기초판	1	0.1
	7 슬래브	18	1.1
	8 사용성과 내구성	27	1.6
토목구조물	9 옹벽, 암거, 라멘, 아치	19	1.1
	10 교량 및 내진설계	7	0.4
	11 PSC	50	2.9
강구조	12 강구조의 이음	45	2.6

5과목 토질 및 기초

	문제유형	출제문항수	출제빈도
흙의 기본성질	1 흙의 기본성질과 분류	32	1.9
다짐과 투수	2 다짐과 지반개량	40	2.4
	3 투수계수	21	1.2
	4 유선망과 흙댐의 침투	9	0.5
지반응력	5 침투와 지반응력	22	1.3
	6 모관상승을 고려한 지반응력	7	0.4
	7 상재하중을 고려한 지반응력	13	0.8
압밀	8 압밀	34	2.0
전단강도	9 전단강도시험	38	2.2
	10 응력경로	4	0.2
	11 현장시험	31	1.8
토압	12 토압	18	1.1
사면	13 사면안정	16	0.9
기초의 지지력	14 직접기초 지지력	22	1.3
	15 말뚝기초 지지력	21	1.2
	16 지지력 시험	12	0.7

6과목 상하수도 공학

	문제유형	출제문항수	출제빈도
상수도 계획	1 상수도 기본계획	13	0.8
	2 계획급수량의 추정	19	1.1
취수와 수실	3 취수시설	17	1.0
	4 수질	28	1.6
상수관로	5 상수관로	21	1.2
	6 상수관로 부대시설	6	0.4
정수장	7 정수장 시설	52	3.1
	8 배출수 처리	2	0.1
하수도 계획	9 하수도 시설의 계획	22	1.3
	10 계획하수량	37	2.2
하수관로	11 하수관로	19	1.1
	12 하수관로 부대시설	8	0.5
하수처리장	13 하수처리장 시설	34	2.0
	14 슬러지 처리	14	0.8
펌프장	15 펌프장	36	2.1
수리학	16 수리학	12	0.7

목차

1 과목 응용역학	17 유형	9 Page
2 과목 측량학	16 유형	101 Page
3 과목 수리학 및 수문학	17 유형	173 Page
4 과목 철근콘크리트 및 강구조	12 유형	241 Page
5 과목 토질 및 기초	16 유형	321 Page
6 과목 상하수도 공학	16 유형	393 Page

1과목 응용역학

	문제유형	출제문항수	출제빈도
정정구조	1 역학 기본	25	1.5
	2 정정보	40	2.4
	3 라멘과 아치	23	1.4
	4 트러스	17	1.0
재료역학	5 단면특성치	34	2.0
	6 재료특성치와 축응력	25	1.5
	7 휨응력	8	0.5
	8 전단응력	20	1.2
	9 비틀림응력	5	0.3
	10 모어 응력원과 압력용기	3	0.2
	11 단주의 편심	13	0.8
	12 장주의 좌굴	20	1.2
처짐, 부정정	13 보의 처짐	37	2.2
	14 트러스의 처짐과 에너지	19	1.1
	15 부정정 구조	32	1.9
	16 스프링과 하중분배	5	0.3
	17 영향선	14	0.8

문제유형1   역학기본

■2022년 2회■1. 다음 그림과 같은 구조물의 BD 부재에 작용하는 힘의 크기는?

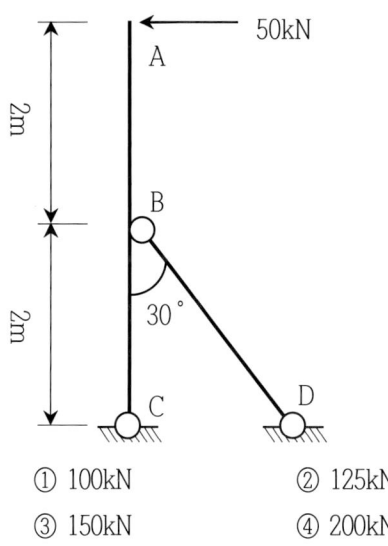

① 100kN ② 125kN
③ 150kN ④ 200kN

해설] ④

ABC부재에서, B점의 수평반력 $H_B = 100kN$

직각삼각형 닮은비에 의해, $F_{BD} = \dfrac{H_B}{\sin 30°} = 200 kN$

■2022년 2회■2. 그림과 같이 연결부에 두 힘 50kN과 20kN이 작용한다. 평형을 이루기 위한 두 힘 A와 B의 크기는?

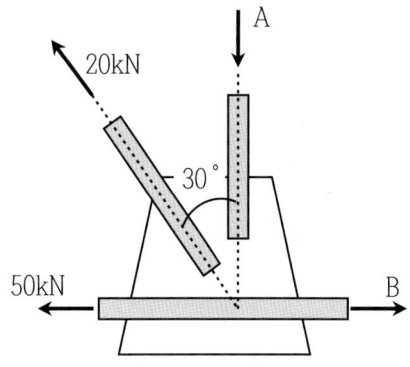

① $A = 10 kN$, $B = 50 + \sqrt{3} kN$
② $A = 50 + \sqrt{3} kN$, $B = 10 kN$
③ $A = 10\sqrt{3} kN$, $B = 60 kN$
④ $A = 60 kN$, $B = 10\sqrt{3} kN$

해설] ③

20kN과 50kN 두 힘에 대해,

$\Sigma F_x = 50 + 20\sin 30° = 60 kN$

$\Sigma F_y = 20\cos 30° = 10\sqrt{3} kN$

따라서, 평형상태가 되기 위해

$A = \Sigma F_y = 10\sqrt{3} kN$, $B = \Sigma F_x = 60 kN$

■2021년 3회■3. 그림과 같은 구조물의 부정정 차수는?

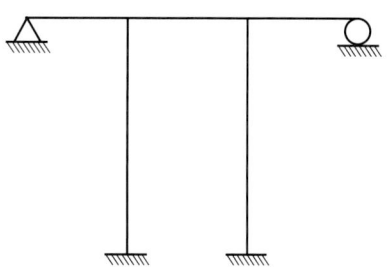

① 6차 부정정 ② 5차 부정정
③ 4차 부정정 ④ 3차 부정정

해설] ①

3회 절단, 경계해제 2+1=3

따라서, $3 \times 3 - 3 = 6$차 부정정

■2021년 3회■4. 그림과 같은 30° 경사진 언덕에 40kN의 물체를 밀어 올릴 때 필요한 힘 P는 최소 얼마 이상이어야 하는가? (단, 마찰계수는 0.25이다.)

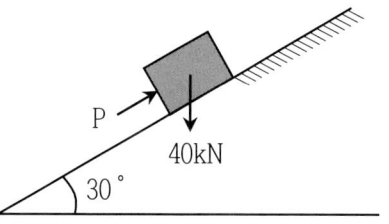

① 28.7kN ② 30.2kN
③ 34.7kN ④ 40.0kN

해설] ①

빗변을 따라 내려가는 힘 $H = 40 \times sin30° = 20kN$

빗변에 수직한 힘 $N = 40 \times cos30° = 20\sqrt{3}\,kN$

마찰력 $F = \mu N = 0.25 \times 20\sqrt{3} = 5\sqrt{3}\,kN$

밀어올리기 위한 힘 = $H + F = 20 + 5\sqrt{3} = 28.66kN$

(멈추기 위한 힘 = $H - F = 20 - 5\sqrt{3} = 11.34kN$)

■2021년 2회■5. 그림과 같이 케이블(cable)에 5kN의 추가 매달려 있다. 이 추의 중심을 수평으로 3m 이동시키기 위해 케이블 길이 5m 지점인 A점에 수평력 P를 가하고자 한다. 이때 힘 P의 크기는?

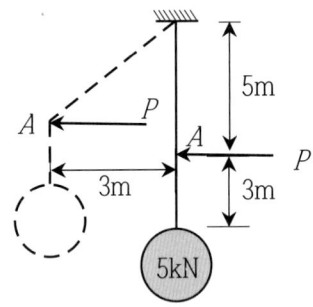

① 3.75kN

② 4.00kN

③ 4.25kN

④ 4.50kN

해설] ①

이동한 후 A점에 대해,

직각삼각형 닮은비에 따라, $\dfrac{5kN}{4m} = \dfrac{P}{3m}$ 이므로,

$P = \dfrac{5}{4} \times 3 = 3.75kN$

■2021년 2회■6. 그림과 같이 밀도가 균일하고 무게가 W인 구(球)가 마찰이 없는 두 벽면 사이에 놓여 있을 때 반력 R_A의 크기는?

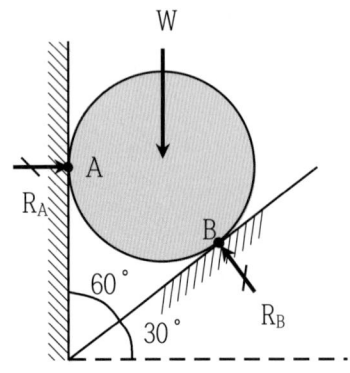

① 0.500W   ② 0.577W

③ 0.707W   ④ 0.866W

해설] ②

R_A, R_B, W를 이용하여 직각삼각형을 구성하면,

$\tan30° = \dfrac{R_A}{W}$ 에서, $R_A = 0.577W$

■2021년 1회■7. 그림과 같이 밀도가 균일하고 무게가 W인 구(球)가 마찰이 없는 두 벽면 사이에 놓여있을 때 반력 R_B의 크기는?

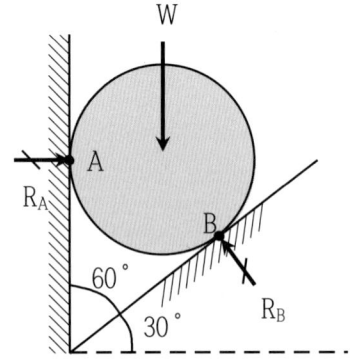

① 0.500W   ② 0.577W

③ 0.866W   ④ 1.155W

해설] ④

세 힘에 의한 직각삼각형 닮은 비를 적용하여,

$\sin 60° = \dfrac{W}{R_B} = \dfrac{\sqrt{3}}{2}$ 에서, $R_B = 1.155W$

■2021년 1회■8. 그림에서 두 힘 P1, P2에 대한 합력(R)의 크기는?

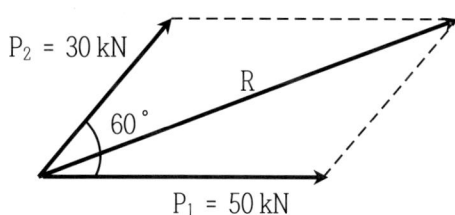

① 60kN　　② 70kN
③ 80kN　　④ 90kN

해설] ②

$R^2 = 50^2 + 30^2 + 2 \times 50 \times 30 \times \cos 60° = 4900$ 에서,

$R = 70 kN$

■2021년 1회■9. 그림과 같은 라멘의 부정정 차수는?

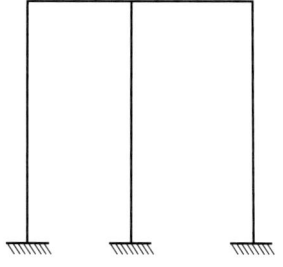

① 3차　　② 5차
③ 6차　　④ 7차

해설] ③

2회 절단이므로, $2 \times 3 = 6$차 부정정

■2020년 4회■10. 그림에 표시된 힘들의 x방향의 합력으로 옳은 것은?

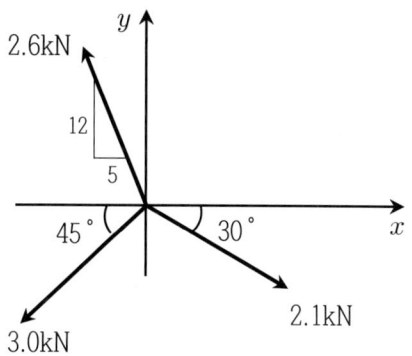

① 0.4kN(←)
② 0.7kN(→)
③ 1.0kN(→)
④ 1.3kN(←)

해설] ④

$2.1\cos 30° - 3\cos 45° - \dfrac{2.6}{13} \times 5 = -1.3$ (←)

■2020년 3회■11. 그림에서 합력 R과 P_1 사이의 각을 α라고 할 때 tanα를 나타낸 식으로 옳은 것은?

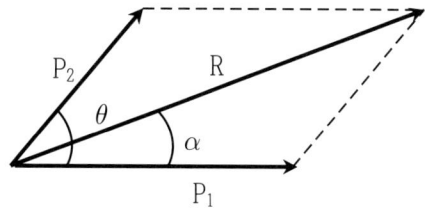

① $\tan\alpha = \dfrac{P_2 \sin\theta}{P_1 + P_2 \cos\theta}$

② $\tan\alpha = \dfrac{P_2 \cos\theta}{P_1 + P_2 \cos\theta}$

③ $\tan\alpha = \dfrac{P_2 \sin\theta}{P_1 + P_2 \sin\theta}$

④ $\tan\alpha = \dfrac{P_2 \cos\theta}{P_1 + P_2 \sin\theta}$

해설] ①

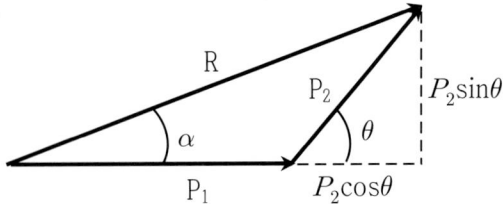

■2020년 1,2회■12. 그림과 같은 구조물에 하중 W가 작용할 때 P의 크기는? (단, 0° <α <180°이다.)

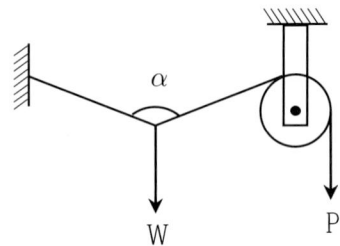

① $P = \dfrac{W}{2\cos\dfrac{\alpha}{2}}$

② $P = \dfrac{W}{2\cos\alpha}$

③ $P = \dfrac{W}{\cos\alpha}$

④ $P = \dfrac{2W}{\cos\dfrac{\alpha}{2}}$

해설] ①

케이블이 받는 장력은 P로 동일

하중 W 재하지점에서 $\Sigma F_y = 0$이므로,

$(P\cos\dfrac{\alpha}{2}) \times 2 = W$ 에서, $P = \dfrac{W}{2\cos\dfrac{\alpha}{2}}$

■2020년 1,2회■13. 그림과 같은 삼각형 물체에 작용하는 힘 P_1, P_2를 AC면에 수직한 방향의 성분으로 변환할 경우 힘 P의 크기는?

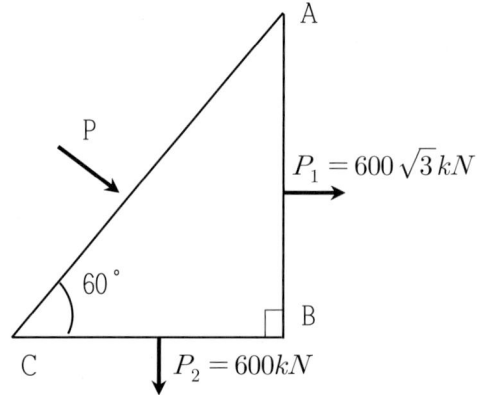

① 1,000kN

② 1,200kN

③ 1,400kN

④ 1,600kN

해설] ②

$P_2 : P_1 : P = 1 : \sqrt{3} : 2$이므로, $P = 600 \times 2 = 1200 kN$

■2019년 3회■14. 그림과 같이 두 개의 도르래를 사용하여 물체를 매달 때, 3개의 물체가 평형을 이루기 위한 각 α 값은? (단, 로프와 도르래의 마찰은 무시한다.)

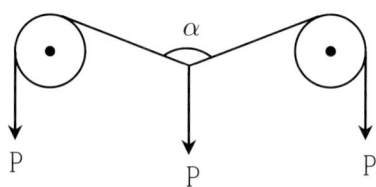

① 30°   ② 45°
③ 60°   ④ 120°

해설] ④

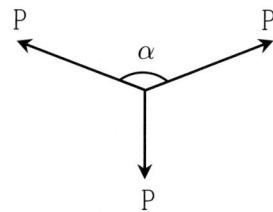

평형상태가 되기 위해서는 세 힘이 이루는 각도가 모두 동일해야 하므로, $\alpha = \dfrac{360}{3} = 120°$

■2019년 3회■15. 다음 그림에서 P_1 와 R 사이의 각 θ를 나타낸 것은?

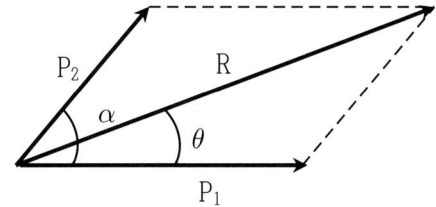

① $\theta = \tan^{-1}\left(\dfrac{P_2\cos\alpha}{P_1 + P_2\sin\alpha}\right)$

② $\theta = \tan^{-1}\left(\dfrac{P_2\sin\alpha}{P_1 + P_2\sin\alpha}\right)$

③ $\theta = \tan^{-1}\left(\dfrac{P_2\sin\alpha}{P_1 + P_2\cos\alpha}\right)$

④ $\theta = \tan^{-1}\left(\dfrac{P_2\cos\alpha}{P_1 + P_2\cos\alpha}\right)$

해설] ③

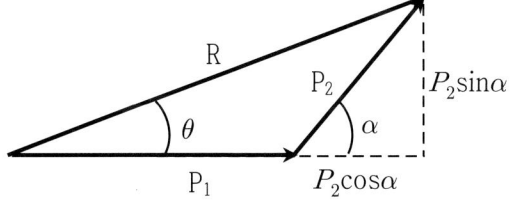

■2019년 2회■16. 그림과 같은 구조물에서 부재 AB가 6kN의 힘을 받을 때 하중 P의 값은?

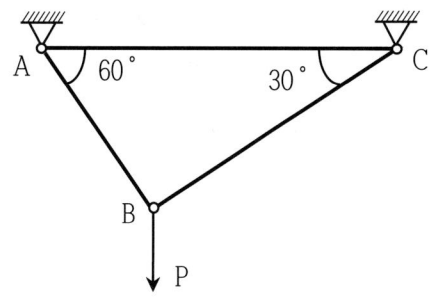

① 5.24 kN

② 5.94 kN

③ 6.27 kN

④ 6.93 kN

해설] ④

$F_{AB} = P\sin 60° = 6kN$에서, $P = 6.93 kN$

■2019년 1회■17. 아래에서 설명하는 정리는?

> 동일 평면상의 한 점에 여러 개의 힘이 작용하여 있는 경우에 이 평면상의 임의점에 관한 이들 힘의 모멘트의 대수합은 동일점에 관한 이들 힘의 합력의 모멘트와 같다.

① Lami의 정리

② Green의 정리

③ Pappus의 정리

④ Varignon의 정리

해설] ④

[바리뇽의 정리]

각 힘에 의한 모멘트의 총합 = 합력에 의한 모멘트

■2018년 3회■18. 부양력 200kN인 기구가 수평선과 60°의 각으로 정지상태에 있을 때 기구의 끈에 작용하는 인장력(T)과 풍압(w)을 구하면?

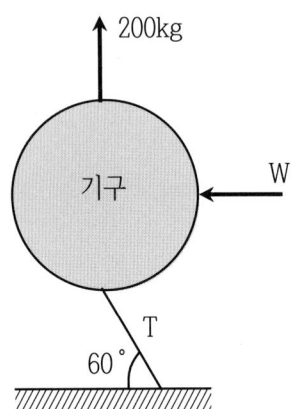

① T=220.94kN, w=105.47kN

② T=230.94kN, w=115.47kN

③ T=220.94kN, w=125.47kN

④ T=230.94kN, w=135.47kN

해설] ②

$T\sin 60° = 200$에서, $T = 230.94 kN$

$200 = W\tan 60°$에서, $W = 115.47 kN$

■2018년 3회■19. 다음 구조물은 몇 부정정 차수인가?

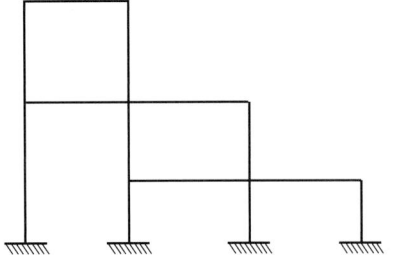

① 12차 부정정 ② 15차 부정정

③ 18차 부정정 ④ 21차 부정정

해설] ②

총 5회 절단이므로, 5×3 = 15차 부정정

■2018년 2회■20. 무게 1kg의 물체를 두 끈으로 늘어뜨렸을 때 한 끈이 받는 힘의 크기 순서가 옳은 것은?

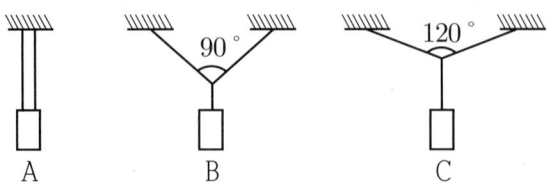

① B > A > C

② C > A > B

③ A > B > C

④ C > B > A

해설] ④

각도가 클수록 더 큰 하중을 받는다.

■2018년 2회■21. 그림과 같이 세 개의 평행력이 작용할 때 합력 R의 위치 x는?

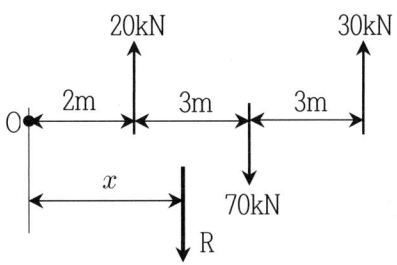

① 3.0m

② 3.5m

③ 4.0m

④ 4.5m

해설] ②

바리농의 정리에 의해,

$-20 \times 2 + 70 \times 5 - 30 \times 8 = 20 \times x$에서, $x = 3.5m$

■2018년 1회■22. 정6각형 틀의 각 절점에 그림과 같이 하중 P가 작용할 때 각 부재에 생기는 인장응력의 크기는?

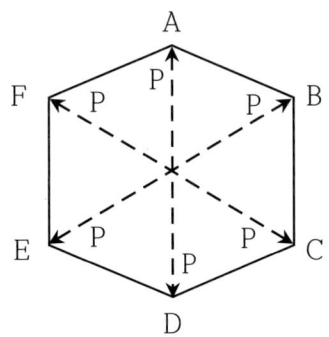

① P
② $2P$
③ $P/2$
④ $P/\sqrt{2}$

해설] ①

각 부재가 이루는 각이 모두 동일하므로, 라미의 정리에 의해 각 부재의 인장력은 P로 동일하다.

■2017년 3회■23. 그림과 같이 밀도가 균일하고 무게가 W인 구(球)가 마찰이 없는 두 벽만 사이에 놓여 있을 때 반력 R_B의 크기는?

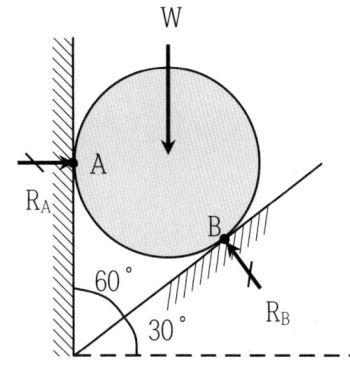

① 0.5W
② 0.577W
③ 0.866W
④ 1.155W

해설] ④

R_A, R_B, W를 이용하여 직각삼각형을 구성하면,

$\cos 30° = \dfrac{W}{R_B}$ 에서, $R_B = 1.155W$

■2017년 2회■24. 그림과 같이 케이블(cable)에 5kN의 추가 매달려 있다. 이 추의 중심을 수평으로 3m 이동시키기 위해 케이블 길이 5m 지점인 A점에 수평력 P를 가하고자 한다. 이때 힘 P의 크기는?

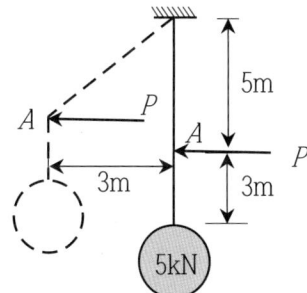

① 3.75kN
② 4.00kN
③ 4.25kN
④ 4.50kN

해설] ①

이동한 후 A점에 대해,

직각삼각형 닮은비에 따라, $\dfrac{5kN}{4m} = \dfrac{P}{3m}$ 이므로,

$P = \dfrac{5}{4} \times 3 = 3.75 kN$

■2017년 1회■25. 다음 그림과 같이 강선 A와 B가 서로 평형상태를 이루고 있다. 이때 각도 θ의 값은?

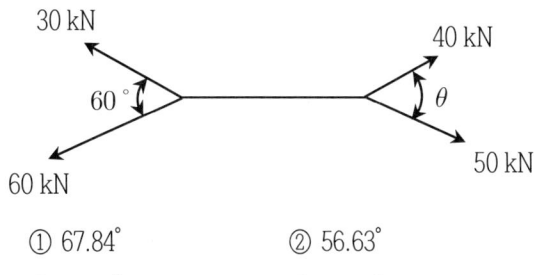

① 67.84°
② 56.63°
③ 42.26°
④ 28.35°

해설] ②

A점의 합력 $R_A^2 = 30^2 + 60^2 + 2 \times 30 \times 60 \cos 60° = 6300$

$R_B^2 = 40^2 + 50^2 + 2 \times 40 \times 50 \cos\theta = R_A^2$ 에서,

$\cos\theta = 0.55$이므로, $\theta = \cos^{-1} 0.55 = 56.63°$

문제유형2 정정보

■2022년 2회■1. 그림과 같은 게르버 보에서 A점의 반력은?

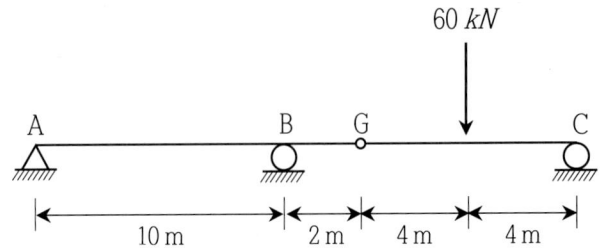

① 6kN(↑)   ② 6kN(↑)
③ 30kN(↓) ④ 30kN(↑)

해설] ①

GC부재에서, $R_G = \dfrac{60}{2} = 30kN(↑)$

ABG부재에서, $R_A = \dfrac{30}{10} \times 2 = 6kN(↓)$

■2022년 1회■2. 그림과 같은 모멘트 하중을 받는 단순보에서 B지점의 전단력은?

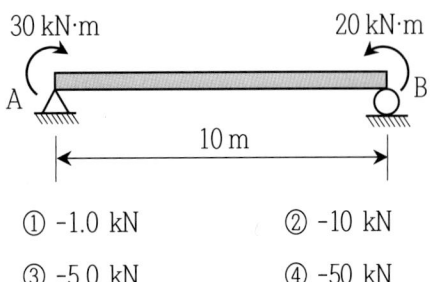

① -1.0 kN   ② -10 kN
③ -5.0 kN   ④ -50 kN

해설] ①

$R_B = \dfrac{30 - 20}{10} = 1kN(↑)$

■2022년 1회■3. 내민보에 그림과 같이 지점 A에 모멘트가 작용하고, 집중하중이 보의 양 끝에 작용한다. 이 보에 발생하는 최대 휨모멘트의 절댓값은?

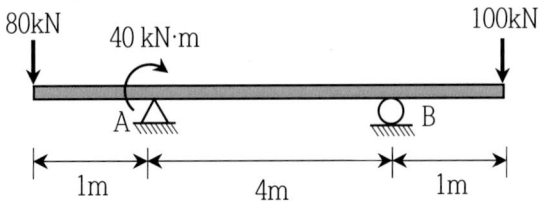

① 60 kN·m   ② 80 kN·m
③ 100 kN·m   ④ 120 kN·m

해설] ③

집중하중만 재하되는 경우, 집중하중 및 반력점에서 최대 휨모멘트가 발생한다.

$M_B = 100 \times 1 = 100kN.m(-)$

A점의 좌측부 $M_{A1} = 80 \times 1 = 80kN.m(-)$

A점의 우측부 $M_{A2} = -80 + 40 = -40kN.m$

따라서, 최대휨모멘트 $M_{\max} = 100kN.m$

■2022년 1회■4. 그림과 같이 양단 내민보에 등분포하중(W)이 1 kN/m가 작용할 때 C점의 전단력은?

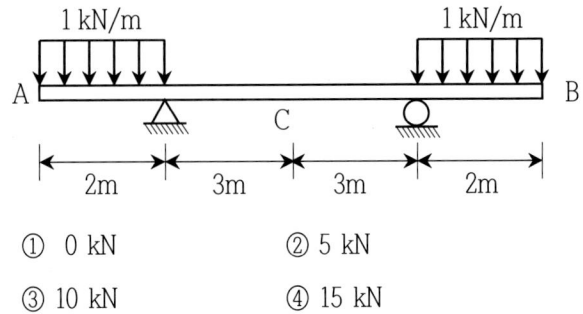

① 0 kN   ② 5 kN
③ 10 kN   ④ 15 kN

해설] ①
대칭구조로 양쪽 내민부분의 하중 = 각 지점의 반력이므로, 양 지점 사이에는 전단력이 없다.

■2021년 3회■5. 그림과 같은 단순보에서 C점에 30kN·m의 모멘트가 작용할 때 A점의 반력은?

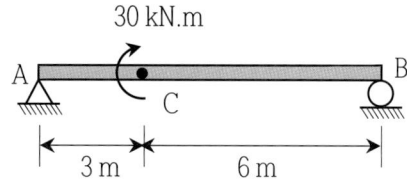

① $\frac{10}{3}kN(↓)$ ② $\frac{10}{3}kN(↑)$

③ $\frac{20}{3}kN(↓)$ ④ $\frac{20}{3}kN(↑)$

해설] ①

$R_A = \frac{M}{L} = \frac{30}{9} = \frac{10}{3}kN(↓)$

A지점과 B지점의 반력에 의한 우력모멘트가 하중모멘트와 상쇄되어야 하므로, A지점 반력은 하향이다.

■2021년 3회■6. 그림과 같은 단순보에서 C~D구간의 전단력 값은?

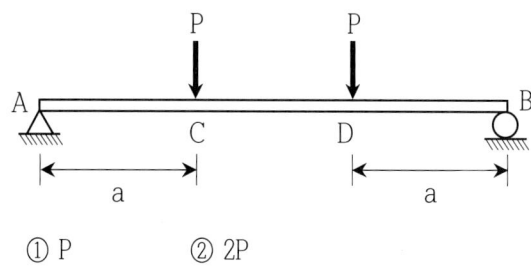

① P ② 2P
③ P/2 ④ 0

해설] ④
SFD에서, CD구간 전단력은 없다.

■2021년 3회■7. 그림과 같은 단순보에서 A점의 반력이 B점의 반력의 2배가 되도록 하는 거리 x는? (단, x는 A점으로부터의 거리이다.)

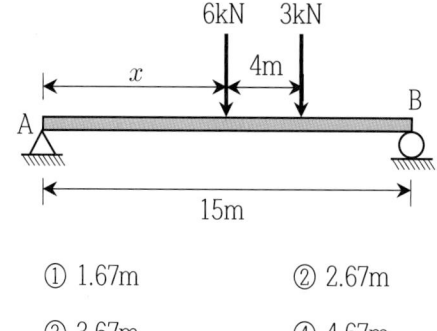

① 1.67m ② 2.67m
③ 3.67m ④ 4.67m

해설] ③

$R_A = 6kN$, $R_B = 3kN$

$\Sigma M_A = 6 \times x + 3 \times (4+x) - 3 \times 15 = 0$에서,

$x = 3.67m$

■2021년 2회■8. 그림과 같은 단순보에서 C점의 휨모멘트는?

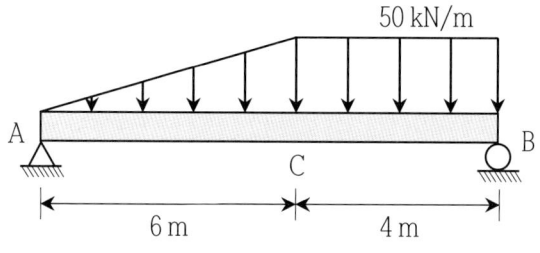

① 320 kN·m ② 420 kN·m
③ 480 kN·m ④ 540 kN·m

해설] ③

$R_B = \frac{50 \times 6}{2} \times \frac{4}{10} + 50 \times 4 \times \frac{8}{10} = 220kN$

$M_c = 220 \times 4 - \frac{50 \times 4^2}{2} = 480kN.m$

■2021년 2회■9. 그림과 같은 보에서 두 지점의 반력이 같게 되는 하중의 위치(x)는 얼마인가?

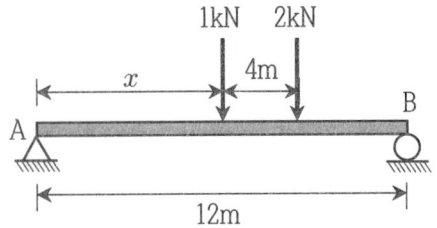

① 0.33m
② 1.33m
③ 2.33m
④ 3.33m

해설] ④

$R_A = R_B = 1.5kN \uparrow$

$\Sigma M_A = 1 \times x + 2 \times (x+4) - 1.5 \times 12 = 0$에서,

$x = \dfrac{10}{3} = 3.33m$

■2021년 1회■10. 그림과 같은 구조물에서 지점 A에서의 수직반력은?

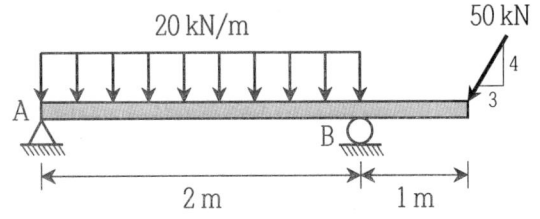

① 0kN
② 10kN
③ 20kN
④ 30kN

해설] ①

$R_A = \dfrac{20 \times 2}{2} - 50 \times \dfrac{4}{5} \times \dfrac{1}{2} = 0$

■2021년 1회■11. 그림과 같은 단순보에서 최대휨모멘트가 발생하는 위치 x(A점으로부터의 거리)와 최대휨모멘트 $M_{\max}$는?

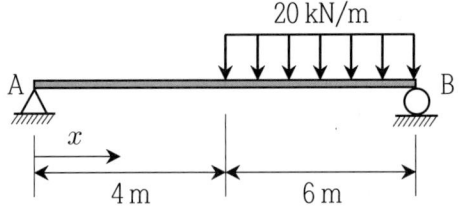

① $x = 5.2m$, $M_{\max} = 230.4 kN.m$
② $x = 5.8m$, $M_{\max} = 176.4 kN.m$
③ $x = 4.0m$, $M_{\max} = 180.2 kN.m$
④ $x = 4.0m$, $M_{\max} = 92.5 kN.m$

해설] ②

$R_B = 20 \times 6 \times \dfrac{7}{10} = 84kN$

최대휨모멘트는 전단력의 부호가 변경되는 지점에서 발생
B점에서 전단력 = 0 인 지점까지 거리 a라 두면,

$20 \times a = R_A = 84$에서, $a = 4.2m$

A점에서 거리 $x = 10 - 4.2 = 5.8m$

최대휨모멘트

$M_{\max} = R_B \times 4.2 - \dfrac{20}{2} \times 4.2^2 = 176.4 kN.m$

■2020년 4회■12. 그림과 같이 A점과 B점에 모멘트하중(M_O)이 작용할 때 생기는 전단력도의 모양은 어떤 형태인가?

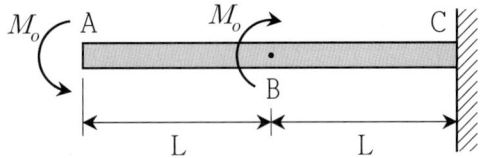

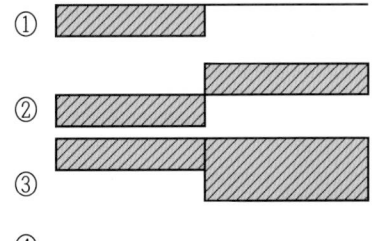

해설] ④
순수 휨모멘트만 작용하는 캔틸레버보에는 SFD가 없다.

■2020년 4회■13. 그림과 같은 단순보에 일어나는 최대 전단력은?

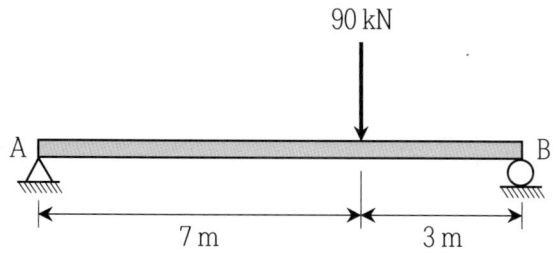

① 27kN
② 45kN
③ 54kN
④ 63kN

해설] ④
$$V_{\max} = R_B = 90 \times \frac{7}{10} = 63kN$$

■2020년 4회■14. 그림과 같이 단순보 위에 삼각형 분포하중이 작용 하고 있다. 이 단순보에 작용하는 최대 휨모멘트는?

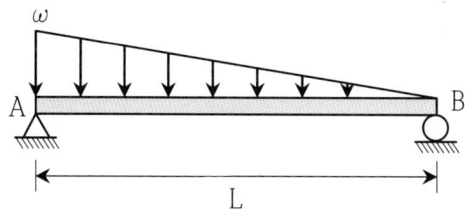

① $0.03215\omega L^2$
② $0.04816\omega L^2$
③ $0.05234\omega L^2$
④ $0.06415\omega L^2$

해설] ④
최대휨모멘트 작용점 : $\frac{L}{\sqrt{3}}$ (B점부터 거리)

$$R_B = \frac{\omega L}{2} \times \frac{1}{3} = \frac{\omega L}{6}$$

$$M_{\max} = R_B \times \frac{L}{\sqrt{3}} - (\frac{\omega}{L} \times \frac{L}{\sqrt{3}}) \times \frac{L}{2\sqrt{3}} \times (\frac{L}{3\sqrt{3}})$$

$$= \frac{\omega L}{6} \times \frac{L}{\sqrt{3}} - \frac{\omega L^2}{18\sqrt{3}} = \frac{\omega L^2}{9\sqrt{3}} = 0.06415\omega L^2$$

■2020년 3회■15. 그림과 같이 단순보의 C점에 휨모멘트가 작용하고 있을 경우 C점에서 전단력의 절댓값은?

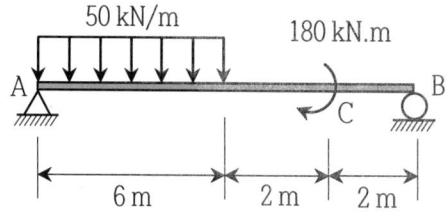

① 72 kN   ② 108 kN
③ 126 kN ④ 252 kN

해설] ②
$$V_C = R_B = 50 \times 6 \times \frac{3}{10} + \frac{180}{10} = 108kN$$

■2020년 1,2회■16. 다음 그림과 같은 보에서 B 지점의 반력이 2P가 되기 위한 b/a는?

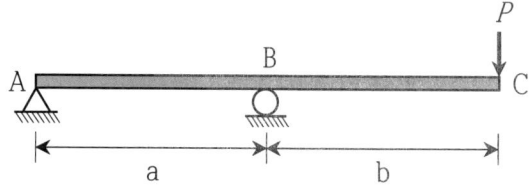

① 0.75   ② 1.00
③ 1.25   ④ 1.50

해설] ②

$\Sigma F_y = 0$ 이므로, $R_A + R_B - P = R_A + 2P - P = 0$ 에서,

$R_A = -P(\downarrow)$

R_B를 하중으로 두면, A점과 C점의 반력이 동일한 개념이므로, a와 b의 길이가 같다.

■2020년 1,2회■17. 아래 그림과 같은 게르버 보에서 E점의 휨모멘트 값은?

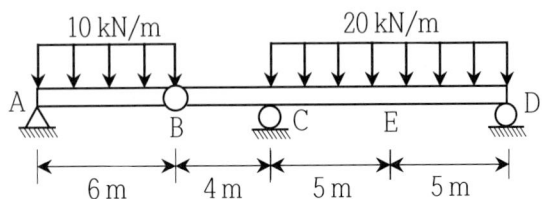

① 190kN · m

② 240kN · m

③ 310kN · m

④ 710kN · m

해설] ①

AB부재에서, $R_B = \dfrac{10 \times 6}{2} = 30 kN$

BCD부재에서,

R_B에 의한 D점의 반력 $R_{D1} = \dfrac{30}{10} \times 4 = 12 kN (\downarrow)$

R_{D1}에 의한 E점의 휨모멘트 $M_{E1} = 12 \times 5 = -60 kN.m$

CD구간 등분포 하중에 대해서,

E점의 휨모멘트 $M_{E2} = \dfrac{20 \times 10^2}{8} = 250 kN.m$

따라서, $M_E = -60 + 250 = 190 kN.m$

■2019년 3회■18. 그림과 같은 양단 내민보에서 C점(중앙점)에서 휨모멘트가 0이 되기 위한 $\dfrac{a}{L}$는? (단, $P = \omega L$)

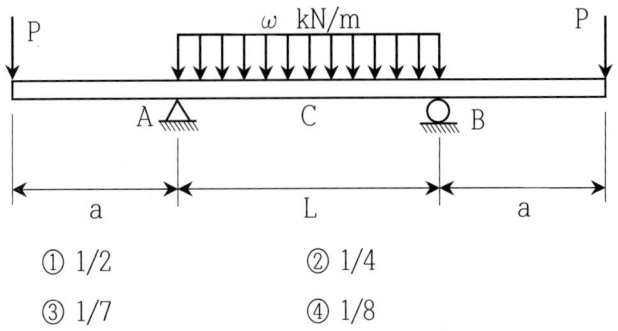

① 1/2

② 1/4

③ 1/7

④ 1/8

해설] ④

등분포하중에 의한 C점의 모멘트 $M_{c1} = \dfrac{\omega L^2}{8}(+)$

집중하중 P에 의한 각 지점의 반력 $R_A = R_B = P$

집중하중 P에 의한 C점의 모멘트 $M_{c2} = Pa(-)$

$M_{c1} = M_{c2}$에서, $\dfrac{\omega L^2}{8} = Pa = \omega La$ 이므로, $\dfrac{a}{L} = \dfrac{1}{8}$

■2019년 3회■19. 그림과 같이 단순지지된 보에 등분포하중 ω가 작용하고 있다. 지점 C의 부모멘트와 보의 중앙에 발생하는 정모멘트의 크기를 같게 하여 등분포하중 ω의 크기를 제한하려고 한다. 지점 C와 D는 보의 대칭거동을 유지하기 위하여 각각 A와 B로부터 같은 거리에 배치하고자 한다. 이때 보의 A점으로부터 지점 C의 거리 x는?

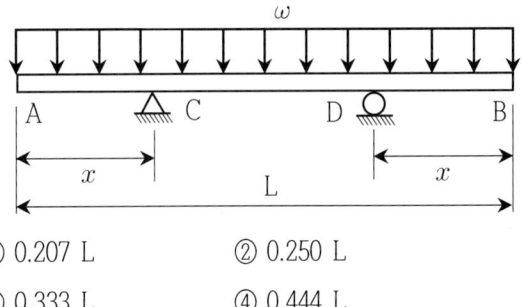

① 0.207 L

② 0.250 L

③ 0.333 L

④ 0.444 L

해설] ①

1) AC구간과 BD구간의 등분포하중에 대해,

CD구간의 휨모멘트 $M_1 = \dfrac{\omega x^2}{2}$

2) CD구간 등분포하중에 대해,

보 중앙의 휨모멘트 $M_c = \dfrac{\omega a^2}{8}$ $(a = L - 2x)$

3) 전체 구조계에서, C점의 부모멘트 $M_{(-)} = M_1 = \dfrac{\omega x^2}{2}$

보 중앙의 정모멘트 $M_{(+)} = M_c - M_1$

$M_{(-)} = M_{(+)}$이므로, $M_1 = M_c - M_1$에서, $M_c = 2M_2$

따라서, $\dfrac{\omega a^2}{8} = 2 \times \dfrac{\omega x^2}{2} = \omega x^2$에서, $a = 2\sqrt{2}\,x$

$L = 2x + a = 2x + 2\sqrt{2}\,x = x(2 + 2\sqrt{2})$에서,

$x = 0.207 L$

■2019년 3회■18. 그림과 같은 보에서 A점의 반력은?

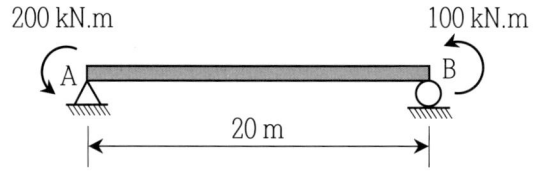

① 15 kN
② 18 kN
③ 20 kN
④ 23 kN

해설] ①

$R_A = \dfrac{200 + 100}{20} = 15 kN\,(\uparrow)$

■2019년 2회■20. 내민보에 그림과 같이 지점 A에 모멘트가 작용하고, 집중하중이 보의 양 끝에 작용한다. 이 보에 발생하는 최대 휨모멘트의 절대값은?

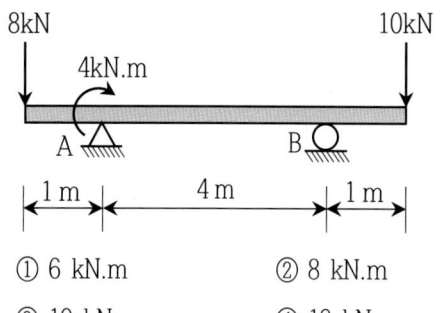

① 6 kN.m
② 8 kN.m
③ 10 kN.m
④ 12 kN.m

해설] ③

두 집중하중에 의해,

$M_{A1} = 8 \times 1 = 8 kN.m\,(-)$, $M_B = 10 \times 1 = 10 kN.m\,(-)$

모멘트하중에 의해, $M_{A2} = 4 kN.m\,(+)$

따라서, $M_A = 4 - 8 = -4 kN.m$ 이므로,

최대휨모멘트는 $M_B = 10 kN.m > M_A = 4 kN.m$

■2019년 2회■21. 아래 그림과 같은 보에서 A점의 반력이 B점의 반력의 두 배가 되는 거리 x는?

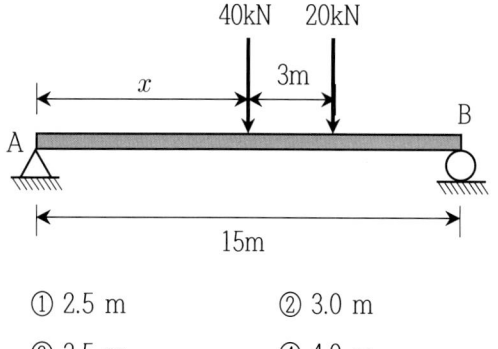

① 2.5 m
② 3.0 m
③ 3.5 m
④ 4.0 m

해설] ④

두 하중의 합력의 작용 위치는 1:2 이므로,

$15 \times \dfrac{1}{3} = x + 1$에서, $x = 4m$

■2019년 2회■22. L이 10m인 그림과 같은 내민보의 자유단에 P=20kN의 연직하중이 작용할 때 지점 B와 중앙부 C점에 발생되는 모멘트는?

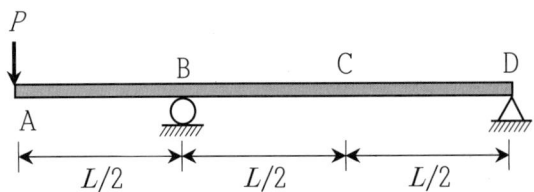

① M_B = -80 kN.m, M_C = -50 kN.m
② M_B = -100 kN.m, M_C = -40 kN.m
③ M_B = -100 kN.m, M_C = -50 kN.m
④ M_B = -80 kN.m, M_C = -40 kN.m

해설] ③

$M_B = 20 \times 5 = 100 kN.m(-)$

$R_D = \dfrac{P}{2} = 10kN (\downarrow)$

$M_c = R_D \times 5 = 10 \times 5 = 50 kN.m(-)$

■2019년 1회■23. 다음 정정보에서의 전단력도(SFD)로 옳은 것은?

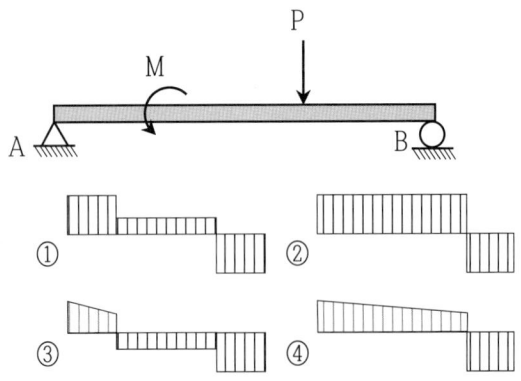

해설] ②
집중모멘트 하중은 SFD에서 절단점을 생성하지 않는다.
집중하중이 작용하므로, SFD는 0차함수 형태이다.

■2019년 1회■24. 다음 그림과 같은 보에서 C점의 휨 모멘트는?

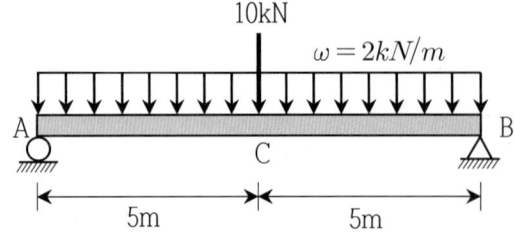

① 0 kN.m
② 40 kN.m
③ 45 kN.m
④ 50 kN.m

해설] ④

$M_c = \dfrac{\omega L^2}{8} + \dfrac{PL}{4} = \dfrac{2 \times 10^2}{8} + \dfrac{10 \times 10}{4} = 50 kN.m$

■2018년 3회■25. 다음 내민보에서 B점의 모멘트와 C점의 모멘트의 절대값의 크기를 같게 하기 위한 L/a의 값을 구하면?

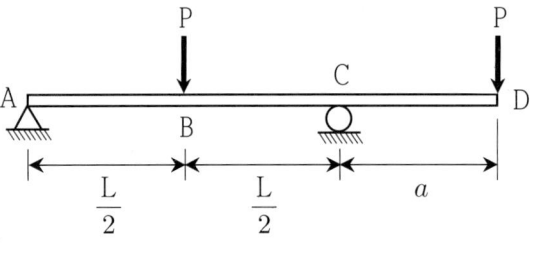

① 6
② 4.5
③ 4
④ 3

해설] ①

$M_c = Pa$

$R_A = \dfrac{P}{2} - \dfrac{Pa}{L}$, $M_B = R_A \times \dfrac{L}{2} = M_c$ 에서,

$\dfrac{L}{4} - \dfrac{a}{2} = a$ 이므로, $\dfrac{L}{a} = 6$

■2018년 3회■26. 그림과 같은 내민보에서 정(+)의 최대휨모멘트가 발생하는 위치 x(지점 A로부터의 거리)와 정(+)의 최대휨모멘트(M_x)는?

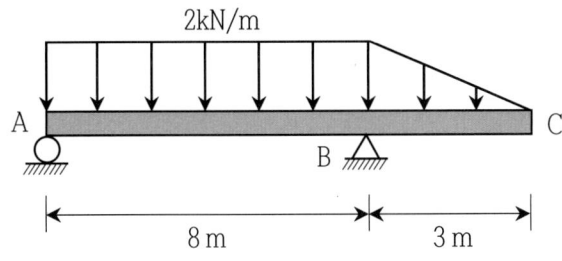

① x=2.821m,　　　M_x=11.438kN.m
② x=3.256m,　　　M_x=17.547kN.m
③ x=3.813m,　　　M_x=14.535kN.m
④ x=4.527m,　　　M_x=19.063kN.m

해설] ③

$$R_A = \frac{2 \times 8}{2} - \frac{2 \times 3}{2} \times \frac{1}{8} = 7.625 kN (\uparrow)$$

최대휨모멘트는 전단력이 0이 되는 지점에서 발생하므로, $R_A = \omega x$에서, $7.625 = 2x$이므로, $x = 3.8125m$

$$M_{\max} = R_A \times x - \frac{\omega x^2}{2} = \frac{\omega x^2}{2}$$

$$= \frac{2 \times 3.8125^2}{2} = 14.535 kN.m$$

■2018년 3회■27. 아래 그림에서 블록을 뽑아내는 데 필요한 힘 P는 최소 얼마 이상이어야 하는가? (단, 블록과 접촉면과의 마찰계수 $\mu = 0.3$)

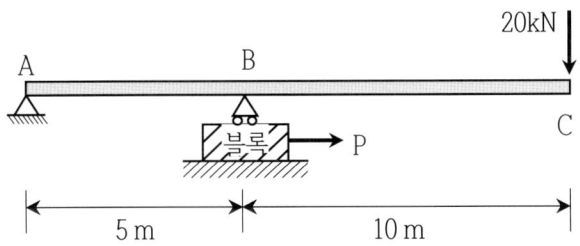

① 6kN　　　② 9kN
③ 15kN　　　④ 18kN

해설] ④

$$R_A = \frac{20 \times 2}{1} = 40 kN, \quad R_B = 20 + 40 = 60 kN$$

$$F = \mu N = 0.3 \times 60 = 18 kN$$

■2018년 2회■28. 그림과 같은 단순보에서 C점의 휨모멘트는?

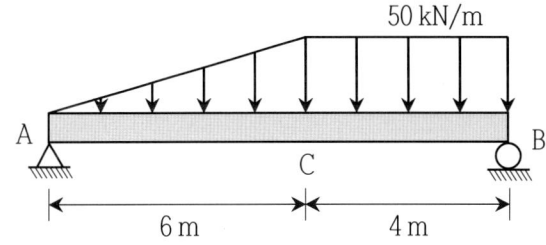

① 320 kN·m　　　② 420 kN·m
③ 480 kN·m　　　④ 540 kN·m

해설] ③

$$R_B = \frac{50 \times 6}{2} \times \frac{4}{10} + 50 \times 4 \times \frac{8}{10} = 220 kN$$

$$M_c = 220 \times 4 - \frac{50 \times 4^2}{2} = 480 kN.m$$

■2018년 1회■29. 그림과 같은 단순보에서 최대휨모멘트가 발생하는 위치 x(A점으로부터의 거리)와 최대휨모멘트 M_x는?

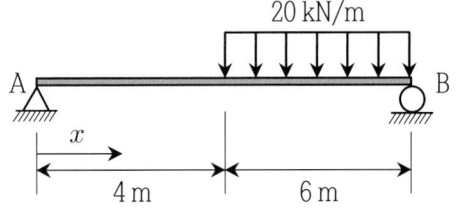

① $x = 5.2m, M_{\max} = 230.4 kN.m$
② $x = 4.0m, M_{\max} = 92.5 kN.m$
③ $x = 4.0m, M_{\max} = 180.2 kN.m$
④ $x = 5.8m, M_{\max} = 176.4 kN.m$

해설] ④

$R_B = 20 \times 6 \times \dfrac{7}{10} = 84kN$

최대휨모멘트는 전단력의 부호가 변경되는 지점에서 발생

B점에서 전단력 = 0 인 지점까지 거리 a라 두면,

$20 \times a = R_A = 84$에서, $a = 4.2m$

A점에서 거리 $x = 10 - 4.2 = 5.8m$

최대휨모멘트

$M_{\max} = R_B \times 4.2 - \dfrac{20}{2} \times 4.2^2 = 176.4kN.m$

■2018년 1회■30. 그림과 같은 보에서 다음 중 휨모멘트의 절대값이 가장 큰 곳은?

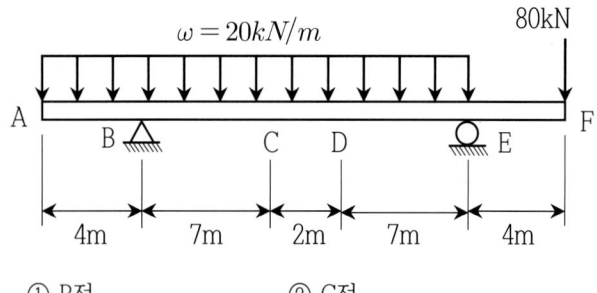

① B점　　② C점
③ D점　　④ E점

해설] ②

$R_B = 20 \times 20 \times \dfrac{10}{16} - \dfrac{80}{16} \times 4 = 230kN\ (\uparrow)$

$R_E = 80 + 20 \times 20 - 230 = 250kN(\uparrow)$

$M_B = \dfrac{20}{2} \times 4^2 = 160kN.m(-)$

$M_C = -\dfrac{20}{2} \times 11^2 + 230 \times 7 = 400kN.m\ (+)$

$M_E = 80 \times 4 = 320kN.m(-)$

$M_D = 250 \times 7 - 80 \times 11 - \dfrac{20}{2} \times 7^2 = 380kN.m(+)$

따라서, C점에서 최대휨모멘트가 발생한다.

■2018년 1회■31. 다음 그림과 같은 구조물의 BD 부재에 작용하는 힘의 크기는?

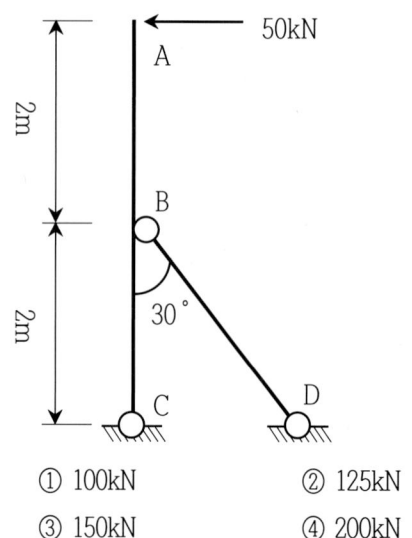

① 100kN　　② 125kN
③ 150kN　　④ 200kN

해설] ④

ABC부재에서, B점의 수평반력 $H_B = 100kN$

직각삼각형 닮은비에 의해, $F_{BD} = \dfrac{H_B}{\sin 30°} = 200kN$

■2018년 1회■32. 다음 그림과 같은 보에서 두 지점의 반력이 같게 되는 하중의 위치(x)를 구하면?

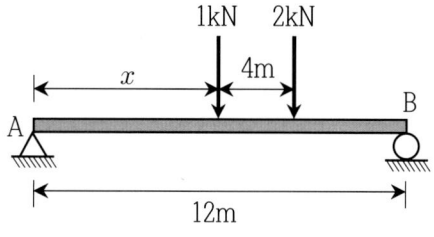

① 0.33m　　② 1.33m
③ 2.33m　　④ 3.33m

해설] ④

$R_A = R_B = 1.5kN\uparrow$

$\Sigma M_A = 1 \times x + 2 \times (x+4) - 1.5 \times 12 = 0$에서,

$x = \dfrac{10}{3} = 3.33m$

■2017년 3회■33. 아래 그림과 같은 보에서 A지점의 반력은?

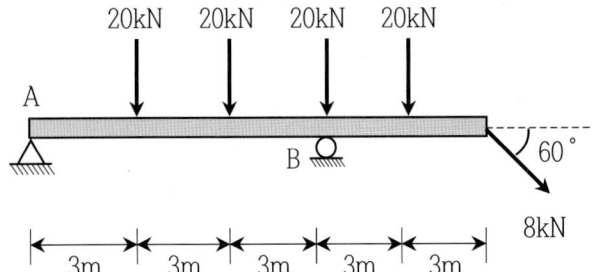

① $H_A = 40kN(\rightarrow)$, $V_A = 8.71kN(\uparrow)$
② $H_A = 40kN(\leftarrow)$, $V_A = 8.71kN(\uparrow)$
③ $H_A = 32kN(\leftarrow)$, $V_A = 12.32kN(\uparrow)$
④ $H_A = 32kN(\rightarrow)$, $V_A = 12.32kN(\uparrow)$

해설] ②

$V_A = 20 \times \frac{2}{3} + 20 \times \frac{1}{3} - \frac{20}{3} - \frac{8\sin60°}{3} \times 2 = 8.71kN(\uparrow)$

$H_A = 8\cos60° = 4kN(\leftarrow)$

■2017년 3회■34. 그림과 같은 내민보에서 C점의 휨 모멘트가 영(零)이 되게 하기 위해서는 x가 얼마가 되어야 하는가?

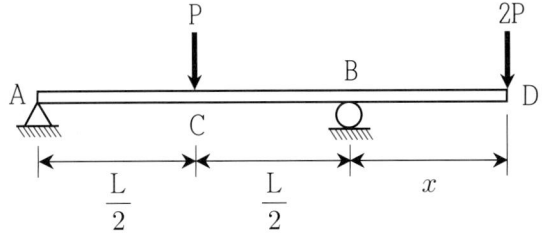

① $x = \frac{L}{4}$ ② $x = \frac{L}{3}$

③ $x = \frac{L}{2}$ ④ $x = \frac{3L}{4}$

해설] ①

2P에 의한 C점의 모멘트 $M_{c1} = \frac{2P}{L}x \times \frac{L}{2} = Px$

P에 의한 C점의 모멘트 $M_{c2} = \frac{PL}{4} = M_{c1}$이므로, $x = \frac{L}{4}$

■2017년 2회■35. 그림과 같이 C점이 내부힌지로 구성된 게르버보에서 B지점에 발생하는 모멘트의 크기는?

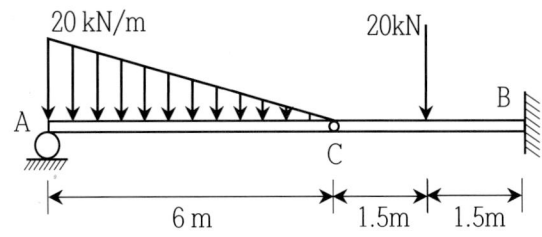

① 90kN.m   ② 60kN.m
③ 30kN.m   ④ 10kN.m

해설] ①

AC부재에서, $R_c = \frac{20 \times 6}{2} \times \frac{1}{3} = 20kN$

$M_B = 20 \times 3 + 20 \times 1.5 = 90kN.m$

■2017년 2회■36. 아래 그림과 같은 내민보에 발생하는 최대 휨 모멘트를 구하면?

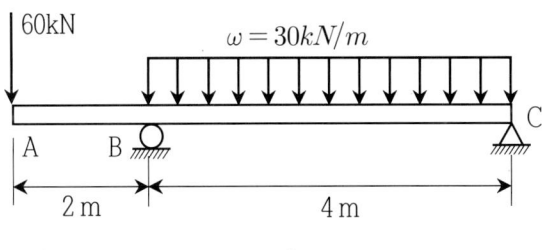

① -80kN.m   ② -120kN.m
③ -160kN.m   ④ -200kN.m

해설] ②

최대부모멘트 $M_B = 60 \times 2 = 120kN.m$

$R_c = \frac{30 \times 4}{2} - \frac{60}{4} \times 2 = 30kN$

최대정모멘트 발생위치 x

$30x = R_c = 30$에서, $x = 1m$(C점에서 이격거리)

$M_{max} = 30 \times 1 - \frac{30}{2} \times 1^2 = 15kN.m < M_B$이므로,

최대휨모멘트는 $M_B = 120kN.m$

■2017년 2회■37. 아래 그림에서 블록을 뽑아내는데 필요한 힘 P는 최소 얼마 이상이어야 하는가? (단, 블록과 접촉면과 마찰계수 $\mu = 0.3$)

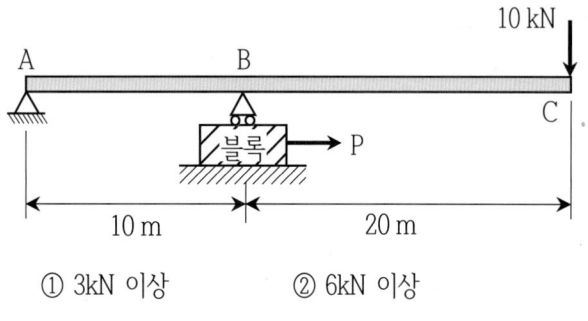

① 3kN 이상 ② 6kN 이상
③ 9kN 이상 ④ 12kN 이상

해설] ③

$R_A = \frac{10}{10} \times 20 = 20kN$이므로, $R_B = 10 + 20 = 30kN$

$F = \mu N = 0.3 \times 30 = 9kN$

■2017년 1회■38. 다음 그림의 단순보에서 최대 휨모멘트가 발생되는 위치는 지점 A로부터 얼마나 떨어진 곳인가?

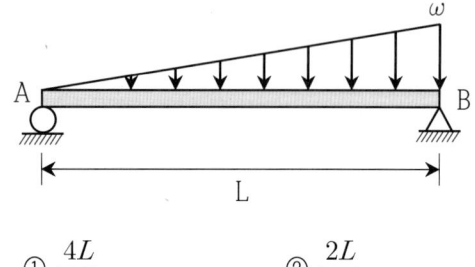

① $\frac{4L}{5}$ ② $\frac{2L}{3}$
③ $\frac{L}{\sqrt{3}}$ ④ $\frac{L}{\sqrt{2}}$

해설] ③

$R_A = \frac{\omega L}{2} \times \frac{1}{3}$ 이고,

최대휨모멘트는 전단력이 0인 곳에서 발생하므로,

$R_A = \frac{\omega L}{6} = \frac{\omega}{2L} x^2$에서, $x = \frac{L}{\sqrt{3}}$

■2017년 1회■39. 그림과 같은 내민보에서 D점에 집중하중 P=50kN이 작용할 경우 C점의 휨모멘트는 얼마인가?

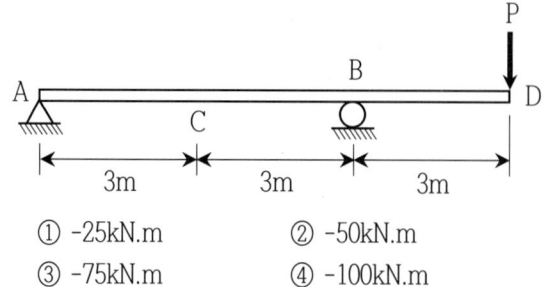

① -25kN.m ② -50kN.m
③ -75kN.m ④ -100kN.m

해설] ③

$R_A = \frac{50}{6} \times 3 = 25kN(\downarrow)$ 이므로,

$M_c = 25 \times 3 = 75kN.m(-)$

■2022년 2회■40. 그림과 같은 3힌지 아치의 중간 힌지에 수평 하중 P가 작용할 때 A지점의 수직 반력과 수평 반력은?

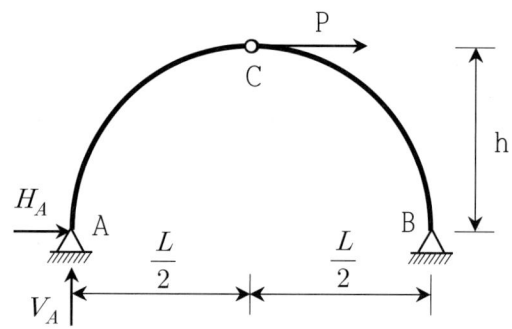

① $V_A = \frac{Ph}{L}(\uparrow)$, $H = \frac{P}{2}(\rightarrow)$
② $V_A = \frac{2Ph}{L}(\uparrow)$, $H = \frac{P}{2}(\rightarrow)$
③ $V_A = \frac{2Ph}{L}(\downarrow)$, $H = \frac{P}{2}(\leftarrow)$
④ $V_A = \frac{Ph}{L}(\downarrow)$, $H = \frac{P}{2}(\leftarrow)$

해설] ④

$V_A = \frac{Ph}{l} (\downarrow)$ 이고,

AC부재에서, $\Sigma M_c = -H_A \times h - \frac{Ph}{l} \times \frac{l}{2} = 0$ 이므로,

$H_A = -\frac{P}{2}(\leftarrow)$

| 문제유형3 | 라멘과 아치 |

■2022년 2회■1. 그림과 같이 단순지지된 보에 등분포하중 ω가 작용하고 있다. 지점 C의 부모멘트와 보의 중앙에 발생하는 정모멘트의 크기를 같게 하여 등분포하중 ω의 크기를 제한하려고 한다. 지점 C와 D는 보의 대칭거동을 유지하기 위하여 각각 A와 B로부터 같은 거리에 배치하고자 한다. 이때 보의 A점으로부터 지점 C의 거리 x는?

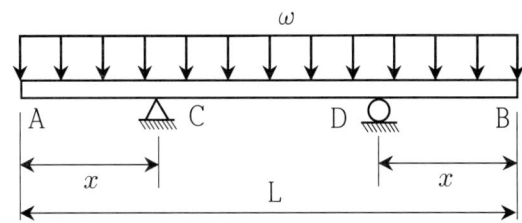

① 0.207 L
② 0.250 L
③ 0.333 L
④ 0.444 L

해설] ①

1) AC구간과 BD구간의 등분포하중에 대해,

CD구간의 휨모멘트 $M_1 = \dfrac{\omega x^2}{2}$

2) CD구간 등분포하중에 대해,

보 중앙의 휨모멘트 $M_c = \dfrac{\omega a^2}{8}$ ($a = L - 2x$)

3) 전체 구조계에서, C점의 부모멘트 $M_{(-)} = M_1 = \dfrac{\omega x^2}{2}$

보 중앙의 정모멘트 $M_{(+)} = M_c - M_1$

$M_{(-)} = M_{(+)}$이므로, $M_1 = M_c - M_1$에서, $M_c = 2M_1$

따라서, $\dfrac{\omega a^2}{8} = 2 \times \dfrac{\omega x^2}{2} = \omega x^2$에서, $a = 2\sqrt{2}\,x$

$L = 2x + a = 2x + 2\sqrt{2}\,x = x(2 + 2\sqrt{2})$에서,
$x = 0.207L$

■2022년 1회■2. 그림과 같은 3힌지 아치에서 A점의 수평반력은?

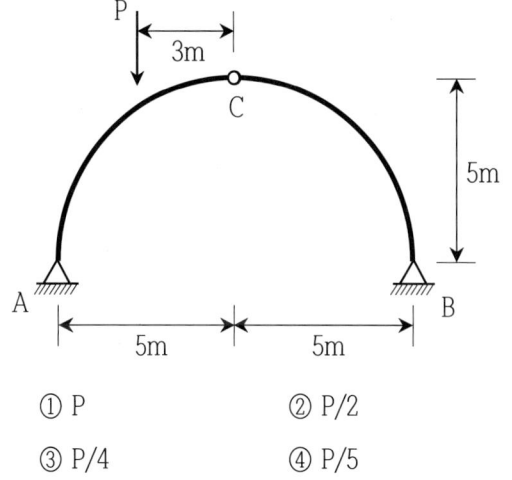

① P
② P/2
③ P/4
④ P/5

해설] ④

$H_A = H_B$ 이고, $V_B = P \times \dfrac{1}{5}$

BC부재에서, $V_B \times 5 = H_B \times 5$이므로,

$H_B = V_B = \dfrac{P}{5} = H_A$

■2022년 1회■3. 그림과 같은 구조에서 절댓값이 최대로 되는 휨모멘트의 값은?

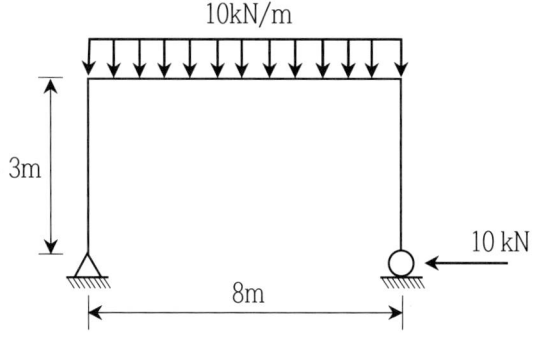

① 80 kN·m
② 50 kN·m
③ 40 kN·m
④ 30 kN·m

해설] ②

보부재와 기둥부재 접합부의 모멘트

$M_2 = 10 \times 3 = 30 kN.m(-)$

보부재 중앙의 최대정모멘트

$M_1 = \dfrac{\omega l^2}{8} - 10 \times 3 = \dfrac{10 \times 8^2}{8} - 30 = 50 kN.m(+)$

■2021년 3회■4. 그림과 같은 3힌지 원호 아치에서 C점에서 2m 떨어진 E점에 발생하는 휨모멘트의 크기는?

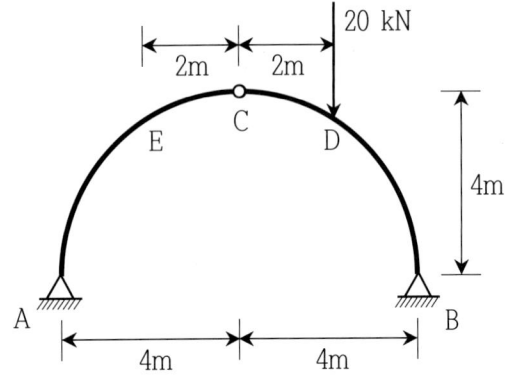

① 6.13kN·m
② 7.32kN·m
③ 8.27kN·m
④ 9.16kN·m

해설] ②

$V_A = 20 \times \dfrac{1}{4} = 5kN \uparrow$

AC부재에서, $H_A \times 4 = V_A \times 4$ 이므로, $H_A = V_A = 5kN$

회전반경 $R = 4m$이고, CE점까지 거리가 2m이므로, 직각삼각형 닮은비에 의해 AE의 수직거리는 $2\sqrt{3}m$

$M_E = V_A \times 2 - H_A \times 2\sqrt{3}$
$= 5 \times 2 - 5 \times 2\sqrt{3} = -7.32 kN.m$

■2021년 2회■5. 그림과 같은 3힌지 아치에서 A점의 수평반력(H_A)은?

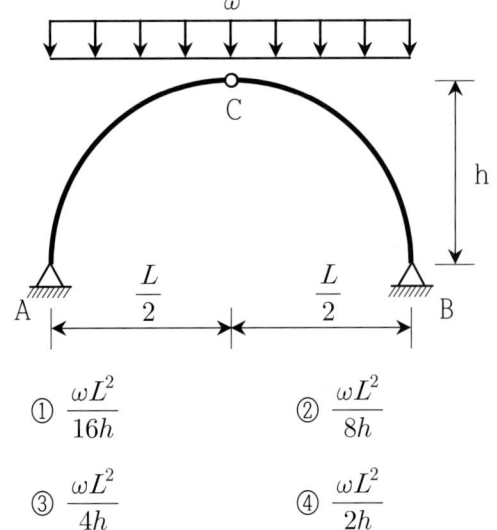

① $\dfrac{\omega L^2}{16h}$
② $\dfrac{\omega L^2}{8h}$
③ $\dfrac{\omega L^2}{4h}$
④ $\dfrac{\omega L^2}{2h}$

해설] ②

$V_A = \dfrac{\omega L}{2} = V_B$

AC부재에서, V_A와 AC구간 등분포하중은 우력관계이므로,

$V_A \times \dfrac{L}{4} = H_A \times h$ 에서, $H_A = \dfrac{\omega L}{2} \times \dfrac{L}{4h} = \dfrac{\omega L^2}{8h}$

■2021년 1회■6. 그림과 같은 3힌지 아치의 C점에 연직하중(P) 400kN이 작용한다면 A점에 작용하는 수평반력(H_A)은?

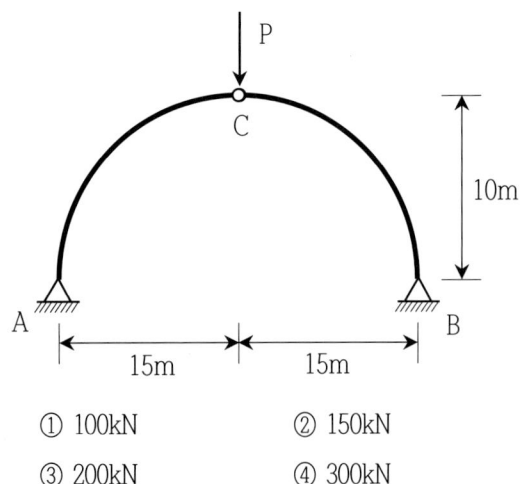

① 100kN
② 150kN
③ 200kN
④ 300kN

해설] ④

$V_A = 200kN$이고,

AC부재에서, $V_A \times 15 = H_A \times 10$이므로,

$H_A = 200 \times \dfrac{15}{10} = 300kN$

■2021년 1회■7. 그림과 같은 라멘 구조물에서 A점의 수직반력(R_A)은?

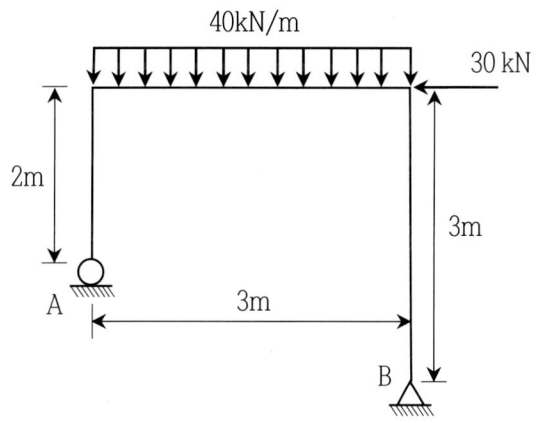

① 30kN ② 45kN
③ 60kN ④ 90kN

해설] ④

$\Sigma M_B = R_A \times 3 - 40 \times 3 \times 3/2 - 30 \times 3 = 0$에서,

$R_A = 90kN$

■2020년 4회■8. 그림과 같은 3힌지 아치에서 C점의 휨모멘트는?

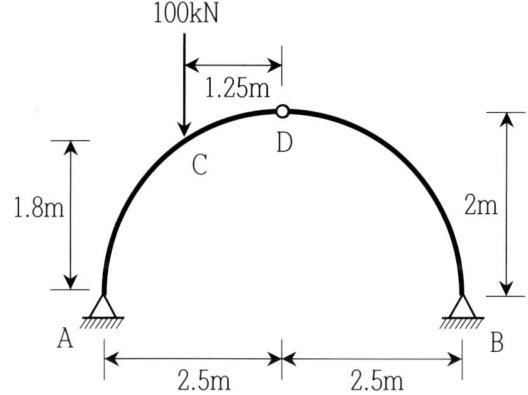

① 32.5kN·m ② 35.0kN·m
③ 37.5kN·m ④ 40.0kN·m

해설] ③

$V_A = 100 \times \dfrac{3}{4} = 75kN \uparrow$

$V_B = 100 \times \dfrac{1}{4} = 25kN \uparrow$

BD부재에서, $V_B \times 2.5 = H_B \times 2$이므로,

$H_B = \dfrac{25 \times 2.5}{2} = 31.25 = H_A$

AC부재에서, $M_C = V_A \times 1.25 - H_A \times 1.8$
$= 75 \times 1.25 - 31.25 \times 1.8 = 37.5kN.m$

■2020년 3회■9. 그림과 같은 3힌지 라멘의 휨모멘트도(BMD)는?

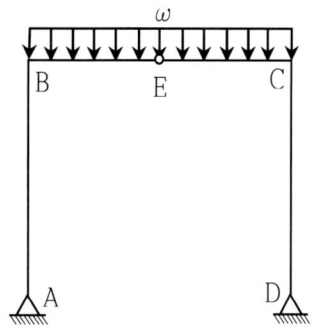

① 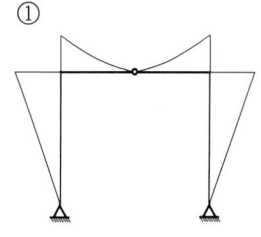 ②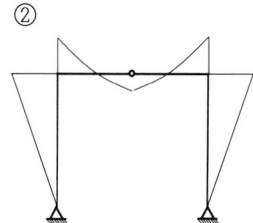

③ 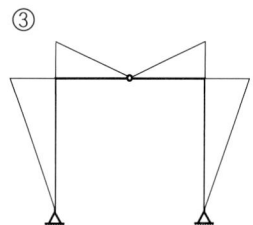 ④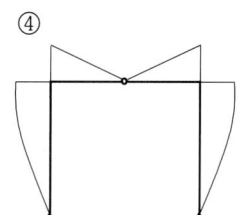

해설] ①

◎BEC구간 : 등분포 하중이므로, BMD는 2차함수이고, E점에서 모멘트는 0이어야 한다.

◎AB 및 CD구간 : 수평반력만 존재하므로, BMD는 1차함수이고, A점 및 D점에서 모멘트는 0이어야 한다.

■2020년 3회■10. 그림과 같은 3힌지 아치에서 B점의 수평반력(H_B)은?

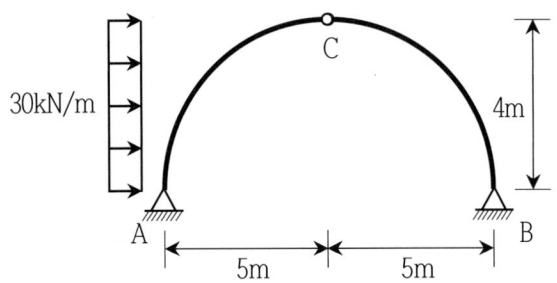

① 20 kN   ② 30 kN
③ 40 kN   ④ 60 kN

해설] ②

$$V_B = \frac{30 \times 4^2/2}{10} = 24kN(\uparrow)$$

BC부재에서,

$V_B \times 5 = H_B \times 4$ 이므로, $H_B = \frac{24 \times 5}{4} = 30kN$

■2020년 1,2회■11. 그림과 같은 3힌지 아치에서 A지점의 반력은?

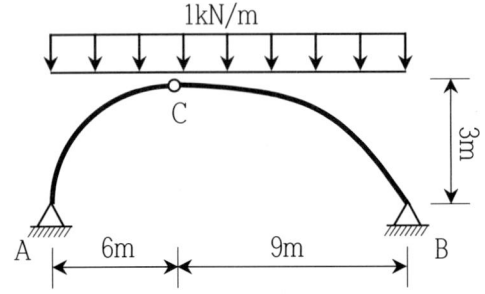

① $V_A = 6.0kN(\uparrow),\ H_A = 9.0kN(\rightarrow)$
② $V_A = 6.0kN(\uparrow),\ H_A = 7.5kN(\rightarrow)$
③ $V_A = 7.5kN(\uparrow),\ H_A = 9.0kN(\rightarrow)$
④ $V_A = 7.5kN(\uparrow),\ H_A = 7.5kN(\rightarrow)$

해설] ③

$$V_A = \frac{1 \times 15}{2} = 7.5kN(\uparrow)$$

AC부재에서, $V_A \times 6 - H_A \times 3 - \frac{1}{2} \times 6^2 = 0$ 에서,

$H_A = 9kN(\rightarrow)$

■2019년 3회■12. 그림과 같은 라멘에서 A점의 수직반력(R_A)은?

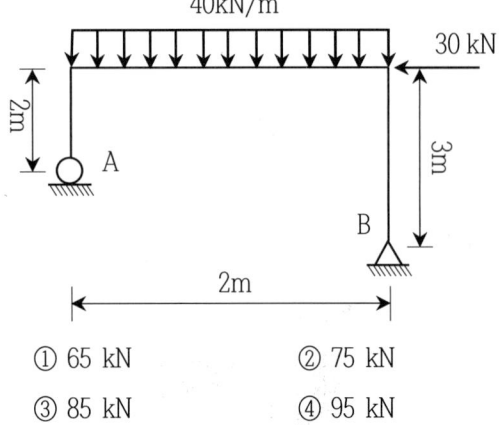

① 65 kN   ② 75 kN
③ 85 kN   ④ 95 kN

해설] ③

$\Sigma M_B = R_A \times 2 - \frac{40}{2} \times 2^2 - 30 \times 3 = 0$ 에서,

$R_A = 85kN$

■2019년 3회■13. 다음 3힌지 아치에서 수평반력 H_B 는?

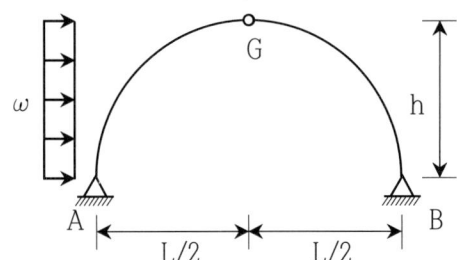

① $\frac{\omega h}{2}$ ② $\frac{\omega h}{3}$

③ $\frac{\omega h}{4}$ ④ $2\omega h$

해설] ③

$\Sigma M_A = \frac{\omega h^2}{2} - V_B \times L = 0$ 에서, $V_B = \frac{\omega h^2}{2L}$

BG부재에서, $V_B \times \frac{L}{2} = H_B \times h$ 이므로,

$\frac{\omega h^2}{2L} \times \frac{L}{2} = H_B \times h$ 에서, $H_B = \frac{\omega h}{4}$

■2019년 2회■14. 그림과 같은 비대칭 3힌지 아치에서 힌지 C에 연직하중(P) 15kN이 작용한다. A지점의 수평반력 H_A는?

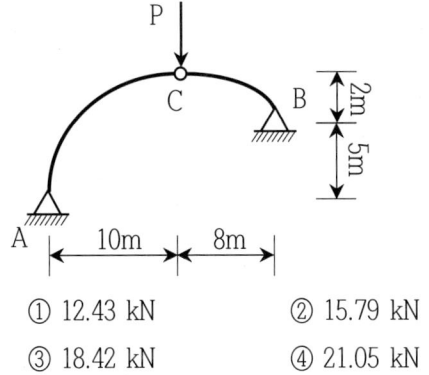

① 12.43 kN   ② 15.79 kN
③ 18.42 kN   ④ 21.05 kN

해설] ②
1) AC부재에서, $\Sigma M_c = 0$이므로,

$V_A \times 10 - H_A \times 7 = 0$ 에서, $V_A = \dfrac{7}{10} H_A$

2) 전체 구조계에서, $\Sigma M_B = 0$이므로,

$V_A \times 18 - H_A \times 5 - 15 \times 8 = 0$

$\dfrac{7}{10} H_A \times 18 - H_A \times 5 - 15 \times 8 = 0$에서, $H_A = 15.75 kN$

■2019년 1회■15. 다음 라멘의 수직반력 R_B는?

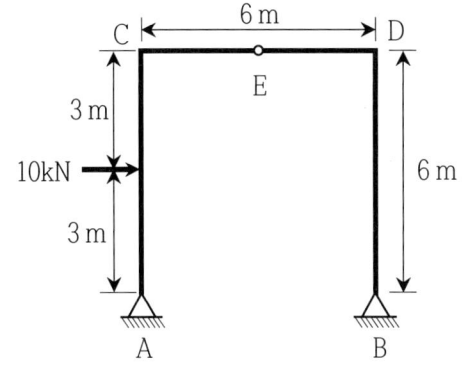

① 2t   ② 3t
③ 4t   ④ 5t

해설] ④
$R_B = \dfrac{10 \times 3}{6} = 5kN\ (\uparrow)$

■2018년 3회■16. 다음 그림과 같은 반원형 3힌지 아치에서 A점의 수평 반력은?

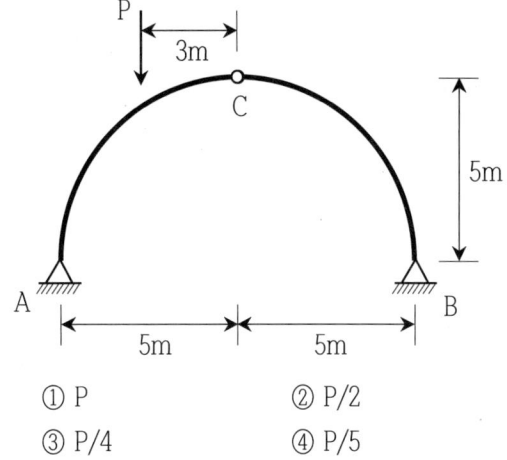

① P   ② P/2
③ P/4   ④ P/5

해설] ④
$H_A = H_B$ 이고, $V_B = P \times \dfrac{1}{5}$

BC부재에서, $V_B \times 5 = H_B \times 5$이므로,

$H_B = V_B = \dfrac{P}{5} = H_A$

■2018년 2회■17. 그림과 같은 3힌지 아치의 중간 힌지에 수평하중 P가 작용할 때 A지점의 수직 반력과 수평 반력은? (단, A지점의 반력은 그림과 같은 방향을 정(+)으로 한다.)

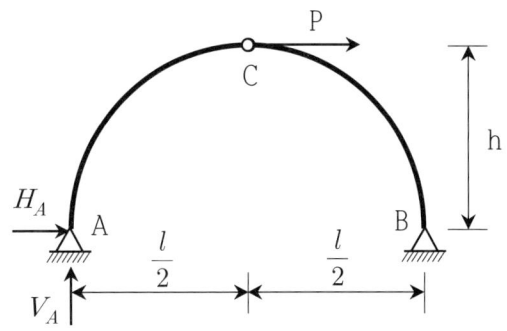

① $V_A = \dfrac{Ph}{l}$, $H = \dfrac{P}{2}$

② $V_A = \dfrac{2Ph}{l}$, $H = \dfrac{P}{2}$

③ $V_A = -\dfrac{2Ph}{l}$, $H = -\dfrac{P}{2}$

④ $V_A = -\dfrac{Ph}{l}$, $H = -\dfrac{P}{2}$

해설] ④

$V_A = \dfrac{Ph}{l}$ (↓) 이고,

AC부재에서, $\Sigma M_c = -H_A \times h - \dfrac{Ph}{l} \times \dfrac{l}{2} = 0$ 이므로,

$H_A = -\dfrac{P}{2}$

■2018년 1회■18. 다음과 같은 3활절 아치에서 C점의 휨모멘트는?

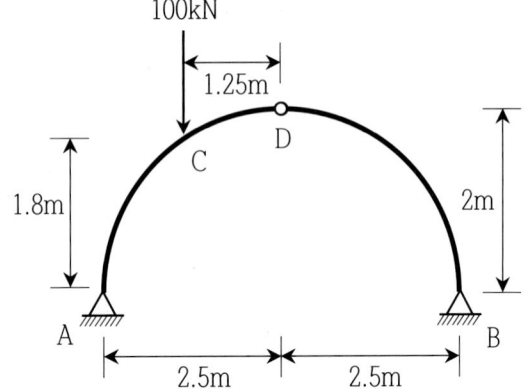

① 32.5kN·m
② 35.0kN·m
③ 37.5kN·m
④ 40.0kN·m

해설] ③

$V_A = 100 \times \dfrac{3}{4} = 75 kN \uparrow$

$V_B = 100 \times \dfrac{1}{4} = 25 kN \uparrow$

BD부재에서, $V_B \times 2.5 = H_B \times 2$ 이므로,

$H_B = \dfrac{25 \times 2.5}{2} = 31.25 = H_A$

AC부재에서,

$M_C = V_A \times 1.25 - H_A \times 1.8$
$= 75 \times 1.25 - 31.25 \times 1.8 = 37.5 kN.m$

■2017년 3회■19. 아래와 같은 라멘에서 휨모멘트도(B.M.D)를 옳게 나타낸 것은?

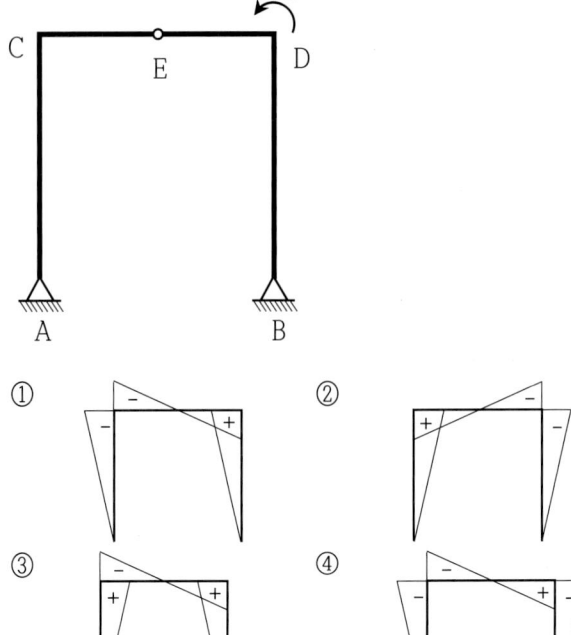

해설] ④

$V_A(\uparrow)$, $H_A(\rightarrow)$, $V_B(\downarrow)$, $H_B(\leftarrow)$ 이므로,
AC구간과 BD구간에는 1차함수의 부모멘트
AC부재의 C점 모멘트 = CD부재의 C점 모멘트

■2017년 2회■20. 다음 그림과 같은 3힌지 아치에 집중하중 P가 가해질 때 지점 B에서의 수평반력은?

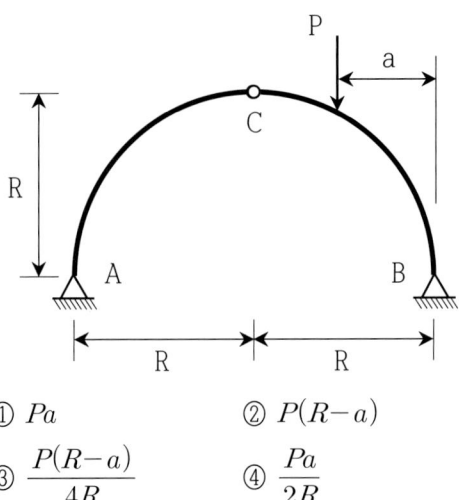

① Pa
② $P(R-a)$
③ $\dfrac{P(R-a)}{4R}$
④ $\dfrac{Pa}{2R}$

해설] ④

$H_A = H_B$ 이고, $V_A = P \times \dfrac{a}{2R}$

AC부재에서, $V_A \times R = H_A \times R$ 이므로,

$H_A = V_A = \dfrac{Pa}{2R} = H_B$

■2017년 1회■21. 그림과 같은 3힌지 라멘의 휨모멘트선도(BMD)는?

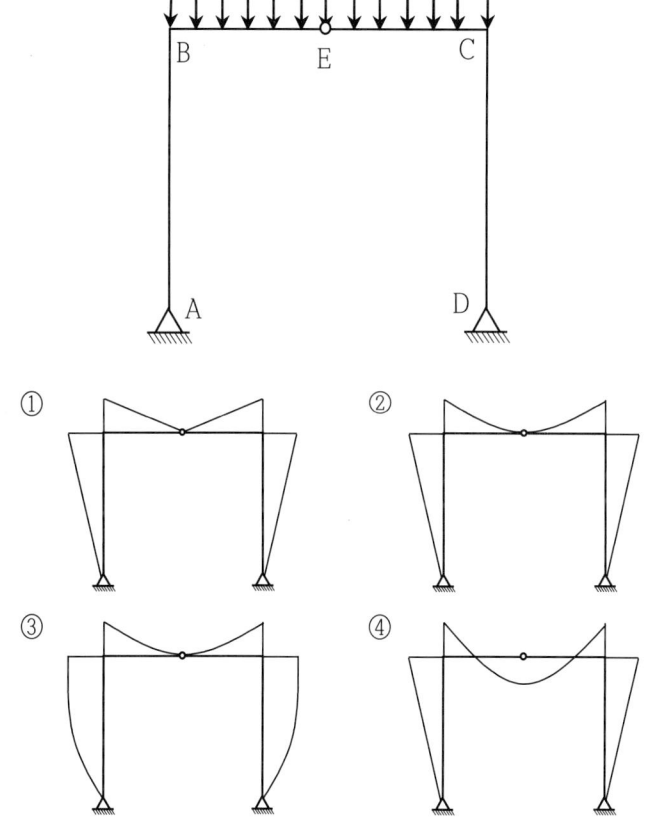

해설] ②

E점에서 모멘트 = 0

BC구간에서, 등분포하중이므로 BMD는 2차함수

AB구간과 CD구간에서, 반력만 존재하므로 BMD는 1차함수

■2017년 1회■22. 그림과 같은 3힌지 라멘의 휨모멘트선도(BMD)는?

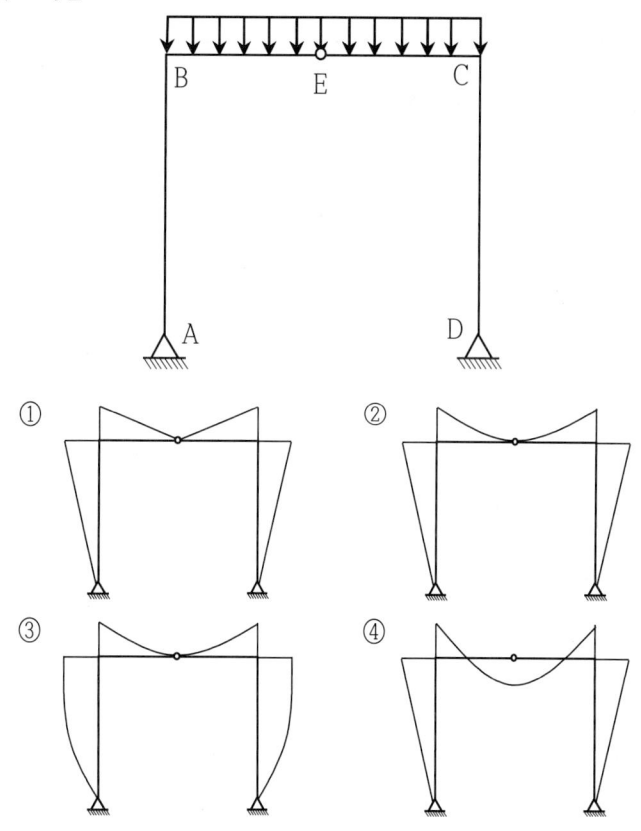

해설] ②

E점에서 모멘트 = 0

BC구간에서, 등분포하중이므로 BMD는 2차함수

AB구간과 CD구간에서, 반력만 존재하므로 BMD는 1차함수

■2017년 1회■23. 그림과 같은 3활절 아치에서 D점에 연직하중 P=20kN이 작용할 때 A점에 작용하는 수평반력 H_A는?

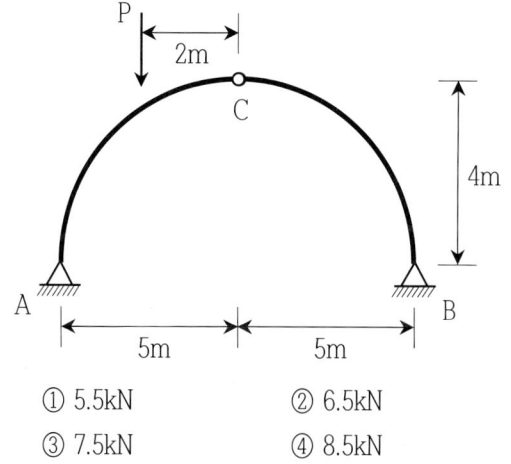

① 5.5kN　　　② 6.5kN
③ 7.5kN　　　④ 8.5kN

해설] ③

$H_A = H_B$ 이고, $V_B = 20 \times \dfrac{3}{10} = 6kN$

BC부재에서, $V_B \times 5 = H_B \times 4$ 이므로,

$H_B = \dfrac{6 \times 5}{4} = 7.5kN = H_A$

문제유형4   트러스

■2022년 2회■1. 그림과 같은 와렌(warren) 트러스에서 부재력이 '0(영)'인 부재는 몇 개인가?

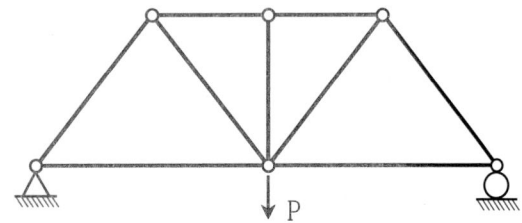

① 0개
② 1개
③ 2개
④ 3개

해설] ②

영부재 판별법에 따라, 1개

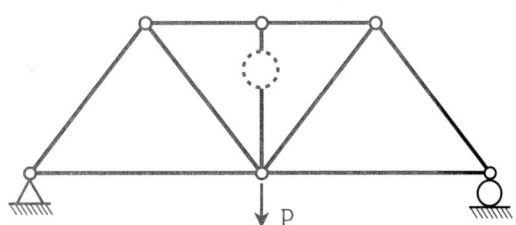

■2022년 1회■2. 그림과 같은 구조물에서 부재 AB가 받는 힘의 크기는?

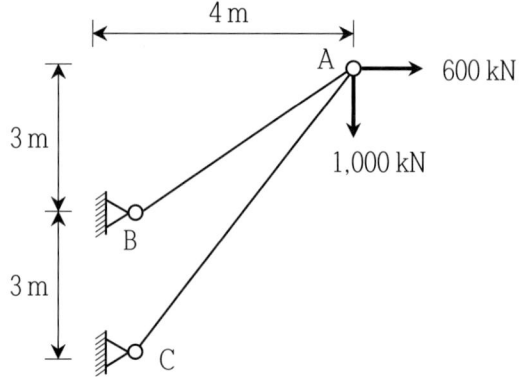

① 3166.7 kN   ② 3274.2 kN
③ 3368.5 kN   ④ 3485.4 kN

해설] ①

$\Sigma M_C = -H_B \times 3 + 1000 \times 4 + 600 \times 6 = 0$ 에서,

$H_B = 2533.33 kN(\leftarrow)$

직각삼각형 닮은비에 의해,

$F_{AB} = \dfrac{2533.33}{4} \times 5 = 3166.7 kN$

■2021년 3회■3. 그림과 같은 구조물의 C점에 연직하중이 작용할 때 AC부재가 받는 힘은?

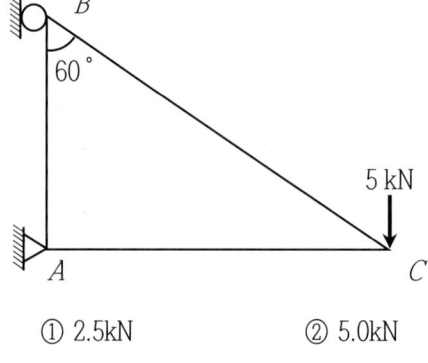

① 2.5kN   ② 5.0kN
③ 8.7kN   ④ 10.0kN

해설] ③

트러스 절점법에 의해,

$\tan 60° = \dfrac{F_{AC}}{F_{AB}} = \sqrt{3}$ 이므로,

$F_{AC} = 5\sqrt{3} = 8.7 kN$ (압축)

■2021년 3회■4. 그림과 같은 트러스에서 AC부재의 부재력은?

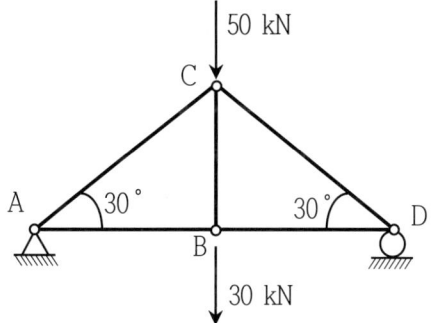

① 인장 40kN　　② 압축 40kN
③ 인장 80kN　　④ 압축 80kN

해설] ④

$R_A = \dfrac{50}{2} + \dfrac{30}{2} = 40 kN(\uparrow)$

직각삼각형 닮은 비에 의해, $\dfrac{R_A}{F_{AC}} = \sin 30° = \dfrac{1}{2}$ 에서,

$F_{AC} = 2 \times 40 = 80 kN$ (AC부재는 상현재로 압축재)

■2021년 2회■5. 그림과 같은 트러스에서 DE부재의 부재력은?

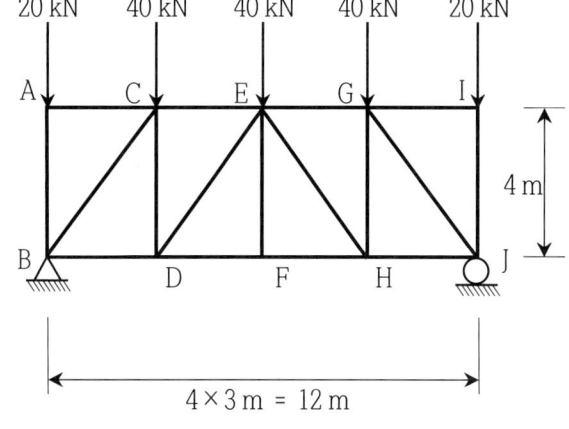

① 22 kN(인장)　　② 25 kN(인장)
③ 22 kN(압축)　　④ 25 kN(압축)

해설] ④

지점에 재하되는 20kN하중은 무시한다.

$R_B = 40 + 40/2 = 60 kN$

CE, DE, DF부재를 절단하고, $\Sigma F_y = 0$ 에서,

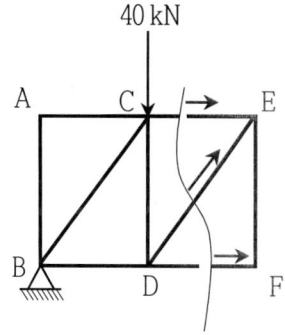

$R_B - 40 + DE \times \dfrac{4}{5} = 0$ 이므로,

$DE = -(60-40) \times \dfrac{5}{4} = -25 kN$ (압축)

■2020년 4회■6. 그림과 같은 트러스의 사재 D의 부재력은?

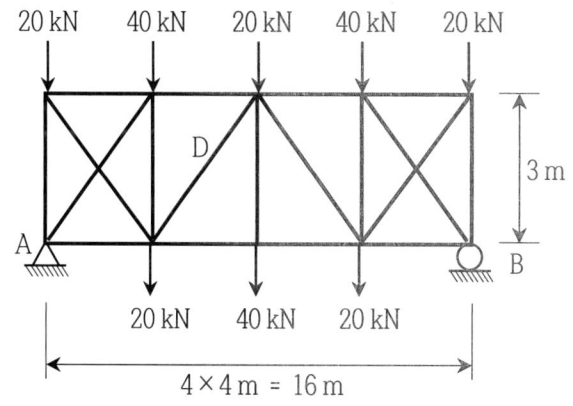

① 50kN(인장)　　② 50kN(압축)
③ 37.5kN(인장)　　④ 37.5kN(압축)

해설] ②

$R_A = 20 + 40 + 20 + 20/2 + 40/2 = 110 kN$

D부재를 포함하여 절단한 후 좌측을 선택한다.

$\Sigma F_y = 0$ 에서,

$110 - 20 - 20 - 40 + D \times \dfrac{3}{5} = 0$ 이므로, $D = -50 kN$ (압축)

■2020년 3회■7. 그림과 같은 크레인의 AB부재의 부재력은?

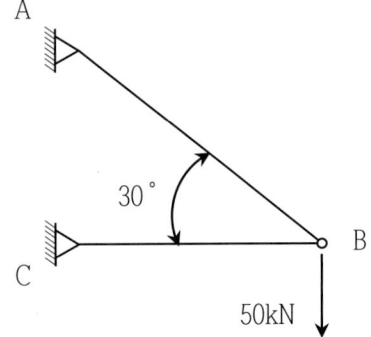

① 43 kN ② 50 kN
③ 75 kN ④ 100 kN

해설] ④

직각삼각형 닮은 비에 따라,

$\sin 30° = \dfrac{1}{2} = \dfrac{50}{F_{AB}}$ 에서, $F_{AB} = 100kN$ (인장)

■2020년 1,2회■8. 그림의 트러스에서 수직 부재 GC의 부재력은?

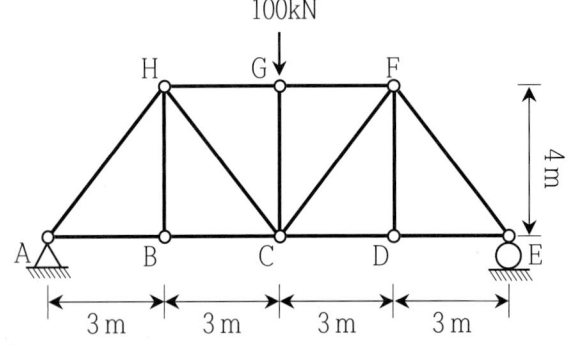

① 100kN(인장) ② 100kN(압축)
③ 50kN(인장)   ④ 50kN(압축)

해설] ②

G점에서 $\Sigma F_y = 0$이므로, $F_{GC} = 100kN$(압축)

주) 집중하중이 재하되지 않는 경우, GC부재는 영부재이다.

■2019년 2회■9. 아래 그림과 같은 트러스에서 HG부재에 일어나는 부재내력은?

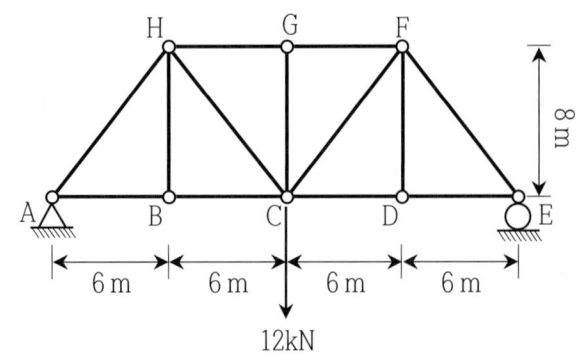

① 9kN(압축)   ② 9kN(인장)
③ 15kN(압축) ④ 15kN(인장)

해설] ①

$R_A = \dfrac{12}{2} = 6kN$이고, 트러스 절단법에 의해,

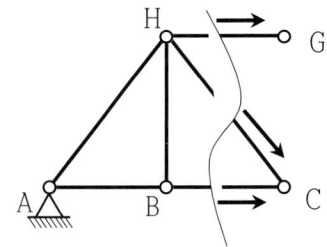

$\Sigma M_c = R_A \times 12 + HG \times 8 = 0$에서, $HG = -9kN$(압축)

■2019년 1회■10. 그림과 같은 트러스에서 부재 U의 부재력은?

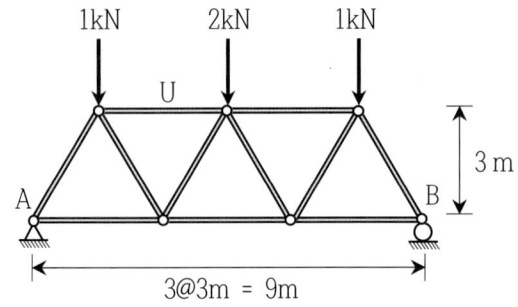

① 1.0kN(압축) ② 1.2kN(압축)
③ 1.3kN(압축) ④ 1.5kN(압축)

해설] ④

$R_A = 1 + \dfrac{2}{2} = 2kN\,(\uparrow)$

트러스 절단법에 의해, $2 \times 3 - 1 \times 1.5 + U \times 3 = 0$ 이므로,

$U = -1.5kN$ (압축)

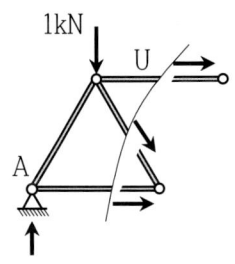

■2018년 3회■11. 다음 트러스의 부재력이 0인 부재는?

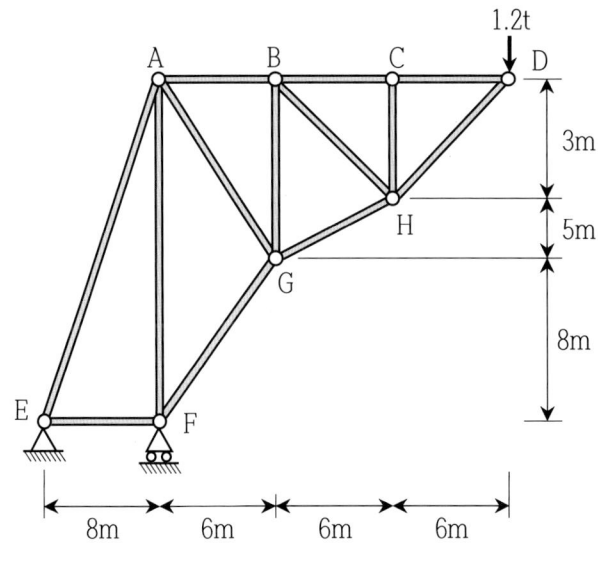

① 부재 AE

② 부재 AF

③ 부재 BG

④ 부재 CH

해설] ④

영부재 판별법ㄴ에 따라, CH부재만 영부재이다.

FGHD 구간이 직선인 경우, BH, BG, AG부재도 영부재가 된다.

■2018년 2회■12. 그림과 같은 트러스의 부재 CJ의 부재력은?

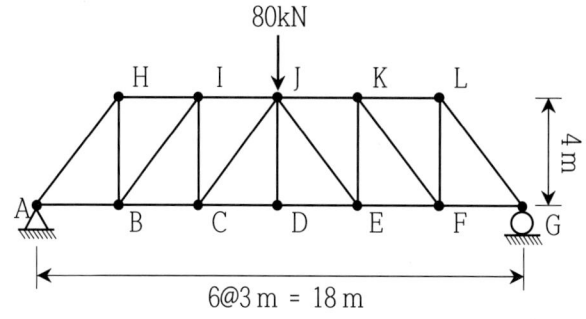

① 30kN(인장)　② 30kN(압축)

③ 40kN(압축)　④ 50kN(압축)

해설] ④

$R_A = \dfrac{80}{2} = 40kN$

CJ부재력의 역직분력 = R_A 이므로,

직각삼각형 닮은비에 따라, $F_{CJ} = \dfrac{40}{4} \times 5 = 50kN$(압축)

■2018년 1회■13. 그림과 같은 트러스의 상현재 GF의 부재력은?

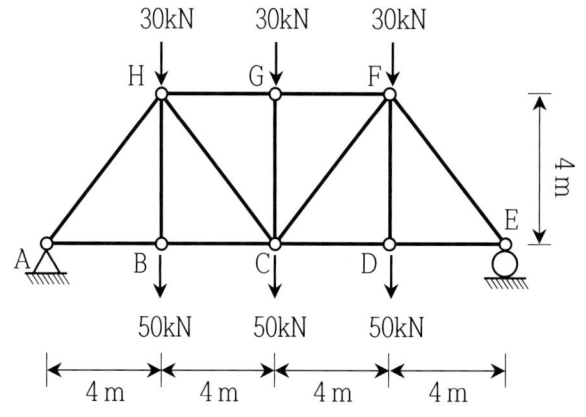

① 인장을 받으며 그 크기는 16t이다.

② 압축을 받으며 그 크기는 16t이다.

③ 인장을 받으며 그 크기는 12t이다.

④ 압축을 받으며 그 크기는 12t이다.

해설] ②

$R_B = \dfrac{9+15}{2} = 12kN$

절단법에 의해, $8 \times 4 - 12 \times 8 - U \times 4 = 0$에서,
$U = -16kN$(압축)

■2017년 3회■14. 그림과 같은 트러스에서 부재력이 0인 부재는 몇 인가?

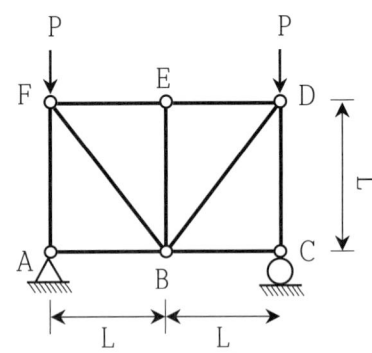

① 3개　② 4개
③ 5개　④ 7개

해설] ④
영부재 판별법에 따라, 7개

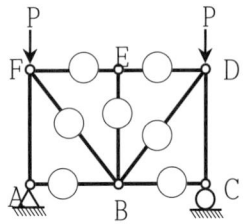

■2017년 3회■15. 그림과 같은 구조물에서 부재 AB가 받는 힘의 크기는?

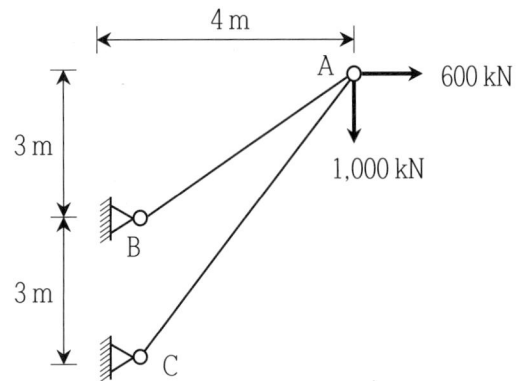

① 3166.7 kN　② 3274.2 kN
③ 3368.5 kN　④ 3485.4 kN

해설] ①

$\Sigma M_C = -H_B \times 3 + 1000 \times 4 + 600 \times 6 = 0$ 에서,

$H_B = 2533.33 kN(\leftarrow)$

직각삼각형 닮은비에 의해,

$F_{AB} = \dfrac{2533.33}{4} \times 5 = 3166.7 kN$

■2017년 2회■16. 아래 그림과 같은 트러스에서 부재 U의 부재력은?

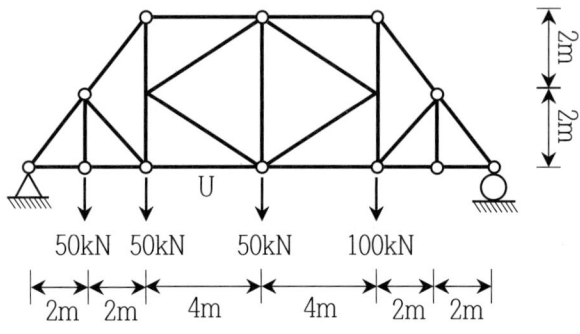

① 106.25kN(인장)

② 150.50kN(인장)

③ 150.50kN(압축)

④ 106.25kN(압축)

해설] ①

$R = \dfrac{50 \times 7}{8} + 50 \times \dfrac{3}{4} + \dfrac{50}{2} + 100 \times \dfrac{1}{4} = 131.25 kN$

절단법에 의해,

$\Sigma M = 131.25 \times 4 - 50 \times 2 - U \times 4 = 0$에서,

$U = 106.25 kN$(인장)

■2017년 1회■17. 그림과 같은 트러스에서 AC부재의 부재력은?

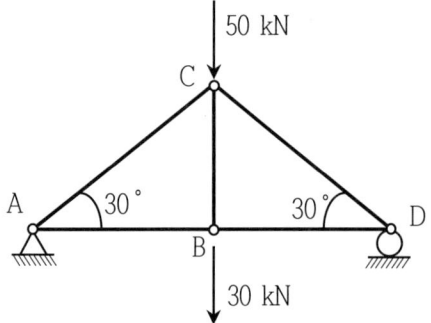

① 인장 40kN　② 압축 40kN
③ 인장 80kN　④ 압축 80kN

해설] ④

$$R_A = \frac{50}{2} + \frac{30}{2} = 40kN(\uparrow)$$

직각삼각형 닮은 비에 의해, $\frac{R_A}{F_{AC}} = \sin 30° = \frac{1}{2}$ 에서,

$F_{AC} = 2 \times 40 = 80kN$(AC부재는 상현재로 압축재)

문제유형5 단면특성치

■2022년 2회■1. 그림과 같은 단면의 상승모멘트(I_{xy})는?

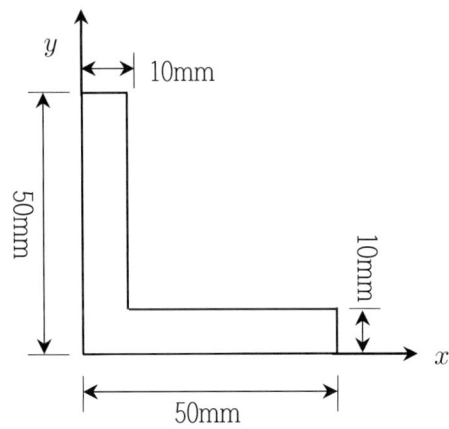

① 77,500 mm⁴

② 92,500 mm⁴

③ 122,500 mm⁴

④ 157,500 mm⁴

해설] ③

$I_{xy} = 50 \times 10 \times 25 \times 5 + 40 \times 10 \times 5 \times 30$

$\quad = 122.5 \times 10^3 mm^4$

■2022년 2회■2. 그림과 같이 한 변이 a인 정사각형 단면의 1/4 을 절취한 나머지 부분의 도심(C)의 위치(y_o)는?

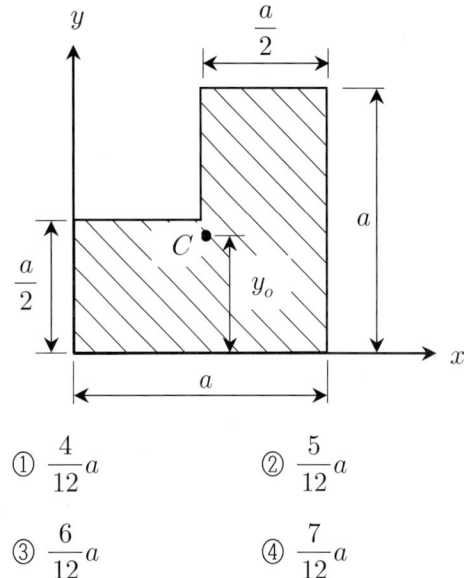

① $\frac{4}{12}a$ ② $\frac{5}{12}a$

③ $\frac{6}{12}a$ ④ $\frac{7}{12}a$

해설] ②

$(\frac{a}{2})^2 = A$로 두면,

가중평균법에 의해, $y_o = (\frac{a}{4} \times 1 + \frac{a}{2} \times 2)/3 = \frac{5a}{12}$

■2022년 1회■3. 단면 2차 모멘트의 특성에 대한 설명으로 틀린 것은?

① 단면 2차 모멘트의 최솟값은 도심에 대한 것이며 "0"이다.

② 정삼각형, 정사각형 등과 같이 대칭인 단면의 도심축에 대한 단면 2차 모멘트 값은 모두 같다.

③ 단면 2차 모멘트는 좌표축에 상관없이 항상 양(+)의 부호를 갖는다.

④ 단면 2차 모멘트가 크면 휨 강성이 크고 구조적으로 안전하다.

해설] ① 단면 2차 모멘트의 최솟값은 도심에 대한 것이고, 그 값은 항상 양수이다.

■2022년 1회■4. 그림과 같은 직사각형 보에서 중립축에 대한 단면계수 값은?

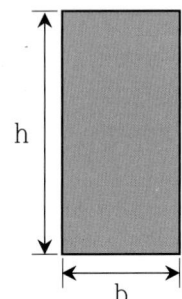

① $\dfrac{bh^2}{6}$ ② $\dfrac{bh^2}{12}$

③ $\dfrac{bh^3}{6}$ ④ $\dfrac{bh}{4}$

해설] ①

직사각형 단면의 단면계수 $Z = \dfrac{bh^2}{6}$

■2021년 3회■5. 그림과 같은 사다리꼴 단면에서 X-X'축에 대한 단면 2차 모멘트 값은?

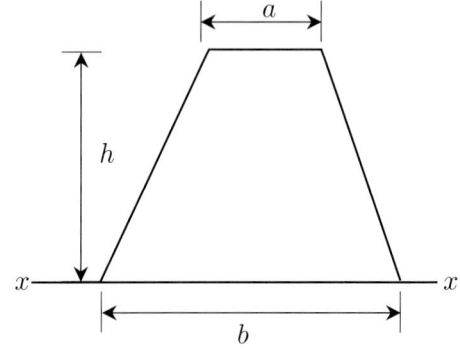

① $\dfrac{h^3}{12}(b+3a)$

② $\dfrac{h^3}{12}(b+2a)$

③ $\dfrac{h^3}{12}(3b+a)$

④ $\dfrac{h^3}{12}(2b+a)$

해설] ①

삼각형 부분(①)과 사각형 부분(②)으로 나누어서 계산한다.

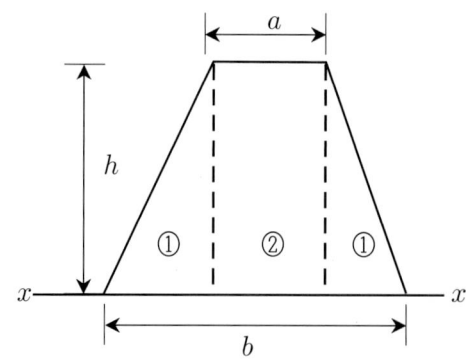

삼각형 밑변축에 대한 단면2차모멘트에서, $I_1 = \dfrac{(b-a)h^3}{12}$

사각형 밑변축에 대한 단면2차모멘트에서, $I_2 = \dfrac{ah^3}{3}$

따라서, $I_1 + I_2 = \dfrac{h^3}{12}(b-a+4a) = \dfrac{h^3}{12}(b+3a)$

■2021년 3회■6. 다음 중 정(+)과 부(-)의 값을 모두 갖는 것은?

① 단면계수

② 단면 2차 모멘트

③ 단면 2차 반지름

④ 단면 상승 모멘트

해설] ④

단면2차모멘트는 항상 양수

단면계수 $Z = \dfrac{I}{y}$ 이므로, 항상 양수

단면2차 반지름 $r = \sqrt{\dfrac{I}{A}}$ 이므로, 항상 양수

■2021년 2회■7. 지름이 D인 원형단면의 단면 2차 극모멘트(I_P)의 값은?

① $\dfrac{\pi D^4}{64}$ ② $\dfrac{\pi D^4}{32}$

③ $\dfrac{\pi D^4}{16}$ ④ $\dfrac{\pi D^4}{8}$

해설] ②

$I_P = I_x + I_y = \dfrac{\pi D^4}{64} + \dfrac{\pi D^4}{64} = \dfrac{\pi D^4}{32}$

■2021년 2회■8. 아래 그림에서 A-A축과 B-B축에 대한 음영부분의 단면 2차 모멘트가 각각 $8 \times 10^8 mm^4$, $16 \times 10^8 mm^4$ 일 때 음영 부분의 면적은?

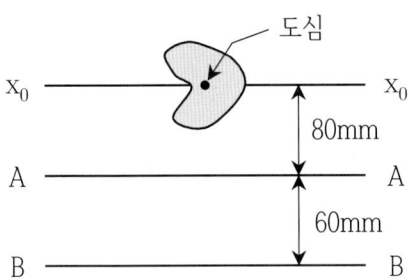

① $8.00 \times 10^4 mm^2$

② $7.52 \times 10^4 mm^2$

③ $6.60 \times 10^4 mm^2$

④ $5.73 \times 10^4 mm^2$

해설] ③

$I_A = I_{xo} + A \times 80^2 = 8 \times 10^8$

$I_B = I_{xo} + A \times 140^2 = 16 \times 10^8$

위의 두 식을 빼면,

$I_B - I_A = A(140^2 - 80^2) = (16 - 8) \times 10^8$에서,

$A = 6.061 \times 10^4 mm^2$

■2021년 1회■9. 그림과 같은 평면도형의 x-x'축에 대한 단면 2차 반경(r_x)과 단면 2차 모멘트(I_x)는?

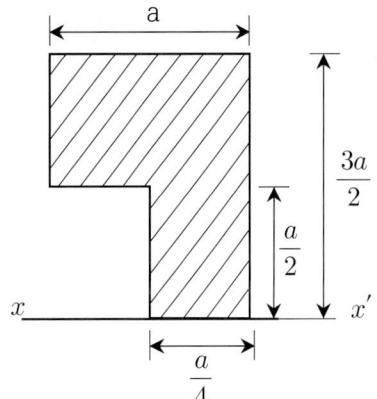

① $r_x = \dfrac{\sqrt{35}}{6}a$, $I_x = \dfrac{35}{32}a^4$

② $r_x = \dfrac{\sqrt{139}}{12}a$, $I_x = \dfrac{139}{128}a^4$

③ $r_x = \dfrac{\sqrt{129}}{12}a$, $I_x = \dfrac{129}{128}a^4$

④ $r_x = \dfrac{\sqrt{11}}{12}a$, $I_x = \dfrac{11}{128}a^4$

해설] ①

$I_x = a \times (\dfrac{3a}{2})^3 \times \dfrac{1}{3} - \dfrac{3a}{4} \times (\dfrac{a}{2})^3 \times \dfrac{1}{3}$

$= \dfrac{a^4}{2^3} \times \dfrac{36-1}{4} = \dfrac{35}{32}a^4$

$A = a \times \dfrac{3}{2}a - \dfrac{3}{4}a \times \dfrac{a}{2} = \dfrac{3a^2}{2}(1 - \dfrac{1}{4}) = \dfrac{9a^2}{8}$

$r_x = \sqrt{\dfrac{I}{A}} = \sqrt{\dfrac{35a^4/32}{9a^2/8}} = \dfrac{\sqrt{35}}{6}a$

■2021년 1회■10. 그림에서 직사각형의 도심축에 대한 단면 상승 모멘트(I_{xy})의 크기는?

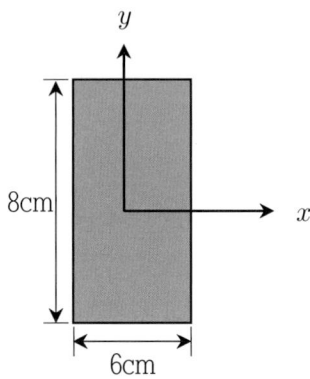

① $0 cm^4$

② $142 cm^4$

③ $256 cm^4$

④ $576 cm^4$

해설] ①

관성주축에 대한 단면상승모멘트는 0이다.

■2020년 4회■11. 다음 중 정(+)의 값뿐만 아니라 부(-)의 값도 갖는 것은?

① 단면계수

② 단면 2차 반지름

③ 단면 상승 모멘트

④ 단면 2차 모멘트

해설] ③

단면2차모멘트는 항상 양수

단면계수 $Z = \dfrac{I}{y}$ 이므로, 항상 양수

단면2차 반지름 $r = \sqrt{\dfrac{I}{A}}$ 이므로, 항상 양수

■2020년 4회■12. 그림과 같은 단면의 A-A축에 대한 단면 2차 모멘트는?

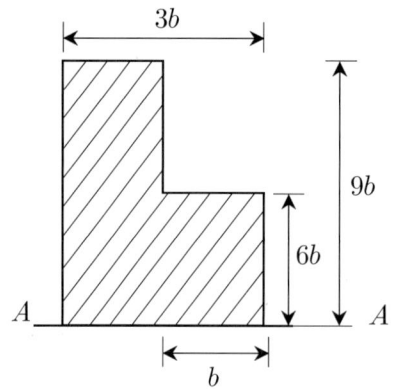

① $558b^4$

② $623b^4$

③ $685b^4$

④ $729b^4$

해설] ①

$$I = \frac{2b \times (9b)^3}{3} + \frac{b \times (6b)^3}{3} = 558b^4$$

■2020년 3회■13. 그림과 같은 1/4 원 중에서 음영부분의 도심까지 위치 $\bar{y}$는?

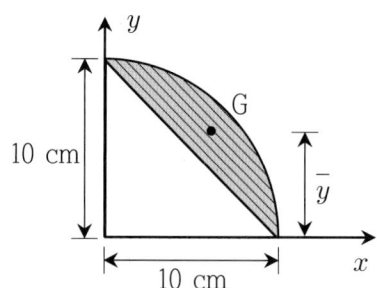

① 4.94 cm

② 5.20 cm

③ 5.84 cm

④ 7.81 cm

해설] ③

모멘트 1법칙에 따라,

$$\bar{y} = \frac{\pi \times 10^2/4 \times 4 \times 10/(3\pi) - 10^2/2 \times 10/3}{\pi \times 10^2/4 - 10^2/2} = 5.84 cm$$

■2020년 3회■14. 그림과 같은 도형에서 빗금 친 부분에 대한 x, y축의 단면 상승 모멘트(I_{xy})는?

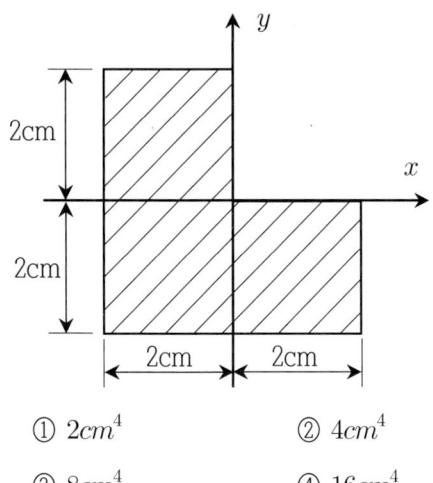

① $2cm^4$ ② $4cm^4$
③ $8cm^4$ ④ $16cm^4$

해설] ②
$A = 2 \times 2 = 4cm^2$이라 두면,
$I_{1xy} = A \times (-1) \times (+1) = -A$
$I_{2xy} = A \times (-1) \times (-1) = A$
$I_{1xy} = A \times (+1) \times (-1) = -A$
$I_{xy} = I_{1xy} + I_{2xy} + I_{3xy} = -A = -4cm^4$

■2020년 1,2회■15. 그림과 같은 단면을 갖는 부재(A)와 부재(B)가 있다. 동일조건의 보에 사용하고 재료의 강도도 같다면, 힘에 대한 강성을 비교한 설명으로 옳은 것은?

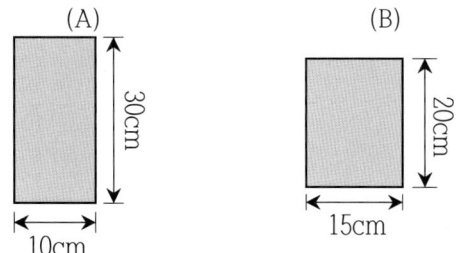

① 보(A)는 보(B) 보다 힘에 대한 강성이 2.0배 크다.
② 보(B)는 보(A) 보다 힘에 대한 강성이 2.0배 크다.
③ 보(A)는 보(B) 보다 힘에 대한 강성이 1.5배 크다.
④ 보(B)는 보(A) 보다 힘에 대한 강성이 1.5배 크다.

해설] 정답없음
휨강성 $k = \dfrac{EI}{L}$에서, 동일조건에서 단면만 다르므로 I만 비교한다.
폭 10cm, 높이 10cm인 단면2차모멘트를 I라 두면,
$I_A = 3^3 I = 27I$, $I_B = 1.5 \times 2^3 I = 12I$이므로,
$I_A : I_B = 9 : 4$에서, 보(A)가 보(B)보다 휨에 대한 강성이 2.25배 크다.
[참조] 휨응력을 비교하는 경우,
$Z_A = 2^3 Z = 8Z$, $Z_B = 1.5 \times 2^2 Z = 6Z$이므로,
$Z_A : Z_B = 4 : 3 = \sigma_B : \sigma_A$

■2020년 1,2회■16. 다음 중 정(+)의 값뿐만 아니라 부(-)의 값도 갖는 것은?
① 단면계수   ② 단면 2차 반지름
③ 단면 2차 모멘트   ④ 단면 상승 모멘트

해설] ④
단면2차모멘트는 항상 양수
단면계수 $Z = \dfrac{I}{y}$ 이므로, 항상 양수
단면2차 반지름 $r = \sqrt{\dfrac{I}{A}}$ 이므로, 항상 양수

■2019년 3회■17. 단면의 성질에 대한 설명으로 틀린 것은?
① 단면2차 모멘트의 값은 항상 0보다 크다.
② 도심 측에 대한 단면1차 모멘트의 값은 항상 0이다.
③ 단면 상승 모멘트의 값은 항상 0보다 크거나 같다.
④ 단면2차 극모멘트의 값은 항상 극을 원점으로 하는 두 직교좌표축에 대한 단면2차 모멘트의 합과 같다.

해설] ③
단면상승모멘트는 음수일 수도 있다.

■2019년 3회■18. 그림과 같은 단면의 단면 상승 모멘트 I_{xy}는?

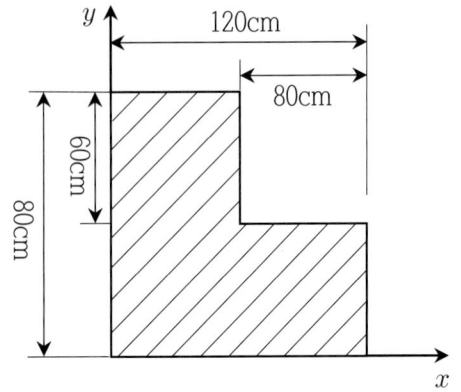

① $3,360,000cm^4$ ② $3,520,000cm^4$
③ $3,840,000cm^4$ ④ $4,000,000cm^4$

해설] ③

$I_{xy} = 120 \times 20 \times 10 \times 60 + 60 \times 40 \times 20 \times 50$
$= 3,840,000cm^4$

■2019년 2회■19. 아래 그림과 같은 불규칙한 단면의 x_2축에 대한 단면 2차 모멘트는 $35 \times 10^6 mm^4$ 이다. 단면의 총면적이 $1.2 \times 10^4 \ mm^2$ 이라면, x_1축에 대한 단면 2차모멘트는? (단, x_o축은 단면의 도심을 통과한다.)

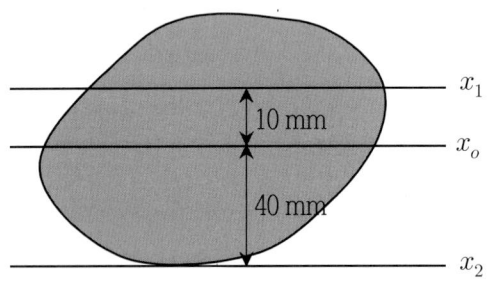

① $17 \times 10^6 mm^4$ ② $15.8 \times 10^6 mm^4$
③ $17 \times 10^5 mm^4$ ④ $15.8 \times 10^5 mm^4$

해설] ①

$I_{x2} = I_{xo} + 1.2 \times 10^4 \times 40^2 = 35 \times 10^6$ 에서,
$I_{xo} = 15.8 \times 10^6 mm^4$
$I_{x1} = I_{xo} + 1.2 \times 10^4 \times 10^2 = 17 \times 10^6 mm^4$

■2019년 2회■20. 그림과 같이 폭(b)와 높이(h)가 모두 12cm인 이등변삼각형의 x, y축에 대한 단면상승모멘트 I_{xy}는?

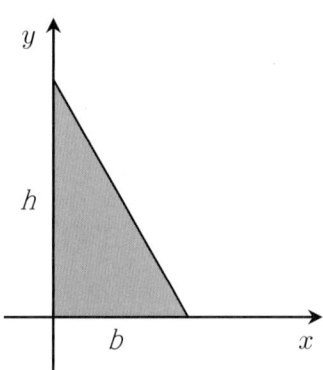

① $576 \ cm^4$ ② $642 \ cm^4$
③ $768 \ cm^4$ ④ $864 \ cm^4$

해설] ④
직각삼각형의 단면상승모멘트
$I_{xy} = \dfrac{b^2 h^2}{24} = \dfrac{12^4}{24} = 864 cm^4$

■2019년 1회■21. 지름이 d인 원형 단면의 회전반경은?
① d/2   ② d/3
③ d/4   ④ d/8

해설] ③
원형단면의 핵반경 $e_{max} = \dfrac{Z}{A} = \dfrac{d}{4}$

■2019년 1회■22. 각 변의 길이가 a로 동일한 그림 A, B 단면의 성질에 관한 내용으로 옳은 것은?

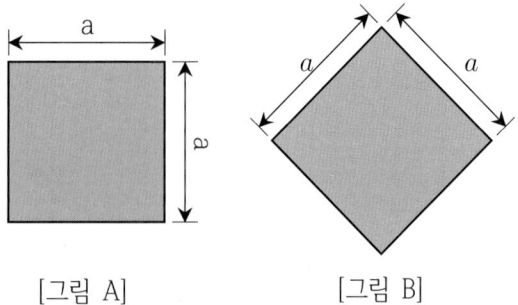

[그림 A]   [그림 B]

① 그림 A는 그림 B보다 단면계수는 작고, 단면 2차 모멘트는 크다.
② 그림 A는 그림 B보다 단면계수는 크고, 단면 2차 모멘트는 작다.
③ 그림 A는 그림 B보다 단면계수는 크고, 단면 2차 모멘트는 같다.
④ 그림 A는 그림 B보다 단면계수는 작고, 단면 2차 모멘트는 같다.

해설] ③
정다각형의 도심에 대한 단면2차모멘트는 단면의 회전에 관계없이 일정하므로, $I_A = I_B$

$Z_A = \dfrac{I}{y_A} = \dfrac{I}{a/2}$, $Z_B = \dfrac{I}{y_B} = \dfrac{I}{\sqrt{2}a/2} < Z_A$

■2018년 3회■23. 그림과 같이 지름 d인 원형단면에서 최대 단면계수를 갖는 직사각형 단면을 얻으려면 b/h는?

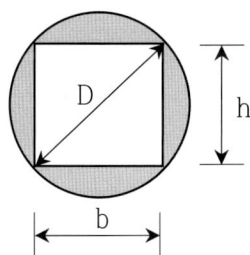

① 1
② $\dfrac{1}{2}$
③ $\dfrac{1}{\sqrt{2}}$
④ $\dfrac{1}{\sqrt{3}}$

해설] ③
[Lagrange Multiplier]
① 최적화 함수 수립

$F = Z - \lambda g = \dfrac{bh^2}{6} - \lambda(b^2 + h^2 - d^2)$

② 편미분방정식 수립

$\dfrac{\partial F}{\partial b} = \dfrac{h^2}{6} - 2\lambda b = 0$ ------------------- 1)

$\dfrac{\partial F}{\partial h} = \dfrac{2bh}{6} - 2h\lambda = 0$ ------------------- 2)

$\dfrac{\partial F}{\partial \lambda} = b^2 + h^2 - d^2 = 0$ ------------------- 3)

③ 편미분방정식의 연립

식 2)에서, $\dfrac{b}{6} = \lambda$ 이고, 이를 식 1)에 대입하면,

$\dfrac{h^2}{6} - 2 \times \dfrac{b}{6} \times b = 0$ 이므로, $\dfrac{h^2}{2} = b^2$

따라서, $b : h = 1 : \sqrt{2}$

■2018년 3회■24. 다음 그림과 같은 T형 단면에서 $x-x$축에 대한 회전반지름(r)은?

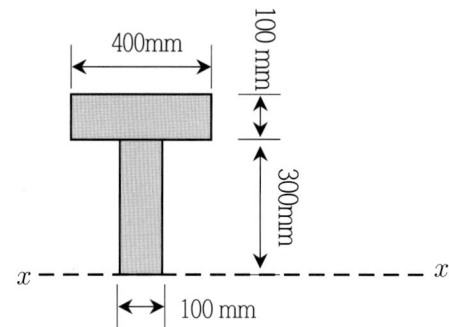

① 227mm
② 289mm
③ 334mm
④ 376mm

해설] ②

$I_x = \dfrac{400 \times 400^3 - 300 \times 300^3}{3} = 5.833 \times 10^9 mm^4$

$A = 400 \times 100 + 300 \times 100 = 70 \times 10^3 mm^2$

$r_x = \sqrt{\dfrac{I_x}{A}} = \sqrt{\dfrac{5.833 \times 10^9}{70 \times 10^3}} = 288.7mm$

■2018년 2회■25. 정삼각형의 도심(G)을 지나는 여러 축에 대한 단면 2차 모멘트의 값에 대한 다음 설명 중 옳은 것은?

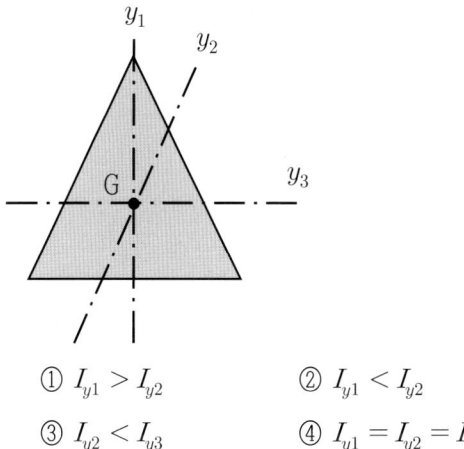

① $I_{y1} > I_{y2}$
② $I_{y1} < I_{y2}$
③ $I_{y2} < I_{y3}$
④ $I_{y1} = I_{y2} = I_{y3}$

해설] ④
정다각형 도심에 대한 단면2차모멘트는 축의 회전과 관계없이 일정하다.

■2018년 2회■26. 다음 T형 단면에서 x축에 관한 단면 2차 모멘트 값은?

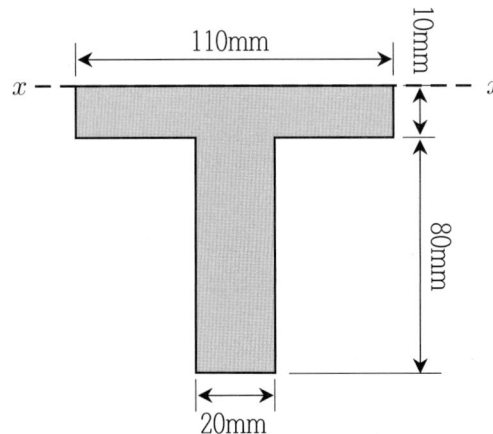

① $4.13 \times 10^6 mm^4$ ② $4.66 \times 10^6 mm^4$
③ $4.89 \times 10^6 mm^4$ ④ $5.12 \times 10^6 mm^4$

해설] ③

$$I_x = \frac{90 \times 10^3 + 20 \times 90^3}{3} = 4.89 \times 10^6 mm^4$$

■2018년 1회■27. 다음 단면에서 y축에 대한 회전반지름은?

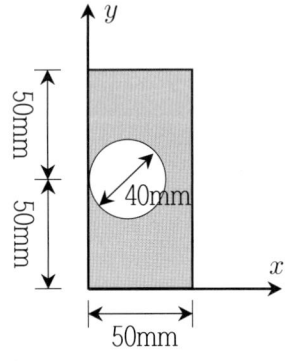

① 30.7mm   ② 32.0mm
③ 38.1mm   ④ 42.4mm

해설] ①

$$I_y = \frac{100 \times 50^3}{3} - \frac{5\pi \times 20^4}{4} = 3.538 \times 10^6 mm^4$$

$$A = 100 \times 50 - \pi \times 20^2 = 3.743 \times 10^3 mm^2$$

$$r_y = \sqrt{\frac{I_y}{A}} = \sqrt{\frac{3.538 \times 10^6}{3.743 \times 10^3}} = 30.75 mm$$

■2018년 1회■28. 다음 그림과 같은 T형 단면에서 도심축 C-C축의 위치 X는?

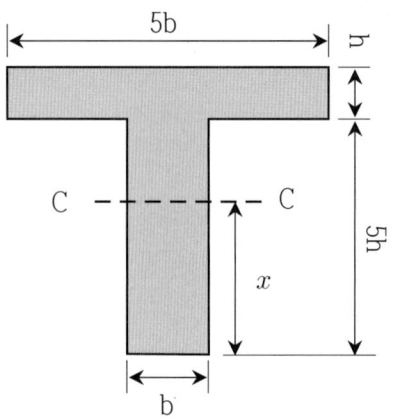

① 2.5h   ② 3.0h
③ 3.5h   ④ 4.0h

해설] ④
가중평균법에 의해,
$$x = \frac{1 \times 2.5h + 1 \times 5.5h}{2} = 4h$$

■2017년 3회■29. 그림과 같은 단면의 단면 상승모멘트(I_{xy})는?

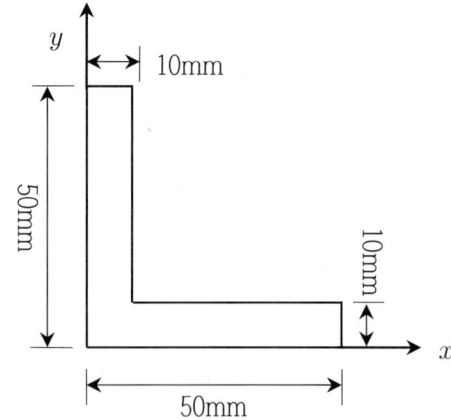

① $72.8 \times 10^3 mm^4$ ② $93.6 \times 10^3 mm^4$
③ $122.5 \times 10^3 mm^4$ ④ $164.5 \times 10^3 mm^4$

해설] ③
$$I_{xy} = 50 \times 10 \times 25 \times 5 + 40 \times 10 \times 5 \times 30$$
$$= 122.5 \times 10^3 mm^3$$

■2017년 3회■30. 단면적이 A이고, 단면 2차 모멘트가 I인 단면의 단면 2차 반경(r)은?

① $r = \dfrac{I}{A}$ ② $r = \dfrac{A}{I}$

③ $r = \dfrac{\sqrt{I}}{A}$ ④ $r = \sqrt{\dfrac{I}{A}}$

해설] ④

■2017년 2회■31. 주어진 단면의 도심을 구하면?

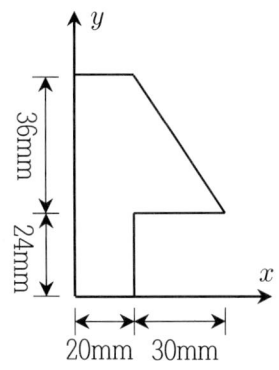

① $\bar{x} = 16.2mm,\quad \bar{y} = 31.9mm$

② $\bar{x} = 31.9mm,\quad \bar{y} = 16.2mm$

③ $\bar{x} = 18.5mm,\quad \bar{y} = 38.2mm$

④ $\bar{x} = 38.2mm,\quad \bar{y} = 18.5mm$

해설] ①

$\bar{x} = \dfrac{60 \times 20 \times 10 + 30 \times 36/2 \times 30}{60 \times 20 + 30 \times 36/2} = 16.2mm$

$\bar{y} = \dfrac{60 \times 20 \times 30 + 36 \times 30/2 \times 36}{60 \times 20 + 36 \times 30/2} = 31.9mm$

■2017년 2회■32. 다음 중 정(+)의 값 뿐만 아니라. 부(-)의 값도 갖는 것은?

① 단면계수 ② 단면 2차 모멘트
③ 단면 2차 반경 ④ 단면 상승 모멘트

해설] ④

단면2차모멘트는 항상 양수

단면계수 $Z = \dfrac{I}{y}$ 이므로, 항상 양수

단면2차 반지름 $r = \sqrt{\dfrac{I}{A}}$ 이므로, 항상 양수

■2017년 1회■33. 그림과 같은 사다리꼴 단면에서 x축에 대한 단면 2차모멘트 값은?

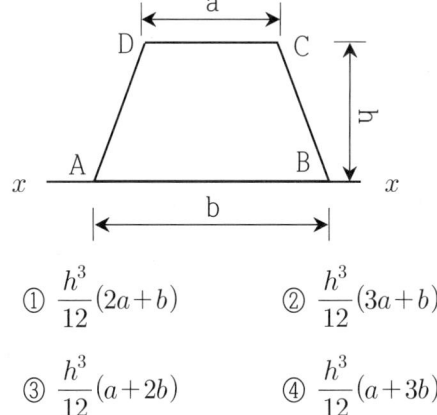

① $\dfrac{h^3}{12}(2a+b)$ ② $\dfrac{h^3}{12}(3a+b)$

③ $\dfrac{h^3}{12}(a+2b)$ ④ $\dfrac{h^3}{12}(a+3b)$

해설] ④

$I = \dfrac{ah^3}{3} + \dfrac{(b-a)h^3}{4} = \dfrac{h^3}{12}(4a - 3a + 3b)$

$= \dfrac{h^3}{12}(a+3b)$

■2017년 1회■34. 단면 2차모멘트의 특성에 대한 설명으로 옳지 않은 것은?

① 도심축에 대한 단면 2차모멘트는 0이다.
② 단면 2차모멘트는 항상 정(+)의 값을 갖는다.
③ 단면 2차모멘트가 큰 단면은 휨에 대한 강성이 크다.
④ 정다각형의 도심축에 대한 간면 2차모멘트는 축이 회전해도 일정하다.

해설] ①
도심축에 대한 단면 2차모멘트는 최소값으로 항상 양수이다.

문제유형6   재료특성치와 축응력

■2022년 2회■1. 그림과 같이 이축응력을 받고 있는 요소의 체적변형률은? (단, 탄성계수(E)는 $2×10^5$ MPa, 푸아송 비(ν)는 0.3 이다.)

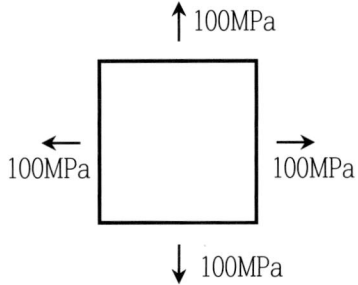

① $2.7×10^{-4}$ ② $3.0×10^{-4}$
③ $3.7×10^{-4}$ ④ $4.0×10^{-4}$

해설] ④
체적변형율
$$e = \frac{1-2\nu}{E}(\sigma_x + \sigma_y + \sigma_z)$$
$$= \frac{1-2×0.3}{2×10^5}×(100+100) = 4×10^{-4}$$

■2022년 2회■2. 그림과 같이 봉에 작용하는 힘들에 의한 봉 전체의 수직 처짐의 크기는?

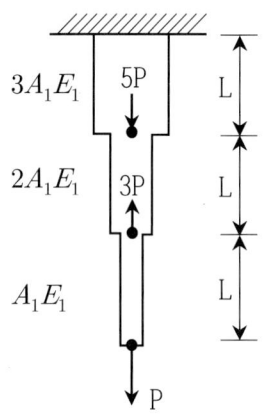

① $\dfrac{PL}{E_1 A_1}$ ② $\dfrac{2PL}{3E_1 A_1}$
③ $\dfrac{4PL}{3E_1 A_1}$ ④ $\dfrac{3PL}{2E_1 A_1}$

해설] ①
$$\Sigma\delta = \Sigma(\frac{PL}{EA}) = \frac{L}{E_1}(\frac{P}{A_1} - \frac{2P}{2A_1} + \frac{3P}{3A_1}) = \frac{PL}{E_1 A_1}$$

■2022년 1회■3. 전단탄성계수(G)가 81,000MPa, 전단응력(τ)이 81MPa이면 전단변형률(γ)의 값은?

① 0.1 ② 0.01
③ 0.001 ④ 0.0001

해설] ③
$\tau = G\gamma = 81 = 81000×\gamma$ 에서, $\gamma = \dfrac{1}{1000} = 0.001$

■2022년 1회■4. 어떤 금속의 탄성계수(E)가 $21×10^4 MPa$이고, 전단 탄성계수(G)가 $8×10^4 MPa$일 때, 금속의 푸아송 비는?

① 0.3075 ② 0.3125
③ 0.3275 ④ 0.3325

해설] ②
$G = \dfrac{E}{2(1+\nu)}$ 에서, $8×10^4 = \dfrac{21×10^4}{2(1+\nu)}$ 이므로,
$16(1+\nu) = 21$에서, $\nu = 0.3125$

■2021년 3회■5. 그림과 같은 인장부재의 수직변위를 구하는 식으로 옳은 것은? (단, 탄성계수는 E이다.)

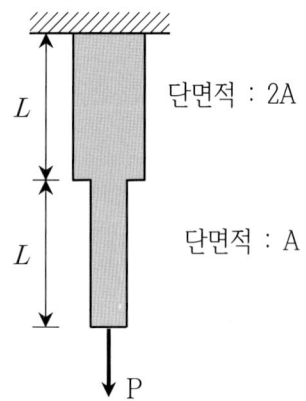

① $\dfrac{PL}{EA}$ ② $\dfrac{3PL}{2EA}$
③ $\dfrac{2PL}{EA}$ ④ $\dfrac{5PL}{2EA}$

해설] ②

$$\delta = \Sigma \frac{PL}{EA} = \frac{PL}{2EA} + \frac{PL}{EA} = \frac{3PL}{2EA}$$

■2021년 3회■6. 그림과 같이 이축응력(二軸應力) 받고 있는 요소의 체적변형률은? (단, 이 요소의 탄성계수 $E=2\times10^5 MPa$, 푸아송 비 $\nu=0.3$이다.)

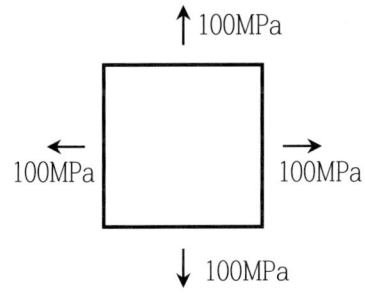

① 3.6×10^{-4} ② 4.0×10^{-4}

③ 4.4×10^{-4} ④ 4.8×10^{-4}

해설] ②

체적변형율

$$e = \frac{1-2\nu}{E}(\sigma_x + \sigma_y + \sigma_z)$$

$$= \frac{1-2\times0.3}{2\times10^5} \times (100+100) = 4\times10^{-4}$$

■2021년 2회■7. 재료의 역학적 성질 중 탄성계수를 E, 전단탄성계수를 G, 푸아송 수를 m이라 할 때 각 성질의 상호관계식으로 옳은 것은?

① $G=\frac{E}{2(m-1)}$ ② $G=\frac{E}{2(m+1)}$

③ $G=\frac{mE}{2(m-1)}$ ④ $G=\frac{mE}{2(m+1)}$

해설] ④

$$G = \frac{E}{2(1+\nu)} = \frac{mE}{2(m+1)}$$

■2020년 4회■8. 탄성계수(E), 전단 탄성계수(G), 푸아송 수(m) 간의 관계를 옳게 표시한 것은?

① $G=\frac{mE}{2(m+1)}$ ② $G=\frac{m}{2(m+1)}$

③ $G=\frac{E}{2(m+1)}$ ④ $G=\frac{mE}{2(m-1)}$

해설] ①

■2020년 4회■9. 그림과 같이 이축응력(二軸應力)을 받는 정사각형 요소의 체적변형률은? (단, 이 요소의 탄성계수 $E=2\times10^5 MPa$, 푸아송 비 $\nu=0.3$이다.)

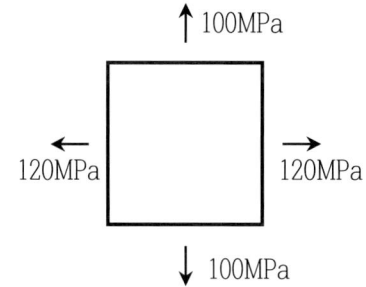

① 3.6×10^{-4} ② 4.4×10^{-4}

③ 4.8×10^{-4} ④ 6.4×10^{-4}

해설] ②

체적변형율

$$e = \frac{1-2\nu}{E}(\sigma_x + \sigma_y + \sigma_z)$$

$$= \frac{1-2\times0.3}{2\times10^5} \times (100+120) = 4.4\times10^{-4}$$

■2020년 3회■10. 지름 50mm, 길이 2m의 봉을 길이방향으로 당겼더니 길이가 2mm 늘어났다면, 이 때 봉의 지름은 얼마나 줄어드는가? (단, 이 봉의 푸아송 비는 0.3 이다.)

① 0.015 mm ② 0.030 mm

③ 0.045 mm ④ 0.060 mm

해설] ①

$$\nu = \frac{\epsilon_d}{\epsilon_l} = \frac{\delta_d/50}{2/200} = 0.3 \text{에서, } \delta_d = 0.015mm$$

■2020년 1,2회■11. 탄성계수(E)가 $2.1 \times 10^5 MPa$, 푸아송 비(ν)가 0.25일 때 전단탄성계수(G)의 값은?

① $8.4 \times 10^4 MPa$ ② $9.8 \times 10^4 MPa$
③ $1.5 \times 10^5 MPa$ ④ $2.1 \times 10^5 MPa$

해설] ①

$G = \dfrac{E}{2(1+\nu)} = \dfrac{2.1 \times 10^5}{2(2+0.25)} = 8.4 \times 10^4 MPa$

■2020년 1,2회■12. 길이 5m의 철근을 200MPa의 인장응력으로 인장하였더니 그 길이가 5mm만큼 늘어났다고 한다. 이 철근의 탄성계수는? (단, 철근의 지름은 20mm이다.)

① $2 \times 10^4 MPa$ ② $2 \times 10^5 MPa$
③ $6.4 \times 10^4 MPa$ ④ $6.4 \times 10^5 MPa$

해설] ②

$\sigma = E\epsilon = E\dfrac{\delta}{l}$ 에서, $200 = E \times \dfrac{5}{5000}$ 이므로,

$E = 2 \times 10^5 MPa$

■2019년 3회■13. 어떤 금속의 탄성계수(E)가 $21 \times 10^4 MPa$이고, 전단 탄성계수(G)가 $8 \times 10^4 MPa$일 때, 금속의 푸아송 비는?

① 0.3075 ② 0.3125
③ 0.3275 ④ 0.3325

해설] ②

$G = \dfrac{E}{2(1+\nu)} = \dfrac{21}{2(1+\nu)} = 8$ 에서, $\nu = 0.3125$

■2019년 3회■14. 길이 5m, 단면적 $10cm^2$의 강봉을 0.5mm 늘이는 데 필요한 인장력은? (단, 탄성계수 $2 \times 10^5 MPa$이다.)

① 20 kN ② 30 kN
③ 40 kN ④ 50 kN

해설] ①

$\delta = 0.5 = \dfrac{PL}{EA} = \dfrac{P \times 5 \times 10^3}{2 \times 10^5 \times 10 \times 10^2}$ 에서, $P = 20 kN$

■2019년 2회■15. 탄성계수 E, 전단탄성계수 G, 푸아송 수 m 사이의 관계가 옳은 것은?

① $G = \dfrac{E}{2(m+1)}$ ② $G = \dfrac{E}{2(m-1)}$
③ $G = \dfrac{mE}{2(m+1)}$ ④ $G = \dfrac{mE}{2(m-1)}$

해설] ③

$G = \dfrac{E}{2(1+\nu)} = \dfrac{mE}{2(m+1)}$

■2019년 2회■16. 그림과 같이 이축응력을 받고 있는 요소의 체적변형률은? (단, 탄성계수 $E = 2 \times 10^5 MPa$, 푸아송 비 $\nu = 0.3$)

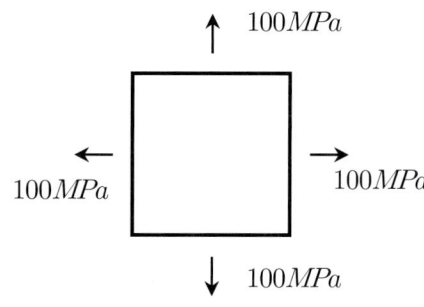

① 2.0×10^{-4} ② 3.2×10^{-4}
③ 3.7×10^{-4} ④ 4.0×10^{-4}

해설] ④
체적변형율

$e = \dfrac{1-2\nu}{E}(\sigma_x + \sigma_y + \sigma_z)$

$= \dfrac{1-2 \times 0.3}{2 \times 10^5} \times (100+100) = 4 \times 10^{-4}$

■2018년 3회■17. 다음 인장부재의 수직변위를 구하는 식으로 옳은 것은? (단, 탄성계수는 E)

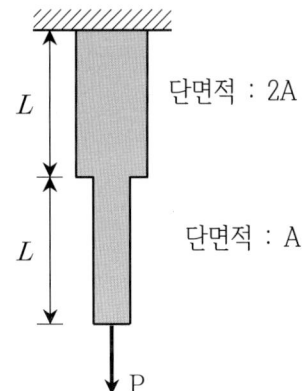

① $\dfrac{PL}{EA}$ ② $\dfrac{3PL}{2EA}$

③ $\dfrac{2PL}{EA}$ ④ $\dfrac{5PL}{2EA}$

해설] ②

$\delta = \Sigma \dfrac{PL}{EA} = \dfrac{PL}{2EA} + \dfrac{PL}{EA} = \dfrac{3PL}{2EA}$

■2018년 3회■18. 어떤 재료의 탄성계수를 E, 전단 탄성계수를 G라 할때 G와 E의 관계식으로 옳은 것은? (단, 이 재료의 프와송비는 ν이다.)

① $G = \dfrac{E}{2(1-\nu)}$

② $G = \dfrac{E}{2(1+\nu)}$

③ $G = \dfrac{E}{2(1-2\nu)}$

④ $G = \dfrac{E}{2(1+2\nu)}$

해설] ②

전단탄성계수 $G = \dfrac{E}{2(1+\nu)}$

■2018년 2회■19. 다음과 같은 부재에서 길이의 변화량(δ)은 얼마인가? (단, 보는 균일하며 단면적 A와 탄성계수 E는 일정하다.)

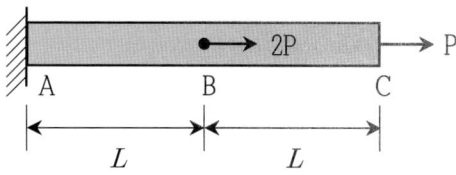

① $\dfrac{4PL}{EA}$

② $\dfrac{4PL}{EA}$

③ $\dfrac{4PL}{EA}$

④ $\dfrac{4PL}{EA}$

해설] ①

$\delta = \Sigma \left(\dfrac{PL}{EA}\right) = \dfrac{3PL}{EA} + \dfrac{PL}{EA} = \dfrac{4PL}{EA}$

■2018년 2회■20. 체적탄성계수 K를 탄성계수 E와 프와송비 ν로 옳게 표시한 것은?

① $K = \dfrac{E}{3(1-2\nu)}$

② $K = \dfrac{2E}{3(1-2\nu)}$

③ $K = \dfrac{E}{3(1+2\nu)}$

④ $K = \dfrac{2E}{3(1+2\nu)}$

해설] ①

체적탄성계수와 탄성계수의 관계 $K = \dfrac{E}{3(1-2\nu)}$

■2018년 1회■21. 그림과 같은 단면적 A, 탄성계수 E인 기둥에서 줄음량을 구한 값은?

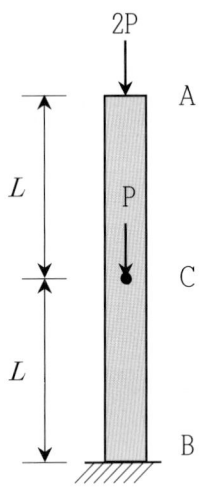

① $\dfrac{2PL}{EA}$

② $\dfrac{3PL}{EA}$

③ $\dfrac{4PL}{EA}$

④ $\dfrac{5PL}{EA}$

해설] ④

$\delta = \Sigma\left(\dfrac{PL}{EA}\right) = \dfrac{2PL}{EA} + \dfrac{3PL}{EA} = \dfrac{5PL}{EA}$

■2017년 3회■22. 탄성계수(E)가 $2.1 \times 10^5 MPa$, 푸아송 비(ν)가 0.25일 때 전단탄성계수(G)의 값은?

① $8.4 \times 10^4 MPa$

② $9.8 \times 10^4 MPa$

③ $1.5 \times 10^5 MPa$

④ $2.1 \times 10^5 MPa$

해설] ①

$G = \dfrac{E}{2(1+\nu)} = \dfrac{2.1 \times 10^5}{2(2+0.25)} = 8.4 \times 10^4 MPa$

■2017년 2회■23. 그림과 같은 직육면체의 윗면에 전단력 V=54kN이 작용하여 그림(b)와 같이 상면이 옆으로 6mm만큼의 변형이 발생되었다. 재료의 전단탄성계수(G)는 얼마인가?

[그림(a)]

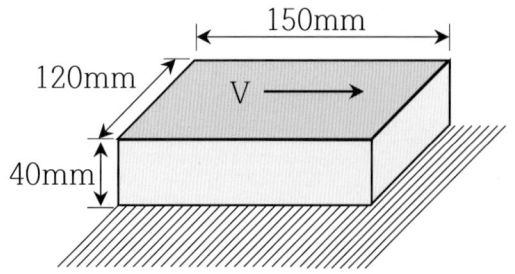

[그림(b)]

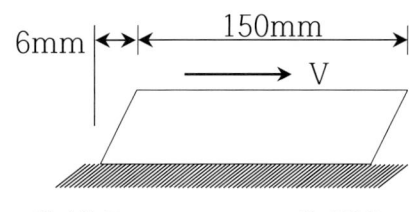

① 10MPa ② 15MPa

③ 20MPa ④ 25MPa

해설] ③

$\delta = \dfrac{VL}{GA} = 6 = \dfrac{54 \times 10^3 \times 40}{G \times 120 \times 150}$ 에서, $G = 20MPa$

■2017년 2회■24. 체적탄성계수 K를 탄성계수 E와 프와송비 ν로 옳게 표시한 것은?

① $K = \dfrac{2E}{3(1-2\nu)}$

② $K = \dfrac{2E}{3(1+2\nu)}$

③ $K = \dfrac{E}{3(1+2\nu)}$

④ $K = \dfrac{E}{3(1-2\nu)}$

해설] ④

체적탄성계수와 탄성계수의 관계 $K = \dfrac{E}{3(1-2\nu)}$

■2017년 1회■25. 지름 20mm, 길이 2m인 강봉에 30kN의 인장하중을 작용시킬 때 길이가 10mm가 늘어났고, 지름이 0.02mm 줄어 들었다. 이 때 전단 탄성계수는 약 얼마인가?

① $6.23 \times 10^3 MPa$

② $7.96 \times 10^3 MPa$

③ $8.56 \times 10^3 MPa$

④ $9.12 \times 10^3 MPa$

해설] ②

$\sigma = \dfrac{P}{A} = E\epsilon$ 에서,

$E = \dfrac{PL}{A\delta} = \dfrac{30 \times 10^3 \times 2 \times 10^3}{\pi \times 10^2 \times 10} = 19.1 \times 10^3 MPa$

$\nu = \dfrac{\epsilon_d}{\epsilon_l} = \dfrac{0.02/20}{10/2000} = 0.2$

$G = \dfrac{E}{2(1+\nu)} = \dfrac{19.1 \times 10^3}{2(1+0.2)} = 7.96 \times 10^3 MPa$

문제유형7   휨응력

■2020년 4회■1. 지름 D인 원형 단면 보에 휨모멘트 M이 작용할 때 최대 휨응력은?

① $\dfrac{64M}{\pi D^3}$

② $\dfrac{32M}{\pi D^3}$

③ $\dfrac{16M}{\pi D^3}$

④ $\dfrac{4M}{\pi D^3}$

해설] ②

$\sigma_{\max} = \dfrac{M}{Z} = \dfrac{32M}{\pi D^3}$

■2020년 3회■2. 그림과 같은 보의 허용 휨응력이 80 MPa 일 때 보에 작용할 수 있는 등분포 하중(ω)은?

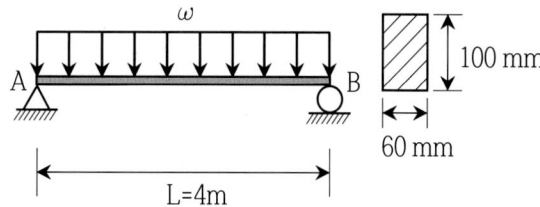

① 50 kN/m

② 40 kN/m

③ 5 kN/m

④ 4 kN/m

해설] ④

$\sigma_{\max} = \dfrac{M_{\max}}{Z} = \dfrac{\omega L^2/8}{bh^2/6} = 80 MPa$ 에서,

$\dfrac{\omega \times 4^2 \times 10^6 \times 6}{60 \times 10^4 \times 8} = 80$ 이므로, $\omega = 4N/mm = 4kN/m$

■2020년 3회■3. 그림과 같은 직사각형 단면의 보가 최대휨모멘트 $M_{\max} = 20kN.m$를 받을 때 A-A단면의 휨응력은?

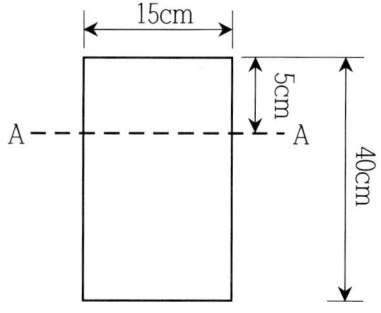

① 2.25 MPa

② 3.75 MPa

③ 4.25 MPa

④ 4.65 MPa

해설] ②

$\sigma = \dfrac{M}{I}y = \dfrac{20 \times 10^6}{150 \times 400^3/12} \times 150 = 3.75 MPa$

■2019년 1회■4. 200mm × 300mm인 단면의 저항 모멘트는? (단, 재료의 허용 휨 응력은 $70MPa$이다.)

① 210kN.m ② 300kN.m
③ 450kN.m ④ 600kN.m

해설] ①

$$M = \sigma Z = 70 \times \frac{200 \times 300^2}{6} = 210 \times 10^6 N.mm = 210 kN.m$$

■2018년 3회■5. 휨 모멘트가 M인 다음과 같은 직사각형 단면에서 A-A에서의 휨응력은?

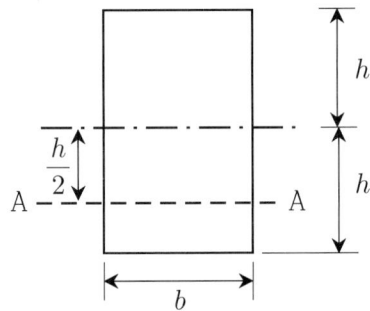

① $\frac{3M}{bh^2}$ ② $\frac{3M}{4bh^2}$
③ $\frac{3M}{2bh^2}$ ④ $\frac{M}{4bh^2}$

해설] ②

$$\sigma = \frac{M}{I}y = \frac{M}{b(2h)^3/12} \times \frac{h}{2} = \frac{3M}{4bh^2}$$

■2018년 2회■6. 단면이 원형(반지름 R)인 보에 휨모멘트 M이 작용 할 때 이 보에 작용하는 최대휨응력은?

① $\frac{4M}{\pi R^3}$ ② $\frac{12M}{\pi R^3}$
③ $\frac{24M}{\pi R^3}$ ④ $\frac{32M}{\pi R^3}$

해설] ①

$$\sigma_{\max} = \frac{M}{Z} = \frac{4M}{\pi R^3}$$

■2018년 1회■7. 단면이 원형(반지름 r)인 보에 휨모멘트 M이 작용할 때 이 보에 작용하는 최대휨응력은?

① $\frac{12M}{\pi R^3}$ ② $\frac{4M}{\pi R^3}$
③ $\frac{24M}{\pi R^3}$ ④ $\frac{32M}{\pi R^3}$

해설] ②

$$\sigma_{\max} = \frac{M}{Z} = \frac{4M}{\pi R^3}$$

■2017년 3회■8. 지름 D인 원형단면보에 휨모멘트 M이 작용할 때 최대 휨응력은?

① $\frac{64M}{\pi D^3}$ ② $\frac{32M}{\pi D^3}$
③ $\frac{16M}{\pi D^3}$ ④ $\frac{4M}{\pi D^3}$

해설] ②

$$\sigma_{\max} = \frac{M}{Z} = \frac{32M}{\pi D^3}$$

문제유형8   전단응력

■2022년 2회■1. 전단응력도에 대한 설명으로 틀린 것은?
① 직사각형 단면에서는 중앙부의 전단응력도가 제일크다.
② 원형 단면에서는 중앙부의 전단응력도가 제일 크다.
③ I형 단면에서는 상, 하단의 전단응력도가 제일 작다.
④ 전단응력도는 전단력의 크기에 비례한다.

해설] ③ 전단응력은 보의 중립축에서 가장 크고 상단 및 하단에서 0이므로, I형 단면에서는 상, 하단의 전단응력도가 제일 작다.

■2022년 1회■2. 직사각형 단면 보의 단면적을 A, 전단력을 V라고 할 때 최대 전단응력(τ_{max})은?

① $\dfrac{2V}{3A}$ ② $\dfrac{1.5V}{A}$

③ $\dfrac{3V}{A}$ ④ $\dfrac{2V}{A}$

해설] ②

직사각형 단면에서 최대전단응력 $\tau_{max} = \dfrac{3V}{2A}$

원형단면 $\tau_{max} = \dfrac{4V}{3A}$

박판원형단면 $\tau_{max} = \dfrac{2V}{A}$

■2022년 1회■3. 그림과 같은 단순보의 단면에서 발생하는 최대 전단응력의 크기는?

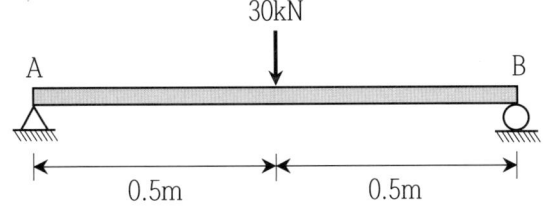

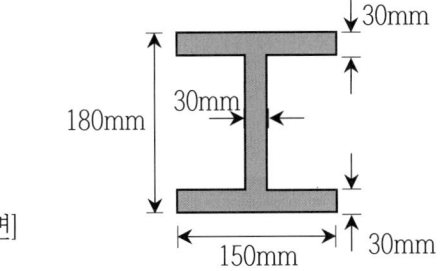

[보의 단면]

① 3.52 MPa
② 3.86 MPa
③ 4.45 MPa
④ 4.93 MPa

해설] ①

$V_{max} = R_A = R_B = \dfrac{30}{2} = 15kN$

최대전단응력은 중립축에서 발생하므로,

$Q = (150 \times 30) \times (60 + 30/2) + (30 \times 60) \times 60/2$

$= 391.5 \times 10^3 mm^3$

$I = \dfrac{150 \times 180^3}{12} - \dfrac{120 \times 120^3}{12} = 55.62 \times 10^6 mm^4$

$\tau = \dfrac{VQ}{Ib} = \dfrac{15 \times 10^3 \times 391.5 \times 10^3}{55.62 \times 10^6 \times 30} = 3.519 MPa$

■2021년 3회■4. 그림과 같은 하중을 받는 보의 최대전단응력은?

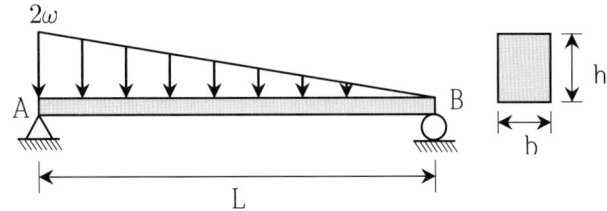

① $\dfrac{2\omega L}{3bh}$

② $\dfrac{3\omega L}{2bh}$

③ $\dfrac{2\omega L}{bh}$

④ $\dfrac{\omega L}{bh}$

해설] ④

$V_{max} = R_A = \dfrac{2\omega L}{2} \times \dfrac{2}{3} = \dfrac{2\omega L}{3}$

$\tau_{max} = \dfrac{3V}{2A} = \dfrac{3}{2} \times \dfrac{2\omega L/3}{bh} = \dfrac{\omega L}{bh}$

■2021년 3회■5. 그림과 같은 단면에 600kN의 전단력이 작용할 때 최대 전단응력의 크기는?

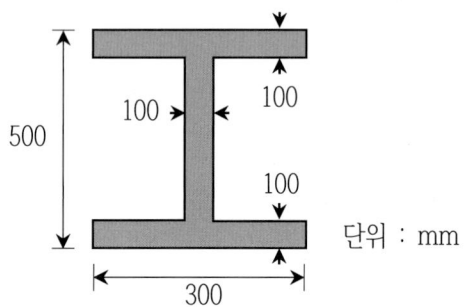

① 12.71MPa
② 15.98MPa
③ 19.83MPa
④ 21.32MPa

해설] ②

최대전단응력은 도심축에서 발생하므로 $\tau = \dfrac{VQ}{Ib}$ 에서,

$Q = 300 \times 100 \times 200 + 150 \times 100 \times 75 = 7.125 \times 10^6$

$I = \dfrac{300 \times 500^3}{12} - \dfrac{200 \times 300^3}{12} = 2.675 \times 10^9$

$\tau = \dfrac{(600 \times 10^3) \times (7.125 \times 10^6)}{(2.675 \times 10^9) \times 100} = 15.98 MPa$

■2021년 2회■6. 폭 20mm, 높이 50mm인 균일한 직사각형 단면의 단순보에 최대전단력이 10kN 작용할 때 최대 전단응력은?

① 6.7 MPa
② 10 MPa
③ 13.3 MPa
④ 15 MPa

해설] ④

$\tau_{max} = \dfrac{3}{2} \dfrac{V}{A} = \dfrac{3}{2} \times \dfrac{10^4}{20 \times 50} = 15 MPa$

■2021년 2회■7. 그림과 같은 단순보의 최대전단응력(τ_{max})을 구하면? (단, 보의 단면은 지름이 D인 원이다.)

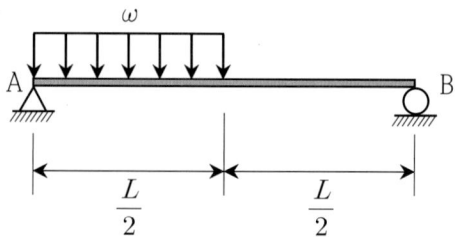

① $\dfrac{9\omega L}{4\pi D^2}$

② $\dfrac{3\omega L}{2\pi D^2}$

③ $\dfrac{2\omega L}{\pi D^2}$

④ $\dfrac{\omega L}{2\pi D^2}$

해설] ③

$V_{max} = R_A = \dfrac{\omega L}{2} \times \dfrac{3}{4} = \dfrac{3\omega L}{8}$

$\tau_{max} = \dfrac{4}{3} \dfrac{V_{max}}{A} = \dfrac{4}{3} \times \dfrac{3\omega L/8}{\pi D^2/4} = \dfrac{2\omega L}{\pi D^2}$

■2021년 1회■8. 폭 100mm, 높이 150mm인 직사각형 단면의 보가 S=7kN의 전단력을 받을 때 최대전단 응력과 평균전단응력의 차이는?

① 0.13MPa
② 0.23MPa
③ 0.33MPa
④ 0.43MPa

해설] ②

$\tau_{max} = \dfrac{3}{2} \dfrac{V}{A}$ 이고, $\tau_{avg} = \dfrac{V}{A}$ 이므로,

$\tau_{max} - \tau_{avg} = \dfrac{1}{2} \dfrac{V}{A} = \dfrac{7 \times 10^3}{2 \times 100 \times 150} = 0.233 MPa$

■2021년 1회■9. 그림과 같이 하중을 받는 단순보에 발생하는 최대전단응력은?

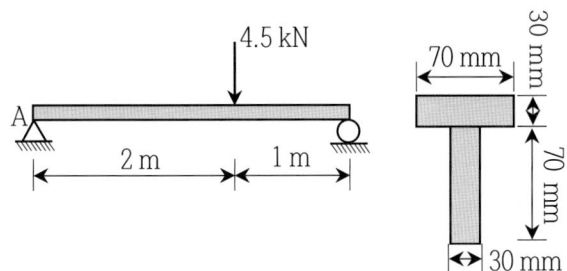

① 1.48MPa ② 2.48MPa
③ 3.48MPa ④ 4.48MPa

해설] ①

단면상단에서 도심거리 $\bar{y} = \dfrac{15+65}{2} = 40mm$

도심축에 대한 단면1차모멘트
$Q = 60 \times 30 \times 30 = 54 \times 10^3 mm^3$

도심축에 대한 단면2차모멘트
$I = \dfrac{30 \times 60^3}{3} + \dfrac{70 \times 40^3}{3} - \dfrac{40 \times 10^3}{3}$
$= 3.64 \times 10^6 mm^4$

최대전단력 $V_{max} = 4.5 \times \dfrac{2}{3} = 3kN$

$\tau_{max} = \dfrac{VQ}{Ib} = \dfrac{3 \times 10^3 \times 54 \times 10^3}{3.64 \times 10^6 \times 30} = 1.48 MPa$

■2020년 3회■10. 아래 그림과 같이 속이 빈 단면에 전단력 V=150kN 이 작용하고 있다. 단면에 발생하는 최대 전단응력은?

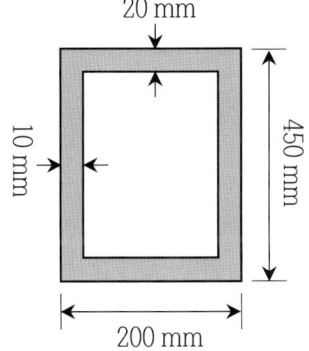

① 9.9 MPa ② 19.8 MPa
③ 99 MPa   ④ 198 MPa

해설] ②

$I = \dfrac{200 \times 450^3 - 180 \times 410^3}{12} = 0.485 \times 10^9 mm^4$

$Q = 200 \times 225 \times \dfrac{225}{2} - 180 \times 205 \times \dfrac{205}{2}$
$= 1.280 \times 10^6 mm^3$

$\tau_{max} = \dfrac{VQ}{Ib} = \dfrac{150 \times 10^3 \times 1.280 \times 10^6}{0.485 \times 10^9 \times 20} = 19.8 MPa$

■2020년 1,2회■11. 그림과 같은 단순보의 단면에서 최대 전단응력은?

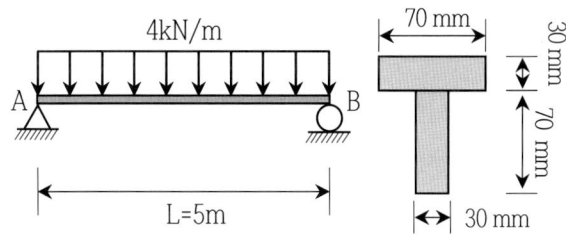

① 2.47MPa
② 2.96MPa
③ 3.64MPa
④ 4.95MPa

해설] ④

단면상단에서 도심거리 $\bar{y} = \dfrac{15+65}{2} = 40mm$

도심축에 대한 단면1차모멘트
$Q = 60 \times 30 \times 30 = 54 \times 10^3 mm^3$

도심축에 대한 단면2차모멘트
$I = \dfrac{30 \times 60^3}{3} + \dfrac{70 \times 40^3}{3} - \dfrac{40 \times 10^3}{3}$
$= 3.64 \times 10^6 mm^4$

최대전단력 $V_{max} = \dfrac{4 \times 5}{2} = 10kN$

$\tau_{max} = \dfrac{VQ}{Ib} = \dfrac{10 \times 10^3 \times 54 \times 10^3}{3.64 \times 10^6 \times 30} = 4.95 MPa$

■2019년 3회■12. 그림과 같은 단면에 15kN의 전단력이 작용할 때 최대 전단응력의 크기는?

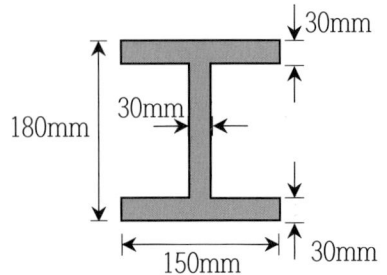

① 2.86 MPa   ② 3.52 MPa
③ 4.74 MPa   ④ 5.95 MPa

해설] ②
최대전단응력은 중립축에서 발생하므로,
$Q = (150 \times 30) \times (60 + 30/2) + (30 \times 60) \times 60/2$
$\quad = 391.5 \times 10^3 mm^3$
$I = \dfrac{150 \times 180^3}{12} - \dfrac{120 \times 120^3}{12} = 55.62 \times 10^6 mm^4$
$\tau = \dfrac{VQ}{Ib} = \dfrac{15 \times 10^3 \times 391.5 \times 10^3}{55.62 \times 10^6 \times 30} = 3.519 MPa$

■2019년 2회■13. 어떤 보 단면의 전단응력도를 그렸더니 아래의 그림과 같았다. 이 단면에 가해진 전단력의 크기는? (단, 최대전단응력 τ_{max}은 60MPa 이다.)

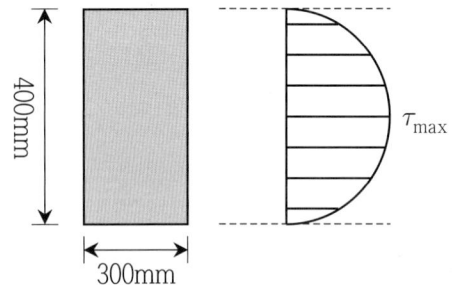

① 4200 kN   ② 4800 kN
③ 5400 kN   ④ 6000 kN

해설] ②
$\tau_{max} = 60 = \dfrac{3}{2}\dfrac{V}{A} = \dfrac{3}{2}\dfrac{V}{400 \times 300}$ 에서, $V = 4800 kN$

■2019년 1회■14. 직사각형 단면 보의 단면적을 A, 전단력을 V라고 할 때 최대 전단응력 τ_{max}은?

① $\dfrac{2}{3}\dfrac{V}{A}$ ② $1.5\dfrac{V}{A}$

③ $3\dfrac{V}{A}$ ④ $2\dfrac{V}{A}$

해설] ②

직사각형 단면의 최대전단응력 $\tau_{max} = \dfrac{3}{2}\dfrac{V}{A}$

■2018년 3회■15. 그림과 같이 속이 빈 직사각형 단면의 최대 전단응력은? (단, 전단력은 2t)

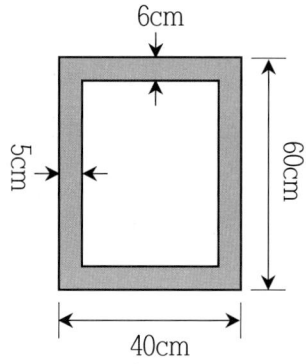

① $3.25 kg/cm^2$

② $3.56 kg/cm^2$

③ $4.05 kg/cm^2$

④ $4.22 kg/cm^2$

해설] ④
$I = \dfrac{40 \times 60^3 - 30 \times 48^3}{12} = 443.52 \times 10^3 cm^4$

$Q = 40 \times 30 \times \dfrac{30}{2} - 30 \times 24 \times \dfrac{24}{2} = 9.36 \times 10^3 cm^3$

$\tau_{max} = \dfrac{VQ}{Ib} = \dfrac{2 \times 10^3 \times 9.36 \times 10^3}{443.52 \times 10^3 \times 10} = 4.22 kg/cm^2$

■2018년 2회■16. 아래 그림과 같은 단순보의 단면에서 발생하는 최대 전단응력의 크기는?

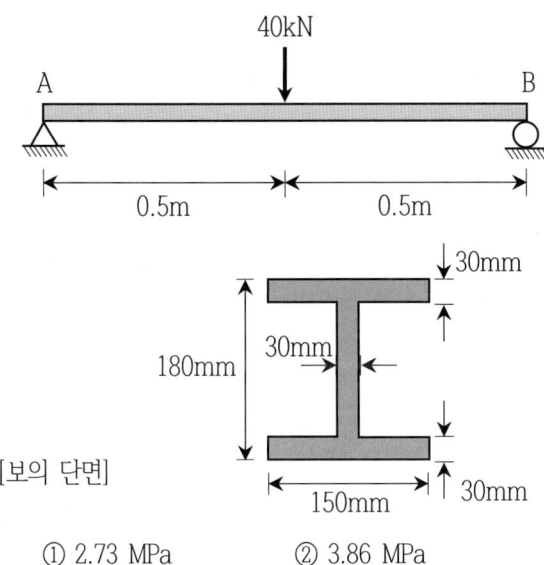

[보의 단면]

① 2.73 MPa
② 3.86 MPa
③ 4.69 MPa
④ 4.93 MPa

해설] ①

$V_{\max} = R_A = R_B = \dfrac{40}{2} = 20kN$

최대전단응력은 중립축에서 발생하므로,

$Q = (150 \times 30) \times (60 + 30/2) + (30 \times 60) \times 60/2$
$= 391.5 \times 10^3 mm^3$

$I = \dfrac{150 \times 180^3}{12} - \dfrac{120 \times 120^3}{12} = 55.62 \times 10^6 mm^4$

$\tau = \dfrac{VQ}{Ib} = \dfrac{20 \times 10^3 \times 391.5 \times 10^3}{55.62 \times 10^6 \times 30} = 4.692 MPa$

■2018년 1회■17. 그림과 같은 단면에 10kN의 전단력이 작용할 때 최대 전단응력의 크기는?

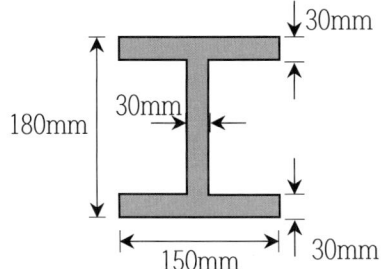

① 2.35 MPa
② 2.84 MPa
③ 3.52 MPa
④ 4.33 MPa

해설] ①

최대전단응력은 중립축에서 발생하므로,

$Q = (150 \times 30) \times (60 + 30/2) + (30 \times 60) \times 60/2$
$= 391.5 \times 10^3 mm^3$

$I = \dfrac{150 \times 180^3}{12} - \dfrac{120 \times 120^3}{12} = 55.62 \times 10^6 mm^4$

$\tau = \dfrac{VQ}{Ib} = \dfrac{10 \times 10^3 \times 391.5 \times 10^3}{55.62 \times 10^6 \times 30} = 2.346 MPa$

■2017년 3회■18. 주어진 T형 단면의 캔틸레버보에서 최대 전단응력을 구하면?(단, T형보 단면의 $I = 8.68 \times 10^5 mm^4$ 이다)

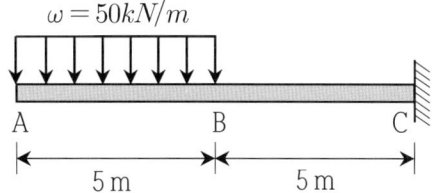

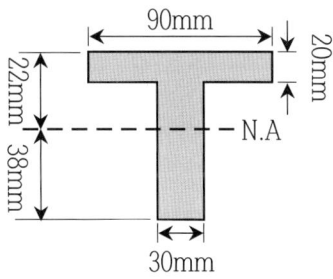

① 125.7MPa
② 179.2MPa
③ 207.9MPa
④ 243.2MPa

해설] ③

도심축에 대한 단면1차모멘트

$Q = 30 \times 38 \times 19 = 21.66 \times 10^3 mm^3$

최대전단력 $V_{\max} = 50 \times 5 = 250kN$

$\tau_{\max} = \dfrac{VQ}{Ib} = \dfrac{250 \times 10^3 \times 21.66 \times 10^3}{8.68 \times 10^5 \times 30} = 207.9 MPa$

■2017년 2회■19. 그림과 같은 단면에 전단력 V=600kN 이 적용할 때 최대 전단응력은 얼마인가?

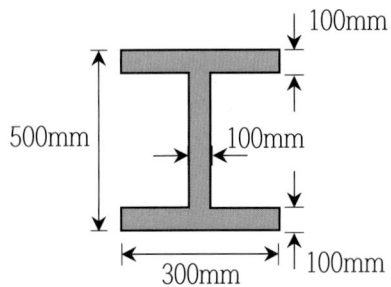

① 13MPa
② 16MPa
③ 20MPa
④ 21MPa

해설] ②

$Q = (300 \times 100) \times (150 + 50) + (100 \times 150) \times 75$
$= 7.125 \times 10^6 mm^3$

$I = \dfrac{300 \times 500^3}{12} - \dfrac{200 \times 300^3}{12} = 2.675 \times 10^9 mm^4$

$\tau = \dfrac{VQ}{Ib} = \dfrac{600 \times 10^3 \times 7.125 \times 10^6}{2.675 \times 10^9 \times 100} = 15.98 MPa$

■2017년 1회■20. 아래 그림과 같은 하중을 받는 단순보에 발생하는 최대 전단응력은?

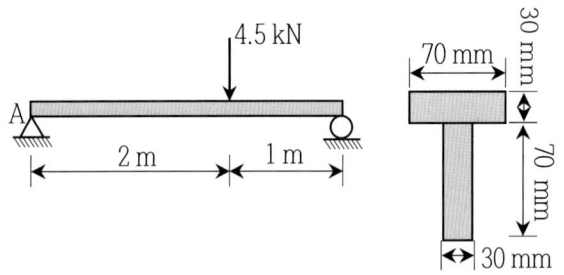

① 4.48MPa
② 2.48MPa
③ 3.48MPa
④ 1.48MPa

해설] ④

단면상단에서 도심거리 $\bar{y} = \dfrac{15 + 65}{2} = 40mm$

도심축에 대한 단면1차모멘트
$Q = 60 \times 30 \times 30 = 54 \times 10^3 mm^3$

도심축에 대한 단면2차모멘트
$I = \dfrac{30 \times 60^3}{3} + \dfrac{70 \times 40^3}{3} - \dfrac{40 \times 10^3}{3}$
$= 3.64 \times 10^6 mm^4$

최대전단력 $V_{max} = 4.5 \times \dfrac{2}{3} = 3kN$

$\tau_{max} = \dfrac{VQ}{Ib} = \dfrac{3 \times 10^3 \times 54 \times 10^3}{3.64 \times 10^6 \times 30} = 1.48 MPa$

문제유형9   비틀림응력

■2021년 1회■1. 그림과 같은 단면에 비틀림우력 50kN·m가 작용할 때 최대전단응력은?

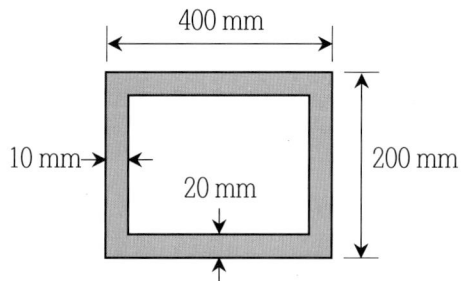

① 15.63MPa   ② 17.81MPa
③ 31.25MPa   ④ 35.61MPa

해설] ④

$\tau = \dfrac{T}{2A_m t} = \dfrac{50 \times 10^6}{2 \times 390 \times 180 \times 10} = 35.61 MPa$

(참고 : 두께가 얇은 곳에서 최대전단응력이 발생한다.)

■2020년 3회■2. 전단중심(shear center)에 대한 설명으로 틀린 것은?
① 1축이 대칭인 단면의 전단중심은 도심과 일치한다.
② 1축이 대칭인 단면의 전단중심은 그 대칭축 선상에 있다.
③ 하중이 전단중심 점을 통과하지 않으면 보는 비틀린다.
④ 전단중심이란 단면이 받아내는 전단력의 합력점의 위치를 말한다.

해설] ① 2축이 대칭인 단면의 전단중심은 도심과 일치한다.

■2018년 1회■3. 같은 재료로 만들어진 반경 r인 속이 찬 축과 외반경 r이고 내반경 0.6r인 속이 빈 축이 동일크기의 비틀림 모멘트를 받고 있다. 최대 비틀림 응력의 비는?
① 1 : 1   ② 1 : 1.15
③ 1 : 2   ④ 1 : 2.15

해설] ②

비틀림응력 $\tau = \dfrac{Tr}{I_P}$ 에서, $\tau \propto \dfrac{r}{I_P}$

속찬단면에서, $\dfrac{r}{I_P} = \dfrac{r}{\pi r^4/2} = \dfrac{2}{\pi r^3}$

속빈단면에서, $\dfrac{r}{I_P} = \dfrac{r}{\pi r^4(1-0.6^4)/2} = \dfrac{2}{0.87\pi r^3}$

따라서, 비틀림응력 비율 $1 : \dfrac{1}{0.87} = 1 : 1.149$

■2017년 3회■4. 그림과 같은 단면에 비틀림우력 50kN·m가 작용할 때 최대전단응력은?

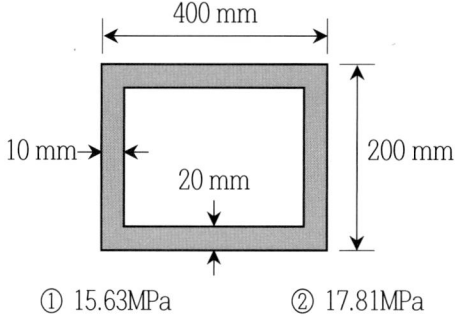

① 15.63MPa   ② 17.81MPa
③ 31.25MPa   ④ 35.61MPa

해설] ④
$\tau = \dfrac{T}{2A_m t} = \dfrac{50 \times 10^6}{2 \times 390 \times 180 \times 10} = 35.61 MPa$
(참고 : 두께가 얇은 곳에서 최대전단응력이 발생한다.)

■2017년 1회■5. 그림과 같은 속이 찬 직경 d=60mm의 원형축이 비틀림 $T=4kN.m$를 받을 때 단면에서 발생하는 최대 전단응력은?

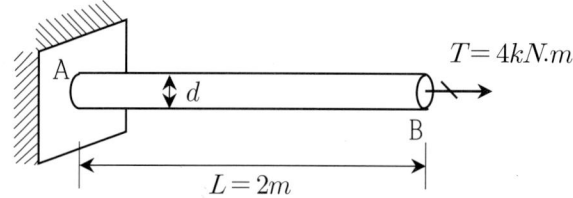

① 92.62MPa   ② 9325MPa
③ 94.31MPa   ④ 95.12MPa

해설] ③
$\tau = \dfrac{Tr}{I_P} = \dfrac{4 \times 10^6 \times 30}{\pi \times 30^4/2} = 94.31 MPa$

문제유형10 모어응력원과 압력용기

■2021년 1회■1. 그림과 같이 균일 단면 봉이 축인장력(P)을 받을 때 단면 a-b에 생기는 전단응력(τ)은? (단, 여기서 m-n은 수직단면이고, a-b는 수직단면과 45°의 각을 이루고, A는 봉의 단면적이다.)

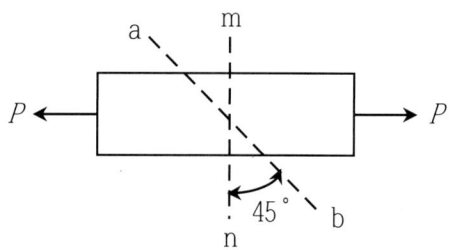

① $\tau = 0.5 \dfrac{P}{A}$ ② $\tau = 0.75 \dfrac{P}{A}$
③ $\tau = 1.0 \dfrac{P}{A}$ ④ $\tau = 1.5 \dfrac{P}{A}$

해설] ①
1축인장을 받는 받는 부재의 최대주응력 $\sigma = \dfrac{P}{A}$

응력원에서, 90도 회전한 전단응력 $\tau_n = \dfrac{\sigma}{2} = \dfrac{P}{2A}$

■2020년 3회■2. 지름 d=120cm, 벽두께 t=0.6cm 인 긴 강관이 q=2MPa의 내압을 받고 있다. 이 관벽 속에 발생하는 원환응력(σ)의 크기는?

① 50 MPa   ② 100 MPa
③ 150 MPa   ④ 200 MPa

해설] ④

원환응력 $\sigma = \dfrac{pr}{t} = \dfrac{2 \times 600}{6} = 200 MPa$

■2019년 2회■3. 평면응력상태 하에서의 모아(Mohr)의 응력원에 대한 설명으로 옳지 않은 것은?
 ① 최대 전단응력의 크기는 두 주응력의 차이와 같다.
 ② 모아 원으로부터 주응력의 크기와 방향을 구할 수 있다.
 ③ 모아 원이 그려지는 두 축 중 연직(y)축은 전단응력의 크기를 나타낸다
 ④ 모아 원 중심의 x 좌표 값은 직교하는 두축의 수직응력의 평균값과 같고, y 좌표 값은 0이다.

해설] ① 최대 전단응력의 크기는 응력원의 반경과 같다.

문제유형11 단주의 편심

■2021년 1회■1. 그림과 같은 직사각형 단면의 단주에서 편심하중이 작용할 경우 발생하는 최대압축응력은? (단, 편심거리(e)는 100mm이다.)

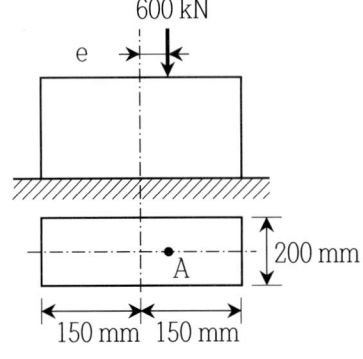

① 30MPa   ② 35MPa
③ 40MPa   ④ 60MPa

해설] ①

$\sigma_{max} = \dfrac{P}{A}(1 + \dfrac{e}{e_{max}})$

$= \dfrac{600 \times 10^3}{300 \times 200}(1 + \dfrac{100}{300/6}) = 30 MPa$

■2020년 4회■2. 반지름이 25cm인 원형 단면을 가지는 단주에서 핵의 면적은 약 얼마인가?

① $122.7 cm^2$
② $168.5 cm^2$
③ $254.0 cm^2$
④ $338.6 cm^2$

해설] ①

핵반경 $e = \dfrac{r}{4} = \dfrac{25}{4}$

핵면적 $\pi \times (\dfrac{25}{4})^2 = 122.7 cm^2$

■2020년 3회■3. 그림은 정사각형 단면을 갖는 단주에서 단면의 핵을 나타낸 것이다. x의 거리는?

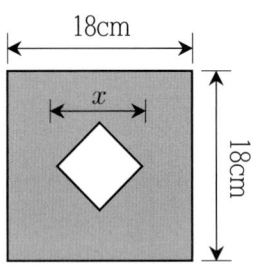

① 3cm   ② 4.5cm
③ 6cm   ④ 9cm

해설] ③

핵반경 $e_{max} = \dfrac{h}{6} = \dfrac{18}{6} = 3cm$

직경을 구하므로, $2 \times e_{max} = 2 \times 3 = 6cm$

■2020년 1,2회■4. 단순보에서 그림과 같이 하중 P가 작용할 때 보의 중앙점의 단면 하단에 생기는 수직응력의 값은? (단, 보의 단면에서 높이는 h, 폭은 b이다.)

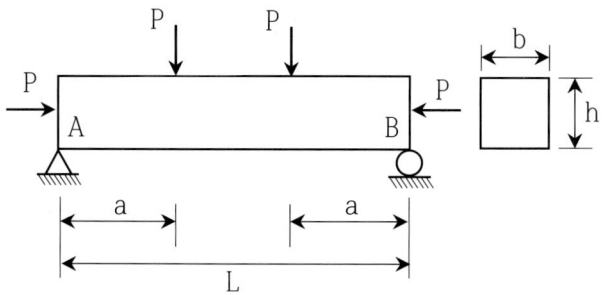

① $\frac{P}{bh}(1+\frac{6a}{h})$ ② $\frac{P}{bh}(1-\frac{6a}{h})$

③ $\frac{P}{bh}(1+\frac{3a}{h})$ ④ $\frac{P}{bh}(1-\frac{3a}{h})$

해설] ②

$e = \frac{M}{P}$ 이고, 보 중앙점의 모멘트 $M = Pa$ 이므로,

하연의 응력 $\sigma = \frac{P}{A}(1 - \frac{e}{e_{max}}) = \frac{P}{bh}(1 - \frac{6a}{h})$

■2020년 1,2회■5. 반지름이 30cm인 원형단면을 가지는 단주에서 핵의 면적은 약 얼마인가?

① $86.9cm^2$ ② $128.3cm^2$

③ $176.7cm^2$ ④ $228.2cm^2$

해설] ③

핵반경 $e = \frac{r}{4} = \frac{30}{4} = 7.5cm$

핵면적 $\pi \times 7.5^2 = 176.7cm^2$

■2019년 3회■6. 외반경 R_1, 내반경 R_2인 중공(中空) 원형단면의 핵은? (단, 핵의 반경을 e로 표시함)

① $e = \frac{R_1^2 + R_2^2}{4R_1}$ ② $e = \frac{R_1^2 + R_2^2}{4R_1^2}$

③ $e = \frac{R_1^2 - R_2^2}{4R_1}$ ④ $e = \frac{R_1^2 - R_2^2}{4R_1^2}$

해설] ①

$I = \frac{\pi(R_1^4 - R_2^4)}{4}$, $A = \pi(R_1^2 - R_2^2)$

$e_{max} = \frac{Z}{A} = \frac{I}{Ay} = \frac{\pi(R_1^4 - R_2^4)/4}{\pi(R_1^2 - R_2^2)R_1} = \frac{R_1^2 + R_2^2}{4R_1}$

■2019년 2회■7. 그림과 같은 단주에서 80kN의 연직하중(P)이 편심거리 e에 작용할 때 단면에 인장력이 생기지 않기 위한 e의 한계는?

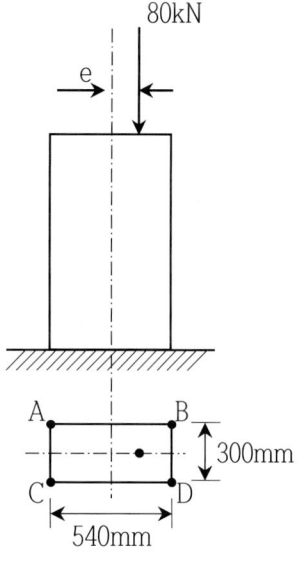

① 50mm ② 80mm
③ 90mm ④ 100mm

해설] ③

핵반경 $e_{max} = \frac{h}{6} = \frac{540}{6} = 90mm$

■2019년 1회■8. 단주에서 단면의 핵이란 기둥에서 인장응력이 발생되지 않도록 재하되는 편심거리로 정의된다. 지름 40cm인 원형단면의 핵의 지름은?

① 2.5cm ② 5.0cm
③ 7.5cm ④ 10.0cm

해설] ④

원형단면의 핵반경 $e_{max} = \frac{Z}{A} = \frac{d}{4} = \frac{40}{4} = 10cm$

■2018년 2회■9. 지름이 d인 원형 단면의 단주에서 핵(core)의 지름은?

① d/2　　　② d/3
③ d/4　　　④ d/8

해설] ③

핵반경 $e_{max} = \dfrac{D}{8}$ 이므로, 핵지름 = $2 \times e_{max} = \dfrac{D}{4}$

■2018년 2회■10. 그림과 같은 직사각형 단면의 단주에 편심축하중 P가 작용할 때 모서리 A점의 응력은?

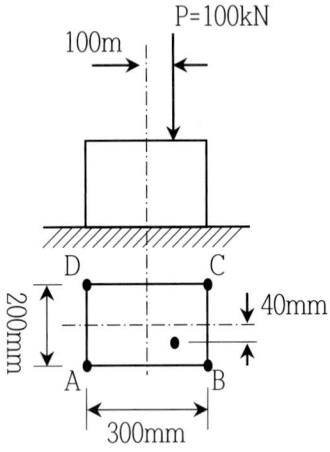

① 0.33MPa　　　② 0.38MPa
③ 0.42MPa　　　④ 0.52MPa

해설] ①

$$\sigma_A = \dfrac{P}{A}(1 - \dfrac{100}{300/6} + \dfrac{40}{200/6})$$

$$= \dfrac{10^5}{200 \times 300}(1 - 2 + 1.2) = 0.33 MPa$$

■2018년 1회■11. 반지름이 250mm인 원형단면을 가지는 단주에서 핵의 면적은 약 얼마인가?

① $12.27 \times 10^3 mm^2$　　　② $16.42 \times 10^3 mm^2$
③ $18.56 \times 10^3 mm^2$　　　④ $23.15 \times 10^3 mm^2$

해설] ①

핵반경 $e_{max} = \dfrac{r}{4} = \dfrac{250}{4} = 62.5 mm$

핵면적 $\pi \times e_{max}^2 = \pi \times 62.5^2 = 12.27 \times 10^3 mm^2$

■2017년 3회■12. 그림과 같은 단주에 편심하중이 작용할 때 최대 압축응력은?

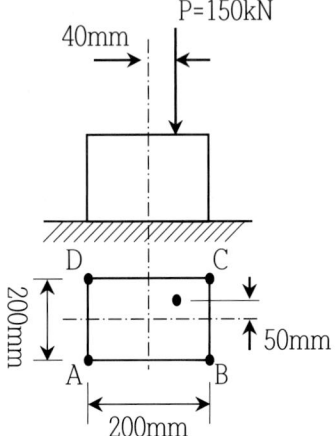

① 13.875MPa　　　② 17.265MPa
③ 24.815MPa　　　④ 317.65kg/cm2

해설] ①

$$\sigma_{max} = \dfrac{P}{A}(1 + \dfrac{e_x}{e_{x,max}} + \dfrac{e_y}{e_{y,max}})$$

$$= \dfrac{150 \times 10^3}{200 \times 200}(1 + \dfrac{40}{200/6} + \dfrac{50}{200/6}) = 13.875 MPa$$

■2017년 1회■13. 외반경 R_1, 내반경 R_2 인 중공(中空) 원형단면의 핵은? (단, 핵의 반경을 e로 표시함)

① $e = \dfrac{R_1^2 + R_2^2}{4R_1}$　　　② $e = \dfrac{R_1^2 + R_2^2}{4R_1^2}$

③ $e = \dfrac{R_1^2 - R_2^2}{4R_1}$　　　④ $e = \dfrac{R_1^2 - R_2^2}{4R_1^2}$

해설] ①

$$I = \frac{\pi(R_1^4 - R_2^4)}{4}, \quad A = \pi(R_1^2 - R_2^2)$$

$$e_{max} = \frac{Z}{A} = \frac{I}{Ay} = \frac{\pi(R_1^4 - R_2^4)/4}{\pi(R_1^2 - R_2^2)R_1} = \frac{R_1^2 + R_2^2}{4R_1}$$

문제유형12 장주와 좌굴

■2022년 2회■1. 단면이 200mm×300mm인 압축부재가 있다. 그 길이가 2.9m일 때, 이 압축부재의 세장비는 약 얼마인가?

① 33　　② 50
③ 60　　④ 100

해설] ②

$$\lambda = \frac{l_k}{r_{min}} = \frac{2900}{200/(2\sqrt{3})} = 50.3$$

■2022년 2회■2. 바닥은 고정, 상단은 자유로운 기둥의 좌굴 형상이 그림과 같을 때 임계하중은?

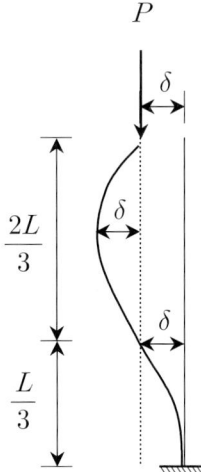

① $\dfrac{\pi^2 EI_{min}}{4L^2}$　　② $\dfrac{9\pi^2 EI_{min}}{4L^2}$

③ $\dfrac{13\pi^2 EI_{min}}{4L^2}$　　④ $\dfrac{25\pi^2 EI_{min}}{4L^2}$

해설] ②

$$P_{cr} = \frac{\pi^2 EI_{min}}{l_k^2} = \frac{\pi^2 EI_{min}}{(2L/3)^2} = \frac{9\pi^2 EI_{min}}{4L^2}$$

■2022년 1회■3. 길이가 4m인 원형단면 기둥의 세장비가 100이 되기 위한 기둥의 지름은? (단, 지지상태는 양단 힌지로 가정한다.)

① 20cm　　② 18cm
③ 16cm　　④ 12cm

해설] ③

$$\lambda = \frac{l_k}{r_{min}} = \frac{4}{r/2} = 100 \text{에서}, \quad r = \frac{8}{100} \text{이므로},$$

$$D = 2r = \frac{16}{100} m$$

■2022년 1회■4. 단면 2차 모멘트가 I이고 길이가 L인 균일한 단면의 직선상(直線狀)의 기둥이 있다. 지지상태가 일단 고정, 타단 자유인 경우 오일러(Euler) 좌굴하중(P_{cr})은? (단, 이 기둥의 영(Young)계수는 E이다.)

① $\dfrac{4\pi^2 EI}{L^2}$

② $\dfrac{2\pi^2 EI}{L^2}$

③ $\dfrac{\pi^2 EI}{L^2}$

④ $\dfrac{\pi^2 EI}{4L^2}$

해설] ④

일단고정-타단자유인 경우의 유효좌굴길이 $l_k = 2L$

$$P_{cr} = \frac{\pi^2 EI_{min}}{l_k^2} = \frac{\pi^2 EI_{min}}{(2L)^2} = \frac{\pi^2 EI_{min}}{4L^2}$$

■2021년 3회■5. 그림과 같은 기둥에서 좌굴하중의 비 (a) : (b) : (c) : (d)는? (단, EI와 기둥의 길이는 모두 같다.)

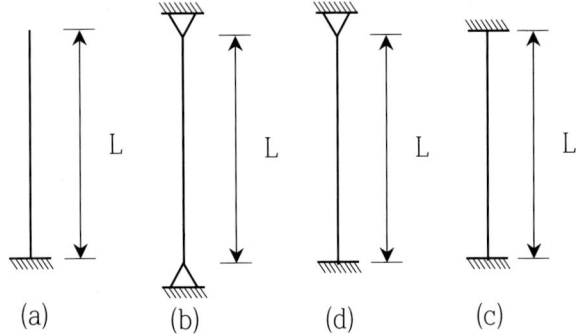

① 1 : 2 : 3 : 4
② 1 : 4 : 8 : 12
③ 1 : 4 : 8 : 16
④ 1 : 8 : 16 : 32

해설] ③

$P_{cr} \propto \dfrac{1}{l_k^2}$ 이므로, 좌굴강도의 비율은

$\dfrac{1}{(2L)^2} : \dfrac{1}{L^2} : \dfrac{1}{(L/\sqrt{2})^2} : \dfrac{1}{(L/2)^2} = \dfrac{1}{4} : \dfrac{1}{1} : \dfrac{2}{1} : \dfrac{4}{1}$ 에서,

각 변에 4를 곱하면, 1 : 4 : 8 : 16

■2021년 3회■6. 단면이 100mm × 200mm인 장주의 길이가 3m일 때, 이 기둥의 좌굴하중은? (단, 기둥의 $E = 2 \times 10^4 MPa$, 지지상태는 일단 고정, 타단 자유이다.)

① 45.8kN
② 91.4kN
③ 182.8kN
④ 365.6kN

해설] ②

$P_{cr} = \dfrac{\pi^2 EI_{\min}}{l_k^2} = \dfrac{\pi^2 \times 2 \times 10^4 \times (200 \times 100^3/12)}{(2 \times 3 \times 10^3)^2}$

$= 91.39 kN$

■2021년 2회■7. 단면 2차 모멘트가 I, 길이가 L인 균일한 단면의 직선상(直線狀)의 기둥이 있다. 기둥의 양단이 고정되어 있을 때 오일러(Euler) 좌굴하중은? (단, 이 기둥의 탄성계수는 E 이다.)

① $\dfrac{4\pi^2 EI}{L^2}$
② $\dfrac{\pi^2 EI}{(0.7L)^2}$
③ $\dfrac{\pi^2 EI}{L^2}$
④ $\dfrac{\pi^2 EI}{4L^2}$

해설] ①

양단고정인 경우 유효좌굴길이가 $l_k = \dfrac{L}{2}$ 이므로,

오일러 좌굴하중 $P_{cr} = \dfrac{\pi^2 EI}{l_k^2} = \dfrac{4\pi^2 EI}{L^2}$

■2021년 2회■8. 길이가 같으나 지지조건이 다른 2개의 장주가 있다. 그림 (a)의 장주가 40kN에 견딜 수 있다면 그림 (b)의 장주가 견딜 수 있는 하중은? (단, 재질 및 단면은 동일하며 EI는 일정하다.)

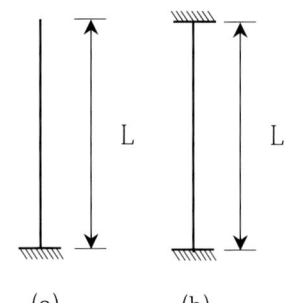

① 40kN
② 160kN
③ 320kN
④ 640kN

해설] ④

$P_{cr} \propto \dfrac{1}{l_k^2}$ 이므로,

$P_a : P_b = \dfrac{1}{(2L)^2} : \dfrac{1}{(L/2)^2} = \dfrac{1}{4} : 4 = 1 : 16$

$P_a = 40 kN$이면, $P_b = 16 \times 40 = 640 kN$

■2021년 1회■9. 단면과 길이가 같으나 지지조건이 다른 그림과 같은 2개의 장주가 있다. 장주 (a)가 30kN의 하중을 받을 수 있다면, 장주 (b)가 받을 수 있는 하중은?

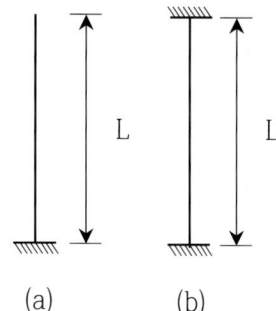

① 120kN　　② 240kN
③ 360kN　　④ 480kN

해설] ④

$P_{cr} \propto \dfrac{1}{l_k^2}$ 이므로,

$P_a : P_b = \dfrac{1}{(2L)^2} : \dfrac{1}{(L/2)^2} = \dfrac{1}{4} : 4 = 1 : 16$

$P_a = 30kN$ 이면, $P_b = 16 \times 30 = 480kN$

■2020년 4회■10. 15cm × 30cm의 직사각형 단면을 가진 길이가 5m인 양단 힌지 기둥이 있다. 이 기둥의 세장비(λ)는?

① 57.7　　② 74.5
③ 115.5　　④ 149.0

해설] ③

$r_{min} = \dfrac{h}{2\sqrt{3}} = \dfrac{150}{2\sqrt{3}} = 43.3mm$

$\lambda = \dfrac{l_k}{r_{min}} = \dfrac{5000}{43.3} = 115.47$

■2020년 3회■11. 길이가 3m이고 가로 200mm, 세로 300mm인 직사각형 단면의 기둥이 있다. 지지상태가 양단힌지인 경우 좌굴응력을 구하기 위한 이 기둥의 세장비는?

① 34.6　　② 43.3
③ 52.0　　④ 60.7

해설] ③

좌굴응력을 구하기 위해서는 약축에 대한 세장비가 필요하다.

$\lambda_{min} = \dfrac{l_k}{r_{min}} = \dfrac{3000}{200/2\sqrt{3}} = 51.96$

■2020년 1,2회■12. 양단고정의 장주에 중심축하중이 작용할 때 이 기둥의 좌굴응력은? (단, $E = 2.1 \times 10^5 MPa$이고, 기둥은 지름이 4cm인 원형기둥이다.)

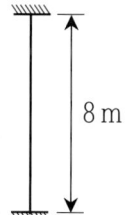

① 3.35MPa　　② 6.72MPa
③ 12.95MPa　　④ 25.91MPa

해설] ③

$\lambda = \dfrac{l_k}{r_{min}} = \dfrac{4000}{10} = 400$

$\sigma_{cr} = \dfrac{\pi^2 E}{\lambda^2} = \dfrac{\pi^2 \times 2.1 \times 10^5}{400^2} = 12.95 MPa$

■2019년 3회■13. 동일한 재료 및 단면을 사용한 다음 기둥 중 좌굴하중이 가장 큰 기둥은?

① 양단 힌지의 길이가 L인 기둥
② 양단 고정의 길이가 2L인 기둥
③ 일단 자유 타단 고정의 길이가 0.5L인 기둥
④ 일단 힌지 타단 고정의 길이가 1.2L인 기둥

해설] ④

$P_{cr} \propto \dfrac{1}{l_k^2}$ 이므로, 좌굴하중이 가장 크기 위해서는 유효좌굴길이가 작아야 한다.

① $l_k = L$, ② $l_k = L$, ③ $l_k = L$, ④ $l_k = \dfrac{1.2L}{\sqrt{2}} = 0.85L$

■2019년 2회■14. 길이가 4m인 원형단면 기둥의 세장비가 100이 되기 위한 기둥의 지름은? (단, 지지상태는 양단힌지로 가정한다.)

① 12cm
② 16cm
③ 18cm
④ 20cm

해설] ②

$\lambda = \dfrac{l_k}{r_{min}} = \dfrac{400}{D/4} = 100$ 에서, $D = 16cm$

■2019년 1회■15. 아래 그림과 같은 기둥에서 좌굴하중의 비 (a) : (b) : (c) : (d)는? (단, EI와 기둥의 길이(ℓ)는 모두 같다.)

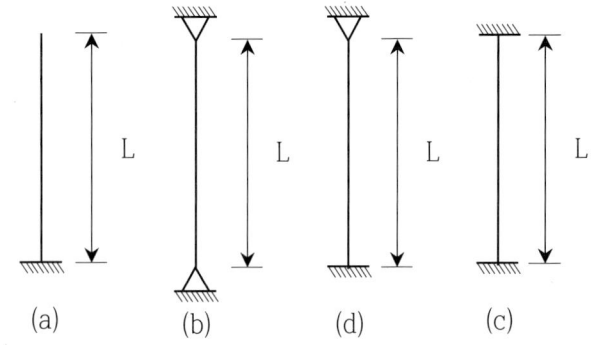

① 1 : 2 : 3 : 4
② 1 : 2 : 8 : 12
③ 1 : 4 : 8 : 12
④ 1 : 4 : 8 : 16

해설] ④

$P_{cr} \propto \dfrac{1}{l_k^2}$ 이므로, 좌굴강도의 비율은

$\dfrac{1}{(2L)^2} : \dfrac{1}{L^2} : \dfrac{1}{(L/\sqrt{2})^2} : \dfrac{1}{(L/2)^2} = \dfrac{1}{4} : \dfrac{1}{1} : \dfrac{2}{1} : \dfrac{4}{1}$ 에서,

각 변에 4를 곱하면, 1 : 4 : 8 : 16

■2018년 3회■16. 단면 2차 모멘트가 I이고 길이가 ℓ인 균일한 단면의 직선상(直線狀)의 기둥이 있다. 지지상태가 1단 고정, 1단 자유인 경우 오일러(Euler) 좌굴하중(Pcr)은? (단, 이 기둥의 영(Young)계수는 E이다.)

① $\dfrac{\pi^2 EI_{min}}{4l^2}$

② $\dfrac{2\pi^2 EI_{min}}{l^2}$

③ $\dfrac{\pi^2 EI_{min}}{2l^2}$

④ $\dfrac{4\pi^2 EI_{min}}{l^2}$

해설] ①

유효좌굴길이 $l_k = 2l$이므로, $P_{cr} = \dfrac{\pi^2 EI_{min}}{l_k^2} = \dfrac{\pi^2 EI_{min}}{4l^2}$

■2017년 3회■17. 양단이 고정된 기둥에 축방향력에 의한 좌굴하중 P8을 구하면? (E:탄성계수, I:단면2차모멘트 L:기둥의 길이)

① $P_{cr} = \dfrac{\pi^2 EI}{L^2}$

② $P_{cr} = \dfrac{2\pi^2 EI}{L^2}$

③ $P_{cr} = \dfrac{\pi^2 EI}{4L^2}$

④ $P_{cr} = \dfrac{4\pi^2 EI}{L^2}$

해설] ④

양단고정 기둥의 유효좌굴길이가 $l_k = \dfrac{L}{2}$이므로,

좌굴하중 $P_{cr} = \dfrac{\pi^2 EI}{l_k^2} = \dfrac{4\pi^2 EI}{L^2}$

■2017년 2회■18. 장주의 탄성좌굴하중(Elastic buckling Load) P_{cr}은 아래의 표와 같다. 기둥의 각 지지조건에 따른 n의 값으로 틀린 것은? (단, E : 탄성계수, I : 단면 2차 모멘트, l : 기둥의 높이)

$$P_{cr} = \frac{n\pi^2 EI}{l^2}$$

① 양단힌지 : n = 1
② 양단고정 : n = 4
③ 일단고정 타단자유 : n = 1/4
④ 일단고정 타단힌지 : n = 1/2

해설] ④
일단고정 타단힌지 : n = 2

■2017년 2회■19. 단면이 200mm×300mm인 압축부재가 있다. 그 길이가 2.9m일 때, 이 압축부재의 세장비는 약 얼마인가?
① 33 ② 50
③ 60 ④ 100

해설] ②
$\lambda = \dfrac{l_k}{r_{min}} = \dfrac{2900}{200/(2\sqrt{3})} = 50.3$

■2017년 1회■20. 150mm×250mm의 직사각형 단면을 가진 길이 5m인 양단힌지 기둥이 있다. 세장비는?
① 139.2 ② 115.5
③ 93.6   ④ 69.3

해설] ②
$\lambda = \dfrac{l_k}{r_{min}} = \dfrac{5000}{150/(2\sqrt{3})} = 115.47$

문제유형13 보의 처짐

■2022년 2회■1. 그림에서 중앙점(C점)의 휨모멘트(M_C)는?

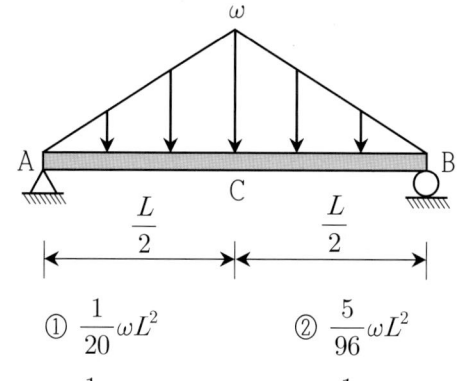

① $\dfrac{1}{20}\omega L^2$ ② $\dfrac{5}{96}\omega L^2$
③ $\dfrac{1}{6}\omega L^2$ ④ $\dfrac{1}{12}\omega L^2$

해설] ④
$R_A = \dfrac{\omega L}{4}$, $M_c = \dfrac{\omega L}{4} \times \dfrac{L}{2} \times \dfrac{2}{3} = \dfrac{\omega L^2}{12}$

■2022년 2회■2. 그림과 같은 구조물에서 하중이 작용하는 위치에서 일어나는 처짐의 크기는?

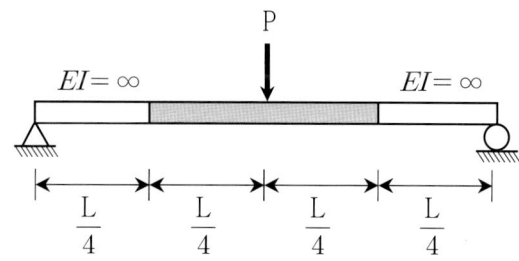

① $\dfrac{PL^3}{48EI}$ ② $\dfrac{PL^3}{96EI}$
③ $\dfrac{7PL^3}{384EI}$ ④ $\dfrac{11PL^3}{384EI}$

해설] ③
전 지간에 $EI \neq \infty$인 경우의 공액보에서, $\delta_1 = \dfrac{PL^3}{48EI}$
양 지점부($L/4$구간) $EI = \infty$인 경우에 대해,
$\delta_2 = (\dfrac{PL}{8EI} \times \dfrac{L}{4} \times \dfrac{1}{2}) \times \dfrac{L}{4} \times \dfrac{2}{3} = \dfrac{PL^3}{48EI} \times \dfrac{1}{8}$
따라서, $\delta = \delta_1 - \delta_2 = \dfrac{7PL^3}{384EI}$

■2022년 2회■3. 그림과 같은 내민보에서 A점의 처짐은? (단, I = 1.6×10⁸ mm⁴, E = 2.0×10⁵ MPa 이다.)

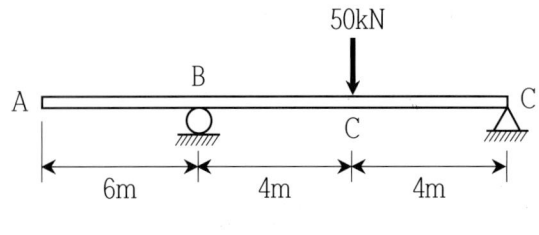

① 22.5 mm ② 27.5 mm
③ 32.5 mm ④ 37.5 mm

해설] ④

공액보법에 의해,

$$\theta_B = \frac{PL}{4EI} \times \frac{L}{2} \times \frac{1}{2} = \frac{PL^2}{16EI} = \frac{50 \times 8^2}{16EI}$$

$$\delta_A = 6 \times \theta_B = 6 \times 10^3 \times \frac{50 \times 8^2 \times 10^9}{16 \times 1.6 \times 10^8 \times 2 \times 10^5}$$

$$= 37.5 mm$$

■2022년 1회■4. 그림과 같이 중앙에 집중하중 P를 받는 단순보에서 지점 A로부터 L/4인 지점(D)의 처짐각(θ_D)과 처짐량(δ_D)은? (단, EI는 일정하다.)

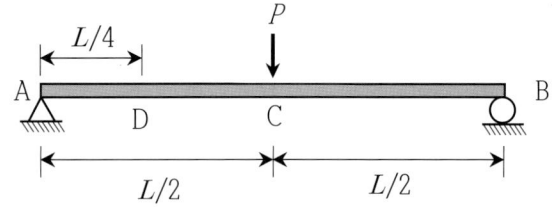

① $\theta_D = \frac{3PL^2}{128EI}$, $\delta_D = \frac{11PL^3}{384EI}$

② $\theta_D = \frac{3PL^2}{128EI}$, $\delta_D = \frac{5PL^3}{384EI}$

③ $\theta_D = \frac{5PL^2}{64EI}$, $\delta_D = \frac{3PL^3}{768EI}$

④ $\theta_D = \frac{3PL^2}{64EI}$, $\delta_D = \frac{11PL^3}{768EI}$

해설] ④

공액보에서,

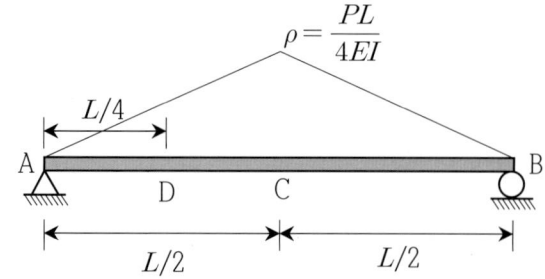

$R_A = \frac{\rho L}{4}$ 이고,

$$V_D = R_A - \frac{\rho}{2} \times \frac{L}{4} \times \frac{1}{2} = \frac{\rho L}{4} - \frac{\rho L}{4} \times \frac{1}{4}$$

$$= \frac{\rho L}{4}(1 - \frac{1}{4}) = \frac{3\rho L}{16}$$

따라서, $\theta_D = V_D = \frac{3}{16} \times \frac{PL}{4EI} \times L = \frac{3PL^2}{64EI}$

$$M_D = R_A \times \frac{L}{4} - \frac{\rho L}{16} \times \frac{L}{4} \times \frac{1}{3} = \frac{\rho L^2}{16} - \frac{\rho L^2}{16} \times \frac{1}{12}$$

$$= \frac{\rho L^2}{16}(1 - \frac{1}{12}) = \frac{11\rho L^2}{192}$$

따라서, $\delta_D = M_D = \frac{11}{192} \times \frac{PL}{4EI} \times L^2 = \frac{11PL^3}{768EI}$

■2022년 1회■5. 그림과 같이 캔틸레버 보의 B점에 집중하중 P와 우력모멘트 M_O가 작용할 때 B점에서의 연직변위(δ_B)는? (단, EI는 일정하다.)

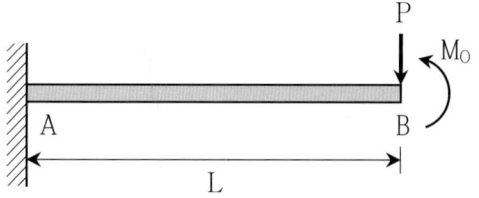

① $\frac{PL^3}{4EI} + \frac{M_o L^2}{2EI}$ ② $\frac{PL^3}{4EI} - \frac{M_o L^2}{2EI}$

③ $\frac{PL^3}{3EI} + \frac{M_o L^2}{2EI}$ ④ $\frac{PL^3}{3EI} - \frac{M_o L^2}{2EI}$

해설] ④

집중하중에 의한 처짐 $\delta_P = \dfrac{PL^3}{3EI}$ (하향)

모멘트하중에 의한 처짐 $\delta_M = \dfrac{ML^2}{2EI}$ (하향)

따라서, B점의 총처짐량 $\dfrac{PL^3}{3EI} - \dfrac{M_oL^2}{2EI}$

■2021년 3회■6. 그림과 같은 캔틸레버 보에서 C점의 처짐은? (단, EI는 일정하다.)

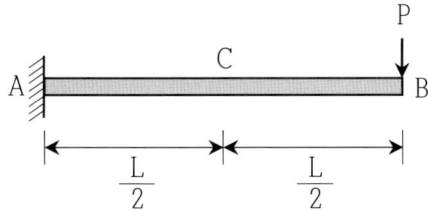

① $\dfrac{PL^3}{24EI}$

② $\dfrac{5PL^3}{24EI}$

③ $\dfrac{PL^3}{48EI}$

④ $\dfrac{5PL^3}{48EI}$

해설] ④

계산의 편의를 위해 상호변위 법칙을 적용하여, 집중하중 P를 C점에 재하하고 B점의 처짐을 구한다.

공액보에서, $\rho = \dfrac{PL}{2EI}$

$M_B = \dfrac{\rho L}{4} \times \left(\dfrac{L}{2} \times \dfrac{2}{3} + \dfrac{L}{2}\right) = \dfrac{5\rho L^2}{24}$

따라서, $\delta_B = M_B = \dfrac{PL}{2EI} \times \dfrac{5L^2}{24} = \dfrac{5PL^3}{48EI}$

■2021년 3회■7. 그림과 같은 단순보에서 B점에 모멘트 M_B가 작용할 때 A점에서의 처짐각(θ_A)은? (단, EI는 일정하다.)

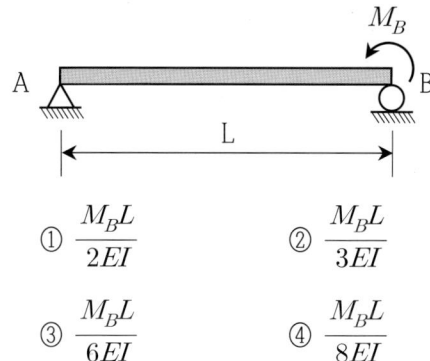

① $\dfrac{M_BL}{2EI}$

② $\dfrac{M_BL}{3EI}$

③ $\dfrac{M_BL}{6EI}$

④ $\dfrac{M_BL}{8EI}$

해설] ③

공액보에서, $R_A = \theta_A = \dfrac{M_BL}{2EI} \times \dfrac{1}{3} = \dfrac{M_BL}{6EI}$

■2021년 2회■8. 그림과 같은 집중하중이 작용하는 캔틸레버 보에서 B점의 처짐은? (단, EI는 일정하다.)

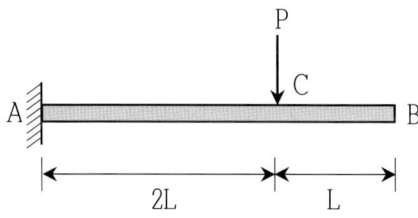

① $\dfrac{14PL^3}{3EI}$

② $\dfrac{2PL^3}{EI}$

③ $\dfrac{8PL^3}{3EI}$

④ $\dfrac{10PL^3}{3EI}$

해설] ①

공액보에서, $\rho = \dfrac{2PL}{EI}$

$\delta_B = M_B = \dfrac{\rho \times 2L}{2} \times \left(2L \times \dfrac{2}{3} + L\right) = \dfrac{7\rho L^2}{3}$

$= \dfrac{14PL^3}{3EI}$

■2021년 2회■9. 그림과 같은 부정정보에서 B점의 처짐각(θ_B)은? (단, 보의 휨강성은 EI이다.)

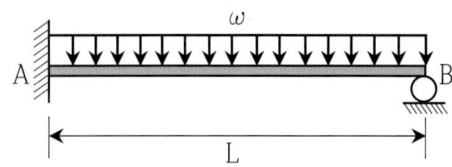

① $\dfrac{\omega L^2}{12EI}$ ② $\dfrac{\omega L^2}{24EI}$

③ $\dfrac{\omega L^2}{36EI}$ ④ $\dfrac{\omega L^2}{48EI}$

해설] ④

단순보에 등분포하중과 A점 재단모멘트($M_A = \dfrac{\omega L^2}{8}$)가 동시에 재하되는 경우로 판단한다.

등분포하중에 의한 B점의 처짐각

$\theta_{B1} = \dfrac{\rho L}{2} \times \dfrac{2}{3} = \dfrac{\rho L}{3} = \dfrac{\omega L^2}{24EI}$ ($\rho = \dfrac{\omega L^2}{8EI}$)

A점 재단모멘트에 의한 B점의 처짐각

$\theta_{B2} = \dfrac{\rho L}{2} \times \dfrac{1}{3} = \dfrac{\omega L^2}{48EI}$

두 처짐각은 반대방향이므로,

$\theta_B = \theta_{B1} - \theta_{B2} = \dfrac{\omega L^2}{24EI} - \dfrac{\omega L^2}{48EI} = \dfrac{\omega L^2}{48EI}$

■2021년 2회■10. 그림과 같은 캔틸레버 보에서 B점의 처짐각은? (단, EI는 일정하다.)

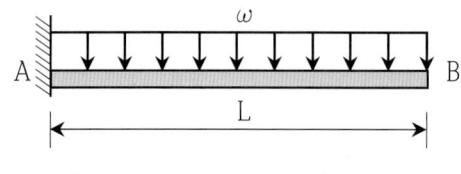

① $\dfrac{\omega L^3}{3EI}$ ② $\dfrac{\omega L^3}{6EI}$

③ $\dfrac{\omega L^3}{8EI}$ ④ $\dfrac{2\omega L^3}{3EI}$

해설] ②

공액보에서, $\rho = \dfrac{\omega L^2}{2EI}$ 이므로, $R_B = \theta_B = \dfrac{\rho L}{3} = \dfrac{\omega L^3}{6EI}$

■2021년 1회■11. 그림과 같은 단순보에서 A점의 처짐각(θ_A)은? (단, EI는 일정하다.)

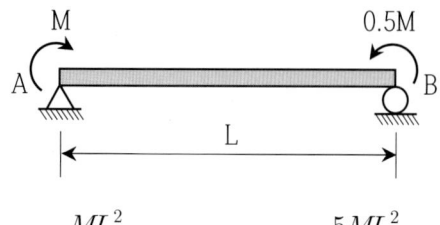

① $\dfrac{ML^2}{2EI}$ ② $\dfrac{5ML^2}{6EI}$

③ $\dfrac{5ML^2}{12EI}$ ④ $\dfrac{5ML^2}{24EI}$

해설] ③

공액보에서,

$R_A = \theta_A = \dfrac{ML}{EI} \times \dfrac{L}{2} \times \dfrac{2}{3} + \dfrac{0.5ML}{EI} \times \dfrac{L}{2} \times \dfrac{1}{3}$

$= \dfrac{ML^2}{3EI} + \dfrac{ML^2}{12EI} = \dfrac{5ML^2}{12EI}$

■2021년 1회■12. 재질과 단면이 동일한 캔틸레버 보 A와 B에서 자유단의 처짐을 같게 하는 P_2/P_1의 값은?

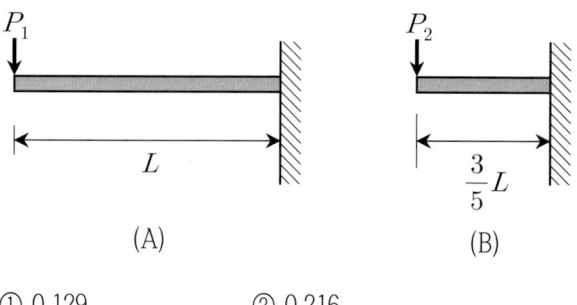

① 0.129   ② 0.216

③ 4.63   ④ 7.72

해설] ③

$$\delta_A = \frac{P_1 L^3}{3EI} = \delta_B = \frac{P_2}{3EI} \times (\frac{3}{5}L)^3$$ 에서,

$$\frac{P_2}{P_1} = \frac{3^3}{5^3} = 0.216$$

■2020년 4회■13. 동일평면상의 한 점에 여러 개의 힘이 작용하고 있을 때, 여러 개의 힘의 어떤 점에 대한 모멘트의 합은 그 합력의 동일점에 대한 모멘트와 같다는 것은 무슨 정리인가?

① Mohr의 정리 ② Lami의 정리
③ Varignon의 정리 ④ Castigliano의 정리

해설] ③

개별 힘의 의한 모멘트 = 합력에 의한 모멘트

■2020년 4회■14. 그림과 같은 캔틸레버 보에서 집중하중(P)이 작용할 경우 최대 처짐(δ_{max})은? (단, EI는 일정하다.)

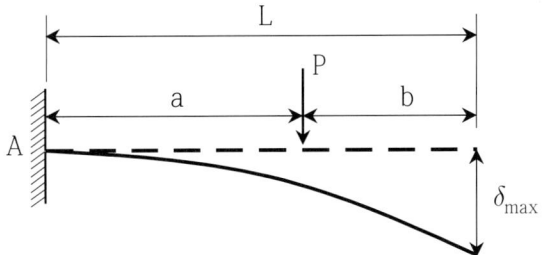

① $\delta_{max} = \frac{Pa^2}{3EI}(3L+a)$

② $\delta_{max} = \frac{Pa^2}{3EI}(3L-a)$

③ $\delta_{max} = \frac{Pa^2}{6EI}(3L+a)$

④ $\delta_{max} = \frac{Pa^2}{6EI}(3L-a)$

해설] ④

공액보에서, $\rho = \frac{Pa}{EI}$

$$M_{max} = \delta_{max} = \frac{\rho a}{2} \times (\frac{2a}{3}+b) = \frac{Pa^2}{6EI}(2a+3b)$$

$$= \frac{Pa^2}{6EI}(2L+b) = \frac{Pa^2}{6EI}(3L-a)$$

■2020년 4회■15. 그림과 같은 단순보에 등분포 하중(q)이 작용할 때 보의 최대 처짐은? (단, EI는 일정하다.)

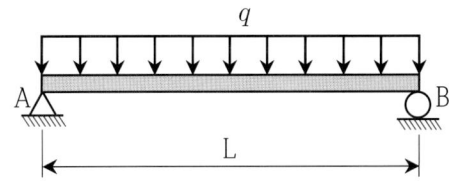

① $\frac{qL^4}{128EI}$ ② $\frac{qL^4}{64EI}$

③ $\frac{5qL^4}{84EI}$ ④ $\frac{5qL^4}{384EI}$

해설] ④

단순보에 등분포하중이 재하되는 경우의 최대처짐 $\frac{5qL^4}{384EI}$

■2020년 3회■16. 등분포 하중을 받는 단순보에서 중앙점의 처짐을 구하는 공식은? (단, 등분포 하중은 ω, 보의 길이는 L, 보의 휨강성은 EI이다.)

① $\frac{\omega L^4}{128EI}$ ② $\frac{\omega L^4}{64EI}$

③ $\frac{5\omega L^4}{84EI}$ ④ $\frac{5\omega L^4}{384EI}$

해설] ④

단순보에 등분포하중이 재하되는 경우의 최대처짐 $\frac{5\omega L^4}{384EI}$

■2020년 3회■17. 그림과 같은 켄틸레버보에서 최대 처짐각(θ_B)은? (단, EI는 일정하다.)

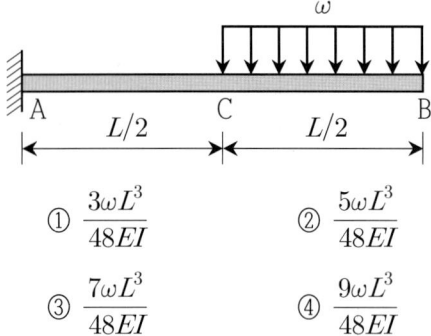

① $\dfrac{3\omega L^3}{48EI}$ ② $\dfrac{5\omega L^3}{48EI}$

③ $\dfrac{7\omega L^3}{48EI}$ ④ $\dfrac{9\omega L^3}{48EI}$

해설] ③
공액보에서,

$\rho_c = \dfrac{\omega(L/2)^2}{2EI} = \dfrac{\omega L^2}{8EI}$

$\rho_A = \dfrac{\omega L}{2} \times \dfrac{3L}{4} = \dfrac{3\omega L^2}{8}$

$R_B = \theta_B = \rho_c \times \dfrac{L}{2} \times \dfrac{1}{3} + \dfrac{(\rho_c + \rho_A) \times L/2}{2}$

$= \dfrac{\omega L^3}{48EI} + \dfrac{\omega L^3}{8EI} = \dfrac{7\omega L^3}{48EI}$

■2020년 1,2회■18. 그림과 같은 단순보에서 B단에 모멘트 하중 M이 작용할 때 경간 AB 중에서 수직 처짐이 최대가 되는 곳의 거리 x는? (단, EI는 일정하다.)

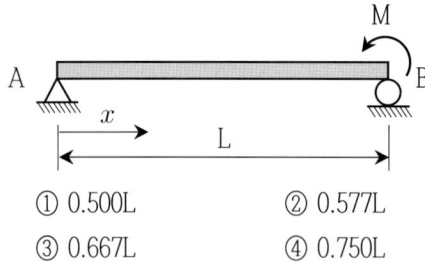

① 0.500L   ② 0.577L
③ 0.667L   ④ 0.750L

해설] ②
최대처짐 발생 위치 = 공액보에서 최대 휨모멘트 발생 위치
공액보에서, $\rho = \dfrac{M}{EI}$ 이고,

$R_A = \dfrac{\rho L}{2} \times \dfrac{1}{3} = \dfrac{\rho L}{6} = \dfrac{\rho x^2}{2L}$ 에서, $x = \dfrac{L}{\sqrt{3}} = 0.577L$

■2020년 1,2회■19. 아래 그림의 캔틸레버 보에서 C점, B점의 처짐비($\delta_c : \delta_B$)는? (단, EI는 일정하다.)

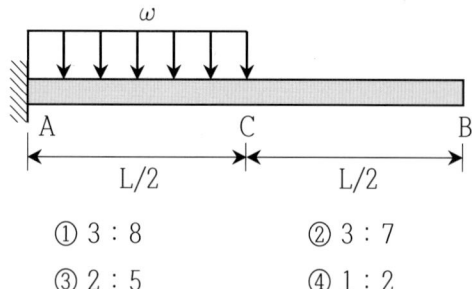

① 3 : 8   ② 3 : 7
③ 2 : 5   ④ 1 : 2

해설] ②
공액보에서, $\rho = \dfrac{\omega}{2EI} \times (\dfrac{L}{2})^2 = \dfrac{\omega L^2}{8EI}$

$M_c = \dfrac{\rho L}{6} \times (\dfrac{L}{2} \times \dfrac{3}{4}) = \dfrac{\rho L}{6} \times \dfrac{3L}{8} = \delta_c$

$M_B = \dfrac{\rho L}{6} \times (\dfrac{L}{2} \times \dfrac{3}{4} + \dfrac{L}{2}) = \dfrac{\rho L}{6} \times \dfrac{7L}{8} = \delta_B$

따라서, $\delta_c : \delta_B = 3 : 7$

■2019년 3회■20. 아래 그림과 같은 캔틸레버 보에서 B점의 연직변위(δ_B)는? (단, $M_o = 4kN\cdot m$, $P = 16kN$, $L = 2.4m$, $EI = 6,000 kN\cdot m^2$이다.)

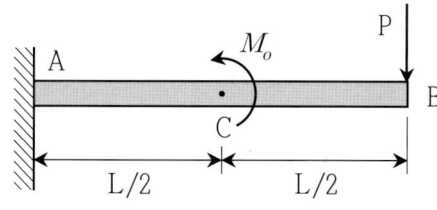

① 1.08 cm(↓)   ② 1.08 cm(↑)
③ 1.37 cm(↓)   ④ 1.37 cm(↑)

해설] ①
집중하중에 의한 B점의 처짐 $\delta_P = \dfrac{PL^3}{3EI}(↓)$

모멘트하중에 의한 B점의 처짐 $\delta_M = \dfrac{M_o L/2}{EI} \times \dfrac{3L}{4}(↑)$

$\delta_B = \delta_P - \delta_M = \dfrac{PL^3}{3EI} - \dfrac{3ML^2}{8EI} = 0.0108m = 1.08cm$

■2019년 3회■21. 재질의 단면이 같은 다음 2개의 외팔보에서 자유단의 처짐을 같게 되는 $\frac{P_1}{P_2}$ 의 값은?

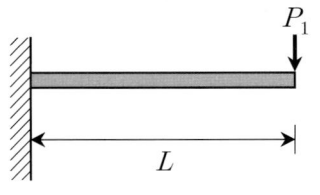 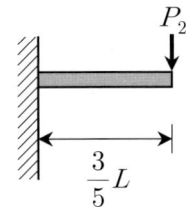

① 0.216 ② 0.325
③ 0.437 ④ 0.546

해설] ①

$\delta \propto PL^3$ 이므로, $P_1 \times L^3 = P_2 \times (\frac{3L}{5})^3$ 에서,

$\frac{P_1}{P_2} = (\frac{3}{5})^3 = 0.216$

■2019년 2회■22. 그림과 같은 캔틸레버 보에서 A점의 처짐은? (단, AC구간의 단면2차모멘트 I이고, CB구간은 2I이며, 탄성계수 E는 전 구간이 동일하다.)

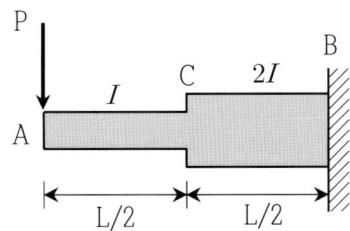

① $\frac{2PL^3}{15EI}$

② $\frac{3PL^3}{16EI}$

③ $\frac{5PL^3}{18EI}$

④ $\frac{7PL^3}{24EI}$

해설] ②

공액보에서, $\rho = \frac{PL}{EI}$ 로 두면,

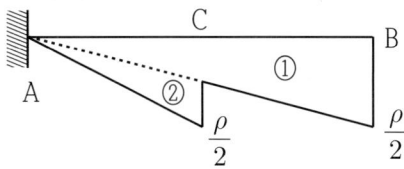

$M_A = \delta_A = \frac{\rho}{2} \times \frac{L}{2} \times (\frac{2L}{3}) + \frac{\rho}{4} \times \frac{L}{4} \times (\frac{L}{2} \times \frac{2}{3})$

$= \frac{3\rho L^2}{16} = \frac{3PL^3}{16EI}$

■2019년 2회■23. 다음 그림과 같은 단순보의 중앙점 C에 집중하중 P가 작용하여 중앙점의 처짐 δ가 발생했다. δ가 0이 되도록 양쪽지점에 모멘트 M을 작용시키려고 할 때, 이 모멘트의 크기 M을 하중 P와 지간 L로 나타낸 것으로 옳은 것은? (단, EI는 일정하다.)

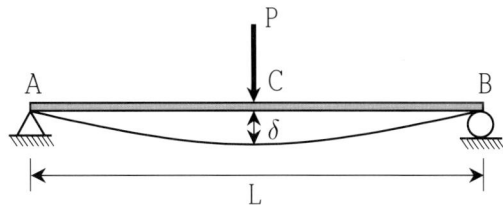

① $M = \frac{PL}{2}$ ② $M = \frac{PL}{4}$

③ $M = \frac{PL}{6}$ ④ $M = \frac{PL}{8}$

해설] ③

양단 모멘트 하중에 의한 C점의 처짐 $\delta_{c1} = \frac{ML^2}{8EI}$

집중하중에 의한 C점의 처짐 $\delta_{c2} = \frac{PL^3}{48EI}$

$\delta_{c1} = \delta_{c2}$ 에서, $\frac{ML^2}{8EI} = \frac{PL^3}{48EI}$ 이므로, $M = \frac{PL}{6}$

■2019년 1회■24. 그림과 같은 내민보에서 자유단의 처짐은?
(단, $EI = 3.2 \times 10^4 kN.m^2$)

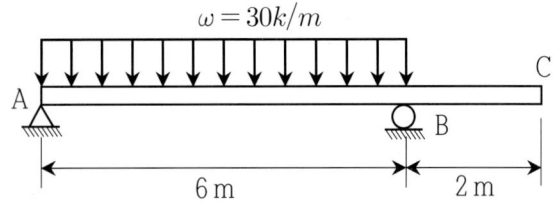

① 16.9mm   ② 169mm
③ 33.8mm   ④ 338mm

해설] ①

공액보에서, $\rho = \dfrac{\omega l^2}{8EI}$ 라 두면,

$R_B = \dfrac{\rho l}{2} \times \dfrac{2}{3} = \dfrac{\rho l}{3}$

$M_c = \delta_c = R_B \times 2 = \dfrac{\rho l}{3} \times 2 = \dfrac{\omega l^3}{12EI}$

$= \dfrac{30 \times 6^3}{12 \times 3.2 \times 10^4} = 16.9 \times 10^{-3} m = 16.9 mm$

■2019년 1회■25. 탄성계수가 $2 \times 10^5 MPa$인 재료로 된 경간 10m의 캔틸레버 보에 $\omega = 120 kN/m$의 등분포하중이 작용할 때, 자유단의 처짐각은? (단, IN : 중립축에 관한 단면 2차 모멘트, mm^4)

① $\theta = \dfrac{10^8}{IN}$ ② $\theta = \dfrac{10^9}{IN}$

③ $\theta = \dfrac{3}{2} \dfrac{10^8}{IN}$ ④ $\theta = \dfrac{10^4}{IN}$

해설] ①

공액보에서, $\rho = \dfrac{\omega L^2}{2EI}$ 로 두면,

$R = \theta = \dfrac{\rho L}{3} = \dfrac{\omega L^3}{6EI} = \dfrac{120 \times 10^{12}}{6 \times 2 \times 10^5 IN} = \dfrac{10^8}{IN}$

■2019년 1회■26. 분포하중(ω), 전단력(S) 및 굽힘 모멘트(M) 사이의 관계가 옳은 것은?

① $\omega = \dfrac{dM}{dx} = \dfrac{d^2 S}{dx^2}$

② $\omega = \dfrac{dM}{dx} = \dfrac{d^2 M}{dx^2}$

③ $-\omega = \dfrac{dS}{dx} = \dfrac{d^2 M}{dx^2}$

④ $-\omega = \dfrac{dM}{dx} = \dfrac{d^2 S}{dx^2}$

해설] ③

하중 → 전단력 → 모멘트는 적분의 관계이므로,

$-\omega = \dfrac{dS}{dx} = \dfrac{d^2 M}{dx^2}$ 하중의 방향이 하향이므로 (-)

■2018년 3회■27. 그림과 같은 구조물에서 C점의 수직처짐을 구하면? (단, $EI = 2 \times 10^{11} MPa$이며 자중은 무시한다.)

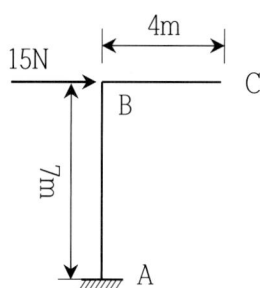

① 2.70mm   ② 3.57mm
③ 6.24mm   ④ 7.35mm

해설] ④

AB부재에서,

B점의 처짐각 $\theta_B = \dfrac{15 \times 7000^2}{2 \times 2 \times 10^{11}} = 1.838 \times 10^{-3}$

$\delta_c = \theta_B \times 4000 = 1.838 \times 10^{-3} \times 4000 = 7.35 mm$

■2018년 3회■28. 다음 그림과 같은 내민보에서 D점의 처짐은? (단, 전 구간의 $EI=3\times10^3 kN.m^2$으로 일정하다.)

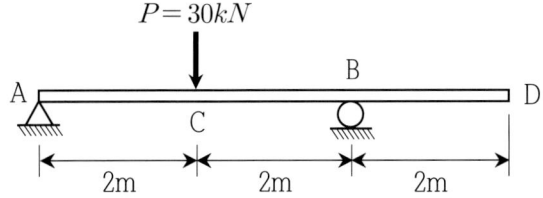

① 1mm
② 2mm
③ 10mm
④ 20mm

해설] ④

공액보에서, $\rho=\dfrac{PL}{4EI}$로 두면,

$R_B = \dfrac{\rho\times 2}{2} = \rho$

$M_D = \delta_D = \rho\times 2 = 2\times\dfrac{30\times 4}{4\times 3\times 10^3} = 20mm$

■2018년 2회■29. 다음 구조물에서 최대처짐이 일어나는 위치까지의 거리 x을 구하면?

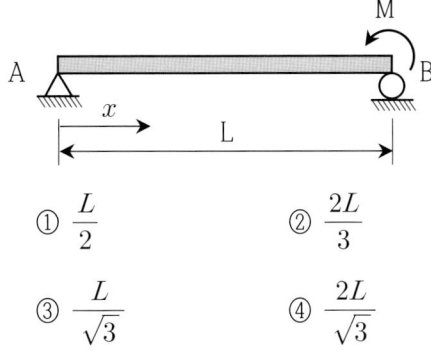

① $\dfrac{L}{2}$
② $\dfrac{2L}{3}$
③ $\dfrac{L}{\sqrt{3}}$
④ $\dfrac{2L}{\sqrt{3}}$

해설] ③

최대처짐 발생 위치 = 공액보에서 최대휨모멘트 발생 위치

따라서, $R_A = \dfrac{\rho L}{2}\times\dfrac{1}{3} = \dfrac{\rho}{2L}x^2$ 에서, $x=\dfrac{l}{\sqrt{3}}$

■2018년 1회■30. 다음 그림과 같이 A지점이 고정이고 B지점이 힌지(hinge)인 부정정보가 어떤 요인에 의하여 B지점이 B'로 만큼 침하하게 되었다. 이때 B'의 지점반력은?

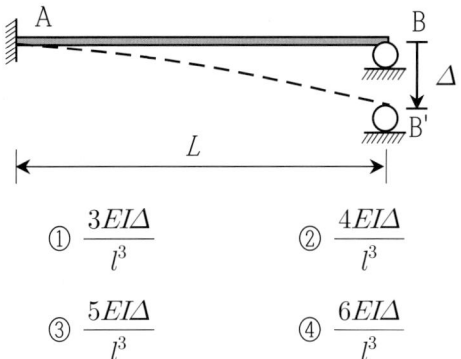

① $\dfrac{3EI\Delta}{l^3}$
② $\dfrac{4EI\Delta}{l^3}$
③ $\dfrac{5EI\Delta}{l^3}$
④ $\dfrac{6EI\Delta}{l^3}$

해설] ①

고정-힌지 구조에서 지점침하에 대한 재단모멘트

$M=\dfrac{3EI\Delta}{l^2}$

따라서, $R_B = \dfrac{M}{l} = \dfrac{3EI\Delta}{l^3}(\downarrow)$

■2018년 1회■31. 그림과 같은 게르버보에서 하중 P만에 의한 C점의 처짐은? (단, EI는 일정하고 $EI=27\times10^3 kN.m^2$이다.)

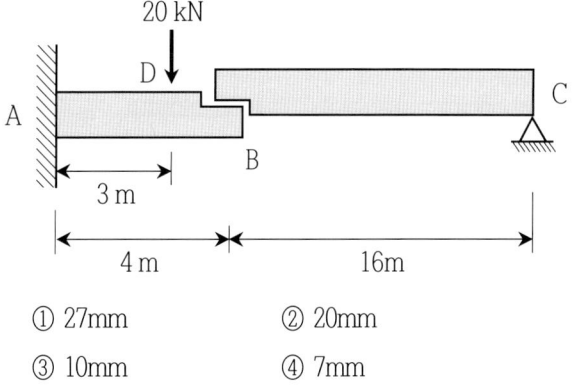

① 27mm
② 20mm
③ 10mm
④ 7mm

해설] ③

AC부재 공액보에서, $\rho = \dfrac{20\times 3}{EI} = \dfrac{60}{27\times 10^3}$

$\delta_c = \dfrac{\rho\times 3}{2}\times 3 = \dfrac{9\rho}{2} = \dfrac{9\times 60}{2\times 27\times 10^3} = 10^{-2}m = 10mm$

■2018년 1회■32. 그림과 같은 구조물에서 C점의 수직처짐을 구하면? (단, $EI = 2 \times 10^{11} MPa$이며 자중은 무시한다.)

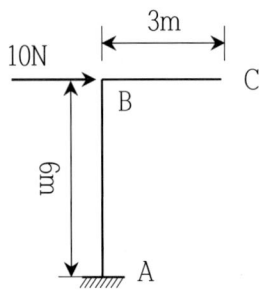

① 2.70mm ② 3.57mm
③ 6.24mm ④ 7.35mm

해설] ①
AB부재에서,

B점의 처짐각 $\theta_B = \dfrac{10 \times 6000^2}{2 \times 2 \times 10^{11}} = 0.9 \times 10^{-3}$

$\delta_c = \theta_B \times 3000 = 0.9 \times 10^{-3} \times 3000 = 2.7 mm$

■2017년 3회■33. 그림과 같이 중앙에 집중하중 P를 받는 단순보에서 지점 A로부터 L/4인 지점(D)의 처짐각(θ_D)과 처짐량(δ_D)은? (단, EI는 일정하다.)

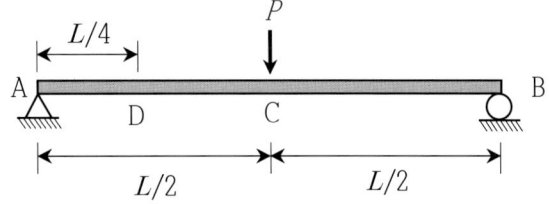

① $\theta_D = \dfrac{3PL^2}{128EI}$, $\delta_D = \dfrac{11PL^3}{384EI}$

② $\theta_D = \dfrac{3PL^2}{128EI}$, $\delta_D = \dfrac{5PL^3}{384EI}$

③ $\theta_D = \dfrac{3PL^2}{64EI}$, $\delta_D = \dfrac{11PL^3}{768EI}$

④ $\theta_D = \dfrac{5PL^2}{64EI}$, $\delta_D = \dfrac{11PL^3}{768EI}$

해설] ③
공액보에서,

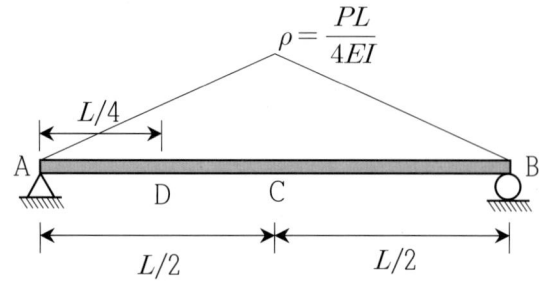

$R_A = \dfrac{\rho L}{4}$ 이고,

$V_D = R_A - \dfrac{\rho}{2} \times \dfrac{L}{4} \times \dfrac{1}{2} = \dfrac{\rho L}{4} - \dfrac{\rho L}{4} \times \dfrac{1}{4}$

$= \dfrac{\rho L}{4}(1 - \dfrac{1}{4}) = \dfrac{3\rho L}{16}$

따라서, $\theta_D = V_D = \dfrac{3}{16} \times \dfrac{PL}{4EI} \times L = \dfrac{3PL^2}{64EI}$

$M_D = R_A \times \dfrac{L}{4} - \dfrac{\rho L}{16} \times \dfrac{L}{4} \times \dfrac{1}{3} = \dfrac{\rho L^2}{16} - \dfrac{\rho L^2}{16} \times \dfrac{1}{12}$

$= \dfrac{\rho L^2}{16}(1 - \dfrac{1}{12}) = \dfrac{11\rho L^2}{192}$

따라서, $\delta_D = M_D = \dfrac{11}{192} \times \dfrac{PL}{4EI} \times L^2 = \dfrac{11PL^3}{768EI}$

■2017년 2회■34. 그림과 같은 단순보에서 B단에 모멘트 하중 M이 작용할 때 경간 AB 중에서 수직 처짐이 최대가 되는 곳의 거리 x는? (단, EI는 일정하다.)

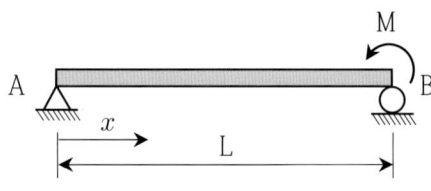

① 0.500L
② 0.577L
③ 0.667L
④ 0.750L

해설] ②

최대처짐 발생 위치 = 공액보에서 최대 휨모멘트 발생 위치

공액보에서, $\rho = \dfrac{M}{EI}$ 이고,

$R_A = \dfrac{\rho L}{2} \times \dfrac{1}{3} = \dfrac{\rho L}{6} = \dfrac{\rho x^2}{2L}$ 에서, $x = \dfrac{L}{\sqrt{3}} = 0.577L$

■2017년 1회■35. 그림 (a)와 (b)의 중앙점의 처짐이 같아지도록 그림 (b)의 등분포하중 ω를 그림 (a)의 하중 P의 함수로 나타내면?

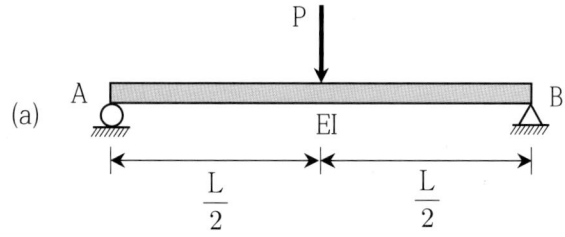

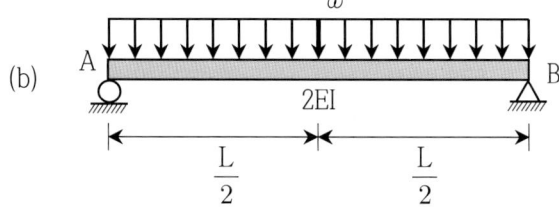

① $1.6 \dfrac{P}{L}$

② $2.4 \dfrac{P}{L}$

③ $3.2 \dfrac{P}{L}$

④ $4.0 \dfrac{P}{L}$

해설] ③

$\delta_a = \dfrac{PL^3}{48EI} = \delta_b = \dfrac{5\omega L^4}{384 \times 2EI}$ 에서, $\omega = 3.2 \dfrac{P}{L}$

■2017년 1회■36. 다음 보의 C점의 수직처짐량은?

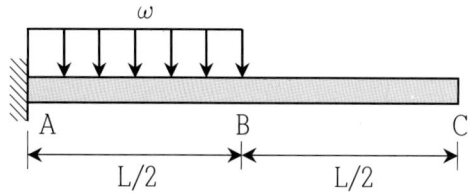

① $\dfrac{7\omega L^4}{384EI}$

② $\dfrac{5\omega L^4}{384EI}$

③ $\dfrac{7\omega L^4}{192EI}$

④ $\dfrac{5\omega L^4}{192EI}$

해설] ①

공액보에서, $\rho = \dfrac{\omega}{2EI} \times (\dfrac{L}{2})^2 = \dfrac{\omega L^2}{8EI}$

$M_c = \dfrac{\rho L}{6} \times (\dfrac{L}{2} \times \dfrac{3}{4} + \dfrac{L}{2}) = \dfrac{\rho L}{6} \times \dfrac{7L}{8}$

$= \dfrac{7\omega L^4}{384EI} = \delta_B$

■2017년 1회■37. 그림과 같이 캔틸레버 보의 B점에 집중하중 P와 우력모멘트 M_O가 작용할 때 B점에서의 연직변위(δ_B)는? (단, EI는 일정하다.)

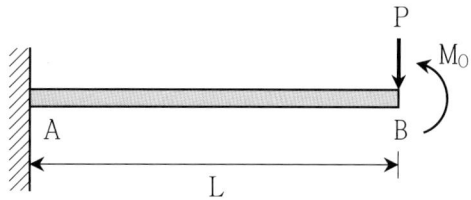

① $\dfrac{PL^3}{4EI} + \dfrac{M_o L^2}{2EI}$

② $\dfrac{PL^3}{4EI} - \dfrac{M_o L^2}{2EI}$

③ $\dfrac{PL^3}{3EI} - \dfrac{M_o L^2}{2EI}$

④ $\dfrac{PL^3}{3EI} + \dfrac{M_o L^2}{2EI}$

해설] ③

집중하중에 의한 처짐 $\delta_P = \dfrac{PL^3}{3EI}$ (하향)

모멘트하중에 의한 처짐 $\delta_M = \dfrac{ML^2}{2EI}$ (하향)

따라서, B점의 총처짐량 $\dfrac{PL^3}{3EI} - \dfrac{M_o L^2}{2EI}$

문제유형14 트러스의 처짐과 에너지

■2022년 2회■1. 탄성 변형에너지(Elastic Strain Energy)에 대한 설명으로 틀린 것은?
 ① 변형에너지는 내적인 일이다.
 ② 외부하중에 의한 일은 변형에너지와 같다.
 ③ 변형에너지는 강성도가 클수록 크다
 ④ 하중을 제거하면 회복될 수 있는 에너지이다.

해설] ③

$E = \dfrac{1}{2}P\delta = \dfrac{1}{2}P \times \dfrac{P}{k}$ 에서, $E \propto \dfrac{1}{k}$ 이므로,

탄성변형에너지 E는 강성도 k와 반비례 관계에 있다.

■2022년 1회■2. 그림과 같은 단순보에서 휨모멘트에 의한 탄성 변형에너지는? (단, EI는 일정하다.)

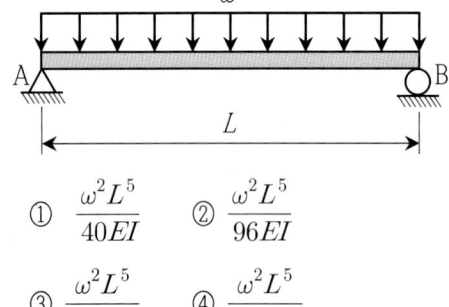

① $\dfrac{\omega^2 L^5}{40EI}$ ② $\dfrac{\omega^2 L^5}{96EI}$

③ $\dfrac{\omega^2 L^5}{240EI}$ ④ $\dfrac{\omega^2 L^5}{384EI}$

해설] ③

등분포하중을 받는 단순보에서, $E = \dfrac{1}{2}\int M\theta dx = \dfrac{\omega^2 L^5}{240EI}$

■2021년 3회■3. 그림과 같은 2개의 캔틸레버 보에 저장되는 변형에너지를 각각 $U_{(1)}$, $U_{(2)}$ 라고 할 때 $U_{(1)} : U_{(2)}$의 비는? (단, EI는 일정하다.)

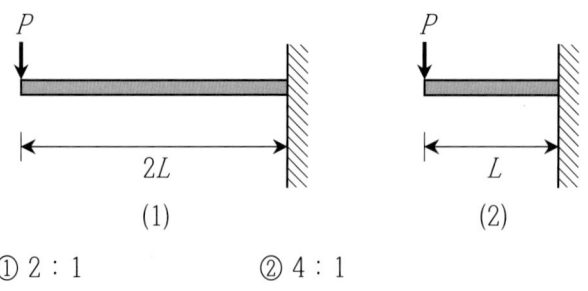

① 2 : 1   ② 4 : 1
③ 8 : 1   ④ 16 : 1

해설] ③

탄성변형에너지 $U = \dfrac{1}{2}P\delta$ 이므로,

$U_{(1)} = \dfrac{1}{2}P\dfrac{P(2L)^3}{3EI}$, $U_{(2)} = \dfrac{1}{2}P\dfrac{P(L)^3}{3EI}$

따라서, $U_{(1)} : U_{(2)} = 8 : 1$

■2021년 2회■4. 아래에서 설명하는 것은?

> 탄성체에 저장된 변형에너지 U를 변위의 함수로 나타내는 경우에, 임의의 변위 Δ_i에 관한 변형에너지 U의 1차 편도함수는 대응되는 하중 P_i와 같다. 즉, $P_i = \dfrac{\partial U}{\partial \Delta_i}$ 이다.

① Castigliano의 제1정리
② Castigliano의 제2정리
③ 가상일의 원리
④ 공액보법

해설] ①

카스틸리아노 1정리 $P_i = \dfrac{\partial U}{\partial \Delta_i}$

카스틸리아노 2정리 $\Delta_i = \dfrac{\partial U}{\partial P_i}$

가상일의 원리 : 변형일치법에 카스틸리아노 2정리를 적용
공액보법 : 곡률함수를 하중으로 치환하여 계산

■2021년 1회■5. 그림과 같은 단순보에 등분포하중 w가 작용하고 있을 때 이 보에서 휨모멘트에 의한 탄성변형에너지는? (단, 보의 EI는 일정하다.)

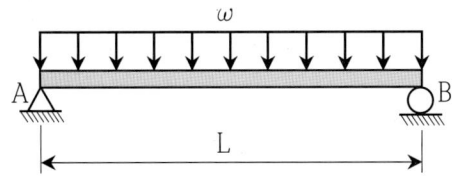

① $\dfrac{\omega^2 L^5}{384EI}$

② $\dfrac{\omega^2 L^5}{240EI}$

③ $\dfrac{7\omega^2 L^5}{384EI}$

④ $\dfrac{\omega^2 L^5}{48EI}$

해설] ②

단순보에 등분포하중이 재하되는 경우의 탄성변형에너지

$U = \dfrac{\omega^2 L^5}{240EI}$

■2020년 4회■6. 탄성변형에너지는 외력을 받는 구조물에서 변형에 의해 구조물에 축적되는 에너지를 말한다. 탄성체이며 선형거동을 하는 길이 L인 캔틸레버 보의 끝단에 집중하중 P가 작용할 때 굽힘모멘트에 의한 탄성변형에너지는? (단, EI는 일정하다.)

① $\dfrac{P^2 L^2}{2EI}$ ② $\dfrac{P^2 L^3}{2EI}$

③ $\dfrac{P^2 L^2}{6EI}$ ④ $\dfrac{P^2 L^3}{6EI}$

해설] ④

$E = \dfrac{1}{2}P\delta = \dfrac{1}{2}P \times \dfrac{PL^3}{3EI} = \dfrac{P^2 L^3}{6EI}$

■2020년 3회■7. 그림과 같은 캔틸레버보에서 자유단에 집중하중 2P를 받고 있을 때 휨모멘트에 의한 탄성변형에너지는? (단, EI는 일정하고, 보의 자중은 무시한다.)

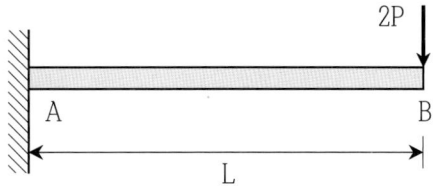

① $\dfrac{3P^2 L^3}{2EI}$

② $\dfrac{2P^2 L^3}{3EI}$

③ $\dfrac{P^2 L^3}{3EI}$

④ $\dfrac{P^2 L^3}{6EI}$

해설] ②

$E = \dfrac{1}{2}P\delta = \dfrac{1}{2} \times 2P \times \dfrac{2PL^3}{3EI} = \dfrac{2P^2 L^3}{3EI}$

■2020년 1,2회■8. 휨모멘트를 받는 보의 탄성 에너지를 나타내는 식으로 옳은 것은?

① $U = \displaystyle\int_0^L \dfrac{M^2}{2EI}dx$

② $U = \displaystyle\int_0^L \dfrac{3M^2}{2EI}dx$

③ $U = \displaystyle\int_0^L \dfrac{M^3}{2EI}dx$

④ $U = \displaystyle\int_0^L \dfrac{3M^3}{2EI}dx$

해설] ①

휨모멘트를 받는 보의 탄성에너지 $U = \displaystyle\int_0^L \dfrac{M^2}{2EI}dx$

■2019년 3회■9. 아래 보기에서 설명하고 있는 것은?

> 탄성체에 저장된 변형에너지 U를 변위의 함수로 나타내는 경우에, 임의의 변위 Δ_i에 관한 변형에너지 U의 1차 편도함수는 대응되는 하중 P_i와 같다. 즉, $P_i = \dfrac{\partial U}{\partial \Delta_i}$이다.

① 중첩의 원리
② Castigliano의 정리
③ Betti의 정리
④ Maxwell의 정리

해설] ②

카스틸리아노 1정리 $P_i = \dfrac{\partial U}{\partial \Delta_i}$

카스틸리아노 2정리 $\Delta_i = \dfrac{\partial U}{\partial P_i}$

■2019년 2회■10. 아래 그림과 같은 캔틸레버 보에서 휨에 의한 탄성변형에너지는? (단, EI는 일정하다.)

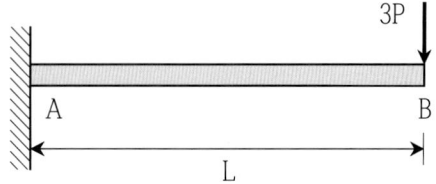

① $\dfrac{2P^2L^3}{3EI}$

② $\dfrac{P^2L^3}{2EI}$

③ $\dfrac{P^2L^3}{6EI}$

④ $\dfrac{3P^2L^3}{2EI}$

해설] ④

$E = \dfrac{1}{2}P\delta = \dfrac{1}{2} \times 3P \times \dfrac{3PL^3}{3EI} = \dfrac{3P^2L^3}{2EI}$

■2019년 1회■11. 다음 그림과 같은 구조물에서 C점의 수직처짐은? (단, AC 및 BC 부재의 길이는 L, 단면적은 A, 탄성계수는 E이다.)

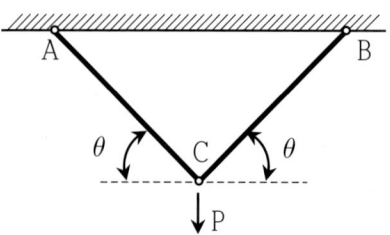

① $\dfrac{PL}{2AE\sin^2\theta}$

② $\dfrac{PL}{2AE\cos^2\theta}$

③ $\dfrac{PL}{2AE\cos\theta\sin\theta}$

④ $\dfrac{PL}{2AE\tan^2\theta}$

해설] ①

라미의 법칙에 의해, $F_{AC} = F_{BC} = \dfrac{P\sin(\pi/2+\theta)}{\sin(\pi-2\theta)}$ 이고,

삼각함수 공식에 의해,

$\sin(\dfrac{\pi}{2}+\theta) = \cos\theta$, $\sin(\pi-2\theta) = \sin(2\theta) = 2\sin\theta\cos\theta$

따라서, $F_{AC} = F_{BC} = \dfrac{P\cos\theta}{2\sin\theta\cos\theta} = \dfrac{P}{2\sin\theta}$

단위하중법에 의해,

$\delta_c = \Sigma(\dfrac{FF_vL}{EA}) = 2 \times \dfrac{PL}{(2\sin\theta)^2EA} = \dfrac{PL}{2\sin^2\theta EA}$

■2018년 3회■12. 아래 그림과 같은 캔틸레버보에 굽힘으로 인하여 저장된 변형 에너지는? (단, EI는 일정하다)

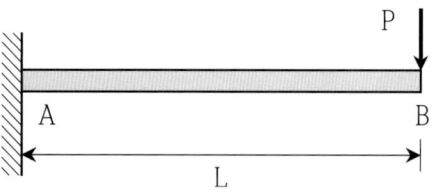

① $\dfrac{P^2L^3}{6EI}$

② $\dfrac{P^2L^3}{48EI}$

③ $\dfrac{P^2L^2}{12EI}$

④ $\dfrac{P^2L^2}{38EI}$

해설] ①
$$E=\frac{1}{2}P\delta=\frac{1}{2}P\times\frac{PL^3}{3EI}=\frac{P^2L^3}{6EI}$$

■2018년 2회■13. 아래 그림과 같은 캔틸레버보에서 휨모멘트에 의한 탄성변형에너지는? (단, EI는 일정)

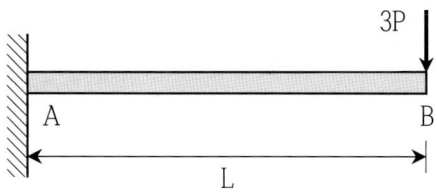

① $\frac{2P^2L^3}{3EI}$ ② $\frac{3P^2L^3}{2EI}$

③ $\frac{P^2L^3}{3EI}$ ④ $\frac{P^2L^3}{6EI}$

해설] ②
$$E=\frac{1}{2}P\delta=\frac{1}{2}\times 3P\times\frac{3PL^3}{3EI}=\frac{3P^2L^3}{2EI}$$

■2018년 1회■14. 탄성변형에너지는 외력을 받는 구조물에서 변형에 의해 구조물에 축적되는 에너지를 말한다. 탄성체이며 선형거동을 하는 길이 L인 캔틸레버보의 끝단에 집중하중 P가 작용할 때 굽힘모멘트에 의한 탄성변형에너지는? (단, EI는 일정)

① $\frac{P^2L^2}{2EI}$ ② $\frac{P^2L^3}{2EI}$

③ $\frac{P^2L^3}{6EI}$ ④ $\frac{P^2L^2}{6EI}$

해설] ③
$$E=\frac{1}{2}P\delta=\frac{1}{2}P\times\frac{PL^3}{3EI}=\frac{P^2L^3}{6EI}$$

■2017년 3회■15. 보의 탄성변형에서 내력이 한 일을 그 지점의 반력으로 1차 편미분한 것은 "0"이 된다는 정리는 다음 중 어느 것인가?

① 중첩의 원리 ② 맥스웰베티의 상반원리
③ 최소일의 원리 ④ 카스틸리아노의 제 1정리

해설] ③

최소일의 원리 $\delta_i=\frac{\partial U}{\partial P_i}=0$

■2017년 2회■16. 그림과 같은 강재(steel) 구조물이 있다. AC, BC부재의 단면적은 각각 $1\times 10^3 mm^2$, $2\times 10^3 mm^2$이고 연직하중 $P=90kN$이 작용할 때 C점의 연직처짐을 구한 값은? (단 강재의 종탄성계수는 $2\times 10^5 MPa$이다.)

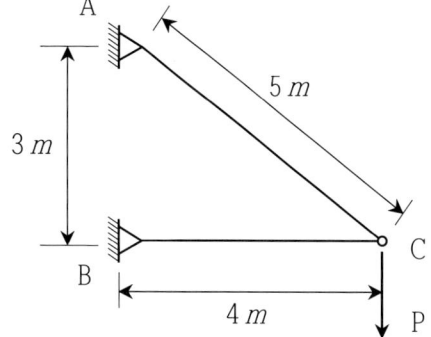

① 6.24mm

② 7.85mm

③ 8.34mm

④ 9.45mm

해설] ②

단위하중법에 의해,

부재	F	F_v	L	A
AC	$\frac{5P}{3}$	$\frac{5}{3}$	5×10^3	1×10^3
BC	$-\frac{4P}{3}$	$-\frac{4}{3}$	4×10^3	2×10^3

$$\delta=\Sigma\left(\frac{FF_vL}{EA}\right)=\frac{25P}{9E}\times 5+\frac{16P}{9E}\times 2$$

$$=\frac{P}{9E}\times(25\times 5+16\times 2)=\frac{90\times 10^3}{18\times 10^5}\times 157=7.85mm$$

■2017년 2회■17. 그림과 같은 2개의 캔틸레버 보에 저장되는 변형에너지를 각각 $U_{(1)}$, $U_{(2)}$ 라고 할 때 $U_{(1)} : U_{(2)}$의 비는? (단, EI는 일정하다.)

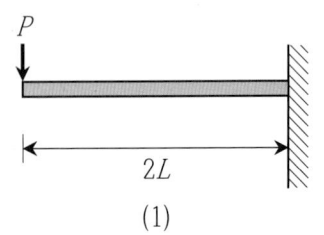 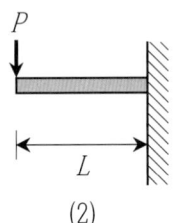

① 2 : 1   ② 4 : 1
③ 8 : 1   ④ 16 : 1

해설] ③

탄성변형에너지 $U = \frac{1}{2}P\delta$ 이므로,

$U_{(1)} = \frac{1}{2}P\frac{P(2L)^3}{3EI}$, $U_{(2)} = \frac{1}{2}P\frac{P(L)^3}{3EI}$

따라서, $U_{(1)} : U_{(2)} = 8 : 1$

■2017년 1회■18. 아래 그림과 같은 단순보에 등분포하중 w가 작용하고 있을 때 이 보에서 휨모멘트에 의한 변형에너지는? (단, 보의 EI는 일정하다.)

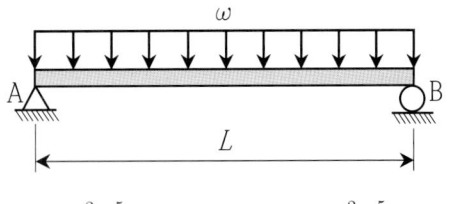

① $\frac{\omega^2 L^5}{384EI}$ ② $\frac{\omega^2 L^5}{240EI}$
③ $\frac{\omega^2 L^5}{40EI}$ ④ $\frac{\omega^2 L^5}{96EI}$

해설] ②

등분포하중을 받는 단순보에서, $E = \frac{1}{2}\int M\theta dx = \frac{\omega^2 L^5}{240EI}$

■2017년 1회■19. 그림과 같은 2부재 트러스의 B에 수평하중 P가 작용한다. B절점의 수평변위 δ_B(m)는 얼마인가? (단, EA는 두 부재가 모두 같다.)

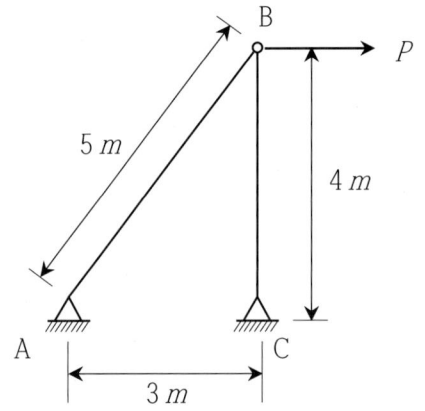

① $\delta_B = \frac{3P}{EA}$ ② $\delta_B = \frac{5P}{EA}$
③ $\delta_B = \frac{7P}{EA}$ ④ $\delta_B = \frac{21P}{EA}$

해설] ④

부재	F	F_v	L
AB	$\frac{5P}{3}$	$\frac{5}{3}$	5
BC	$-\frac{4P}{3}$	$-\frac{4}{3}$	4

$\delta = \Sigma(\frac{FF_v L}{EA}) = \frac{25P}{9EA}\times 5 + \frac{16P}{9EA}\times 4 = \frac{21P}{EA}$

문제유형15 부정정 구조

■2022년 2회■1. 그림과 같은 2경간 연속보에 등분포하중 $\omega = 4kN/m$가 작용할 때 전단력이 "0"이 되는 위치는 지점 A로부터 얼마의 거리(x)에 있는가?

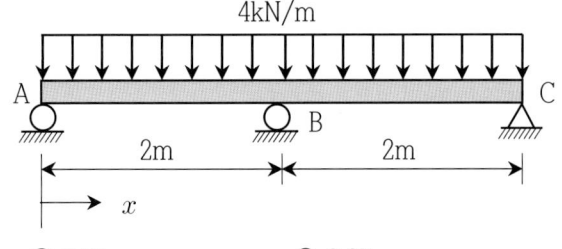

① 0.75m   ② 0.85m
③ 0.95m   ④ 1.05m

해설] ①
$R_A = \dfrac{3\omega l}{8} = \omega x$ 에서, $x = \dfrac{3l}{8} = \dfrac{3 \times 2}{8} = 0.75m$

■2022년 2회■2. 그림과 같은 부정정보의 A단에 작용하는 휨모멘트는?

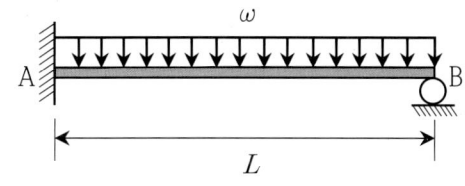

① $-\dfrac{\omega L^2}{4}$ ② $-\dfrac{\omega L^2}{8}$

③ $-\dfrac{\omega L^2}{12}$ ④ $-\dfrac{\omega L^2}{24}$

해설] ②

재단모멘트 공식에 의해, $M_A = \dfrac{\omega L^2}{8}$

■2022년 1회■3. 그림과 같은 라멘 구조물의 E점에서의 불균형 모멘트에 대한 부재 EA의 모멘트 분배율은?

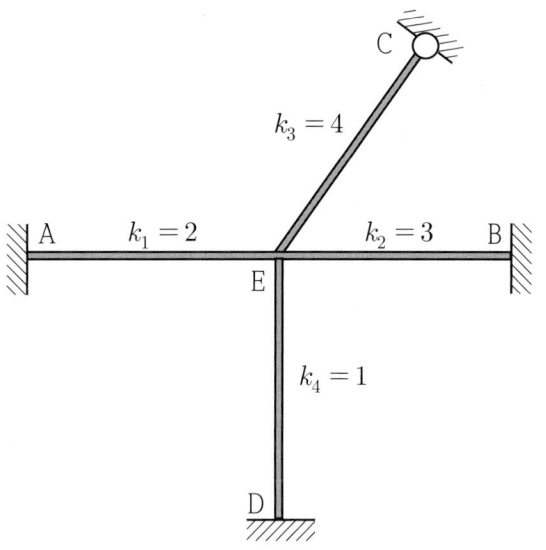

① 0.167   ② 0.222
③ 0.386   ④ 0.441

해설] ②
C점이 힌지이므로,
$k_1 : k_2 : k_3 \times \dfrac{3}{4} : k_1 = 2 : 3 : 3 : 1$

EA부재의 분배율 = $\dfrac{2}{2+3+3+1} = \dfrac{2}{9} = 0.222$

■2022년 1회■4. 그림과 같은 부정정보에서 B점의 반력은?

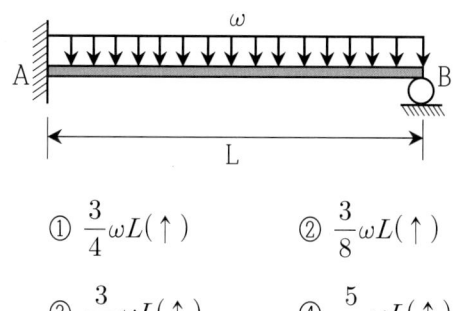

① $\dfrac{3}{4}\omega L(\uparrow)$ ② $\dfrac{3}{8}\omega L(\uparrow)$

③ $\dfrac{3}{16}\omega L(\uparrow)$ ④ $\dfrac{5}{16}\omega L(\uparrow)$

해설] ②
일단고정-타단힌지 구조에서 등분포하중이 재하되는 경우,

힌지단의 반력 = $\dfrac{3}{8}\omega L$

고정단의 반력 = $\dfrac{5}{8}\omega L$

고정단의 반력모멘트 = $\dfrac{\omega l^2}{8}$

■2021년 3회■5. 그림과 같은 부정정 구조물에서 B지점의 반력의 크기는? (단, 보의 휨강도 EI는 일정하다.)

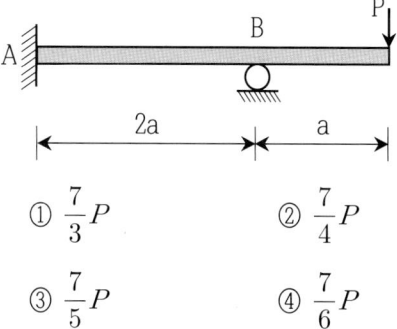

① $\dfrac{7}{3}P$ ② $\dfrac{7}{4}P$

③ $\dfrac{7}{5}P$ ④ $\dfrac{7}{6}P$

해설] ②

하중 P를 B점으로 이동시키면, 집중하중 P와 모멘트하중 Pa가 된다.

모멘트하중에 의한 A점의 모멘트 $M_A = Pa/2$

모멘트하중에 의한 B점의 반력

$R_{B1} = \dfrac{M}{L} = \dfrac{(Pa/2 + Pa)}{2a} = \dfrac{3P}{4}(\uparrow)$

집중하중에 의한 B점의 반력

$R_{B2} = P(\uparrow)$

따라서, $R_B = R_{B1} + R_{B2} = \dfrac{3P}{4} + P = \dfrac{7P}{4}(\uparrow)$

■2021년 2회■6. 그림과 같은 연속보에서 B점의 지점 반력을 구한 값은?

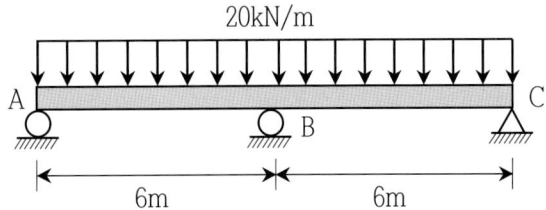

① 100 kN   ② 150 kN
③ 200 kN   ④ 250 kN

해설] ②

$R_B = \dfrac{5\omega L}{4} = \dfrac{5 \times 20 \times 6}{4} = 150 kN$

■2021년 1회■7. 그림과 같은 보에서 지점 B의 휨모멘트 절댓값은? (단, EI는 일정하다.)

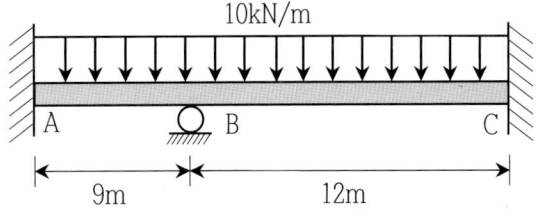

① 67.5kN·m   ② 97.5kN·m
③ 120kN·m   ④ 165kN·m

해설] ②

$M = \dfrac{\omega L^2}{12} = \dfrac{10 \times 3^2}{12} = 7.5 kN.m$로 두면,

AB부재에서, B점의 재단모멘트 $M_{B1} = 9M(+)$

BC부재에서, B점의 재단모멘트 $M_{B2} = 16M(-)$

불균등모멘트 $= 16M - 9M = 7M(+)$

AB부재와 BC부재의 분배율 $= \dfrac{1}{3} : \dfrac{1}{4} = 4 : 3$

AB부재에서, $M_B = +9M + 7M \times \dfrac{4}{7} = 13M = 97.5 kN.m$

■2020년 4회■8. 그림과 같은 구조물에서 단부 A, B는 고정, C 지점은 힌지 일 때 OA, OB, OC 부재의 분배율로 옳은 것은?

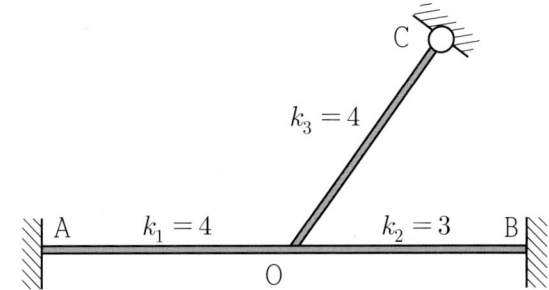

① $DF_{OA} = \dfrac{4}{10}$, $DF_{OB} = \dfrac{3}{10}$, $DF_{OC} = \dfrac{4}{10}$

② $DF_{OA} = \dfrac{4}{10}$, $DF_{OB} = \dfrac{3}{10}$, $DF_{OC} = \dfrac{3}{10}$

③ $DF_{OA} = \dfrac{4}{11}$, $DF_{OB} = \dfrac{3}{11}$, $DF_{OC} = \dfrac{4}{11}$

④ $DF_{OA} = \dfrac{4}{11}$, $DF_{OB} = \dfrac{3}{11}$, $DF_{OC} = \dfrac{3}{11}$

해설] ②

OC부재에서, C점이 힌지이므로 강성값에 3/4배를 한다.

강성비율 $k_1 : k_2 : k_3 \times \dfrac{3}{4} = 4 : 3 : 3$

따라서, $DF_{OA} = \dfrac{4}{10}$, $DF_{OB} = \dfrac{3}{10}$, $DF_{OC} = \dfrac{3}{10}$

■2020년 4회■9. 그림과 같은 연속보에서 B점의 반력(R_B)은?

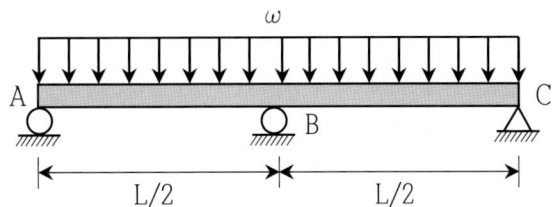

① $\frac{3}{10}\omega L$ ② $\frac{3}{8}\omega L$

③ $\frac{5}{8}\omega L$ ④ $\frac{5}{4}\omega L$

해설] ③

$R_B = \frac{5}{8}\omega(\frac{L}{2})\times 2 = \frac{5}{8}\omega L$

■2020년 3회■10. 그림과 같은 연속보에서 B점의 지점 반력은?

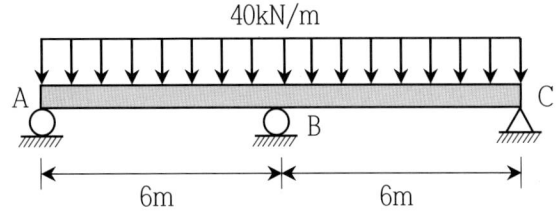

① 240 kN   ② 280 kN
③ 300 kN   ④ 320 kN

해설] ③

$\frac{5}{8}\omega L \times 2 = \frac{5}{8}\times 40\times 6\times 2 = 300 kN$

■2020년 3회■11. 아래 그림과 같은 보에서 A점의 수직반력은?

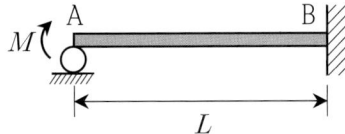

① $\frac{M}{L}$ (↑)   ② $\frac{M}{L}$ (↓)

③ $\frac{3M}{2L}$ (↑)   ④ $\frac{3M}{2L}$ (↓)

해설] ④

$M_B = \frac{M}{2}$, $R_A = \frac{M+M/2}{L} = \frac{3M}{2L}$ (↓)

■2020년 1,2회■12. 그림과 같은 부정정보에 집중하중 50kN이 작용할 때 A점의 휨모멘트(M_A)는?

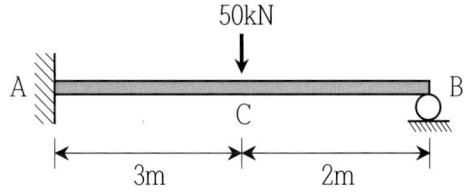

① -26kN·m   ② -36kN·m
③ -42kN·m   ④ -57kN·m

해설] ③

$M_A = \frac{Pab}{2L^2}(L+b) = \frac{50\times 3\times 2}{2\times 5^2}\times(5+2) = 42 kN.m$

■2020년 1,2회■13. 길이가 L인 양단 고정보 AB의 왼쪽 지점이 그림과 같이 작은 각 θ만큼 회전할 때 생기는 반력(R_A, M_A)은? (단, EI는 일정하다.)

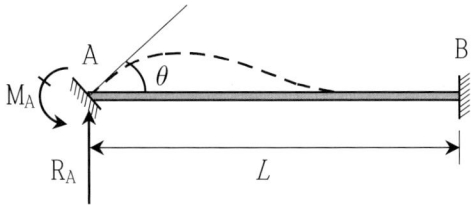

① $R_A = \frac{6EI\theta}{L^2}$, $M_A = \frac{4EI\theta}{L}$

② $R_A = \frac{6EI\theta}{L^2}$, $M_A = \frac{2EI\theta}{L}$

③ $R_A = \frac{2EI\theta}{L^2}$, $M_A = \frac{4EI\theta}{L}$

④ $R_A = \frac{2EI\theta}{L^2}$, $M_A = \frac{2EI\theta}{L}$

해설] ①

양단고정에서 지점 회전변형에 대해,

$M_A = \dfrac{4EI\theta}{L}$, $M_B = \dfrac{2EI\theta}{L}$ 이므로,

$R_A = \dfrac{M_A + M_B}{L} = \dfrac{6EI\theta}{L^2}$

■2019년 3회■14. 다음 그림에 있는 연속보의 B점에서의 반력은? (단, $E = 2.1 \times 10^5 MPa$, $I = 1.6 \times 10^4 cm^4$)

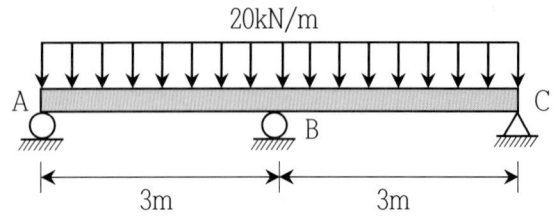

① 63 kN ② 75 kN
③ 97 kN ④ 101 kN

해설] ②

$R_B = \dfrac{5}{8}\omega L \times 2 = \dfrac{5}{8} \times 20 \times 3 \times 2 = 75 kN$

[참조] EI는 부재력에 영향이 없다.

■2019년 3회■15. 그림과 같은 보정정보에서 지점A의 휨모멘트 값을 옳게 나타낸 것은? (단, EI는 일정)

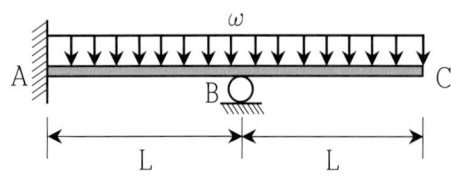

① $\dfrac{\omega L^2}{8}$ ② $-\dfrac{\omega L^2}{8}$
③ $\dfrac{3\omega L^2}{8}$ ④ $-\dfrac{3\omega L^2}{8}$

해설] ①

BC구간의 등분포하중을 B점에 모멘트하중으로 치환하면,

$M_B = \dfrac{\omega L^2}{2}(-)$ 이고, $M_{A1} = \dfrac{M_B}{2} = \dfrac{\omega L^2}{4}(+)$

AB구간 등분포하중에 의한 A점의 모멘트 $M_{A2} = \dfrac{\omega L^2}{8}(-)$

따라서, $M_A = M_{A1} + M_{A2} = \dfrac{\omega L^2}{4} - \dfrac{\omega L^2}{8} = \dfrac{\omega L^2}{8}(+)$

■2019년 2회■16. 연속보를 삼연모멘트 방정식을 이용하여 B점의 모멘트 $M_B = -92.8 kN.m$을 구하였다. B점의 수직반력은?

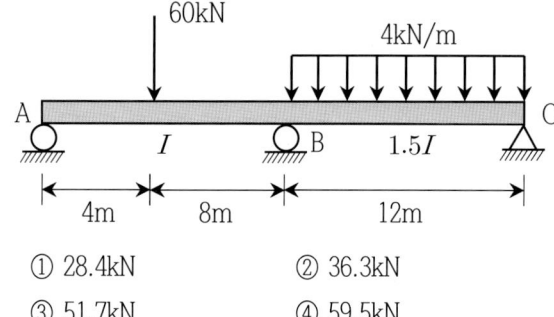

① 28.4kN ② 36.3kN
③ 51.7kN ④ 59.5kN

해설] ④

AB보에서, $R_{B1} = 60 \times \dfrac{1}{3} + \dfrac{92.8}{12} = 27.73 kN (\uparrow)$

BC보에서, $R_{B2} = \dfrac{4 \times 12}{2} + \dfrac{92.8}{12} = 31.73 kN (\uparrow)$

따라서, $R_B = 27.73 + 31.73 = 59.46 kN (\uparrow)$

■2019년 2회■17. 다음의 부정정 구조물을 모멘트 분배법으로 해석하고자 한다. C점이 롤러지점임을 고려한 수정강도계수에 의하여 B점에서 C점으로 분배되는 분배율 f_{BC}를 구하면?

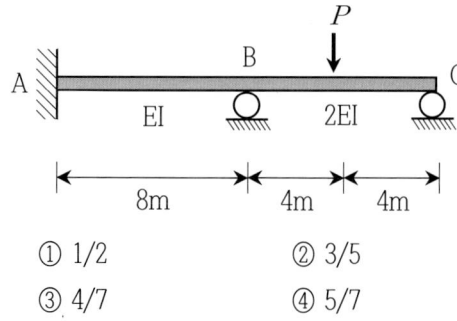

① 1/2 ② 3/5
③ 4/7 ④ 5/7

해설] ②

$k = \dfrac{EI}{L}$ 이고, BC부재는 고정-힌지이므로,

AB부재와 BC부재의 강성비 $\dfrac{EI}{8} : \dfrac{2EI}{8} \times \dfrac{3}{4} = 2 : 3$

따라서, BC부재의 분배율은 $\dfrac{3}{5}$

■2019년 1회■18. 양단 고정보에 등분포 하중이 작용할 때 A점에 발생하는 휨 모멘트는?

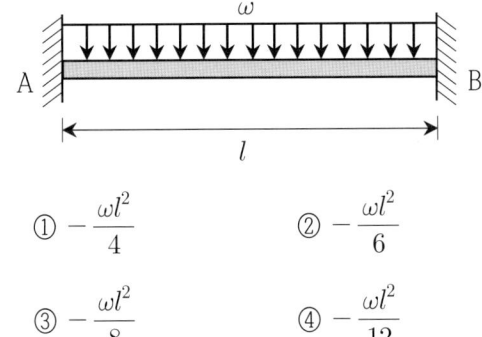

① $-\dfrac{\omega l^2}{4}$ ② $-\dfrac{\omega l^2}{6}$

③ $-\dfrac{\omega l^2}{8}$ ④ $-\dfrac{\omega l^2}{12}$

해설] ④

등분포하중을 받는 양단고정보의 재단모멘트 $-\dfrac{\omega l^2}{12}$

■2019년 1회■19. 주어진 보에서 지점 A의 휨모멘트(M_A) 및 반력(R_A)의 크기로 옳은 것은?

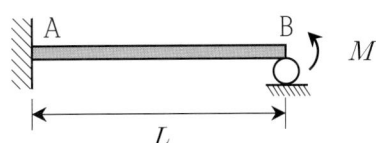

① $M_A = \dfrac{M}{2}$, $R_A = \dfrac{3M}{2L}$

② $M_A = M$, $R_A = \dfrac{5M}{2L}$

③ $M_A = \dfrac{3M}{2}$, $R_A = \dfrac{2M}{3L}$

④ $M_A = 2M$, $R_A = \dfrac{3M}{2L}$

해설] ①

$M_A = \dfrac{M}{2}$, $R_A = \dfrac{M + M/2}{L} = \dfrac{3M}{2L}$ (↑)

■2018년 3회■20. 그림과 같은 라멘 구조물의 E점에서의 불균형 모멘트에 대한 부재 EA의 모멘트 분배율은?

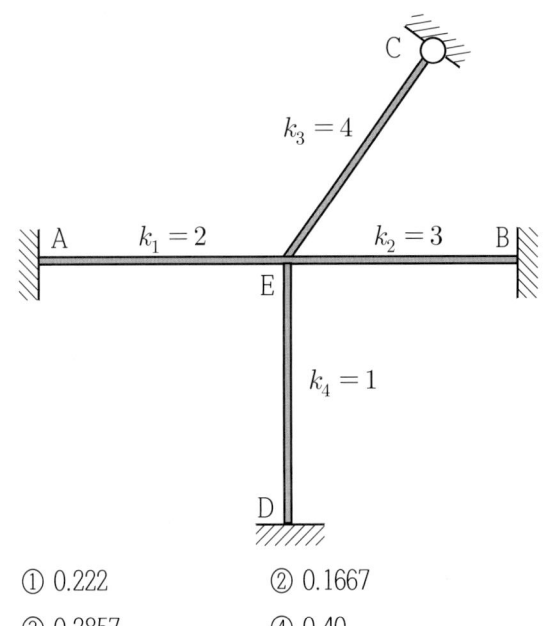

① 0.222 ② 0.1667
③ 0.2857 ④ 0.40

해설] ①

C점이 힌지이므로,

$k_1 : k_2 : k_3 \times \dfrac{3}{4} : k_1 = 2 : 3 : 3 : 1$

EA부재의 분배율 = $\dfrac{2}{2+3+3+1} = \dfrac{2}{9} = 0.222$

■2018년 2회■21. 다음과 같은 보의 A점의 수직반력 V_A는?

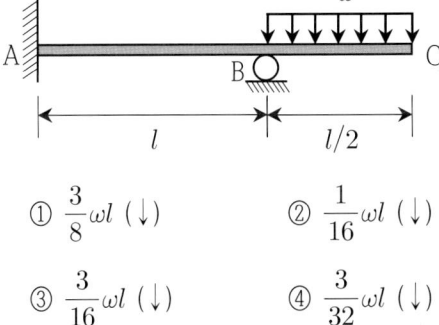

① $\dfrac{3}{8}\omega l$ (↓) ② $\dfrac{1}{16}\omega l$ (↓)

③ $\dfrac{3}{16}\omega l$ (↓) ④ $\dfrac{3}{32}\omega l$ (↓)

해설] ③

BC구간에서, 등분포하중을 집중하중과 모멘트하중으로 치환

$M = \frac{\omega}{2}(\frac{l}{2})^2 = \frac{\omega l^2}{8}$, $P = \frac{\omega l}{2}$

AC구간에서,

$M_A = \frac{M}{2}$ 이므로, $R_A = \frac{M + M/2}{l} = \frac{3\omega l}{16}$ (↓)

■2018년 2회■22. 구조해석의 기본 원리인 겹침의 원리(principle of superposition)를 설명한 것으로 틀린 것은?

① 탄성한도 이하의 외력이 작용할 때 성립한다.
② 외력과 변형이 비선형관계가 있을 때 성립한다.
③ 여러 종류의 하중이 실린 경우 이 원리를 이용하면 편리하다.
④ 부정정 구조물에서도 성립한다.

해설] ② 외력과 변형이 선형관계가 있을 때 성립한다.

■2018년 2회■23. 다음과 같은 부정정보에서 B의 처짐각 θ_B는? (단, 보의 휨강성은 EI이다.)

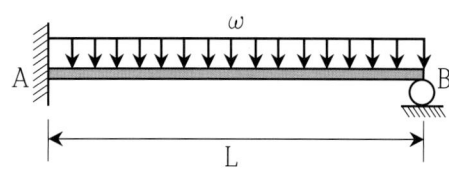

① $\frac{\omega L^2}{12EI}$

② $\frac{\omega L^2}{24EI}$

③ $\frac{\omega L^2}{36EI}$

④ $\frac{\omega L^2}{48EI}$

해설] ④

단순보에 등분포하중과 A점 재단모멘트($M_A = \frac{\omega L^2}{8}$)가 동시에 재하되는 경우로 판단한다.

등분포하중에 의한 B점의 처짐각

$\theta_{B1} = \frac{\rho L}{2} \times \frac{2}{3} = \frac{\rho L}{3} = \frac{\omega L^2}{24EI}$ ($\rho = \frac{\omega L^2}{8EI}$)

A점 재단모멘트에 의한 B점의 처짐각

$\theta_{B2} = \frac{\rho L}{2} \times \frac{1}{3} = \frac{\omega L^2}{48EI}$

두 처짐각은 반대방향이므로,

$\theta_B = \theta_{B1} - \theta_{B2} = \frac{\omega L^2}{24EI} - \frac{\omega L^2}{48EI} = \frac{\omega L^2}{48EI}$

■2018년 1회■24. 그림과 같은 뼈대 구조물에서 C점의 수직반력(↑)을 구한 값은? (단, 탄성계수 및 단면은 전부재가 동일)

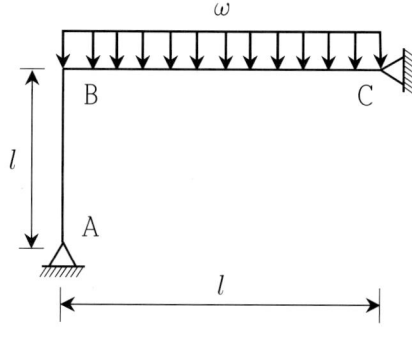

① $\frac{9\omega l}{16}$

② $\frac{7\omega l}{16}$

③ $\frac{\omega l}{8}$

④ $\frac{3\omega l}{8}$

해설] ②

BC부재에서, $M_{B1} = \dfrac{\omega l^2}{8} = M(-)$

따라서, 불균형 모멘트 = $+M$

AB부재와 BC부재의 휨강성비 $k_1 : k_2 = 1 : 1$

위치	AB	BA	BC	CB
재단모멘트	0	0	-M	0
분배된 모멘트		+M/2	+M/2	
합계	0	+M/2	-M/2	0

따라서, BC부재의 B점에 모멘트하중 $M_{BC} = -\dfrac{M}{2} = -\dfrac{\omega l^2}{16}$

$R_c = \dfrac{\omega l}{2} - \dfrac{\omega l^2}{16l} = \dfrac{7\omega l}{16}$

■2017년 3회■25. 아래 그림과 같은 연속보가 있다. B점과 C점 중간에 10kN의 하중이 작용할 때 B점에서의 휨모멘트는? (단, EI는 전구간에 걸쳐 일정하다.)

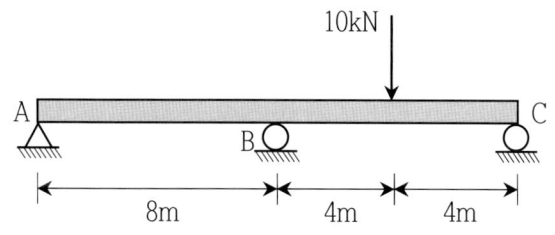

① -5kN.m ② -7.5kN.m
③ -10kN.m ④ -12.5kN.m

해설] ②

BC부재에서,

재단모멘트 $M_{B2} = \dfrac{3}{16}PL = \dfrac{3}{16} \times 10 \times 8 = 15 kN.m(-)$

AB부재와 BC부재의 길이와 EI가 동일하므로,
두 부재의 강성비 $k_1 : k_2 = 1 : 1$

불균형 모멘트 $M = -M_{B2} = 15 kN.m(+)$

AB부재에 분배되는 모멘트 $M_{B1} = \dfrac{15}{2} = 7.5 kN.m(+)$

따라서, $M_B = 7.5 kN.m$(부모멘트)

■2017년 3회■26. 그림과 같은 부정정보에 집중하중 50kN이 작용할 때 A점의 휨모멘트(M_A)는?

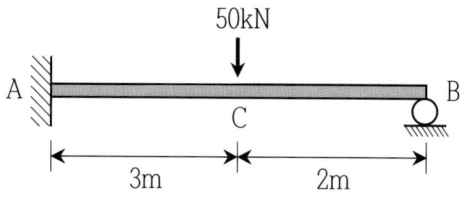

① -26kN·m
② -36kN·m
③ -42kN·m
④ -57kN·m

해설] ③

$M_A = \dfrac{Pab}{2L^2}(L+b) = \dfrac{50 \times 3 \times 2}{2 \times 5^2} \times (5+2) = 42 kN.m$

■2017년 3회■27. 아래와 같은 단순보의 지점 A에 모멘트 M_A가 작용할 경우 A점과 B점의 처짐각 비($\dfrac{\theta_A}{\theta_B}$)의 크기는?

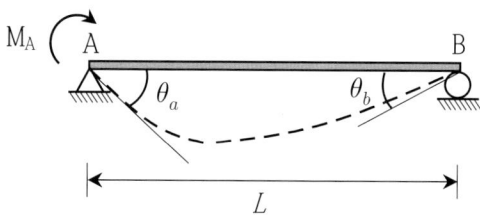

① 1.5 ② 2.0
③ 2.5 ④ 3.0

해설] ②

공액보에서, $\rho = \dfrac{M_A}{EI}$

$R_A = \theta_A = \dfrac{2\rho L}{3}$, $R_B = \theta_B = \dfrac{\rho L}{3}$ 이므로, $\dfrac{\theta_A}{\theta_B} = 2$

■2017년 2회■28. 그림과 같은 2경간 연속보에 등분포하중 $\omega = 40kN/m$가 작용할 때 전단력이 "0"이 되는 위치는 지점 A로부터 얼마의 거리(x)에 있는가?

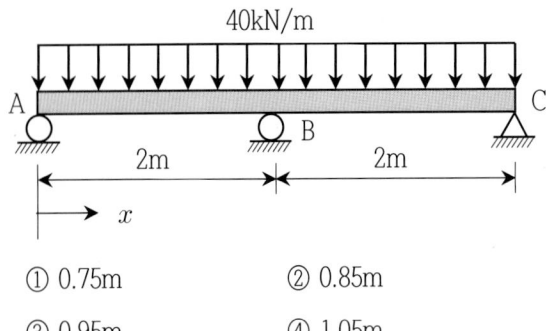

① 0.75m ② 0.85m
③ 0.95m ④ 1.05m

해설] ①

$R_A = \dfrac{3\omega l}{8} = \omega x$ 에서, $x = \dfrac{3l}{8} = \dfrac{3 \times 2}{8} = 0.75m$

■2017년 2회■29. 아래 그림과 같은 부정정보에서 B점의 연직박력(R)은?

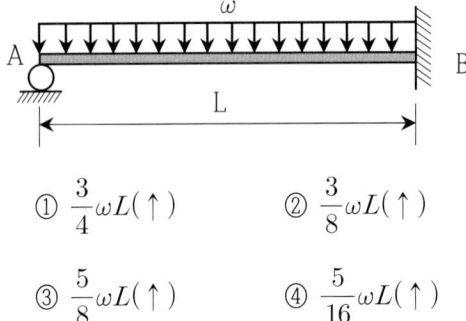

① $\dfrac{3}{4}\omega L(\uparrow)$ ② $\dfrac{3}{8}\omega L(\uparrow)$

③ $\dfrac{5}{8}\omega L(\uparrow)$ ④ $\dfrac{5}{16}\omega L(\uparrow)$

해설] ③

일단고정-타단힌지 구조에서 등분포하중이 재하되는 경우,

힌지단의 반력 = $\dfrac{3}{8}\omega L$

고정단의 반력 = $\dfrac{5}{8}\omega L$

고정단의 반력모멘트 = $\dfrac{\omega l^2}{8}$

■2017년 2회■30. 아래 그림과 같은 양단고정보에 3/tm의 등분포하중과 10t의 집중하중이 작용할 때 A점의 휨모멘트는?

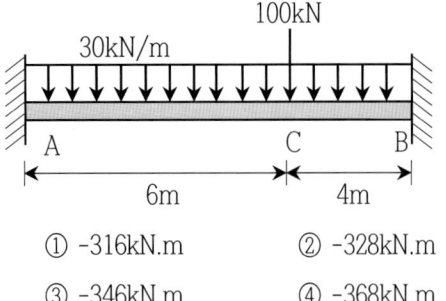

① -316kN.m   ② -328kN.m
③ -346kN.m   ④ -368kN.m

해설] ③

$M_A = \dfrac{\omega l^2}{12} + \dfrac{Pab}{l} \times \dfrac{b}{l} = \dfrac{30 \times 10^2}{12} + \dfrac{100 \times 6 \times 4^2}{10^2}$

$= 346 kN.m(-)$

■2017년 1회■31. 그림과 같이 길이가 2L인 보에 w의 등분포하중이 작용할 때 중앙지점을 δ만큼 낮추면 중간지점의 반력 (R_c) 값은 얼마인가?

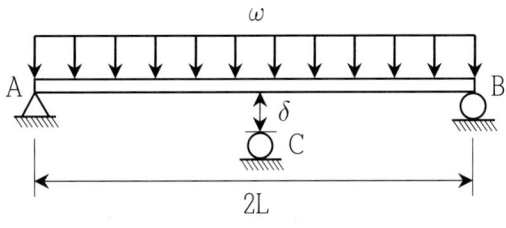

① $R_c = \dfrac{\omega L}{4} - \dfrac{6EI\delta}{L^3}$ ② $R_c = \dfrac{3\omega L}{4} - \dfrac{6EI\delta}{L^3}$

③ $R_c = \dfrac{5\omega L}{4} - \dfrac{6EI\delta}{L^3}$ ④ $R_c = \dfrac{5\omega L}{7} - \dfrac{6EI\delta}{L^3}$

해설] ③

중앙점의 처짐이 없을 때의 C점 반력 $R_{c1} = \dfrac{5\omega L}{4}$ ($\uparrow$)

중앙점 처짐에 따른 C점 반력 $R_{c2} = \dfrac{3EI\delta}{L^3} \times 2(\downarrow)$

따라서, $R_c = \dfrac{5\omega L}{4} - \dfrac{6EI\delta}{L^3}$

■2017년 1회■32. 그림과 같은 양단 고정보에 등분포하중이 작용할 경우 지점 A의 휨모멘트 절대값과 보 중앙에서의 휨모멘트 절대값의 합은?

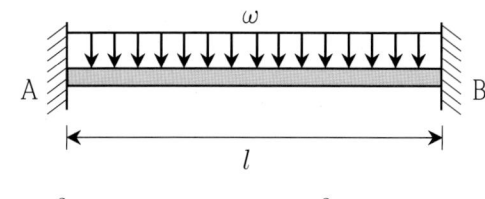

① $\dfrac{\omega l^2}{8}$ ② $\dfrac{\omega l^2}{12}$

③ $\dfrac{\omega l^2}{24}$ ④ $\dfrac{\omega l^2}{36}$

해설] ①

$M_A = \dfrac{\omega l^2}{12}$, $M_c = \dfrac{\omega l^2}{24}$ 이므로, $M_A + M_c = \dfrac{\omega l^2}{8}$

문제유형16   스프링과 하중분배

■2021년 2회■1. 그림에 표시한 것과 같은 단면의 변화가 있는 AB 부재의 강성도(stiffness factor)는?

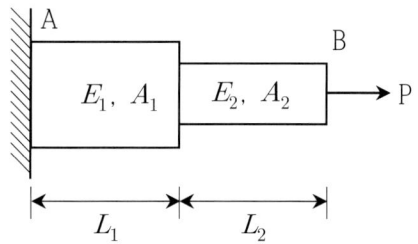

① $\dfrac{PL_1}{A_1E_1} + \dfrac{PL_2}{A_2E_2}$

② $\dfrac{A_1E_1}{PL_1} + \dfrac{A_2E_2}{PL_2}$

③ $\dfrac{A_1E_1}{L_1} + \dfrac{A_2E_2}{L_2}$

④ $\dfrac{E_1A_1E_2A_2}{E_1A_1L_2 + E_2A_2L_1}$

해설] ④

각 부재의 강성 $k_1 = \dfrac{E_1A_1}{L_1}$, $k_2 = \dfrac{E_2A_2}{L_2}$

합성강성 $k_e = \dfrac{k_1 \times k_2}{k_1 + k_2} = \dfrac{E_1A_1/L_1 \times E_2A_2/L_2}{E_1A_1/L_1 + E_2A_2/L_2}$ 에서,

분모와 분자에 L_1L_2를 곱하면, $\dfrac{E_1A_1E_2A_2}{E_1A_1L_2 + E_2A_2L_1}$

■2019년 1회■2. 다음에서 부재 BC에 걸리는 응력의 크기는?

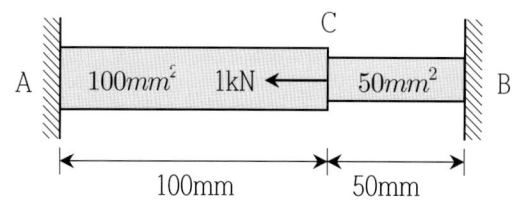

① 5MPa ② 10MPa

③ 15MPa ④ 20MPa

해설] ②

AC부재와 BC부재의 강성비 $k_1 : k_2 = \dfrac{10}{10} : \dfrac{5}{5} = 1 : 1$

BC부재가 분담받는 힘 $P_2 = 1 \times \dfrac{1}{2} = 0.5 kN$

BC부재의 응력 $\sigma_2 = \dfrac{P_2}{A_2} = \dfrac{500}{50} = 10 MPa$

■2019년 1회■3. 다음 중 단위 변형을 일으키는데 필요한 힘은?

① 강성도 ② 유연도

③ 축강도 ④ 프아송비

해설] ①

$P = k\delta$에서, $k = \dfrac{P}{\delta}$ 이므로,

강성(도) : 단위 변형당 하중 = 단위 변형에 필요한 하중

■2018년 3회■4. 상·하단이 고정인 기둥에 그림과 같이 힘 P가 작용한다면 반력 R_A, R_B 값은?

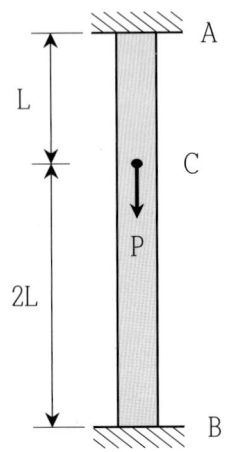

① $R_A = \dfrac{P}{2}$, $R_B = \dfrac{2P}{2}$

② $R_A = \dfrac{P}{3}$, $R_B = \dfrac{2P}{3}$

③ $R_A = \dfrac{2P}{3}$, $R_B = \dfrac{P}{3}$

④ $R_A = P$, $R_B = 0$

해설] ③
AC부재와 BC부재의 강성비 $k_1 : k_2 = 2 : 1$ 이므로,

$P_{AC} = \dfrac{2}{3}P = R_A$, $P_{BC} = \dfrac{1}{3}P = R_B$

■2017년 3회■5. 그림과 같이 강선과 동선으로 조립되어 있는 구조물에 $W = 200kN$의 하중이 작용하면 강선에 발생하는 힘은? (단, 강선과 동선의 단면적은 같고, 강선의 탄성계수는 $2 \times 10^5 MPa$, 동선의 탄성계수는 $1 \times 10^5 MPa$이다.)

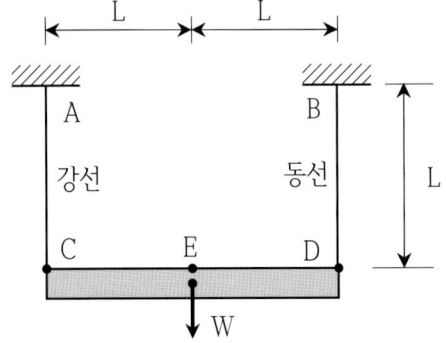

① 66.7kN
② 133.3kN
③ 166.7kN
④ 233.3kN

해설] ②

*주의) 이 문제가 성립되기 위해서는 CD부재가 수평을 유지한다는 조건이 있어야 한다.

$P = k\delta$에서, C점과 D점의 처짐이 동일하다면,

$\delta_1 = \dfrac{P_1}{k_1} = \delta_2 = \dfrac{P_2}{k_2}$ 이므로, 강성 k에 따라 하중이 분담된다.

두 부재의 강성비 $k_1 : k_2 = \dfrac{E_1 A_1}{L_1} : \dfrac{E_2 A_2}{L_2} = 2 : 1$

따라서, $P_1 = \dfrac{2}{3} \times W = \dfrac{2}{3} \times 200 = 133.3kN$

> 문제유형17   영향선

■2022년 2회■1. 그림과 같이 단순보에 이동하중이 작용할 때 절대최대휨모멘트는?

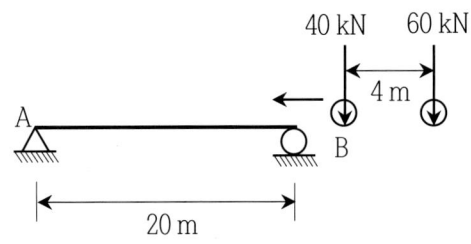

① 387.2 kN·m
② 423.2 kN·m
③ 478.4 kN·m
④ 531.7 kN·m

해설] ②

합력의 작용점 $4 \times \dfrac{4}{10} = 1.6m$

$\overline{x} = \dfrac{L}{2} - e = \dfrac{20}{2} - \dfrac{1.6}{2} = 9.2m$

2개의 연행하중에 대해 절대최대휨모멘트

$M_{\max} = \dfrac{R}{L} \times \overline{x}^2 = \dfrac{100}{20} \times 9.2^2 = 423.2 kN.m$

■2022년 1회■2. 그림과 같은 지간(span) 8m 인 단순보에 연행하중에 작용할 때 절대최대휨모멘트는 어디에서 생기는가?

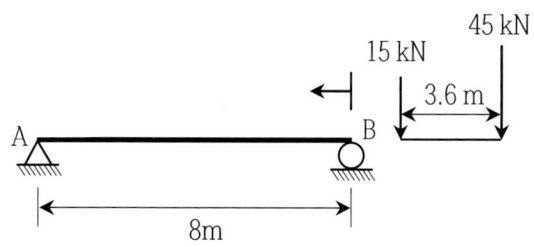

① 45kN의 재하점이 A점으로부터 4m인 곳
② 45kN의 재하점이 A점으로부터 4.45m인 곳
③ 15kN의 재하점이 B점으로부터 4m인 곳
④ 합력의 재하점이 B점으로부터 3.35m인 곳

해설] ②

합력의 작용 위치 : 45kN 재하지점에서 $3.6 \times \frac{1}{4} = 0.9m$

단순보 중앙에서 45kN 하중의 이격위치 $e = \frac{0.9}{2} = 0.45m$

따라서, 절대최대휨모멘트는 A점에서 $8/2 + 0.45 = 4.45m$

■2021년 2회■3. 그림과 같이 2개의 집중하중이 단순보 위를 통과할 때 절대최대 휨모멘트의 크기($M_{\max}$)와 발생위치(x)는?

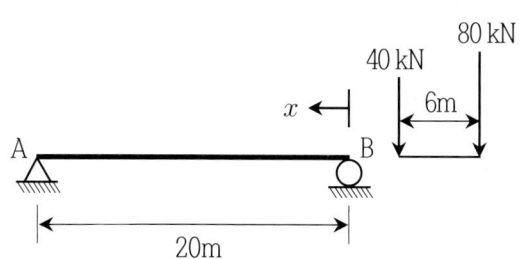

① $M_{\max} = 362kN.m$, $x = 8m$
② $M_{\max} = 382kN.m$, $x = 8m$
③ $M_{\max} = 486kN.m$, $x = 9m$
④ $M_{\max} = 506kN.m$, $x = 9m$

해설] ③

합력의 위치 : 80kN 재하지점에서 2m 이격($e = 1m$)

절대최대휨모멘트 작용위치 : B점에서 9m

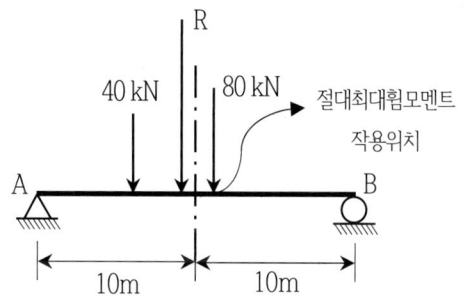

$$M_{\max} = \frac{R}{l}\overline{x}^2 = \frac{120}{20} \times 9^2 = 486 kN.m$$

■2021년 1회■4. 그림과 같이 단순보에 이동하중이 작용할 때 절대최대휨모멘트가 생기는 위치는?

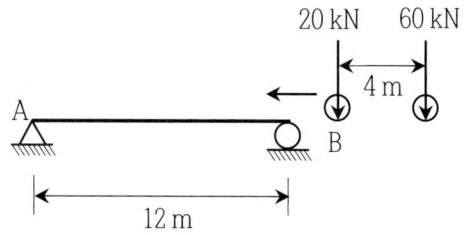

① A점으로부터 6m인 점에 20kN의 하중이 실릴 때 60kN의 하중이 실리는 점

② A점으로부터 7.5m인 점에 60kN의 하중이 실릴 때 20kN의 하중이 실리는 점

③ B점으로부터 5.5m인 점에 20kN의 하중이 실릴 때 60kN의 하중이 실리는 점

④ B점으로부터 9.5m인 점에 20kN의 하중이 실릴 때 60kN의 하중이 실리는 점

해설] ④
하중거리비에 의해, 합력작용점은 60kN 재하지점에서 1m
따라서, 단순보 중앙에서 60kN 재하지점까지 거리 0.5m
절대최대휨모멘트 작용위치 : B점에서 5.5m 지점
→ 하중 20kN은 4m 이격하여 재하되므로 9.5m에 위치

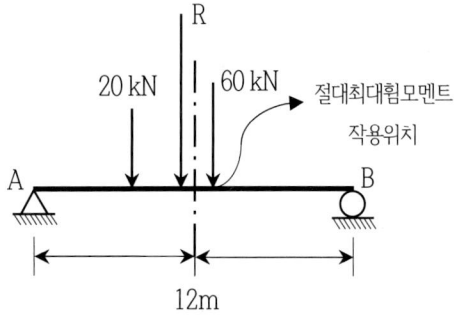

■2020년 4회■5. 그림과 같이 단순보에 이동하중이 작용하는 경우 절대최대휨모멘트는?

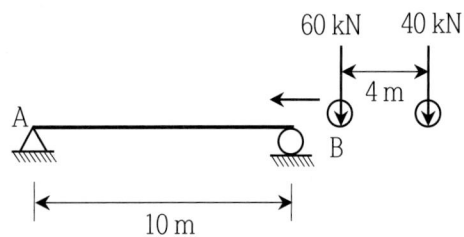

① 176.4kN·m ② 167.2kN·m
③ 162.0kN·m ④ 125.1kN·m

해설] ①
바리뇽의 정리에 의해, 합력의 작용점 $a = \dfrac{40 \times 4}{100} = 1.6m$

단순보 중심에서 이격거리 $e = a/2 = 0.8m$

$\bar{x} = \dfrac{L}{2} - e = \dfrac{10}{2} - 0.8 = 4.2m$

$M_{max} = \dfrac{R}{L} \times \bar{x}^2 = \dfrac{100}{10} \times 4.2^2 = 176.4 kN.m$

■2020년 1,2회■6. 지간 10m인 단순보 위를 1개의 집중하중 P=200kN이 통과할 때 이 보에 생기는 최대 전단력(S)과 최대휨모멘트(M)는?

① $S = 100kN$, $M = 500kN.m$
② $S = 100kN$, $M = 800kN.m$
③ $S = 200kN$, $M = 500kN.m$
④ $S = 200kN$, $M = 800kN.m$

해설] ③
최대전단력은 지점 위를 통과할 때 발생하므로,
$S = P = 200kN$

최대휨모멘트는 지간 중앙을 통과할 때 발생하므로,

$M = \dfrac{PL}{4} = \dfrac{200 \times 10}{4} = 500 kN.m$

■2019년 3회■7. 자중이 4kN/m인 단순보에 차륜하중이 통과할 때 이 보에 일어나는 최대 전단력의 절댓값은?

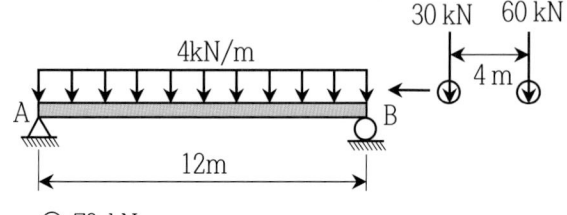

① 70 kN
② 80 kN
③ 94 kN
④ 104 kN

해설] ④
등분포하중에 의한 $V_{max} = R_{B1} = \dfrac{4 \times 12}{2} = 24kN$

차륜하중에 의한 $R_{B_2} = 3 \times \dfrac{8}{12} + 60 \times 1 = 80kN$

따라서, 최대전단력 = $24 + 80 = 108kN$

■2019년 2회■8. 그림과 같은 단순보에 이동하중이 작용할 때 절대 최대휨모멘트는

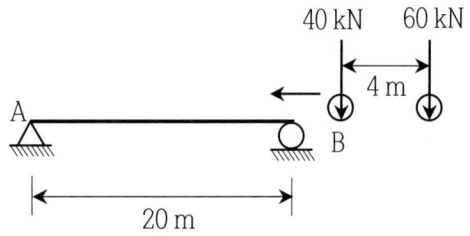

① 387.2 kN·m
② 423.2 kN·m
③ 478.4 kN·m
④ 531.7 kN·m

해설] ②

바리뇽의 정리에 의해, 합력의 위치 = $\dfrac{60 \times 4}{100} = 2.4m$

⇒ 60kN 재하지점에서 1.6m 이격($e = 0.8m$)

절대최대휨모멘트 작용위치 : B점에서 9.2m

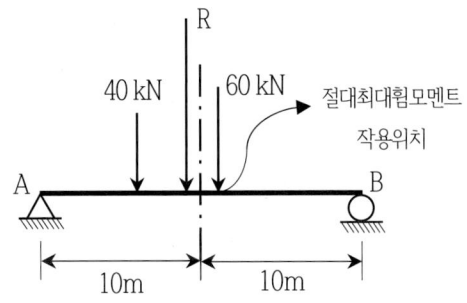

$M_{\max} = \dfrac{R}{l}\overline{x}^2 = \dfrac{100}{20} \times 9.2^2 = 423.2 kN.m$

■2019년 1회■9. 그림과 같이 단순보에 이동하중이 재하될 때 절대 최대 모멘트는 약 얼마인가?

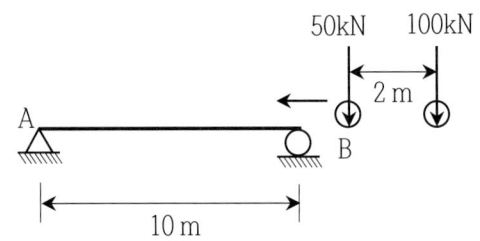

① 337kN.m ② 352kN.m
③ 378kN.m ④ 394kN.m

해설] ①

바리뇽의 정리에 의해, 합력의 위치 = $\dfrac{10 \times 2}{15} = \dfrac{4}{3}m$

⇒ 100kN 재하지점에서 2/3m 이격($e = 1/3m$)

절대최대휨모멘트 작용위치 : B점에서 14/3m

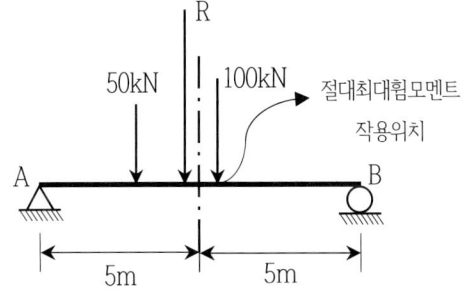

$M_{\max} = \dfrac{R}{l}\overline{x}^2 = \dfrac{150}{10} \times (\dfrac{14}{3})^2 = 327 kN.m$

■2018년 3회■10. 그림과 같이 2개의 집중하중이 단순보 위를 통과할 때 절대최대 휨모멘트의 크기($M_{\max}$)와 발생위치(x)는?

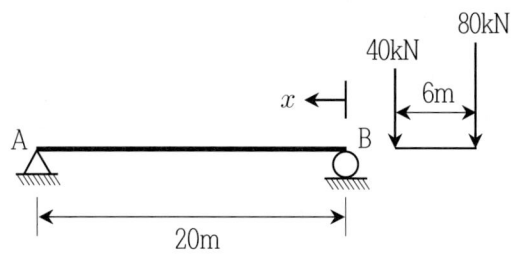

① $M_{\max} = 362kN.m$, $x = 8m$
② $M_{\max} = 382kN.m$, $x = 8m$
③ $M_{\max} = 486kN.m$, $x = 9m$
④ $M_{\max} = 506kN.m$, $x = 9m$

해설] ③

합력의 위치 : 80kN 재하지점에서 2m 이격($e = 1m$)

절대최대휨모멘트 작용위치 : B점에서 9m

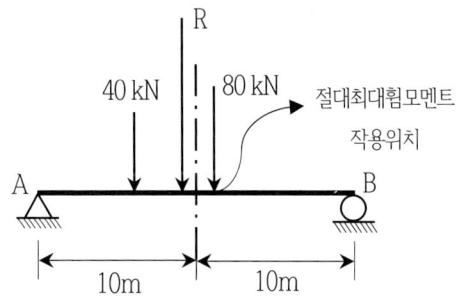

$M_{\max} = \dfrac{R}{l}\overline{x}^2 = \dfrac{120}{20} \times 9^2 = 486 kN.m$

■2018년 2회■11. 아래 그림과 같이 게르버보에 연행하중이 이동할 때 지점 B에서 최대 휨모멘트는?

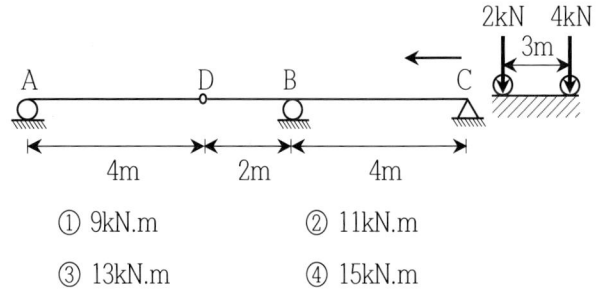

① 9kN.m ② 11kN.m
③ 13kN.m ④ 15kN.m

해설] ①

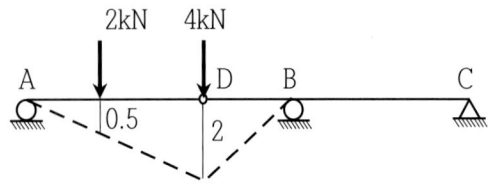

$M_B = 2 \times 0.5 + 4 \times 2 = 9 kN.m$

■2018년 2회■12. 그림(b)는 그림(a)와 같은 게르버보에 대한 영향선이다. 다음 설명 중 옳은 것은?

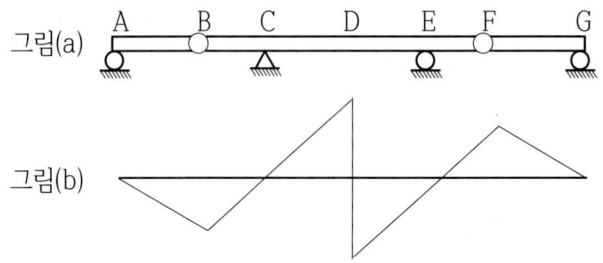

① 힌지점 B의 전단력에 대한 영향선이다.
② D점의 전단력에 대한 영향선이다.
③ D점의 휨모멘트에 대한 영향선이다.
④ C지점의 반력에 대한 영향선이다.

해설] ②

■2017년 3회■13. 단순보 AB위에 그림과 같은 이동하중이 지날 때 A점으로부터 10m 떨어진 C점의 최대 휨모멘트는?

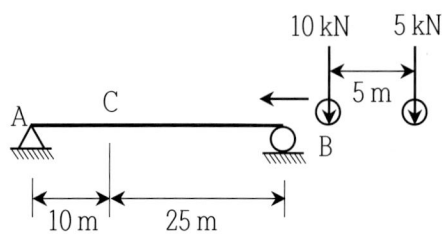

① 85t·m ② 95t·m
③ 100t·m ④ 115t·m

해설] ③

C점에 대한 모멘트 영향선에서, $h = \dfrac{ab}{l} = \dfrac{10 \times 25}{35} = 7\dfrac{1}{7}$

case1) 10kN이 최대종거에 재하되는 경우,

$10 \times h + 5 \times \dfrac{4h}{5} = 14h = 100 kN.m$

case2) 5kN이 최대종거에 재하되는 경우,

$10 \times \dfrac{h}{2} + 5 \times h = 10h = 71.43 kN.m$

■2017년 2회■14. 지간 10m인 단순보 위를 1개의 집중하중 P=20kN이 통과할 때 이 보에 생기는 최대 전단력 S와 최대 휨모멘트 M이 옳게 된 것은?

① S=10kN, M=50kN.m   ② S=10kN, M=100kN.m
③ S=20kN, M=50kN.m   ④ S=20kN, M=100kN.m

해설] ③

최대전단력은 지점에 재하될 때 발생하므로, $S = P = 20kN$
최대휨모멘트는 지간 중앙에서 발생하므로,

$M_{\max} = \dfrac{PL}{4} = \dfrac{20 \times 10}{4} = 50 kN.m$

2과목 측량학

	문제유형	출제문항수	출제빈도
측량개요	1 측량학 분류	8	0.5
	2 국제좌표계	8	0.5
기본측량	3 거리측량과 오차의 처리	28	1.6
	4 평판측량	1	0.1
	5 수준측량 야장기입	22	1.3
	6 수준측량의 오차보정	28	1.6
	7 각측량 방법과 측각오차	13	0.8
	8 다각측량과 폐합오차	22	1.3
	9 방위각과 배횡거	16	0.9
	10 삼각측량	29	1.7
응용측량	11 지형측량	26	1.5
	12 면적과 체적	19	1.1
	13 노선측량	59	3.5
	14 하천측량	21	1.2
	15 사진측량과 원격측정	25	1.5
	16 위성측량	15	0.9

문제유형1   측량학 분류

■2022년 2회■1. 지구반지름이 6370km 이고 거리의 허용오차가 $1/10^5$ 이면 평면측량으로 볼 수 있는 범위의 지름은?

① 약 69km   ② 약 64km
③ 약 36km   ④ 약 22km

해설] ①

$$D = \sqrt{\frac{12r^2}{m}} = \sqrt{\frac{12 \times 6370^2}{10^5}} = 69.8 km$$

■2021년 2회■2. 표고가 300m인 평지에서 삼각망의 기선을 측정한 결과 600m 이었다. 이 기선에 대하여 평균해수면 상의 거리로 보정할 때 보정량은? (단, 지구반지름 R = 6370km)

① +2.83cm   ② +2.42cm
③ -2.42cm   ④ -2.83cm

해설] ④

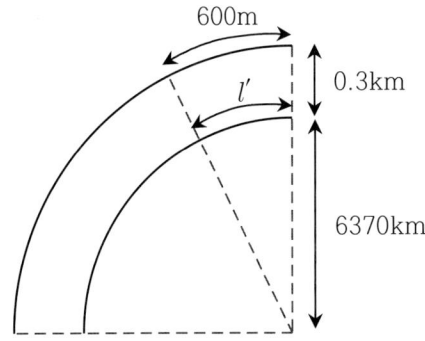

비례식에 의해,

$\dfrac{600}{6370.3} = \dfrac{l'}{6370}$ 에서, $l' = 599.9717m$

따라서, 보정량 $= 600 - 599.9717 = 0.0283m$

해수면상의 거리가 짧으므로, 측정값에서 (-)로 보정한다.

■2021년 1회■3. 측지학에 관한 설명 중 옳지 않은 것은?

① 측지학이란 지구내부의 특성, 지구의 형상, 지구표면의 상호위치관계를 결정하는 학문이다.
② 물리학적 측지학은 중력측정, 지자기측정 등을 포함한다.
③ 기하학적 측지학에는 천문측량, 위성측량, 높이의 결정 등이 있다.
④ 측지측량이란 지구의 곡률을 고려하지 않는 측량으로 11km 이내를 평면으로 취급한다.

해설] ④ 측지측량이란 지구의 곡률을 고려하지 않는 측량으로 22km 이내를 평면으로 취급한다.

■2020년 4회■4. 구면 삼각형의 성질에 대한 설명으로 틀린 것은?

① 구면 삼각형의 내각의 합은 180°보다 크다.
② 2점간 거리가 구면상에서는 대원의 호길이가 된다.
③ 구면 삼각형의 한 변은 다른 두 변의 합보다는 작고 차보다는 크다.
④ 구과량은 구 반지름의 제곱에 비례하고 구면 삼각형의 면적에 반비례한다.

해설] ④ 구과량은 구 반지름의 제곱에 반비례하고 구면 삼각형의 면적에 비례한다.

구과량 $\epsilon'' = \dfrac{E\rho''}{\gamma^2}$ (E : 구면삼각형의 면적 $= \dfrac{1}{2}ab\sin\alpha$, γ : 구의 곡률반경, ρ'' : 곡률반경에 따른 변환상수)

■2018년 2회■5. 지구상에서 50km 떨어진 두 점의 거리를 지구 곡률을 고려하지 않은 평면측량으로 수행한 경우의 거리 오차는? (단, 지구의 반지름은 6370km이다.)

① 0.257m   ② 0.138m
③ 0.069m   ④ 0.005m

해설] ①

거리오차 $d-D=\dfrac{D^3}{12\,r^2}$ 이므로,

$\dfrac{50^3}{12\times 6370^2}=256.7\times 10^{-6}km=256.7mm$

■2017년 2회■6. 측량의 분류에 대한 설명으로 옳은 것은?
① 측량 구역이 상대적으로 협소하여 지구의 곡률을 고려하지 않아도 되는 측량을 측지측량이라 한다.
② 측량정확도에 따라 평면기준점측량과 고저기준점 측량으로 구분한다.
③ 구면 삼각법을 적용하는 측량과 평면 삼각법을 적용하는 측량과의 근본적인 차이는 삼각형의 내각의 합이다.
④ 측량법에는 기본측량과 공공측량의 두 가지로만 측량을 구별한다.

해설] ③
① 측량 구역이 상대적으로 협소하여 지구의 곡률을 고려하지 않아도 되는 측량을 평면측량(소지측량)이라 한다.
② 측량정확도에 따라 기준점측량(골조측량)과 세부측량으로 구분한다.
④ 측량법에 따라 기본측량, 공공측량, 일반측량으로 구분한다.

■2017년 1회■7. 다음 설명 중 옳지 않은 것은?
① 측지학적 3차원 위치결정이란 경도, 위도 및 높이를 산정하는 것이다.
② 측지학에서 면적이란 일반적으로 지표면의 경계선을 어떤 기준면에 투영하였을 때의 면적을 말한다.
③ 해양측지는 해양상의 위치 및 수심의 경정, 해저지질조사 등을 목적으로 한다.
④ 원격탐사는 피사체와 직접 접촉에 의해 획득한 정보를 이용하여 정량적 해석을 하는 기법이다.

해설] ④ 원격탐사는 피사체와 직접 접촉하지 않고 획득한 정보를 이용하여 정량적 해석을 하는 기법이다.

■2021년 3회■8. 평면측량에서 거리의 허용 오차를 1/500,000까지 허용 한다면 지구를 평면으로 볼 수 있는 한계는 몇 km 인가? (단, 지구의 곡률반지름은 6370km이다.)
① 22.07km   ② 31.2km
③ 2207km   ④ 3122km

해설] ②

평면거리 $D=\sqrt{\dfrac{12r^2}{m}}=\sqrt{\dfrac{12\times 6370^2}{5\times 10^5}}=31.21km$

문제유형2 국제좌표계

■2022년 1회■1. 다음 설명 중 옳지 않은 것은?
① 측지선은 지표상 두 점간의 최단거리선이다.
② 라플라스점은 중력측정을 실시하기 위한 점이다.
③ 항정선은 자오선과 항상 일정한 각도를 유지하는 지표의 선이다.
④ 지표면의 요철을 무시하고 적도반지름과 극반지름으로 지구의 형상을 나타내는 가상의 타원체를 지구타원체라고 한다.

해설] ②
[라플라스 점]
① 천문측량에 의해 관측된 값을 라플라스 방정식에 의해 계산한 측지방위각
② 삼각망 확대연결에 따라 오차가 누적되므로, 200km 마다 라플라스 점을 설치하여 삼각측량에 의한 측지방위각과 비교하여 보정

■2021년 2회■2. 지오이드(Geoid)에 대한 설명으로 옳지 않은 것은?
① 평균해수면을 육지까지 연장해 지구전체를 둘러싼 곡면이다.
② 지오이드면은 등포텐셜면으로 중력방향은 이 면에 수직이다.
③ 지표 위 모든 점의 위치를 결정하기 위해 수학적으로 정의된 타원체이다.
④ 실제로 지오이드면은 굴곡이 심하므로 측지측량의 기준으로 채택하기 어렵다.

해설] ③ 회전타원체

■2020년 3회■3. 다음 우리나라에서 사용되고 있는 좌표계에 대한 설명 중 옳지 않은 것은?

> 우리나라의 평면직각좌표는 ㉠4개의 평면직각좌표계(서부, 중부, 동부, 동해)를 사용하고 있다. 각 좌표계의 ㉡원점은 위도 38°선과 경도 125°, 127°, 129°, 131° 선의 교점에 위치하며, ㉢투영법은 TM(Transverse Mercator)을 사용한다. 좌표의 음수 표기를 방지하기 위해, ㉣횡좌표에 200,000m, 종좌표에 500,000m를 가산한 가좌표를 사용한다.

① ㉠
② ㉡
③ ㉢
④ ㉣

해설] ④ 횡좌표에 500,000m, 종좌표에 1,000,000m를 가산한 가좌표를 사용한다.

■2019년 2회■4. 지오이드(Geoid)에 관한 설명으로 틀린 것은?
① 중력장 이론에 의한 물리적 가상면이다.
② 지오이드면과 기준타원체면은 일치한다.
③ 지오이드는 어느 곳에서나 중력 방향과 수직을 이룬다.
④ 평균 해수면과 일치하는 등포텐셜면이다.

해설] ② 지오이드면과 기준타원체면은 유사하다.
지오이드는 평균해수면을 육지에 연장한 가상의 곡선이다.
회전타원체는 수학적으로 정의한 지구의 형상으로, 특정 국가에서 지오이드와 가장 유사하여 편리하게 사용하도록 지정한 회전타원체를 기준(준거)타원체라고 한다.

■2019년 1회■5. 지오이드(Geoid)에 대한 설명으로 옳은 것은?
① 육지와 해양의 지형면을 말한다.
② 육지 및 해저의 요철(凹凸)을 평균한 매끈한 곡면이다.
③ 회전타원체와 같은 것으로서 지구의 형상이 되는 곡면이다.
④ 평균해수면을 육지내부까지 연장했을 때의 가상적인 곡면이다.

해설] ④ 지오이드는 중력기준면으로, 평균해수면을 육지내부까지 연장한 가상의 곡면이다.

■2017년 3회■6. 지오이드(geoid)에 대한 설명 중 옳지 않은 것은?
① 평균해수면을 육지까지 연장한 가상적인 곡면을 지오이드라 하며 이것은 지구타원체와 일치한다.
② 지오이드는 중력장의 등포텐셜면으로 볼 수 있다.
③ 실제로 지오이드면은 굴곡이 심하므로 측지측량의 기준으로 채택하기 어렵다.
④ 지구타원체의 법선과 지오이드의 법선 간의 차이를 연직선 편차라 한다.

해설] ① 평균해수면을 육지까지 연장한 가상적인 곡면을 지오이드라 하며, 지구타원체는 수학적으로 모형화한 지구의 형상이다.

■2017년 2회■7. UTM 좌표에 대한 설명으로 옳지 않은 것은?
① 중앙 자오선의 축척 계수는 0.9996이다.
② 좌표계는 경도 6°, 위도 8° 간격으로 나눈다.
③ 우리나라 40구역(ZONE)과 43구역(ZONE)에 위치하고 있다.
④ 경도의 원점은 중앙자오선에 있으며 위도의 원점은 적도상에 있다.

해설] ③ 우리나라 52S구역(ZONE)에 위치하고 있다.

■2017년 1회■8. 지구의 형상에 대한 설명으로 틀린 것은?
① 회전타원체는 지구의 형상을 수학적으로 정의한 것이고, 어느 하나의 국가에 기준으로 채택한 타원체를 기준타원체라 한다.
② 지오이드는 물리적인 형상을 고려하여 만든 불규칙한 곡면이며, 높이 측정의 기준이 된다.
③ 지오이드 상에서 중력 포텐셜의 크기는 중력이상에 의하여 달라진다.
④ 임의 지점에서 회전타원체에 내린 법선이 적도면과 만나는 각도를 측지위도라 한다.

해설] ③ 지오이드는 등포텐셜면으로 지오이드 상에서 중력 포텐셜은 일정하다.

문제유형3 거리측량과 오차의 처리

■2022년 2회■1. 어떤 측선의 길이를 관측하여 다음 표와 같은 결과를 얻었다면 최확값은?

관측군	관측값(m)	관측회수
1	40.532	5
2	40.537	4
3	40.529	6

① 40.530m ② 40.531m
③ 40.532m ④ 40.533m

해설] ③
관측회수에 비례하여 경중률을 적용

$$\frac{0.032\times 5 + 0.037\times 4 + 0.029\times 6}{5+4+6} = 0.0321$$

최확치 $= 40.5 + 0.0321 = 40.5321m$

■2022년 2회■2. 30m당 0.03m가 짧은 줄자를 사용하여 정사각형 토지의 한 변을 측정한 결과 150m이었다면 면적에 대한 오차는?

① $41m^2$ ② $43m^2$
③ $45m^2$ ④ $47m^2$

해설] ③

총 길이 오차 $0.03 \times \frac{150}{30} = 0.15m$

실제길이 $150 - 0.15 = 149.85m$

면적오차 $150^2 - 149.85^2 = 44.98m^2$

■2022년 1회■3. 줄자로 거리를 관측할 때 한 구간 20m의 거리에 비례하는 정오차가 +2mm라면 전 구간 200m를 관측하였을 때 정오차는?

① +0.2 mm ② +0.63 mm
③ +6.3 mm ④ +20 mm

해설] ④

관측회수 $n = \frac{200}{20} = 10$회

총 정오차 $n \times \delta = 10 \times 2 = 20mm$

■2021년 3회■4. 상차라고도 하며 그 크기와 방향(부호)이 불규칙적으로 발생하고 확률론에 의해 추정할 수 있는 오차는?
① 착오 ② 정오차
③ 개인오차 ④ 우연오차

해설] ④
우연오차 = 상차 = 부정오차 = 우차

■2021년 2회■5. 동일 구간에 대해 3개의 관측군으로 나누어 거리관측을 실시한 결과가 표와 같을 때, 이 구간의 최확값은?

관측군	관측값(m)	관측회수
1	50.362	5
2	50.348	2
3	50.359	3

① 50.354m ② 50.356m
③ 50.358m ④ 50.362m

해설] ③
관측회수에 비례하여 경중률을 적용

$$\frac{0.062\times 5 + 0.048\times 2 + 0.059\times 3}{5+2+3} = 0.0583$$

최확치 $= 50.3 + 0.0583 = 50.3583m$

■2021년 2회■6. 표준길이에 비하여 2cm 늘어난 50m 줄자로 사각형 토지의 길이를 측정하여 면적을 구하였을 때, 그 면적이 88m² 이었다면 토지의 실제 면적은?

① 87.30m² ② 87.93m²
③ 88.07m² ④ 88.71m²

해설] ③

길이오차율 $\frac{0.02}{50} = \frac{1}{2500}$

면적오차는 길이오차 2배이므로,

면적오차량 $88 \times \frac{2}{2500} = 0.07 m^2$

따라서, 실제면적 $= 88 + 0.07 = 88.07 m^2$

(늘어난 줄자로 측정할 경우, 실제 면적보다 작게 측정된다.)

■2021년 1회■7. 어느 두 지점의 사이의 거리를 A, B, C, D 4명의 사람이 각각 10회 관측한 결과가 다음과 같다면 가장 신뢰성이 낮은 관측자는?

A : 165.864±0.002m   B : 165.867±0.006m
C : 165.862±0.007m   D : 165.864±0.004m

① A ② B
③ C ④ D

해설] ③

관측회수가 동일하므로, 오차가 가장 큰 C 의 신뢰도가 가장 낮다.

■2021년 1회■8. 직사각형 토지의 면적을 산출하기 위해 두변 a, b의 거리를 관측한 결과가 a=48.25±0.04m, b=23.42±0.02m 이었다면 면적의 정밀도(△A/A)는?

① 1/420 ② 1/630
③ 1/840 ④ 1/1080

해설] ③

$A = x \times y$

$\Delta A = \pm \sqrt{(y \cdot m_1)^2 + (x \cdot m_2)^2}$

$= \sqrt{(23.42 \times 0.04)^2 + (48.25 \times 0.02)^2} = 1.3449$

$\frac{\Delta A}{A} = \frac{1.3449}{48.25 \times 23.42} = \frac{1}{840}$

■2020년 4회■9. 2000m의 거리를 50m씩 끊어서 40회 관측하였다. 관측결과 총오차가 ±0.14m이었고, 40회 관측의 정밀도가 동일하다면, 50m 거리 관측의 오차는?

① ±0.022m ② ±0.019m
③ ±0.016m ④ ±0.013m

해설] ①

오연오차로 관측회수의 제곱근에 비례한다.

$\pm \frac{0.14}{\sqrt{40}} \times \sqrt{1} = 0.022m$

■2020년 4회■10. 30m에 대하여 3mm 늘어나 있는 줄자로써 정사각형의 지역을 측정한 결과 80,000m²이었다면 실제의 면적은?

① 80,016m² ② 80,008m²
③ 79,984m² ④ 79,992m²

해설] ①

한변의 길이 = $\sqrt{80000} = 282.84 m$

한변의 길이 오차 = $\frac{282.84}{30} \times 0.003 = 0.0283 m$

늘어난 줄자는 더 작은 길이로 측정되므로,

실제 한변의 길이 $= 282.84 + 0.0283 = 282.868 m$

실제 면적 $= 282.868^2 = 80,015 m^2$

■2020년 4회■11. 축적 1:1,500 지도상의 면적을 축적 1:1,000으로 잘못 관측한 결과가 10,000m² 이었다면 실제 면적은?

① 4,444m²　　　② 6,667m²
③ 15,000m²　　④ 22,500m²

해설] ④

면적은 축척의 제곱에 비례하므로,

$(\frac{1500}{1000})^2 \times 10000 = 22,500 m^2$

■2020년 3회■12. 전자파거리측량기로 거리를 측량할 때 발생되는 관측 오차에 대한 설명으로 옳은 것은?
① 모든 관측 오차는 거리에 비례한다.
② 모든 관측 오차는 거리에 비례하지 않는다.
③ 거리에 비례하는 오차와 비례하지 않는 오차가 있다.
④ 거리가 어떤 길이 이상으로 커지면 관측오차가 상쇄되어 길이에 대한 영향이 없어진다.

해설] ③

[전자기파 거리 측량기의 보정]
① 거리에 비례하는 오차 : 광속도 오차, 광변조 주파수 오차, 굴절률 오차
② 거리에 비례하지 않는 오차 : 위상차 관측 오차, 기계 및 반사경 상수 오차, 기준점의 수직축 어긋남 오차

■2019년 3회■13. 축적 1:2,000의 도면에서 관측한 면적이 2,500 m² 이었다. 이때, 도면의 가로와 세로가 각각 1% 줄었다면 실제 면적은?

① 2,451 m²　　② 2,475 m²
③ 2,525 m²　　④ 2,551 m²

해설] ④

줄어든 도면을 이용해서 산출한 면적 → 실제 면적은 더 크다.

실제면적 $A_o = A \times (1+0.01)^2 = 2,550.25 m^2$

■2019년 3회■14. 100m의 측선을 20m 줄자로 관측하였다. 1회의 관측에 +4mm의 정오차와 ±3mm의 부정오차가 있었다면 측선의 거리는?

① 100.010 ± 0.007 m　　② 100.010 ± 0.015 m
③ 100.020 ± 0.007 m　　④ 100.020 ± 0.015 m

해설] ③

정오차 $= n \times \delta = 5 \times 4 = 20mm$

부정오차 $= \pm \delta \sqrt{n} = \pm 3 \times \sqrt{5} = \pm 6.7mm$

따라서, 100.020 ± 0.007 m

■2019년 2회■15. 각의 정밀도가 ±20″인 각측량기로 각을 관측할 경우, 각오차와 거리오차가 균형을 이루기 위한 줄자의 정밀도는?

① 약 1/10,000　　② 약 1/50,000
③ 약 1/100,000　④ 약 1/500,000

해설] ①

$20'' = \frac{1}{180}° = 97 \times 10^{-6} rad \approx 1 \times 10^{-4} = \frac{1}{10^4}$

■2019년 2회■16. 120m의 측선을 30m 줄자로 관측하였다. 1회 관측에 따른 우연오차가 ±3 mm 이었다면, 전체 거리에 대한 오차는?

① ±3 mm　　② ±6 mm
③ ±9 mm　　④ ±12 mm

해설] ②

총 측정회수 $= \frac{120}{30} = 4$회

우연오차는 측정회수 제곱근에 비례하므로,
$\pm \delta \sqrt{n} = \pm 3 \times \sqrt{4} = \pm 6mm$

■2019년 1회■17. 축척 1 : 500 지형도를 기초로 하여 축척 1 : 5000의 지형도를 같은 크기로 편찬하려 한다. 축척 1 : 5000 지형도의 1장을 만들기 위한 축척 1 : 500 지형도의 매수는?

① 50매   ② 100매
③ 150매   ④ 250매

해설] ②

$\dfrac{m_1^2}{m_2^2} = (\dfrac{500}{5,000})^2 = \dfrac{1}{100}$ 이므로, 100매

■2018년 3회■18. 어떤 거리를 10회 관측하여 평균 2,403.557m의 값을 얻고 잔차의 제곱의 합 8,208mm²을 얻었다면 1회 관측의 평균 제곱근 오차는?

① ±23.7mm   ② ±25.5mm
③ ±28.3mm   ④ ±30.2mm

해설] ④

평균제곱근오차(표준편차, 중등오차)

1회측정시(경중률이 일정한 경우) $m_0 = \pm \sqrt{\dfrac{\Sigma v^2}{n-1}}$

$m_o = \pm \sqrt{\dfrac{8208}{10-1}} = \pm 30.20 mm$

■2018년 3회■19. 지상 1km²의 면적을 지도상에서 4cm²으로 표시하기 위한 축척으로 옳은 것은?

① 1:5,000   ② 1:50,000
③ 1:25,000   ④ 1:250,000

해설] ②

$(\dfrac{1}{m})^2 = \dfrac{a}{A}$ 이므로, $\sqrt{\dfrac{4 \times 10^{-10}}{1}} = \dfrac{1}{50,000}$

■2018년 3회■20. 삼각형의 토지면적을 구하기 위해 밑변 a와 높이 h를 구하였다. 토지의 면적과 표준오차는? (단, $a = 15 \pm 0.015m$, $h = 25 \pm 0.025m$)

① 187.5±0.04m²   ② 187.5±0.27m²
③ 375.0±0.27m²   ④ 375.0±0.53m²

해설] ②

면적 $A = \dfrac{xy}{2} = \dfrac{15 \times 25}{2} = 187.5$

m_1 : x의 부정오차, m_2 : y의 부정오차

면적오차 $\Delta A = \dfrac{\pm \sqrt{(y \cdot m_1)^2 + (x \cdot m_2)^2}}{2}$ 이므로,

$\Delta A = \dfrac{\pm \sqrt{(15 \times 0.025)^2 + (25 \times 0.015)^2}}{2} = 0.265 m^2$

■2018년 2회■21. 축척 1:600인 지도상의 면적을 축척 1:500으로 계산하여 38.675m²을 얻었다면 실제면적은?

① 26.858m²   ② 32.229m²
③ 46.410m²   ④ 55.692m²

해설] ④

면적의 축척은 $\dfrac{1}{m^2}$ 이고, 소축척에서 면적이 더 커야 하므로,

$A = 38.675 \times \dfrac{600^2}{500^2} = 55.692 m^2$

■2018년 2회■22. A, B 두 점간의 거리를 관측하기 위하여 그림과 같이 세 구간으로 나누어 측량하였다. 측선 $\overline{AB}$의 거리는? (단, Ⅰ:10m±0.01m, Ⅱ:20m±0.03m, Ⅲ:30m±0.05m이다.)

A •——Ⅰ——•——Ⅱ——•——Ⅲ——• B

① 60m±0.09m   ② 30m±0.06m
③ 60m±0.06m   ④ 30m±0.09m

해설] ③

각 구간거리가 다르고 평균제곱근오차가 다른 경우

평균제곱근 오차 $M = \pm \sqrt{m_1^2 + m_2^2 + m_3^2 + \cdots + m_n^2}$

$M = \pm \sqrt{0.01^2 + 0.03^2 + 0.05^2} = \pm 0.06m$

따라서, 60m±0.06m

■2018년 1회■23. 직사각형의 가로, 세로의 거리가 그림과 같다. 면적 A의 표현으로 가장 적절한 것은?

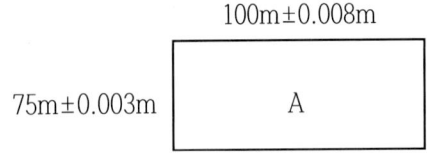

① 7,500m²±0.67m²
② 7,500m²±0.41m²
③ 7,500.9m²±0.67m²
④ 7,500.9m²±0.41m²

해설] ①

면적오차 $\Delta A = \sqrt{(75 \times 0.008)^2 + (100 \times 0.003)^2} = 0.671$

■2018년 1회■24. 30m당 0.03m가 짧은 줄자를 사용하여 정사각형 토지의 한 변을 측정한 결과 150m이었다면 면적에 대한 오차는?

① 41m²   ② 43m²
③ 45m²   ④ 47m²

해설] ③

총 길이 오차 $0.03 \times \dfrac{150}{30} = 0.15m$

실제길이 $150 - 0.15 = 149.85m$

면적오차 $150^2 - 149.85^2 = 44.98m^2$

■2018년 1회■25. 축척 1:25,000 지형도에서 거리가 6.73cm인 두 점 사이의 거리를 다른 축척의 지형도에서 측정한 결과 11.21cm이었다면 이 지형도의 축척은 약 얼마인가?

① 1:20,000   ② 1:18,000
③ 1:15,000   ④ 1:13,000

해설] ③

$6.73 : 11.21 = \dfrac{1}{25,000} : \dfrac{1}{m}$ 에서, $m = 15,000$

■2018년 1회■26. 어떤 횡단면의 도상면적이 40.5cm²이었다. 가로 축척이 1:20, 세로 축척이 1:60이었다면 실제면적은?

① 48.6m²   ② 33.75m²
③ 4.86m²   ④ 3.375m²

해설] ③

$A = a \times m_x \times m_y = 40.5 \times 10^{-4} \times 20 \times 60 = 4.86 m^2$

■2017년 3회■27. 측량에 있어 미지값을 관측할 경우 나타나는 오차와 관련된 설명으로 틀린 것은?
① 경중률은 분산에 반비례한다.
② 경중률은 반복 관측일 경우 각 관측값 간의 편차를 의미한다.
③ 일반적으로 큰 오차가 생길 확률은 작은 오차가 생길 확률보다 매우 작다.
④ 표준편차는 각과 거리 같은 1차원의 경우에 대한 정밀도의 척도이다.

해설] ② 경중률은 반복 관측일 경우 반복회수에 비례한다.

■2017년 2회■28. 20m 줄자로 두 지점의 거리를 측정한 결과가 320m이었다. 1회 측정마다 ±3㎜의 우연오차가 발생한다면 두 지점간의 우연오차는?

① ±12㎜   ② ±14㎜
③ ±24㎜   ④ ±48㎜

해설] ①

측정회수 $= \frac{320}{20} = 16$

우연오차 $\pm \delta \sqrt{n} = \pm 3 \times \sqrt{16} = \pm 12mm$

문제유형4 평판측량

■2018년 2회■1. 구하고자 하는 미지점에 평판을 세우고 3개의 기지점을 이용하여 도상에서 그 위치를 결정하는 방법은?
① 방사법   ② 계선법
③ 전방교회법   ④ 후방교회법

해설] ④
(1) 전방교회법 : 기지점에서 미지점의 위치를 결정하는 방법(시준오차, 표정오차 검사 불가)
(2) 측방교회법 : 기지 2점 중 한 점에 접근이 어려운 경우
(3) 후방교회법 : 미지점에 평판을 세워 기지의 2점 또는 3점을 이용하여 미지점의 위치를 결정하는 방법

문제유형5 수준측량 야장기입

■2022년 1회■1. 어떤 노선을 수준측량하여 작성된 기고식 야장의 일부 중 지반고 값이 틀린 측점은? (단, 단위 : m)

측점	BS	FS		기계고	지반고
		TP	IP		
0	3.121				123.567
1			2.586		124.102
2	2.428	4.065			122.623
3			-0.664		124.387
4		2.321			122.730

① 측점 1   ② 측점 2
③ 측점 3   ④ 측점 4

해설] ③
1 지반고 $1234.102 = 123.567 + 3.121 - 2.586$
2 지반고 $122.623 = 123.567 + 3.121 - 4.065$
3 지반고 $124.387 \neq 122.623 + 2.428 - (-0.664) = 125.715$
4 지반고 $122.73 = 125.715 + 2.428 - 2.321$

[별해] 하나의 수준기에 대해, 지반고+전시(후시)는 모든 측점에서 동일하다.
① 수준기 A에 대해, 측점 0, 1, 2에서,
측점 0 : $3.121 + 123.567 = 126.688$
측점 1 : $2.586 + 124.102 = 126.688$
측점 2 : $4.065 + 122.623 = 126.688$
② 수준기 B에 대해, 측점 2, 3, 4에서,
측점 2 : $2.428 + 122.623 = 125.051$
측점 3 : $-0.664 + 124.387 = 123.723$
측점 4 : $2.321 + 122.730 = 125.051$
따라서, 측점 3의 FS가 오기입 되었다.

■2021년 3회■2. A, B 두 점에서 교호수준측량을 실시하여 다음의 결과를 얻었다. A점의 표고가 67.104m 일 때 B점의 표고는?
(단, a_1=3.756m, a_2=1.572m, b_1=4.995m, b_2=3.209m)

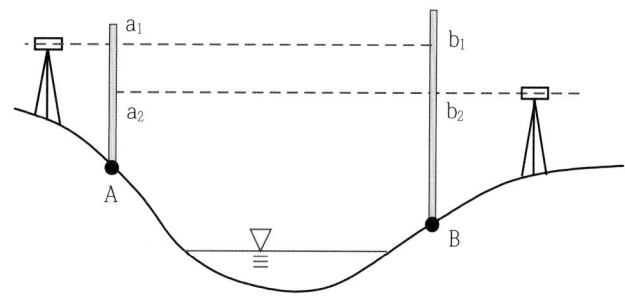

① 64.668m   ② 65.666m
③ 68.542m   ④ 69.089m

해설] ②

$\Delta H = \frac{(a_1 - b_1) + (a_2 - b_2)}{2} = -1.438m$

$H_B = 67.104 - 1.438 = 65.666m$

■2021년 3회■3. 수준측량과 관련된 용어에 대한 설명으로 틀린 것은?
① 수준면(level surface)은 각 점들이 중력방향에 직각으로 이루어진 곡면이다.
② 어느 지점의 표고(elevation)라 함은 그 지역기준타원체로부터의 수직거리를 말한다.
③ 지구곡률을 고려하지 않는 범위에서는 수준면(level surface)을 평면으로 간주한다.
④ 지구의 중심을 포함한 평면과 수준면이 교차하는 선이 수준선(level line)이다.

해설] ② 어느 지점의 표고(elevation)라 함은 그 평균해수면(지오이드)으로부터의 수직거리를 말한다.

■2021년 3회■4. 측점 A에 토털스테이션을 정치하고 B점에 설치한 프리즘을 관측하였다. 이때 기계고 1.7m, 고저각 +15°, 시준고 3.5m, 경사거리가 2000m이었다면, 두 측점의 고저차는?
① 512.438m
② 515.838m
③ 522.838m
④ 534.098m

해설] ②

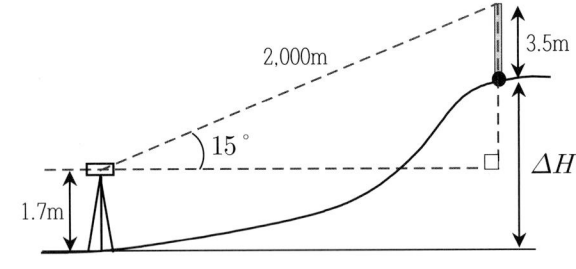

$\Delta H = 1.7 + 2000\sin15° - 3.5 = 515.838m$

■2021년 3회■5. 종단 및 횡단 수준측량에서 중간점이 많은 경우에 가장 편리한 야장기입법은?
① 고차식
② 승강식
③ 기고식
④ 간접식

해설] ③
기고식 : 가장 많이 사용. 중간점이 많을 경우 편리. 완전한 검산 불.

■2021년 2회■6. 수준측량야장에서 측점 3의 지반고는?

측점	BS	FS		지반고
		TP	IP	
1	0.95			10.00
2			1.03	
3	0.9	0.36		
4			0.96	
5		1.05		

① 10.59m
② 10.46m
③ 9.92m
④ 9.56m

해설] ①
측점2 : 0.95+10-1.03=9.92
측점3 : 0.95+10-0.36=10.59
측점4 : 0.9+10.59-0.96=10.53
측점5 : 0.9+10.59-1.05=10.44

측점	BS	FS		지반고
		TP	IP	
1	0.95			10.00
2			1.03	9.92
3	0.9	0.36		10.59
4			0.96	10.53
5		1.05		10.44

■2021년 1회■7. 기지점의 지반고가 100m이고, 기지점에 대한 후시는 2.75m, 미지점에 대한 전시가 1.40m일 때 미지점의 지반고는?
① 98.65m
② 101.35m
③ 102.75m
④ 104.15m

해설] ②
미지점 지반고 = 100+2.75-1.40 = 101.35m

■2020년 3회■8. 직접고저측량을 실시한 결과가 그림과 같을 때, A점의 표고가 10m라면 C점의 표고는? (단, 그림은 개략도로 실제 치수와 다를 수 있음)

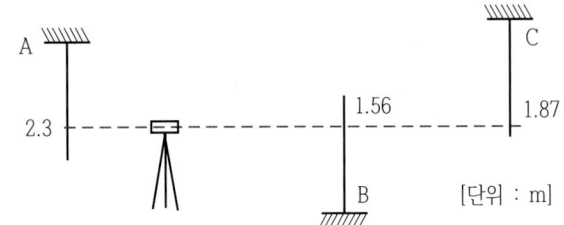

① 9.57m ② 9.66m
③ 10.57m ④ 10.66m

해설] ①
C점의 표고 = 10-2.3+1.87 = 9.57m

■2020년 3회■9. 지반의 높이를 비교할 때 사용하는 기준면은?
① 표고(elevation)
② 수준면(level surface)
③ 수평면(horizontal plane)
④ 평균해수면(mean sea level)

해설] ④

■2020년 1,2회 통합■10. 아래 종단수준측량의 야장에서 ㉠, ㉡, ㉢에 들어갈 값으로 옳은 것은?

(단위 : m)

측점	후시	기계고	전시		지반고
			전환점	이기점	
BM	0.175	㉠			37.133
No.1				0.154	
No.2				1.569	
No.3				1.143	
No.4	1.098	㉡	1.237		㉢
No.5				0.948	
No.6				1.175	

① ㉠ : 37.308, ㉡ : 37.169 ㉢ : 36.071
② ㉠ : 37.308, ㉡ : 36.071 ㉢ : 37.169
③ ㉠ : 36.958, ㉡ : 35.860 ㉢ : 37.097
④ ㉠ : 36.958, ㉡ : 37.097 ㉢ : 35.860

해설] ①
㉠ $37.133 + 0.175 = 37.308m$
㉢ $37.308 - 1.237 = 36.071m$
㉡ $36.071 + 1.098 = 37.169m$

■2019년 3회■11. 승강식 야장이 표와 같이 작성되었다고 가정할 때, 성과를 검산하는 방법으로 옳은 것은? (여기서, ⓐ-ⓑ는 두 값의 차를 의미한다.)

(단위 : m)

측점	후시	전시		승(+)	강(-)	지반고
		TP	IP			
BM	0.175					㉥
No.1			0.154			
No.2	1.098	1.237				
No.3			0.948			
No.4		1.175				㉦
합계	㉠	㉡	㉢	㉣	㉤	

① ㉦-㉥ = ㉠-㉡ = ㉣-㉤ ② ㉦-㉥ = ㉠-㉢ = ㉣-㉤
③ ㉦-㉥ = ㉠-㉣ = ㉡-㉤ ④ ㉦-㉥ = ㉡-㉣ = ㉢-㉤

해설] ①
지반고의 차 = 후시와 TP의 차
[참조] 후시 − 전시 : (+)값이면 승에, (−)값이면 강에 기입

(단위 : m)

측점	후시	전시		승(+)	강(-)	지반고
		TP	IP			
BM	0.175					㉥
No.1			0.154	0.021		
No.2	1.098	1.237			1.062	
No.3			0.948	0.15		
No.4		1.175			0.077	㉦
합계	㉠	㉡	㉢	㉣	㉤	

㉠ 1.273, ㉡ 2.412, ㉢ 1.102, ㉣ 1.139, ㉤ 0.171
㉠ 1.273 − ㉡ 2.412 = 1.139
㉣ 1.139 − ㉤ 0.171 = 0.968

■2019년 3회■12. 기준면으로부터 어느 측점까지의 연직 거리를 의미하는 용어는?
① 수준선(level line) ② 표고(elevation)
③ 연직선(plumb line) ④ 수평면(horizontal plane)

해설] ②
표고 : 기준면~임의 측점의 연직거리

■2019년 2회■13. 종단수준측량에서는 중간점을 많이 사용하는 이유로 옳은 것은?
① 중심말뚝의 간격이 20m 내외로 좁기 때문에 중심말뚝을 모두 전환점으로 사용할 경우 오차가 더욱 커질 수 있기 때문이다.
② 중간점을 많이 사용하고 기고식 야장을 작성할 경우 완전한 검산이 가능하여 종단수죽측량의 정확도를 높일 수 있기 때문이다.
③ B.M.점 좌우의 많은 점을 동시에 측량하여 세밀한 종단면도를 작성하기 위해서이다.
④ 핸드레벨을 이용한 작업에 적합한 측량방법이기 때문이다.

해설] ① 종단수준측량에서는 측정거리가 매우 길지만, 중심말뚝 간격이 20m 내외로 좁아 전환점을 많이 사용하면 오차가 더욱 커진다.

■2019년 1회■14. 수준측량의 야장 기입법에 관한 설명으로 옳지 않은 것은?
① 야장 기입법에는 고차식, 기고식, 승강식이 있다.
② 고차식은 단순히 출발점과 끝점의 표고차만 알고자 할 때 사용하는 방법이다.
③ 기고식은 계산과정에서 완전한 검산이 가능하여 정밀한 측량에 적합한 방법이다.
④ 승강식은 앞 측점의 지반고에 해당 측점의 승강을 합하여 지반고를 계산하는 방법이다.

해설] ③ 승강식은 계산과정에서 완전한 검산이 가능하여 정밀한 측량에 적합한 방법이다.

■2018년 3회■15. 교호수준측량에서 A점의 표고가 55.00m이고 a_1=1.34m, b_1=1.14m, a_2=0.84m, b_2=0.56m일 때 B점의 표고는?

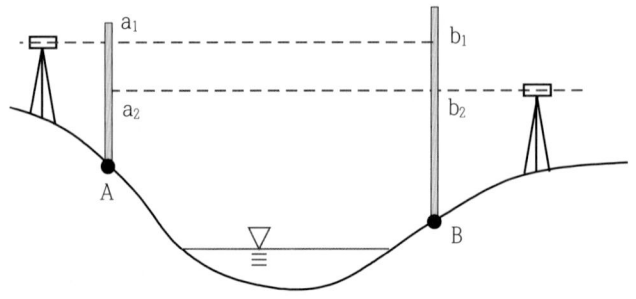

① 55.24m ② 56.48m
③ 55.22m ④ 56.42m

해설] ①
$$\Delta H = \frac{(a_1-b_1)+(a_2-b_2)}{2}$$
$$= \frac{(1.34-1.14)+(0.84-0.56)}{2} = 0.24m$$
$H_B = 55 + 0.24 = 55.24m$

■2018년 2회■16. 레벨을 이용하여 표고가 53.85m인 A점에 세운 표척을 시준하여 1.34m를 얻었다. 표고 50m의 등고선을 측정하려면 시준하여야 할 표척의 높이는?
① 3.51m ② 4.11m
③ 5.19m ④ 6.25m

해설] ③
A점의 지반고 53.85 = 기계고 - 1.34m이므로,
기계고 = 55.19m
지반고 50 = 55.19 - 표척높이 이므로,
표척높이 = 5.19m

■2018년 2회■17. 그림과 같은 터널 내 수준측량의 관측결과에서 A점의 지반고가 20.32m일 때 C점의 지반고는? (단, 관측값의 단위는 m이다.)

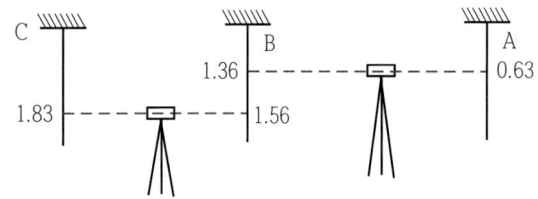

① 21.32m

② 21.49m

③ 16.32m

④ 16.49m

해설] ①

C점의 지반고 = 20.32-0.63+1.36-1.56+1.83 = 21.32m

■2018년 1회■18. 지반의 높이를 비교할 때 사용하는 기준면은?

① 표고(elevation)

② 수준면(level surface)

③ 수평면(horizontal plane)

④ 평균해수면(mean sea level)

해설] ④

지반고의 기준은 평균해수면으로 한다.

■2017년 3회■19. 측점 A에 토털스테이션을 정치하고 B점에 설치한 프리즘을 관측하였다. 이때 기계고 1.7m, 고저각 +15°, 시준고 3.5m, 경사거리가 2000m이었다면, 두 측점의 고저차는?

① 512.438m

② 515.838m

③ 522.838m

④ 534.098m

해설] ②

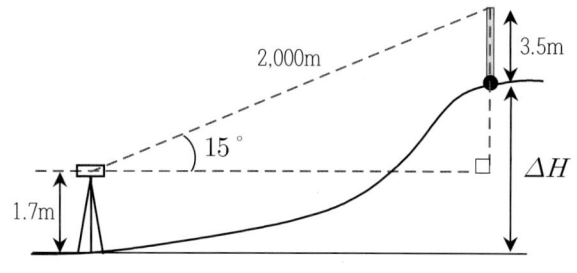

$\Delta H = 1.7 + 2000\sin 15° - 3.5 = 515.838m$

■2017년 2회■20. 수준 측량의 야장기입방법 중 가장 간단한 방법으로 전시(B.S.)와 후시(F.S)만 있으면 되는 방법은?

① 고차식

② 교호식

③ 기고식

④ 승강식

해설] ①

고차식은 가장 간단한 야장기입법으로, 전시와 후시만 필요하다. 두 점의 높이만 측정하는 것이 목적으로, 검산이 용이하지 않다.

■2017년 2회■21. 직접법으로 등고선을 측정하기 위하여 A점에 레벨을 세우고 기계고 1.5m를 얻었다. 70m 등고선 상의 P점을 구하기 위한 표척(Staff)의 관측값은? (단, A점 표고는 71.6m이다.)

① 1.0m

② 2.3m

③ 3.1m

④ 3.8m

해설] ③

P점의 표고 = 70 = 71.6+1.5-표척읽음 값

따라서, 표척 읽음값 = 3.1m

■2018년 3회■22. 지반고(h_A)가 123.6m인 A점에 토털스테이션을 설치하여 B점의 프리즘을 관측하여, 기계고 1.5m, 관측사거리(S) 150m, 수평선으로부터의 고저각(α) 30°, 프리즘고(P_h) 1.5m를 얻었다면 B점의 지반고는?

① 198.0m
② 198.3m
③ 198.6m
④ 198.9m

해설] ③
$h_B = h_A + 1.5 + 150\sin30° - 1.5 = 123.6 + 75 = 198.6m$

문제유형6 수준측량의 오차보정

■2022년 2회■1. 그림과 같이 교호수준측량을 실시한 결과가 a_1 = 0.63m, a_2 = 1.25m, b_1 = 1.15m, b_2 = 1.73m 이었다면, B점의 표고는? (단, A의 표고 = 50.00m)

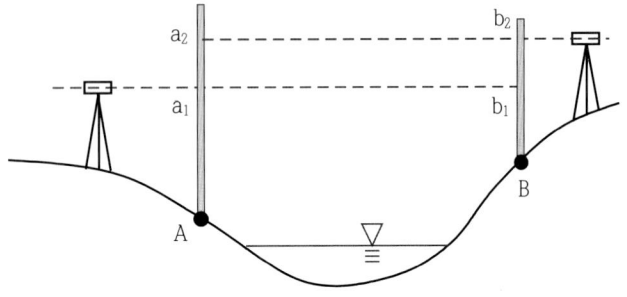

① 49.50m
② 50.00m
③ 50.50m
④ 51.00m

해설] ①
$\Delta H = \dfrac{(a_1 - b_1) + (a_2 - b_2)}{2} = -0.5m$

따라서, B점의 표고 = $50 - 0.5 = 49.5m$

■2022년 2회■2. 그림과 같은 수준망을 각각의 환(Ⅰ~Ⅳ)에 따라 폐합 오차를 구한 결과가 표와 같다. 폐합 오차의 한계가 $\pm1.0\sqrt{S}cm$일 때 우선적으로 재관측할 필요가 있는 노선은? (단, S : 거리[km])

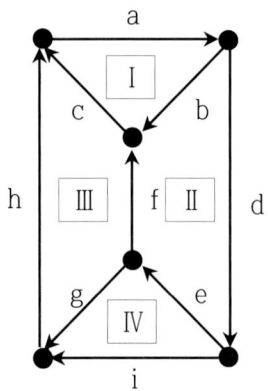

환	노선	거리(km)	폐합오차(m)
Ⅰ	abc	8.7	-0.017
Ⅱ	bdef	15.8	+0.048
Ⅲ	cfgh	10.9	-0.026
Ⅳ	eig	9.3	-0.083
외주	adih	15.9	-0.031

① e노선
② f노선
③ g노선
④ h노선

해설] ①
허용오차 $\pm1.0 \times \sqrt{S}$ cm

환	허용오차(cm)	폐합오차(cm)	검토
Ⅰ	±2.95	-0.17	OK
Ⅱ	±3.97	4.8	NG
Ⅲ	±3.3	-2.6	OK
Ⅳ	±3.0	-8.3	NG
외주	±3.99	-3.1	OK

따라서, Ⅱ환과 Ⅳ환의 공통노선인 e노선을 재측해야 한다.

■2022년 1회■3. 수준측량의 부정오차에 해당되는 것은?
① 기포의 순간 이동에 의한 오차
② 기계의 불완전 조정에 의한 오차
③ 지구곡률에 의한 오차
④ 표척의 눈금 오차

해설] ①

[수준측량의 우연오차]

① 시차에 의한 오차

② 레벨의 조정 불완전

③ 기상변화에 의한 오차

④ 기포관의 둔감

⑤ 기포관 곡률의 부등에 의한 오차

⑥ 진동, 지진에 의한 오차

⑦ 대물렌즈의 출입에 의한 오차

[수준측량의 정오차]

① 표척의 0점 오차

② 표척의 눈금부정에 의한 오차

③ 광선의 굴절에 의한 오차(기차)

④ 지구의 곡률에 의한 오차(구차)

⑤ 표척의 기울기에 의한 오차

⑥ 온도 변화에 의한 표척의 신축

⑦ 시준선(시준축) 오차(전.후시를 등거리로 취하면 소거)

⑧ 레벨 및 표척의 침하에 의한 오차

■2022년 1회■4. 수준점 A, B, C에서 P점까지 수준측량을 한 결과가 표와 같다. 관측거리에 대한 경중률을 고려한 P점의 표고는?

측량경로	거리	P점의 표고
A → P	1km	135.487m
B → P	2km	135.563m
C → P	3km	135.603m

① 135.529 m

② 135.551 m

③ 135.563 m

④ 135.570 m

해설] ①

경중률은 측정거리에 반비례하므로,

$$P_A : P_B : P_C = 1 : \frac{1}{2} : \frac{1}{3} = 6 : 3 : 2$$

$$\frac{0.487 \times 6 + 0.563 \times 3 + 0.603 \times 2}{11} = 0.529$$

따라서, 최확치 = 135.529m

■2021년 2회■5. 표척이 앞으로 3° 기울어져 있는 표척의 읽음값이 3.645m 이었다면 높이의 보정량은?

① 5mm   ② -5mm

③ 10mm   ④ -10mm

해설] ②

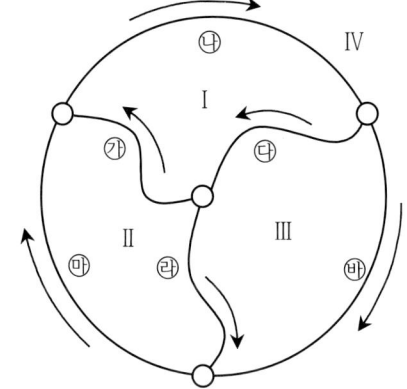

실제값 $h_o = h_\theta \cos\theta = 3.645 \times \cos 3° = 3.640$

보정량 $\Delta h = h_\theta - h_o = 3.645 - 3.640 = 0.005m = 5mm$

표척 읽음값이 실제값보다 크므로, -5mm로 보정한다.

■2021년 2회■6. 그림과 같은 수준망에서 높이차의 정확도가 가장 낮은 것으로 추정되는 노선은? (단, 수준환의 거리 Ⅰ = 4km, Ⅱ = 3km, Ⅲ = 2.4km, Ⅳ(㉯㉰㉱) = 6km)

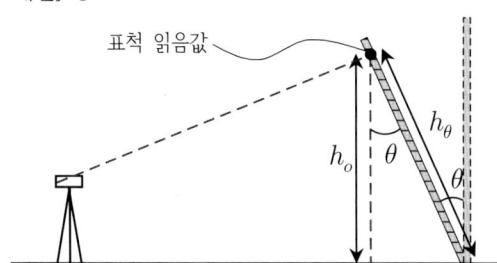

노선	높이차(m)
㉮	+3.600
㉯	+1.385
㉰	-5.023
㉱	+1.105
㉲	+2.523
㉳	-3.912

① ㉮   ② ㉯

③ ㉰   ④ ㉱

해설] ①

수준환 Ⅰ : $\dfrac{3.6+1.385-5.023}{4000}=9.5\times10^{-6}$

수준환 Ⅱ : $\dfrac{-3.6+1.105+2.523}{3000}=9.3\times10^{-6}$

수준환 Ⅲ : $\dfrac{5.023-3.912-1.105}{2400}=2.5\times10^{-6}$

수준환 Ⅳ : $\dfrac{1.385-3.912+2.523}{6000}=0.7\times10^{-6}$

㉮를 포함하는 수준환 Ⅰ과 Ⅱ : 9.5+9.3=18.8
㉯를 포함하는 수준환 Ⅰ과 Ⅳ : 9.5+0.7=10.2
㉰를 포함하는 수준환 Ⅰ과 Ⅲ : 9.5+2.5=12.0
㉱를 포함하는 수준환 Ⅱ과 Ⅲ : 9.3+2.5=11.8

따라서, ㉮노선에서 오차가 가장 클 것으로 추정된다.

■2021년 1회■7. 레벨의 불완전 조정에 의하여 발생한 오차를 최소화하는 가장 좋은 방법은?
① 왕복 2회 측정하여 그 평균을 취한다.
② 기포를 항상 중앙에 오게 한다.
③ 시준선의거리를 짧게 한다.
④ 전시, 후시의 표척거리를 같게 한다.

해설] ④

■2021년 1회■8. 교호수준측량의 결과가 아래와 같고, A점의 표고가 10m일 때 B점의 표고는?

| 레벨 P에서 A→B | 관측 표고가 : -1.256m |
| 레벨 Q에서 B→A | 관측 표고가 : +1.238m |

① 8.753m   ② 9.753m
③ 11.238m   ④ 11.247m

해설] ①

표고차 $=\dfrac{1.256+1.238}{2}=1.247m$

B점의 표고가 낮으므로, $10-1.247=8.753m$

■2020년 4회■9. 교호수준측량을 한 결과로 a_1=0.472m, a_2=2.656m, b_1=2.106m, b_2=3.895m를 얻었다. A점의 표고가 66.204m 일 때 B점의 표고는?

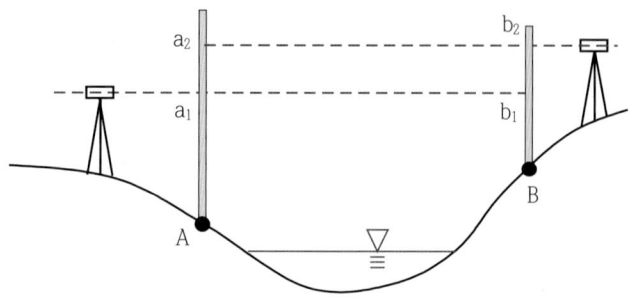

① 64.130m
② 64.768m
③ 65.238m
④ 67.641m

해설] ②

$$\Delta H=\dfrac{(a_1-b_1)+(a_2-b_2)}{2}$$
$$=\dfrac{(0.472-2.106)+(2.656-3.895)}{2}=-1.437m$$

$H_B=66.204-1.437=64.768m$

■2020년 4회■10. 수준망의 관측 결과가 표와 같을 때, 관측의 정확도가 가장 높은 것은?

구분	총거리 (km)	폐합오차 (mm)
Ⅰ	25	±20
Ⅱ	16	±18
Ⅲ	12	±15
Ⅳ	8	±13

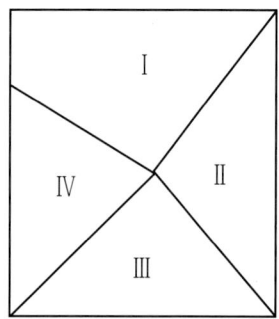

① Ⅰ   ② Ⅱ
③ Ⅲ   ④ Ⅳ

해설] ①

Ⅰ : $\frac{20}{25 \times 10^6} = 0.8 \times 10^6$

Ⅱ : $\frac{18}{16 \times 10^6} = 1.125 \times 10^6$

Ⅲ : $\frac{15}{12 \times 10^6} = 1.25 \times 10^6$

Ⅳ : $\frac{13}{8 \times 10^6} = 1.625 \times 10^6$

따라서, Ⅰ의 정확도가 가장 높다.

■2020년 4회■11. 수준측량에서 전시와 후시의 거리를 같게 하여 소거할 수 있는 오차가 아닌 것은?
① 지구의 곡률에 의해 생기는 오차
② 기포관축과 시준축이 평행되지 않기 때문에 생기는 오차
③ 시준선상에 생기는 빛의 굴절에 의한 오차
④ 표척의 조정 불완전으로 인해 생기는 오차

해설] ④
전시와 후시를 같게 하여 소거되는 오차 : 시준축오차, 지구곡률오차, 빛굴절오차

■2020년 3회■12. 수준측량에서 시준거리를 같게 함으로써 소거할 수 있는 오차에 대한 설명으로 틀린 것은?
① 기포관축과 시준선이 평행하지 않을 때 생기는 시준선 오차를 소거할 수 있다.
② 지구곡률오차를 소거할 수 있다.
③ 표척 시준시 초점나사를 조정할 필요가 없으므로 이로 인한 오차인 시준오차를 줄일 수 있다.
④ 표척의 눈금 부정확으로 인한 오차를 소거할 수 있다.

해설] ④
전시와 후시를 같게 하여 소거되는 오차 : 시준축오차, 지구곡률오차, 빛굴절오차

■2020년 1,2회 통합■13. 그림과 같이 수준측량을 실시하였다. A점의 표고는 300m이고, B와 C구간은 교호 수준 측량을 실시하였다면, D점의 표고는? (표고차 : A→B=+1.233m, B→C=+0.726m, C→B=-0.720m, C→D=-0.926m)

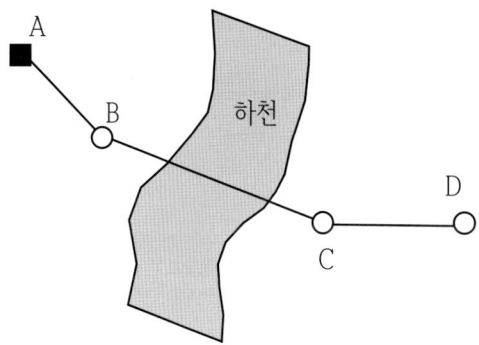

① 300.310m
② 301.030m
③ 302.153m
④ 302.882m

해설] ②

BC구간 표고차 $\frac{0.726 + 0.720}{2} = 0.723$

따라서, D점의 표고
$= 300 + 1.233 + 0.723 - 0.926 = 301.03m$

■102019년 3회■14. 삼각수준측량에 의해 높이를 측정할 때 기지점과 미지점의 쌍방에서 연직각을 측정하여 평균하는 이유는?
① 연직축오차를 최소하기 위하여
② 수평분도원의 편심오차를 제거하기 위하여
③ 연직분도원의 눈금오차를 제거하기 위하여
④ 공기의 밀도변화에 의한 굴절 오차의 영향을 소거하기 위하여

해설] ④
공기 밀도변화에 따른 굴절오차는 기지점과 미지점의 쌍방에서 연직각을 측정하여 소거할 수 있다.

■2019년 3회■15. 측점 M의 표고를 구하기 위하여 수준점 A, B, C로부터 수준측량을 실시하여 표와 같은 결과를 얻었다면 M의 표고는?

구분	표고(m)	관측방향	고저차(m)	노선길이
A	13.03	A→M	+1.10	2km
B	15.60	B→M	-1.30	4km
C	13.64	C→M	+0.45	1km

① 14.13 m ② 14.17 m
③ 14.22 m ④ 14.30 m

해설] ①
A점 : 13.03+1.1 = 14.13
B점 : 15.60-1.3 = 14.3
C점 : 13.64+0.45 = 14.09
경중률은 노선길이에 반비례하므로,

$P_A : P_B : P_C = \frac{1}{2} : \frac{1}{4} : \frac{1}{1} = 2 : 1 : 4$

최확값 $\frac{14.13 \times 2 + 14.3 \times 1 + 14.09 \times 4}{7} = 14.13m$

■2019년 2회■16. 수준점 A, B, C에서 P점까지 수준측량을 한 결과가 표와 같다. 관측거리에 대한 경중률을 고려한 P점의 표고는?

측량경로	거리	P점의 표고
A → P	1km	135.487m
B → P	2km	135.563m
C → P	3km	135.603m

① 135.529 m ② 135.551 m
③ 135.563 m ④ 135.570 m

해설] ①
경중률은 측정거리에 반비례하므로,

$P_A : P_B : P_c = 1 : \frac{1}{2} : \frac{1}{3} = 6 : 3 : 2$

$\frac{0.487 \times 6 + 0.563 \times 3 + 0.603 \times 2}{11} = 0.529$

따라서, 최확치 = 135.529m

■2019년 2회■17. 그림과 같이 교호수준측량을 실시한 결과, a₁=3.835m, b₁=4.264m, a₂=2.375m, b₂=2.812m 이었다. 이 때 양안의 두 점 A와 B의 높이 차는? (단, 양안에서 시준점과 표척까지의 거리 CA=DB)

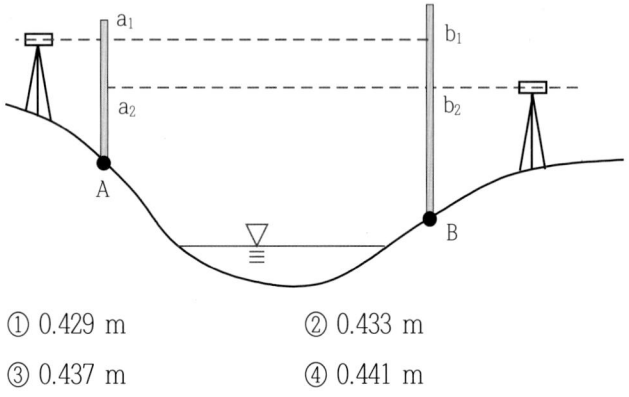

① 0.429 m ② 0.433 m
③ 0.437 m ④ 0.441 m

해설] ②
$\Delta H = \frac{(a_1 - b_1) + (a_2 - b_2)}{2}$

$= \frac{(3.835 - 4.264) + (2.375 - 2.812)}{2} = -0.433m$

■2019년 1회■18. 수준측량에서 발생하는 오차에 대한 설명으로 틀린 것은?

① 기계의 조정에 의해 발생하는 오차는 전시와 후시의 거리를 같게 하여 소거할 수 있다.
② 표척의 영눈금 오차는 출발점의 표척을 도착점에서 사용하여 소거할 수 있다.
③ 측지삼각수준측량에서 곡률오차와 굴절오차는 그 양이 미소하므로 무시할 수 있다.
④ 기포의 수평조정이나 표척면의 읽기는 육안으로 한계가 있으나 이로 인한 오차는 일반적으로 허용오차 범위 안에 들 수 있다.

해설] ③ 삼각수준측량에서 곡률오차와 굴절오차(기차)와 지구곡률오차(구차)를 고려하여 보정해야 한다.

■2019년 1회■19. A, B, C 세 점에서 P점의 높이를 구하기 위해 직접수준측량을 실시하였다. A, B, C점에서 구한 P점의 높이는 각각 325.13m, 325.19m, 325.02m이고 AP=BP=1km, CP=3km일 때 P점의 표고는?

① 325.08m ② 325.11m
③ 325.14m ④ 325.21m

해설] ③
경중률은 측정거리에 반비례하므로,
$P_A : P_B : P_C = 1 : 1 : \frac{1}{3} = 3 : 3 : 1$

최확치 $= 325 + \frac{0.13 \times 3 + 0.19 \times 3 + 0.02}{7} = 325.140 m$

■2018년 3회■20. 수준측량에서 레벨의 조정이 불완전하여 시준선이 기포관축과 평행하지 않을 때 생기는 오차의 소거 방법으로 옳은 것은?
① 정위, 반위로 측정하여 평균한다.
② 지반이 견고한 곳에 표척을 세운다.
③ 전시와 후시의 시준거리를 같게 한다.
④ 시작점과 종점에서의 표척을 같은 것을 사용한다.

해설] ③
[전시와 후시 거리를 같게 함으로 제거되는 오차]
① 레벨의 조정이 불완전하여 시준선이 기포관축과 평행하지 않을 때 (=시준축 오차)
② 지구의 곡률오차와 빛의 굴절오차를 제거한다.
③ 초점나사를 움직일 필요가 없으므로 그로 인해 생기는 오차를 제거한다.

■2018년 2회■21. A, B, C, D 네 사람이 각각 거리 8km, 12.5km, 18km, 24.5km의 구간을 왕복 수준측량하여 폐합차를 7mm, 8mm, 10mm, 12mm 얻었다면 4명 중에서 가장 정확한 측량을 실시한 사람은?

① A ② B
③ C ④ D

해설] ②

A 오차율 $= \frac{7}{\sqrt{8 \times 2}} = 1.75$

B 오차율 $= \frac{8}{\sqrt{12.5 \times 2}} = 1.6$

C 오차율 $= \frac{10}{\sqrt{18 \times 2}} = 1.67$

D 오차율 $= \frac{12}{\sqrt{24.5 \times 2}} = 2.4$

따라서, 오차율이 가장 낮은 B가 가장 정확한 측량을 실시했다.

■2018년 2회■22. 수준점 A, B, C에서 수준측량을 하여 P점의 표고를 얻었다. 관측거리를 경중률로 사용한 P점 표고의 최확값은?

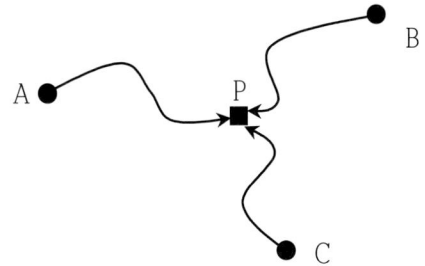

노선	P점 표고값	노선거리
A → P	57.583m	2km
B → P	57.700m	3km
C → P	57.680m	4km

① 57.641m
② 57.649m
③ 57.654m
④ 57.706m

해설] ①
$P_A : P_B : P_C = \frac{1}{2} : \frac{1}{3} : \frac{1}{4} = 6 : 4 : 3$

최확값 $= 57 + \frac{0.583 \times 6 + 0.7 \times 4 + 0.68 \times 3}{13} = 57.641 m$

■2018년 1회■23. 그림과 같이 4개의 수준점 A, B, C, D에서 각각 1km, 2km, 3km, 4km 떨어진 P점의 표고를 직접 수준 측량한 결과가 다음과 같을 때 P점의 최확값은?

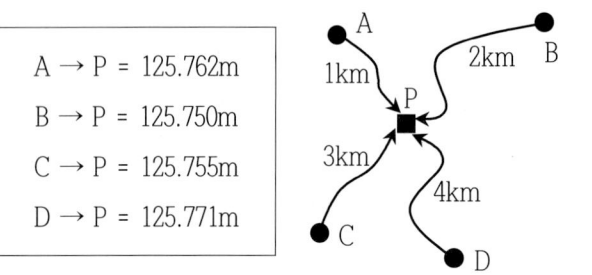

A → P = 125.762m
B → P = 125.750m
C → P = 125.755m
D → P = 125.771m

① 125.755m ② 125.759m
③ 125.762m ④ 125.765m

해설] ②

경중률은 측정거리에 반비례하므로,

$P_A : P_B : P_C : P_D = 1 : \frac{1}{2} : \frac{1}{3} : \frac{1}{4} = 12 : 6 : 4 : 3$

최확치

$= 125.7 + \frac{0.062 \times 12 + 0.05 \times 6 + 0.055 \times 4 + 0.071 \times 3}{25}$

$= 125.7591 m$

■2017년 3회■24. 그림과 같은 수준환에서 직접수준측량에 의하여 표와 같은 결과를 얻었다. D점의 표고는? (단, A점의 표고는 20m, 경중률은 동일)

구분	거리(km)	표고(m)
A→B	3	B=12.401
B→C	2	C=11.275
C→D	1	D=9.780
D→A	2.5	A=20.044

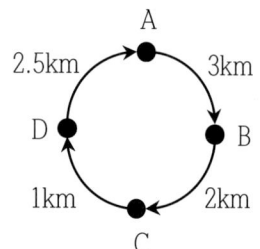

① 6.877m ② 8.327m
③ 9.749m ④ 10.586m

해설] ③

폐합오차 $20.044 - 20 = 0.044 m$

경중률이 동일하므로, 측정거리에 따라 오차 배분한다.

A점 → B점 → C점 → D점 이동에 따른 오차

$0.044 \times \frac{3+2+1}{3+2+1+2.5} = 31.06 \times 10^{-3} m$

따라서, D점의 표고 = $9.78 - 31.06 \times 10^{-3} = 9.749 m$

■2017년 3회■25. 수준측량의 부정오차에 해당되는 것은?
① 기포의 순간 이동에 의한 오차
② 기계의 불완전 조정에 의한 오차
③ 지구곡률에 의한 오차
④ 빛의 굴절에 의한 오차

해설] ①
[수준측량의 우연오차]
① 시차에 의한 오차
② 레벨의 조정 불완전
③ 기상변화에 의한 오차
④ 기포관의 둔감
⑤ 기포관 곡률의 부등에 의한 오차
⑥ 진동, 지진에 의한 오차
⑦ 대물렌즈의 출입에 의한 오차

[수준측량의 정오차]
① 표척의 0점 오차
② 표척의 눈금부정에 의한 오차
③ 광선의 굴절에 의한 오차(기차)
④ 지구의 곡률에 의한 오차(구차)
⑤ 표척의 기울기에 의한 오차
⑥ 온도 변화에 의한 표척의 신축
⑦ 시준선(시준축) 오차(전.후시를 등거리로 취하면 소거)
⑧ 레벨 및 표척의 침하에 의한 오차

■2017년 2회■26. 수준측량에서 시준거리를 같게 함으로써 소거할 수 있는 오차에 대한 설명으로 틀린 것은?
① 기포관축과 시준선이 평행하지 않을 때 생기는 시준선 오차를 소거할 수 있다.
② 지구곡률오차를 소거할 수 있다.
③ 표척 시준시 초점나사를 조정할 필요가 없으므로 이로 인한 오차인 시준오차를 줄일 수 있다.
④ 표척의 눈금 부정확으로 인한 오차를 소거할 수 있다.

해설] ④
전시와 후시를 같게 하여 소거되는 오차 : 시준축오차, 지구곡률오차, 빛굴절오차

■2017년 1회■27. 측점 M의 표고를 구하기 위하여 수준점 A, B, C로부터 수준측량을 실시하여 표와 같은 결과를 얻었다면 M의 표고는?

구분	표고(m)	관측방향	고저차(m)	노선길이
A	11.03	A→M	+2.10	2km
B	13.60	B→M	-0.30	4km
C	11.64	C→M	+1.45	1km

① 13.09 m
② 13.13 m
③ 13.17 m
④ 13.22 m

해설] ②
A점 : 11.03+1.1 = 12.13
B점 : 13.60-1.3 = 12.3
C점 : 11.64+1.45 = 12.09
경중률은 노선길이에 반비례하므로,
$P_A : P_B : P_C = \frac{1}{2} : \frac{1}{4} : \frac{1}{1} = 2 : 1 : 4$

최확값 $\frac{12.13 \times 2 + 12.3 \times 1 + 12.09 \times 4}{7} = 12.13m$

■2017년 1회■28. 그림과 같은 수준망을 각각의 환(Ⅰ~Ⅳ)에 따라 폐합 오차를 구한 결과가 표와 같다. 폐합 오차의 한계가 $\pm 1.0\sqrt{S}cm$일 때 우선적으로 재관측할 필요가 있는 노선은? (단, S : 거리[km])

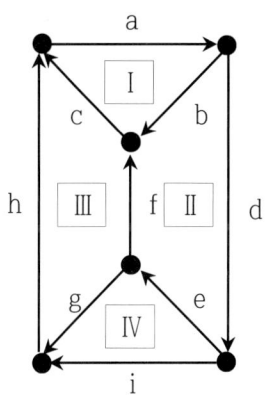

노선	거리(km)	노선	거리(km)	환	폐합오차(m)
a	4.1	f	4.0	Ⅰ	-0.017
b	2.2	g	2.2	Ⅱ	+0.048
c	2.4	h	2.3	Ⅲ	-0.026
d	6.0	i	3.5	Ⅳ	-0.083
e	3.6			외주	-0.031

① e노선   ② f노선
③ g노선   ④ h노선

해설] ①
측정거리(km)
Ⅰ : 4.1+2.2+2.4=8.7 (a+b+c)
Ⅱ : 2.2+6.0+3.6+4=15 (b+d+e+f)
Ⅲ : 2.4+4+2.2+2.3=10.9 (c+f+h+g)
Ⅳ : 2.2+3.5+3.3=9 (e+i+g)
허용오차 $\pm 1.0 \times \sqrt{S}$ cm

환	허용오차(cm)	폐합오차(cm)	검토
Ⅰ	±2.95	-0.17	OK
Ⅱ	±3.87	4.8	NG
Ⅲ	±3.3	-2.6	OK
Ⅳ	±3	-8.3	NG

따라서, Ⅱ환과 Ⅳ환의 공통노선인 e노선을 재측해야 한다.

문제유형7   각측량 방법과 측각오차

■2022년 2회■1. 다각측량에서 각 측량의 기계적 오차 중 시준축과 수평축이 직교하지 않아 발생하는 오차를 처리하는 방법으로 옳은 것은?

① 망원경을 정위와 반위로 측정하여 평균값을 취한다.
② 배각법으로 관측을 한다.
③ 방향각법으로 관측을 한다.
④ 편심관측을 하여 귀심계산을 한다.

해설] ① 시준축 오차는 망원경을 정반관측하여 평균을 취한다.

정오차 종류	원인	처리방법
시준축 오차	시준축과 수평축이 직교하지 않음	망원경을 정반 관측 평균
수평축 오차	수평축과 연직축이 직교하지 않음	
외심 오차	회전축에 대해 망원경이 편심	
내심 오차	시준기 회전축과 분도원 중심 불일치	180° 차이가 있는 2개의 독표를 읽어 평균
연직축 오차	연직축이 정확히 연직이 아님	제거 불가
분도원 눈금오차	눈금 부정확	분도원의 위치를 변화시켜 다수 관측 평균
측점 또는 시준축 편심 오차	측점 중심과 기계중심(측표중심) 동일 연직선에 있지 않음	편심거리와 편심각을 보정

■2021년 3회■2. 토털스테이션으로 각을 측정할 때 기계의 중심과 측점이 일치하지 않아 0.5mm의 오차가 발생하였다면 각 관측오차를 2″ 이하로 하기 위한 관측 변의 최소 길이는?

① 82.51m   ② 51.57m
③ 8.25m   ④ 5.16m

해설] ②

$l = r\theta$ 에서, $0.5 = r \times 2'' = r \times \dfrac{2}{3600}° \times \dfrac{\pi}{180°}$ 이므로,

$r = 51.566m$

■2021년 1회■3. 각관측 장비의 수평축이 연직축과 직교하지 않기 때문에 발생하는 측각오차를 최소화하는 방법으로 옳은 것은?

① 직교에 대한 편차를 구하여 더한다.
② 배각법을 사용한다.
③ 방향각법을 사용한다.
④ 망원경의 정·반위로 측정하여 평균한다.

해설] ④

정오차 종류	원인	처리방법
시준축 오차	시준축과 수평축이 직교하지 않음	망원경을 정반 관측 평균
수평축 오차	수평축과 연직축이 직교하지 않음	
외심 오차	회전축에 대해 망원경이 편심	
내심 오차	시준기 회전축과 분도원 중심 불일치	180° 차이가 있는 2개의 독표를 읽어 평균
연직축 오차	연직축이 정확히 연직이 아님	제거 불가
분도원 눈금오차	눈금 부정확	분도원의 위치를 변화시켜 다수 관측 평균
측점 또는 시준축 편심 오차	측점 중심과 기계중심(측표중심) 동일 연직선에 있지 않음	편심거리와 편심각을 보정

■2021년 1회■4. 그림과 같이 한 점 O에서 A, B, C방향의 각관측을 실시한 결과가 다음과 같을 때 ∠BOC의 최확값은?

∠AOB	2회	관측결과	40°30′25″
	3회	관측결과	40°30′20″
∠AOC	6회	관측결과	85°30′20″
	4회	관측결과	85°30′25″

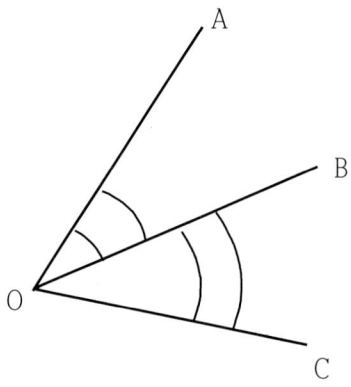

① 45°00′05″   ② 45°00′02″
③ 45°00′03″   ④ 45°00′00″

해설] ④
관측회수에 따라 가중평균

∠AOB 40°30′+($\frac{25″×2+20″×3}{5}=22″$)

∠AOC 85°30′+($\frac{20″×6+25″×4}{10}=22″$)

따라서, ∠BOC = 85°30′22″ - 40°30′22″ = 45°00′00″

■2020년 4회■5. 수평각 관측을 할 때 망원경의 정위, 반위로 관측하여 평균하여도 소거되지 않는 오차는?
① 수평축 오차   ② 시준축 오차
③ 연직축 오차   ④ 편심 오차

해설] ③
연직축 오차는 제거가 불가능하다.

■2020년 3회■6. 각관측 방법 중 배각법에 관한 설명으로 옳지 않은 것은?
① 방향각법에 비하여 읽기 오차의 영향을 적게 받는다.
② 수평각 관측법 중 가장 정확한 방법으로 정밀한 삼각측량에 주로 이용된다.
③ 시준할 때의 오차를 줄일 수 있고 최소 눈금 미만의 정밀한 관측값을 얻을 수 있다.
④ 1개의 각을 2회 이상 반복 관측하여 관측한 각도의 평균을 구하는 방법이다.

해설] ② 수평각 관측법 중 가장 정확한 방법은 각 관측법으로 1등 삼각측량에 주로 사용된다.

■2020년 3회■7. 다각측량에서 거리관측 및 각관측의 정밀도는 균형을 고려해야 한다. 거리관측의 허용오차가 ± 1/10000 이라고 할 때, 각관측의 허용오차는?
① ±20″   ② ±10″
③ ±5″   ④ ±1′

해설] ①

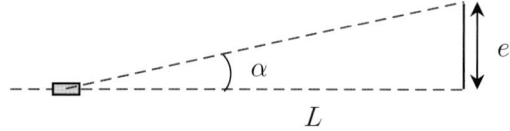

각관측 정밀도 $\alpha = \frac{e}{L} = \frac{1}{10^4}(rad) = 5.73×10^{-3}° = 20.6″$

(radian각도→ degree각도 변환 : $\frac{180}{\pi}$)

■2020년 1,2회 통합■8. 트래버스 측량에서 거리 관측의 오차가 관측거리 100m에 대하여 ±1.0mm인 경우 이에 상응하는 각관측 오차는?
① ±1.1″   ② ±2.1″
③ ±3.1″   ④ ±4.1″

해설] ②

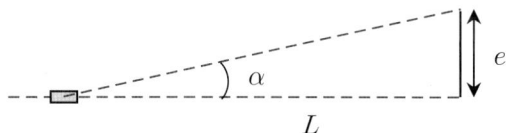

각관측 정밀도 $\alpha = \frac{e}{L} = \frac{1}{10^5}(rad) = 573×10^{-6}° = 2.06″$

(radian각도→ degree각도 변환 : $\frac{180}{\pi}$)

■2019년 3회■9. 어느 각을 10번 관측하여 52° 12′을 2번, 52° 13′을 4번, 52° 14′을 4번 얻었다면 관측한 각의 최확값은?
① 52° 12′ 45″   ② 52° 13′ 00″
③ 52° 13′ 12″   ④ 52° 13′ 45″

해설] ③
경중률은 관측횟수에 비례하므로,

$\frac{12′×2+13′×4+14′×4}{10}=13.2′=13′12″$

따라서, 최확치 52° 13′ 12″

■2019년 1회■10. 거리와 각을 동일한 정밀도로 관측하여 다각측량을 하려고 한다. 이때 각 측량기의 정밀도가 10″ 라면 거리 측량기의 정밀도는 약 얼마 정도이어야 하는가?

① 1/15,000
② 1/18,000
③ 1/21,000
④ 1/25,000

해설] ③

$10'' = \frac{1}{360}° = 48.48 \times 10^{-6} rad = \frac{1}{20,626}$

■2017년 2회■11. 수평각 관측 방법에서 그림과 같이 각을 관측하는 방법은?

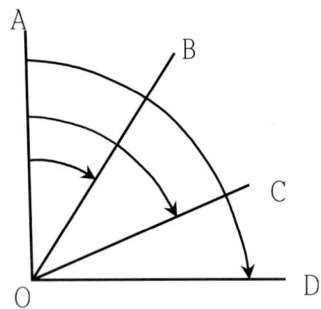

① 방향각 관측법   ② 반복 관측법
③ 배각 관측법   ④ 조합각 관측법

해설] ④

■2017년 2회■12. 측점 A에 각관측 장비를 세우고 50m 떨어져 있는 측점 B를 시준하여 각을 관측할 때, 측선 AB에 직각방향으로 3cm의 오차가 있었다면 이로 인한 각관측 오차는?

① 0° 1′ 13″   ② 0° 1′ 22″
③ 0° 2′ 04″   ④ 0° 2′ 45″

해설] ③

$i = \frac{\delta}{l} = \frac{0.03}{50} = 0.6 \times 10^{-3}(rad) = 34.4 \times 10^{-3}°$
  $= 0°2′3.8″$

■2017년 1회■13. 토털스테이션으로 각을 측정할 때 기계의 중심과 측점이 일치하지 않아 0.5mm의 오차가 발생하였다면 각 관측 오차를 2″ 이하로 하기 위한 관측 변의 최소 길이는?

① 82.51m
② 51.57m
③ 8.25m
④ 5.16m

해설] ②

$l = r\theta$ 에서, $0.5 = r \times 2'' = r \times \frac{2}{3600}° \times \frac{\pi}{180°}$ 이므로,

$r = 51.566 m$

문제유형8 다각측량과 폐합오차

■2022년 2회■1. 그림과 같은 트래버스에서 AL의 방위각이 29° 40′ 15″, BM의 방위각이 320° 27′ 12″, 교각의 총합이 1,190° 47′ 32″ 일 때 각관측 오차는?

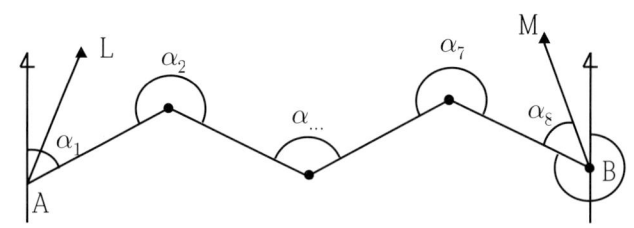

① 45″
② 35″
③ 25″
④ 15″

해설] ②

두 기선이 모두 안쪽이므로,
$E_\alpha = \omega_a - \omega_b + [\alpha] - 180(n-3)$
$= 29°40′15″ - 320°27′12″$
$+ 1,190°47′32″ - 180 \times (8-3) = 35″$

■2022년 1회■2. 노선 거리를 2km의 결합 트래버스 측량에서 폐합비를 1/5,000로 제한한다면 허용폐합오차는?
① 0.1m   ② 0.4m
③ 0.8m   ④ 1.2m

해설] ②

폐합비(정도) $R = \dfrac{E}{\Sigma L}$

$\dfrac{E}{2000} = \dfrac{1}{5000}$ 에서, $E = 0.4m$

■2022년 1회■3. ΔABC의 꼭지점에 대한 좌표값이 (30, 50), (20, 90), (60, 100) 일 때 삼각형 토지의 면적은? (단, 좌표의 단위: m)
① 500 m²   ② 750 m²
③ 850 m²   ④ 960 m²

해설] ③

$A = \dfrac{1}{2}\left\{\Sigma(x_i \times y_{i+1}) - \Sigma(y_i \times x_{i+1})\right\}$

$= \dfrac{1}{2}(270 + 200 + 300 - 100 - 540 - 300) = 850 m^2$

■2022년 1회■4. 트래버스 측량의 종류와 그 특징으로 옳지 않은 것은?
① 결합 트래버스는 삼각점과 삼각점을 연결시킨 것으로 조정계산 정확도가 가장 좋다.
② 폐합 트래버스는 한 측점에서 시작하여 다시 그 측점에 돌아오는 관측 형태이다.
③ 폐합 트래버스는 오차의 계산 및 조정이 가능 하나, 정확도는 개방 트래버스보다 좋지 못하다.
④ 개방 트래버스는 임의의 한 측점에서 시작하여 다른 임의의 한 점에서 끝나는 관측 형태이다.

해설] ③ 폐합 트래버스는 오차의 계산 및 조정이 가능하므로, 정확도가 개방 트래버스보다 좋다.

■2021년 3회■5. 폐합 트래버스에서 위거의 합이 -0.17m, 경거의 합이 0.22m이고, 전 측선의 거리의 합이 252m일 때 폐합비는?
① 1/900
② 1/1000
③ 1/1100
④ 1/1200

해설] ①

폐합오차 $E = \sqrt{(\Delta l)^2 + (\Delta d)^2} = \sqrt{0.17^2 + 0.22^2} = 0.278$

폐합비 $R = \dfrac{E}{\Sigma L} = \dfrac{0.278}{252} = \dfrac{1.1}{1000} \approx \dfrac{1}{900}$

■2021년 2회■6. 평탄한 지역에서 9개 측선으로 구성된 다각측량에서 2′의 각관측 오차가 발생하였다면 오차의 처리 방법으로 옳은 것은? (단, 허용오차는 60″ $\sqrt{n}$ 로 가정한다.)
① 오차가 크므로 다시 관측한다.
② 측선의 거리에 비례하여 배분한다.
③ 관측각의 크기에 역비례하여 배분한다.
④ 관측각에 같은 크기로 배분한다.

해설] ④

각 관측의 경중률이 주어져 있지 않으므로, 동일하게 조정한다.

■2021년 2회■7. 트래버스 측량의 작업순서로 알맞은 것은?
① 선점 - 계획 - 답사 - 조표 - 관측
② 계획 - 답사 - 선점 - 조표 - 관측
③ 답사 - 계획 - 조표 - 선점 - 관측
④ 조표 - 답사 - 계획 - 선점 - 관측

해설] ②

■2021년 2회■8. 다각측량의 특징에 대한 설명으로 옳지 않은 것은?

① 삼각점으로부터 좁은 지역의 세부측량 기준점을 측설하는 경우에 편리하다.
② 삼각측량에 비해 복잡한 시가지나 지형의 기복이 심한 지역에는 알맞지 않다.
③ 하천이나 도로 또는 수로 등의 좁고 긴 지역의 측량에 편리하다.
④ 다각측량의 종류에는 개방, 폐합, 결합형 등이 있다.

해설] ② 삼각측량에 비해 복잡한 시가지나 지형의 기복이 심한 지역에는 적합하다.

■2021년 1회■9. 트래버스 측량에서 1회 각 관측의 오차가 ±10″라면 30개의 측점에서 1회씩 각 관측하였을 때의 총 각 관측 오차는?

① ±15″
② ±17″
③ ±55″
④ ±70″

해설] ③
$E_\alpha = \pm \epsilon_\alpha \sqrt{n} = \pm 10 \times \sqrt{30} = 54.77″$

■2020년 4회■10. 트래버스 측량의 일반적인 사항에 대한 설명으로 옳지 않은 것은?

① 트래버스 동류 중 결합트래버스는 가장 높은 정확도를 얻을 수 있다.
② 각관측 방법 중 방위각법은 한번 오차가 발생하면 그 영향은 끝까지 미친다.
③ 폐합오차 조정방법 중 컴퍼스법칙은 각관측의 정밀도가 거리관측의 정밀도보다 높을 때 실시한다.
④ 폐합트래버스에서 편각의 총합은 반드시 360°가 되어야 한다.

해설] ③ 폐합오차 조정방법 중 컴퍼스법칙은 각관측의 정밀도와 거리관측의 정밀도가 거의 같을 때 실시한다.

◆ 폐합오차의 조정량

컴퍼스법칙 : 각 측량의 정도와 거리측량의 정도가 거의 같을 때 사용

트랜싯법칙 : 각 측량의 정도가 거리측량의 정도보다 좋을 때 사용

■2020년 3회■11. 폐합다각측량을 실시하여 위거 오차 30cm, 경거 오차 40cm를 얻었다. 다각측량의 전체 길이가 500m라면 다각형의 폐합비는?

① 1/100
② 1/125
③ 1/1,000
④ 1/1,250

해설] ③

폐합오차 $E = \sqrt{(\Delta l)^2 + (\Delta d)^2}$

폐합비 $R = \dfrac{E}{\Sigma L} = \dfrac{\sqrt{0.3^2 + 0.4^2}}{500} = \dfrac{1}{1000}$

■2020년 1,2회 통합■12. 트래버스 측량에서 선점시 주의하여야 할 사항이 아닌 것은?

① 트래버스의 노선은 가능한 폐합 또는 결합이 되게 한다.
② 결합 트래버스의 출발점과 결합점간의 거리는 가능한 단거리로 한다.
③ 거리측량과 각측량의 정확도가 균형을 이루게 한다.
④ 측점간 거리는 다양하게 선점하여 부정오차를 소거한다.

해설] ④ 측점간 거리는 가급적 동일하게 한다.

■2019년 3회■13. 다각측량에서 어떤 폐합다각망을 측량하여 위거 및 경거의 오차를 구하였다. 거리와 각을 유사한 정밀도로 관측하였다면 위거 및 경거의 폐합오차를 배분하는 방법으로 가장 적합한 것은?
① 측선의 길이에 비례하여 분배한다.
② 각각의 위거 및 경거에 등분배한다.
③ 위거 및 경거의 크기에 비례하여 배분한다.
④ 위거 및 경거 절대값의 총합에 대한 위거 및 경거 크기에 비례하여 배분한다.

해설] ① 각과 거리 정도가 거의 비슷할 경우, 컴퍼스 법칙에 의해 오차를 배분한다. (컴퍼스 법칙 : 측선거리에 따라 오차를 비례 배분)

■2019년 2회■14. 트래버스측량(다각측량)의 폐합오차 조정방법 중 컴파스법칙에 대한 설명으로 옳은 것은?
① 각과 거리의 정밀도가 비슷할 때 실시하는 방법이다.
② 위거와 경거의 크기에 비례하여 폐합오차를 배분한다.
③ 각 측선의 길이에 반비례하여 폐합오차를 배분한다.
④ 거리보다는 각의 정밀도가 높을 때 활용하는 방법이다.

해설] ①
- 컴퍼스법칙 : 각 측량의 정도와 거리측량의 정도가 거의 같을 때 사용
- 트랜싯법칙 : 각 측량의 정도가 거리측량의 정도보다 좋을 때 사용

■2019년 2회■15. 트래버스측량(다각측량)의 종류와 그 특징으로 옳지 않은 것은?
① 결합 트래버스는 삼각점과 삼각점을 연결시킨 것으로 조정계산 정확도가 가장 높다
② 폐합 트래버스는 한 측점에서 시작하여 다시 그 측점에 돌아오는 관측 형태이다.
③ 폐합 트래버스는 오차의 계산 및 조정이 가능하나, 정확도는 개방 트래버스보다 낮다.
④ 개방 트래버스는 임의의 한 측점에서 시작하여 다른 임의의 한 점에서 끝나는 관측 형태이다.

해설] ③ 개방 트래버스의 정밀도가 가장 낮다.
[트래버스 측량의 종류]
(1) 폐합 트래버스 : 소규모의 지역에 적합한 방법
(2) 개방 트래버스 : 정밀도가 가장 낮은 트래버스
(하천이나 노선의 기준점을 정할 때 사용)
(3) 결합 트래버스 : 정밀도가 가장 높은 트래버스
(기지점은 삼각점 이용)

■2018년 2회■16. 다각측량에 관한 설명 중 옳지 않은 것은?
① 각과 거리를 측정하여 점의 위치를 결정한다.
② 근거리이고 조건식이 많아 삼각측량에서 구한 위치보다 정확도가 높다.
③ 선로와 같이 좁고 긴 지역의 측량에 편리하다.
④ 삼각측량에 비해 시가지 또는 복잡한 장애물이 있는 곳의 측량에 적합하다.

해설] ② 다각측량은 삼각측량과 같은 높은 정도를 요하지 않는 골조측량에 적합하다.

■2018년 2회■17. 기지의 삼각점을 이용하여 새로운 도근점들을 매설하고자 할 때 결합 트래버스측량(다각측량)의 순서는?
① 도상계획 → 답사 및 선점 → 조표 → 거리관측 →각관측 → 거리 및 각의 오차 배분 → 좌표계산 및 측점 전개
② 도상계획 → 조표 → 답사 및 선점 → 각관측 →거리관측 → 거리 및 각의 오차 배분 → 좌표계산 및 측점 전개
③ 답사 및 선점 → 도상계획 → 조표 → 각관측 →거리관측 → 거리 및 각의 오차 배분 → 좌표계산 및 측점 전개
④ 답사 및 선점 → 조표 → 도상계획 → 거리관측 → 각관측 → 좌표계산 및 측점 전개 → 거리 및 각의 오차 배분

해설] ①
[트래버스 측량 순서]
계획 → 답사 → 선점 → 조표 → 거리관측 → 각관측 → 오차 배분 → 좌표계산 및 측점
[참고] 도근점 : 기지의 기준점으로 충분한 세부 측량이 불가한 경우, 기지점을 기준으로 하여 생성한 기준점

■2018년 1회■18. 트래버스측량(다각측량)에 관한 설명으로 옳지 않은 것은?
① 트래버스 중 가장 정밀도가 높은 것은 결합 트래버스로서 오차점검이 가능하다.
② 폐합 오차 조정에서 각과 거리측량의 정확도가 비슷한 경우 트랜싯 법칙으로 조정하는 것이 좋다.
③ 오차의 배분은 각 관측의 정확도가 같을 경우 각의 대소에 관계없이 등분하여 배분한다.
④ 폐합 트래버스에서 편각을 관측하면 편각의 총합은 언제나 360°가 되어야 한다.

해설] ② 폐합 오차 조정에서 각과 거리측량의 정확도가 비슷한 경우 컴퍼스 법칙으로 조정하는 것이 좋다.
○ 컴퍼스법칙 : 각 측량의 정도와 거리측량의 정도가 거의 같을 때 사용
○ 트랜싯법칙 : 각 측량의 정도가 거리측량의 정도보다 좋을 때 사용

■2017년 3회■19. 트래버스 측량의 결과로 위거오차 0.4m, 경거오차 0.3m를 얻었다. 총 측선의 길이가 1,500m이었다면 폐합비는?
① 1/2000
② 1/3000
③ 1/4000
④ 1/5000

해설] ②
폐합오차 $\sqrt{0.4^2 + 0.3^2} = 0.5m$
폐합비 $\dfrac{0.5}{1,500} = \dfrac{1}{3,000}$

■2017년 3회■20. 트래버스 측량의 각 관측방법 중 방위각법에 대한 설명으로 틀린 것은?
① 진북을 기준으로 어느 측선까지 시계방향으로 측정하는 방법이다.
② 험준하고 복잡한 지역에서는 적합하지 않다.
③ 각이 독립적으로 관측되므로 오차 발생 시, 개별 각의 오차는 이후의 측량에 영향이 없다.
④ 각 관측값의 계산과 제도가 편리하고 신속히 관측할 수 있다.

해설] ③ 방위각법은 오차가 이후의 측량에 계속 누적된다.

■2017년 2회■21. 시가지에서 5개의 측점으로 폐합 트래버스를 구성하여 내각을 측정한 결과, 각관측 오차가 30″이었다. 각 관측의 경중률이 동일할 때 각오차의 처리방법은? (단, 시가지의 허용오차 범위 $=20″\sqrt{n} \sim 30″\sqrt{n}$)
① 재측량한다.
② 각의 크기에 관계없이 등배분한다.
③ 각의 크기에 비례하여 배분한다.
④ 각의 크기에 반비례하여 배분한다.

해설] ②
$30″ \times \sqrt{5} = 67″ > 30″$ 이므로, 허용범위 내에 있다.
각 관측의 정도가 동일하므로, 각의 크기에 관계없이 등분배한다.

■2017년 1회■22. 다음 중 다각측량의 순서로 가장 적합한 것은?
① 계획 - 답사 - 선점 - 조표 - 관측
② 계획 - 선점 - 답사 - 조표 - 관측
③ 계획 - 선점 - 답사 - 관측 - 조표
④ 계획 - 답사 - 선점 - 관측 - 조표

해설] ①
◆트래버스 측량 순서
계획 → 답사 → 선점 → 조표 → 거리관측 → 각관측 → 오차배분 → 좌표계산 및 측점

문제유형9 방위각과 배횡거

■2022년 2회■1. 그림과 같은 관측결과 θ = 30° 11′ 00″, S = 1,000m 일 때 C점의 X좌표는? (단, AB의 방위각 = 89° 49′ 00″, A점의 X좌표 = 1,200m)

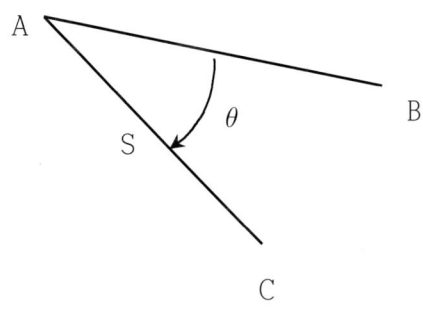

① 700.00m ② 1203.20m
③ 2064.42m ④ 2066.03m

해설] ①

축선의 길이 × $\cos(\Sigma\theta_i)$ ⇒ X좌표

$\Sigma\theta = 89°49' + 30°11' = 120°$

$1000\cos120° = -500m$

따라서, C점의 X좌표 : 1200-500 = 700m

■2022년 1회■2. 트래버스 측량에서 측점 A의 좌표가 (100m, 100m)이고 측선 AB의 길이가 50m일 때 B점의 좌표는? (단, AB 측선의 방위각은 195°이다)

① (51.7m, 87.1m)
② (51.7m, 112.9m)
③ (148.3m, 87.1m)
④ (148.3m, 112.9m)

해설] ①

$\Delta x = 50\sin15° = 12.94(-)$

$\Delta y = 50\cos15° = 48.3(-)$

따라서, $100 - 48.3 = 51.7$, $100 - 12.94 = 87.06$

■2021년 3회■3. 트래버스 측량의 각 관측 방법 중 방위각법에 대한 설명으로 틀린 것은?

① 진북을 기준으로 어느 측선까지 시계방향으로 측정하는 방법이다.

② 방위각법에는 반전법과 부전법이 있다.

③ 각이 독립적으로 관측되므로 오차 발생 시, 개별 각의 오차는 이후의 측량에 영향이 없다.

④ 각 관측값의 계산과 제도가 편리하고 신속히 관측할 수 있다.

해설] ③ 방위각법은 오차가 이후의 측량에 계속 누적된다.

■2020년 4회■4. 폐합트래버스 ABCD에서 각 측선의 경거, 위거가 표와 같을 때, $\overline{AD}$측선의 방위각은?

측선	위거 +	위거 -	경거 +	경거 -
AB	50		50	
BC		30	60	
CD		70		60
DA				

① 133° ② 135°
③ 137° ④ 145°

해설] ②

D점의 위치 (경거합, 위거합) = (50,-50)

따라서, 원점에서의 135° 방위

■2020년 3회■5. 그림의 다각망에서 C점의 좌표는? (단, $\overline{AB} = \overline{BC} = 100m$ 이다.)

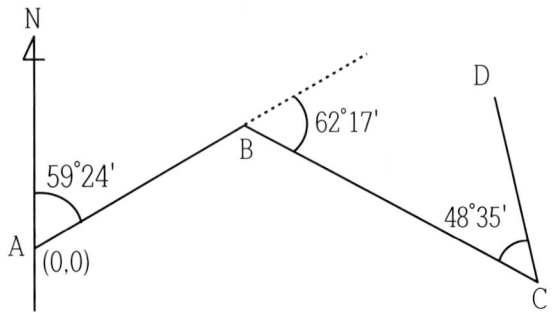

① X_c = -5.31m, Y_c = 160.45m
② X_c = -1.62m, Y_c = 170.17m
③ X_c = -10.27m, Y_c = 89.25m
④ X_c = 50.90m, Y_c = 86.07m

해설] ②
AB축선에 대해,
위거 $100\cos(59.4°) = +50.9$
경거 $100\sin(59.4°) = +86.074$
BC축선에 대해,
위거 $100\cos(59.4° + 62.3°) = -52.5$
경거 $100\sin(59.4° + 62.3°) = +82.081$
따라서, C점의 좌표 (합위거, 합경거)이므로,
$(50.9 - 52.5 = -1.6m,\ 86.074 + 82.081 = 171.155m)$

■2020년 1,2회 통합■6. 한 측선의 자오선(종축)과 이루는 각이 60°00′이고 계산된 측선의 위거가 -60m, 경거가 -103.92m일 때 이 측선의 방위와 거리는?
① 방위=S60°00′ E, 거리=130m
② 방위=N60°00′ E, 거리=130m
③ 방위=N60°00′ W, 거리=120m
④ 방위=S60°00′ W, 거리=120m

해설] ④
경거 : 축선의 길이 × $\sin(\Sigma\theta_i)$
위거 : 축선의 길이 × $\cos(\Sigma\theta_i)$
경거 = $-103.92 = L\sin60°$에서, $L = 120m$
위거가 음수(-)이므로, 측선은 아랫방향(S)
경거가 음수(-)이므로, 측선은 좌측방향(W)
따라서, 방위 S60°00′W

■2019년 3회■7. 시가지에서 25변형 트래버스 측량을 실시하여 2′ 50″의 각관측 오차가 발생하였다면 오차의 처리 방법으로 옳은 것은? (단, 시가지의 측각 허용범위 = $\pm20″\sqrt{n} \sim 30″\sqrt{n}$, 여기서 n은 트래버스의 측점 수)
① 오차가 허용오차 이상이므로 다시 관측하여야 한다.
② 변의 길이의 역수에 비례하여 배분한다.
③ 변의 길이에 비례하여 배분한다.
④ 각의 크기에 따라 배분한다.

해설] ①
오차의 허용범위
$20″ \times \sqrt{25} = 1′40″ \sim 30″ \times \sqrt{25} = 2′30″ < 2′50″$
따라서, 허용 오차범위 초과 → 재관측

■2019년 3회■8. 방위각 153° 20′ 25″에 대한 방위는?
① E 63° 20′ 25″ S
② E 26° 39′ 35″ S
③ S 26° 39′ 35″ E
④ S 63° 20′ 25″ E

해설] ③
90°~180° 범위에 있으므로, 2분위
180°-153° 20′ 25″ = 26° 39′ 35″
따라서, S26° 39′ 35″E

■2019년 2회■9. 그림과 같은 단면의 면적은? (단, 좌표의 단위는 m 이다.)

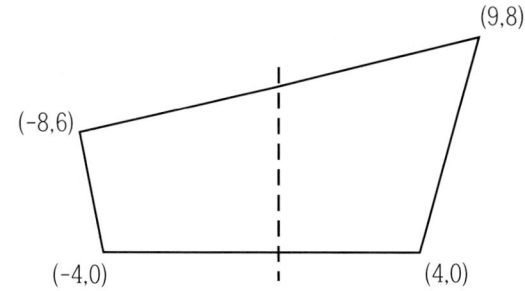

① 174 m²
② 148 m²
③ 104 m²
④ 87 m²

해설] ④
좌표법에 의해,

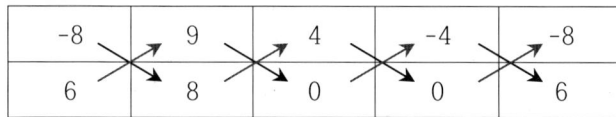

$\Sigma x_i y_{i+1} = -64 - 24 = -88$

$\Sigma y_i x_{i+1} = 54 + 32 = 86$

$A = \frac{1}{2}(-88 - 86) = -87 m^2$

■2019년 1회■10. 다각측량 결과 측점 A, B, C의 합위거, 합경거가 표와 같다면 삼각형 A, B, C의 면적은?

측점	합위거(m)	합경거(m)
A	100.0	100.0
B	400.0	100.0
C	100.0	500.0

① 40,000 m²
② 60,000 m²
③ 80,000 m²
④ 120,000 m²

해설] ②
합위거와 합경거는 각 측점의 좌표값

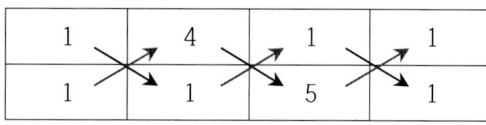

$\Sigma x_i y_{i+1} = 1 + 20 + 1 = 22$

$\Sigma y_i x_{i+1} = 4 + 1 + 5 = 10$

$A = \frac{1}{2}(22 - 10) = 6 \times 10^4 m^2$

■2019년 1회■11. 방위각 265°에 대한 측선의 방위는?

① S85°W
② E85°W
③ N85°E
④ E85°N

해설] ①
180°~270° 범위이므로, SW방위

$265° - 180° = 85°$

따라서, S85°W

■2018년 3회■12. 트래버스 ABCD에서 각 측선에 대한 위거와 경거 값이 아래 표와 같을 때, 측선 BC의 배횡거는?

측선	위거(m)	경거(m)
AB	+73.39	+81.57
BC	-33.57	+18.78
CD	-61.43	-45.60
DA	+44.61	-52.65

① 81.57m
② 155.10m
③ 163.14m
④ 181.92m

해설] ④
첫 측선의 배횡거 = 경거
배횡거 = 앞 측선의 배횡거 + 앞 측선의 경거 + 그 측선의 경거
    = 81.57 + 81.57 + 18.78 = 181.92m

측선	위거(m)	경거(m)	배횡거
AB	+73.39	+81.57	81.57
BC	-33.57	+18.78	81.57+81.57+18.78=181.92
CD	-61.43	-45.60	181.92+18.78-45.60=155.10
DA	+44.61	-52.65	+52.65

■2018년 3회■13. 측량성과표에 측점A의 진북방향각은 0°06′17″이고, 측점A에서 측점B에 대한 평균방향각은 263°38′26″로 되어 있을 때에 측점A에서 측점B에 대한 역방위각은?

① 83°32′09″ ② 83°44′43″
③ 263°32′09″ ④ 263°44′43″

해설] ①
A점의 도북에서 진북의 방향각 0°06′17″
AB측선의 방위각 = 263°38′26″ - 0°06′17″ = 263°32′09″
역방위각 = 263°32′09″ + 180° = 443°32′09″ > 360° 이므로,
= 443°32′09″ - 360° = 83°32′09″

■2018년 3회■14. ΔABC의 꼭지점에 대한 좌표값이 (30,50), (20,90), (60,100)일 때 삼각형 토지의 면적은? (단, 좌표의 단위: m)

① 500m² ② 750m²
③ 850m² ④ 960m²

해설] ③
좌표법에 의해,

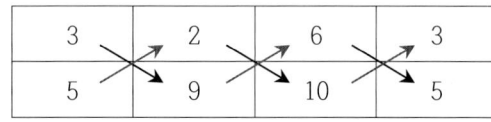

$\Sigma x_i y_{i+1} = 27 + 20 + 30 = 77$
$\Sigma y_i x_{i+1} = 10 + 54 + 30 = 94$
$A = \dfrac{100}{2}(77 - 94) = 850m^2$

■2018년 2회■15. 그림의 다각측량 성과를 이용한 C점의 좌표는? (단, $\overline{AB} = \overline{BC} = 100m$이고, 좌표 단위는 m이다.)

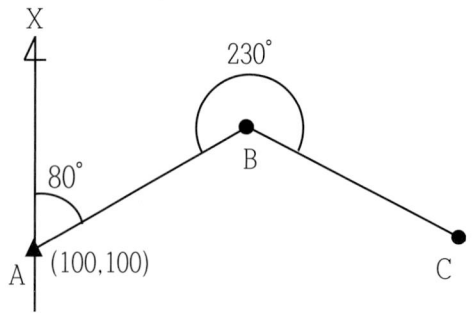

① X=48.27m, Y=256.28m
② X=53.08m, Y=275.08m
③ X=62.31m, Y=281.31m
④ X=69.49m, Y=287.49m

해설] ②
AB측선에 대해,
위거 $100\cos(80°) = +17.365$
경거 $100\sin(80°) = +98.481$
BC측선에 대해,
위거 $100\cos(80° + (230-180)°) = -64.279$
경거 $100\sin(80° + (230-180)°) = +76.604$
또한, A점의 좌표가 (100,100)이므로,
따라서, C점의 좌표 (합위거, 합경거)
X좌표 100+17.365-64.279 = 53.086
Y좌표 100+98.481+76.604 = 275.085

■2018년 1회■16. 다음은 폐합 트래버스 측량성과이다. 측선 CD의 배횡거는?

측선	위거(m)	경거(m)
AB	65.39	83.57
BC	-34.57	19.68
CD	-65.43	-40.60
DA	34.61	-62.65

① 60.25m ② 115.90m
③ 135.45m ④ 165.90m

해설] ④

첫 측선의 배횡거 = 경거

배횡거 = 앞 측선의 배횡거 + 앞 측선의 경거 + 그 측선의 경거
= 186.82+19.68-40.60=165.90

측선	위거(m)	경거(m)	배횡거
AB	65.39	83.57	83.57
BC	-34.57	19.68	83.57+83.57+19.68=186.82
CD	-65.43	-40.60	186.82+19.68-40.60=165.90
DA	34.61	-62.65	+62.65

문제유형10 삼각측량

■2022년 2회■1. 수준측량에서 발생하는 오차에 대한 설명으로 틀린 것은?
① 기계의 조정에 의해 발생하는 오차는 전시와 후시의 거리를 같게 하여 소거할 수 있다.
② 삼각수준측량은 대지역을 대상으로 하기 때문에 곡률오차와 굴절오차는 그 양이 상쇄되어 고려하지 않는다.
③ 표척의 영눈금 오차는 출발점의 표척을 도착점에서 사용하여 소거할 수 있다.
④ 기포의 수평조정이나 표척면의 읽기는 육안으로 한계가 있으나 이로 인한 오차는 일반적으로 허용오차 범위 안에 들 수 있다.

해설] ② 삼각수준측량은 대지역을 대상으로 하기 때문에, 양차를 고려해야 한다.

양차(h) = 구차(h_1) + 기차(h_2) = $\dfrac{S^2}{2R}(1-K)$

■2022년 1회■2. 삼변측량에 대한 설명으로 틀린 것은?
① 전자파거리측량기(EDM)의 출현으로 그 이용이 활성화되었다.
② 관측값의 수에 비해 조건식이 많은 것이 장점이다.
③ 코사인 제2법칙과 반각공식을 이용하여 각을 구한다.
④ 조정방법에는 조건방정식에 의한 조정과 관측방정식에 의한 조정방법이 있다.

해설] ② 관측값의 수에 비해 조건식이 적은 것이 단점이다.

■2021년 3회■3. 일반적으로 단열삼각망으로 구성하기에 가장 적합한 것은?
① 시가지와 같이 정밀을 요하는 골조측량
② 복잡한 지형의 골조측량
③ 광대한 지역의 지형측량
④ 하천조사를 위한 골조측량

해설] ④
노선, 하천, 터널 측량에는 단열삼각망을 이용한다.

■2021년 3회■4. 축척 1:500 도상에서 3변의 길이가 각각 20.5cm, 32.4cm, 28.5cm인 삼각형 지형의 실제면적은?
① 40.70m² ② 288.53m²
③ 6924.15m² ④ 7213.26m²

해설] ④

$S = \dfrac{1}{2}(a+b+c) = \dfrac{1}{2}(20.5+32.4+28.5) = 40.7cm$

$A = \sqrt{S(S-a)(S-b)(S-c)} = 288.531cm^2$

실제면적 = $288.531 \times 500^2 = 72.132 \times 10^6 cm^2 = 7213.2m^2$

■2021년 2회■5. 장애물로 인하여 접근하기 어려운 2점 P, Q를 간접거리 측량한 결과가 그림과 같다. $\overline{AB}$의 거리가 216.90m일 때 PQ의 거리는?

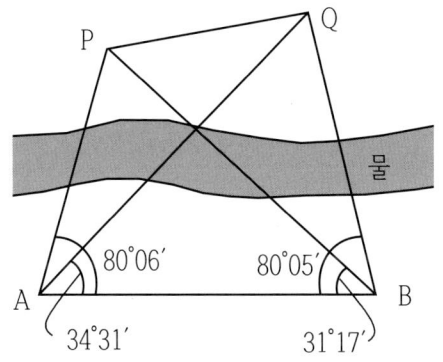

① 120.96m ② 142.29m
③ 173.39m ④ 194.22m

해설] ③

1) △ABP에서, sin법칙에 의해, $\dfrac{\overline{AP}}{\sin 31.28°} = \dfrac{\overline{AB}}{\sin 68.62°}$

(∠APB = 180°−80°06′−31°17′=68°37′=68.62°)

따라서, $\overline{AP} = 216.9 \times \dfrac{\sin 31.28}{\sin 68.62} = 120.94 m$

2) △ABQ에서, sin법칙에 의해, $\dfrac{\overline{AQ}}{\sin 80.08°} = \dfrac{\overline{AB}}{\sin 65.4°}$

(∠AQB = 180°−80°05′−34°31′=65°24′=65.4°)

따라서, $\overline{AQ} = 216.9 \times \dfrac{\sin 80.08}{\sin 65.4} = 234.99 m$

3) △APQ에서, cos2법칙에 의해,

(∠PAQ = 80°06′−34°31′=45°35′=45.6°)

$\overline{PQ}^2 = 120.94^2 + 234.99^2 - 2 \times 120.94 \times 234.99 \times \cos 45.6$
$= 30,078$

따라서, $\overline{PQ} = 173.43 m$

■2021년 1회■6. 삼각망 조정에 관한 설명으로 옳지 않은 것은?
① 임의의 한 변의 길이는 계산경로에 따라 달라질 수 있다.
② 검기선은 측정한 길이와 계산된 길이가 동일하다.
③ 1점 주위에 있는 각의 합은 360°이다.
④ 삼각형의 내각의 합은 180°이다.

해설] ① 임의의 한 변의 길이는 경로에 관계없이 동일하다.

■2021년 1회■7. 삼각측량과 삼변측량에 대한 설명으로 틀린 것은?
① 삼변측량은 변 길이를 관측하여 삼각점의 위치를 구하는 측량이다.
② 삼각측량의 삼각망 중 가장 정확도가 높은 망은 사변형삼각망이다.
③ 삼각점의 선점 시 기계나 측표가 동요할 수 있는 습지나 하상은 피한다.
④ 삼각점의 등급을 정하는 주된 목적은 표석설치를 편리하게 하기 위함이다.

해설] ④ 삼각점은 각관측 정밀도에 따라서 1등~4등급으로 나누어 진다.

■2021년 1회■8. 조정계산이 완료된 조정각 및 기선으로부터 처음 신설하는 삼각점의 위치를 구하는 계산순서로 가장 적합한 것은?
① 편심조정 계산 → 삼각형계산(변, 방향각) → 경위도 결정 → 좌표조정 계산 → 표고 계산
② 편심조정 계산 → 삼각형계산(변, 방향각) → 좌표조정 계산 → 표고 계산 → 경위도 결정
③ 삼각형계산(변, 방향각) → 편심조정 계산 → 표고 계산 → 경위도 결정 → 좌표조정 계산
④ 삼각형계산(변, 방향각) → 편심조정 계산 → 표고 계산 → 좌표조정 계산 → 경위도 결정

해설] ②
◆ 관측조정값의 계산정리 순서
① 편심조정계산
② 삼각형의 계산(변, 방향각)
③ 좌표조정 계산
④ 표고계산
⑤ 경위도 계산(필요에 따라서)

■2020년 4회■9. 삼변측량을 실시하여 길이가 각각 a=1,200m, b=1,300m, c=1,500m 이었다면 ∠ACB는?

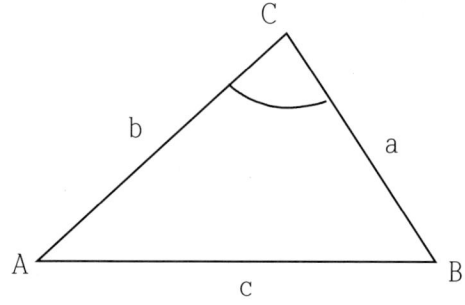

① 73°31′02″ ② 73°33′02″
③ 73°35′02″ ④ 73°37′02″

해설] ④

cos2법에 따라,

$c^2 = a^2 + b^2 - 2ab\cos C$에서,

$1500^2 = 1200^2 + 1300^2 - 2 \times 1200 \times 1300 \times \cos C$이므로,

$C = 73.617° = 73°37'02.4''$

■2020년 3회■10. 삼각측량을 위한 삼각점의 위치선정에 있어서 피해야 할 장소와 가장 거리가 먼 것은?

① 측표를 높게 설치해야 되는 곳
② 나무의 벌목면적이 큰 곳
③ 편심관측을 해야 되는 곳
④ 습지 또는 하상인 곳

해설] ③

삼각점은 기복이 많거나 벌목이 많이 필요한 곳은 회피해야 한다.

■2020년 1,2회 통합■11. 지표상 P점에서 9km 떨어진 Q점을 관측할 때 Q점에 세워야 할 측표의 최소 높이는? (단, 지구 반지름 R=6370km이고, P, Q점은 수평면상에 존재한다.)

① 10.2m   ② 6.4m
③ 2.5m   ④ 0.6m

해설] ②

구차 $+\dfrac{S^2}{2R} = \dfrac{9^2}{2 \times 6370} = 6.36m$

[별해] 피타고라스 정리에 의해, $(R+\delta)^2 = R^2 + L^2$이므로,

$(6370+\delta)^2 = 6370^2 + 9^2 = 40.58 \times 10^6$

따라서, $\delta = 6.36 \times 10^{-3} km = 6.36m$

■2020년 1,2회 통합■12. 삼각측량을 위한 삼각망 중에서 유심다각망에 대한 설명으로 틀린 것은?

① 농지측량에 많이 사용된다.
② 방대한 지역의 측량에 적합하다.
③ 삼각망 중에서 정확도가 가장 높다.
④ 동일측점 수에 비하여 포함면적이 가장 넓다.

해설] ③ 사변형 삼각망의 정확도가 가장 높다.

■2020년 1,2회 통합■13. 삼변측량에서 △ABC에서 세변의 길이가 a=1200.00m, b=1600.00m, c=1442.22m라면 변 c의 대각인 ∠C는?

① 45°
② 60°
③ 75°
④ 90°

해설] ②

cos2법칙에 의해, $c^2 = a^2 + b^2 - 2ab\cos C$

$1442.22^2 = 1200^2 + 1600^2 - 2 \times 1200 \times 1600 \times \cos C$

따라서, $C = 60°$

■2019년 3회■14. 삼각점 C에 기계를 세울 수 없어서 2.5m를 편심하여 B에 기계를 설치하고 $T' = 31°15'40''$를 얻었다면 T는? (단, $\phi = 300°20'$, $S_1 = 2km$, $S_2 = 3km$)

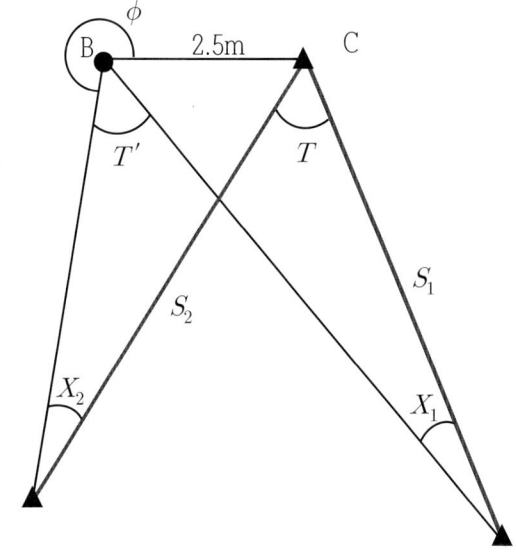

① 31°14'49''
② 31°15'18''
③ 31°15'29''
④ 31°15'41''

해설] ①

sin법칙에 의해,

$\dfrac{S_1}{\sin(360-\phi)} = \dfrac{2.5}{\sin X_1}$ 에서, $\dfrac{2000}{\sin 59.7°} = \dfrac{2.5}{\sin X_1}$ 이므로,

$X_1 = 0.062°$

$\dfrac{S_2}{\sin(360-\phi+T')} = \dfrac{2.5}{\sin X_2}$ 에서, $\dfrac{3000}{\sin 90.93°} = \dfrac{2.5}{\sin X_2}$ 이므로,

$X_2 = 0.048°$

$X_2 + T' = X_1 + T$ 이므로, $0.048 + 31.26° = 0.062 + T$ 에서,

$T = 31.246° = 31°14'46''$

■2019년 3회■15. 삼각측량을 위한 기준점성과표에 기록되는 내용이 아닌 것은?
① 점번호
② 도엽명칭
③ 천문경위도
④ 평면직각좌표

해설] ③
[삼각측량의 성과표 내용]
- 삼각점의 등급과 번호 및 명칭
- 측점 및 시준점의 명칭
- 방위각
- 자북방위각
- 평균거리의 대수
- 평면직각좌표
- 위도 및 경도
- 삼각점의 표고

■2019년 2회■16. 삼각망 조정계산의 경우에 하나의 삼각형에 발생한 각오차의 처리 방법은? (단, 각관측 정밀도는 동일하다.)
① 각의 크기에 관계없이 동일하게 배분한다.
② 대변의 크기에 비례하여 배분한다.
③ 각의 크기에 반비례하여 배분한다.
④ 각의 크기에 비례하여 배분한다.

해설] ①
각관측 정밀도가 동일하면, 각도에 관계없이 동일하게 오차 배분한다.

■2019년 2회■17. 그림과 같은 유심 삼각망에서 점조건 조정식에 해당하는 것은?

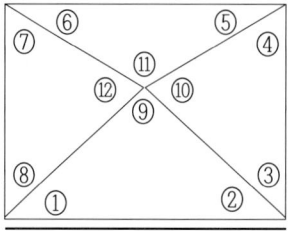

① (①+②+⑨) = 180°
② (①+②) = (⑤+⑥)
③ (⑨+⑩+⑪+⑫) = 360°
④ (①+②+③+④+⑤+⑥+⑦+⑧) = 360°

해설] ③
점조건 방정식 : 한 점 주위의 모든 각의 합은 360°
변조건 방정식 : 삼각망 중 임의 한 변의 길이는 계산순서에 관계없이 동일
각조건 방정식 : 삼각형 세 내각의 합은 180°

■2019년 1회■18. 일반적으로 단열삼각망으로 구성하기에 가장 적합한 것은?
① 시가지와 같이 정밀을 요하는 골조측량
② 복잡한 지형의 골조측량
③ 광대한 지역의 지형측량
④ 하천조사를 위한 골조측량

해설] ④
(1) 단열삼각망 : 노선, 하천, 터널 측량
(2) 유심다각망 : 방대한 평지 지역, 농지
(3) 사변형 삼각망 : 기선 삼각망 등 정밀 측량
(4) 육각형 삼각망 : 지역이 넓은 경우

■2019년 1회■19. 삼각측량의 각 삼각점에 있어 모든 각의 관측 시 만족되어야 하는 조건이 아닌 것은?
① 하나의 측점을 둘러싸고 있는 각의 합은 360°가 되어야 한다.
② 삼각망 중에서 임의의 한 변의 길이는 계산의 순서에 관계없이 같아야 한다.
③ 삼각망 중 각각 삼각형 내각의 합은 180°가 되어야 한다.
④ 모든 삼각점의 포함면적은 각각 일정하여야 한다.

해설] ④
[삼각측량 조건방정식]
각조건식 : 삼각형 내각의 합은 180°
변조건식 : 임의 한변의 길이는 계산순서에 관계없이 동일
점조건식 : 한점의 총 각도는 360°

■2019년 1회■20. 평야지대에서 어느 한 측점에서 중간 장애물이 없는 26km 떨어진 측점을 시준할 때 측점에 세울 표척의 최소 높이는? (단, 굴절계수는 0.14이고 지구곡률반지름은 6370km 이다.)
① 16m
② 26m
③ 36m
④ 46m

해설] ④

양차 $\frac{S^2}{2R}(1-K) = \frac{26^2}{2 \times 6370}(1-0.14) = 45.63m$

■2018년 3회■21. 삼변측량에 관한 설명 중 틀린 것은?
① 관측요소는 변의 길이 뿐이다.
② 관측값에 비하여 조건식이 적은 단점이 있다.
③ 삼각형의 내각을 구하기 위해 cosine 제2법칙을 이용한다.
④ 반각공식을 이용하여 각으로부터 변을 구하여 수직위치를 구한다.

해설] ④ 반각공식을 이용하여 변으로부터 각을 구한다.
[반각공식]
$\sin\frac{A}{2} = \sqrt{\frac{(s-b)(s-c)}{bc}}$

$\cos\frac{A}{2} = \sqrt{\frac{s(s-a)}{bc}}$

$\tan\frac{A}{2} = \sqrt{\frac{(s-b)(s-c)}{s(s-a)}}$

■2018년 2회■22. 그림에서 $\overline{AB}$ =500m, ∠a=71°33′54″, ∠b₁=36°52′12″, ∠b₂=39°05′38″, ∠c=85°36′05″를 관측하였을 때 $\overline{BC}$ 의 거리는?

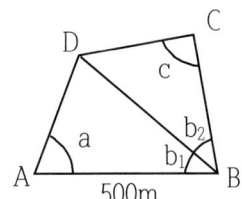

① 391m
② 412m
③ 422m
④ 427m

해설] ②
∠ADB = 180°-71°33′54″-36°52′12″=71°33′54″
∠CDB = 180°-85°36′05″-39°05′38″=55°18′17″
sin법칙에 따라,

△ABD에서, $\frac{\overline{BD}}{\sin 71°33′54″} = \frac{500}{\sin 71°33′54″}$ 이므로,

$\overline{BD} = 500m$

△BCD에서, $\frac{\overline{BD}}{\sin 85°36′05″} = \frac{\overline{BC}}{\sin 55°18′17″}$

따라서, $\overline{BC} = 412.3m$

■2018년 1회■23. 단일삼각형에 대해 삼각측량을 수행한 결과 내각이 α=54°25′32″, β=68°43′23″, γ=56°51′14″이었다면 β의 각 조건에 의한 조정량은?
① -4″
② -3″
③ +4″
④ +3″

해설] ②
54°25′32″ + 68°43′23″ + 56°51′14″ - 180° = - 9″
각도의 크기에 관계없이 동일하게 오차를 배분하므로,
-9″/3 = -3″

■2018년 1회■24. 삼각망의 종류 중 유심삼각망에 대한 설명으로 옳은 것은?
① 삼각망 가운데 가장 간단한 형태이며 측량의 정확도를 얻기 위한 조건이 부족하므로 특수한 경우 외에는 사용하지 않는다.
② 가장 높은 정확도를 얻을 수 있으나 조정이 복잡하고, 포함된 면적이 작으며 특히 기선을 확대할 때 주로 사용한다.
③ 거리에 비하여 측점수가 가장 적으므로 측량이 간단하며 조건식의 수가 적어 정확도가 낮다.
④ 광대한 지역의 측량에 적합하며 정확도가 비교적 높은 편이다.

해설] ④
[유심삼각망]
 - 동일 측점 수에 비해 포함 면적이 가장 넓다.
 - 방대한 지역에 적합하다.
 - 농지 측량 및 평탄한 지역에 사용한다.
 - 정도는 단열 삼각망보다 높으나, 사변형보다는 낮다.

■2017년 3회■25. 삼각측량과 삼변측량에 대한 설명으로 틀린 것은?
① 삼변측량은 변 길이를 관측하여 삼각점의 위치를 구하는 측량이다.
② 삼각측량의 삼각망 중 가장 정확도가 높은 망은 사변형삼각망이다.
③ 삼각점의 선점 시 기계나 측표가 동요할 수 있는 습지나 하상은 피한다.
④ 삼각점의 등급을 정하는 주된 목적은 표석설치를 편리하게 하기 위함이다.

해설] ④ 삼각점은 1~4등급으로 구분되어 있으며, 표석설치의 편리와는 무관하다.

■2017년 2회■26. 삼각망 조정에 관한 설명으로 옳지 않은 것은?
① 임의 한 변의 길이는 계산경로에 따라 달라질 수 있다.
② 검기선은 측정한 길이와 계산된 길이가 동일하다.
③ 1점 주위에 있는 각의 합은 360°이다
④ 삼각형의 내각의 합은 180°이다.

해설] ① 임의 한 변의 길이는 계산경로에 관계없이 일정하다.
[삼각망 조정 방정식]
○각조건 방정식 : 삼각형 세 내각의 합은 180°
○변조건 방정식 : 삼각망 중 임의 한 변의 길이는 계산순서에 관계없이 동일
○점조건 방정식 : 한 점 주위의 모든 각의 합은 360°

■2017년 1회■27. 삼각수준측량에서 정밀도 10^{-5}의 수준차를 허용할 경우 지구곡률을 고려하지 않아도 되는 최대시준거리는? (단, 지구곡률반지름 R=6370 km이고, 빛의 굴절계수는 무시)
① 35m   ② 64m
③ 70m   ④ 127m

해설] ④

삼각측량에서의 구차 $h_1 = + \dfrac{S^2}{2R}$

정밀도 $\dfrac{h_1}{S} = \dfrac{S}{2R} = 10^{-5}$ 이므로,

$S = 2 \times 6370 \times 10^{-5} = 127.4 m$

■2017년 1회■28. 국토지리정보원에서 발급하는 기준점 성과표의 내용으로 틀린 것은?
① 삼각점의 위치한 평면좌표계의 원점을 알 수 있다.
② 삼각점 위치를 결정한 관측방법을 알 수 있다.
③ 삼각점의 경고, 위도, 직각좌표를 알 수 있다.
④ 삼각점의 표고를 알 수 있다.

해설] ②
※ 삼각측량의 성과표 내용
- 삼각점의 등급과 번호 및 명칭
- 측점 및 시준점의 명칭
- 방위각
- 자북방위각
- 평균거리의 대수
- 평면직각좌표
- 위도 및 경도
- 삼각점의 표고

■2017년 1회■29. 삼각형 A, B, C의 내각을 측정하여 다음과 같은 경과를 얻었다. 오차를 보정한 각 B의 최확값은?

∠A = 59°59′27″ (1회 관측)
∠B = 60°00′11″ (2회 관측)
∠C = 59°59′49″ (3회 관측)

① 60°00′20″ ② 60°00′22″
③ 60°00′33″ ④ 60°00′44″

해설] ①
폐합오차 = 180° - (∠A+∠B+∠C) = +33″
오차배분율은 경중률(관측회수)에 반비례한다.

오차분배율 $R_A : R_B : R_C = 1 : \frac{1}{2} : \frac{1}{3} = 6 : 3 : 2$

따라서, ∠B의 최확치 = 60°00′11″ + 33″ × $\frac{3}{11}$ = 60°00′20″

문제유형11 지형측량

■2022년 2회■1. 지형측량을 할 때 기본 삼각점만으로는 기준점이 부족하여 추가로 설치하는 기준점은?
① 방향전환점 ② 도근점
③ 이기점   ④ 중간점

해설] ②
도근점 : 기지의 기준점으로 충분한 세부 측량이 불가한 경우, 기지점을 기준으로 하여 생성한 기준점

■2022년 2회■2. 지성선에 관한 설명으로 옳지 않은 것은?
① 철(凸)선을 능선 또는 분수선이라 한다.
② 경사변환선이란 동일 방향의 경사면에서 경사의 크기가 다른 두 면의 접합선이다.
③ 요(凹)선은 지표의 경사가 최대로 되는 방향을 표시한 선으로 유하선이라고 한다.
④ 지성선은 지표면이 다수의 평면으로 구성되었다고 할 때 평면 간 접합부 즉 접선을 말하며 지세선이라고도 한다.

해설] ③ 유하선은 지표의 경사가 최대로 되는 방향을 표시한 선
요선(계곡선)은 지표면이 낮거나 움푹 패인 점을 연결한 선

■2022년 1회■3. 지형측량에서 등고선의 성질에 대한 설명으로 옳지 않은 것은?
① 등고선의 간격은 경사가 급한 곳에서는 넓어지고, 완만한 곳에는 좁아진다.
② 등고선은 지표의 최대 경사선 방향과 직교한다.
③ 동일 등고선 상에 있는 모든 점은 같은 높이이다.
④ 등고선 간의 최단거리 방향은 그 지표면의 최대경사 방향을 가리킨다.

해설] ① 등고선의 간격은 경사가 급한 곳에는 좁아지고, 완만한 곳에는 넓어진다.

■2022년 1회■4. 지형의 표시법에 대한 설명으로 틀린 것은?
① 영선법은 짧고 거의 평행한 선을 이용하여 경사가 급하면 가늘고 길게, 경사가 완만하면 굵고 짧게 표시하는 방법이다.
② 음영법은 태양광선이 서북쪽에서 45도 각도로 비친다고 가정하고, 지표의 기복에 대하여 그 명암을 2~3색 이상으로 채색하여 기복의 모양을 표시하는 방법이다.
③ 채색법은 등고선의 사이를 색으로 채색, 색채의 농도를 변화시켜 표고를 구분하는 방법이다.
④ 점고법은 하천, 항만, 해양측량 등에서 수심을 나타낼 때 측점에 숫자를 기입하여 수심 등을 나타내는 방법이다.

해설] ① 영선법은 짧고 거의 평행한 선을 이용하여 경사가 급하면 굵고 짧게, 경사가 완만하면 가늘고 길게 표시하는 방법이다.

■2021년 3회■5. 지형의 표시법에서 자연적 도법에 해당하는 것은?
① 점고법　② 등고선법
③ 영선법　④ 채색법

해설] ③
자연적 도법 : 영선법, 음영법
부호적 도법 : 점고법, 등고선법, 채색법

■2021년 3회■6. 축척 1:5,000인 지형도에서 AB 사이의 수평거리가 2cm이면 AB의 경사는?

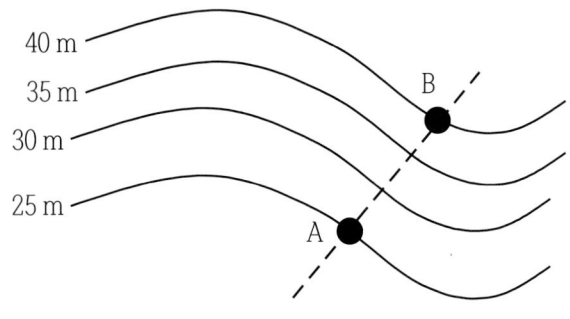

① 10%　② 15%
③ 20%　④ 25%

해설] ②
실제 수평거리 $= 0.02 \times 5000 = 100m$

경사 $i = \dfrac{40-25}{100} = 0.15$

■2021년 2회■7. 수치지형도(Digital Map)에 대한 설명으로 틀린 것은?
① 우리나라는 축척 1:5000 수치지형도를 국토기본도로 한다.
② 주로 필지정보와 표고자료, 수계정보 등을 얻을 수 있다.
③ 일반적으로 항공사진측량에 의해 구축된다.
④ 축척별 포함 사항이 다르다.

해설] ② 필지정보는 지적도를 통해 알 수 있다.

■2021년 2회■8. 등고선의 성질에 대한 설명으로 옳지 않은 것은?
① 등고선은 분수선(능선)과 평행하다.
② 등고선은 도면 내·외에서 폐합하는 폐곡선이다.
③ 지도의 도면 내에서 등고선이 폐합하는 경우에 등고선의 내부에는 산꼭대기 또는 분지가 있다.
④ 절벽에서 등고선은 서로 만날 수 있다.

해설] ① 등고선은 분수선(능선)과 직각하다.

■2021년 1회■9. 등고선에 관한 설명으로 옳지 않은 것은?
① 높이가 다른 등고선은 절대 교차하지 않는다.
② 등고선간의 최단거리 방향은 최대경사 방향을 나타낸다.
③ 지도의 도면 내에서 폐합되는 경우에 등고선의 내부에는 산꼭대기 또는 분지가 있다.
④ 동일한 경사의 지표에서 등고선 간의 간격은 같다.

해설] ① 동굴이나 절벽에서는 교차한다.

■2020년 4회■10. 지형측량의 순서로 옳은 것은?
① 측량계획 - 골조측량 - 측량원도 작성 - 세부측량
② 측량계획 - 세부측량 - 측량원도 작성 - 골조측량
③ 측량계획 - 측량원도 작성 - 골조측량 - 세부측량
④ 측량계획 - 골조측량 - 세부측량 - 측량원도 작성

해설] ④

■2020년 3회■11. 축척 1:50000 지형도 상에서 주곡선 간의 도상 길이가 1cm 이었다면 이 지형의 경사는?
① 4%　② 5%
③ 6%　④ 10%

해설] ①

종류	기호	1/10000	1/25000	1/50000
계곡선	굵은 실선	25	50	100
주곡선	가는 실선	5	10	20
간곡선	가는 파선	2.5	5	10
조곡선	가는 점선	1.25	2.5	5

1/50000 지형도에서 주곡선의 간격은 20m

수평길이 $= 0.01 \times 50000 = 500m$

따라서, 경사 $= \dfrac{20}{500} = 0.04 = 4\%$

■2020년 3회■12. 지형의 표시방법 중 하천, 항만, 해안측량 등에서 심천측량을 할 때 측점에 숫자로 기입하여 고저를 표시하는 방법은?
① 점고법   ② 음영법
③ 연선법   ④ 등고선법

해설] ①

■2020년 1,2회 통합■13. 종단점법에 의한 등고선 관측방법을 사용하는 가장 적당한 경우는?
① 정확한 토량을 산출할 때
② 지형이 복잡할 때
③ 비교적 소축척으로 산지 등의 지형측량을 행할 때
④ 정밀한 등고선을 구하려 할 때

해설] ③

■2020년 1,2회 통합■14. 지형도의 이용법에 해당되지 않는 것은?
① 저수량 및 토공량 산정   ② 유역면적의 도상 측정
③ 직접적인 지적도 작성   ④ 등경사선 관측

해설] ③
지적도는 지형의 대지구분 및 용도 등에 대한 것으로 지형도를 참조할 수는 있으나 직접적인 작성과는 무관

■2019년 3회■15. 1:50000 지형도의 주곡선 간격은 20m이다. 지형도에서 4% 경사의 노선을 선정하고자 할 때 주곡선 사이의 도상수평거리는?
① 5 mm   ② 10 mm
③ 15 mm   ④ 20 mm

해설] ②

경사 $i = \dfrac{h}{L} = \dfrac{4}{100} = \dfrac{20}{L}$ 이므로, $L = 500m$

도상거리로 하면, $500 \times \dfrac{1}{50,000} = 10 \times 10^{-3} m = 10 mm$

■2019년 3회■16. 지성선에 관한 설명으로 옳지 않은 것은?
① 철(凸)선을 능선 또는 분수선이라 한다.
② 경사변환선이란 동일 방향의 경사면에서 경사의 크기가 다른 두 면의 접합선이다.
③ 요(凹)선은 지표의 경사가 최대로 되는 방향을 표시한 선으로 유하선이라고 한다.
④ 지성선은 지표면이 다수의 평면으로 구성되었다고 할 때 평면 간 접합부 즉 접선을 말하며 지세선이라고도 한다.

해설] ③ 유하선은 지표의 경사가 최대로 되는 방향을 표시한 선
요선(계곡선)은 지표면이 낮거나 움푹 패인 점을 연결한 선

■2019년 2회■17. 표고 또는 수심을 숫자로 기입하는 방법으로 하천이나 항만 등에서 수심을 표시하는데 주로 사용되는 방법은?
① 영선법   ② 채색법
③ 음영법   ④ 점고법

해설] ④
영선법 : 굵기, 길이, 방향 등으로 땅의 모양을 표시
음영법 : 경사를 명암으로 표시
채색법 : 같은 등고선의 지대를 같은 색으로 표시
점고법 : 지표의 표고를 숫자로 표시

■2019년 1회■18. 지형측량에서 지성선(地性線)에 대한 설명으로 옳은 것은?
① 등고선이 수목에 가려져 불명확할 때 이어주는 선을 의미한다.
② 지모(地貌)의 골격이 되는 선을 의미한다.
③ 등고선에 직각방향으로 내려 그은 선을 의미한다.
④ 곡선(谷線)이 합류되는 점들을 서로 연결한 선을 의미한다.

해설] ②
◆ 지성선 (지세선)
지모(地貌)의 골격이 되는 선으로, 지표면을 다수의 평면으로 이루어졌다고 생각할 때, 이 평면의 접합부(접선)를 이른다.
(1) 능선(철선, 분수선) : 지표면의 높은 곳의 꼭대기를 연결한 선
(2) 요선(계곡선, 합수선) : 지표면이 낮거나 움푹 패인 점을 연결한 선
(3) 경사변환선 : 동일 방향의 경사면에서 경사의 크기가 다른 두 면의 접합선
(4) 최대경사선(유하선) : 지표의 임의 점에서 그 경사가 최대로 되는 방향을 표시(등고선에 직각으로 교차)

■2018년 3회■19. 축척 1:5,000 수치지형도의 주곡선 간격으로 옳은 것은?
① 5m ② 10m
③ 15m ④ 20m

해설] ①

구분		축척				
			×2	×5	×2	×5
종류	기호	1/250	1/500 1/1,000	1/2,500	1/5,000 1/10,00	1/25,000
계곡선	굵은 실선	2.5	5.0	10.0	25.0	50.0
주곡선	가는 실선	0.5	1.0	2.0	5.0	10.0
간곡선	가는 파선	-	0.5	1.0	2.5	5.0
조곡선	가는 점선	-	0.25	0.5	1.25	2.5

주곡선 간격 = 계곡선 간격의 1/5
간곡선 간격 = 주곡선 간격의 1/2
조곡선 간격 = 간곡선 간격의 1/2

■2018년 2회■20. 지형의 표시법에서 자연적 도법에 해당하는 것은?
① 점고법 ② 등고선법
③ 영선법 ④ 채색법

해설] ③
자연적 도법 : 영선법, 음영법
부호적 도법 : 점고법, 등고선법, 채색법

◆11■2018년 1회■21. 등고선의 성질에 대한 설명으로 옳지 않은 것은?
① 등고선은 도면 내외에서 폐합하는 폐곡선이다.
② 등고선은 분수선과 직각으로 만난다.
③ 동굴 지형에서 등고선은 서로 만날 수 있다.
④ 등고선의 간격은 경사가 급할수록 넓어진다.

해설] ④ 등고선의 간격은 경사가 급할수록 좁아진다.

■2017년 3회■22. 지형측량에서 등고선의 성질에 대한 설명으로 옳지 않은 것은?
① 등고선은 절대 교차하지 않는다.
② 등고선은 지표의 최대 경사선 방향과 직교한다.
③ 동일 등고선 상에 있는 모든 점은 같은 높이이다.
④ 등고선 간의 최단거리의 방향은 그 지표면의 최대 경사의 방향을 가리킨다.

해설] ① 절벽에서 등고선은 접할 수 있다.

■2017년 3회■23. 지형측량의 순서로 옳은 것은?
① 측량계획 - 골조측량 - 측량원도작성 - 세부측량
② 측량계획 - 세부측량 - 측량원도작성 - 골조측량
③ 측량계획 - 측량원도작성 - 골조측량 - 세부측량
④ 측량계획 - 골조측량 - 세부측량- 측량원도작성

해설] ④
지형측량 순서 : 측량계획 → 골조측량 → 세부측량 → 측량원도 작성

■2017년 2회■24. 수치지형도(Digital Map)에 대한 설명으로 틀린 것은?
① 우리나라는 축척: 1:5,000 수치지형도를 국토기본도로 한다.
② 주로 필지정보와 표고자료, 수계정보 등을 얻을 수 있다.
③ 일반적으로 항공사진측량에 의해 구축된다.
④ 축척별 포함 사항이 다르다.

해설] ② 필지정보는 지적도를 통해 알 수 있다.

■2017년 1회■25. 지성선에 해당하지 않는 것은?
① 구조선
② 능선
③ 계곡선
④ 경사변환선

해설] ①
지성선에는 요선(계곡선), 철선(능선), 경사변환선, 최대경사선(유하선) 등이 있다.

■2017년 1회■26. 등고선의 성질에 대한 설명으로 옳지 않은 것은?
① 등고선은 분수선(능선)과 평행한다.
② 등고선은 도면 내·외에서 폐합하는 폐곡선이다.
③ 지도의 도면 내에서 폐합하는 경우 등고선의 내부에는 산꼭대기 또는 분지가 있다.
④ 절벽에서 등고선이 서로 만날 수 있다.

해설] ① 등고선은 분수선(능선)과 직교한다.

문제유형12 면적과 체적

■2022년 2회■1. 그림과 같은 구역을 심프슨 제1법칙으로 구한 면적은? (단, 각 구간의 지거는 1m로 동일하다.)

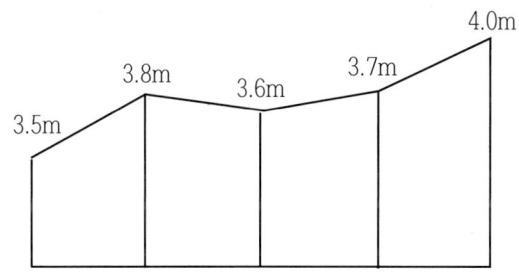

① 14.20 m² ② 14.90 m²
③ 15.50 m² ④ 16.00 m²

해설] ②
$$A = \frac{d}{3}[y_0 + y_n + 4(y_1 + y_3 + y_5) + 2(y_2 + y_4)]$$
$$= \frac{1}{3} \times [3.5 + 4.0 + 4(3.8 + 3.7) + 2 \times 3.6] = 14.9 m^2$$

■2022년 2회■2. 그림과 같은 지형에서 각 등고선에 쌓인 부분의 면적이 표와 같을 때 각주공식에 의한 토량은? (단, 윗면은 평평한 것으로 가정한다.)

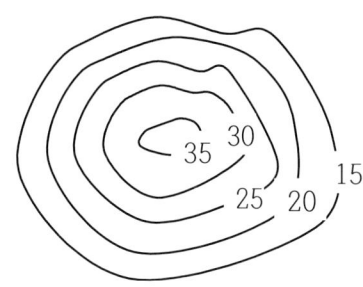

등고선(m)	면적(m²)
15	3,800
20	2,900
25	1,800
30	900
35	200

① 11,400 m³ ② 22,800 m³
③ 33,800 m³ ④ 38,000 m³

해설] ④

각주공식 $V = \dfrac{h}{6}(A_1 + 4A_m + A_2)$

$V_1 = \dfrac{10}{6}(3800 + 4 \times 2900 + 1800) = \dfrac{86000}{3}$

$V_2 = \dfrac{10}{6}(1800 + 4 \times 900 + 200) = \dfrac{28000}{3}$

$V = V_1 + V_2 = 38,000 m^3$

■2022년 1회■3. 동일한 정확도로 3변을 관측한 직육면체의 체적을 계산한 결과가 1200m³ 이었다. 거리의 정확도를 1/10,000 까지 허용한다면 체적의 허용오차는?

① 0.08 m3
② 0.12 m3
③ 0.24 m3
④ 0.36 m3

해설] ④

$\dfrac{dV}{V} = 3\dfrac{dl}{l}$ 이므로, $\dfrac{dV}{12000} = 3 \times 10^{-4}$ 에서,

$dV = 0.36 m^3$

■2021년 3회■4. 대단위 신도시를 건설하기 위한 넓은 지형의 정지공사에서 토량을 계산하고자 할 때 가장 적합한 방법은?
① 점고법
② 비례 중앙법
③ 양단면 평균법
④ 각주공식에 의한 방법

해설] ①
점고법에 의한 용적의 계산 : 넓은 지역의 매립, 땅고르기 등 필요한 토공량을 계산하는 데 사용

■2021년 2회■5. 그림과 같이 각 격자의 크기가 10m×10m로 동일한 지역의 전체 토량은?

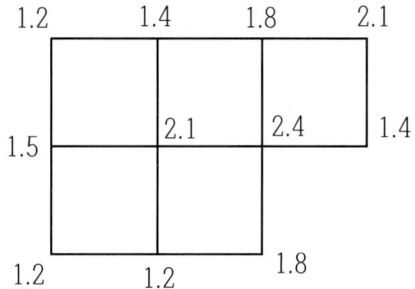

① 877.5 m3
② 893.6 m3
③ 913.7 m3
④ 926.1 m3

해설] ①

$\Sigma h_1 = 1.2 + 1.2 + 1.8 + 1.4 + 2.1 = 7.7$

$\Sigma h_2 = 1.5 + 1.2 + 1.4 + 1.8 = 5.9$

$\Sigma h_3 = 2.4$

$\Sigma h_4 = 2.1$

토량 $V_0 = \dfrac{1}{4}A(\Sigma h_1 + 2\Sigma h_2 + 3\Sigma h_3 + 4\Sigma h_4)$

$= \dfrac{10^2}{4}(7.7 + 2 \times 5.9 + 3 \times 2.4 + 4 \times 2.1)$

$= 877.5 m^3$

■2020년 4회■6. 그림과 같은 횡단면의 면적은?

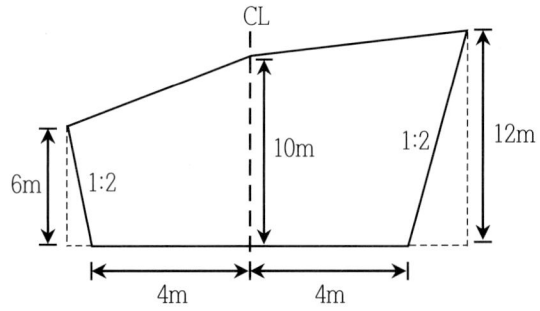

① 196m2
② 204m2
③ 216m2
④ 256m2

해설] ④

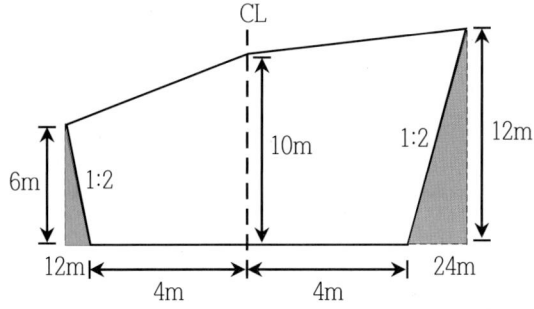

사다리꼴 면적공식에 따라,

$$\frac{6+10}{2} \times (12+4) + \frac{10+12}{2} \times (24+4) = 436 m^2$$

삼각형 면적을 제거하면,

$$436 - \frac{6 \times 12}{2} - \frac{12 \times 24}{2} = 256 m^2$$

■2020년 3회■7. 직사각형의 두변의 길이를 1/100 정밀도로 관측하여 면적을 산출할 경우 산출된 면적의 정밀도는?

① 1/50   ② 1/100
③ 1/200 ④ 1/300

해설] ①

면적측정 정밀도 $\frac{dA}{A} = \frac{dx}{x} + \frac{dy}{y} = \frac{1}{100} + \frac{1}{100} = \frac{1}{50}$

■2020년 1,2회 통합■8. 그림과 같은 토지의 $\overline{BC}$에 평행한 $\overline{XY}$로 $m:n = 1:2.5$의 비율로 면적을 분할하고자 한다. $\overline{AB}$ =35m일 때 $\overline{AX}$는?

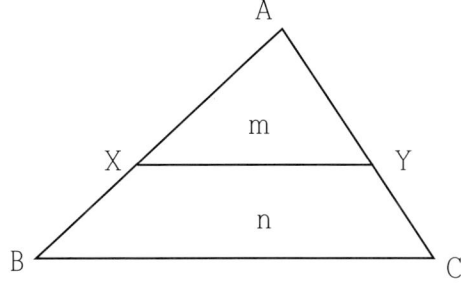

① 17.7m   ② 18.1m
③ 18.7m   ④ 19.1m

해설] ③

$\frac{AX^2}{AB^2} = \frac{m}{m+n}$에서, $\frac{\overline{AX}^2}{35^2} = \frac{1}{3.5}$이므로, $\overline{AX} = 18.71m$

■2019년 2회■9. 대상구역을 삼각형으로 분할하여 각 교점의 표고를 측량한 결과가 그림과 같을 때 토공량은? (단위 : m)

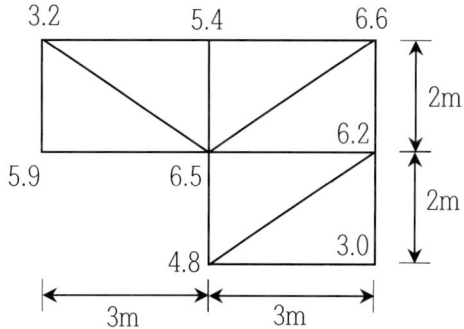

① 98 m³   ② 100 m³
③ 102 m³   ④ 104 m³

해설] ②

$\Sigma h_1 = 5.9 + 3.0 = 8.9$

$\Sigma h_2 = 3.2 + 5.4 + 6.6 + 4.8 = 20$

$\Sigma h_3 = 6.2$

$\Sigma h_5 = 6.5$

$V_0 = \frac{1}{3}A(\Sigma h_1 + 2\Sigma h_2 + 3\Sigma h_3 + 4\Sigma h_4 + \ldots 8\Sigma h_8)$

$= \frac{1}{3} \times \frac{2 \times 3}{2} \times (8.9 + 2 \times 20 + 3 \times 6.2 + 5 \times 6.5)$

$= 100 m^3$

■2019년 1회■10. 비행장이나 운동장과 같이 넓은 지형의 정지 공사시에 토량을 계산하고자 할 때 적당한 방법은?

① 점고법   ② 등고선법
③ 중앙단면법   ④ 양단면 평균법

해설] ①

넓은 지역의 매립, 땅고르기 등의 공사에는 점고법이 적당하다.

■2019년 1회■11. 100m²인 정사각형 토지의 면적을 0.1m²까지 정확하게 구현하고자 한다면 이에 필요한 거리관측의 정확도는?
① 1/2,000
② 1/1,000
③ 1/500
④ 1/300

해설] ①
면적의 정밀도 = 거리 정밀도의 2배
$\frac{0.1}{100} = 2 \times \frac{dl}{L}$ 에서, $\frac{dl}{L} = \frac{1}{2,000}$

■2018년 2회■12. 지형의 토공량 산정 방법이 아닌 것은?
① 각주공식   ② 양단면 평균법
③ 중앙단면법   ④ 삼변법

해설] ④ 삼변법은 삼각측량에서 3변의 길이를 측량하여 사이각을 산출하는 방법이다.

■2018년 1회■13. 중심말뚝의 간격이 20m인 도로구간에서 각 지점에 대한 횡단면적을 표시한 결과가 그림과 같을 때, 각주공식에 의한 전체 토공량은?

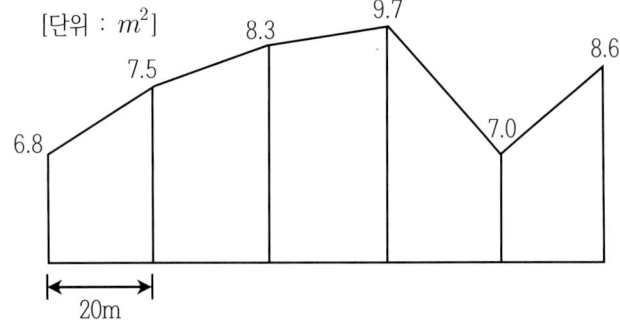

① 156m³
② 672m³
③ 817m³
④ 920m³

해설] ③
각주공식 $V = \frac{h}{6}(A_1 + 4A_m + A_2)$ 이고, 2개 구간씩 나누어 계산한다.

1) 6.8~8.3구간
$V = \frac{40}{6} \times (6.8 + 4 \times 7.5 + 8.3) = 300.7 m^3$

2) 8.3~7.0구간
$V = \frac{40}{6} \times (8.3 + 4 \times 9.7 + 7.0) = 360.7 m^3$

3) 남은 1개 구간
$V = \frac{7.0 + 8.6}{2} \times 20 = 156 m^3$

전체 토공량 = $300.7 + 360.7 + 156 = 817.4 m^3$

■2017년 3회■14. 100m²의 정사각형 토지면적을 0.2m²까지 정확하게 계산하기 위한 한 변의 최대허용오차는?
① 2mm
② 4mm
③ 5mm
④ 10mm

해설] ④
면적의 정밀도는 거리 정밀도의 합
$\frac{0.2}{100} = \frac{dx}{10} + \frac{dy}{10}$ 이고, $dx = dy$이므로, $dx = 10mm$

■2017년 3회■15. 도면에서 곡선에 둘러싸여 있는 부분의 면적을 구하기 가장 적합한 것은?
① 좌표법에 의한 방법
② 배횡거법에 의한 방법
③ 삼사법에 의한 방법
④ 구적기에 의한 방법

해설] ④ 곡선으로 된 면적을 구할 경우에는 구적기에 의한 방법이 적합하다.
①, ② 좌표법과 배횡거법은 여러 좌표로 이루어진 다각형의 면적을 구할 때 적합하다.
③ 삼사법은 밑변과 높이를 관측하여 면적을 구하는 방법이다.

■2017년 2회■16. 1,600m^2의 정사각형 토지 면적 0.5m^2까지 정확하게 구하기 위해서 필요한 변길이의 최대 허용오차는?
① 2.25㎜ ② 6.25㎜
③ 10.25㎜ ④ 12.25㎜

해설] ②
면적의 정밀도 $\frac{0.5}{1,600} = \frac{1}{3,200}$

$\frac{dA}{A} = \frac{dx}{x} + \frac{dy}{y}$ 이고, $\frac{dx}{x} = \frac{dy}{y}$ 이므로,

$\frac{1}{3,200} = 2\frac{dx}{x} = 2 \times \frac{dx}{\sqrt{1600}}$ 에서, $dx = 6.25mm$

■2017년 2회■17. 도로공사에서 거리 20m인 성토구간에 대하여 시작단면 A_1=72m^2, 끝 단면 A_2=182m^2, 중앙 단면 A_m=132m^2라고 할 때 각주공식에 의한 성토량은?
① 2,540.0m^3 ② 2,573.3m^3
③ 2,600.0m^3 ④ 2,606.7m^3

해설] ④
각주공식에 의해,
$V = \frac{h}{6}(A_1 + 4A_m + A_2) = \frac{20}{6} \times (72 + 4 \times 132 + 182)$
$= 2,606.7m^3$

■2017년 1회■18. 토적곡선(mass curve)을 작성하는 목적으로 가장 거리가 먼 것은?
① 토량의 운반거리 산출 ② 토공기계의 선정
③ 토량의 배분 ④ 교통량 산정

해설] ④
토적곡선은 토량의 운반거리, 기계, 배분 등을 목적으로 한다.

■2017년 1회■19. 한 변의 길이가 10m인 정각사각형 토지를 축척 1:600 도상에서 관측한 결과, 도상의 변 관측 오차가 0.2mm씩 발생하였다면 실제면적에 대한 오차 비율(%)은?
① 1.2% ② 2.4%
③ 4.8% ④ 60.%

해설] ②

길이정도 $\frac{0.2 \times 600}{10^4} = \frac{12}{1,000} = 1.2\%$

면적정도는 길이정도의 2배이므로, $1.2 \times 2 = 2.4\%$

문제유형13 노선측량

■2022년 2회■1. 다음 중 완화곡선의 종류가 아닌 것은?
① 렘니스케이트 곡선 ② 클로소이드 곡선
③ 3차 포물선 ④ 배향 곡선

해설] ④
[완화곡선의 적용]
 - 클로소이드곡선 : 고속도로
 - 3차 포물선 : 철도
 - 레미니스케이트곡선 : 지하철
 - 반파장 sin 체감곡선 : 고속철도

■2022년 2회■2. 단곡선을 설치할 때 곡선반지름이 250m, 교각이 116°23′, 곡선시점까지의 추가거리가 1,146m일 때, 시단현의 편각은? (단, 중심말뚝 간격=20m)
① 0° 41′ 15″ ② 1° 15′ 36″
③ 1° 36′ 15″ ④ 2° 54′ 51″

해설] ③

곡선시점의 추가거리가 1146m이므로, $\frac{1146}{20} = 1140 + 6$에서,

BC : No.57+6

시단현 길이 $l_1 = 20 - 6 = 14m$

$\delta_1 = \frac{l_1}{2R} = \frac{14}{2 \times 250} = 0.028 rad$

DEG각도로 변환하면, $0.028 \times \frac{180}{\pi} = 1.604° = 1°36'15.4''$

■2022년 2회■3. 그림과 같은 복곡선에서 $t_1 + t_2$의 값은?

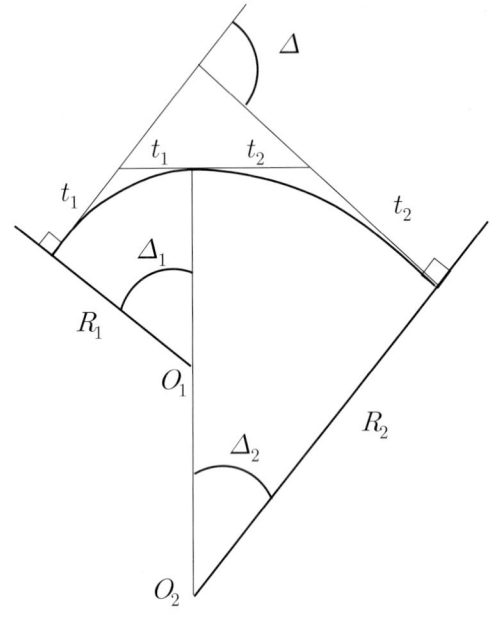

① $R_1(\tan\Delta_1 + \tan\Delta_2)$
② $R_2(\tan\Delta_1 + \tan\Delta_2)$
③ $R_1\tan\Delta_1 + R_2\tan\Delta_2$
④ $R_1\tan\frac{\Delta_1}{2} + R_2\tan\frac{\Delta_2}{2}$

해설] ④

현길이 $L = 2R\sin\frac{I}{2}$ 이므로,

$t_1 = R_1\sin\frac{\Delta_1}{2}$, $t_2 = R_2\sin\frac{\Delta_2}{2}$

■2022년 2회■4. 노선 설치 방법 중 좌표법에 의한 설치방법에 대한 설명으로 틀린 것은?

① 토털스테이션, GPS 등과 같은 장비를 이용하여 측점을 위치시킬 수 있다.

② 좌표법에 의한 노선의 설치는 다른 방법보다 지형의 굴곡이나 시통 등의 문제가 적다.

③ 좌표법은 평면곡선 및 종단곡선의 설치요소를 동시에 위치시킬 수 있다.

④ 평면적인 위치의 측설을 수행하고 지형 표고를 관측하여 종단면도를 작성 할 수 있다.

해설] ③ 해당없는 내용

접선에 대한 지거법(좌표법) : 터널 내의 곡선설치나 산림지의 벌채량을 줄일 경우 적당한 방법

■2022년 1회■5. 그림과 같은 반지름=50m 인 원곡선에서 $\overline{HC}$의 거리는? (단, 교각=60°, α=20°, ∠AHC=90°)

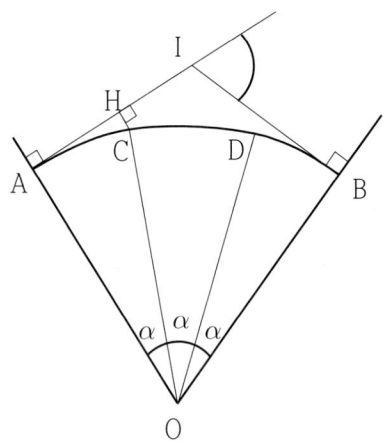

① 0.19m
② 1.98m
③ 3.02m
④ 3.24m

해설] ③

$\overline{AH_1} = R\tan\alpha = 50 \times tan\dfrac{20}{2}° = 8.816m$

외할 $\dfrac{R}{\cos 20°} - R = \dfrac{50}{\cos 20°} - 50 = 3.209m$

현길이 $\overline{AC} = R\sin 20° = 50 \times sin 20° = 17.1m$

$18.2 \times \overline{HC} = 3.209 \times 17.1$ 에서, $\overline{HC} = 3.015m$

■2022년 1회■6. 교각 I=90°, 곡선반지름 R=150m 인 단곡선에서 교점(I.P)의 추가거리가 1139.250m 일 때 곡선종점(E.C)까지의 추가거리는?

① 875.375m
② 989.250m
③ 1224.869m
④ 1374.825m

해설] ③

$TL = R\tan\alpha = 150 \times tan 45° = 150m$

$CL = RI = 150 \times \dfrac{90}{180}\pi = 235.62m$

종점까지 추가거리 $= 1139.25 - 150 + 235.62 = 1224.87m$

■2022년 1회■7. 노선측량에서 실시설계측량에 해당하지 않는 것은?

① 중심선 설치
② 지형도 작성
③ 다각측량
④ 용지측량

해설] ④

[노선측량 순서]
노선선정 → 계획조사 측량 → 실시설계 측량 → 세부측량 → 용지측량 → 공사측량

[노선측량의 계획조사 측량]
지형도 작성, 비교노선의 선정, 종단면 및 횡단면도 작성, 개략노선 결정

[노선측량의 실시설계(중심선) 측량]
지형도 작성, 중심선 선정, 중심선 설치(도상 및 현지), 다각측량, 고저측량

■2022년 1회■8. 도로 노선의 곡률반지름 R=2000m, 곡선길이 L=245m 일 때, 클로소이드의 매개변수 A는?

① 500m
② 600m
③ 700m
④ 800m

해설] ③

매개변수 $A = \sqrt{RL} = \sqrt{2000 \times 245} = 700m$

■2021년 3회■9. 곡선반지름 R, 교각 I인 단곡선을 설치할 때 각 요소의 계산 공식으로 틀린 것은?

① $M = R(1 - \sin\dfrac{I}{2})$
② $TL = R\tan\dfrac{I}{2}$
③ $CL = \dfrac{\pi}{180°}R°$
④ $E = R(\sec\dfrac{I}{2} - 1)$

해설] ①

중앙종거 $M = R(1 - \cos\dfrac{I}{2})$

■2021년 3회■10. 완화곡선에 대한 설명으로 옳지 않은 것은?
① 완화곡선의 곡선 반지름은 시점에서 무한대, 종점에서 원곡선의 반지름 R로 된다.
② 클로소이드의 형식에는 S형, 복합형, 기본형 등이 있다.
③ 완화곡선의 접선은 시점에서 원호에, 종점에서 직선에 접한다.
④ 모든 클로소이드는 닮은꼴이며 클로소이드 요소에는 길이의 단위를 가진 것과 단위가 없는 것이 있다.

해설] ③ 완화곡선의 접선은 시점에서 직선에, 종점에서 원호에 접한다.

■2021년 3회■11. 곡선 반지름이 500m인 단곡선의 종단현이 15.343m이라면 종단현에 대한 편각은?

① 0°31' 37"
② 0°43' 19"
③ 0°52' 45"
④ 1°04' 26"

해설] ③

편각 : $\delta_i = \dfrac{l_i}{2R} = \dfrac{15.343}{2 \times 500} = 0.01534(rad)$

$= 0.01534 \times \dfrac{180°}{\pi} = 0.8791° = 0°52'45''$

■2021년 2회■12. 클로소이드 곡선(clothoid curve)에 대한 설명으로 옳지 않은 것은?
① 고속도로에 널리 이용된다.
② 곡률이 곡선의 길이에 비례한다.
③ 완화곡선의 일종이다.
④ 클로소이드 요소는 모두 단위를 갖지 않는다.

해설] ④ 클로소이드 요소는 단위가 있는 것도, 없는 것도 있다.

■2021년 2회■13. 도로의 단곡선 설치에서 교각이 60°, 반지름이 150m이며, 곡선시점이 No.8+17m(20m×8+17m)일 때 종단현에 대한 편각은?
① 0° 02′ 45″
② 2° 41′ 21″
③ 2° 57′ 54″
④ 3° 15′ 23″

해설] ②
종단현 길이 17m

편각 $\delta_i = \dfrac{l_i}{2R} = \dfrac{17}{2 \times 150} = \dfrac{17}{300}(rad)$

$= \dfrac{17}{300} \times \dfrac{180°}{\pi} = 3° 14' 48''$

■2021년 2회■14. 도로의 곡선부에서 확폭량(slack)을 구하는 식으로 옳은 것은? (단, L : 차량 앞면에서 차량의 뒤축까지의 거리, R = 차선 중심선의 반지름)
① $\dfrac{L}{2R}$
② $\dfrac{L}{2R^2}$
③ $\dfrac{L^2}{2R}$
④ $\dfrac{L^2}{2R^2}$

해설] ③ 확폭량 $\epsilon = \dfrac{L^2}{2R}$

■2021년 1회■15. 그림과 같은 유토곡선(mass curve)에서 하향구간이 의미하는 것은?

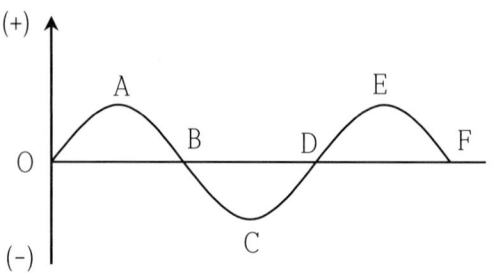

① 성토구간
② 절토구간
③ 운반토량
④ 운반거리

해설] ①
유토곡선의 상향곡선은 절토부, 하향곡선은 성토부이다.

■2021년 1회■16. 원곡선에 대한 설명으로 틀린 것은?
① 원곡선을 설치하기 위한 기본요소는 반지름(R)과 교각(I)이다.
② 접선길이는 곡선반지름에 비례한다.
③ 원곡선은 평면곡선과 수직곡선으로 모두 사용할 수 있다.
④ 고속도로와 같이 고속의 원활한 주행을 위해서는 복심곡선 또는 반향곡선을 주로 사용한다.

해설] ④ 복심곡선 및 반향곡선은 접속점에서 곡률이 급격하게 변화하기 때문에 차량의 동요를 일으켜 불쾌감을 주므로 가급적 피하는 것이 좋다.

■2021년 1회■17. 노선측량에서 단곡선 설치시 필요한 교각이 95°30′, 곡선반지름이 200m일 때 장현(L)의 길이는?
① 296.087m
② 302.619m
③ 417.131m
④ 597.238m

해설] ①

$L = 2R \sin \dfrac{I}{2} = 2 \times 200 \times \sin(\dfrac{95.5}{2}) = 296.087m$

■2021년 1회■18. 설계속도 80km/h의 고속도로에서 클로소이드 곡선의 곡선반지름이 360m, 완화곡선길이가 40m일 때 클로소이드 매개변수 A는?

① 100m
② 120m
③ 140m
④ 150m

해설] ②

매개변수 $A = \sqrt{RL} = \sqrt{360 \times 40} = 120m$

■2020년 4회■19. 노선 측량의 일반적인 작업 순서로 옳은 것은?

| A : 종·횡단 측량 | B : 중심선 측량 |
| C : 공사측량 | D : 답사 |

① A → B → D → C
② A → C → D → B
③ D → B → A → C
④ D → C → A → B

해설] ③

◆ 노선측량 순서
① 노선선정(도상선정, 종단도 작성, 현지답사)
② 계획조사 측량(지형도, 비교노선, 종단도, 횡단도, 개략노선)
③ 실시설계 측량(지형도 작성, 중심선 선정, 중심선 설치, 다각측량, 고저측량)
④ 세부측량
⑤ 용지측량
⑥ 공사측량(검사관측, 가인조점 등의 설치)

■2020년 4회■20. 도로의 노선 측량에서 반지름(R) 200m인 원곡선을 설치할 때, 도로의 기점으로부터 교점(I.P)까지의 추가거리가 423.26m, 교각(I)가 42°20′일 때 시단현의 편각은? (단, 중심말뚝간격은 20m이다.)

① 0°50′00″
② 2°01′52″
③ 2°03′11″
④ 2°51′47″

해설] ②

접선길이 $TL = R\tan\dfrac{I}{2} = 200 \times \tan\dfrac{42.33°}{2} = 77.441m$

곡선시점의 추가거리 = 423.26−77.441 = 345.819m(No.17+5.82)

시단현 길이 = $20 \times 18 - 345.819 = 14.181m$

시단현 편각

$\delta_i = \dfrac{l_i}{2R} = \dfrac{14.181}{2 \times 200}(rad) = 2.031279° = 2°01′52.6″$

■2020년 4회■21. 완화곡선에 대한 설명으로 옳지 않은 것은?
① 완화곡선의 접선은 시점에서 원호에, 종점에서 직선에 접한다.
② 완화곡선에 연한 곡선반지름의 감소율은 캔트(cant)의 증가율과 같다.
③ 완화곡선의 반지름은 그 시점에서 무한대, 종점에서는 원곡선의 반지름과 같다.
④ 모든 클로소이드(clothoid)는 닮음 꼴이며 클로소이드 요소는 길이의 단위를 가진 것과 단위가 없는 것이 있다.

해설] ① 완화곡선의 접선은 시점에서 직선에, 종점에서 원곡선에 접한다.

■2020년 3회■22. 그림과 같이 $\widehat{A_oB_o}$ 의 노선을 e=10m 만큼 이동하여 내측으로 노선을 설치하고자 한다. 새로운 반지름 R_N 은? (단, R_o = 200m, I = 60°)

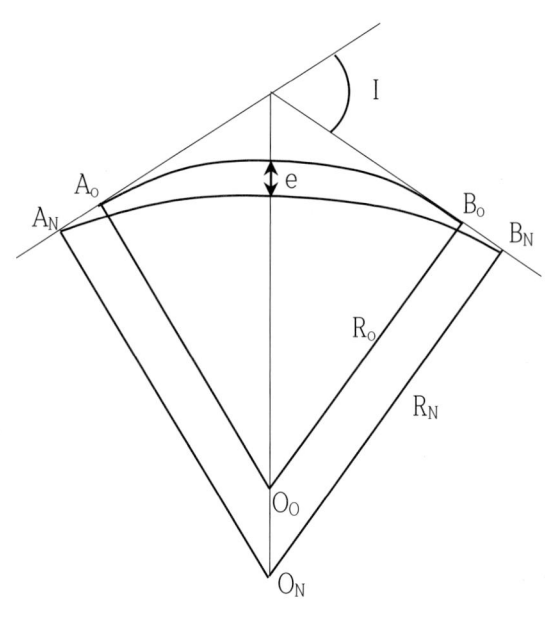

① 217.64 m
② 238.26 m
③ 250.50 m
④ 264.64 m

해설] ④
원래 선형에 대해,

외할 $E = R(\sec\frac{I}{2}-1) = 200 \times (\sec\frac{60}{2}-1) = 30.94m$

변경 선형에 대해,

외할 $E = 30.94 + 10 = 40.94m = R_N(\sec\frac{60}{2}-1)$ 이므로,

$R_N = 264.64m$

■2020년 3회■23. 그림과 같이 곡선반지름 R=500m인 단곡선을 설치할 때 교점에 장애물이 있어 ∠ACD=150°, ∠CDB=90°, CD=100m를 관측하였다. 이때 C점으로부터 곡선의 시점까지의 거리는?

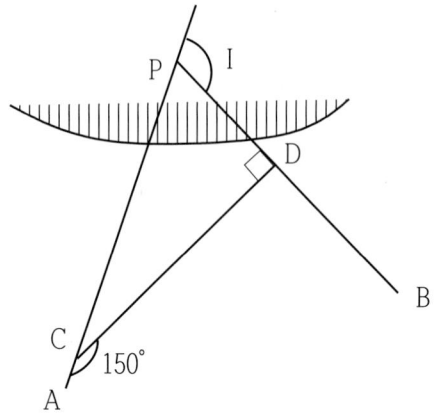

① 530.27m
② 657.04m
③ 750.56m
④ 796.09m

해설] ③
∠DCP = 30° 이므로, I = 120°

접선길이 $TL = R\tan\frac{I}{2} = 500 \times tan\frac{120}{2} = 866.025m$

PC의 길이 = $\frac{100}{\cos 30°} = 115.47m$ 이므로,

C에서 곡선시점까지 거리 = $866.025 - 115.47 = 750.555m$

■2020년 3회■24. 토적곡선(mass curve)을 작성하는 목적으로 가장 거리가 먼 것은?
① 토량의 배분
② 교통량 산정
③ 토공기계의 선정
④ 토량의 운반거리 산출

해설] ②
토적곡선 : 종단도를 따라 토량을 누계하면서 그린 곡선으로, 흙의 운반계획(토량의 배분, 운반거리)과 토공사를 위한 적정 장비 선정을 목적으로 한다.

■2020년 3회■25. 노선설치에서 곡선반지름 R, 교각 I인 단곡선을 설치할 때 곡선의 중앙종거(M)를 구하는 식으로 옳은 것은?

① $M = 2R(1 - \cos\frac{I}{2})$
② $M = R(\sin\frac{I}{2})$
③ $M = R(\sec\frac{I}{2} - 1)$
④ $M = R(1 - \cos\frac{I}{2})$

해설] ④

■2020년 3회■26. 그림과 같은 편심측량에서 ∠ABC는? (단, $\overline{AB}$ = 2.0km, $\overline{BC}$ = 1.5km, e = 0.5m, t = 54°30′, ρ = 300°30′)

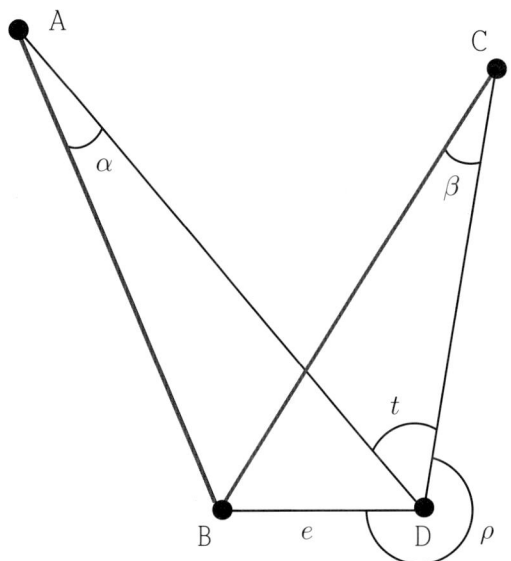

① 54° 28′ 45″
② 54° 30′ 19″
③ 54° 31′ 58″
④ 54° 33′ 14″

해설] ②

$\frac{e}{\sin\alpha} = \frac{S_1}{\sin(360-\rho)}$ 에서, $\frac{0.5}{\sin\alpha} = \frac{2000}{\sin 59.5°}$ 이므로,
$\alpha = 12.342 \times 10^{-3}$°

$\frac{e}{\sin\beta} = \frac{S_2}{\sin(360-\rho+t)}$ 에서, $\frac{0.5}{\sin\beta} = \frac{1500}{\sin 114°}$ 이므로,
$\beta = 17.447 \times 10^{-3}$°

따라서,
∠ABC = $t + \beta - \alpha = 54.5 + (17.447 - 12.342) \times 10^{-3}$
= 54.5051° = 54° 30′18.4″

■2020년 1,2회 통합■27. 종단측량과 횡단측량에 관한 설명으로 틀린 것은?

① 종단도를 보면 노선의 형태를 알 수 있으나 횡단도를 보면 알 수 없다.
② 종단측량은 횡단측량보다 높은 정확도가 요구된다.
③ 종단도의 횡축척과 종축척은 서로 다르게 잡는 것이 일반적이다.
④ 횡단측량은 노선의 종단측량에 앞서 실시한다.

해설] ④ 종단측량은 노선의 선정을 위해 실시하고, 노선이 선정된 후에 횡단측량을 한다.

■2020년 1,2회 통합■28. 캔트(cant)의 계산에서 속도 및 반지름을 2배로 하면 캔트는 몇 배가 되는가?

① 2배
② 4배
③ 8배
④ 16배

해설] ①

캔트 $C = \frac{V^2 S}{gR}$ 에서, $\frac{(2V)^2}{2R} = 2C$

(R : 곡선반경, V : 열차의 계획최고속도, g : 중력가속도, S : 레일간 거리)

■2020년 1,2회 통합■29. 노선측량에서 단곡선의 설치방법에 대한 설명으로 옳지 않은 것은?

① 중앙종거를 이용한 설치방법은 터널 속이나 삼림지대에서 벌목량이 많을 때 사용하면 편리하다.
② 편각설치법은 비교적 높은 정확도로 인해 고속도로나 철도에 사용할 수 있다.
③ 접선편거와 현편거에 의하여 설치하는 방법은 줄자만을 사용하여 원곡선을 설치할 수 있다.
④ 장현에 대한 종거와 횡거에 의하는 방법은 곡률반지름이 짧은 곡선일 때 편리하다.

해설] ① 중앙종거를 이용한 설치방법은 곡선반경이나 곡선길이가 작은 시가지의 곡선설치나 철도, 도로 등의 기설곡선의 검사 또는 개정에 편리 사용하면 편리하다.
[참고] 접선법은 터널 내의 곡선설치나 산림지의 벌채량을 줄일 경우에 적당한 방법이다.

■2020년 1,2회 통합■30. 종단곡선에 대한 설명으로 옳지 않은 것은?
① 철도에서는 원곡선을 도로에서는 2차포물선을 주로 사용한다.
② 종단경사는 환경적, 경제적 측면에서 허용할 수 있는 범위 내에서 최대한 완만하게 한다.
③ 설계속도와 지형 조건에 따라 종단경사의 기준값이 제시되어 있다.
④ 지형의 상황, 주변 지장물 등의 한계가 있는 경우 100% 정도 증감이 가능하다.

해설] ④ 일반적인 경사 범위 : 도로 2~9%, 철도 1~3.5%
(가급적 종단경사는 완만해야 한다.)

■2020년 1,2회 통합■31. 토량 계산공식 중 양단면의 면적차가 클 때 산출된 토량의 일반적인 대소 관계로 옳은 것은? (단, 중앙단면법 : A, 양단면평균법 : B, 각주공식 : C)
① A = C < B
② A < C = B
③ A < C < B
④ A > C > B

해설] ③

■2019년 3회■32. 완화곡선 중, 클로소이드에 대한 설명으로 옳지 않은 것은? (단, R : 곡선반지름, L : 곡선길이)
① 클로소이드는 곡률이 곡선길이에 비례하여 증가하는 곡선이다.
② 클로소이드는 나선의 일종이며 모든 클로소이드는 닮은꼴이다.
③ 클로소이드의 종점 좌표 x, y는 그 점의 접선각의 함수로 표시된다.
④ 클로소이드에서 접선각 τ을 라디안으로 표시하면 $\tau = \frac{R}{2L}$ 이 된다.

해설] ④ $\tau = \frac{L}{2R} = \frac{A^2}{2R^2}$

■2019년 3회■33. 곡선반지름이 400m인 원곡선을 설계속도 70km/h로 할 때 캔트(cant)는? (단, 궤간 b = 1.065m)
① 73 mm
② 83 mm
③ 93 mm
④ 103 mm

해설] ④

$$C = \frac{V^2 S}{gR} = \frac{(70 \times 10^3/60^2)^2 \times 1.065}{9.8 \times 400} = 102.7mm$$

■2019년 3회■34. 고속도로 공사에서 각 측점의 단면적이 표와 같을 때, 측점 10에서 측점 12개까지의 토량은? (단, 양단면평균법에 의해 계산한다.)

측점	단면적(m^2)	비고
No.10	318	측점 간의 거리 = 20m
No.11	512	
No.12	682	

① 15,120 m^3
② 20,160 m^3
③ 20,240 m^3
④ 30,240 m^3

해설] ③
No.10~11 구간에 대해,
$$\frac{A_1 + A_2}{2} \times L = \frac{318 + 512}{2} \times 20 = 8,300 m^3$$
No.11~12 구간에 대해,
$$\frac{A_2 + A_3}{2} \times L = \frac{512 + 682}{2} \times 20 = 11,940 m^3$$
따라서, 전체 토량 = $8,300 + 11,940 = 20,240 m^3$

■2019년 3회■35. 곡률이 급변하는 평면 곡선부에서의 탈선 및 심한 흔들림 등의 불안정한 주행을 막기 위해 고려하여야 하는 사항과 가장 거리가 먼 것은?
① 완화곡선
② 종단곡선
③ 캔트
④ 슬랙

해설] ②
캔트 : 곡선부에서 차량 주행 안정성을 확보하기 위한 횡방향 경사
완화곡선 : 직선부와 곡선부의 결합위치에서 곡률을 점진적으로 변화시키는 곡선
슬랙(확폭) : 곡선부에서 차선폭을 확대하는 것

■2019년 2회■36. 캔트(cant)의 크기가 C인 노선의 곡선 반지름을 2배로 증가시키면 새로운 캔드 C'의 크기는?
① 0.5C   ② C
③ 2C   ④ 4C

해설] ①
$C = \dfrac{V^2 S}{gR}$ 에서, $C \propto \dfrac{1}{R}$ 이므로, C와 R은 반비례한다.
따라서, R이 2배 증가하면, C는 1/2배가 된다.

■2019년 2회■37. 노선의 곡선반지름이 100m, 곡선길이가 20m일 경우 클로소이드(clothoid)의 매개변수(A)는?
① 22 m
② 40 m
③ 45 m
④ 60 m

해설] ③
$A = \sqrt{RL} = \sqrt{100 \times 20} = 44.72$

■2019년 2회■38. 완화곡선에 대한 설명으로 틀린 것은?
① 곡선 반지름은 완화곡선의 시점에서 무한대, 종점에서 원곡선의 반지름이 된다.
② 완화곡선에 연한 곡선 반지름의 감소율은 칸트의 증가율과 같다.
③ 완화곡선의 접선은 시점에서 원호에, 종점에서 직선에 접한다.
④ 종점에 있는 칸트는 원곡선의 칸트와 같게 된다.

해설] ③ 완화곡선의 접선은 시점에서 직선에, 종점에서 원호에 접한다.

■2019년 1회■39. 철도의 궤도간격 b=1.067m, 곡선반지름 R=600m인 원곡선 상을 열차가 100km/h로 주행하려고 할 때 캔트는?
① 100mm   ② 140mm
③ 180mm   ④ 220mm

해설] ②
$C = \dfrac{V^2 S}{gR} = \dfrac{(100 \times 10^3/60^2)^2 \times 1.065}{9.8 \times 600} = 139.8 mm$

■2019년 1회■40. 교각(I) 60°, 외선 길이(E) 15m인 단곡선을 설치할 때 곡선길이는?
① 85.2m
② 91.3m
③ 97.0m
④ 101.5m

해설] ④
외할 $E = R(\sec \dfrac{I}{2} - 1)$ 에서, $15 = R(\sec \dfrac{60}{2} - 1)$ 이므로,
$R = 96.96 m$
곡선길이 $CL = RI = 96.96 \times 60° \times \dfrac{\pi}{180} = 101.54 m$

■2019년 1회■41. 완화곡선에 대한 설명으로 옳지 않은 것은?
① 곡선반지름은 완화곡선의 시점에서 무한대, 종점에서 원곡선의 반지름으로 된다.
② 완화곡선의 접선은 시점에서 직선에, 종점에서 원호에 접한다.
③ 완화곡선에 연한 곡선반지름의 감소율은 캔트의 증가율의 2배가 된다.
④ 완화곡선 종점의 캔트는 원곡선의 캔트와 같다.

해설] ③ 완화곡선에 연한 곡선반지름의 감소율은 캔트의 증가율과 같다.

■2018년 3회■42. 완화곡선에 대한 설명으로 옳지 않은 것은?
① 모든 클로소이드(clothoid)는 닮음 꼴이며 클로소이드 요소는 길이의 단위를 가진 것과 단위가 없는 것이 있다.
② 완화곡선의 접선은 시점에서 원호에, 종점에서 직선에 접한다.
③ 완화곡선의 반지름은 그 시점에서 무한대, 종점에서는 원곡선의 반지름과 같다.
④ 완화곡선에 연한 곡선반지름의 감소율은 캔트(cant)의 증가율과 같다.

해설] ② 완화곡선의 접선은 시점에서 직선에, 종점에서 원호에 접한다.

■2018년 3회■43. 교각이 60°이고 반지름이 300m인 원곡선을 설치할때 접선의 길이(T.L.)는?
① 81.603m
② 173.205m
③ 346.412m
④ 519.615m

해설] ②
접선길이 $TL = R\tan\frac{I}{2} = 300 \times tan\frac{60}{2} = 173.205m$

■2018년 3회■44. 노선 측량의 일반적인 작업 순서로 옳은 것은?

| A : 종.횡단 측량 | B : 중심선 측량 |
| C : 공사측량 | D : 답사 |

① A → B → D → C
② D → B → A → C
③ A → C → D → B
④ D → C → A → B

해설] ②
◆ 노선측량 순서
① 노선선정(도상선정, 종단도 작성, 현지답사)
② 계획조사 측량(지형도, 비교노선, 종단도, 횡단도, 개략노선)
③ 실시설계 측량(지형도 작성, 중심선 선정, 중심선 설치, 다각측량, 고저측량)
④ 세부측량
⑤ 용지측량
⑥ 공사측량(검사관측, 가인조점 등의 설치)

■2018년 2회■45. 클로소이드(clothoid)의 매개변수(A)가 60m, 곡선길이(L)가 30m일 때 반지름(R)은?
① 60m
② 90m
③ 120m
④ 150m

해설] ③
매개변수 $A = \sqrt{RL}$ 에서, $60 = \sqrt{R \times 30}$ 이므로,
$R = 120m$

■2018년 2회■46. 도로 설계시에 단곡선의 외할(E)은 10m, 교각은 60°일 때, 접선장(T.L.)은?
① 42.4m
② 37.3m
③ 32.4m
④ 27.3m

해설] ②
외할 $E = R(\sec\frac{I}{2} - 1)$에서, $10 = R(\sec\frac{60}{2} - 1)$이므로,
$R = 64.64m$
접선길이 $TL = R\tan\frac{I}{2} = 64.64 \times tan\frac{60}{2} = 37.32m$

■2018년 2회■47. 완화곡선에 대한 설명으로 옳지 않은 것은?
① 완화곡선은 모든 부분에서 곡률이 동일하지 않다.
② 완화곡선의 반지름은 무한대에서 시작한 후 점차 감소되어 원곡선의 반지름과 같게 된다.
③ 완화곡선의 접선은 시점에서 원호에 접한다.
④ 완화곡선에 연한 곡선 반지름의 감소율은 캔트의 증가율과 같다.

해설] ③ 완화곡선의 접선은 시점에서 직선에, 종점에서 원호에 접한다.

■2018년 1회■48. 클로소이드 곡선에서 곡선 반지름(R) = 450m, 매개변수(A) = 300m일 때 곡선길이(L)는?
① 100m ② 150m
③ 200m ④ 250m

해설] ③
매개변수 $A = \sqrt{RL}$ 에서, $300 = \sqrt{450 \times L}$ 이므로,
$L = 200m$

■2018년 1회■49. 교점(I.P)은 도로 기점에서 500m의 위치에 있고 교각 I = 36°일 때 외선길이(외할) = 5.00m라면 시단현의 길이는? (단, 중심말뚝거리는 20m이다.)
① 10.43m ② 11.57m
③ 12.36m ④ 13.25m

해설] ②
외할 $E = R(\sec\frac{I}{2} - 1)$ 에서, $5 = R(\sec\frac{36}{2} - 1)$ 이므로,
$R = 97.2m$
접선길이 $TL = R\tan\frac{I}{2} = 97.2 \times \tan\frac{36}{2} = 31.57m$
곡선시점 $500 - 31.57 = 468.43m$ (No.23+8.43)
시단현 길이 $20 \times 24 - 468.43 = 11.57m$

■2018년 1회■50. 노선측량에 대한 용어 설명 중 옳지 않은 것은?
① 교점 - 방향이 변하는 두 직선이 교차하는 점
② 중심말뚝 - 노선의 시점, 종점 및 교점에 설치하는 말뚝
③ 복심곡선 - 반지름이 서로 다른 두 개 또는 그 이상의 원호가 연결된 곡선으로 공통접선의 같은 쪽에 원호의 중심이 있는 곡선
④ 완화곡선 - 고속으로 이동하는 차량이 직선부에서 곡선부로 진입할 때 차량의 원심력을 완화하기 위해 설치하는 곡선

해설] ② 중심말뚝 - 노선의 시점에서 종점까지 20m 단위로 노선을 따라서 설치하는 말뚝

■2017년 3회■51. 캔트가 C인 노선에서 설계속도와 반지름을 모두 2배로 할 경우, 새로운 캔트 C′는?
① C/2 ② C/4
③ 2C   ④ 4C

해설] ③
캔트 $C = \frac{V^2 S}{gR}$ 에서, $\frac{(2V)^2}{2R} = 2C$
(R : 곡선반경, V : 열차의 계획최고속도, g : 중력가속도, S : 레일간 거리)

■2017년 3회■52. 노선측량으로 곡선을 설치할 때에 교각(I) 60°, 외선 길이(E) 30m로 단곡선을 설치할 경우 곡선반지름(R)은?
① 103.7m
② 120.7m
③ 150.9m
④ 193.9m

해설] ④
외할 $E = R(\sec\frac{I}{2} - 1)$ 에서, $30 = R \times (\sec\frac{60}{2} - 1)$ 이므로,
$R = 193.9m$

■2017년 3회■53. 노선측량에 관한 설명으로 옳은 것은?
① 일반적으로 단곡선 설치 시 가장 많이 이용하는 방법은 지거법이다.
② 곡률이 곡선길이에 비례하는 곡선을 클로소이드 곡선이라 한다.
③ 완화곡선의 접선은 시점에서 원호에, 종점에서 직선에 접한다.
④ 완화곡선의 반지름은 종점에서 무한대이고 시점에서는 원곡선의 반지름이 된다.

해설] ②
① 일반적으로 단곡선 설치 시 가장 많이 이용하는 방법은 편각법이다.
③ 완화곡선의 접선은 시점에서 직선에, 종점에서 원호에 접한다.
④ 완화곡선의 반지름은 시점에서 무한대이고 종점에서는 원곡선의 반지름이 된다.

■2017년 2회■54. 도로 기점으로부터 교점(I.P)까지의 추가거리가 400m, 곡선 반지름 R=200m, 교각 I=90°인 원곡선을 설치할 경우, 곡선시점(B.C)은? (단, 중심말뚝거리 =20m)
① No.9
② No.9 +10m
③ No.10
④ No.10+10m

해설] ③
접선길이 $TL = R\tan\frac{I}{2} = 200 \times tan\frac{90}{2} = 200m$
따라서, 곡선시점 BC의 추가거리는 400-200 = 200m
말뚝중심거리가 20m 이므로, $\frac{200}{20} = 10 \rightarrow$ No.10

■2017년 2회■55. 곡선설치에서 교각 I=60°, 반지름 R=150m일 때 접선장(T.L)은?
① 100.0m
② 86.6m
③ 76.8m
④ 38.6m

해설] ②
접선길이 $TL = R\tan\frac{I}{2} = 150 \times tan\frac{60}{2} = 86.6m$

■2017년 2회■56. 클로소이드 곡선(clothoid curve)에 대한 설명으로 옳지 않은 것은?
① 고속도로에 널리 이용된다.
② 곡률이 곡선의 길이에 비례한다.
③ 완화곡선의 일종이다.
④ 클로소이드 요소는 모두 단위를 갖지 않는다.

해설] ④ 클로소이드 요소는 단위가 있는 것도 있고, 없는 것도 있다.

■2017년 1회■57. 노선측량에서 교각이 32°15′ 00″, 곡선 반지름의 600m 일 때의 곡선장(C.L.)은?
① 355.52m
② 337.72m
③ 328.75m
④ 315.35m

해설] ②
32°15′ = 32.25°
곡선길이 $CL = RI(radian) = 600 \times 32.25 \times \frac{\pi}{180} = 337.72m$

■2017년 1회■58. 완화곡선에 대한 설명으로 옳지 않은 것은?
① 완화곡선의 곡선 반지름은 시점에서 무한대, 종점에서 원곡선의 반지름 R로 된다.
② 클로소이드의 형식에는 S형, 복합형, 기본형 등이 있다.
③ 완화곡선의 접선은 시점에서 원호에, 종점에서 직선에 접한다.
④ 모든 클로소이드는 닮은꼴이며 클로소이드 요소에는 길이의 단위를 가진 것과 단위가 없는 것이 있다.

해설] ③ 완화곡선의 접선은 시점에서 직선에, 종점에서 원호에 접한다.

■2017년 1회■59. 노선 설치 방법 중 좌표법에 의한 설치방법에 대한 설명으로 틀린 것은?
① 토털스테이션, GPS 등과 같은 장비를 이용하여 측점을 위치시킬 수 있다.
② 좌표법에 의한 노선의 설치는 다른 방법보다 지형의 굴곡이나 시통 등의 문제가 적다.
③ 좌표법은 평면곡선 및 종단곡선의 설치요소를 동시에 위치시킬 수 있다.
④ 평면적인 위치의 측설을 수행하고 지형 표고를 관측하여 종단면도를 작성 할 수 있다.

해설] ③ 해당없는 내용
접선에 대한 지거법(좌표법) : 터널 내의 곡선설치나 산림지의 벌채량을 줄일 경우 적당한 방법

문제유형14 하천측량

■2022년 2회■1. 수심 h인 하천의 수면으로부터 0.2h, 0.6h, 0.8h 인 곳에서 각각의 유속을 측정한 결과, 0.562m/s, 0.497m/s, 0.364m/s 이었다. 3점법을 이용한 평균유속은?
① 0.45 m/s   ② 0.48 m/s
③ 0.51 m/s   ④ 0.54 m/s

해설] ②
$$V_m = \frac{1}{4}(V_{0.2} + 2V_{0.6} + V_{0.8})$$
$$= \frac{1}{4}(0.562 + 2 \times 0.497 + 0.364) = 0.48 m/s$$

■2022년 1회■2. 수심 H인 하천의 유속측정에서 수면으로부터 깊이 0.2H, 0.4H, 0.6H, 0.8H인 지점의 유속이 각각 0.663m/s, 0.556m/s, 0.532m/s, 0.466m/s 이었다면 3점법에 의한 평균유속은?
① 0.543 m/s   ② 0.548 m/s
③ 0.559 m/s   ④ 0.560 m/s

해설] ②
$$V_m = \frac{1}{4}(V_{0.2} + 2V_{0.6} + V_{0.8})$$
$$= \frac{1}{4}(0.663 + 2 \times 0.532 + 0.466) = 0.548 m/s$$

■2021년 3회■3. 하천의 심천(측심)측량에 관한 설명으로 틀린 것은?
① 심천측량은 하천의 수면으로부터 하저까지 깊이를 구하는 측량으로 횡단측량과 같이 행한다.
② 측심간(rod)에 의한 심천측량은 보통 수심 5m 정도의 얕은 곳에 사용한다.
③ 측심추(lead)로 관측이 불가능한 깊은 곳은 음향측심기를 사용한다.
④ 심천측량은 수위가 높은 장마철에 하는 것이 효과적이다.

해설] ④ 심천측량은 수위변화가 적은 시기에 하는 것이 효과적이다.

■2021년 2회■4. 수로조사에서 간출지의 높이와 수심의 기준이 되는 것은?
① 약최고고저면   ② 평균중등수위면
③ 수애면   ④ 약최저저조면

해설] ④
-약최저저조면 : 조석으로 인한 최저 해수면으로, 해도의 수심 표기 및 조석의 해수면 높이를 측정하는 기준면
-약최고고저면 : 조석으로 인한 최고 해수면

■2021년 1회■5. 해도와 같은 지도에 이용되며, 주로 하천이나 항만 등의 심천측량을 한 결과를 표시하는 방법으로 가장 적당한 것은?
① 채색법   ② 영선법
③ 점고법   ④ 음영법

해설] ③
[점고법]
- 지표의 표고를 도상에 숫자로 표시하는 방법
- 하천, 항만, 해양 등 심천을 나타내는 경우에 사용한다.
- 평탄한 지역의 정지 작업에 많이 이용

■2020년 3회■6. 하천측량에 대한 설명으로 옳지 않은 것은?
① 수위관측소 위치는 지천의 합류점 및 분류점으로서 수위의 변화가 일어나기 쉬운 곳이 적당하다.
② 하천측량에서 수준측량을 할 때의 거리표는 하천의 중심에 직각 방향으로 설치한다.
③ 심천측량은 하천의 수심 및 유수부분의 하저 상황을 조사하고 횡단면도를 제작하는 측량을 말한다.
④ 하천측량 시 처음에 할 일은 도상 조사로서 유로 상황, 지역면적, 지형, 토지이용 상황 등을 조사하여야 한다.

해설] ① 수위관측소 위치는 수위가 일정한 곳이 적당하다.

■2020년 3회■7. 하천측량에서 유속관측에 대한 설명으로 옳지 않은 것은?
① 유속계에 의한 평균유속 계산식은 1점법, 2점법, 3점법 등이 있다.
② 하천기울기(I)를 이용하여 유속을 구하는 식에는 Chezy식과 Manning식 등이 있다.
③ 유속관측을 위해 이용되는 부자는 표면부자, 2중부자, 봉부자 등이 있다.
④ 위어(weir)는 유량관측을 위해 직접적으로 유속을 관측하는 장비이다.

해설] ④ 위어(weir)는 유량관측을 위해 수위를 관측하는 장비이다.

■2019년 3회■8. 수애선이 기준이 되는 수위는?
① 평수위   ② 평균수위
③ 최고수위   ④ 최저수위

해설] ①

■2019년 3회■9. 하천의 평균유속(V_m)을 구하는 방법 중 3점법으로 옳은 것은? (단, V_2, V_4, V_6, V_8 은 각각 수면으로부터 수심(h)의 0.2h, 0.4h, 0.6h, 0.8h인 곳의 유속이다.)

① $V_m = \frac{1}{3}(V_2 + V_4 + V_8)$

② $V_m = \frac{1}{3}(V_2 + V_6 + V_8)$

③ $V_m = \frac{1}{4}(V_2 + V_6 + V_8)$

④ $V_m = \frac{1}{4}(V_2 + 2V_6 + V_8)$

해설] ④

■2019년 2회■10. 수심 h인 하천의 수면으로부터 0.2h, 0.6h, 0.8h 인 곳에서 각각의 유속을 측정한 결과, 0.562m/s, 0.497m/s, 0.364m/s 이었다. 3점법을 이용한 평균유속은?
① 0.45 m/s   ② 0.48 m/s
③ 0.51 m/s   ④ 0.54 m/s

해설] ②
$$V_m = \frac{1}{4}(V_{0.2} + 2V_{0.6} + V_{0.8})$$
$$= \frac{1}{4}(0.562 + 2 \times 0.497 + 0.364) = 0.48 m/s$$

■2018년 3회■11. 하천측량 시 무제부에서의 평면측량 범위는?
① 홍수가 영향을 주는 구역보다 약간 넓게
② 계획하고자 하는 지역의 전체
③ 홍수가 영향을 주는 구역까지
④ 홍수영향 구역보다 약간 좁게

해설] ①
[하천측량범위]
- 유제부 : 제외지의 전부와 제내지의 300m이내
- 무제부 : 홍수시에 물이 흐르는 맨 옆에서 100m까지
즉, 홍수가 영향을 주는 구역보다 약간 넓게

■2018년 3회■12. 수심이 h인 하천의 평균 유속을 구하기 위하여 수면으로부터 0.2h, 0.6h, 0.8h가 되는 깊이에서 유속을 측량한 결과 0.8m/s, 1.5m/s, 1.0m/s이었다. 3점법에 의한 평균 유속은?
① 0.9m/s   ② 1.0m/s
③ 1.1m/s   ④ 1.2m/s

해설] ④

$$V_m = \frac{1}{4}(V_{0.2} + 2V_{0.6} + V_{0.8})$$
$$= \frac{1}{4}(0.8 + 2 \times 1.5 + 1) = 1.2 m/s$$

■2018년 2회■13. 하천측량에 대한 설명으로 틀린 것은?
① 제방중심선 및 종단측량은 레벨을 사용하여 직접수준측량 방식으로 실시한다.
② 심천측량은 하천의 수심 및 유수부분의 하저상황을 조사하고 횡단면도를 제작하는 측량이다.
③ 하천의 수위경계선인 수애선은 평균수위를 기준으로 한다.
④ 수위 관측은 지천의 합류점이나 분류점 등 수위 변화가 생기지 않는 곳을 선택한다.

해설] ③ 하천의 수위경계선인 수애선은 평수위를 기준으로 한다.
○ 평균수위 : 일정 기간 관측 수위의 평균
○ 평수위 : 일정 기간 관측 수위를 순서대로 나열하여 중간에 위치하는 값

■2018년 1회■14. 하천측량을 실시하는 주목적에 대한 설명으로 가장 적합한 것은?
① 하천 개수공사나 공작물의 설계, 시공에 필요한 자료를 얻기 위하여
② 유속 등을 관측하여 하천의 성질을 알기 위하여
③ 하천의 수위, 기울기, 단면을 알기 위하여
④ 평면도, 종단면도를 작성하기 위하여

해설] ① 하천 개수공사나 공작물의 설계, 시공에 필요한 자료 취득을 위해 하천측량을 실시한다.

■2018년 1회■15. 수심 H인 하천의 유속측정에서 수면으로부터 깊이 0.2H, 0.6H, 0.8H인 점의 유속이 각각 0.663m/s, 0.532m/s, 0.467m/s 이었다면 3점법에 의한 평균유속은?
① 0.565m/s   ② 0.554m/s
③ 0.549m/s   ④ 0.543m/s

해설] ③

$$V_m = \frac{1}{4}(V_{0.2} + 2V_{0.6} + V_{0.8})$$
$$= \frac{1}{4}(0.663 + 2 \times 0.532 + 0.467) = 0.5485 m/s$$

■2017년 3회■16. 하천측량에 대한 설명으로 옳지 않은 것은?
① 수위관측소의 위치는 지천의 합류점 및 분류점으로서 수위의 변화가 일어나기 쉬운 곳이 적당하다.
② 하천측량에서 수준측량을 할 때의 거리표는 하천의 중심에 직각 방향으로 설치한다.
③ 심천측량은 하천의 수심 및 유수부분의 하저 상황을 조사하고 횡단면도를 제작하는 측량을 말한다.
④ 하천측량 시 처음에 할 일은 도상 조사로서 유로 상황, 지역면적, 지형, 토지이용 상황 등을 조사하여야 한다.

해설] ①
◆ 수위관측소와 양수표의 설치장소
① 하상과 하안이 안전하고 세굴이나 퇴적이 생기지 않는 장소
② 상, 하류 약 100m 정도의 직선인 장소
③ 수위가 교각이나 기타 구조물에 의한 영향을 받지 않는 장소
④ 어떠한 갈수시에도 양수표가 노출되지 않는 장소
⑤ 양수표는 하천에 연하여 5~10km 마다 배치한다.

■2017년 3회■17. 홍수 때 급히 유속을 측정하기에 가장 알맞은 것은?
① 봉부자　　　　　② 이중부자
③ 수중부자　　　　④ 표면부자

해설] ④
◆ 부자의 종류
① 표면부자
주로 하폭이 크고 홍수시 표면 유속 측정에 적합
홍수시에 급히 유속 측정시 사용
② 수중부자
유속이 빠르고 유속계 사용이 어려운 경우
유량이 적을 경우에는 피토관 이용
③ 막대부자
평균유속을 직접 구하는 방법으로 수면~하상부근 까지 거의 전 수심에 대한 유속 측정
홍수에 가장 유리
④ 2중부자
수심이 매우 깊고, 수초 등의 장애물이 흐르고 있는 곳에서 적용

■2017년 2회■18. 수면으로부터 수심의 2/0, 4/10, 6/10, 8/10 인 곳에서 유속을 측정한 결과가 각각 1.2m/s, 1.0m/s, 0.7m/s, 0.3m/s이었다면 평균 유속은? (단, 4점법 이용)
① 1.095m/s　　　② 1.005m/s
③ 0.895m/s　　　④ 0.775m/s

해설] ④
$$V_m = \frac{1}{20}[6V_{0.2} + 4(V_{0.4} + V_{0.6}) + 5V_{0.8}]$$
$$= \frac{1}{20}[6 \times 1.2 + 4 \times (1 + 0.7) + 5 \times 0.3] = 0.775 m/s$$

■2017년 2회■19. 하천에서 수애선 결정에 관계되는 수위는?
① 갈수위(DWL)　　　② 최저수위(HWL)
③ 평균최저수위(NLWL)　④ 평수위(OWL)

해설] ④
수애선은 평수위를 기준으로 한다.

■2017년 1회■20. 답사나 홍수 등 급하게 유속관측을 필요로 하는 경우에 편리하여 주로 이용하는 방법은?
① 이중부자　② 표면부자
③ 스크루(screw)형 유속계　④ 프라이스(price)식 유속계

해설] ②
홍수에 급하게 유속을 관측하기 위해서는 표면부자가 적합하다.

■2017년 1회■21. 하천의 유속측정결과, 수면으로부터 깊이의 2/10, 4/10, 6/10, 8/10 되는 곳의 유속(m/s)이 각각 0.662, 0.552, 0.442, 0.332 이었다면 3점법에 의한 평균유속은?
① 0.4603 m/s　　② 0.4695 m/s
③ 0.5246 m/s　　④ 0.5337 m/s

해설] ②
$$V_m = \frac{1}{4}(V_{0.2} + 2V_{0.6} + V_{0.8})$$
$$= \frac{1}{4}(0.662 + 2 \times 0.442 + 0.332) = 0.4695 m/s$$

문제유형15　사진측량과 원격측정

■2022년 1회■1. GNSS 상대측위 방법에 대한 설명으로 옳은 것은?
① 수신기 1대만을 사용하여 측위를 실시한다.
② 위성의 수신기 간의 거리는 전파의 파장 갯수를 이용하여 계산할 수 있다.
③ 위상차의 계산은 단순차, 2중차, 3중차와 같은 차분기법으로는 해결하기 어렵다.
④ 전파의 위상차를 관측하는 방식이나 절대측위 방법보다 정확도가 떨어진다.

해설] ②

① 수신기 2대 이상을 사용하여 측위를 실시한다.
③ 위상차의 계산은 단순차, 2중차, 3중차와 같은 차분기법으로는 해결할 수 있다.
④ 전파의 위상차를 관측하는 방식이나 절대측위 방법보다 정확하다.

■2021년 3회■2. 축척 1:20,000인 항공사진에서 굴뚝의 변위가 2.0mm이고, 연직점에서 10cm 떨어져 나타났다면 굴뚝의 높이는? (단, 촬영 카메라의 초점거리=15cm)

① 15m
② 30m
③ 60m
④ 80m

해설] ③

$M = \frac{1}{m} = \frac{l}{L} = \frac{f}{H}$ 이므로, $H = 20000 \times 0.15 = 3000m$

$\Delta r = \frac{h}{H} \times r = \frac{h}{3000} \times 0.1 = 0.002$ 에서, $h = 60m$

■2021년 2회■3. 항공사진 측량에서 사진상에 나타난 두 점 A, B의 거리를 측정하였더니 208mm 일 때, 사진축척(S)은? (단, 사진상 두 점에 대응하는 지상의 좌표는 X_A = 205,346.39m, Y_A = 10,793.16m, X_B = 205,100.11m, Y_B = 11,587.87m 이다.)

① S = 1:3000
② S = 1:4000
③ S = 1:5000
④ S = 1:6000

해설] ②

지상거리 $l = \sqrt{\Delta x^2 + \Delta y^2} = \sqrt{246.28^2 + 794.71^2} = 832m$

축척 $S = \frac{208}{832 \times 10^3} \approx \frac{1}{4000}$

■2021년 1회■4. 원격탐사(remote sensing)의 정의로 옳은 것은?

① 지상에서 대상 물체에 전파를 발생시켜 그 반사파를 이용하여 측정하는 방법
② 센서를 이용하여 지표의 대상물에서 반사 또는 방사된 전자 스펙트럼을 측정하고 이들의 자료를 이용하여 대상물이나 현상에 관한 정보를 얻는 기법
③ 우주에 산재해 있는 물체의 고유스펙트럼을 이용하여 각각의 구성 성분을 지상의 레이더망으로 수집하여 처리하는 방법
④ 우주선에서 찍은 중복된 사진을 이용하여 지상에서 항공사진의 처리와 같은 방법으로 판독하는 작업

해설] ②

[원격탐사]

지상, 항공기, 위성 등에서 자외선, 가시광선, 적외선 등을 이용하여 지질, 지표식물, 자원, 해류 등 다양한 분야의 이용되는 탐사 방법

■2021년 1회■5. 초점거리 153mm, 사진크기 23cm×23cm인 카메라를 사용하여 동서 14km, 남북 7km, 평균표고 250m인 거의 평탄한 지역을 축척 1:5000으로 촬영하고자 할 때, 필요한 모델 수는? (단, 종중복도=60%, 횡중복도=30%)

① 81
② 240
③ 279
④ 961

해설] ③

1) 종 모델수

$\frac{S_1}{B} = \frac{S_1}{ma(1-p)} = \frac{14 \times 10^3}{5000 \times 0.23 \times (1-0.6)} = 30.4 \rightarrow 31$매

2) 횡 모델수

$\frac{S_2}{C_0} = \frac{S_2}{ma(1-q)} = \frac{7 \times 10^3}{5000 \times 0.23 \times (1-0.3)} = 8.7 \rightarrow 9$매

3) 총 모델수 = 종 모델수 × 횡 모델수
   = 31 × 9 = 279

■2020년 4회■6. 항공사진의 특수 3점이 아닌 것은?
① 주점　　② 보조점
③ 연직점　　④ 등각점

해설] ②
◆ 항공사진의 특수 3점
 (1) 주점(화면거리) : 렌즈의 중심으로부터 화면에 내린 수선의 발
 (2) 연직점(촬영고도) : 렌즈의 중심으로부터 지표면에 내린 수선의 발
 (3) 등각점 : 사진면에 직교되는 광선과 연직선이 이루는 각을 2등분하는 광선이 사진면에 교차하는 점

■2020년 4회■7. 초점거리거 210mm인 사진기로 촬영한 항공사진의 기선고도비는? (단, 사진크기는 23cm×23cm, 축척은 1:10000, 종중복도 60%이다.)
① 0.32　　② 0.44
③ 0.52　　④ 0.61

해설] ②
$\frac{1}{m} = \frac{f}{H}$ 이므로, $\frac{1}{10^4} = \frac{0.21}{H}$ 에서, 고도 $H = 2,100m$

기선 $B = ma(1-p) = 10^4 \times 0.23 \times (1-0.6) = 920m$

따라서, $\frac{H}{B} = \frac{920}{2100} = 0.438$

■2020년 1,2회 통합■8. 종중복도 60%, 횡중복도 20%일 때 촬영종기선의 길이와 촬영횡기선 길이의 비는?
① 1 : 2　　② 1 : 3
③ 2 : 3　　④ 3 : 1

해설] ①
촬영기선 $B = ma(1-p)$ 이므로,
두 기선의 비율은 $(1-p) : (1-q) = 1-0.6 : 1-0.2 = 1 : 2$

■2020년 1,2회 통합■9. 중력이상에 대한 설명으로 옳지 않은 것은?
① 중력이상에 의해 지표면 밑의 상태를 추정할 수 있다.
② 중력이상에 대한 취급은 물리학적 측지학에 속한다.
③ 중력이상이 양(+)이면 그 지점 부근에 무거운 물질이 있는 것으로 추정할 수 있다.
④ 중력식에 의한 계산값에서 실측값을 뺀 것이 중력이상이다.

해설] ④ 중력이상 = 현장 관측값 - 표준 중력값

■2020년 1,2회 통합■10. 초점거리 210mm의 카메라로 지면의 비고가 15m인 구릉지에서 촬영한 연직사진의 축척이 1 : 5000이었다. 이 사진에서 비고에 의한 최대변위량은? (단, 사진의 크기는 24cm×24cm이다.)
① ±1.2mm
② ±2.4mm
③ ±3.8mm
④ ±4.6mm

해설] ②
$\frac{1}{m} = \frac{f}{H}$ 에서, $\frac{1}{5,000} = \frac{0.21}{H}$ 이므로, $H = 1,050m$

$\gamma_{max} = \frac{\sqrt{2}}{2}a = \frac{\sqrt{2}}{2} \times 240 = 170mm$

$\Delta\gamma_{max} = \frac{h}{H}\gamma_{max} = \frac{15}{1050} \times 170 = 2.43mm$

■2019년 2회■11. 사진측량에 대한 설명 중 틀린 것은?
① 항공사진의 축척은 카메라의 초점거리에 비례하고, 비행고도에 반비례한다.
② 촬영고도가 동일한 경우 촬영기선길이가 증가하면 중복도는 낮아진다.
③ 입체시된 영상의 과고감은 기선고도비가 클수록 커지게 된다.
④ 과고감은 지도축척과 사진축척의 불일치에 의해 나타난다.

해설] ④ 수평축척에 비해 수직축척이 다소클 때 발생

① $\dfrac{1}{m} = \dfrac{f}{H}$

② 촬영기선길이 $B = ma(1-p)$ 에서, B가 증가하면 p는 감소한다.

■2019년 2회■12. 축적 1 : 500 지형도를 기초로 하여 축척 1 : 3000 지형도를 제작하고자 한다. 축척 1 : 3000 도면 한 장에 포함되는 축척 1 : 500 도면의 매수는? (단, 1 : 500 지형도와 1 : 3000 지형도의 크기는 동일하다.)
① 16매　　② 25매
③ 36매　　④ 49매

해설] ③
면적비율이므로, $\dfrac{1}{500^2} : \dfrac{1}{3000^2} = 900 : 25 = 36 : 1$

■2019년 1회■13. 항공사진의 주점에 대한 설명으로 옳지 않은 것은?
① 주점에서는 경사사진의 경우에도 경사각에 관계없이 수직사진의 축척과 같은 축척이 된다.
② 인접사진과의 주점길이가 과고감에 영향을 미친다.
③ 주점은 사진의 중심으로 경사사진에서는 연직점과 일치하지 않는다.
④ 주점은 연직점, 등각점과 함께 항공사진의 특수3점이다.

해설] ① 경사사진은 경사각에 따라 축척이 달라진다.

■2019년 1회■14. 초점거리 20cm의 카메라로 평지로부터 6000m의 촬영고도로 찍은 연직 사진이 있다. 이 사진에 찍혀 있는 평균 표고 500m인 지형의 사진 축척은?
① 1 : 5,000　　② 1 : 27,500
③ 1 : 29,750　　④ 1 : 30,000

해설] ②
$\dfrac{1}{m} = \dfrac{f}{H}$ 이므로, $\dfrac{1}{m} = \dfrac{0.2}{6,000-500} = \dfrac{1}{27,500}$

■2018년 3회■15. 사진축척이 1:5000 이고 종중복도가 60% 일 때 촬영기선의 길이는? (단, 사진크기는 23cm×23cm이다.)
① 360m　　② 375m
③ 435m　　④ 460m

해설] ④
촬영기선길이
$B = ma(1-p) = 5000 \times 0.23 \times (1-0.6) = 460m$

■2018년 2회■16. 비행고도 6000m에서 초점거리 15cm인 사진기로 수직항공사진을 획득하였다. 길이가 50m인 교량의 사진 상의 길이는?
① 0.55mm　　② 1.25mm
③ 3.60mm　　④ 4.20mm

해설] ②
$\dfrac{1}{m} = \dfrac{f}{H} = \dfrac{0.15}{6,000} = \dfrac{1}{40,000}$

따라서, $50 \times \dfrac{1}{40,000} = 1.25mm$

■2018년 2회■17. 항공사진의 특수 3점에 해당되지 않는 것은?
① 주점　　② 연직점
③ 등각점　　④ 표정점

해설] ④
◆ 항공사진의 특수 3점
(1) 주점(화면거리) : 렌즈의 중심으로부터 화면에 내린 수선의 발
(2) 연직점(촬영고도) : 렌즈의 중심으로부터 지표면에 내린 수선의 발
(3) 등각점 : 사진면에 직교되는 광선과 연직선이 이루는 각을 2등분하는 광선이 사진면에 교차하는 점

■2018년 1회■18. 사진측량의 특징에 대한 설명으로 옳지 않은 것은?
① 기상조건에 상관없이 측량이 가능하다.
② 정량적 관측이 가능하다.
③ 측량의 정확도가 균일하다.
④ 정성적 관측이 가능하다.

해설] ①
[사진측량의 장단점]
◆ 장점
① 정량적 및 정성적 측정 가능
② 정밀도 균일
③ 분업화 → 효율적 작업
④ 축척변경 용이
⑤ 거시적인 관찰 가능
⑥ 4차원 측정 가능
◆ 단점
① 기후의 영향
② 좁은 지역에서 비경제적
③ 고가의 시설비용
④ 피사 대상의 식별 난해

■2018년 1회■19. 동일한 지역을 같은 조건에서 촬영할 때, 비행고도만을 2배로 높게 하여 촬영할 경우 전체 사진 매수는?
① 사진 매수는 1/2만큼 늘어난다.
② 사진 매수는 1/2만큼 줄어든다.
③ 사진 매수는 1/4만큼 늘어난다.
④ 사진매수는 1/4만큼 줄어든다.

해설] ④
$\frac{1}{m} = \frac{f}{H}$ 에서, H를 2배로 높게 하면, 축척분포 m은 2배
따라서, 동일면적을 촬영한다면 사진매수는 $\frac{1}{2^2}$ 만큼 줄어든다.

■2017년 3회■20. 촬영고도 3,000m에서 초점거리 153mm의 카메라를 사용하여 고도 600m의 평지를 촬영할 경우의 사진축척은?
① 1/14,865
② 1/15,686
③ 1/16,766
④ 1/17,568

해설] ②
$$\frac{1}{m} = \frac{f}{H-\delta} = \frac{0.153}{3000-600} = \frac{1}{15,686}$$

■2017년 3회■21. 표고 300m의 지역(800km²)을 촬영고도 3,300m에서 초점거리 152mm의 카메라로 촬영했을 때 필요한 사진 매수는? (단, 사진크기 23cm × 23cm, 종중복도 60%, 횡중복도 30%, 안전율 30%임.)
① 139매
② 140매
③ 181매
④ 281매

해설] ③
$$\frac{1}{m} = \frac{f}{H-\delta} = \frac{0.152}{3300-300} = \frac{1}{19,737}$$
사진의 유효면적 $A_0 = (ma)^2(1-p)(1-q)$ 이므로,
$A_o = (19737 \times 0.23)^2(1-0.6)(1-0.3) = 5.77 \times 10^6 m^2$
사진매수 $\frac{F}{A_o}(1+F_s) = \frac{800 \times 10^6}{5.77 \times 10^6}(1+0.3) = 180.2$ 이므로,
올림하여 181매

■2017년 2회■22. 비고 65m의 구릉지에 의한 최대 기복변위는? (단, 사진기의 초점거리 15cm, 사진의 크기 23cm×23cm, 축척: 1:20,000이다.)
① 0.14cm
② 0.35cm
③ 0.64cm
④ 0.82cm

해설] ②
$\frac{1}{m} = \frac{f}{H}$ 에서, $\frac{1}{20,000} = \frac{0.15}{H}$ 이므로, $H = 3,000m$
최대 기복변위 $\Delta \gamma_{max} = \frac{h}{H}\gamma_{max} = \frac{65}{3000} \times \frac{\sqrt{2}}{2} \times 0.23$
$= 3.52mm$

■2017년 2회■23. 항공사진측량의 입체시에 대한 설명으로 옳은 것은?
① 다른 조건이 동일할 때 초점거리가 긴 사진기에 의한 입체상이 짧은 사진기의 입체상보다 높게 보인다.
② 한 쌍의 입체사진 촬영코스 방향과 중복도만 유지하면 두 사진의 축척이 30% 정도 달라도 무관하다.
③ 다른 조건이 동일할 때 기선의 길이를 길게 하는 것이 짧은 경우보다 과고감이 크게 된다.
④ 입체상의 변화는 기선고도비에 영향을 받지 않는다.

해설] ③
① 다른 조건이 동일할 때 초점거리가 긴 사진기에 의한 입체상이 짧은 사진기의 입체상보다 낮게 보인다.
② 입체시를 위해서 축척은 동일해야 한다.
④ 기선고도비가 클수록 커진다.

■2017년 1회■24. 25 cm × 25 cm인 항공사진에서 주점기선의 길이가 10cm 일 때 이 항공사진의 중복도는?
① 40%　　② 50%
③ 60%　　④ 70%

해설] ③
주점기선길이 $b_0 = a(1-p)$ 이므로,
$10 = 25 \times (1-p)$에서, $p = 0.6$

■2017년 1회■25. 촬영고도 800m의 연직사진에서 높이 20m에 대한 시차차의 크기는? (단, 초점거리는 21cm, 사진크기는 23×23cm, 종중복도는 60% 이다.)
① 0.8mm　　② 1.3mm
③ 1.8mm　　④ 2.3mm

해설] ④
주점기선길이 $b_0 = a(1-p) = 0.23 \times (1-0.6) = 92mm$
시차차 $\Delta P = \dfrac{h}{H}b_0 = \dfrac{20}{800} \times 92 = 2.3mm$

문제유형16　위성측량

■2022년 2회■1. GNSS가 다중주파수 (multi frequency)를 채택하고 있는 가장 큰 이유는?
① 데이터 취득 속도의 향상을 위해
② 대류권지연 효과를 제거하기 위해
③ 다중경로오차를 제거하기 위해
④ 전리층지연 효과의 제거를 위해

해설] ④
전리층 오차 : 전리층 통과시 신호의 변화 및 분산에 의한 오차 → 고주파(L_1)신호가 전리층에서 저주파(L_2)신호보다 속도가 빠르므로, 두 신호의 지연차를 비교하여 오차모형에 의해 오차 감소 가능

■2022년 2회■2. 측점간의 시통이 불필요하고 24시간 상시 높은 정밀도로 3차원 위치측정이 가능하며, 실시간 측정이 가능하여 항법용으로도 활용되는 측량방법은?
① NNSS 측량　　② GNSS 측량
③ VLBI 측량　　④ 토털스테이션 측량

해설] ②
위성측량(GNSS)은 상시 고정밀의 3차원 위치측정이 가능하여, 항법용(Navigation)으로 활용된다.

■2022년 1회■3. L1과 L2의 두 개 주파수 수신이 가능한 2주파 GNSS수신기에 의하여 제거가 가능한 오차는?
① 위성의 기하학적 위치에 따른 오차　② 다중경로오차
③ 수신기 오차　　④ 전리층오차

해설] ④
[전리층 오차]
고주파(L1) 신호의 전리층에서 속도가 저주파(L2) 신호보다 빨라서 두 신호의 지연차가 발생한다.
⇒ 두 신호의 지연차를 모형화하여 오차를 감소시킬 수 있다.

■2021년 3회■4. GNSS 측량에 대한 설명으로 옳지 않은 것은?
① 상대측위기법을 이용하면 절대측위보다 높은 측위정확도의 확보가 가능하다.
② GNSS 측량을 위해서는 최소 4개의 가시위성(visible satellite)이 필요하다.
③ GNSS 측량을 통해 수신기의 좌표뿐만 아니라 시계오차도 계산할 수 있다.
④ 위성의 고도각(elevation angle)이 낮은 경우 상대적으로 높은 측위정확도의 확보가 가능하다.

해설] ④ 위성의 고도각(elevation angle)이 낮은 경우 상대적으로 측위정확도가 낮다.

■2021년 2회■5. 최근 GNSS 측량의 의사거리 결정에 영향을 주는 오차와 거리가 먼 것은?
① 위성의 궤도 오차
② 위성의 시계 오차
③ 위성의 기하학적 위치에 따른 오차
④ SA(selective availability) 오차

해설] ④
[GNSS 측량 오차]
① 위성에 관한 오차 : 위성의 기하학적 분포오차, 위성궤도오차, 시계오차
② 위성 신호전달에 의한 오차 : 전리층 오차, 대류권 오차, 다중경로 오차
③ 수신기에 의한 오차 : 수신기 시계오차, 주파수 오차

■2020년 4회■6. GNSS 데이터의 교환 등에 필요한 공통적인 형식으로 원시데이터에서 측량에 필요한 데이터를 추출하여 보기 쉽게 표현한 것은?
① Bernese   ② RINEX
③ Ambiguity   ④ Binary

해설] ②
◆ 라이넥스(RINEX, Receiver Indepedent Exchange Format)
① GPS 관측치를 어떤 수신기로 관측하여도 그에 무관하게 공통적인 양식으로 변환되는 데이터 형식
② 의사거리, 위상자료, 도플러자료 등

■2020년 4회■7. GPS 위성측량에 대한 설명으로 옳은 것은?
① GPS를 이용하여 취득한 높이는 지반고이다.
② GPS에서 사용하고 있는 기준타원체는 GRS80 타원체이다.
③ 대기 내 수중기는 GPS 위성 신호를 지연시킨다.
④ GPS 측량은 별도의 후처리 없이 관측값을 직접 사용할 수 있다.

해설] ③
① GPS를 이용하여 취득한 높이는 지심타원체를 기준으로 관측된 값으로, 표고값은 지오이드를 고려해서 보정이 필요하다.
② GPS에서 사용하고 있는 기준타원체는 WGS-84 타원체이다.
④ GPS 측량은 별도의 후처리를 통해 위치를 보정한다.

■2020년 1,2회 통합■8. 위성측량의 DOP(Dilution of Precision)에 관한 설명으로 옳지 않은 것은?
① DOP는 위성의 기하학적 분포에 따른 오차이다.
② 일반적으로 위성들 간의 공간이 더 크면 위치정밀도가 낮아진다.
③ DOP를 이용하여 실제 측량 전에 위성측량의 정확도를 예측할 수 있다.
④ DOP 값이 클수록 정확도가 좋지 않은 상태이다.

해설] ② 일반적으로 위성들 간의 공간이 더 크면 위치정밀도가 높아진다.

■2019년 2회■9. GNSS가 다중주파수 (multi frequency)를 채택하고 있는 가장 큰 이유는?
① 데이터 취득 속도의 향상을 위해
② 대류권지연 효과를 제거하기 위해
③ 다중경로오차를 제거하기 위해
④ 전리층지연 효과의 제거를 위해

해설] ④
전리층 오차 : 전리층 통과시 신호의 변화 및 분산에 의한 오차 → 고주파(L_1)신호가 전리층에서 저주파(L_2)신호보다 속도가 빠르므로, 두 신호의 지연차를 비교하여 오차모형에 의해 오차 감소 가능

■2019년 1회■10. 위성측량의 DOP(Dilution of Precision)에 관한 설명 중 옳지 않은 것은?
① 기하학적 DOP(GDOP), 3차원위치 DOP(PDOP), 수직위치 DOP(VDOP), 평면위치 DOP(HDOP), 시간 DOP(TDOP) 등이 있다.
② DOP는 측량할 때 수신 가능한 위성의 궤도정보를 항법메시지에서 받아 계산할 수 있다.
③ 위성측량에서 DOP가 작으면 클 때보다 위성의 배치상태가 좋은 것이다.
④ 3차원위치 DOP(PDOP)는 평면위치 DOP(HDOP)와 수직위치 DOP(VDOP)의 합으로 나타난다.

해설] ④ 3차원 위치 DOP는 수평과 수직 DOP의 제곱근
$$PDOP^2 = HDOP^2 + VDOP^2$$

■2018년 3회■11. DGPS를 적용할 경우 기지점과 미지점에서 측정한 결과로부터 공통오차를 상쇄시킬 수 있기 때문에 측량의 정확도를 높일 수 있다. 이때 상쇄되는 오차요인이 아닌것은?
① 위성의 궤도정보오차
② 다중경로오차
③ 전리층 신호지연
④ 대류권 신호지연

해설] ②
[정밀 GPS(DGPS, differential GPS)]
① 정밀한 좌표를 알고 있는 기준국(기지점)에서 수신된 GPS값과 현재 위치(미지점)에서 수신된 GPS값을 비교하여 오차를 보정하는 방법
② 위성궤도오차, 위성시계오차, 전리층 시간지연, 대류층 시간지연 소거 가능

[다중경로에 의한 오차]
해수면 및 빌딩 등에 의한 반사신호에 의한 오차 → 특수 안테나(Choke ring) 및 적절한 위치선정으로 오차 소거 가능

■2018년 3회■12. 위성에 의한 원격탐사(Remote Sensing)의 특징으로 옳지 않은 것은?
① 항공사진측량이나 지상측량에 비해 넓은 지역의 동시측량이 가능하다.
② 동일 대상물에 대해 반복측량이 가능하다.
③ 항공사진측량을 통해 지도를 제작하는 경우보다 대축척 지도의 제작에 적합하다.
④ 여러 가지 분광 파장대에 대한 측량자료 수집이 가능하므로 다양한 주제도 작성이 용이하다.

해설] ③ 위성측량은 넓은 지역을 한번에 측량이 가능하기 때문에, 항공사진측량을 통해 지도를 제작하는 경우보다 소축척 지도의 제작에 적합하다.

■2018년 3회■13. GNSS 상대측위 방법에 대한 설명으로 옳은 것은?
① 수신기 1대만을 사용하여 측위를 실시한다.
② 위성의 수신기 간의 거리는 전파의 파장 갯수를 이용하여 계산할 수 있다.
③ 위상차의 계산은 단순차, 2중차, 3중차와 같은 차분기법으로는 해결하기 어렵다.
④ 전파의 위상차를 관측하는 방식이나 절대측위 방법보다 정확도가 떨어진다.

해설] ②
① 수신기 2대 이상을 사용하여 측위를 실시한다.
③ 위상차의 계산은 단순차, 2중차, 3중차와 같은 차분기법으로는 해결할 수 있다.
④ 전파의 위상차를 관측하는 방식이나 절대측위 방법보다 정확하다.

■2018년 1회■14. GNSS 관측성과로 틀린 것은?
① 지오이드 모델   ② 경도와 위도
③ 지구중심좌표   ④ 타원체고

해설] ①
지오이드는 중력 기준면으로 중력측정을 통해 확인할 수 있다.

■2017년 3회■15. GNSS 측량에 대한 설명으로 틀린 것은?
① 다양한 항법위성을 이용한 3차원 측위방법으로 GPS, GLONASS, Galileo 등이 있다.
② VRS 측위는 수신기 1대를 이용한 절대 측위 방법이다.
③ 지구질량중심을 원점으로 하는 3차원 직교좌표체계를 사용한다.
④ 정지측량, 신속정지측량, 이동측량 등으로 측위방법을 구분할 수 있다.

해설] ② VRS 측위는 수신기 1대를 이용한 상대 측위 방법이다.

3과목 수리학 및 수문학

	문제유형	출제문항수	출제빈도
정수역학	1 물의 성질과 점성	15	0.9
	2 정수역학	14	0.8
	3 부체	16	0.9
동수역학 및 관수로	4 물의 흐름 종류와 연속방정식	18	1.1
	5 운동량 보존법칙과 관로의 분기	4	0.2
	6 에너지 보존법칙(베르누이 정리)	26	1.5
	7 수두손실과 관망	45	2.6
	8 펌프	7	0.4
	9 항력	7	0.4
개수로	10 최적수로단면과 개수로의 유속분포	16	0.9
	11 비에너지	38	2.2
	12 위어와 큰 오리피스	22	1.3
	13 상사법칙	6	0.4
지하수	14 지하수의 투수	28	1.6
수문학	15 강우와 물의 순환	43	2.5
	16 침투와 유출	28	1.6
해양수리	17 파랑	7	0.4

문제유형1　물의 성질과 점성

■2022년 2회■1. 속도분포를 $v = 4y^{2/3}$으로 나타낼 수 있을 때 바닥면에서 0.5m 떨어진 높이에서의 속도경사(Velocity gradient)는? (단, v : m/sec, y : m)

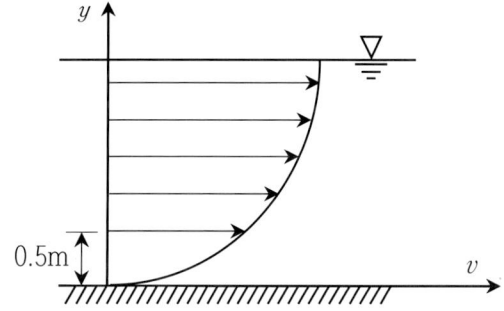

① 2.67 sec^{-1}
② 3.36 sec^{-1}
③ 2.67 sec^{-2}
④ 3.36 sec^{-2}

해설] ②

속도경사 $\dfrac{dv}{dy} = \dfrac{2}{3} \times 4y^{-1/3}$에서, $y = 0.5m$를 대입하면,

$\dfrac{dv}{dy} = 3.36 \text{sec}^{-1}$

■2022년 2회■2. 수중에 잠겨 있는 곡면에 작용하는 연직분력은?
① 곡면에 의해 배제된 물의 무게와 같다.
② 곡면중심의 압력에 물의 무게를 더한 값이다.
③ 곡면을 밑면으로 하는 물기둥의 무게와 같다.
④ 곡면을 연직면상에 투영했을 때 그 투영면이 작용하는 정수압과 같다.

해설] ③ 곡면을 밑면으로 하는 물기둥의 무게와 같다.
[참고] 수평분력 : 곡면을 연직면상에 투영했을 때 그 투영면이 작용하는 정수압

■2022년 1회■3. 일반적인 물의 성질로 틀린 것은?
① 물의 비중은 기름의 비중보다 크다.
② 물은 일반적으로 완전유체로 취급한다.
③ 해수(海水)도 담수(淡水)와 같은 단위중량으로 취급한다.
④ 물의 밀도는 보통 1g/cc = 1000kg/m^3 = 1t/m^{3}를 쓴다.

해설] ③ 해수(海水)와 담수(淡水)의 밀도가 다르기 때문에 단위중량도 다르다.

■2021년 3회■4. 일반적인 물의 성질로 틀린 것은?
① 물의 비중은 기름의 비중보다 크다.
② 물은 일반적으로 완전유체로 취급한다.
③ 해수(海水)도 담수(淡水)와 같은 단위중량으로 취급한다.
④ 물의 밀도는 보통 1g/cc = 1000kg/m^3 = 1t/m^{3}를 쓴다.

해설] ③ 해수(海水)와 담수(淡水)의 밀도가 다르기 때문에 단위중량도 다르다.

■2021년 3회■5. 동점성계수와 비중이 각각 $0.0019 m^2/s$와 1.2인 액체의 점성계수 μ는? (단, 물의 밀도는 $1,000 kg/m^3$)
① $0.19 kgf.s/m^2$
② $1.9 kgf.s/m^2$
③ $0.23 kgf.s/m^2$
④ $2.3 kgf.s/m^2$

해설] ③

동점성계수 $\nu = \dfrac{\mu}{\rho}$ 에서,

$0.0019 = \dfrac{\mu}{1000 \times 1.2}$ 이므로,

$\mu = 2.28 kg.s/m^2 = \dfrac{2.28}{9.8} kgf.s/m^2 = 2.33 kgf.s/m^2$

■2020년 4회■6. 두 개의 수평한 판이 5mm 간격으로 놓여 있고, 점성계수 0.01N·s/cm²인 유체로 채워져 있다. 하나의 판을 고정시키고 다른 하나의 판을 2m/s로 움직일 때 유체 내에서 발생되는 전단응력은?

① 1N/cm² ② 2N/cm²
③ 3N/cm² ④ 4N/cm²

해설] ④

$\tau = \mu \dfrac{dv}{dy} = 0.01 \times \dfrac{200}{0.5} = 4 N/cm^2$

■2020년 4회■7. 20℃에서 지름 0.3mm인 물방울이 공기와 접하고 있다. 물방울 내부의 압력이 대기압보다 10 gf/cm²만큼 크다고 할 때 표면장력의 크기를 dyne/cm로 나타내면?

① 0.075 ② 0.75
③ 73.50 ④ 75.0

해설] ③

$1 dyne = 1 g.cm/s^2$, $g = 9.81 m/s^2 = 981 cm/s^2$

표면장력 $T = \dfrac{\Pr}{2} = \dfrac{(10 \times 981) \times 0.03/2}{2} = 73.58 dyne/cm$

■2020년 1,2회 통합■8. 다음 중 밀도를 나타내는 차원은?

① $FL^{-4}T^2$
② FL^4T^2
③ $FL^{-2}T^4$
④ $FL^{-2}T^4$

해설] ①

$\rho = \dfrac{m}{V}$이므로, ML^{-3} 이고,

$F = ma = MLT^{-2}$에서, $M = FL^{-1}T^2$ 이므로,

$\rho = (FL^{-1}T^2) \times L^{-3} = FL^{-4}T^2$

■2019년 3회■9. 밀도가 ρ인 액체에 지름 d인 모세관을 연직으로 세웠을 경우 이 모세관 내에 상승한 액체의 높이는? (단, T : 표면장력, θ : 접촉각)

① $h = \dfrac{2T\cos\theta}{\rho g d^2}$ ② $h = \dfrac{2T\cos\theta}{\rho g d}$

③ $h = \dfrac{4T\cos\theta}{\rho g d^2}$ ④ $h = \dfrac{4T\cos\theta}{\rho g d}$

해설] ④

모세관 상승고 $h = \dfrac{4T\cos\theta}{\gamma d} = \dfrac{4T\cos\theta}{\rho g d}$

■2019년 2회■10. 부피 50m³인 해수의 무게(W)와 밀도(ρ)를 구한 값으로 옳은 것은? (단, 해수의 단위중량은 1.025 tf/m^3)

① $W = 5tf$, $\rho = 0.1046 kg.s^2/m^4$
② $W = 5tf$, $\rho = 104.6 kg.s^2/m^4$
③ $W = 5.125tf$, $\rho = 104.6 kg.s^2/m^4$
④ $W = 51.25tf$, $\rho = 104.6 kg.s^2/m^4$

해설] ④

$W = \gamma V = 1.025 \times 50 = 51.25 tf$

$\rho = \dfrac{\gamma}{g} = \dfrac{1.025}{9.81} = 0.1045 t/m^3 \times s^2/m = 104.5 kg.s^2/m^4$

■2019년 1회■11. 물리량의 차원이 옳지 않은 것은?

① 에너지 : [ML⁻² T⁻²]   ② 동점성계수 : [L² T⁻¹]
③ 점성계수 : [ML⁻¹ T⁻¹] ④ 밀도 : [FL⁻⁴ T²]

해설] ①

에너지 $E = Fx = [MLT^{-2} \times L] = [ML^2 T^{-2}]$

■2018년 3회■12. 다음 물리량 중에서 차원이 잘못 표시된 것은?

① 동점성계수: [FL⁻²T]   ② 밀도:[FL⁻⁴T²]
③ 전단응력:[FL⁻²]   ④ 표면장력:[FL⁻¹]

해설] ①

$\tau = \mu \dfrac{dV}{dy}$ 에서, 점성계수 $\mu = \tau \dfrac{dy}{dV}$ 이므로,

$\mu = [FL^{-2} \times L \times (LT^{-1})^{-1}] = FL^{-2}T$

$\quad = (MLT^{-2}) \times L^{-2}T = ML^{-1}T^{-1}$

동점성계수 $\nu = \dfrac{\mu}{\rho} = FL^{-2}T \times (ML^{-3})^{-1} = FM^{-1}LT$

$\quad\quad\quad = (MLT^{-2})M^{-1}LT = L^2T^{-1}$

■2018년 2회■13. 물의 점성계수를 μ, 동점성계수를 ν, 밀도를 ρ라 할때 관계식으로 옳은 것은?

① $\nu = \mu\rho$ ② $\nu = \dfrac{\rho}{\mu}$

③ $\nu = \dfrac{\mu}{\rho}$ ④ $\nu = \dfrac{1}{\rho\mu}$

해설] ③

■2018년 1회■14. 수리학에서 취급되는 여러 가지 양에 대한 차원이 옳은 것은?

① 유량 = [L³T⁻¹]   ② 힘 = [MLT⁻³]

③ 동점성계수 = [L³T⁻¹]   ④ 운동량 = [MLT⁻²]

해설] ①

힘 $F = ma = [MLT^{-2}]$

동점성계수 $\nu = \dfrac{\mu}{\rho} = ML^{-1}T^{-1}(ML^{-3})^{-1} = [L^2T^{-1}]$

운동량 $m\Delta V = [MLT^{-1}]$

■2017년 3회■15. 차원계를 [MLT]에서 [FLT]로 변환할 때 사용하는 식으로 옳은 것은?

① [M] = [LFT]   ② [M] = [L⁻¹FT²]

③ [M] = [LFT²]   ④ [M] = [L²FT]

해설] ②

$F = MLT^{-2}$ 에서, $M = FL^{-1}T^2$

문제유형2 정수역학

■2022년 2회■1. 정지하고 있는 수중에 작용하는 정수압의 성질로 옳지 않은 것은?

① 정수압의 크기는 깊이에 비례한다.

② 정수압은 물체의 면에 수직으로 작용한다.

③ 정수압은 단위면적에 작용하는 힘의 크기로 나타낸다.

④ 한 점에 작용하는 정수압은 방향에 따라 크기가 다르다.

해설] ④ 한 점에 작용하는 정수압은 방향에 관계없이 동일하다.

■2021년 3회■2. 탱크 속에 깊이 2m의 물과 그 위에 비중 0.85의 기름이 4m 들어있다. 탱크 바닥에서 받는 압력을 구한 값은? (단, 물의 단위중량은 9.81kN/m³이다.)

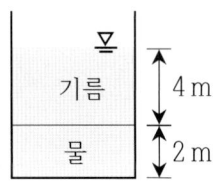

① 52.974kN/m²   ② 53.974kN/m²

③ 54.974kN/m²   ④ 55.974kN/m²

해설] ①

$p = \Sigma\gamma h = 0.85 \times 9.81 \times 4 + 1 \times 9.81 \times 2 = 52.974 kN/m^2$

■2021년 2회■3. 유체 속에 잠긴 곡면에 작용하는 수평분력은?

① 곡면에 의해 배재된 액체의 무게와 같다.

② 곡면의 중심에서의 압력과 면적의 곱과 같다.

③ 곡면의 연직상방에 실려 있는 액체의 무게와 같다.

④ 곡면을 연직면상에 투영하였을 때 생기는 투영면적에 작용하는 힘과 같다.

해설] ④

■2021년 1회■4. 액체 속에 잠겨 있는 경사평면에 작용하는 힘에 대한 설명으로 옳은 것은?

① 경사각과 상관없다.
② 경사각에 직접 비례한다.
③ 경사각의 제곱에 비례한다.
④ 무게중심에서의 압력과 면적의 곱과 같다.

해설] ④

■2020년 4회■5. 수면 아래 30m 지점의 수압을 kN/m²으로 표시하면? (단, 물의 단위중량은 9.81kN/m³이다.)

① 2.94kN/m²
② 29.43kN/m²
③ 294.3kN/m²
④ 2943kN/m²

해설] ③

$p = \gamma h = 9.81 \times 30 = 294.3 kN/m^2$

■2020년 1,2회 통합■6. 그림과 같이 지름 3m, 길이 8m인 수로의 드럼게이트에 작용하는 전수압이 수문 $\widehat{ABC}$ 에 작용하는 지점의 수심은?

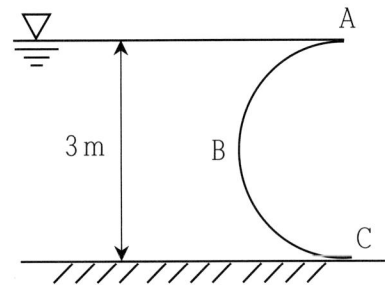

① 2.00m
② 2.25m
③ 2.43m
④ 2.68m

해설] ③

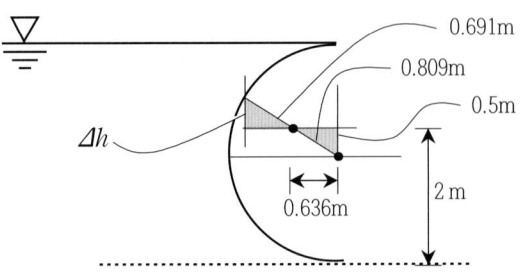

수평수압 작용점(수로바닥에서 연직거리)

$$h_{vc} = \frac{I_x}{h_G A} = h_{vG} + \frac{I_{vG}}{h_{vG}A_v}$$

$$= 1.5 + \frac{8 \times 3^3/12}{1.5 \times 3 \times 8} = 2m$$

연직수압 작용점(원의 중심에서 수평거리)

$$h_{hc} = \frac{4r}{3\pi} = \frac{4 \times 1.5}{3\pi} = 0.636m$$

원의 도심에서 합력점 직선거리 $= \sqrt{2^2 + 0.636^2} = 0.809m$

전수압 작용점에서 합력점 직선거리 $= 1.5 - 0.809 = 0.691m$

원의 도심에서 전수압 작용점까지 연직거리

$$\Delta h = \frac{0.5}{0.809} \times 0.691 = 0.427m$$

따라서, 바닥면에서 전수압 작용점까지 연직거리
$= 2 + 0.427 = 2.427m$

■2019년 3회■7. 그림과 같이 뚜껑이 없는 원통 속에 물을 가득 넣고 중심 축 주위로 회전시켰을 때 흘러넘친 양이 전체의 20%였다. 이때, 원통 바닥면이 받는 전수압(全水壓)은?

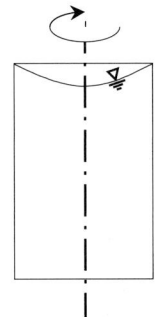

① 정지상태와 비교할 수 없다.
② 정지상태에 비해 변함이 없다.
③ 정지상태에 비해 20%만큼 증가한다.
④ 정지상태에 비해 20%만큼 감소한다.

해설] ④
원통바닥면이 받는 전수압은 연직수압으로, 원통 속의 물의 양과 같다. 따라서, 물이 20% 감소하면 동일하게 연직수압도 감소한다.

■2019년 3회■8. 정수 중의 정면에 작용하는 압력프리즘에 관한 성질 중 틀린 것은?
① 전수압의 크기는 압력프리즘의 면적과 같다.
② 전수압의 작용선은 압력프리즘의 도심을 통과한다.
③ 수면에 수평한 평면의 경우 압력프리즘은 직사각형이다.
④ 한 쪽 끝이 수면에 닿는 평면의 경우에는 삼각형이다.

해설] ① 전수압의 크기는 압력프리즘의 체적과 같다.
압력프리즘 = 압력분포도

■2019년 2회■9. 그림과 같이 물 속에 수직으로 설치된 넓이 2m×3m 의 수문을 올리는데 필요한 힘은? (단, 수문의 물 속 무게는 1,960N 이고 수문과 벽면사이의 마찰계수는 0.25이다.)

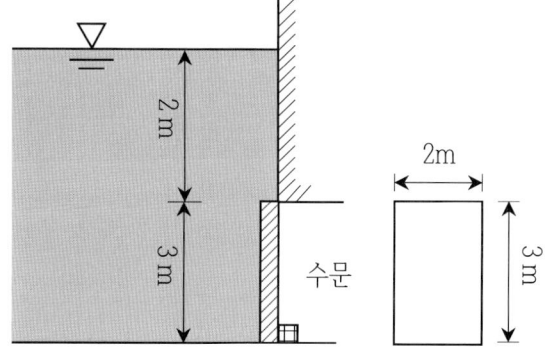

① 5.45 kN
② 53.4 kN
③ 126.7 kN
④ 271.2 kN

해설] ②
마찰력 $F = \mu N = 0.25 \times (2 \times \gamma_w + 5 \times \gamma_w) \times 3/2 \times 2$
$= 51.45 kN \ (\gamma_w = 9.8)$
수문을 올리는데 필요한 힘 $= 1.96 + 51.45 = 53.41 kN$

■2019년 1회■10. 흐르지 않는 물에 잠긴 평판에 작용하는 전수압(全水壓)의 계산 방법으로 옳은 것은? (단, 여기서 수압이란 단위 면적당 압력을 의미)
① 평판도심의 수압에 평판면적을 곱한다.
② 단면의 상단과 하단 수압의 평균값에 평판면적을 곱한다.
③ 작용하는 수압의 최대값에 평판면적을 곱한다.
④ 평판의 상단에 작용하는 수압에 평판면적을 곱한다.

해설] ①
전수압 $P = \gamma h_G \times A$

■2018년 3회■11. 그림과 같이 높이 2m인 물통에 물이 1.5m만큼 담겨져 있다. 물통이 수평으로 4.9m/s² 의 일정한 가속도를 받고 있을 때, 물통의 물이 넘쳐흐르지 않기 위한 물통의 길이(L)는?

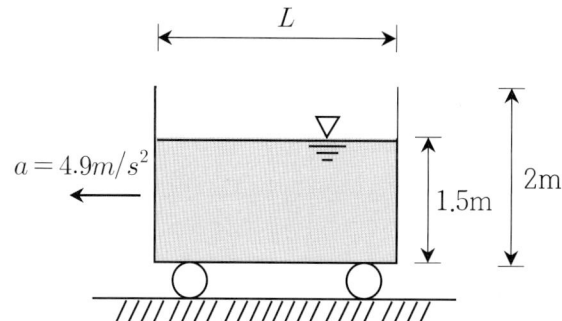

① 2.0m
② 2.4m
③ 2.8m
④ 3.0m

해설] ①
수위변화량 $\Delta h = \dfrac{a}{g} \times L/2 < 0.5m$ 이므로,
$\dfrac{4.9}{9.8} \times \dfrac{L}{2} < 0.5$ 에서, $L < 2.0m$

■2018년 1회■12. 폭 4.8m, 높이 2.7m의 연직 직사각형 수문이 한쪽 면에서 수압을 받고 있다. 수문의 밑면은 힌지로 연결되어 있고 상단은 수평체인(Chain)으로 고정되어 있을 때 이 체인에 작용하는 장력(張力)은? (단, 수문의 정상과 수면은 일치한다.)

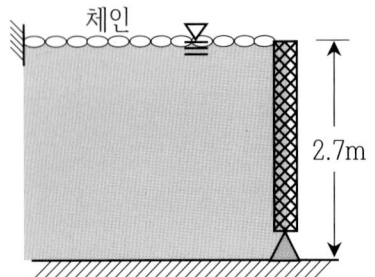

① 29.23kN   ② 57.15kN
③ 7.87kN   ④ 0.88kN

해설] ②

총수압 $P = \frac{1}{2}\gamma_w h^2 \times b = \frac{1}{2} \times 9.8 \times 2.7^2 \times 4.8$

$= 171.461 kN$

체인이 받는 힘 $T = \frac{1}{3}P = \frac{1}{3} \times 17.461 = 57.154 kN$

■2017년 3회■13. 그림과 같이 정수 중에 있는 판에 작용하는 전수압을 계산하는 식은?

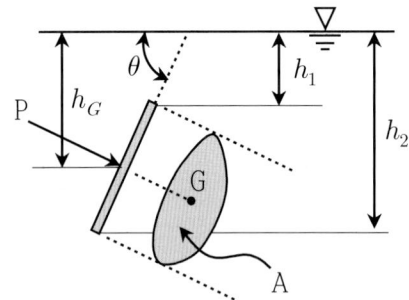

① $P = \gamma S_G A$ ② $P = \gamma \frac{(h_1 + h_2)}{2} A$
③ $P = \gamma h_G A$ ④ $P = \gamma h_G A \sin\theta$

해설] ③

■2017년 1회■14. 물 속에 존재하는 임의의 면에 작용하는 정수압의 작용방향은?
① 수면에 대하여 수평방향으로 작용한다.
② 수면에 대하여 수직방향으로 작용한다.
③ 정수압의 수직압은 존재하지 않는다.
④ 임의의 면에 직각으로 작용한다.

해설] ④

문제유형3   부체

■2022년 1회■1. 비중이 0.9인 목재가 물에 떠 있다. 수면 위에 노출된 체적이 1.0m³ 이라면 목재 전체의 체적은? (단, 물의 비중은 1.0 이다.)
① 1.9 m³   ② 2.0 m³
③ 9.0 m³   ④ 10.0 m³

해설] ④

잠긴부분 체적에 해당하는 물의 무게 = 물체의 전체 무게

$V_{sub} \times \gamma_w = V_{sub} \times 1 \times g = (V_{sub} + 1) \times 0.9 \times g$

$V_{sub} = 0.9 V_{sub} + 0.9$ 이므로, $V_{sub} = 9 m^3$

따라서, $V = V_{sub} + 1 = 9 + 1 = 10 m^3$

■2022년 1회■2. 정수역학에 관한 설명으로 틀린 것은?
① 정수 중에는 전단응력이 발생된다.
② 정수 중에는 인장응력이 발생되지 않는다.
③ 정수압은 항상 벽면에 직각방향으로 작용한다.
④ 정수 중의 한 점에 작용하는 정수압은 모든 방향에서 균일하게 작용한다.

해설] ① 정수 중에는 전단응력이 없다.

■2021년 2회■3. 빙산의 비중이 0.92이고 바닷물의 비중은 1.025일 때 빙산이 바닷물 속에 잠겨있는 부분의 부피는 수면 위에 나와 있는 부분의 약 몇 배인가?
① 0.8배   ② 4.8배
③ 8.8배   ④ 10.8배

해설] ③
빙산이 바닷물에 잠긴부분 체적에 해당하는 바닷물의 무게
= 빙산 전체의 무게
전체 체적 V, 잠긴 부분의 체적 V_{sub}
수면 위의 체적 = $V - V_{sub}$
$V \times 0.92 = V_{sub} \times 1.025$
따라서, $V_{sub} = 0.898\,V$ 이므로, 수면 위의 체적 = $0.102\,V$
비율 = $\dfrac{0.898}{0.102} = 8.8$

■2021년 1회■4. 부력의 원리를 이용하여 그림과 같이 바닷물 위에 떠 있는 빙산의 전 체적을 구한 값은?

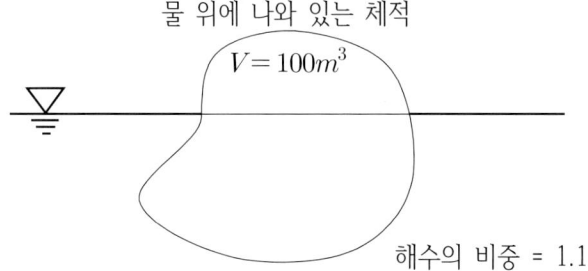

① 550m³   ② 890m³
③ 1,000m³ ④ 1,100m³

해설] ①
잠긴부분의 체적 V_{sub}로 하면, 전 체적 $V = V_{sub} + 100$
빙산의 총 무게 = 잠긴부분에 해당하는 해수의 무게
$0.9g \times (V_{sub} + 100) = 1.1g \times V_{sub}$ 에서, $V_{sub} = 450m^3$
따라서, 전 체적 $V = 450 + 100 = 550m^3$

■2021년 1회■5. 중량이 600N, 비중이 3.0인 물체를 물(담수) 속에 넣었을 때 물 속에서의 중량은?
① 100N   ② 200N
③ 300N   ④ 400N

해설] ④
잠긴부분의 물의 중량만큼 물체의 중량은 감소한다.
물체의 전체가 잠겨 있으므로,
$W = \gamma V = 30 \times V = 600$에서, $V = 20$
$W = (\gamma - \gamma_w)V = (30-10) = 20\,V = 400N$

■2020년 4회■6. 부체의 안정에 관한 설명으로 옳지 않은 것은?
① 경심(M)이 무게중심(G)보다 낮을 경우 안정하다.
② 무게중심(G)이 부심(B)보다 아래쪽에 있으면 안정하다.
③ 경심(M)이 무게중심(G)보다 높을 경우 복원모멘트가 작용한다.
④ 부심(B)과 무게중심(G)이 동일 연직선 상에 위치할 때 안정을 유지한다.

해설] ① 경심(M)이 무게중심(G)보다 낮을 경우 불안정하다.

■2020년 4회■7. 그림과 같이 1m×1m×1m 인 정육면체의 나무가 물에 떠 있을 때 부체(浮體)로서 상태로 옳은 것은? (단, 나무의 비중은 0.8 이다.)

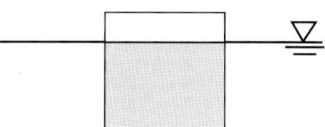

① 안정하다.   ② 불안정하다.
③ 중립상태다. ④ 판단할 수 없다.

해설] ①
잠긴부분의 깊이 h
$W = 0.8 \times 1^3 = 1 \times (1 \times 1 \times h)$에서, $h = 0.8m$
부심 $B = \dfrac{0.8}{2} = 0.4m$
바닥면에서 물체의 중심 $G = 0.5m$
$\dfrac{I_y}{V} = \dfrac{1^4/12}{0.8 \times 1^2} = 0.104m > \overline{BG} = 0.1m$ 이므로, 안정

■2020년 4회■8. 지름 25cm, 길이 1m의 원주가 연직으로 물에 떠 있을 때, 물 속에 가라앉은 부분의 길이가 90cm 라면 원주의 무게는? (단, 무게 1kgf = 9.8N)

① 253 N ② 344 N
③ 433 N ④ 503 N

해설] ③

$W = \gamma_w \times V_{sub} = 9.8 \times 0.9 \times (\pi \times 0.25^2 / 4) = 0.433 kN$

$= 433 N$

■2020년 1,2회 통합■9. 밑변 2m, 높이 3m인 삼각형 형상의 판이 밑변을 수면과 맞대고 연직으로 수중에 있다. 이 삼각형 판의 작용점위치는? (단, 수면을 기준으로 한다.)

① 1m ② 1.33m
③ 1.5m ④ 2m

해설] ③

수압의 작용점

$h_c = \dfrac{I_x}{h_G A} = h_G + \dfrac{I_G}{h_G A}$

$= \dfrac{bh^3/12}{h/3 \times bh/2} = \dfrac{h}{2} = \dfrac{3}{2} = 1.5m$

■2019년 2회■10. 길이 13m, 높이 2m, 폭 3m, 무게 20 ton인 바지선의 흘수는?

① 0.51m ② 0.56m
③ 0.58m ④ 0.46m

해설] ①

부체의 무게 = 잠긴부분에 해당하는 물의 무게

$W = \gamma_w A \times h$에서, $20 \times g = 1 \times g \times 13 \times 3 \times h$이므로,

$h = 0.513m$

■2019년 1회■11. 물체의 공기 중 무게가 750N이고 물속에서의 무게는 250N일 때 이 물체의 체적은? (단, 무게 1kg중=10N)

① 0.05 m³
② 0.06 m³
③ 0.50 m³
④ 0.60 m³

해설] ①

$1 kgf = 1 kg \times g = 10 N$에서, $g = 10 m/s^2$

물속에서 무게 $W_{sub} = (\gamma - \gamma_w) \times V = 0.250$이고,

공기중에서 무게 $W = \gamma V = 0.750$ 이므로,

$\gamma V - 10 V = 0.250 = 0.75 - 10 V$에서, $V = 0.05 m^3$

[별해]

총무게 = 수중의 무게 + 잠긴부분에 해당하는 물의 무게

$0.75 = 0.25 + \gamma_w V$에서, $0.5 = 10 V$이므로, $V = 0.05 m^3$

■2018년 3회■12. 빙산(氷山)의 부피가 V, 비중이 0.92이고, 바닷물의 비중은 1.025라 할 때 바닷물 속에 잠겨있는 빙산의 부피는?

① 1.1V
② 0.9V
③ 0.8V
④ 0.7V

해설] ②

빙산의 무게 = 잠긴부분 바닷물에 해당하는 무게

$W = \rho V = 1.025 V_{sub}$에서,

$V_{sub} = \dfrac{0.92}{1.025} V = 0.898 V$

■2018년 2회■13. 그림과 같이 단위폭당 자중이 $3.5×10^6$N/m인 직립식 방파제에 $1.5×10^6$N/m의 수평 파력이 작용할때, 방파제의 활동 안전율은? (단, 중력가속도=10.0m/s², 방파제와 바닥의 마찰계수=0.7, 해수의 비중 =1로 가정하며, 파랑에 의한 양압력은 무시하고, 부력은 고려한다.)

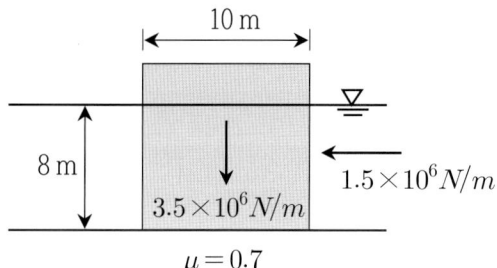

① 1.20 ② 1.22
③ 1.24 ④ 1.26

해설] ④
부력 $W_w = \gamma_w h × A = 10 × 8 × (10 × 1) = 800 kN$
수중자중 $W = 3500 - 800 = 2700 kN$
마찰력 $F = \mu N = 0.7 × 2700 = 1890 kN$
안전율 $SF = \dfrac{F}{H} = \dfrac{1890}{1500} = 1.26$

■2018년 2회■14. 부체의 안정에 관한 설명으로 옳지 않은 것은?
① 경심(M)이 무게중심(G)보다 낮을 경우 안정하다.
② 무게중심(G)이 부심(B)보다 아래쪽에 있으면 안정하다.
③ 부심(B)과 무게중심(G)이 동일 연직선 상에 위치할때 안정을 유지한다.
④ 경심(M)이 무게중심(G)보다 높을 경우 복원 모멘트가 작용한다.

해설] ① 경심(M)이 무게중심(G)보다 높을 경우 안정하다.

■2017년 2회■15. 비중 γ_1의 물체가 비중 $\gamma_2(\gamma_2 > \gamma_1)$의 액체에 떠 있다. 액면 위의 부피($V_1$)과 액면 아래의 부피($V_2$) 비 ($V_1/V_2$)는?

① $\dfrac{\gamma_2 + \gamma_1}{\gamma_1}$ ② $\dfrac{\gamma_2 - \gamma_1}{\gamma_1}$
③ $\dfrac{\gamma_2}{\gamma_1}$ ④ $\dfrac{\gamma_1}{\gamma_2}$

해설] ②
부체의 총 중량 = 잠긴부분에 해당하는 물의 중량
$\gamma_1(V_1 + V_2) = \gamma_2 V_2$ 에서, $\dfrac{V_1}{V_2} = \dfrac{\gamma_2 - \gamma_1}{\gamma_1}$

■2017년 1회■16. 중량이 600N, 비중이 3.0인 물체를 물(담수) 속에 넣을 때 물 속에서의 중량은?
① 100N ② 200N
③ 300N ④ 400N

해설] ④
$W_{sub} = (\gamma - \gamma_w)V = (\gamma - \gamma_w)\dfrac{W}{\gamma} = (3g - g) × \dfrac{600}{3g} = 400N$

문제유형4 물의 흐름 종류와 연속방정식

■2022년 2회■1. 3차원 흐름의 연속방정식을 아래와 같은 형태로 나타낼 때 이에 알맞은 흐름의 상태는?

$$\dfrac{\partial u}{\partial x} + \dfrac{\partial v}{\partial y} + \dfrac{\partial \omega}{\partial z} = 0$$

① 비압축성 정상류 ② 비압축성 부정류
③ 압축성 정상류 ④ 압축성 부정류

해설] ①

압축성 부정류(일반식) $\dfrac{\partial \rho u}{\partial x} + \dfrac{\partial \rho v}{\partial y} + \dfrac{\partial \rho \omega}{\partial z} + \dfrac{\partial \rho}{\partial t} = 0$

압축성 정류 $\dfrac{\partial \rho u}{\partial x} + \dfrac{\partial \rho v}{\partial y} + \dfrac{\partial \rho \omega}{\partial z} = 0$

비압축성 부정류 $\dfrac{\partial u}{\partial x} + \dfrac{\partial v}{\partial y} + \dfrac{\partial \omega}{\partial z} + \dfrac{\partial \rho}{\partial t} = 0$

비압축성 정류 $\dfrac{\partial u}{\partial x} + \dfrac{\partial v}{\partial y} + \dfrac{\partial \omega}{\partial z} = 0$

(정류 : 시간요소 없음, 비압축성 : 밀도요소 없음)

■2022년 2회■2. 정상류에 관한 설명으로 옳지 않은 것은?
① 유선과 유적선이 일치한다.
② 흐름의 상태가 시간에 따라 변하지 않고 일정하다.
③ 실제 개수로 내 흐름의 상태는 정상류가 대부분이다.
④ 정상류 흐름의 연속방정식은 질량보존의 법칙으로 설명된다.

해설] ③ 실제 개수로 내 흐름의 상태는 부정류가 대부분이다.

■2022년 1회■3. 흐르는 유체 속의 한 점(x, y, z)의 각 측방향의 속도성분을 (u, v, w)라 하고 밀도를 ρ, 시간을 t로 표시할 때 가장 일반적인 경우의 연속방정식은?

① $\dfrac{\partial \rho u}{\partial x} + \dfrac{\partial \rho v}{\partial y} + \dfrac{\partial \rho \omega}{\partial z} = 0$

② $\dfrac{\partial u}{\partial x} + \dfrac{\partial v}{\partial y} + \dfrac{\partial \omega}{\partial z} = 0$

③ $\dfrac{\partial u}{\partial x} + \dfrac{\partial v}{\partial y} + \dfrac{\partial \omega}{\partial z} + \dfrac{\partial \rho}{\partial t} = 0$

④ $\dfrac{\partial \rho u}{\partial x} + \dfrac{\partial \rho v}{\partial y} + \dfrac{\partial \rho \omega}{\partial z} + \dfrac{\partial \rho}{\partial t} = 0$

해설] ④

압축성 정류 $\dfrac{\partial \rho u}{\partial x} + \dfrac{\partial \rho v}{\partial y} + \dfrac{\partial \rho \omega}{\partial z} = 0$

압축성 부정류 $\dfrac{\partial \rho u}{\partial x} + \dfrac{\partial \rho v}{\partial y} + \dfrac{\partial \rho \omega}{\partial z} + \dfrac{\partial \rho}{\partial t} = 0$ (일반식)

비압축성 정류 $\dfrac{\partial u}{\partial x} + \dfrac{\partial v}{\partial y} + \dfrac{\partial \omega}{\partial z} = 0$

비압축성 부정류 $\dfrac{\partial u}{\partial x} + \dfrac{\partial v}{\partial y} + \dfrac{\partial \omega}{\partial z} + \dfrac{\partial \rho}{\partial t} = 0$

정류 : 시간에 따른 변화없음
비압축성 : 밀도에 따른 변화없음

■2021년 2회■4. 지름 1m의 원통 수조에서 지름 2cm의 관으로 물이 유출되고 있다. 관내의 유속이 2.0m/s 일 때, 수조의 수면이 저하되는 속도는?
① 0.3 cm/s   ② 0.4 cm/s
③ 0.06 cm/s   ④ 0.08 cm/s

해설] ④
$Q = AV$에서,
$\pi \times 0.01^2 \times 2 = \pi \times 0.5^2 \times V_1$이므로,
$V_1 = 0.8 mm/s = 0.08 cm/s$

■2021년 2회■5. 유체의 흐름에 관한 설명으로 옳지 않은 것은?
① 유체의 입자가 흐르는 경로를 유적선이라 한다.
② 부정류(不定流)에서는 유선이 시간에 따라 변화한다.
③ 정상류(定常流)에서는 하나의 유선이 다른 유선과 교차하게 된다.
④ 점성이나 압축성을 완전히 무시하고 밀도가 일정한 이상적은 유체를 완전유체라 한다.

해설] ③ 정상류(定常流)에서는 하나의 유선이 다른 유선과 교차되지 않는다.

■2021년 2회■6. 비압축성 이상유체에 대한 아래 내용 중 ( )안에 들어갈 알맞은 말은?

| 비압축성 이상유체는 압력 및 온도에 따른 (　　)의 변화가 미소하여 이를 무시할 수 있다. |

① 밀도   ② 비중
③ 속도   ④ 점성

해설] ①

■2021년 1회■7. 유속 3m/s로 매초 100L의 물이 흐르게 하는데 필요한 관의 지름은?
① 153mm   ② 206mm
③ 265mm   ④ 312mm

해설] ②
$Q = AV = 100 \times 10^{-3} = \dfrac{\pi d^2}{4} \times 3$에서, $d = 0.206m$

[참조] $1m^3 = 10^3 L$

■2020년 4회■8. 관의 지름이 각각 3m, 1.5m 인 서로 다른 관이 연결되어 있을 때, 지름 3m 관내에 흐르는 유속이 0.03 m/s 이라면 지름 1.5m 관내에 흐르는 유량은?

① 0.157 m³/s ② 0.212 m³/s
③ 0.378 m³/s ④ 0.540 m³/s

해설] ②

$$Q = AV = \frac{\pi \times 3^2}{4} \times 0.03 = 0.212 m^3/s$$ (유량은 동일하다.)

■2020년 1,2회 통합■9. 시간을 t, 유속을 v, 두 단면 간의 거리를 l이라 할 때, 다음 조건 중 부등류인 경우는?

① $\frac{v}{l} = 0$ ② $\frac{v}{t} \neq 0$
③ $\frac{v}{t} = 0, \frac{v}{l} = 0$ ④ $\frac{v}{t} = 0, \frac{v}{l} \neq 0$

해설] ①

부등류 : 일정의 시간에 대해, 위치에 따라서 흐름의 특성이 변하는 경우

$$\frac{\partial Q}{\partial l} \neq \frac{\partial V}{\partial l} \neq \frac{\partial \gamma}{\partial l} \neq 0$$

■2020년 1,2회 통합■10. 유체의 흐름에 대한 설명으로 옳지 않은 것은?

① 이상유체에서 점성은 무시된다.
② 유관(stream tube)은 유선으로 구성된 가상적인 관이다.
③ 점성이 있는 유체가 계속해서 흐르기 위해서는 가속도가 필요하다.
④ 정상류의 흐름 상태는 위치변화에 따라 변화하지 않는 흐름을 의미한다.

해설] ④ 정상류의 흐름 상태는 시간변화에 따라 변화하지 않는 흐름을 의미한다.

■2020년 1,2회 통합■11. 평면상 x, y 방향의 속도 성분이 각각 $u = ky$, $v = kx$인 유선의 형태는?

① 원 ② 타원
③ 쌍곡선 ④ 포물선

해설] ③

유선방정식 $\frac{dx}{u} = \frac{1}{k}y^{-1}dx = \frac{dy}{v} = \frac{1}{k}x^{-1}dy$

이를 적분하면,

$\frac{1}{k}y^{-1}x = \frac{1}{k}x^{-1}y + C$ 에서, $x^2 - y^2 = Ck$ 이므로, 쌍곡선이다.

쌍곡선 방정식 $\frac{x^2}{a^2} - \frac{y^2}{b^2} = 1$

원 방정식 $x^2 + y^2 = R^2$

타원 방정식 $\frac{x^2}{a^2} + \frac{y^2}{b^2} = 1$

포물선 방정식 $y = ax^2 + bx + c$

■2019년 3회■12. 유선 위 한 점의 각 축(x축, y축, z축)에 대한 좌표를 (x, y, z), 각 축 방향 속도성분을 각각 u, v, w라 할 때 서로의 관계가 $\frac{dx}{u} = \frac{dy}{v} = \frac{dz}{w}$, $u = -ky$, $v = kx$, $w = 0$인 흐름에서 유선의 형태는? (단, k는 상수)

① 원 ② 직선
③ 타원 ④ 쌍곡선

해설] ①

$\frac{dx}{u} = -\frac{x}{ky} = \frac{dy}{v} = \frac{y}{kx}$ 에서, $kx^2 + ky^2 = C$ 이므로, 원함수 이다.

■2019년 2회■13. 비압축성유체의 연속방정식을 표현한 것으로 가장 올바른 것은?

① $Q = \rho AV$ ② $\rho_1 A_1 = \rho_2 A_2$
③ $Q_1 A_1 V_1 = Q_2 A_2 V_2$ ④ $A_1 V_1 = A_2 V_2$

해설] ④
비압축성 유체의 연속방정식 $Q = A_1 V_1 = A_2 V_2$
압축성 유체인 경우, $Q = \rho_1 A_1 V_1 = \rho_2 A_2 V_2$

■2019년 2회■14. 다음 물의 흐름에 대한 설명 중 옳은 것은?
① 수심은 깊으나 유속이 느린 흐름을 사류라 한다.
② 물의 분자가 흩어지지 않고 질서 정연히 흐르는 흐름을 난류라 한다.
③ 모든 단면에 있어 유적과 유속이 시간에 따라 변하는 것을 정류라 한다.
④ 에너지선과 동수 경사선의 높이의 차는 일반적으로 $V_2/2g$이다.

해설] ④
① 수심은 깊으나 유속이 느린 흐름을 상류라 한다.
② 물의 분자가 흩어지지 않고 질서 정연히 흐르는 흐름을 층류라 한다.
③ 모든 단면에 있어 유적과 유속이 시간에 따라 변하지 않는 것을 정류라 한다.

■2018년 1회■15. 3차원 흐름의 연속방정식을 아래와 같은 형태로 나타낼 때 이에 알맞은 흐름의 상태는?

$$\frac{\partial u}{\partial x} + \frac{\partial v}{\partial y} + \frac{\partial \omega}{\partial z} = 0$$

① 비압축성 정상류 ② 비압축성 부정류
③ 압축성 정상류 ④ 압축성 부정류

해설] ①
압축성 부정류(일반식) $\frac{\partial \rho u}{\partial x} + \frac{\partial \rho v}{\partial y} + \frac{\partial \rho \omega}{\partial z} + \frac{\partial \rho}{\partial t} = 0$

압축성 정류 $\frac{\partial \rho u}{\partial x} + \frac{\partial \rho v}{\partial y} + \frac{\partial \rho \omega}{\partial z} = 0$

비압축성 부정류 $\frac{\partial u}{\partial x} + \frac{\partial v}{\partial y} + \frac{\partial \omega}{\partial z} + \frac{\partial \rho}{\partial t} = 0$

비압축성 정류 $\frac{\partial u}{\partial x} + \frac{\partial v}{\partial y} + \frac{\partial \omega}{\partial z} = 0$

(정류 : 시간요소 없음, 비압축성 : 밀도요소 없음)

■2017년 3회■16. 정상류의 흐름에 대한 설명으로 옳은 것은?
① 흐름특성이 시간에 따라 변하지 않는 흐름이다.
② 흐름특성이 공간에 따라 변하지 않는 흐름이다.
③ 흐름특성이 단면에 관계없이 동일한 흐름이다.
④ 흐름특성이 시간에 따라 일정한 비율로 변하는 흐름이다.

해설] ①

■2017년 1회■17. 정상류(steady flow)의 정의로 가장 적합한 것은?
① 수리학적 특성이 시간에 따라 변하지 않는 흐름
② 수리학적 특성이 공간에 따라 변하지 않는 흐름
③ 수리학적 특성이 시간에 따라 변하는 흐름
④ 수리학적 특성이 공간에 따라 변하는 흐름

해설] ①
정류(정상류)는 시간에 관계없는 흐름
$$\frac{\partial Q}{\partial t} = \frac{\partial V}{\partial t} = \frac{\partial \gamma}{\partial t} = 0$$

■2017년 1회■18. 흐름에 대한 설명 중 틀린 것은?
① 흐름이 층류일 때는 뉴톤의 점성 법칙을 적용할 수 있다.
② 등류란 모든 점에서의 흐름의 특성이 공간에 따라 변하지 않는 흐름이다.
③ 유관이란 개개의 유체입자가 흐르는 경로를 말한다.
④ 유선이란 각 점에서 속도벡터에 접하는 곡선을 연결한 선이다.

해설] ③ 유적선이란 개개의 유체입자가 흐르는 경로를 말한다.
유관 : 유선에 의해 형성된 가상의 가상의 관

문제유형5 운동량 보존법칙과 관로의 분기

■2022년 2회■1. 수로의 단위폭에 대한 운동량 방정식은? (단, 수로의 경사는 완만하며, 바닥 마찰저항은 무시한다.)

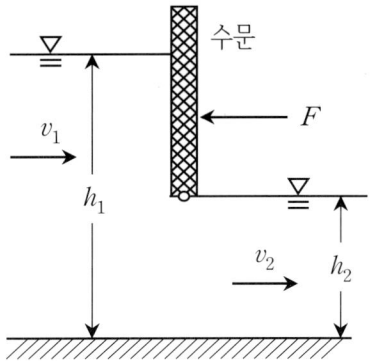

① $\dfrac{\gamma h_1^2}{2} - \dfrac{\gamma h_2^2}{2} - F = \rho Q(V_1 - V_2)$

② $\dfrac{\gamma h_1^2}{2} - \dfrac{\gamma h_2^2}{2} - F = \rho Q(V_2 - V_1)$

③ $\dfrac{\gamma h_1^2}{2} + \dfrac{\gamma h_2^2}{2} - F = \rho Q(V_2 - V_1)$

④ $\dfrac{\gamma h_1^2}{2} + \rho Q V_1 + F = \dfrac{\gamma h_2^2}{2} + \rho Q V_2$

해설] ②
운동량 방정식에 의해,
$P_1 - P_2 - F = m \Delta V = \rho Q (V_2 - V_1)$

$\dfrac{\gamma h_1^2}{2} - \dfrac{\gamma h_2^2}{2} - F = \rho Q (V_2 - V_1)$

■2021년 3회■2. 1차원 정류흐름에서 단위시간에 대한 운동량 방정식은? (단, F: 힘, m: 질량, V_1: 초속도, V_2: 종속도, △t: 시간의 변화량, S: 변위, W: 물체의 중량)

① F = W·S
② F = m·△t
③ F = m(V_2-V_1)/S
④ F = m(V_2-V_1)

해설] ④
운동량 $F = m \Delta V = m(V_2 - V_1)$

■2021년 3회■3. 물이 유량 Q=0.06m³/s로 60°의 경사평면에 충돌할 때 충돌 후의 유량 Q_1, Q_2는? (단, 에너지 손실과 평면의 마찰은 없다고 가정하고 기타 조건은 일정하다.)

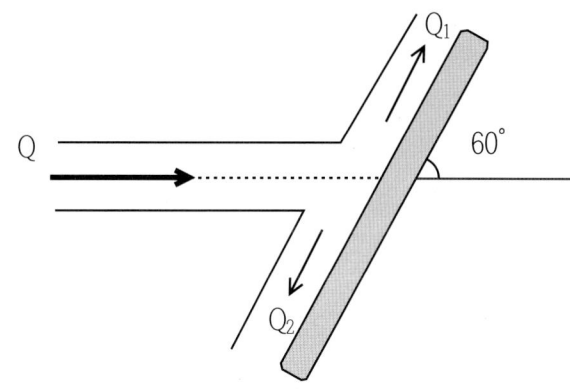

① Q_1: 0.03m³/s, Q_2: 0.03m³/s
② Q_1: 0.035m³/s, Q_2: 0.025m³/s
③ Q_1: 0.040m³/s, Q_2: 0.020m³/s
④ Q_1: 0.045m³/s, Q_2: 0.015m³/s

해설] ④

$Q_1 = \dfrac{Q}{2}(1 + \cos\theta) = \dfrac{0.06}{2}(1 + \cos 60°) = 0.045 m^3/s$

$Q_2 = \dfrac{Q}{2}(1 - \cos\theta) = \dfrac{0.06}{2}(1 - \cos 60°) = 0.015 m^3/s$

■2018년 2회■4. Δt 시간동안 질량 m인 물체에 속도변화 ΔV가 발생할 때, 이 물체에 작용하는 외력 F는?

① $m \Delta t / \Delta V$
② $m \Delta V \Delta t$
③ $m \Delta V / \Delta t$
④ $m \Delta V$

해설] ③
$F = ma = m \Delta V / \Delta t$

| 문제유형6 | 에너지 보존법칙(베르누이 정리) |

■2022년 1회■1. 베르누이(Bernoulli)의 정리에 관한 설명으로 틀린 것은?
① 회전류의 경우는 모든 영역에서 성립한다.
② Euler의 운동방정식으로부터 적분하여 유도할 수 있다.
③ 베르누이의 정리를 이용하여 Torricelli의 정리를 유도할 수 있다.
④ 이상유체 흐름에 대하여 기계적 에너지를 포함한 방정식과 같다.

해설] ① 정류에서 성립한다.

베르누이 정리 $\frac{V_i^2}{2g} + \frac{p_i}{\gamma_i} + z_i = const.$

■2022년 1회■2. 그림과 같은 모양의 분수(噴水)를 만들었을 때 분수의 높이(H_v)는? (단, 유속계수 C_v : 0.96, 중력가속도 g = 9.8 m/s2, 다른 손실은 무시한다.)

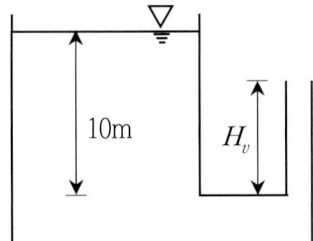

① 9.00 m   ② 9.22 m
③ 9.62 m   ④ 10.00 m

해설] ②
베르누이 정리에 의해,
$H = \frac{V^2}{2g}$ 에서, $V = \sqrt{2gH} = \sqrt{2 \times 9.8 \times 10} = 14 m/s$
$V' = C_v V = 0.96 \times 14 = 13.44 m/s$
$H_v = \frac{V'^2}{2g} = \frac{13.44^2}{2 \times 9.8} = 9.216 m$

■2022년 1회■3. 수심이 1.2m인 수조의 밑바닥에 길이 4.5m, 지름 2cm인 원형관이 연직으로 설치되어 있다. 최초에 물이 배수되기 시작할 때 수조의 밑바닥에서 0.5m 아래로 떨어진 연직관 내의 수압은? (단, 물의 단위중량은 9.81 kN/m³이며, 손실은 무시한다.)

① 49.05 kN/m²
② -49.05 kN/m²
③ 39.24 kN/m²
④ -39.24 kN/m²

해설] ④
베르누이 정리에 의해,
유출부(1)와 수로바닥에서 0.5m이격지점(2)에 대해,
$\frac{V_1^2}{2g} + \frac{p_1}{\gamma} + z_1 = \frac{V_2^2}{2g} + \frac{p_2}{\gamma} + z_2$ 에서,

$\frac{V_1^2}{2g} = \frac{V_2^2}{2g} + \frac{p_2}{\gamma} + 4$ 이고, $V_1 = V_2$ 이므로,

$\frac{p_2}{\gamma} = -4$ 에서, $p_2 = -4 \times 9.81 = -39.24 kN/m^2$

■2021년 3회■4. 압력 150kN/m²을 수은기둥으로 계산한 높이는? (단, 수은의 비중은 13.57, 물의 단위중량은 9.81kN/m³이다.)

① 0.905m
② 1.13m
③ 15m
④ 203.5m

해설] ②
압력수두 $\frac{p}{\gamma} = \frac{150}{13.57 \times 9.81} = 1.127 m$

■2021년 1회■5. 그림과 같은 노즐에서 유량을 구하기 위한 식으로 옳은 것은? (단, 유량계수는 1.0으로 가정한다.)

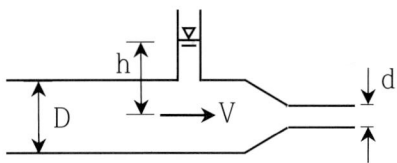

① $\frac{\pi d^2}{4}\sqrt{2gh}$

② $\frac{\pi d^2}{4}\sqrt{\frac{2gh}{1-(\frac{d}{D})^4}}$

③ $\frac{\pi d^2}{4}\sqrt{\frac{2gh}{1-(\frac{d}{D})^2}}$

④ $\frac{\pi d^2}{4}\sqrt{\frac{2gh}{1+(\frac{d}{D})^2}}$

해설] ②

$Q = A_1 V_1 = A_2 V_2$에서, $\frac{\pi D^2}{4} \times V_1 = \frac{\pi d^2}{4} \times V_2$이므로,

$V_1 = (\frac{d}{D})^2 V_2$

$\frac{V_1^2}{2g} + h = \frac{V_2^2}{2g}$에서, $(\frac{d}{D})^4 V_2^2 + 2gh = V_2^2$ 이므로,

$V_2^2 = \frac{2gh}{1-(\frac{d}{D})^4}$에서, $V_2 = \sqrt{\frac{2gh}{1-(\frac{d}{D})^4}}$

$Q = A_2 V_2 = \frac{\pi d^2}{4}\sqrt{\frac{2gh}{1-(\frac{d}{D})^4}}$

■2021년 1회■6. 유속을 V, 물의 단위중량을 γ_w, 물의 밀도를 ρ, 중력가속도를 g라 할 때 동수압(動水壓)을 바르게 표시한 것은?

① $\frac{V^2}{2g}$ ② $\frac{\gamma_w V^2}{2g}$

③ $\frac{\gamma_w V}{2g}$ ④ $\frac{\rho V^2}{2g}$

해설] ②

수압 $p = \gamma h = \gamma_w \times \frac{V^2}{2g}$

■2020년 4회■7. 다음 중 베르누이의 정리를 응용한 것이 아닌 것은?

① 오리피스 ② 레이놀즈수
③ 벤츄리미터 ④ 토리첼리의 정리

해설] ②
레이놀즈수는 유속과 점성에 관련한 것으로, Navier-Strokes 운동방정식을 기반으로 한다.

■2020년 4회■8. 수조에서 수면으로부터 2m의 깊이에 있는 오리피스의 이론 유속은?

① 5.26 m/s ② 6.26 m/s
③ 7.26 m/s ④ 8.26 m/s

해설] ②
$V = \sqrt{2gh} = \sqrt{2 \times 9.81 \times 2} = 6.264 m/s$

■2020년 4회■9. 정상적인 흐름에서 1개 유선 상의 유체입자에 대하여 그 속도수두를 $\frac{V^2}{2g}$, 위치수두를 Z, 압력수두를 $\frac{P}{\gamma_o}$ 라 할 때 동수경사는?

① $\frac{P}{\gamma_o} + Z$ 를 연결한 값이다.

② $\frac{V^2}{2g} + Z$ 를 연결한 값이다.

③ $\frac{V^2}{2g} + \frac{P}{\gamma_o}$ 를 연결한 값이다.

④ $\frac{V^2}{2g} + \frac{P}{\gamma_o} + Z$ 를 연결한 값이다.

해설] ①
동수경사는 위치수두와 압력수두에 의한 값이다.

■2020년 1,2회 통합■10. 토리첼리(Torricelli) 정리는 다음 중 어느 것을 이용하여 유도할 수 있는가?
① 파스칼 원리   ② 아르키메데스 원리
③ 레이놀즈 원리   ④ 베르누이 정리

해설] ④

■2019년 3회■11. 그림에서 손실수두가 $\dfrac{3V^2}{2g}$ 일 때 지름 0.1m의 관을 통과하는 유량은? (단, 수면은 일정하게 유지된다.)

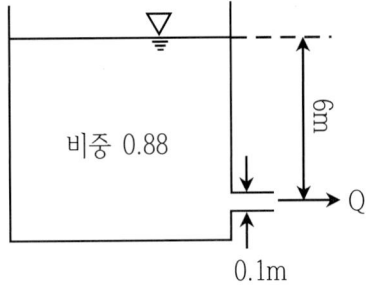

① 0.0399 m³/s   ② 0.0426 m³/s
③ 0.0798 m³/s   ④ 0.085 m³/s

해설] ②
$$Z = \dfrac{V^2}{2g} + h_L = \dfrac{V^2}{2g} + \dfrac{3V^2}{2g} = \dfrac{2V^2}{g} \text{에서,}$$
$$V = \sqrt{\dfrac{gZ}{2}} = \sqrt{\dfrac{9.81 \times 6}{2}} = 5.425 m/s$$
$$Q = AV = \dfrac{\pi \times 0.1^2}{4} \times 5.425 = 0.0426 m^3/s$$

■2019년 3회■12. 오리피스에서 수축계수의 정의와 그 크기로 옳은 것은? (단, A_o : 수축단면적, A : 오리피스 단면적, V_o : 수축단면의 유속, V : 이론유속)
① $C_a = \dfrac{A_o}{A} = 1.0 \sim 1.1$
② $C_a = \dfrac{V_o}{V} = 1.0 \sim 1.1$
③ $C_a = \dfrac{A_o}{A} = 0.6 \sim 0.7$
④ $C_a = \dfrac{V_o}{V} = 0.6 \sim 0.7$

해설] ③
수축계수 = 수축된 단면적 / 수축전 단면적
(1보다 클 수 없다.)

■2019년 2회■13. 개수로 내의 흐름에 대한 설명으로 옳은 것은?
① 에너지선은 자유표면과 일치한다.
② 동수경사선은 자유표면과 일치한다.
③ 에너지선과 동수경사선은 일치한다.
④ 동수경사선은 에너지선과 언제나 평행하다.

해설] ②
에너지 경사 : 위치수두 + 압력수두 + 속도수두
동수경사 : 위치수두 + 압력수두
개수로에서는 압력수두가 없으므로, 위치수두(수면)와 동수경사는 동일하다.

■2019년 1회■14. 지름 200mm인 관로에 축소부 지름이 120mm인 벤츄리미터(venturimeter)가 부착되어 있다. 두 단면의 수두차가 1.0m, C=0.98일 때의 유량은?
① 0.00525 m³/s
② 0.0525 m³/s
③ 0.525 m³/s
④ 5.250 m³/s

해설] ②
$$Q^2 = 2gh \times \dfrac{A_1^2 A_2^2}{A_2^2 - A_1^2} \text{에서,}$$
$$Q^2 = 2 \times 9.8 \times 1 \times \dfrac{\pi^4 \times 0.1^4 \times 0.06^4}{\pi^2 (0.1^4 - 0.06^4)} = 0.0288 \text{이므로,}$$
$Q = 0.0537 m^3/s$, 유량계수를 고려하면,
$C \times Q = 0.98 \times 0.0537 = 0.0526 m^3/s$

■2019년 1회■15. 수조의 수면에서 2m 아래 지점에 지름 10cm의 오리피스를 통하여 유출되는 유량은? (단, 유량계수 C = 0.6)

① 0.0152 m³/s ② 0.0068 m³/s
③ 0.0295 m³/s ④ 0.0094 m³/s

해설] ③
$V_2 = \sqrt{2gh} = \sqrt{2 \times 9.81 \times 2} = 6.264 m/s$
$Q = CA_2 V_2 = 0.6 \times (\pi \times 0.05^2) \times 6.264 = 0.0295 m^3/s$

◆6■2019년 1회■16. 관속에 흐르는 물의 속도수두를 10m로 유지하기 위한 평균 유속은?

① 4.9m/s ② 9.8m/s
③ 12.6m/s ④ 14.0m/s

해설] ④
$\frac{V^2}{2g} = 10$에서, $V = \sqrt{2 \times 9.8 \times 10} = 14 m/s$

■2018년 3회■17. 유속이 3m/s인 유수 중에 유선형 물체가 흐름방향으로 향하여 h=3m 깊이에 놓여 있을 때 정체압력(stagnation pressure)은?

① 0.46kN/m² ② 12.21kN/m²
③ 33.90kN/m² ④ 102.35kN/m²

해설] ③
정체압력 $\frac{\rho V^2}{2} + p = \frac{1 \times 3^2}{2} + 9.8 \times 3 = 33.9 kN/m^2$
(정지상태의 수압 $p = \gamma_w h = \rho g h$)

■2018년 3회■18. 에너지선에 대한 설명으로 옳은 것은?
① 언제나 수평선이 된다.
② 동수경사선보다 아래에 있다.
③ 속도수두와 위치수두의 합을 의미한다.
④ 동수경사선보다 속도수두만큼 위에 위치하게 된다.

해설] ④
에너지선 = 동수경사선 + 속도수두

■2018년 2회■19. 그림과 같은 노즐에서 유량을 구하기 위한 식으로 옳은 것은? (단, 유량계수는 1.로 가정한다.)

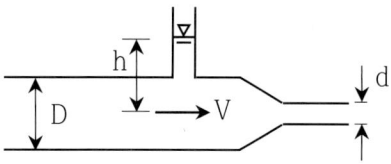

① $\frac{\pi d^2}{4} \sqrt{2gh}$

② $\frac{\pi d^2}{4} \sqrt{\frac{2gh}{1-(\frac{d}{D})^4}}$

③ $\frac{\pi d^2}{4} \sqrt{\frac{2gh}{1-(\frac{d}{D})^2}}$

④ $\frac{\pi d^2}{4} \sqrt{\frac{2gh}{1+(\frac{d}{D})^2}}$

해설] ②
$Q = A_1 V_1 = A_2 V_2$에서, $\frac{\pi D^2}{4} \times V_1 = \frac{\pi d^2}{4} \times V_2$이므로,
$V_1 = (\frac{d}{D})^2 V_2$
$\frac{V_1^2}{2g} + h = \frac{V_2^2}{2g}$에서, $(\frac{d}{D})^4 V_2^2 + 2gh = V_2^2$이므로,
$V_2^2 = \frac{2gh}{1-(\frac{d}{D})^4}$에서, $V_2 = \sqrt{\frac{2gh}{1-(\frac{d}{D})^4}}$
$Q = A_2 V_2 = \frac{\pi d^2}{4} \sqrt{\frac{2gh}{1-(\frac{d}{D})^4}}$

■2018년 2회■20. 압력수두 P, 속도수두 V, 위치수두 Z라고 할 때 정체압력수두 Ps는?

① Ps = P - V - Z ② Ps = P + V + Z
③ Ps = P - V ④ Ps = P + V

해설] ④

정체압력수두 = 속도수두 + 압력수두

■2018년 1회■21. 오리피스(orifice)의 이론유속 $V=\sqrt{2gh}$ 이 유도되는 이론으로 옳은 것은? (단, V : 유속, g : 중력가속도, h : 수두차)

① 베르누이(Bernoulli)의 정리

② 레이놀즈(Reynolds)의 정리

③ 벤츄리(Venturi)의 이론식

④ 운동량 방정식 이론

해설] ①

■2017년 3회■22. 그림에서 배수구의 면적이 5cm²일 때 물통에 작용하는 힘은? (단, 물의 높이는 유지되고 손실은 무시한다.)

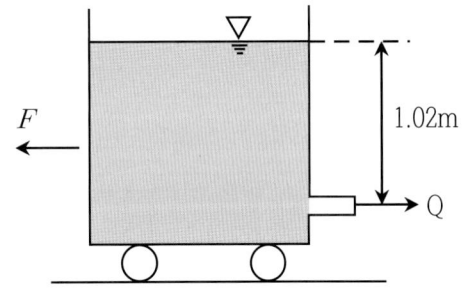

① 1N

② 10N

③ 100N

④ 102N

해설] ②

오리피스 유출속도 $V=\sqrt{2gh}=\sqrt{2\times9.8\times1.02}=4.47m/s$

유출량 $Q=AV=5\times10^{-4}\times4.47=2.235\times10^{-3}m^3/s$

$F=ma=QV=2.235\times10^{-3}\times4.47=10\times10^{-3}kN$

■2017년 3회■23. 수심 H에 위치한 작은 오리피스(onifice)에서 물이 분출할 때 일어나는 손실수두(△h)의 계산식으로 틀린 것은? (단, V_a는 오리피스에서 측정된 유속이며 C_v는 유속계수이다.)

① $\Delta h = H - \dfrac{V^2}{2g}$

② $\Delta h = H - 2g(C_v^2+1)$

③ $\Delta h = H - \dfrac{V^2}{2g(C_v^2-1)}$

④ $\Delta h = H - \dfrac{V^2}{2g(C_v^2+1)}$

해설] ④

오리피스 유속 $V_2 = C_v\sqrt{2g(H-\Delta h)}$ 에서,

$\dfrac{V^2}{2g} = C_v^2(H-\Delta h)$ 이고,

관유출 손실 $\dfrac{V^2}{2g} = (H-\Delta h)$을 고려하면,

$\dfrac{V^2}{2g} = C_v^2(H-\Delta h) + (H-\Delta h)$이므로,

$\dfrac{V^2}{2g} = (C_v^2+1)(H-\Delta h)$

$\dfrac{V^2}{2g(C_v^2+1)} = H-\Delta h$ 에서, $\Delta h = H - \dfrac{V^2}{2g(C_v^2+1)}$

■2017년 2회■24. 벤츄리미터(Venturi meter)의 일반적인 용도로 옳은 것은?

① 수심 측정

② 압력 측정

③ 유속 측정

④ 단면 측정

해설] ③

■2017년 2회■25. 단면적 20cm²인 원형 오리피스(orifice)가 수면에서 3m의 깊이에 있을 때, 유출수의 유량은? (단, 유량계수는 0.6이라 한다.)

① 0.0014m³/s
② 0.0092m³/s
③ 0.0119m³/s
④ 0.1524m³/s

해설] ②
$V = \sqrt{2gh} = \sqrt{2 \times 9.8 \times 3} = 7.668 m/s$
$Q = C_d A V = 0.6 \times 20 \times 10^{-4} \times 7.668 = 9.2 \times 10^{-3} m^3/s$

■2017년 1회■25. 저수지의 측벽에 폭 20cm, 높이 5cm의 직사각형 오리피스를 설치하여 유량 200L/s를 유출시키려고 할 때 수면으로부터의 오리피스 설치 위치는? (단, 유량계수 C = 0.62)

① 33m　　② 43m
③ 53m　　④ 63m

해설] ③
$Q = C_d A V$에서, $200 \times 10^{-3} = 0.62 \times 0.2 \times 0.05 \times V$이므로,
$V = 32.26 m/s$
$V = \sqrt{2gh}$에서, $32.26 = \sqrt{2 \times 9.8 \times h}$ 이므로, $h = 53.1m$

문제유형7　수두손실과 관망

■2022년 2회■1. 지름 20cm의 원형단면 관수로에 물이 가득차서 흐를 때의 동수반경은?

① 5cm　　② 10cm
③ 15cm　　④ 20cm

해설] ①
동수반경 $R_h = \dfrac{A}{P} = \dfrac{r}{2} = \dfrac{10}{2} = 5cm$

■2022년 2회■2. 그림과 같이 원형관 중심에서 V의 유속으로 물이 흐르는 경우에 대한 설명으로 틀린 것은? (단, 흐름은 층류로 가정한다.)

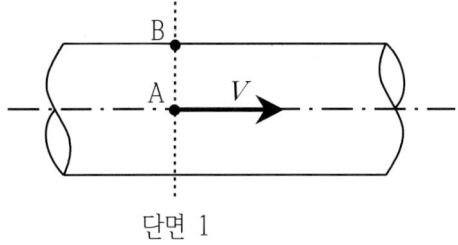

단면 1

① A점에서의 마찰력은 V²에 비례한다.
② A점에서의 유속은 단면 평균유속의 2배다.
③ A점에서 B점으로 갈수록 마찰력은 커진다.
④ 유속은 A점에서 최대인 포물선 분포를 한다.

해설] ① A점에서의 마찰력은 0이다.
$\tau = \gamma R_h I$ 에서, 관 중심에서 $R_h = 0$이므로 마찰이 없다.

■2021년 3회■3. 안지름 20cm인 관로에서 관의 마찰에 의한 손실수두가 속도수두와 같게 되었다면, 이때 관로의 길이는? (단, 마찰저항 계수 f=0.04 이다.)

① 3m
② 4m
③ 5m
④ 6m

해설] ③
마찰손실수두 $h_L = f \dfrac{l}{D} \dfrac{V^2}{2g}$

속도수두와 마찰손실수두가 동일하므로,
$h_L = \dfrac{V^2}{2g}$ 에서, $f \dfrac{l}{D} = 1$

$0.04 \times \dfrac{l}{0.2} = 1$에서, $l = 5m$

■2021년 3회■4. 관수로에서 관의 마찰손실계수가 0.02, 관의 지름이 40cm일 때, 관내 물의 흐름이 100m를 흐르는 동안 2m의 마찰손실수두가 발생하였다면 관내의 유속은?
① 0.3m/s ② 1.3m/s
③ 2.8m/s ④ 3.8m/s

해설] ③
$$h_L = f\frac{L}{d}\frac{V^2}{2g} = 0.02 \times \frac{100}{0.4} \times \frac{V^2}{2 \times 9.81} = 2$$에서,
$V = 2.8 m/s$

■2021년 3회■5. 원형 관내 층류영역에서 사용 가능한 마찰손실계수 식은? (단, Re : Reynolds 수)
① 1/Re ② 4/Re
③ 24/Re ④ 64/Re

해설] ④

■2021년 2회■6. 오리피스의 지름이 2cm, 수축단면(Vena Contracta)의 지름이 1.6cm라면, 유속계수가 0.9 일 때 유량계수는?
① 0.49 ② 0.58
③ 0.62 ④ 0.72

해설] ②
수축계수 $C_c = \frac{A'}{A_0} = \frac{\pi \times 0.8^2}{\pi \times 1^2} = 0.64$
유량계수 $C_d = C_v C_c = 0.9 \times 0.64 = 0.576$

■2021년 2회■7. 레이놀즈수(Reynolds) 수에 대한 설명으로 옳은 것은?
① 관성력에 대한 중력의 상대적인 크기
② 압력에 대한 탄성력의 상대적인 크기
③ 중력에 대한 점성력의 상대적인 크기
④ 관성력에 대한 점성력의 상대적인 크기

해설] ④
[참조] Fronde 상사 : 관성력에 대한 중력의 상대적인 크기

■2021년 2회■8. 지름 D = 4cm, 조도계수 n = 0.01$m^{-1/3}$.s인 원형관의 Chezy의 유속계수 C는?
① 19.3
② 28.5
③ 52.1
④ 58.6

해설] ③
$$C = \sqrt{\frac{8g}{f}} = \frac{1}{n}R_h^{1/6}$$
$$= \frac{1}{0.01} \times 0.02^{1/6} = 52.1$$

■2021년 2회■9. Chezy의 평균유속 공식에서 평균유속계수 C를 Manning의 평균유속 공식을 이용하여 표현한 것으로 옳은 것은?
① $\frac{1}{n}R_h^{1/2}$
② $\frac{1}{n}R_h^{1/6}$
③ $\sqrt{\frac{f}{8g}}$
④ $\sqrt{\frac{8g}{f}}$

해설] ②
Chezy공식 $V = C\sqrt{R_h I}$
Manning 공식 $V = \frac{1}{n}R_h^{2/3} I^{1/2}$
두 공식을 같다고 두면, $CR_h^{1/2} I^{1/2} = \frac{1}{n}R_h^{2/3} I^{1/2}$에서,
$C = \frac{1}{n}R_h^{2/3 - 1/2} = \frac{1}{n}R_h^{1/6}$

■2021년 1회■10. 수로 바닥에서의 마찰력 τ_o, 물의 밀도 ρ, 중력 가속도 g, 수리평균수심 R, 수면경사 I, 에너지선의 경사 I_e 라고 할 때 등류(㉠)와 부등류(㉡)의 경우에 대한 마찰속도(u^*)는?

① ㉠ $\sqrt{\gamma RI}$ ㉡ $\sqrt{\gamma RI_e}$
② ㉠ gRI ㉡ gRI_e
③ ㉠ $\sqrt{gRI}$ ㉡ $\sqrt{gRI_e}$
④ ㉠ $\sqrt{\dfrac{gRI}{\tau_o}}$ ㉡ $\sqrt{\dfrac{gRI_e}{\tau_o}}$

해설] ③

등류 마찰속도 $U^* = \sqrt{\dfrac{\tau}{\rho}} = \sqrt{gR_h I}$

부등류 마찰속도 $U^* = \sqrt{\dfrac{\tau}{\rho}} = \sqrt{gR_h I_e}$

■2021년 1회■11. 관수로의 흐름에서 마찰손실계수를 f, 동수반경을 R, 동수경사를 I, Chezy 계수를 C라 할 때 평균 유속 V는?

① $\sqrt{\dfrac{8g}{f}}\sqrt{RI}$
② $fC\sqrt{RI}$
③ $\sqrt{\dfrac{f}{8g}}\sqrt{RI}$
④ $C\sqrt{fRI}$

해설] ①

$V = C\sqrt{R_h I}$ 이고, $C = \sqrt{\dfrac{8g}{f}}$ 이므로, $V = \sqrt{\dfrac{8g}{f}}\sqrt{RI}$

■2021년 1회■12. 수두차가 10m인 두 저수지를 지름이 30cm, 길이가 300m, 조도계수가 0.013$m^{-1/3}$·s인 주철관으로 연결하여 송수할 때, 관을 흐르는 유량(Q)은? (단, 관의 유입손실계수 f_e =0.5, 유출손실계수 f_c=1.0이다.)

① 0.02m^3/s   ② 0.08m^3/s
③ 0.17m^3/s   ④ 0.19m^3/s

해설] ③

$f = 124.5n^2 d^{-1/3} = 124.5 \times 0.013^2 \times 0.3^{-1/3} = 0.0314$

$h_L = \dfrac{V^2}{2g}(f\dfrac{L}{D} + f_c + f_e)$

$= \dfrac{V^2}{2g}(0.0314 \times \dfrac{300}{0.3} + 1 + 0.5) = 10$ 에서,

$V = 2.442 m/s$

$Q = AV = \dfrac{\pi \times 0.3^2}{4} \times 2.442 = 0.173 m^3/s$

■2020년 4회■13. 마찰손실계수(f)와 Reynolds 수(Re) 및 상대조도(e/d)의 관계를 나타낸 Moody 도표에 대한 설명으로 옳지 않은 것은?

① 층류영역에서는 관의 조도에 관계없이 단일 직선이 적용된다.
② 완전 난류의 완전히 거친 영역에서 f는 Re과 반비례하는 관계를 보인다.
③ 층류와 난류의 물리적 상이점은 f-Re 관계가 한계 Reynolds 수 부근에서 갑자기 변한다.
④ 난류영역에서는 f-Re 곡선은 상대조도에 따라 변하며 Reynolds 수 보다는 관의 조도가 더 중요한 변수가 된다.

해설] ② 완전 난류의 완전히 거친 영역에서 f는 상대조도만의 함수가 된다.

■2020년 4회■14. 관수로에서의 마찰손실수두에 대한 설명으로 옳은 것은?

① Froude 수에 반비례한다.
② 관수로의 길이에 비례한다.
③ 관의 조도계수에 반비례한다.
④ 관내 유속의 1/4 제곱에 비례한다.

해설] ②

마찰손실 수두 $h_L = f \dfrac{l}{D} \dfrac{V^2}{2g}$

난류 마찰계수 $f = 124.5 n^2 d^{-1/3}$

층류 마찰계수 $f = \dfrac{64}{R_e}$

① 층류에서는 레이놀즈수에 반비례한다.
③ 난류에서는 관의 조도계수의 제곱에 비례한다.
④ 관내 유속의 제곱에 비례한다.

■2020년 4회■15. 폭 4m, 수심 2m인 직사각형 단면 개수로에서 Manning 공식이 조도계수 $n = 0.017 m^{-1/3} \cdot s$, 유량 $Q = 15 m^3/s$일 때 수로의 경사(I)는?

① 1.016×10^{-3}
② 1.356×10^{-3}
③ 4.526×10^{-3}
④ 12.51×10^{-3}

해설] ①

$R_h = \dfrac{A}{P} = \dfrac{4 \times 2}{4 + 2 \times 2} = 1m$

$Q = AV$에서, $15 = 4 \times 2 \times V$이므로, $V = 1.875 m/s$

$V = \dfrac{1}{n} R_h^{2/3} I^{1/2}$ 에서,

$1.875 = \dfrac{1}{0.017} \times 1^{2/3} \times I^{1/2}$ 이므로, $I = 1.016 \times 10^{-3}$

■2020년 4회■16. Hardy-Cross의 관망계산 시 가정 조건에 대한 설명으로 옳은 것은?
① 합류점에 유입하는 유량은 그 점에서만 1/2만 유출된다.
② 각 분기점에 유입하는 유량은 그 점에서 정지하지 않고 전부 유출한다.
③ 폐합관에서 시계방향 또는 반시계 방향으로 흐르는 관로의 손실수두의 합은 0 이 될 수 없다.
④ Hardy-Cross 방법은 관경에 관계없이 관수로의 분할 개수에 의해 유량 분배를 하면 된다.

해설] ②
① 합류점에 유입하는 유량은 모두 유출된다.
③ 폐합관에서 시계방향 또는 반시계 방향으로 흐르는 관로의 손실수두의 합은 0 이 된다.
④ Hardy-Cross 방법은 관로의 수두손실계수 k에 따라 분배된다.

■2020년 4회■17. 아래 그림과 같이 지름 10cm인 원 관이 지름 20cm로 급확대되었다. 관의 확대 전 유속이 4.9m/s 라면 단면 급확대에 의한 손실수두는?

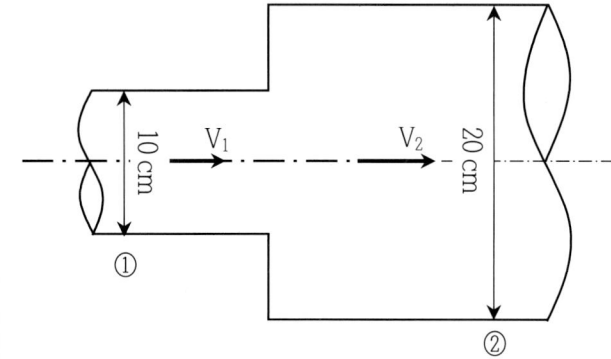

① 0.69m
② 0.96m
③ 1.14m
④ 2.45m

해설] ①

단면 급확대 손실계수

$k_{ep} = (1 - \dfrac{A_1}{A_2})^2 = (1 - \dfrac{10^2}{20^2})^2 = 0.563$

$h_{ep} = k_{sp} \dfrac{V_1^2}{2g}$ (빠른 유속 V_1이 사용된다.)

$= 0.563 \times \dfrac{4.9^2}{2 \times 9.81} = 0.688$

■2020년 1,2회 통합■18. 관망계산에 대한 설명으로 틀린 것은?
① 관망은 Hardy-Cross 방법으로 근사 계산할 수 있다.
② 관망계산 시 각 관에서의 유량을 임의로 가정해도 결과는 같아진다.
③ 관망계산에서 반시계방향과 시계방향으로 흐를 때의 마찰 손실수두의 합은 0이라고 가정한다.
④ 관망계산 시 극히 작은 손실의 무시로도 결과에 큰 차를 가져올 수 있으므로 무시하여서는 안 된다.

해설] ④ 관망계산은 근사계산법으로 극히 작은 손실은 무시한다.

■2020년 1,2회 통합■19. 그림과 같이 A에서 분기했다가 B에서 다시 합류하는 관수로에 물이 흐를 때 관 I과 II의 손실수두에 대한 설명으로 옳은 것은? (단, 관 I의 지름 < 관 II의 지름이며, 관의 성질은 같다.)

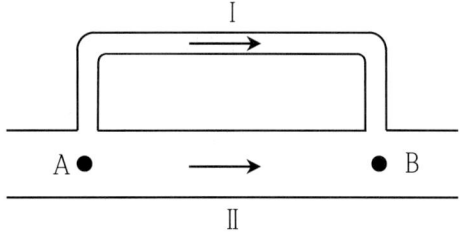

① 관 I의 손실수두가 크다.
② 관 II의 손실수두가 크다.
③ 관 I과 관 II의 손실수두는 같다.
④ 관 I과 관 II의 손실수두의 합은 0 이다.
해설] ③
경로에 관계없이 모든 경로에서 손실수두는 동일하다.

■2019년 3회■20. 동수반지름(R)이 10m, 동수경사(I)가 1/200 원형 관로의 마찰손실계수(f)가 0.04일 때 유속은?
① 8.9m/s
② 9.9m/s
③ 11.3m/s
④ 12.3m/s

해설] ②
$$I = \frac{h_L}{l} = \frac{1}{200}$$
$$R_h = \frac{A}{P} = \frac{\pi D^2/4}{\pi D} = \frac{D}{4} = 10m 에서,\ D = 40m$$
$$h_L = f\frac{l}{D}\frac{V^2}{2g} 에서,\ \frac{h_L}{l} = \frac{f}{D}\frac{V^2}{2g} = \frac{1}{200} 이므로,$$
$$\frac{0.04}{40} \times \frac{V^2}{2 \times 9.81} = \frac{1}{200} 에서,\ V = 9.9m/s$$

■2019년 3회■21. 관수로에 물이 흐를 때 층류가 되는 레이놀즈 수(Re, Reynolds Number)의 범위는?
① Re < 2,000
② 2,000 < Re < 3,000
③ 3,000 < Re < 4,000
④ Re > 4,000

해설] ①

구분	관수로	개수로
층류	$R_e \leq 2,000$	$R_e \leq 500$
난류	$R_e \geq 4,000$	$R_e > 500$

■2019년 2회■22. 상대조도에 관한 사항 중 옳은 것은?
① Chezy의 유속계수와 같다.
② Manning의 조도계수를 나타낸다.
③ 절대조도를 관지름으로 곱한 것이다.
④ 절대조도를 관지름으로 나눈 것이다.

해설] ④
상대조도 e/D
$$V = \frac{1}{n}R_h^{2/3}I^{1/2}\ (n : \text{Manning 조도계수})$$

■2019년 1회■23. 그림과 같은 병렬관수로 ㉠, ㉡, ㉢에서 각 관의 지름과 관의 길이를 각각 D1, D2, D3, L1, L2, L3 라 할 때 D1 > D2 > D3이고 L1 > L2 > L3 이면 A점과 B점 사이의 손실수두는?

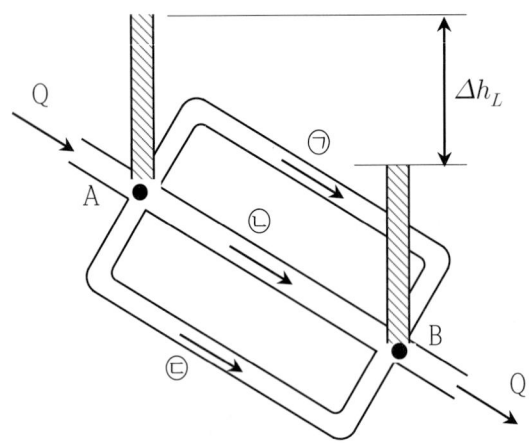

① ㉠의 손실수두가 가장 크다.
② ㉡의 손실수두가 가장 크다.
③ ㉢에서만 손실수두가 발생한다.
④ 모든 관의 손실수두가 같다.

해설] ④
경로에 관계없이 손실수두는 동일하다.

■2019년 1회■24. 유량 147.6L/s를 송수하기 위하여 안지름 0.4m의 관을 700m의 길이로 설치하였을 때 흐름의 에너지 경사는? (단, 조도계수 n=0.012, Manning 공식 적용)
① 1/700   ② 2/700
③ 3/700   ④ 4/700

해설] ③
$Q = AV$에서, $147.6 \times 10^{-3} m^3/s = (\pi \times 0.2^2)V$이므로,
$V = 1.175 m/s$

Manning 유속공식에서, $V = \frac{1}{n} R_h^{2/3} I^{1/2}$

$R_h = \frac{A}{P} = \frac{r}{2} = 0.1m$

$1.175 = \frac{1}{0.012} \times 0.1^{2/3} \times I^{1/2}$에서, $I = 0.00428 = \frac{3}{700}$

■2019년 1회■25. 층류와 난류(亂流)에 관한 설명으로 옳지 않은 것은?
① 층류란 유수(流水)중에서 유선이 평행한 층을 이루는 흐름이다.
② 층류와 난류를 레이놀즈 수에 의하여 구별할 수 있다.
③ 원관 내 흐름의 한계 레이놀즈 수는 약 2000 정도이다.
④ 층류에서 난류로 변할 때의 유속과 난류에서 층류로 변할 때의 유속은 같다.

해설] ④ 층류에서 난류로 변할 때의 유속은 난류에서 층류로 변할 때의 유속보다 크다.
[참조] 관수로에서, $Re \leq 2,000$에서 층류이고, $Re \geq 4,000$에서 난류이므로, 층류와 난류의 천이구간이 존재한다.

■2018년 3회■26. 관수로의 마찰손실공식 중 난류에서의 마찰손실계수 f는?
① 상대조도만의 함수이다.
② 레이놀즈수와 상대조도의 함수이다.
③ 후르드수와 상대조도의 함수이다.
④ 레이놀즈수만의 함수이다.

해설] ②

■2018년 3회■27. 관수로에 대한 설명 중 틀린 것은?
① 단면 점확대로 인한 수두손실은 단면 급확대로 인한 수두손실보다 클 수 있다.
② 관수로 내의 마찰손실수두는 유속수두에 비례한다.
③ 아주 긴 관수로에서는 마찰 이외의 손실수두를 무시할 수 있다.
④ 마찰손실수두는 모든 손실수두 가운데 가장 큰 것으로 마찰손실계수에 유속수두를 곱한 것과 같다.

해설] ④ 마찰손실수두 $h_L = f \frac{l}{D} \frac{V^2}{2g}$

f : 마찰(손실)계수

■2018년 2회■28. Manning의 조도계수 n=0.012인 원관을 사용하여 1m³/s의 물을 동수경사 1/100로 송수하려 할 때 적당한 관의 지름은?

① 70cm ② 80cm
③ 90cm ④ 100cm

해설] ①
$$V = \frac{1}{n} R_h^{2/3} I^{1/2} = \frac{1}{0.012} \times (\frac{r}{2})^{2/3} \times (\frac{1}{100})^{1/2}$$
$$= 5.25 r^{2/3}$$
$Q = AV = \pi r^2 \times 5.25 r^{2/3} = 1$ 이므로, $r = 0.3495m$
따라서, 직경은 $0.3495 \times 2 = 0.699m$

■2018년 2회■29. 관수로 흐름에서 레이놀즈수가 500보다 작은 경우의 흐름 상태는?

① 상류 ② 난류
③ 사류 ④ 층류

해설] ④
관수로 : $Re \leq 2,000$에서 층류, $Re \geq 4,000$에서 난류
개수로 : $R_e \leq 500$에서 층류, $R_e > 500$에서 난류

■2018년 2회■30. 관수로에서 관의 마찰손실계수가 0.02, 관의 지름이 40cm일 때, 관내 물의 흐름이 100m를 흐르는 동안 2m의 마찰손실수두가 발생하였다면 관 내의 유속은?

① 0.3m/s
② 1.3m/s
③ 2.8m/s
④ 3.8m/s

해설] ③
마찰손실수두 $h_L = f \frac{l}{D} \frac{V^2}{2g}$ 에서,
$2 = 0.02 \times \frac{100}{0.4} \times \frac{V^2}{2 \times 9.8}$ 이므로, $V = 2.8 m/s$

■2018년 1회■31. 지름이 20cm인 관수로에 평균유속 5m/s로 물이 흐른다. 관의 길이가 50m일 때 5m의 손실수두가 나타났다면, 마찰속도(U*)는?

① U* = 0.022m/s
② U* = 0.22m/s
③ U* = 2.21m/s
④ U* = 22.1m/s

해설] ②
$$U_* = \sqrt{\frac{\tau}{\rho}} = \sqrt{gR_h I} = V\sqrt{\frac{f}{8}}$$
$$= \sqrt{9.8 \times \frac{0.1}{2} \times \frac{5}{50}} = 0.221 m/s$$

■2018년 1회■32. A저수지에서 200m 떨어진 B저수지로 지름 20cm, 마찰손실계수 0.035인 원형관으로 0.0628m³/s의 물을 송수하려고 한다. A저수지와 B저수지 사이의 수위차는? (단, 마찰손실, 단면급확대 및 급축소 손실을 고려한다.)

① 5.75m ② 6.94m
③ 7.14m ④ 7.45m

해설] ④
$Q = AV = 0.0628 = \pi \times 0.1^2 \times V$에서, $V = 2m/s$
마찰손실수두 $h_L = f \frac{l}{D} \frac{V^2}{2g}$
관유입손실수두 $h_{in} = k_{in} \frac{V_2^2}{2g}$ $(k_{in} = 0.5)$
관유출손실수두 $h_{ex} = \frac{V_1^2}{2g}$
총 손실 $\frac{V^2}{2g}(f \frac{l}{D} + 0.5 + 1)$
$= \frac{2^2}{2 \times 9.8}(0.035 \times \frac{200}{0.2} + 1.5) = 7.449m$

■2017년 3회■33. 지름이 4cm인 원형관 속에 물이 흐르고 있다. 관로 길이 1.0m 구간에서 압력강하가 0.1N/m²이었다면 관벽의 마찰응력은?
① 0.001N/m² ② 0.002N/m²
③ 0.01N/m² ④ 0.02N/m²

해설] ①

압력수두손실 $\dfrac{p}{\gamma} = \dfrac{0.1 \times 10^{-3}}{9.8} = 10.2 \times 10^{-6} m$

$\tau = gR_h I = 9.8 \times \dfrac{0.02}{2} \times \dfrac{10.2 \times 10^{-6}}{1} = 1 \times 10^{-6} kN/m^2$

$= 0.001 N/m^2$

■2017년 3회■34. 폭이 넓은 하천에서 수심이 2m 이고 경사가 1/200인 흐름의 소류력(tractive force)은?
① 98N/m² ② 49N/m²
③ 196N/m² ④ 294N/m²

해설] ①

$\tau = gR_h I = 9.8 \times 2 \times \dfrac{1}{200} = 98 \times 10^{-3} kN/m^2 = 98 N/m^2$

■2017년 3회■35. 관수로 흐름에서 난류에 대한 설명으로 옳은 것은?
① 마찰손실계수는 레이놀즈수만 알면 구할 수 있다.
② 관벽 조도가 유속에 주는 영향은 층류일 때보다 작다.
③ 관성력의 점성력에 대한 비율이 층류의 경우보다 크다.
④ 에너지 손실은 주로 난류효과보다 유체의 점성 때문에 발생한다.

해설] ③
① 마찰손실계수는 층류에서는 레이놀즈수만 알면 구할 수 있으나, 난류에서는 상대조도에 지배된다.
② 관벽 조도가 유속에 주는 영향은 층류일 때보다 크다.
④ 에너지 손실은 주로 난류 효과 때문에 발생한다.

■2017년 3회■36. 수면 높이차가 항상 20m인 두 수조가 지름 30cm, 길이 500m, 마찰손실계수가 0.03인 수평관으로 연결되었다면 관 내의 유속은? (단, 마찰, 단면 급확대 및 급축소에 따른 손실을 고려한다.)
① 2.76m/s ② 2.04m/s
③ 2.19m/s ④ 2.34m/s

해설] ①

마찰손실수두 $h_L = f \dfrac{l}{D} \dfrac{V^2}{2g}$

관유입손실수두 $h_{in} = k_{in} \dfrac{V_2^2}{2g}$ ($k_{in} = 0.5$)

관유출손실수두 $h_{ex} = \dfrac{V_1^2}{2g}$

총 손실 $\dfrac{V^2}{2g}(f \dfrac{l}{D} + 0.5 + 1) = 20$에서,

$\dfrac{V^2}{2 \times 9.8}(0.03 \times \dfrac{500}{0.3} + 1.5) = 20$이므로, $V = 2.76 m/s$

■2017년 2회■37. 그림과 같이 원형관 중심에서 V의 유속으로 물이 흐르는 경우에 대한 설명으로 틀린 것은? (단, 흐름은 층류로 가정한다.)

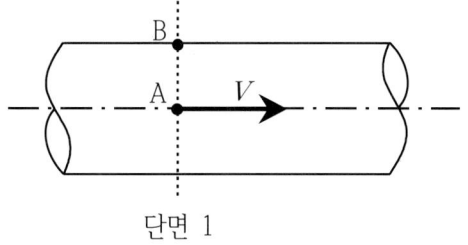

단면 1

① A점에서의 유속은 단면 평균유속의 2배다.
② A점에서의 마찰력은 V²에 비례한다.
③ A점에서 B점으로 갈수록 마찰력은 커진다.
④ 유속은 A점에서 최대인 포물선 분포를 한다.

해설] ② A점에서의 마찰력은 0이다.
$\tau = \gamma R_h I$ 에서, 관 중심에서 $R_h = 0$이므로 마찰이 없다.

■2017년 2회■38. 두 개의 수평한 판이 5㎜ 간격으로 놓여있고, 점성계수 $0.01 N.s/cm^2$인 유체로 채워져 있다. 하나의 판을 고정시키고 다른 하나의 판을 2m/s로 움직일 때 유체 내에서 발생되는 전단응력은?

① $1N/cm^2$ ② $2N/cm^2$
③ $3N/cm^2$ ④ $4N/cm^2$

해설] ④
$$\tau = \mu \frac{dv}{dy} = 0.01 \times \frac{200}{0.5} = 4N/cm^2$$

■2017년 2회■39. 관내의 손실수두(h_L)와 유량(Q)과의 관계로 옳은 것은? (단, Darcy-Weisbach 공식을 사용)

① $h_L \propto Q$
② $h_L \propto Q^{1.84}$
③ $h_L \propto Q^2$
④ $h_L \propto Q^{2.5}$

해설] ③

$Q = AV$에서, $Q^2 = A^2 V^2$이므로, $V^2 = \frac{Q^2}{A^2}$

$h_L = f \frac{l}{D} \frac{V^2}{2g} = f \frac{l}{D} \frac{Q^2}{2gA^2}$ 이므로, $h_L \propto Q^2$

■2017년 2회■40. 층류영역에서 사용 가능한 마찰손실계수의 산정식은? (단, R_e : Reyondls 수)

① $\frac{12}{R_e}$ ② $\frac{24}{R_e}$
③ $\frac{36}{R_e}$ ④ $\frac{64}{R_e}$

해설] ④

■2017년 2회■41. 그림과 같은 관로의 흐름에 대한 설명으로 옳지 않은 것은? (단, h₁, h₂는 위치 1,2에서의 수두, h_{LA}, h_{LB}는 각각 관로 A 및 B에서의 손실수두이다.)

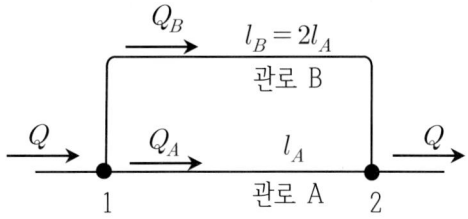

① $h_{LA} = h_{LB}$
② $Q = Q_A + Q_B$
③ $Q_A = Q_B$
④ $h_2 = h_1 - h_{LA}$

해설] ③ 유량은 관로의 직경 등에 영향을 받는다.
모든 유입량은 모두 유출된다.
모든 경로에서의 손실은 동일하다.

■2017년 2회■42. 수심 2m, 폭 4m, 경사 0.0004인 직사각형 단면수로에서 유량 14.56m³/s가 흐르고 있다. 이 흐름에서 수로 표면 조도계수는(n)는?

① 0.0096
② 0.01099
③ 0.02096
④ 0.030991

해설] ②

$Q = AV$에서, $14.56 = 2 \times 4 \times V$이므로, $V = 1.82 m/s$

$R_h = \frac{A}{P} = \frac{2 \times 4}{2+2+4} = 1m$

$V = \frac{1}{n} R_h^{2/3} I^{1/2}$에서, $1.82 = \frac{1}{n} \times 1 \times 0.0004^{1/2}$이므로,

$n = 10.99 \times 10^{-3} = 0.01099$

■2017년 1회■43. 관수로의 흐름이 층류인 경우 마찰손실계수(f)에 대한 설명으로 옳은 것은?
① 조도에만 영향을 받는다.
② 레이놀즈수에만 영향을 받는다.
③ 항상 0.2778로 일정한 값을 갖는다.
④ 조도와 레이놀주수에 영향을 받는다.

해설] ②
층류에서는 레이놀즈수가 지배하고, 난류에서는 상대조도가 지배한다.

■2017년 1회■44. 그림과 같이 반지름 R인 원형관에서 물이 층류로 흐를 때 중심부에서의 최대속도를 V라 할 경우 평균속도 V_m은?

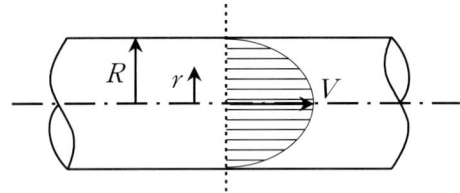

① $\dfrac{V}{2}$ ② $\dfrac{V}{3}$
③ $\dfrac{V}{4}$ ④ $\dfrac{V}{5}$

해설] ①

■2017년 1회■45. 두 수조가 관길이 L=50m, 지름 D=0.8m, Manning의 조도계수 n=0.013인 원형관으로 연결되어 있다. 이 관을 통하여 유량 Q=1.2m³/s의 난류가 흐를 때, 두 수조의 수위차(H)는? (단, 마찰, 단면 급확대 및 급축소 손실만을 고려한다.)
① 0.98m
② 0.85m
③ 0.54m
④ 0.36m

해설] ②

$Q = AV$에서, $1.2 = \dfrac{\pi \times 0.8^2}{4} \times V$이므로, $V = 2.387 m/s$

$f = 124.5 n^2 d^{-1/3} = 124.5 \times 0.013^2 \times 0.8^{-1/3} = 0.0227$

마찰손실수두 $h_L = f \dfrac{l}{D} \dfrac{V^2}{2g}$

관유입손실수두 $h_{in} = k_{in} \dfrac{V_2^2}{2g}$ ($k_{in} = 0.5$)

관유출손실수두 $h_{ex} = \dfrac{V_1^2}{2g}$

총 손실 $\dfrac{V^2}{2g}(f\dfrac{l}{D} + 0.5 + 1)$

$= \dfrac{2.387^2}{2 \times 9.8}(0.0227 \times \dfrac{50}{0.8} + 1.5) = 0.849 m^3/s$

문제유형8 펌프

■2022년 1회■1. 그림과 같이 수조 A의 물을 펌프에 의해 수조 B로 양수한다. 연결관의 단면적 200cm², 유량 0.196m³/s, 총손실수두는 속도수두의 3.0배에 해당할 때 펌프의 필요한 동력(HP)은? (단, 펌프의 효율은 98%이며, 물의 단위중량은 9.81 kN/m³, 1HP는 735.75 N.m/s, 중력가속도는 9.8m/s²)

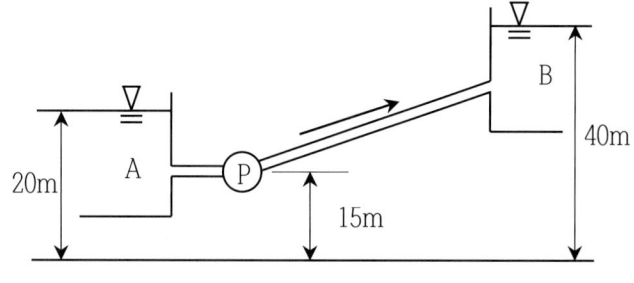

① 92.5 HP
② 101.6 HP
③ 105.9 HP
④ 115.2 HP

해설] ①

$Q = AV$에서, $0.196 = 200 \times 10^{-4} \times V$이므로, $V = 9.8 m/s$
총 손실수두는 속도수두의 3배이므로,

$h_L = 3 \times \dfrac{V^2}{2g} = 3 \times \dfrac{9.8^2}{2 \times 9.8} = 14.7 m$

펌프의 에너지 $E = \dfrac{\gamma_w Q(h + h_L)}{\eta}$ 이므로,

$E = \dfrac{9.81 \times 0.196 \times (20 + 14.7)}{0.98} = 68.08 kW$

$= \dfrac{68.08}{0.73575} = 92.53 HP$

■2020년 4회■2. 양정이 5m일 때 4.9kW의 펌프로 0.03m³/s를 양수했다면 이 펌프의 효율은?

① 약 0.3
② 약 0.4
③ 약 0.5
④ 약 0.6

해설] ①

$E = \dfrac{\gamma_w Q(h + h_L)}{\eta}$ 에서,

$4.9 = \dfrac{9.81 \times 0.03 \times 5}{\eta}$ 이므로, $\eta = 0.3$

■2020년 4회■3. 관의 마찰 및 기타 손실수두를 양정고의 10%로 가정할 경우 펌프의 동력을 마력으로 구하면? (단, 유량은 Q=0.07m³/s 이며, 효율은 100%로 가정한다.)

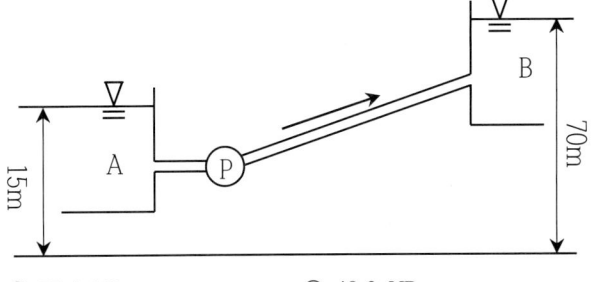

① 57.2 HP
② 48.0 HP
③ 51.3 HP
④ 56.5 HP

해설] ④

$E = \dfrac{\gamma_w Q(h + h_L)}{\eta}$ 에서,

$E = \dfrac{9.81 \times 0.07 \times (70 - 15) \times 1.1}{1} = 41.545 kW$

$HP = 1.36 \times kW = 1.36 \times 41.545 = 56.5 HP$

■2019년 3회■4. 0.3m³/s의 물을 실양정 45m의 높이로 양수하는 데 필요한 펌프의 동력은? (단, 마찰손실수두는 18.6m이다.)

① 186.98 kW
② 196.98 kW
③ 214.4 kW
④ 224.4 kW

해설] ①

손실수두를 고려한 펌프 동력

$E = \dfrac{\gamma_w Q(h + h_L)}{\eta}$

$= \dfrac{9.81 \times 0.3 \times (45 + 18.6)}{1} = 187.2 kW$

■2019년 2회■5. 표고 20m인 저수지에서 물을 표고 50m인 지점까지 1.0m³/sec의 물을 양수하는데 소요되는 펌프동력은? (단, 모든 손실수두의 합은 3.0m이고 모든 관은 동일한 직경과 수리학적 특성을 지니며, 펌프의 효율은 80%이다.)

① 248 kW
② 330 kW
③ 404 kW
④ 650 kW

해설] ③

$E = \dfrac{\gamma_w Q(h + h_L)}{\eta}$

$= \dfrac{9.8 \times 1 \times (30 + 3)}{0.8} = 404.25 kW$

■2018년 1회■6. 동력 20,000 kW, 효율 88%인 펌프를 이용하여 150m 위의 저수지로 물을 양수하려고 한다. 손실수두가 10m 일 때 양수량은?

① 15.5m³/s
② 14.5m³/s
③ 11.2m³/s
④ 12.0m³/s

해설] ③

$$E = \frac{\gamma_w Q(h+h_L)}{\eta} \text{에서,}$$

$$20 \times 10^3 = \frac{9.8 \times Q \times (150+10)}{0.88} \text{이므로, } Q = 11.22 m^3/s$$

■2017년 2회■7. 기계적 에너지와 마찰손실을 고려하는 베르누이 정리에 관한 표현식은? (단, E_P 및 E_T는 각각 펌프 및 터빈에 의한 수두를 의미하며, 유체는 점1에서 점2로 흐른다.)

① $\frac{V_1^2}{2g} + \frac{p_1}{\gamma} + z_1 = \frac{V_2^2}{2g} + \frac{p_2}{\gamma} + z_2 + E_P + E_T + h_L$

② $\frac{V_1^2}{2g} + \frac{p_1}{\gamma} + z_1 = \frac{V_2^2}{2g} + \frac{p_2}{\gamma} + z_2 + E_P - E_T + h_L$

③ $\frac{V_1^2}{2g} + \frac{p_1}{\gamma} + z_1 = \frac{V_2^2}{2g} + \frac{p_2}{\gamma} + z_2 - E_P + E_T + h_L$

④ $\frac{V_1^2}{2g} + \frac{p_1}{\gamma} + z_1 = \frac{V_2^2}{2g} + \frac{p_2}{\gamma} + z_2 - E_P - E_T + h_L$

해설] ③

펌프는 흐름에 에너지를 추가
터빈 : 유체의 흐름을 이용해서 회전에너지를 획득하는 장치

$$\frac{V_1^2}{2g} + \frac{p_1}{\gamma} + z_1 + E_P = \frac{V_2^2}{2g} + \frac{p_2}{\gamma} + z_2 + E_T + h_L \text{ 이므로,}$$

$$\frac{V_1^2}{2g} + \frac{p_1}{\gamma} + z_1 = \frac{V_2^2}{2g} + \frac{p_2}{\gamma} + z_2 - E_P + E_T + h_L$$

문제유형9 항력

■2021년 2회■1. 항력(Drag force)에 관한 설명으로 틀린 것은?

① 항력 $D = C_D A \frac{\rho V^2}{2}$ 으로 표현되며, 항력계수 C_D는 Froude의 함수이다.
② 형상항력은 물체의 형상에 의한 후류(Wake)로 인해 압력이 저하하여 발생하는 압력저항이다.
③ 마찰항력은 유체가 물체표면을 흐를 때 점성과 난류에 의해 물체표면에 발생하는 마찰저항이다.
④ 조파항력은 물체가 수면에 떠 있거나 물체의 일부분이 수면위에 있을 때에 발생하는 유체저항이다.

해설] ① 항력계수 C_D는 레이놀즈의 함수이다.

■2020년 4회■2. 흐르는 유체 속에 물체가 있을 때, 물체가 유체로부터 받는 힘은?

① 장력(張力)
② 충력(衝力)
③ 항력(抗力)
④ 소류력(掃流力)

해설] ③

■2019년 2회■3. 단위중량 ω, 밀도 ρ인 유체가 유속 V로서 수평방향으로 흐르고 있다. 지름 d, 길이 l인 원주가 유체의 흐름방향에 직각으로 중심축을 가지고 놓였을 때 원주에 작용하는 항력(D)은? (단, C는 항력계수이다.)

① $D = C \frac{\pi d^2}{4} l \frac{\omega V^2}{2}$

② $D = Cdl \frac{\rho V^2}{2}$

③ $D = C \frac{\pi d^2}{4} l \frac{\rho V^2}{2}$

④ $D = Cdl \frac{\omega V^2}{2}$

해설] ②

총 항력 $F_D = C_d A \dfrac{\rho V^2}{2}$ 에서, $A = dl$ 이므로,

$F_D = C_d dl \dfrac{\rho V^2}{2}$

(A는 저항면적으로, 흐름의 투영단면적으로 한다.)

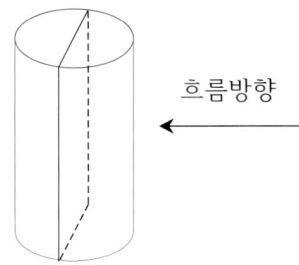
흐름방향 ←

■2018년 3회■4. 지름 d인 구(球)가 밀도 ρ의 유체 속을 유속 V로 침강할 때 구의 항력 D는? (단, 항력계수는 C_d라 한다.)

① $\dfrac{1}{8} C_d \pi d^2 \rho V^2$ ② $\dfrac{1}{2} C_d \pi d^2 \rho V^2$

③ $\dfrac{1}{4} C_d \pi d^2 \rho V^2$ ④ $C_d \pi d^2 \rho V^2$

해설] ①

항력 $F_D = C_d A \dfrac{\rho V^2}{2}$ 이고,

저항면적 A는 흐름 투영단면적이므로, $A = \dfrac{\pi d^2}{4}$

따라서, $F_D = C_d \dfrac{\pi d^2}{4} \times \dfrac{\rho V^2}{2} = \dfrac{1}{8} C_d \pi d^2 \rho V^2$

■2018년 2회■5. 정지 유체에 침강하는 물체가 받는 항력(drag force)의 크기가 관계가 없는 것은?
① 유체의 밀도 ② Froude수
③ 물체의 형상 ④ Reynolds수

해설] ②

항력 $F_D = C_d A \dfrac{\rho V^2}{2}$

Froud수는 관성력과 중력의 관계식으로, 항력과는 무관하다.

■2017년 3회■6. 밀도가 p인 유체가 일정한 유속 V로 수평방향으로 흐르고 있다. 이 유체 속에 지름 d, 길이 l인 원주가 그림과 같이 놓였을 때 원주에 작용되는 항력(抗力)을 구하는 공식은? (단, C_d는 항력계수)

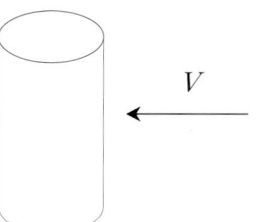
← V

① $C_d \dfrac{\pi d^2}{4} l \dfrac{\omega V^2}{2}$ ② $C_d dl \dfrac{\rho V^2}{2}$

③ $C_d \dfrac{\pi d^2}{4} l \dfrac{\rho V^2}{2}$ ④ $C_d dl \dfrac{\omega V^2}{2}$

해설] ②

총 항력 $F_D = C_d A \dfrac{\rho V^2}{2}$ 에서, $A = dl$ 이므로,

$F_D = C_d dl \dfrac{\rho V^2}{2}$

(A는 저항면적으로, 흐름의 투영단면적으로 한다.)

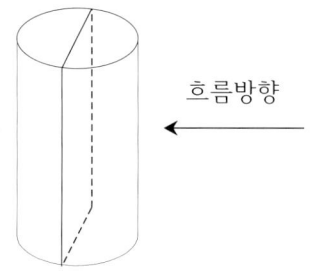
흐름방향 ←

■2017년 1회■7. 흐르는 유체 속에 잠겨있는 물체에 작용하는 항력과 관계가 없는 것은?
① 유체의 밀도 ② 물체의 크기
③ 물체의 형상 ④ 물체의 밀도

해설] ④

항력 $F_D = C_d A \dfrac{\rho V^2}{2}$

문제유형10 최적수로단면과 개수로의 유속분포

■2022년 1회■1. 하폭이 넓은 완경사 개수로 흐름에서 물의 단위중량 $w = \rho g$, 수심 h, 하상경사 S일 때 바닥 전단응력 τ_o는? (단, ρ : 물의 밀도, g : 중력가속도)

① ρhS ② ghS
③ $\sqrt{\dfrac{hS}{\rho}}$ ④ whS

해설] ④
동수반경 $R_h = \dfrac{A}{P} = \dfrac{hB}{B} = h$ (B : 수로폭, P : 윤변길이)
동수경사 $I = S$
$\tau_{\max} = \gamma R_h I = whS$

■2022년 1회■2. 다음 사다리꼴 수로의 윤변은?

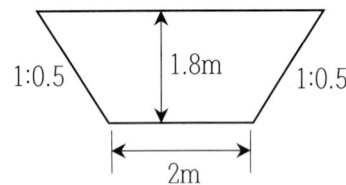

① 8.02m ② 7.02m
③ 6.02m ④ 9.02m

해설] ③
경사길이 $l = \sqrt{1.8^2 + 0.9^2} = 2.012 m$
$P = B + 2l = 2 + 2 \times 2.012 = 6.025 m$

■2022년 1회■3. 수리학적으로 유리한 단면에 관한 설명으로 옳지 않은 것은?
① 주어진 단면에서 윤변이 최소가 되는 단면이다.
② 직사각형 단면일 경우 수심이 폭의 1/2인 단면이다.
③ 최대유량의 소통을 가능하게 하는 가장 경제적인 단면이다.
④ 사다리꼴 단면일 경우 수심을 반지름으로 하는 반원을 외접원으로 하는 사다리꼴 단면이다.

해설] ④ 사다리꼴 단면일 경우 수심을 반지름으로 하는 반원을 내접원으로 하는 사다리꼴 단면이다.

■2022년 1회■4. 동수반경에 대한 설명으로 옳지 않은 것은?
① 원형관의 경우, 지름의 1/4 이다.
② 유수단면적을 윤변으로 나눈 값이다.
③ 폭이 넓은 직사각형수로의 동수반경은 그 수로의 수심과 거의 같다.
④ 동수반경이 큰 수로는 동수반경이 작은 수로보다 마찰에 의한 수두손실이 크다.

해설] ④ 동수반경이 큰 수로는 동수반경이 작은 수로보다 마찰에 의한 수두손실이 작다.

■2021년 3회■5. 폭이 무한히 넓은 개수로의 동수반경 (Hydraulic radius, 경심)은?
① 계산할 수 없다.
② 개수로의 폭과 같다.
③ 개수로의 면적과 같다.
④ 개수로의 수심과 같다.

해설] ④
$R = \dfrac{A}{P} = \dfrac{Bh}{B+2h} = h$ ($B \gg h$인 경우)

■2021년 2회■6. 수로경사 I = 1/2500, 조도계수 n = 0.013$m^{-1/3}$·s인 수로에 아래 그림과 같이 물이 흐르고 있다면 평균유속은? (단, Manning의 공식을 사용한다.)

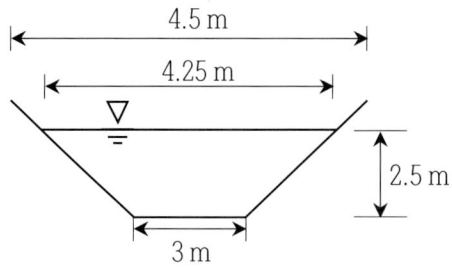

① 1.65 m/s ② 2.16 m/s
③ 2.65 m/s ④ 3.16 m/s

해설] ①

$$R_h = \frac{A}{P} = \frac{(4.25+3)\times 2.5/2}{3+2\times\sqrt{0.625^2+2.5^2}} = 1.111$$

$$V = \frac{1}{n}R_h^{2/3}I^{1/2}$$

$$= \frac{1}{0.013}\times 1.111^{2/3}\times(1/2500)^{1/2} = 1.65 m/s$$

■2021년 1회■7. 수로경사 1/10,000인 직사각형 단면 수로에 유량 30m³/s를 흐르게 할 때 수리학적으로 유리한 단면은? (단, h: 수심, B: 폭이며, Manning공식을 쓰고, n=0.025m$^{-1/3}$.s)

① h=1.95m, B=3.9m
② h=2.0m, B=4.0m
③ h=3.0m, B=6.0m
④ h=4.63m, B=9.26m

해설] ④
수리학적으로 유리한 단면이 되기 위해, $b = 2h$

$$R_h = \frac{A}{P} = \frac{bh}{b+2h} = \frac{2h^2}{4h} = \frac{h}{2}$$

$$V = \frac{1}{n}R_h^{2/3}I^{1/2}$$

$$= \frac{1}{0.025}\times(h/2)^{2/3}\times 10^{-4/2} = 0.252h^{2/3}$$

$Q = AV = 2h^2\times 0.252h^{2/3} = 0.504h^{8/3} = 30$에서,

$h = 4.63m,\ b = 2h = 2\times 4.63 = 9.26m$

■2021년 1회■8. 개수로 내의 흐름에서 평균유속을 구하는 방법 중 2점법의 유속 측정 위치로 옳은 것은?
① 수면과 전수심의 50% 위치
② 수면으로부터 수심의 10%와 90% 위치
③ 수면으로부터 수심의 20%와 80% 위치
④ 수면으로부터 수심의 40%와 60% 위치

해설] ③

■2020년 4회■9. 수리학적으로 유리한 단면에 관한 내용으로 옳지 않은 것은?
① 동수반경을 최대로 하는 단면이다.
② 구형에서는 수심이 폭의 반과 같다.
③ 사다리꼴에서는 동수반경이 수심이 반과 같다.
④ 수리학적으로 가장 유리한 단면의 형태는 이등변직각삼각형이다.

해설] ④ 수리학적으로 가장 유리한 단면의 형태는 반원단면이다.

■2020년 4회■10. 그림과 같은 개수로에서 수로경사 S₀ = 0.001, Manning 의 조도계수 n = 0.002 일 때 유량은?

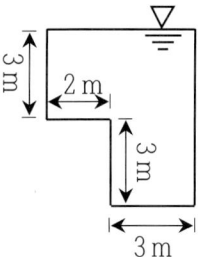

① 약 150 m³/s
② 약 320 m³/s
③ 약 480 m³/s
④ 약 540 m³/s

해설] ③

동수반경 R_h : 각 단면의 경계면은 윤변에서 제외

$$R_{h1} = \frac{3\times 2}{3+2} = 1.2m,\ R_{h2} = \frac{6\times 3}{6+3+3} = 1.5m$$

$V = \frac{1}{n}R_h^{2/3}I^{1/2}$ 이고, $Q = \Sigma(AV)$ 이므로,

$$V_1 = \frac{1}{0.002}\times 1.2^{2/3}\times 0.001^{1/2} = 17.855m/s$$

$$V_2 = \frac{1}{0.002}\times 1.5^{2/3}\times 0.001^{1/2} = 20.72m/s$$

$Q = 2\times 3\times 17.855 + 6\times 3\times 20.72 = 480.1 m^3/s$

■2020년 1,2회 통합■11. 일반적인 수로단면에서 단면계수 Z_c와 수심 h의 상관식은 $Z_c^2 = Ch^M$으로 표시할 수 있는데 이 식에서 M은?

① 단면지수
② 수리지수
③ 윤변지수
④ 흐름지수

해설] ②

단면계수 $Z = A\sqrt{D_h}$

$Z^2 = A^2 D_h$이고, $Q = AV = ACR_h^m I^n = KI^n$에서,

$Q^2 = K^2 I^{2n}$ 이고, $K^2 = Ch^N$에서, N은 수리지수이다.

$K^2 \propto Q^2 \propto A^2 \propto Z^2$으로 표현한다면, $Z^2 = Ch^M$에서 M은 수리지수이다.

■2020년 1,2회 통합■12. 다음 그림과 같은 사다리꼴 수로에서 수리상 유리한 단면으로 설계된 경우의 조건은?

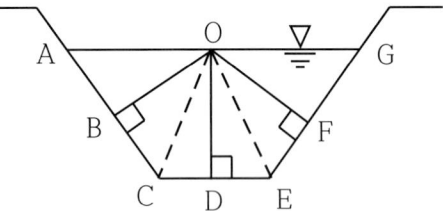

① OB=OD=OF
② OA=OD=OG
③ OC=OG+OA=OE
④ OA=OC=OE=OG

해설] ①
수로단면이 내접원을 가지도록 해야 한다.

■2019년 3회■13. 수로의 경사 및 단면의 형상이 주어질 때 최대 유량이 흐르는 조건은?

① 수심이 최소이거나 경심이 최대일 때
② 윤변이 최대이거나 경심이 최소일 때
③ 윤변이 최소이거나 경심이 최대일 때
④ 수로폭이 최소이거나 수심이 최대일 때

해설] ③

■2019년 2회■14. 수리학상 유리한 단면에 관한 설명 중 옳지 않은 것은?

① 주어진 단면에서 윤변이 최소가 되는 단면이다.
② 직사각형 단면일 경우 수심이 폭의 1/2인 단면이다.
③ 최대유량의 소통을 가능하게 하는 가장 경제적인 단면이다.
④ 수심을 반지름으로 하는 반원을 외접원으로하는 제형단면이다.

해설] ④ 수심을 반지름으로 하는 반원을 내접원으로하는 제형단면이다.

■2018년 2회■15. 흐름의 단면적과 수로경사가 일정할 때 최대 유량이 흐르는 조건으로 옳은 것은?

① 윤변이 최소이거나 동수반경이 최대일 때
② 윤변이 최대이거나 동수반경이 최소일 때
③ 수심이 최소이거나 동수반경이 최대일 때
④ 수심이 최대이거나 수로 폭이 최소일 때

해설] ①
최대 유량이 흐르기 위해서는 동수반경이 최대여야 한다.

$R_h = \dfrac{A}{P}$에서, 최대 동수반경에서 윤변은 최소이다.

■2017년 3회■16. 개수로에서 단면적이 일정할 때 수리학적으로 유리한 단면에 해당되지 않는 것은? (단, H: 수심, R_h: 동수반경, l: 측면의 길이. B: 수면폭, P: 윤변, θ: 측면의 경사)

① H를 반지름으로 하는 반원에 외접하는 직사각형 단면
② R_h가 최대 또는 P가 최소인 단면
③ $H = B/2$이고 $R_h = B/2$인 직사각형 단면
④ $l = B/2$, $R_h = H/2$, $\theta = 60°$ 사다리꼴 단면

해설] ③ $H = B/2$이고 $R_h = H/2 = B/4$인 직사각형 단면
수리학적으로 유리한 단면은, 정다각형을 절반으로 분리한 형태로, 내접원을 가지는 단면이다.

문제유형11 비에너지

■2022년 2회■1. 한계수심에 대한 설명으로 옳지 않은 것은?
① 유량이 일정할 때 한계수심에서 비에너지가 최소가 된다.
② 직사각형 단면 수로의 한계수심은 최소 비에너지의 2/3 이다.
③ 비에너지가 일정하면 한계수심으로 흐를 때 유량이 최대가 된다.
④ 한계수심보다 수심이 작은 흐름은 상류(常流)이고 큰 흐름이 사류(射流)이다.

해설] ④ 한계수심보다 수심이 작은 흐름은 사류(射流)이고, 큰 흐름이 상류(常流)이다.

■2022년 2회■2. 개수로 흐름의 도수현상에 대한 설명으로 틀린 것은?
① 비력과 비에너지가 최소인 수심은 근사적으로 같다.
② 도수 전·후의 수심 관계는 베르누이 정리로부터 구할 수 있다.
③ 도수는 흐름이 사류에서 상류로 바뀔 경우에만 발생 된다.
④ 도수 전·후의 에너지 손실은 주로 불연속 수면 발생 때문이다.

해설] ② 도수 전·후의 수심의 비율은 F_{r1}에 대한 함수
$$\frac{h_2}{h_1} = \frac{1}{2}(-1 + \sqrt{1 + 8F_{r1}^2})$$

■2022년 2회■3. 완경사 수로에서 배수곡선(backwater curve)에 해당하는 수면곡선은?
① 홍수 시 하천의 수면곡선
② 댐을 월류할 때의 수면곡선
③ 하천 단락부(段落部) 상류의 수면곡선
④ 상류 상태로 흐르는 하천에 댐을 구축했을 때 저수지 상류의 수면곡선

해설] ④
완경사 배수곡선 : 댐 상류, 수문하 유출

수면형	수면 예시
M_1	댐(제어부)의 상류
M_2	단면 급확대, 저수지 유입, 수로 단락
M_3	수문하 유출, 수로경사가 완만하게 변한 뒤 흐름
S_1	급경사부에 설치된 댐의 배후
S_2	수로단면의 확대부의 하류, 장애물 하류
S_3	수문하 유출시 등류수심보다 낮은 수심으로 급경사를 이룰 때 수문 하류측

■2022년 1회■4. 댐의 상류부에서 발생되는 수면 곡선으로 흐름 방향으로 수심이 증가함을 뜻하는 곡선은?
① 배수 곡선
② 저하 곡선
③ 유사량 곡선
④ 수리특성 곡선

해설] ①
배수곡선 : 수심이 증가하는 곡선
저하곡선 : 수심이 감소하는 곡선

■2021년 3회■5. 수로 폭이 3m인 직사각형 수로에 수심이 50cm로 흐를 때 흐름이 상류(subcritical flow)가 되는 유량은?
① 2.5m³/sec
② 4.5m³/sec
③ 6.5m³/sec
④ 8.5m³/sec

해설] ①
상류 유속 조건 $V < \sqrt{gD_h} = \sqrt{9.81 \times 0.5} = 2.215 m/s$(한계유속)
한계유량 $Q = AV = 3 \times 0.5 \times 2.215 = 3.323 m^3/s$
따라서, 한계유량보다 작아야 상류이다.

■2021년 3회■6. 다음 중 도수(跳水, hydraulic jump)가 생기는 경우는?
① 사류(射流)에서 사류(射流)로 변할 때
② 사류(射流)에서 상류(常流)로 변할 때
③ 상류(常流)에서 상류(常流)로 변할 때
④ 상류(常流)에서 사류(射流)로 변할 때

해설] ②
도수(Hydraulic Jump) : 사류에서 상류로 변화하는 위치에서 격렬한 와류를 동반하면서 수면이 급격하게 뛰어 오르는 현상

■2021년 3회■7. 개수로의 흐름에 대한 설명으로 옳지 않은 것은?
① 사류(supercritical flow)에서는 수면변동이 일어날 때 상류(上流)로 전파될 수 없다.
② 상류(subcritical flow)일 때는 Froude 수가 1보다 크다.
③ 수로경사가 한계경사보다 클 때 사류(supercritical flow)가 된다.
④ Reynolds 수가 500보다 커지면 난류(turbulent flow)가 된다.

해설] ② 상류(subcritical flow)일 때는 Froude 수가 1보다 작다.

■2021년 2회■8. 폭이 1m인 직사각형 수로에서 0.5m³/s의 유량이 80cm의 수심으로 흐르는 경우, 이 흐름을 가장 잘 나타낸 것은? (단, 동점성 계수는 0.012cm²/s, 한계수심은 29.5cm이다.)
① 층류이며 상류
② 층류이며 사류
③ 난류이며 상류
④ 난류이며 사류

해설] ③
$Q = AV = 1 \times 0.8 \times V = 0.5$ 에서, $V = 0.625 m/s$
$Re = \dfrac{Vd}{\nu} = \dfrac{0.625 \times 0.8}{0.012 \times 10^{-4}} = 400 \times 10^3 > 500$ 이므로, 난류
수심 $h = 80 > h_c = 29.5$ 이므로, 상류

■2021년 2회■9. 폭 9m의 직사각형 수로에 16.2m³/s의 유량이 92cm의 수심으로 흐르고 있다. 장파의 전파속도 C와 비에너지 E는? (단, 에너지 보정계수 α=1.0)
① C = 2.0m/s, E = 1.015m
② C = 2.0m/s, E = 1.115m
③ C = 3.0m/s, E = 1.015m
④ C = 3.0m/s, E = 1.115m

해설] ④
$Q = AV = 16.2 = 9 \times 0.92 \times V$에서, $V = 1.957 m/s$
비에너지 $H_e = h + \alpha \dfrac{V^2}{2g} = 0.92 + 1 \times \dfrac{1.957^2}{2 \times 9.81} = 1.115$
장파 전파속도 $V = \sqrt{gD_h} = \sqrt{9.81 \times 0.92} = 3 m/s$

■2021년 1회■10. 수로 폭이 10m인 직사각형 수로의 도수 전수심이 0.5m, 유량이 40m³/s이었다면 도수 후의 수심(h_2)은?
① 1.96m
② 2.18m
③ 2.31m
④ 2.85m

해설] ③
$Q = A_1 V_1 = 40 = 10 \times 0.5 V_1$에서, $V_1 = 8 m/s$
$F_{r1} = \dfrac{V_1}{\sqrt{gD_{h1}}} = \dfrac{8}{\sqrt{9.81 \times 0.5}} = 3.612$
$\dfrac{h_2}{h_1} = \dfrac{1}{2}(-1 + \sqrt{1 + 8F_{r1}^2})$ 에서,
$\dfrac{h_2}{0.5} = \dfrac{1}{2}(-1 + \sqrt{1 + 8 \times 3.612^2}) = 4.633$ 이므로,
$h_2 = 2.316 m$
h_1 : 도수 전의 수심, h_2 : 도수 후의 수심

■2020년 4회■11. 개수로 내의 흐름에서 비에너지(specific energy, H_e)가 일정할 때, 최대 유량이 생기는 수심이 h로 옳은 것은? (단, 개수로의 단면은 직사각형이고, α=1이다.)

① $h = H_e$
② $h = \frac{1}{2}H_e$
③ $h = \frac{2}{3}H_e$
④ $h = \frac{3}{4}H_e$

해설] ③

■2020년 4회■12. 도수(hydraulic jump)전후의 수심 h_1, h_2의 관계를 도수 전의 Froude 수 F_{r1}의 함수로 표시한 것으로 옳은 것은?

① $\frac{h_2}{h_1} = \frac{1}{2}(-1 + \sqrt{1 + 8F_{r1}^2})$
② $\frac{h_1}{h_2} = \frac{1}{2}(-1 + \sqrt{1 + 8F_{r1}^2})$
③ $\frac{h_2}{h_1} = \frac{1}{2}(1 + \sqrt{1 + 8F_{r1}^2})$
④ $\frac{h_1}{h_2} = \frac{1}{2}(1 + \sqrt{1 + 8F_{r1}^2})$

해설] ①

■2020년 4회■13. 폭이 50m인 직사각형 수로의 도수 전 수위 $h_1 = 3m$, 유량 $Q = 2,000$ m³/s 일 때 대응수심은?
① 1.6m
② 6.1m
③ 9.0m
④ 도수가 발생하지 않는다.

해설] ③

$Q = A_1 V_1 = 2000 = 50 \times 3 \times V_1$에서, $V_1 = 13.33 m/s$

$F_{r1} = \frac{V_1}{\sqrt{gD_{h1}}} = \frac{13.33}{\sqrt{9.81 \times 3}} = 2.46$

$\frac{h_2}{h_1} = \frac{1}{2}(-1 + \sqrt{1 + 8F_{r1}^2})$에서,

$\frac{h_2}{3} = \frac{1}{2} \times (-1 + \sqrt{1 + 8 \times 2.46^2}) = 3.015$이므로,

$h_2 = 9.03m$

■2020년 4회■14. 수심이 10cm, 수로 폭이 20cm인 직사각형 개수로에서 유량 Q=80cm³/s가 흐를 때 동점성계수 ν=1.0×10⁻² cm²/s 이면 흐름은?

① 난류, 사류
② 층류, 사류
③ 난류, 상류
④ 층류, 상류

해설] ④

$Q = AV$에서, $80 = 10 \times 20 \times V$이므로, $V = 0.4 cm/s$

$Re = \frac{Vd}{\nu} = \frac{0.4 \times 10}{0.01} = 400 < 500$ 이므로, 층류

$F_{r1} = \frac{V_1}{\sqrt{gD_{h1}}} = \frac{0.4}{\sqrt{981 \times 10}} = 0.004 < 1$ 이므로, 상류

■2020년 1,2회 통합■15. 주어진 유량에 대한 비에너지(specific energy)가 3m일 때, 한계수심은?

① 1m
② 1.5m
③ 2m
④ 2.5m

해설] ③

한계수심 $h_c = \frac{2}{3}H_{e,min} = \frac{2}{3} \times 3 = 2m$

■2019년 3회■16. 도수가 15m 폭의 수문 하류 측에서 발생되었다. 도수가 일어나기 전의 깊이가 1.5m이고 그때의 유속은 18m/s였다. 도수로 인한 에너지 손실 수두는? (단, 에너지 보정계수 α = 1 이다.)

① 3.24 m
② 5.40 m
③ 7.62 m
④ 8.34 m

해설] ④

$F_{r1} = \dfrac{V_1}{\sqrt{gD_{h1}}} = \dfrac{18}{\sqrt{9.81 \times 1.5}} = 4.69$

$\dfrac{h_2}{h_1} = \dfrac{1}{2}(-1 + \sqrt{1 + 8F_{r1}^2})$ 에서,

$\dfrac{h_2}{1.5} = \dfrac{1}{2}(-1 + \sqrt{1 + 8 \times 4.69^2}) = 6.154$ 이므로,

$h_2 = 9.232 m$

도수로 인한 수두손실

$\Delta H_e = \dfrac{(h_2 - h_1)^3}{4h_1 h_2} = \dfrac{(9.232 - 1.5)^3}{4 \times 1.5 \times 9.232} = 8.34 m$

■2019년 3회■17. 수로 폭이 3m인 직사각형 개수로에서 비에너지가 1.5m일 경우의 최대유량은? (단, 에너지 보정계수는 1.0이다.)

① 9.39 m³/s   ② 11.50 m³/s
③ 14.09 m³/s   ④ 17.25 m³/s

해설] ①

최대유량은 최소비에너지에서 발생하므로,

한계수심 $h_c = \dfrac{2}{3}H_{e,\min}$

$H_{e,\min} = h_c + \alpha\dfrac{V_c^2}{2g} = \dfrac{2}{3}H_{e,\min} + \alpha\dfrac{V_c^2}{2g}$ 에서,

$\alpha\dfrac{V_c^2}{2g} = \dfrac{H_{e,\min}}{3} = \dfrac{1.5}{3} = 0.5 m$ 이므로,

$V_c = \sqrt{2 \times 9.81 \times 0.5} = 3.13 m/s$

$Q_{\max} = bh_c V_c = 3 \times \dfrac{2}{3} \times 1.5 \times 3.13 = 9.39 m^3/s$

■2019년 3회■18. 폭이 넓은 개수로($R ≒ h_c$)에서 Chezy의 평균유속계수 C=29, 수로경사 $I = \dfrac{1}{80}$ 인 하천의 흐름 상태는? (단, $\alpha = 1.11$)

① $I_c = \dfrac{1}{105}$ 로 사류   ② $I_c = \dfrac{1}{95}$ 로 사류
③ $I_c = \dfrac{1}{70}$ 로 상류   ④ $I_c = \dfrac{1}{60}$ 로 상류

해설] ②

광폭 개수로의 한계경사 $I_c = \dfrac{n^2 g}{R_h^{1/3}} = \dfrac{g}{\alpha C^2}$ 이므로,

$I_c = \dfrac{9.81}{1.11 \times 29^2} = 0.0105 \approx \dfrac{1}{95} < I = \dfrac{1}{80}$

한계경사보다 크므로, 사류

■2019년 2회■19. 도수 전후의 수심이 각각 2m, 4m 일 때 도수로 인한 에너지 손실(수두)은?

① 0.1 m   ② 0.2 m
③ 0.25 m   ④ 0.5 m

해설] ③

$\Delta H_e = \dfrac{(h_2 - h_1)^3}{4h_1 h_2} = \dfrac{(4-2)^3}{4 \times 4 \times 2} = 0.25 m$

■2019년 2회■20. 폭 8 m의 구형단면 수로에 40m³/s의 물을 수심 5 m로 흐르게 할 때, 비에너지는? (단, 에너지 보정계수 α =1.11 로 가정한다.)

① 5.06 m   ② 5.87 m
③ 6.19 m   ④ 6.73 m

해설] ①

$Q = AV = 40 = 5 \times 8 \times V$ 이므로, $V = 1 m/s$

비에너지 $H_e = h + \alpha\dfrac{V^2}{2g}$ 에서,

$H_e = 5 + 1.11 \times \dfrac{1^2}{2 \times 9.81} = 5.06 m$

■2019년 1회■21. 상류(subcritical flow)에 관한 설명으로 틀린 것은?

① 하천의 유속이 장파의 전파속도보다 느린 경우이다.
② 관성력이 중력의 영향보다 더 큰 흐름이다.
③ 수심은 한계수심보다 크다.
④ 유속은 한계유속보다 작다.

해설] ② 관성력이 중력의 영향보다 더 작은 흐름이다.
상류에서는 $F_r = \dfrac{V}{\sqrt{gL}} < 1$ 로 관성력이 중력보다 작다.

■2019년 1회■22. 개수로의 흐름에서 비에너지의 정의로 옳은 것은?
① 단위 중량의 물이 가지고 있는 에너지로 수심과 속도수두의 합
② 수로의 한 단면에서 물이 가지고 있는 에너지를 단면적으로 나눈 값
③ 수로의 두 단면에서 물이 가지고 있는 에너지를 수심으로 나눈 값
④ 압력 에너지와 속도 에너지의 비

해설] ①

■2019년 1회■23. 댐의 상류부에서 발생되는 수면 곡선으로 흐름 방향으로 수심이 증가함을 뜻하는 곡선은?
① 배수 곡선
② 저하 곡선
③ 수리특성 곡선
④ 유사량 곡선

해설] ①
댐상류부는 M1형 배수곡선

■2019년 1회■24. 개수로에서 한계수심에 대한 설명으로 옳은 것은?
① 사류 흐름의 수심
② 상류 흐름의 수심
③ 비에너지가 최대일 때의 수심
④ 비에너지가 최소일 때의 수심

해설] ④

■2018년 3회■25. 직사각형 단면수로의 폭이 5m이고 한계수심이 1m일 때의 유량은? (단, 에너지 보정계수 α=1.0)
① 15.65m³/s
② 10.75m³/s
③ 9.80m³/s
④ 3.13m³/s

해설] ①
한계유속 $V_c = \sqrt{\dfrac{gh_c}{\alpha}} = \sqrt{\dfrac{9.8 \times 1}{1}} = 3.13 m/s$

$Q_c = A_c V_c = 5 \times 1 \times 3.13 = 15.65 m^3/s$

■2018년 3회■26. 비에너지(specific energy)와 한계수심에 대한 설명으로 옳지 않은 것은?
① 비에너지는 수로의 바닥을 기준으로 한 단위무게의 유수가 가진 에너지이다.
② 유량이 일정할 때 비에너지가 최소가 되는 수심이 한계수심이다.
③ 비에너지가 일정할 때 한계수심으로 흐르면 유량이 최소가 된다.
④ 직사각형 단면에서 한계수심은 비에너지의 2/3가 된다.

해설] ③ 비에너지가 일정할 때 한계수심으로 흐르면 유량이 최대가 된다.

■2018년 3회■27. 개수로의 상류(subcritical flow)에 대한 설명으로 옳은 것은?
① 유속과 수심이 일정한 흐름
② 수심이 한계수심보다 작은 흐름
③ 유속이 한계유속보다 작은 흐름
④ Froud수가 1보다 큰 흐름

해설] ③
상류는 한계유속보다 작거나, Froud 수가 1보다 작은 흐름

■2018년 2회■28. 광폭 직사각형 단면 수로의 단위폭당 유량이 16m³/s일 때, 한계경사는? (단, 수로의 조도계수 n=0.02이다.)
① 3.27×10⁻³
② 2.73×10⁻³
③ 2.81×10⁻²
④ 2.90×10⁻²

해설] ②

한계류이므로, $F_r = \dfrac{V}{\sqrt{gD_h}} = 1$ 에서, $\dfrac{V^2}{gD_h} = 1$

$V = \sqrt{9.8 \times h} = 3.13 h^{1/2}$

$Q/b = AV/b = hV = h \times 3.13 h^{1/2} = 16$ 이므로,

$h = 2.967m$

광폭 직사각형 수로의 한계경사

$I_c = \dfrac{n^2 g}{R_h^{1/3}} = \dfrac{0.02^2 \times 9.8}{2.967^{1/3}} = 2.73 \times 10^{-3}$

■2018년 2회■29. 개수로 흐름에 관한 설명으로 틀린 것은?
① 사류에서 상류로 변하는 곳에 도수현상이 생긴다.
② 개수로 흐름은 중력이 원동력이 된다.
③ 비에너지는 수로 바닥을 기준으로 한 에너지이다.
④ 배수곡선은 수로가 단락(段落)이 되는 곳에 생기는 수면곡선이다.

해설] ④ 수로가 단락(段落)이 되는 곳은 M_2(저하곡선) 수면형

■2018년 1회■30. 비력(special force)에 대한 설명으로 옳은 것은?
① 물의 충격에 의해 생기는 힘의 크기
② 비에너지가 최대가 되는 수심에서의 에너지
③ 한계수심으로 흐를 때 한 단면에서의 총 에너지 크기
④ 개수로의 어떤 단면에서 단위중량당 운동량과 정수압의 합계

해설] ④

■2018년 1회■31. 비에너지와 한계수심에 관한 설명으로 옳지 않은 것은?
① 비에너지가 일정할 때 한계수심으로 흐르면 유량이 최소가 된다.
② 유량이 일정할 때 비에너지가 최소가 되는 수심이 한계수심이다.
③ 비에너지는 수로바닥을 기준으로 하는 단위 무게당 흐름에너지이다.
④ 유량이 일정할 때 직사각형단면 수로내 한계수심은 최소 비에너지의 2/3이다.

해설] ① 비에너지가 일정할 때 한계수심으로 흐르면 유량이 최대가 된다.

■2018년 1회■32. 배수곡선(backwater curve)에 해당하는 수면곡선은?
① 댐을 월류할 때의 수면곡선
② 홍수시의 하천의 수면곡선
③ 하천 단락부(段落部) 상류의 수면곡선
④ 상류 상태로 흐르는 하천에 댐을 구축했을 때 저수지의 수면곡선

해설] ④
배수곡선 : M_1, M_3, S_1, S_3
저하곡선 : M_2, S_2

	수면 예시
M_1	댐(제어부)의 상류
M_2	단면 급확대, 저수지 유입, 수로 단락
M_3	수문하 유출, 수로경사가 완만하게 변한 뒤 흐름
S_1	급경사부에 설치된 댐의 배후
S_2	수로단면의 확대부의 하류, 장애물 하류
S_3	수문하 유출시 등류수심보다 낮은 수심으로 급경사를 이룰 때 수문 하류측

① 댐을 월류할 때의 수면곡선 S_2
② 홍수시의 하천의 수면곡선 M_2
③ 하천 단락부(段落部) 상류의 수면곡선 M_2
④ 상류 상태로 흐르는 하천에 댐을 구축했을 때 저수지의 수면곡선 M_1

■2017년 3회■33. 개수로 흐름에 대한 설명으로 틀린 것은?
① 한계류 상태에서는 수심의 크기가 속도수두의 2배가 된다.
② 유량이 일정할 때 상류에서는 수심이 작아질수록 유속이 커진다.
③ 비에너지는 수평기준면을 기준으로 한 단위무게의 유수가 가진 에너지를 말한다.
④ 흐름이 사류에서 상류로 바뀔 때에는 도수와 함께 큰 에너지 손실을 동반한다.

해설] ③ 비에너지는 수로바닥면을 기준으로 한 단위 무게의 유수가 가진 에너지를 말한다.

■2017년 2회■34. 도수(hydraulic jump)에 대한 설명으로 옳은 것은?
① 수문을 급히 개방할 경우 하류로 전파되는 흐름
② 유속이 파의 전파속도보다 작은 흐름
③ 상류에서 사류로 변할 때 발생하는 현상
④ Froude수가 1보다 큰 흐름에서 1보다 작아질 때 발생하는 현상

해설] ④
도수(Hydraulic Jump) : 사류에서 상류로 변화하는 위치에서 격렬한 와류를 동반하면서 수면이 급격하게 뛰어 오르는 현상

■2017년 2회■35. 수면폭이 1.2m인 V형 삼각 수로에서 2.8m³/s의 유량이 0.9m 수심으로 흐른다면 이때의 비에너지는? (단, 에너지보정계수 a=1로 가정한다.)

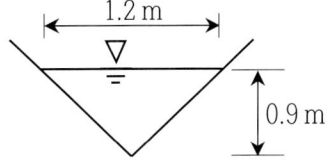

① 0.9m   ② 1.14m
③ 1.84m   ④ 2.27m

해설] ④
$Q = AV$에서, $2.8 = \dfrac{1.2 \times 0.9}{2} \times V$이므로, $V = 5.19 m/s$
$H_e = h + \alpha \dfrac{V^2}{2g} = 0.9 + \dfrac{5.19^2}{2 \times 9.8} = 2.27 m$

■2017년 1회■36. 댐의 여수로에서 도수를 발생시키는 목적 중 가장 중요한 것은?
① 유수의 에너지 감세
② 취수를 위한 수위상승
③ 댐 하류부에서의 유속의 증가
④ 댐 하류부에서의 유량의 증가

해설] ①

■2017년 1회■37. 개수로 내 흐름에 있어서 한계수심에 대한 설명으로 옳은 것은?
① 상류쪽의 저항이 하류쪽의 조건에 따라 변한다.
② 유량이 일정할 때 비력이 최대가 된다.
③ 유량이 일정할 때 비에너지가 최소가 된다.
④ 비에너지가 일정할 때 유량이 최소가 된다.

해설] ③
① 상류에서는 상류(上流)통제, 사류에서는 하류(下流)통제
② 유량이 일정할 때 비력이 최소가 된다.
④ 비에너지가 일정할 때 유량이 최대가 된다.

■2017년 1회■38. 수심 h, 단면적 A, 유량 Q로 흐르고 있는 개수로에서 에너지 보정계수를 α라고 할 때 비에너지 H_e를 구하는 식은? (단, h=수심, g=중력가속도)

① $H_e = h + \alpha \dfrac{Q}{2gA}$ ② $H_e = h + \alpha \dfrac{Q^2}{A^2}$

③ $H_e = h + \alpha \dfrac{Q}{A}$ ④ $H_e = h + \alpha \dfrac{Q^2}{2gA^2}$

해설] ④

$$H_e = h + \alpha \frac{V^2}{2g} = h + \alpha \frac{Q^2}{2gA^2}$$

■2021년 3회■번외. 자연하천의 특성을 표현할 때 이용되는 하상계수에 대한 설명으로 옳은 것은?
① 최심하상고와 평형하상고의 비이다.
② 최대유량과 최소유량의 비로 나타낸다.
③ 개수 전과 개수 후의 수심 변화량의 비를 말한다.
④ 홍수 전과 홍수 후의 하상 변화량의 비를 말한다.

해설] ②

[하상계수(유량변동계수)]
하천 특정지점 특정연도 최대유량/최소유량
하상계수가 큰 지점은 취수, 홍수처리가 어려운 단점이 있다.

문제유형12 위어와 큰 오리피스

■2022년 2회■1. 그림과 같은 수조 벽면에 작은 구멍을 뚫고 구멍의 중심에서 수면까지 높이가 h일 때, 유출속도 V는? (단, 에너지 손실은 무시한다.)

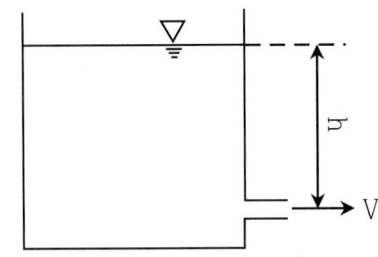

① $\sqrt{2gh}$　　② $\sqrt{gh}$
③ $2gh$　　　④ gh

해설] ①

오리피스를 통해 방출되는 유속 $V_2 = \sqrt{2gh}$

■2022년 2회■2. 단면 2m×2m, 높이 6m인 수조에 물이 가득 차 있을 때 이 수조의 바닥에 설치한 지름이 20cm인 오리피스로 배수시키고자 한다. 수심이 2m가 될 때까지 배수하는데 필요한 시간은? (단, 오리피스 유량계수 C=0.6, 중력가속도 g=9.8m/s2)
① 1분 39초　　② 2분 36초
③ 2분 55초　　④ 3분 45초

해설] ①

보통오리피스 유출시간 $t = \frac{A}{C_d a}\sqrt{\frac{2}{g}} \times (\sqrt{H} - \sqrt{h})$

$t = \frac{2 \times 2}{0.6 \times (\pi \times 0.1^2)}\sqrt{\frac{2}{9.8}} \times (\sqrt{6} - \sqrt{2}) = 99.25\text{sec}$

$= 1'39.25''$

■2022년 1회■3. 심각 위어(weir)에 월류 수심을 측정할 때 2%의 오차가 있었다면 유량 산정시 발생하는 오차는?
① 2%　　② 3%
③ 4%　　④ 5%

해설] ④

삼각형 위어의 유량 $Q = \frac{8}{15}C_d \tan\frac{\theta}{2}\sqrt{2g}H^{5/2}$

$\frac{dQ}{Q} = \frac{5}{2}\frac{dh}{h}$ → 유량오차 = 수위오차의 2.5배

$\Delta Q = 2.5 \times \Delta h = 2.5 \times 2 = 5\%$

■2021년 3회■4. 폭 35cm인 직사각형 위어(weir)의 유량을 측정하였더니 0.03m³/s이었다. 월류수심의 측정에 1mm의 오차가 생겼다면, 유량에 발생하는 오차는? (단, 유량계산은 프란시스(Francis) 공식을 사용하고, 월류 시 단면수축은 없는 것으로 가정한다.)
① 1.16%　　② 1.50%
③ 1.67%　　④ 1.84%

해설] ①

$\dfrac{dQ}{Q} = \dfrac{3}{2}\dfrac{dh}{h}$ → 유량오차 = 수위오차의 1.5배

프란시스(Fransis) 공식에 의해, $Q = 1.84 b_e H^{3/2}$

$0.03 = 1.84 \times 0.35 \times H^{3/2}$ 이므로, $H = 129.5 mm$

따라서, 수위오차율 = $\dfrac{1}{129.5}$

유량오차율 = $\dfrac{1}{129.5} \times 1.5 = 0.016 = 1.6\%$

■2021년 3회■5. 저수지에 설치된 나팔형 위어의 유량 Q와 월류수심 h와의 관계에서 완전 월류상태는 $Q \propto h^{3/2}$이다. 불완전월류(수중위어) 상태에서의 관계는?

① Q ∝ h-1
② Q ∝ h1/2
③ Q ∝ h3/2
④ Q ∝ h-1/2

해설] ②

완전월류 $Q = C_d bH\sqrt{2gH} = C_d b\sqrt{2g}\, H^{3/2}$ → $Q \propto H^{3/2}$

수중위어 $Q = C_{d1} bh_2 \sqrt{2g(H-h_2)}$ → $Q \propto H^{1/2}$

■2021년 2회■6. 월류수심 40cm인 전폭 위어의 유량을 Francis 공식에 의해 구한 결과 0.40m³/s 였다. 이 때 위어 폭의 측정에 2cm의 오차가 발생했다면 유량의 오차는 몇 % 인가?

① 1.16%
② 1.50%
③ 2.00%
④ 2.33%

해설] ④

Francis 공식에 의한 유량 $Q = 1.84 b_e H^{3/2}$ 에서,

$Q = 1.84 \times b_c \times 0.4^{3/2} = 0.4$ 이므로, $b_c = 0.859 m$

$\dfrac{dQ}{Q} = \dfrac{3}{2}\dfrac{dH}{H}$ 이고, $\dfrac{dQ}{Q} = \dfrac{db}{b}$ 이므로,

유량 오차율 $\dfrac{dQ}{Q} = \dfrac{db}{b} = \dfrac{2}{85.9} = 2.33\%$

■2021년 1회■7. 10m³/s의 유량이 흐르는 수로에 폭 10m의 단수축이 없는 위어를 설계할 때, 위어의 높이를 1m로 할 경우 예상되는 월류수심은? (단, Francis 공식을 사용하며, 접근유속은 무시한다.)

① 0.67m
② 0.71m
③ 0.75m
④ 0.79m

해설] ①

$Q = 1.84 b_e H^{3/2} = 1.84 \times 10 \times H^{3/2} = 10$에서, $H = 0.666 m$

■2020년 4회■8. 오리피스(Orifice)의 압력수두가 2m이고 단면적이 4cm², 접근유속은 1m/s일 때 유출량은? (단, 유량계수 C=0.63이다.)

① 1,558cm³/s
② 1,578cm³/s
③ 1,598cm³/s
④ 1,618cm³/s

해설] ③

접근유속수두 $h_a = \alpha \dfrac{V_a^2}{2g} = \dfrac{1}{2 \times 9.81} = 0.051 m$

$V_2 = \sqrt{2g(h+h_a)} = \sqrt{2 \times 9.81 \times (2+0.051)} = 6.34 m/s$

$Q = C_d A V = 0.63 \times 4 \times 634 = 1,598 cm^3/s$

■2020년 4회■9. 위어(weir)에 물이 월류할 경우 위어의 정상을 기준으로 상류측 전수두를 H, 하류수위를 h라 할 때, 수중위어(submerged weir)로 해석될 수 있는 조건은?

① $h < \dfrac{2}{3}H$
② $h < \dfrac{1}{3}H$
③ $h > \dfrac{2}{3}H$
④ $h > \dfrac{1}{3}H$

해설] ③

■2020년 4회■10. 수중 오리피스(orifice)의 유속에 관한 설명으로 옳은 것은?

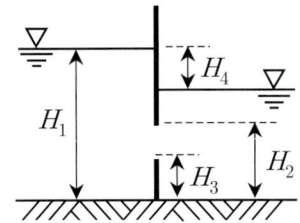

① H_1이 클수록 유속이 느리다.
② H_2가 클수록 유속이 빠르다.
③ H_3이 클수록 유속이 빠르다.
④ H_4가 클수록 유속이 빠르다.

해설] ④

유속이 빠르기 위해서, 수두차이가 크고 통수단면이 작아야 한다.
H_1이 크고, H_4가 작을수록 유속이 빠르다.
H_2가 작고, H_3가 클수록 유속이 빠르다.

■2020년 1,2회 통합■11. 오리피스(orifice)로부터의 유량을 측정한 경우 수두 H를 추정함에 1%의 오차가 있었다면 유량 Q에는 몇 %의 오차가 생기는가?

① 1%
② 0.5%
③ 1.5%
④ 2%

해설] ②

작은오리피스에서,

$Q = AV = A\sqrt{2gh}$ 이므로, $\dfrac{dQ}{Q} = \dfrac{1}{2}\dfrac{dh}{h}$

■2020년 1,2회 통합■12. 광정 위어(weir)의 유량공식 $Q = 1.704 C b H^{3/2}$ 에 사용되는 수두(H)는?

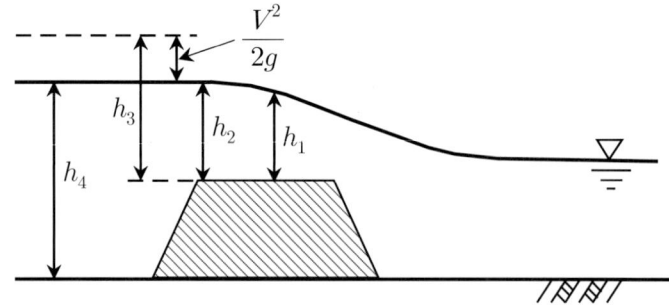

① h_1
② h_2
③ h_3
④ h_4

해설] ③

■2019년 3회■13. 직사각형의 위어로 유량을 측정할 경우 수두 H를 측정할 때 1%의 측정오차가 있었다면 유량 Q에서 예상되는 오차는?

① 0.5%
② 1.0%
③ 1.5%
④ 2.5%

해설] ③

사각형 위어에서, $\dfrac{dQ}{Q} = \dfrac{3}{2}\dfrac{dh}{h}$ 이므로,
유량오차는 수위오차의 1.5배이다.

■2019년 2회■14. 폭 35cm인 직사각형 위어(weir)의 유량을 측정하였더니 0.03m³/s 이었다. 월류수심의 측정에 1mm의 오차가 생겼다면, 유량에 발생하는 오차는? (단, 유량계산은 프란시스(Francis) 공식을 사용하되 월류 시 단면수축은 없는 것으로 가정한다.)

① 1.16%
② 1.50%
③ 1.67%
④ 1.84%

해설] ①

Francis 공식에 의한 유량 $Q = 1.84 b_e H^{3/2}$ 에서,

$0.03 = 1.84 \times 0.35 \times H^{3/2}$ 이므로, $H = 0.1295 m$

$\dfrac{dQ}{Q} = \dfrac{3}{2} \dfrac{dH}{H}$ 이므로,

유량 오차율 $\dfrac{dQ}{Q} = \dfrac{3}{2} \times \dfrac{1}{129.5} = 0.01163 = 1.163\%$

■2019년 2회■15. 오리피스(orifice)에서의 유량 Q를 계산할 때 수두 H의 측정에 1%의 오차가 있으면 유량계산의 결과에는 얼마의 오차가 생기는가?

① 0.1 %
② 0.5 %
③ 1 %
④ 2 %

해설] ②

오리피스 유량 $Q = C_d A_2 V_2 = C_d A_2 \sqrt{2gh}$ 에서,

$\dfrac{dQ}{Q} = \dfrac{1}{2} \dfrac{dh}{h}$ 이므로, 유량오차는 위치수두 오차의 1/2이다.

따라서, $1 \times 0.5 = 0.5\%$

■2019년 1회■16. 직사각형 단면의 위어에서 수두(h) 측정에 2%의 오차가 발생했을 때, 유량(Q)에 발생되는 오차는?

① 1%   ② 2%
③ 3%   ④ 4%

해설] ③

사각형 위어 유량 $Q = \dfrac{2}{3} C_d b \sqrt{2g} H^{3/2}$ 에서,

$\dfrac{dQ}{Q} = \dfrac{3}{2} \dfrac{dH}{H}$ 이므로, 수량오차는 수위오차의 1.5배이다.

따라서, $2 \times 1.5 = 3\%$

■2018년 3회■17 사각 위어에서 유량산출에 쓰이는 Francis 공식에 대하여 양단 수축이 있는 경우에 유량으로 옳은 것은? (단, B : 위어 폭, h : 월류수심)

① $Q = 1.84 b H^{3/2}$
② $Q = 1.84 (b - 0.3H) H^{3/2}$
③ $Q = 1.84 (b - 0.2H) H^{3/2}$
④ $Q = 1.84 (b - 0.1H) H^{3/2}$

해설] ③

월유량 $Q = 1.84 b_e H^{3/2}$ ($b_e = b - 0.1 nH$)

양단수축 $n = 2$, 일단수축 $n = 1$, 수축이 없는 경우 $n = 0$

따라서, 양단수축인 경우 $b_e = b - 0.1 \times 2 \times H = b - 0.2H$

$Q = 1.84 (b - 0.2H) H^{3/2}$

■2018년 2회■18. 폭 2.5m, 월류수심 0.4m인 사각형 위어(weir)의 유량은? (단, Francis 공식 : $Q = 1.84 b_c h^{3/2}$에 의하며, b_c : 유효폭, h : 월류수심, 접근유속은 무시하며 양단수축이다.)

① 1.117 m³/s   ② 1.126 m³/s
③ 1.145 m³/s   ④ 1.164 m³/s

해설] ②

$b_e = b - 0.1 nh$이고, 양단수축 $n = 2$

$b_c = b - 0.1 \times 2h = b - 0.2h = 2.5 - 0.2 \times 0.4 = 2.42 m$

$Q = 1.84 b_e h^{3/2} = 1.84 \times 2.42 \times 0.4^{3/2} = 1.126 m^3/s$

■2018년 1회■19. 폭이 b인 직사각형 위어에서 접근유속이 작은 경우 월류수심이 h일 때 양단수축 조건에서 월류수맥에 대한 단수축 폭(b_c)은? (단, Francis공식을 적용)

① $b_c = b - \dfrac{h}{5}$ ② $b_c = b - \dfrac{2h}{5}$
③ $b_c = b - \dfrac{h}{10}$ ④ $b_c = b$

해설] ①
$b_c = b - 0.1nh$에서, 양단수축인 경우 $n=2$이므로,
$b_c = b - 0.1 \times 2h = b - 0.2h$

■2017년 3회■20. 폭 3.5m, 수심 0.4m인 직사각형 수로의 Francis 공식에 의한 유량은? (단, 접근유속을 무시하고 양단수축 이다.)

① 1.59m³/s
② 2.04m³/s
③ 2.19m³/s
④ 2.34m³/s

해설] ①
월유량 $Q = 1.84b_e H^{3/2}$ ($b_e = b - 0.1nH$)
양단수축 $n=2$, 일단수축 $n=1$, 수축이 없는 경우 $n=0$
$Q = 1.84 \times (3.5 - 0.1 \times 2 \times 0.4) \times 0.4^{3/2} = 1.592 m^3/s$

■2017년 2회■21. 삼각위어에서 수두를 H라 할 때 위어를 통해 흐르는 유량 Q과 비례하는 것은?

① $H^{1/2}$
② $H^{1/2}$
③ $H^{3/2}$
④ $H^{5/2}$

해설] ④
삼각형 위어 유량 $Q = \dfrac{8}{15} C_d \tan\dfrac{\theta}{2} \sqrt{2g} H^{5/2}$

■2017년 1회■22. 삼각위어에 있어서 유량계수가 일정하다고 할 때 유량변화율(dQ/Q)이 1% 이하가 되기 위한 월류수심의 변화율(dh/h)은?

① 0.4% 이하
② 0.5% 이하
③ 0.6% 이하
④ 0.7% 이하

해설] ①
삼각위어 유량 $Q = \dfrac{8}{15} C_d \tan\dfrac{\theta}{2} \sqrt{2g} H^{5/2}$
$\dfrac{dQ}{Q} = \dfrac{5}{2}\dfrac{dh}{h} = 1\%$ 이므로, $\dfrac{dh}{h} = 1 \times \dfrac{2}{5} = 0.4\%$

문제유형13 상사법칙

■2022년 2회■1. 하천의 수리모형실험에 주로 사용되는 상사법칙은?

① Reynolds의 상사법칙
② Weber의 상사법칙
③ Cauchy의 상사법칙
④ Froude의 상사법칙

해설] ④

구분	Reynolds	Froude	Weber	Cauchy
지배력	점성력	중력	표면장력	탄성력
상황	관수로, 수중 물체, 잠수함 항력	개수로, 댐 여수로, 파동, 자연하천	표면파, 증발산, 작은 월류, 작은 파동	수격작용

■2021년 1회■2. 축적이 1:50인 하천 수리모형에서 원형 유량 10,000m³/s에 대한 모형 유량은?

① 0.401m³/s
② 0.566m³/s
③ 14.142m³/s
④ 28.284m³/s

해설] ②
하천 수리모형이므로 Froude상사법칙 적용
$Q_r = A_r V_r = L_r^2 \times \sqrt{L_r} = L_r^{5/2} = \dfrac{Q_m}{Q_P}$
$\left(\dfrac{1}{50}\right)^{5/2} = \dfrac{Q_m}{10^4}$ 에서, $Q_m = 0.566 m^3$

■2020년 4회■3. 왜곡모형에서 Froude 상사법칙을 이용하여 물리량을 표시한 것으로 틀린 것은? (단, X_r은 수평축척비, Y_r은 연직축척비 이다.)

① 시간비 : $T_r = X_r^{1/2}$
② 경사비 : $S_r = \dfrac{Y_r}{X_r}$
③ 유속비 : $V_r = X_r^{1/2}$
④ 유량비 : $Q_r = Y_r^{3/2} X_r$

해설] ④

Froude상사법칙 : $\frac{V_P}{\sqrt{g_P L_P}} = \frac{V_m}{\sqrt{g_m L_m}}$ 에서, $V_r = \frac{V_m}{V_P} = \sqrt{L_r}$

길이비 $L_r = \frac{L_m}{L_P} = X_r$

면적비 $A_r = \frac{A_m}{A_P} = X_r Y_r$

속도비 $V_r = \frac{V_m}{V_P} = \sqrt{X_r}$

시간비 $T_r = \frac{L_r}{V_r} = \frac{X_r}{\sqrt{X_r}} = \sqrt{X_r}$

경사비 $S_r = \frac{Y_r}{X_r}$

유량비 $Q_r = \frac{Q_m}{Q_P} = A_r V_r = X_r Y_r \sqrt{X_r} = X_r^{3/2} Y_r$

■2018년 3회■4. 수리실험에서 점성력이 지배적인 힘이 될 때 사용할 수 있는 모형법칙은?
① Reynolds 모형법칙
② Froude 모형법칙
③ Weber 모형법칙
④ Cauchy 모형법칙

해설] ①

구분	Reynolds	Froude	Weber	Cauchy
지배력	점성력	중력	표면장력	탄성력

■2018년 1회■5. 레이놀즈(Reynolds) 수에 대한 설명으로 옳은 것은?
① 중력에 대한 점성력의 상대적인 크기
② 관성력에 대한 점성력의 상대적인 크기
③ 관성력에 대한 중력의 상대적인 크기
④ 압력에 대한 탄성력의 상대적인 크기

해설] ②

■2018년 1회■6. 하천의 모형실험에 주로 사용되는 상사법칙은?
① Reynolds의 상사법칙
② Weber의 상사법칙
③ Cauchy의 상사법칙
④ Froude의 상사법칙

해설] ④

구분	Reynolds	Froude	Weber	Cauchy
지배력	점성력	중력	표면장력	탄성력
상황	관수로, 수중 물체, 잠수함 항력	개수로, 댐 여수로, 파동, 자연하천	표면파, 증발산, 작은 월류, 작은 파동	수격작용

문제유형14 지하수와 투수

■2022년 2회■1. 2개의 불투수층 사이에 있는 대수층 두께 a, 투수계수 k 인 곳에 반지름 r_0 인 굴착정(artesian well)을 설치하고 일정 양수량 Q를 양수하였더니, 양수 전 굴착정 내의 수위 H가 h_0 로 강하하여 정상흐름이 되었다. 굴착정의 영향원 반지름을 R이라 할 때 (H-h_0)의 값은?

① $\frac{2Q}{\pi aK}\ln(\frac{R}{r_o})$
② $\frac{Q}{2\pi aK}\ln(\frac{R}{r_o})$
③ $\frac{2Q}{\pi aK}\ln(\frac{r_o}{R})$
④ $\frac{Q}{2\pi aK}\ln(\frac{r_o}{R})$

해설] ②

굴착정 수위 감소량 $H - h_o = \frac{Q}{2\pi t K}\ln(\frac{R}{r_o})$

굴착정 유량 $Q = \frac{2\pi t K(H-h_o)}{\ln(R/r_o)}$

■2022년 2회■2. 대수층의 두께 2.3m, 폭 1.0m일 때 지하수 유량은? (단, 지하수류의 상·하류 두 지점 사이의 수두차 1.6m, 두 지점 사이의 평균거리 360m, 투수계수 k=192m/day)
① 1.53 m³/day
② 1.80 m³/day
③ 1.96 m³/day
④ 2.21 m³/day

해설] ③

$$Q = KiA = 192 \times \frac{1.6}{360} \times 2.3 \times 1 = 1.963 m^3/day$$

■2022년 2회■3. 지하수의 연직분포를 크게 통기대와 포화대로 나눌 때, 통기대에 속하지 않는 것은?
① 모관수대　　② 중간수대
③ 지하수대　　④ 토양수대

해설] ③
통기대 : 토양수대, 중간수대, 모관수대

■2022년 1회■4. 여과량의 2m³/s, 동수경사가 0.2, 투수계수가 1cm/s일 때 필요한 여과지 면적은?
① 1,000 m²　　② 1,500 m²
③ 2,000 m²　　④ 2,500 m²

해설] ①
투수량 $Q = KiA = 0.01 \times 0.2 \times A = 2$에서, $A = 1000 m^2$

■2022년 1회■5. 두께가 10m인 피압대수층에서 우물을 통해 양수한 결과, 50m 및 100m 떨어진 두 지점에서 수면강하가 각각 20m 및 10m로 관측되었다. 정상상태를 가정할 때 우물의 양수량은? (단, 투수계수는 0.3m/h)
① $76 \times 10^{-3} m^3/s$
② $85 \times 10^{-3} m^3/s$
③ $92 \times 10^{-3} m^3/s$
④ $213 \times 10^{-3} m^3/s$

해설] ①
굴착정 유량
$$Q = \frac{2\pi t K(h_2 - h_1)}{\ln(r_2/r_1)} = \frac{2 \times \pi \times 10 \times 0.3/3600 \times (20-10)}{\ln(100/50)}$$
$$= 75.53 \times 10^{-3} m^3/s$$

■2021년 3회■6. 지름 4cm, 길이 30cm인 시험원통에 대수층의 표본을 채웠다. 시험원통의 출구에서 압력수두를 15cm로 일정하게 유지할 때 2분 동안 12cm³의 유출량이 발생하였다면 이 대수층 표본의 투수계수는?
① 0.008cm/s
② 0.016cm/s
③ 0.032cm/s
④ 0.048cm/s

해설] ②
투수계수 $K = \frac{QL}{hA} = \frac{12/2/60 \times 30}{15 \times (\pi \times 2^2)} = 0.016 cm/s$

■2021년 3회■7. 다음 중 부정류 흐름의 지하수를 해석하는 방법은?
① Theis 방법
② Dupuit 방법
③ Thiem 방법
④ Laplace 방법

해설] ①
[부정류 지하수 해석방법]
Theis방법, Jacob방법
② Dupuit 방법 : 흙댐의 침윤선 해석
③ Thiem 방법 : 굴착정(피압지하수) 양수량 산정
④ Laplace 방법 : 유체의 흐름 분석

■2021년 2회■8. 수온에 따른 지하수의 유속에 대한 설명으로 옳은 것은?
① 4℃에서 가장 크다.
② 수온이 높으면 크다.
③ 수온이 낮으면 크다.
④ 수온에는 관계없이 일정하다.

해설] ②

■2021년 2회■9. 지하수(地下水)에 대한 설명으로 옳지 않은 것은?
① 자유 지하수를 양수(揚水)하는 우물을 굴착정(Artesian well)이라 부른다.
② 불투수층(不透水層) 상부에 있는 지하수를 자유 지하수(自由地下水)라 한다.
③ 불투수층과 불투수층 사이에 있는 지하수를 피압지하수(被壓地下水)라 한다.
④ 흙입자 사이에 충만되어 있으며 중력의 작용으로 운동하는 물을 지하수라 부른다.

해설] ① 피압 지하수를 양수(揚水)하는 우물을 굴착정(Artesian well)이라 부른다.

■2021년 1회■10. 피압 지하수를 설명한 것으로 옳은 것은?
① 하상 밑의 지하수
② 어떤 수원에서 다른 지역으로 보내지는 지하수
③ 지하수와 공기가 접해있는 지하수면을 가지는 지하수
④ 두 개의 불투수층 사이에 끼어 있어 대기압보다 큰 압력을 받고 있는 대수층의 지하수

해설] ④

■2021년 1회■11. Darcy의 법칙에 대한 설명으로 옳지 않은 것은?
① 투수계수는 물의 점성계수에 따라서도 변화한다.
② Darcy의 법칙은 지하수의 흐름에 대한 공식이다.
③ Reynold 수가 100 이상이면 안심하고 적용할 수 있다.
④ 평균유속이 동수경사와 비례관계를 가지고 있는 흐름에 적용될 수 있다.

해설] ③ Reynold 수가 4이하이면 안심하고 적용할 수 있다.

■2020년 4회■12. 지름 0.3m, 수심 6m인 굴착정이 있다. 피압대수층의 두께가 3.0m라 할 때 5L/s의 물을 양수하면 우물의 수위는? (단, 영향원의 반지름은 500m, 투수계수는 4m/h이다.)
① 3.848m
② 4.063m
③ 5.920m
④ 5.999m

해설] ②
굴착정 유량 $Q = \dfrac{2\pi t K(H-h_o)}{\ln(R/r_o)}$ 에서,

$5 \times 10^{-3} \times 3600 = \dfrac{2\pi \times 3 \times 4 \times \Delta H}{\ln(500/0.15)}$ 이므로, $\Delta H = 1.937m$

따라서, 우물의 수위 $h_o = 6 - 1.937 = 4.063m$

■2020년 4회■13. 비피압대수층 내 지름 D=2m, 영향권의 반지름 R=1,000m, 원지하수의 수위 H=9m, 집수정의 수위 h_o=5m인 심정호의 양수량은? (단, 투수계수 k=0.0038m/s)
① 0.0415 m^3/s
② 0.0461 m^3/s
③ 0.0968 m^3/s
④ 1.8232 m^3/s

해설] ③
$Q = \dfrac{\pi K(H^2 - h_o^2)}{\ln(R/r_o)}$ 에서,

$Q = \dfrac{\pi \times 0.0038 \times (9^2 - 5^2)}{\ln(1000/1)} = 0.0968 m^3/s$

■2020년 1,2회 통합■14. 지하의 사질 여과층에서 수두차가 0.5m이며 투과거리가 2.5m일 때 이곳을 통과하는 지하수의 유속은? (단, 투수계수는 0.3cm/s이다.)
① 0.03cm/s
② 0.04cm/s
③ 0.05cm/s
④ 0.06cm/s

해설] ④
$V = Ki = 0.3 \times \dfrac{0.5}{2.5} = 0.06 cm/s$

■2020년 1,2회 통합■15. 지하수 흐름에서 Darcy 법칙에 관한 설명으로 옳은 것은?
① 정상 상태이면 난류영역에서도 적용된다.
② 투수계수(수리전도계수)는 지하수의 특성과 관계가 있다.
③ 대수층의 모세관 작용은 이 공식에 간접적으로 반영되었다.
④ Darcy 공식에 의한 유속은 공극 내 실제 유속의 평균치를 나타낸다.

해설] ②
① 층류영역에서만 적용된다. ($R_e < 4$ 범위)
③ 대수층의 모세관 작용은 이 공식에 무시한다.
④ 공극률 n을 고려한 실제 유속은 $V_n = \dfrac{V}{n}$ 이다.

■2019년 3회■16. 지하수의 투수계수와 관계가 없는 것은?
① 토사의 형상
② 토사의 입도
③ 물의 단위중량
④ 토사의 단위중량

해설] ④
이론적 투수계수 $K = k \dfrac{\rho g}{\mu}$
(k : 고유투수계수, ρ : 물의 밀도, μ : 물의 점성계수)

■2019년 3회■17. 지하수의 흐름에 대한 Darcy의 법칙은? (단, V : 유속, Δh : 길이 ΔL 에 대한 손실수두, K : 투수계수)
① $V = K(\dfrac{\Delta h}{\Delta L})^2$
② $V = K \dfrac{\Delta h}{\Delta L}$
③ $V = K(\dfrac{\Delta h}{\Delta L})^{-1}$
④ $V = K(\dfrac{\Delta h}{\Delta L})^{-2}$

해설] ②
$V = Ki = K \dfrac{\Delta h}{\Delta L}$

■2019년 2회■18. 여과량이 2m³/s, 동수경사가 0.2, 투수계수가 1cm/s 일 때 필요한 여과지 면적은?
① 1,000 m²
② 1,500 m²
③ 2,000 m²
④ 2,500 m²

해설] ①
$Q = KiA$에서, $2 = 0.01 \times 0.2 \times A$ 이므로,
$A = 1,000 m^2$

■2019년 2회■19. 다음 중 부정류 흐름의 지하수를 해석하는 방법은?
① Theis 방법
② Dupuit 방법
③ Thiem 방법
④ Laplace 방법

해설] ①
[부정류 지하수 해석방법]
Theis방법, Jacob방법
② Dupuit 방법 : 흙댐의 침윤선 해석
③ Thiem 방법 : 굴착정(피압지하수) 양수량 산정
④ Laplace 방법 : 유체의 흐름 분석

■2019년 1회■20. 지하수에서 Darcy 법칙의 유속에 대한 설명으로 옳은 것은?
① 영향권의 반지름에 비례한다.
② 동수경사에 비례한다.
③ 동수반지름(hydraulic radius)에 비례한다.
④ 수심에 비례한다.

해설] ②
침투량 $Q = KiA$ 에서, 침투유속 $V = Ki$

■2019년 1회■21. 그림과 같은 굴착정(artesian well)의 유량을 구하는 공식은? (단, R : 영향원의 반지름, K : 투수계수, m : 피압대수층의 두께)

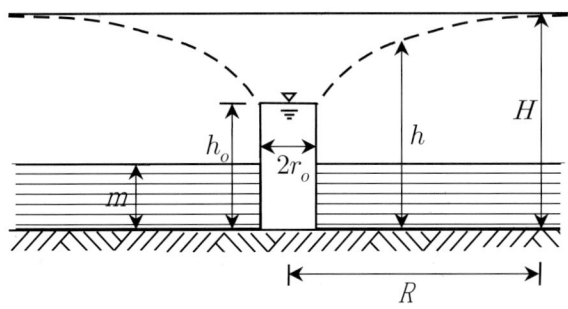

① $Q = \dfrac{2\pi mK(H+h_o)}{\ln(r_o/R)}$

② $Q = \dfrac{2\pi mK(H+h_o)}{\ln(R/r_o)}$

③ $Q = \dfrac{2\pi mK(H-h_o)}{\ln(R/r_o)}$

④ $Q = \dfrac{2\pi mK(H-h_o)}{\ln(r_o/R)}$

해설] ③

굴착정 유량 $Q = \dfrac{2\pi tK(H-h_o)}{\ln(R/r_o)}$

t : 피압대수층 두께

■2018년 3회■22. 우물에서 장기간 양수를 한 후에도 수면강하가 일어나지 않는 지점까지의 우물로부터 거리(범위)를 무엇이라 하는가?

① 용수효율권 ② 대수층권
③ 수류영역권 ④ 영향권

해설] ④
영향권(영향원) : 우물의 영향을 받는 반경으로, 우물 반경의 3,000 ~ 5,000배 또는 500 ~ 1,000m 정도의 값이다.

■2018년 2회■23. 지하수의 투수계수에 관한 설명으로 틀린 것은?

① 같은 종류의 토사라 할지라도 그 간극률에 따라 변한다.
② 흙입자의 구성, 지하수의 점성계수에 따라 변한다.
③ 지하수의 유량을 결정하는데 사용된다.
④ 지역 특성에 따른 무차원 상수이다.

해설] ④ 지반 특성에 따른 상수이다.
$V = Ki$에서, K의 단위는 유속과 동일하다.

■2018년 1회■24. Darcy의 법칙에 대한 설명으로 옳지 않은 것은?

① Darry의 법칙은 지하수의 흐름에 대한 공식이다.
② 투수계수는 물의 점성계수에 따라서도 변화한다.
③ Reynolds수가 클수록 안심하고 적용할 수 있다.
④ 평균유속이 동수경사와 비례관계를 가지고 있는 흐름에 적용될 수 있다.

해설] ③ Reynolds수가 작을수록 안심하고 적용할 수 있다.

■2017년 3회■25. 지하수의 투수계수에 영향을 주는 인자로 거리가 먼 것은?

① 토양의 평균입경 ② 지하수의 단위중량
③ 지하수의 점성계수 ④ 토양의 단위중량

해설] ④
투수계수는 흙 속의 물이 중력 등의 영향으로 하향 이동하는 힘과 이를 저항하는 모세관 힘과 점성력의 관계에 있다.

■2017년 3회■26. 두께가 10m인 피압대수층에서 우물을 통해 양수한 결과, 50m 및 100m 떨어진 두 지점에서 수면강하가 각각 20m 및 10m로 관측되었다. 정상상태를 가정할 때 우물의 양수량은? (단, 투수계수는 0.3m/h)

① $76 \times 10^{-3} m^3/s$ ② $85 \times 10^{-3} m^3/s$
③ $92 \times 10^{-3} m^3/s$ ④ $213 \times 10^{-3} m^3/s$

해설] ①

굴착정 유량

$$Q = \frac{2\pi t K(h_2 - h_1)}{\ln(r_2/r_1)} = \frac{2 \times \pi \times 10 \times 0.3/3600 \times (20-10)}{\ln(100/50)}$$

$$= 75.53 \times 10^{-3} m^3/s$$

■2017년 2회■27. 지하수 흐름과 관련된 Dupuit의 공식으로 옳은 것은? (단, q = 단위폭당의 유량, l = 침윤선 길이, k = 투수계수, h_1 = 투수 전 수위, h_2 = 투수 후 수위)

① $q = \frac{k}{2l}(h_1^2 - h_2^2)$ ② $q = \frac{k}{2l}(h_1^2 + h_2^2)$

③ $q = \frac{k}{l}(h_1^2 - h_2^2)$ ④ $q = \frac{k}{l}(h_1^2 + h_2^2)$

해설] ①

■2017년 1회■28. 대수층에서 지하수가 2.4m의 투과거리를 통과하면서 0.4m 수두손실이 발생할 때 지하수의 유속은? (단, 투수계수 = 0.3 m/s)

① 0.01 m/s   ② 0.05 m/s
③ 0.1 m/s   ④ 0.5 m/s

해설] ②

$$V = Ki = 0.3 \times \frac{0.4}{2.4} = 0.05 m/s$$

문제유형15 강우와 물의 순환

■2022년 2회■1. 어떤 유역에 표와 같이 30분간 집중호우가 발생하였다면 지속시간 15분인 최대 강우 강도는?

시간(분)	0	5	10	15	20	25	30
우량(mm)	0	2	4	6	4	8	6

① 50mm/h   ② 64mm/h
③ 72mm/h   ④ 80mm/h

해설] ③

15분간 최대 강우

10~20분 : $4 + 6 + 4 = 14 mm/15min$

15~25분 : $6 + 4 + 8 = 18 mm/15min$

20~30분 : $4 + 8 + 6 = 18 mm/15min$

따라서, 최대 강우강도 $18 mm/15min = 18 \times 4 = 72 mm/hr$

■2022년 2회■2. 단위유량도에 대한 설명으로 틀린 것은?

① 단위유량도의 정의에서 특정 단위시간은 1시간을 의미한다.

② 일정기저시간가정, 비례가정, 중첩가정은 단위유량도의 3대 기본가정이다.

③ 단위유량도의 정의에서 단위 유효우량은 유역 전 면적 상의 등가우량 깊이로 측정되는 특정량의 우량을 의미한다.

④ 단위 유효우량은 유출량의 형태로 단위유량도상에 표시되며, 단위유량도 아래의 면적은 부피의 차원을 가진다.

해설] ① 단위유량도의 단위시간은 임의로 설정할 수 있다.

■2022년 1회■3. 강우 자료의 일관성을 분석하기 위해 사용하는 방법은?

① 합리식
② DAD 해석법
③ 누가 우량 곡선법
④ SCS (Soil Conservation Service) 방법

해설] ③

합리식 : 첨두홍수량

DAD 해석 : 다양한 면적에 대한 지속시간을 가진 최대강우량

누가우량곡선 : 강우자료 일관성

SCS : 합성단위도(충분한 자료가 없는 유역에 대해 경험적으로 생성한 단위도) 산정방법 중 하나

■2022년 1회■4. 수문자료 해석에 사용되는 확률분포형의 매개변수를 추정하는 방법이 아닌 것은?
① 모멘트법 (method of moments)
② 회선적분법 (convolution intergral method)
③ 최우도법 (method of maximum likelihood)
④ 확률가중도모멘트법 (method of probability weighted moments)

해설] ②
[매개변수 추정에 의한 확률강우량 산정방법]
1) 모멘트법
가장 간편하지만, 이상치가 있거나 자료가 부족한 경우 적용성 낮음
2) 최우도법
자료수가 충분한 경우 효과적이지만, 추정방법이 복잡함
해를 못 구하는 경우도 발생. 확률분포 모델에 의존.
3) 확률가중모멘트법
정규분포와 유사하며 최우도법과 유사하게 효율적
이상치나 자료가 부족해도 안정적인 결과 유도
가장 일반적으로 적용

■2022년 1회■5. 어느 유역에 1시간 동안 계속되는 강우기록이 아래 표와 같을 때 10분 지속 최대강우강도는?

시간(분)	0	10	20	30	40	50	60
우량(mm)	0	3	4.5	7	6	4.5	6

① 5.1 mm/h
② 7.0 mm/h
③ 30.6 mm/h
④ 42.0 mm/h

해설] ④
10분 최대 강우강도 = 7mm/10min 이므로,
1시간 최대 강우강도 = $7 \times 6 = 42 mm/hr$

■2021년 3회■6. 가능최대강수량(PMP)에 대한 설명으로 옳은 것은?
① 홍수량 빈도해석에 사용된다.
② 강우량과 장기변동성향을 판단하는데 사용된다.
③ 최대강우강도와 면적관계를 결정하는데 사용된다.
④ 대규모 수공구조물의 설계홍수량을 결정하는데 사용된다.

해설] ④

■2021년 2회■7. 유역의 평균 강우량 산정방법이 아닌 것은?
① 등우선법
② 기하평균법
③ 산술평균법
④ Thiessen의 가중법

해설] ②
[평균우량 산정방법]
산술평균법, Thiessen다각형법, 등우선법, 삼각형법

■2021년 2회■8. 강우강도(I), 지속시간(D), 생기빈도(F) 관계를 표현하는 식 $I = \dfrac{kT^x}{t^n}$ 에 대한 설명으로 틀린 것은?
① k, x, n은 지역에 따라 다른 값을 가지는 상수이다.
② T는 강의 생기빈도를 나타내는 연수(年數)로서 재현기간(년)을 의미한다.
③ t는 강우의 지속시간(min)으로서, 강우지속시간이 길수록 강우강도(I)는 커진다.
④ I는 단위시간에 내리는 강우량(mm/h)인 강우강도이며, 각종 수문학적 해석 및 설계에 필요하다.

해설] ③ t는 강우의 지속시간(min)으로서, 강우지속시간이 길수록 강우강도(I)는 작아진다.

■2021년 1회■9. 물의 순환에 대한 설명으로 옳지 않은 것은?
① 지하수 일부는 지표면으로 용출해서 다시 지표수가 되어 하천으로 유입된다.
② 지표에 강하한 우수는 지표면에 도달 전에 그 일부가 식물의 나무와 가지에 의하여 차단된다.
③ 지표면에 도달한 우수는 토양 중에 수분을 공급하고 나머지가 아래로 침투해서 지하수가 된다.
④ 침투란 토양면을 통해 스며든 물이 중력에 의해 계속 지하로 이동하여 불투수층까지 도달하는 것이다.

해설] ④ 침투란 물이 토양에 스며드는 것으로, 즉시 유출되지 않는다.

■2021년 1회■10. 어떤 유역에 표와 같이 30분간 집중호우가 발생하였다면 지속시간 15분인 최대 강우 강도는?

시간(분)	0	5	10	15	20	25	30
우량(mm)	0	2	4	6	4	8	6

① 50mm/h ② 64mm/h
③ 72mm/h ④ 80mm/h

해설] ③
15분간 최대 강우
10~20분 : $4+6+4 = 14mm/15min$
15~25분 : $6+4+8 = 18mm/15min$
20~30분 : $4+8+6 = 18mm/15min$
따라서, 최대 강우강도 $18mm/15min = 18 \times 4 = 72mm/hr$

■2020년 4회■11. DAD 해석에 관한 내용으로 옳지 않은 것은?
① DAD의 값은 유역에 따라 다르다.
② DAD 해석에서 누가우량곡선이 필요하다.
③ DAD 곡선은 대부분 반대수지로 표시된다.
④ DAD 관계에서 최대평균우량은 지속시간 및 유역면적에 비례하여 증가한다.

해설] ④ DAD 관계에서 최대평균우량은 지속시간에는 비례하고, 유역면적에는 반비례하는 경향을 보인다.

■2020년 4회■12. 합성단위 유량도(synthetic unit hydrograph)의 작성방법이 아닌 것은?
① Snyder 방법
② Nakayasu 방법
③ 순간 단위유량도법
④ SCS의 무차원 단위유량도 이용법

해설] ③
합성단위도 작성방법 : Snyder, SCS, Nakayasu, Clark

■2020년 4회■13. 유연면적이 2km²인 어느 유역에 다음과 같은 강우가 있었다. 직접유출용적이 140,000m³일 때, 이 유역에서의 ø-index는?

시간(30min)	1	2	3	4
강우강도(mm/h)	102	51	152	127

① 36.5mm/h ② 51.0mm/h
③ 73.0mm/h ④ 80.3mm/h

해설] ④
총 강우량 = $102 + 51 + 152 + 127 = 432mm$

총 유출량 = $\dfrac{140,000}{2 \times 10^6} = 70 \times 10^{-3}m = 70mm$

주어진 강우강도 값이 30분 강우에 대한 값이므로,
총 유출량 = $70 \times 2 = 140mm$
총 침투량 = $432 - 140 = 292mm$

$\dfrac{292}{4} = 73mm > 51mm$이므로, 51mm 강우강도는 모두 포함

$292 - 51 = 241mm$

나머지 3구간의 강우강도에 대해, $\dfrac{241}{3} = 80.3mm$

■2020년 4회■14. 누가우량곡선(rainfall mas curve)의 특성으로 옳은 것은?
① 누가우량곡선의 경사가 클수록 강우강도가 크다.
② 누가우량곡선의 경사가 지역에 관계없이 일정하다.
③ 누가우량곡선으로부터 일정기간 내의 강우량을 산출하는 것은 불가능하다.
④ 누가우량곡선은 자기우량기록에 의하여 작성하는 것보다 보통 우량계의 기록에 의하여 작성하는 것이 더 정확하다.

해설] ①
② 누가우량곡선의 경사가 지역마다 다르다.
③ 누가우량곡선으로부터 일정기간 내의 강우량을 산출하는 것은 가능하다.
④ 누가우량곡선은 자기우량기록에 의하여 작성하는 것이 보통 우량계의 기록에 의하여 작성하는 것 보다 더 정확하다.

■2020년 4회■15. 그림과 같은 유역(12km×8km)의 평균강우량을 Thiessen 방법으로 구한 값은? (단, 작은 삼각형은 2km×2km의 정사각형으로서 모두 크기가 동일하다.)

관측점	1	2	3	4
강우량(mm)	140	130	110	100

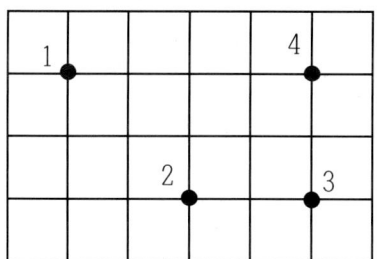

① 120mm
② 123mm
③ 125mm
④ 130mm

해설] ②

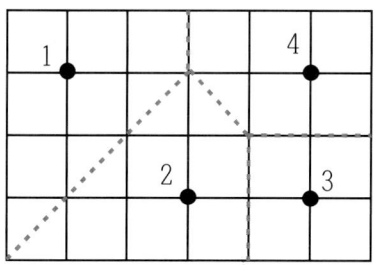

$A_1 = 7.5A$, $A_2 = 7.5A$, $A_3 = 5.5A$, $A_4 = 4A$

$P_m = \dfrac{\Sigma PA}{\Sigma A}$

$= \dfrac{140 \times 7.5 + 130 \times 7.5 + 110 \times 5.5 + 100 \times 4}{7.5 + 7.5 + 5.5 + 4}$

$= 123.7mm$

■2020년 4회■16. 홍수유출에서 유역면적이 작으면 단시간의 강우에, 면적이 크면 장시간의 강우에 문제가 발생한다. 이와 같은 수문학적 인자 사이의 관계를 조사하는 DAD 해석에 필요 없는 인자는?
① 강우량
② 유역면적
③ 증발산량
④ 강우지속시간

해설] ③
DAD(Depth-Area-Duration) : 강우량, 유역면적, 강우지속시간

■2020년 1,2회 통합■17. 강우 강도 $I = \dfrac{5,000}{t+40}$[mm/hr]로 표시되는 어느 도시에 있어서 20분간의 강우량은? (단, t의 단위는 분이다.)
① 17.8mm
② 27.8mm
③ 37.8mm
④ 47.8mm

해설] ②
$I = \dfrac{5,000}{20+40} = 83.33 mm/hr$ 이므로,

20분간 강우량은 $83.33 \times \dfrac{20}{60} = 27.8 mm/20min$

■2020년 1,2회 통합■18. 강우강도 공식에 관한 설명으로 틀린 것은?
① 자기우량계의 우량자료로부터 결정되며, 지역에 무관하게 적용 가능하다.
② 도시지역의 우수관로, 고속도로 암거 등의 설계 시 기본 자료로서 널리 이용된다.
③ 강우강도가 커질수록 강우가 계속되는 시간은 일반적으로 작아지는 반비례 관계이다.
④ 강우강도(I)와 강우지속시간(D)과의 관계로서 Talbot, Sherman, Japanese형의 경험공식에 의해 표현될 수 있다.

해설] ① 자기우량계의 우량자료로부터 결정되며, 지역 특성을 고려하여 적용한다.

■2019년 3회■19. DAD 해석에 관련된 것으로 옳은 것은?
① 수심-단면적-홍수기간
② 적설량-분포면적-적설일수
③ 강우깊이-유역면적-강우기간
④ 강우깊이-유수단면적-최대수심

해설] ③

■2019년 3회■20. 단위유량도(Unit hydrograph)를 작성함에 있어서 기본 가정에 해당되지 않는 것은?
① 비례 가정
② 중첩 가정
③ 직접 유출의 가정
④ 일정 기저시간의 가정

해설] ③
단위도의 가정 : 비례가정, 중첩가정, 일정 기저시간 가정

■2019년 2회■21. 미계측 유역에 대한 단위유량도의 합성방법이 아닌 것은?
① SCS 방법
② Clark 방법
③ Horton 방법
④ Snyder 방법

해설] ③
합성단위도 방법 : SCS, Snyder, Nakayasu, Clark
Horton 방법은 침투능 산정공식

■2019년 2회■22. 다음 표는 어느 지역의 40분간 집중 호우를 매 5분 마다 관측한 것이다. 지속기간이 20분인 최대강우강도는?

시간(분)	우량(mm)
0~5	1
5~10	4
10~15	2
15~20	5
20~25	8
25~30	7
30~35	3
35~40	2

① I = 49 mm/hr
② I = 59 mm/hr
③ I = 69 mm/hr
④ I = 72 mm/hr

해설] ③

시간(분)	우량(mm)	20분 지속
0~5	1	-
5~10	4	-
10~15	2	-
15~20	5	1+4+2+5 = 12
20~25	8	4+2+5+8 = 19
25~30	7	2+5+8+7 = 22
30~35	3	5+8+7+3 = 23
35~40	2	8+7+3+2 = 20
		7+3+2 = 12

따라서, 최대강우강도 $23mm/20min = 69mm/hr$

■2019년 1회■23. 단위도(단위 유량도)에 대한 설명으로 옳지 않은 것은?
① 단위도의 3가지 가정은 일정기저시간 가정, 비례 가정, 중첩 가정이다.
② 단위도는 기저유량과 직접유출량을 포함하는 수문곡선이다.
③ S-Curve를 이용하여 단위도의 단위시간을 변경할 수 있다.
④ Snyder는 합성단위도법을 연구 발표하였다.

해설] ② 단위도는 유역전체에 균일하게 내린 단위 유효우량(1cm)으로 인한 직접유출수문곡선

■2019년 1회■24. 대규모 수송구조물의 설계우량으로 가장 적합한 것은?
① 평균면적우량
② 발생가능최대강수량(PMP)
③ 기록상의 최대우량
④ 재현기간 100년에 해당하는 강우량

해설] ②

■2019년 1회■25. 수문에 관련한 용어에 대한 설명 중 옳지 않은 것은?
① 침투란 토양면을 통해 스며든 물이 중력에 의해 계속 지하로 이동하여 불투수층까지 도달하는 것이다.
② 증산(transpiration)이란 식물의 엽면(葉面)을 통해 물이 수증기의 형태로 대기 중에 방출되는 현상이다.
③ 강수(precipitation)란 구름이 응축되어 지상으로 떨어지는 모든 형태의 수분을 총칭한다.
④ 증발이란 액체상태의 물이 기체상태의 수증기로 바뀌는 현상이다.

해설] ① 침루란 토양면을 통해 스며든 물이 중력에 의해 계속 지하로 이동하여 지하수위까지 도달하는 것이다.
침투는 토양에 물이 스며드는 것으로, 침투된 물의 일부는 중력에 의해 지하수위까지 도달하게 되는데, 이를 침루라고 한다.

■2018년 3회■26. 표와 같은 집중호우가 자기기록지에 기록되었다. 지속기간 20분 동안의 최대강우강도는?

시간(분)	5	10	15	20	25	30	35	40
누가우량(mm)	2	5	10	20	35	40	43	45

① 95mm/hr ② 105mm/hr
③ 115mm/hr ④ 135mm/hr

해설] ②

시간(분)	5	10	15	20	25	30	35	40
누가우량(mm)	2	5	10	20	35	40	43	45
20분 지속우량	-	-	-	20	33	35	33	25

최대강우강도 $35mm/20min = 105mm/hr$

■2018년 3회■27. 단위유량도 이론의 가정에 대한 설명으로 옳지 않은 것은?
① 초과강우는 유효지속시간 동안에 일정한 강도를 가진다.
② 초과강우는 전 유역에 걸쳐서 균등하게 분포된다.
③ 주어진 지속기간의 초과강우로부터 발생된 직접유출 수문곡선의 기저시간은 일정하다.
④ 동일한 기저시간을 가진 모든 직접유출 수문곡선의 종거들은 각 수문곡선에 의하여 주어진 총 직접유출수문 곡선에 반비례한다.

해설] ④ 동일한 기저시간을 가진 모든 직접유출 수문곡선의 종거들은 각 수문곡선에 의하여 주어진 총 직접유출수문 곡선에 비례한다. (비례가정)

■2018년 3회■28. 수문자료의 해석에 사용되는 확률분포형의 매개변수를 추정하는 방법이 아닌 것은?
① 모멘트법(method of moments)
② 회선적분법(convolution integral method)
③ 확률가중모멘트법(method of probability weighted moments)
④ 최우도법(method of maximum likelihood)

해설] ②
[매개변수 추정에 의한 확률강우량 산정방법]
1) 모멘트법
가장 간편하지만, 이상치가 있거나 자료가 부족한 경우 적용성 낮음
2) 최우도법
자료수가 충분한 경우 효과적이지만, 추정방법이 복잡함
해를 못 구하는 경우도 발생. 확률분포 모델에 의존.
3) 확률가중모멘트법
정규분포와 유사하며 최우도법과 유사하게 효율적
이상치나 자료가 부족해도 안정적인 결과 유도
가장 일반적으로 적용

■2018년 2회■29. 다음 중 평균 강우량 산정방법이 아닌 것은?
① 각 관측점의 강우량을 산술평균하여 얻는다.
② 각 관측점의 지배면적을 가중인자로 잡아서 각 강우량에 곱하여 합산한 후 전유역면적으로 나누어서 얻는다.
③ 각 등우선 간의 면적을 측정하고 전유역면적에 대한 등우선 간의 면적을 등우선 간의 평균 강우량에 곱하여 이들을 합산하여 얻는다.
④ 각 관측점의 강우량을 크기순으로 나열하여 중앙에 위치한 값을 얻는다.

해설] ④

■2018년 2회■30. 강우 자료의 일관성을 분석하기 위해 사용하는 방법은?
① 합리식
② DAD 해석법
③ 누가 우량 곡선법
④ SDCS(Soil Conservation Service) 방법

해설] ③

■2018년 2회■31. 다음 중 물의 순환에 관한 설명으로서 틀린 것은?
① 지구상에 존재하는 수자원이 대기권을 통해 지표면에 공급되고, 지하로 침투하여 지하수를 형성하는 등복잡한 반복과정이다.
② 지표면 또는 바다로부터 증발된 물이 강수, 침투 및 침루, 유출 등의 과정을 거치는 물의 이동현상이다.
③ 물의 순환 과정에서 강수량은 지하수 흐름과 지표면 흐름의 합과 동일하다.
④ 물의 순환과정 중 강수, 증발 및 증산은 수문기상학분야이다.

해설] ③

초과강우량	지표면 유출		직접유출
손실량	지표하 유출	조기 지표하 유출	(유효강우량)
		지제 지표하 유출	기저유출
	지하수 유출		(침투량)
	차단, 증발산, 지표면 저류 등		

■2018년 1회■32. 누가우량곡선(Rainfall mass curve)의 특성으로 옳은 것은?
① 누가우량곡선의 경사가 클수록 강우강도가 크다.
② 누가우량곡선의 경사는 지역에 관계없이 일정하다.
③ 누가우량곡선으로 일정기간 내의 강우량을 산출할 수는 없다.
④ 누가우량곡선은 자기우량 기록에 의하여 작성하는 것보다 보통우량계의 기록에 의하여 작성하는 것이 더 정확하다.

해설] ① 누가우량곡선은 각 시간별 누적 강우량을 측정하는 것으로, 특정 시간에 강우량이 큰 경우 기울기가 증대된다.
② 누가우량곡선의 경사는 동일한 관측소라면 일정하다.
③ 누가우량곡선으로 일정기간 내의 강우량을 산출할 수 있다.
④ 누가우량곡선은 자기우량 기록에 의하여 작성하는 것이 보통 우량계의 기록에 의하여 작성하는 것보다 더 정확하다.

■2018년 1회■33. 어느 소유역의 면적이 20ha, 유수의 도달시간이 5분이다. 강수자료의 해석으로부터 얻어진 이 지역의 강우강도식이 아래와 같을 때 합리식에 의한 홍수량은? (단, 유역의 평균 유출계수는 0.6이다.)

$$강우강도식 : I = \frac{6,000}{(t+35)}[mm/hr]$$
여기서, t : 강우지속시간[분]

① $18.0 m^3/s$ ② $5.0 m^3/s$
③ $1.8 m^3/s$ ④ $0.5 m^3/s$

해설] ②
$$Q = CIA = 0.6 \times \frac{6}{5+35} \times \frac{1}{3600} \times 20 \times 100^2$$
$$= 5 m^3/s$$

■2018년 1회■34. 측정된 강우량 자료가 기상학적 원인 이외에 다른 영향을 받았는지의 여부를 판단하는, 즉 일관성(consistency)에 대한 검사방법은?
① 순간 단위 유량도법   ② 합성 단위 유량도법
③ 이중 누가 우량 분석법 ④ 선행 강수 지수법

해설] ③

■2018년 1회■35. 다음 중 단위유량도 이론에서 사용하고 있는 기본가정이 아닌 것은?
① 일정 기저시간 가정   ② 비례가정
③ 푸아송 분포 가정   ④ 중첩가정

해설] ③
단위도 기본가정 : 일정기저시간가정, 비례가정, 중첩가정

■2017년 3회■36. Thiessen 다각형에서 각각의 면적이 $20km^2$, $30km^2$, $50km^2$ 이고, 이에 대응하는 강우량이 각각 40mm, 30mm, 20mm 일 때, 이 지역의 면적평균 강우량은?
① 25mm   ② 27mm
③ 30mm   ④ 32mm

해설] ②
$$\frac{20 \times 40 + 30 \times 30 + 50 \times 20}{20 + 30 + 50} = 27mm$$

■2017년 3회■37. 강우량자료를 분석하는 방법 중 이중누가곡선법에 대한 설명으로 옳은 것은?
① 평균강수량을 산정하기 위하여 사용한다.
② 강수의 지속기간을 구하기 위하여 사용한다.
③ 결측자료를 보완하기 위하여 사용한다.
④ 강수량자료의 일관성을 검증하기 위하여 사용한다.

해설] ④

■2017년 2회■38. DAD 해석에 관계되는 요소로 짝지어진 것은?
① 강우깊이, 면적, 지속기간
② 적설량, 분포면적, 적설일수
③ 수심, 하천 단면적, 홍수기간
④ 강우량, 유수단면적, 최대수심

해설] ① 강우깊이, 면적, 지속기간
DAD(Depth-Area-Duration) 최대평균우량깊이-면적-지속시간

■2017년 2회■39. 유역의 평균 폭 B, 유역면적 A, 본류의 유로연장 L인 유역의 형상을 양적으로 표시하기 위한 유역 형상계수는?
① $\frac{A}{L}$ ② $\frac{A}{L^2}$
③ $\frac{A}{BL}$ ④ $\frac{B}{L^2}$

해설] ②
유역형상계수 $\frac{A}{L^2} = \frac{BL}{L^2} = \frac{B}{L}$

■2017년 2회■40. 강우자료의 변화요소가 발생한 과거의 기록치를 보정하기 위하여 전반적인 자료의 일관성을 조사 하려고 할 때, 사용할 수 있는 가장 적절한 방법은?
① 정상연강수량비율법   ② Thiessen의 가중법
③ 이중누가우량분석   ④ DAD 분석

해설] ③

■2017년 1회■41. 강우계의 관측분포가 균일한 평야지역의 작은 유역에 발생한 강우에 적합한 유역 평균 강우량 산정법은?
① Thiessen의 가중법   ② Talbot의 강도법
③ 산술평균법   ④ 등우선법

해설] ③
산술평균법 : 관측점이 균등하게 분포된 평야지역
티센다각형법 : 관측점이 불균등하게 분포, 산악영향이 작은 경우
등우선법 : 산악 영향이 큰 경우

■2017년 1회■42. 우량관측소에서 측정된 5분단위 강우량 자료가 표와 같을 때 10분 지속 최대 강우강도는?

시간(분)	0	5	10	15	20
누가우량(mm)	0	2	8	18	25

① 17 mm/hr   ② 48 mm/hr
③ 102 mm/hr   ④ 120 mm/hr

해설] ③

시간(분)	0	5	10	15	20
누가우량(mm)	0	2	8	18	25
10분 우량(mm)	0		8	16	17

10분 최대 강우강도 = 17mm/10min 이므로,
1시간 최대 강우강도 = $17 \times 6 = 102mm/hr$

■2017년 1회■43. DAD(depth-area-duration)해석에 관한 설명으로 옳은 것은?
① 최대 평균 우량깊이, 유역면적, 강우강도와의 관계를 수립하는 작업이다.
② 유역면적을 대수축(logarithmic scale)에 최대평균강우량을 산수축(arithmetic scale)에 표시한다.
③ DAD 해석 시 상대습도 자료가 필요하다.
④ 유역면적과 증발산량과의 관계를 알 수 있다.

해설] ② DAD는 반대수표(semi-log)에 작도한다.
① 최대 평균 우량깊이, 유역면적, 지속시간의 관계를 수립하는 작업이다.

문제유형16 침투와 유출

■2022년 2회■1. 침투능(infilration capacity)에 관한 설명으로 틀린 것은?
① 침투능은 토양조건과는 무관하다
② 침투능은 강우강도에 따라 변화한다.
③ 일반적으로 단위는 mm/h 또는 in/h로 표시된다.
④ 어떤 토양면을 통해 물이 침투할 수 있는 최대율을 말한다.

해설] ① 침투능은 토양조건과는 무관하다

[침투 영향인자]
① 투수성 : 공극률이 클수록 침투에 유리
② 토양의 구조 : 점토입자가 뭉쳐있어야 유리. 나트륨(염분)은 점토입자가 흩어지게해서 침투능에 불리
③ 식생 및 지표 : 식생으로 덮인 표면이 침투능에 유리. 경작지보다 자연 식생지역이 유리. 도로 등 인위적으로 포장된 표면은 침투 불능
④ 선행함수조건 : 토양의 선행 함수가 높으면 침투능에 불리
⑤ 지표경사 : 급경사면은 침투할 시간적 여유가 없어서 침투에 불리
⑥ 강우강도 : 강우강도가 침투능보다 작으면, 침투능과 강우강도는 같아지게 된다.

■2022년 1회■2. 첨두홍수량에 계산에 있어서 합리식의 적용에 관한 설명으로 옳지 않은 것은?
① 하수도 설계 등 소유역에만 적용될 수 있다.
② 우수 도달시간은 강우 지속시간보다 길어야 한다.
③ 강우강도는 균일하고 전유역에 고르게 분포되어야 한다.
④ 유량이 점차 증가되어 평형상태일 때의 첨두유출량을 나타낸다.

해설] ② 우수 도달시간은 강우 지속시간보다 길어야 한다.

■2021년 3회■3. 다음 중 토양의 침투능(Infiltration Capacity) 결정방법에 해당되지 않는 것은?
① Philip 공식
② 침투계에 의한 실측법
③ 침투지수에 의한 방법
④ 물수지 원리에 의한 산정법

해설] ④
[침투능 결정방법]
침투계, 강우모으기, 수문곡선, ϕ지수(침투지수), W지수, Horton공식, Philip공식, Grren공식
[물수지 원리]
한 유역의 유입량과 유출량을 비교분석하여 증발량 산정

■2021년 3회■4. 1cm 단위도의 종거가 1, 5, 3, 1이다. 유효 강우량이 10mm, 20mm 내렸을 때 직접 유출 수문 곡선의 종거는? (단, 모든 시간 간격은 1시간이다.)
① 1, 5, 3, 1, 1
② 1, 5, 10, 9, 2
③ 1, 7, 13, 7, 2
④ 1, 7, 13, 9, 2

해설] ③

시간	1	2	3	4	5
단위도	1	5	3	1	0
1cm 강우 ①	1	5	3	1	0
2cm 강우 ②		2	10	6	2
합계 (①+②)	1	7	13	7	2

1cm 강우 : 단위도 × 강우량 적용
2cm 강우 : 단위도 × 강우량 적용하여 1시간 지연한다.

■2021년 2회■5. 유역면적이 4km² 이고 유출계수가 0.8인 산지 하천에서 강우강도가 80mm/h이다. 합리식을 사용한 유역출구에서의 첨두홍수량은?
① 35.5 m³/s ② 71.1 m³/s
③ 128 m³/s ④ 256 m³/s

해설] ②
$Q = CIA = 0.8 \times (80 \times 10^{-3}/3600) \times 4 \times 10^6$
$= 71.1 m^3/s$

■2021년 2회■6. 단위유량도(unit hydrograph)를 작성함에 있어서 주요 기본가정(또는 원리)으로만 짝지어진 것은?
① 비례가정, 중첩가정, 직접유출의 가정
② 비례가정, 중첩가정, 일정기저시간의 가정
③ 일정기저시간의 가정, 직접유출의 가정, 비례가정
④ 직접유출의 가정, 일정기저시간의 가정, 중첩가정

해설] ②

■2021년 1회■7. 단위유량도 이론에서 사용하고 있는 기본가정이 아닌 것은?
① 비례 가정 ② 중첩 가정
③ 푸아송 분포 가정 ④ 일정 기저시간 가정

해설] ③

■2021년 1회■8. 유역면적 10km², 강우강도 80mm/h, 유출계수 0.70일 때 합리식에 의한 첨두유량(Q_{max})은?
① 155.6m³/s ② 560m³/s
③ 1.556m³/s ④ 5.6m³/s

해설] ①
$Q = CIA = 0.7 \times 80 \times 10^{-3}/3600 \times 10 \times 10^6 = 155.6 m^3/s$

■2020년 4회■9. 유출(流出)에 대한 설명으로 옳지 않은 것은?
① 총유출은 통상 직접유출(direct run off)과 기저유출(base flow)로 분류된다.
② 하천에 도달하기 전에 지표면 위로 흐르는 유수를 지표유하수(overland flow)라 한다.
③ 하천에 도달한 후 다른 성분의 유출수와 합친 유수량을 총 유출수(total flow)라 한다.
④ 지하수유출은 토양을 침투한 물이 침투하여 지하수를 형성하나 총 유출량에는 고려하지 않는다.

해설] ④ 지하수유출은 토양을 침투한 물이 침투하여 지하수를 형성하여 기저유출량으로 고려된다. (총유출 = 기저유출 + 지표유출)

■2020년 4회■10. 배수면적이 500 ha, 유출계수가 0.70인 어느 유역에 연평균강우량이 1,300mm 내렸다. 이때 유역 내에서 발생한 최대유출량은?
① 0.1443 m³/s ② 12.64 m³/s
③ 14.43 m³/s ④ 1264 m³/s

해설] ①
$I = 1.3 m/yr = 1.3/365/24/3600 = 41.22 \times 10^{-9} m/s$
$Q = CIA = 0.7 \times 41.22 \times 10^{-9} \times 500 \times 100^2 = 0.1443 m^3/s$
(문제에서 평균유출량으로 표현해야 합당하다.)

■2020년 1,2회 통합■11. 강우로 인한 유수가 그 유역 내의 가장 먼 지점으로부터 유역출구까지 도달하는데 소요되는 시간을 의미하는 것은?
① 기저시간　　　② 도달시간
③ 지체시간　　　④ 강우지속시간

해설] ②

■2020년 1,2회 통합■12. 유역면적 20km² 지역에서 수공구조물의 축조를 위해 다음 아래의 수문곡선을 얻었을 때, 총 유출량은?

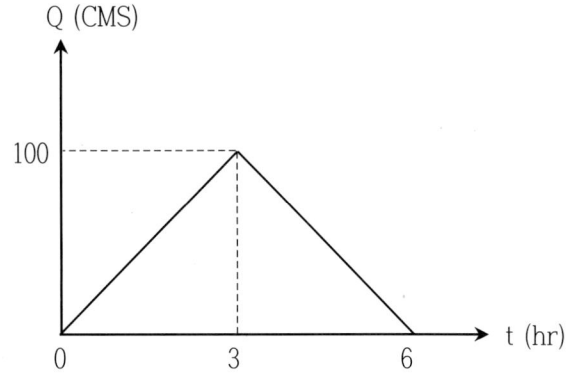

① 108m³
② 108×10⁴m³
③ 300m³
④ 300×10⁴m³

해설] ②
총유출량은 수문곡선의 면적(해당 유역 전체에 대한 유출)
$$Q = 100 \times 3600 \times \frac{6}{2} = 108 \times 10^4 m^3$$
(CMS : m^3/s)

■2019년 3회■13. 강우강도를 I, 침투능을 f, 총 침투량을 F, 토양수분 미흡량을 D라 할 때, 지표유출은 발생하나 지하수위는 상승하지 않는 경우에 대한 조건식은?
① I < f , F < D　　　② I < f , F > D
③ I > f , F < D　　　④ I > f , F > D

해설] ③
강우강도는 강우의 유입으로, 침투량을 의미하는 침투능 보다 크다.
토양수분 미흡량은 토양이 흡수할 수 있는 수분의 총량(최대침투수량)으로, 총 침투량은 토양수분 미흡량을 초과할 수 없다.

■2019년 3회■14. 단순 수문곡선의 분리방법이 아닌 것은?
① N-day 법　　　② S-curve 법
③ 수평직선 분리법　④ 지하수 감수곡선법

해설] ②
[수문곡선 분리방법]
주 지하수 감수곡선법, 수평직선 분리법, N-day법, 가변경사법, NRCS 수문분리법

■2019년 2회■15. 다음 중 증발에 영향을 미치는 인자가 아닌 것은?
① 온도　　　② 대기압
③ 통수능　　④ 상대습도

해설] ③
통수능은 침투 영향인자

■2019년 2회■16. 유역면적이 15km²이고 1시간에 내린 강우량이 150mm 일 때 하천의 유출량이 350 m³/s 이면 유출율은?
① 0.56
② 0.65
③ 0.72
④ 0.78

해설] ①
총 강우량 $Q = 15 \times 10^6 \times 0.15/3600 = 625 m^3/s$
유출율 $\frac{350}{625} = 0.56$

■2019년 1회■17. 유출(runoff)에 대한 설명으로 옳지 않은 것은?
① 비가 오기 전의 유출을 기저유출이라 한다.
② 우량은 별도의 손실 없이 그 전량이 하천으로 유출된다.
③ 일정기간에 하천으로 유출되는 수량의 합을 유출량이라 한다.
④ 유출량과 그 기간의 강수량과의 비(比)를 유출계수 또는 유출률이라 한다.

해설] ② 총 강우량 = 직접유출 + 손실(기저유출, 증발 차단 등)

■2018년 3회■18. 다음 중 직접 유출량에 포함되는 것은?
① 지체지표하 유출량   ② 지하수 유출량
③ 기저 유출량   ④ 조기지표하 유출량

해설] ④

초과강우량	지표면 유출		직접유출
손실량	지표하 유출	조기 지표하 유출	(유효강우량)
		지제 지표하 유출	기저유출
	지하수 유출		(침투량)
	차단, 증발산, 지표면 저류 등		

■2018년 3회■19. 대기의 온도 t_1, 상대습도 70%인 상태에서 증발이 진행되었다. 온도가 t_2로 상승하고 대기 중의 증기압이 20% 증가하였다면 온도 t_1 및 t_2에서의 포화 증기압이 각각 10.0mHg 및 14.0mmHg라 할 때 온도 t_2에서의 상대습도는?
① 50%   ② 60%
③ 70%   ④ 80%

해설] ②
상대습도(%) = (현재 수증기압 / 포화수증기압) × 100
$$= \frac{e}{e_w}$$

t_1에 대해, 상대습도 $\frac{e_1}{e_{w1}} = \frac{e_1}{10} = 0.7$에서, $e_1 = 7mmHg$

t_2에 대해, 상대습도 $\frac{e_2}{e_{w2}} = \frac{7 \times 1.2}{20} = 0.6$

■2018년 2회■20. 다음 중 유효강우량과 가장 관계가 깊은 것은?
① 직접유출량   ② 기저유출량
③ 지표면유출량   ④ 지표하유출량

해설] ①

초과강우량	지표면 유출		직접유출
손실량	지표하 유출	조기 지표하 유출	(유효강우량)
		지제 지표하 유출	기저유출
	지하수 유출		(침투량)
	차단, 증발산, 지표면 저류 등		

■2018년 2회■21. 유역면적이 4km²이고 유출계수가 0.8인 산지하천에서 강우강도가 80mm/hr이다. 합리식을 사용한 유역 출구에서의 첨두홍수량은?
① 35.5m³/s   ② 71.1m³/s
③ 128m³/s   ④ 256m³/s

해설] ②
$Q = CIA = 0.8 \times (80 \times 10^{-3}/3600) \times 4 \times 10^6 = 71.1 m^3/s$

■2018년 1회■22. 토양면을 통해 스며든 물이 중력의 영향 때문에 지하로 이동하여 지하수면까지 도달하는 현상은?
① 침투(infiltration)
② 침투능(infiltration capacity)
③ 침투율(infiltration rate)
④ 침루(percolation)

해설] ④

■2017년 3회■23. 다음 중에서 차원이 다른 것은?
① 증발량   ② 침투율
③ 강우강도   ④ 유출량

해설] ④
유출량 m^3/s
증발량, 침투율, 강우강도 mm/hr

■2017년 3회■24. 면적 10km^2인 저수지의 수면으로부터 2m 위에서 측정된 대기의 평균온도가 25℃ 상대습도가 65%, 풍속이 4m/s 일 때 증발률이 1.44mm/day 이었다면 저수지 수면에서 일 증발량은?

① 9,360m^3/day
② 3,600m^3/day
③ 7,200m^3/day
④ 14,400m^3/day

해설] ④
$Q = AI = 10 \times 10^6 \times 1.44 \times 10^{-3} = 14.4 \times 10^3 m^3/day$

■2017년 2회■25. 어떤 계속된 호우에 있어서 총유효우량 ΣR_e (m^3), 직접유출의 총량 ΣQ_e(m^3), 유역면적 A(km^2) 사이에 성립하는 식은?

① $\Sigma R_e = \Sigma Q \times A$
② $\Sigma R_e = \dfrac{10^6 \times A}{\Sigma Q}$
③ $\Sigma R_e = \Sigma Q \times 10^6 \times A$
④ $\Sigma R_e = \dfrac{\Sigma Q}{10^6 \times A}$

해설] ④
$Q = R_e A$에서 유효면적의 단위를 환산하여 적용하면,
$Q = R_e \times 10^6 A$이므로, $\Sigma R_e = \dfrac{\Sigma Q}{10^6 \times A}$

■2017년 2회■26. 1시간 간격의 강우량이 15.2mm, 25.4mm, 20.3mm, 7.6mm이고, 지표 유출량이 47.9mm일 때, ϕ index는?

① 5.15mm/hr
② 2.58mm/hr
③ 6.25mm/hr
④ 4.25mm/hr

해설] ①
총 강우량 = 15.2+25.4+20.3+7.6 = 68.5mm
총 침투량 = 68.5-47.9 = 20.6mm
$\phi = \dfrac{20.6}{4} = 5.15mm < 7.6mm$

■2017년 1회■27. 단위유량도 작성 시 필요 없는 사항은?

① 유효유량의 지속시간
② 직접유출량
③ 유역면적
④ 투수계수

해설] ④

■2017년 1회■28. 어떤 유역에 내린 호우사상의 시간적 분포가 표와 같고 유역의 출구에서 측정한 지표유출량이 15mm 일 때 Φ-지표는?

시간(hr)	1	2	3	4	5	6
강우강도(mm/hr)	2	10	6	8	2	1

① 2 mm/hr
② 3 mm/hr
③ 5 mm/hr
④ 7 mm/hr

해설] ②
총강우량 = 2+10+6+8+2+1 = 29mm
총침투량 = 29 - 15 = 14mm

$\dfrac{14}{6} = 2.33 > 1mm \rightarrow NG$

$\dfrac{14-1}{5} = 2.6 > 2mm \rightarrow NG$

$\dfrac{14-1-2-2}{3} = 3 < 6mm \rightarrow OK$

따라서, $\phi = 3mm/hr$

문제유형17 파랑

■2020년 4회■1. 수심이 50m로 일정하고 무한히 넓은 해역에서 주태양 반일주조 (S2)의 파장은? (단, 주태양 반일주조의 주기는 12시간, 중력가속도 g=9.81m/s²이다.)

① 9.56km ② 98.6km
③ 956km ④ 9560km

해설] ③
주태양 반일주조 : 가상의 태양이 천구를 하루 1회전 하는 운동에 의해 발생하는 조석주기(12시간)

$$T = \frac{L}{\sqrt{gh}} = \frac{L}{\sqrt{9.81 \times 50}} = 12 \times 3600s \text{ 에서,}$$

$L = 956.76 km$

■2020년 4회■2. 방파제 건설을 위한 해안지역의 수심이 5.0m, 입사파랑의 주기가 14.5초인 장파(long wave)의 파장(wave length)은? (단, 중력가속도 g = 9.8 m/s2)

① 49.5m
② 70.5m
③ 101.5m
④ 190.5m

해설] ③

$$T = \frac{L}{\sqrt{gh}} \text{ 에서, } 14.5 = \frac{L}{\sqrt{9.8 \times 5}} \text{ 이므로, } L = 101.5m$$

■2018년 3회■3. 미소진폭파(small-amplitude wave)이론에 포함된 가정이 아닌 것은?
① 파장이 수심에 비해 매우 크다.
② 유체는 비압축성이다.
③ 바닥은 평평한 불투수층이다.
④ 파고는 수심에 비해 매우 작다.

해설] ① 파장이 파고에 비해 매우 크다.
파고가 파장에 비해서 매우 작은 경우, 중력파의 기본방정식을 선형화하여 얻어지는 파를 미소진폭파라고 한다.

■2018년 1회■4. 항만을 설계하기 위해 관측한 불규칙 파랑의 주기 및 파고가 다음 표와 같을 때, 유의파고($H_{1/3}$)는?

연번	파고(m)	주기(s)
1	9.8	9.8
2	8.9	9.0
3	7.4	8.0
4	7.3	7.4
5	6.5	7.5
6	5.8	6.5
7	4.2	6.2
8	3.3	4.3
9	3.2	5.6

① 9.0m
② 8.6m
③ 8.2m
④ 7.4m

해설] ②

연번	파고(m)	주기(s)	파고/주기
1	9.8	9.8	1
2	8.9	9.0	0.989
3	7.4	8.0	0.925
4	7.3	7.4	
5	6.5	7.5	
6	5.8	6.5	
7	4.2	6.2	
8	3.3	4.3	
9	3.2	5.6	

유의파고는 파고가 높은 순서대로 전체의 1/3에 해당하는 부분의 평균파고이므로, 총 9개의 파고 데이터 중 1/3인 상위 3개의 데이터를 (가중)평균을 계산한다.

$$H_{1/3} = \frac{\Sigma(h_i p_i)}{\Sigma p_i} = \frac{9.8/9.8 + 8.9/9 + 7.4/8}{1/8.9 + 1/9 + 1/7.4} = 8.612m$$

가중치 $p_i = \frac{1}{s_i}$ (주기의 역수)

■2017년 3회■5. 미소진폭파(small-ampitude Wave)이론을 가정할때, 일정 수심 h의 해역을 전파하는 파장 L, 파고H, 주기 T의 파랑에 대한 설명으로 틀린 것은?

① h/L이 0.05보다 작을 때, 천해파로 정의한다.
② h/L이 1.0보다 클 때, 심해파로 정의한다.
③ 분산관계식은 L,h 및 T 사이의 관계를 나타낸다.
④ 파랑의 에너지는 H2에 비례한다.

해설] ② h/L이 1/2보다 클 때, 심해파로 정의한다.

■2017년 2회■6. 수심 10.0m에서 파속(C)이 50.0m/s인 파랑이 입사각(β_1) 30°로 들어올 때, 수심 8.0m에서 굴절된 파랑의 입사각(β_2)? (단, 수심 8.0m에서 파랑의 파속(C_2)=40.0m/s)

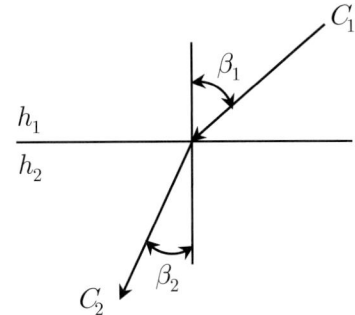

① 20.58°   ② 23.58°
③ 38.68°   ④ 46.15°

해설] ②
$\dfrac{\sin\beta_1}{\sin\beta_2} = \dfrac{C_1}{C_2}$ 에서, $\dfrac{\sin 30°}{\sin\beta_2} = \dfrac{50}{40}$ 이므로, $\beta_2 = 23.58°$

■2017년 1회■7. 컨테이너 부두 안벽에 입사하는 파랑의 입사파고가 0.8m 이고, 안벽에서 반사된 파랑의 반사피고가 0.3m 일 때 반사율은?

① 0.325   ② 0.375
③ 0.425   ④ 0.475

해설] ②
반사율 = $\dfrac{H_r}{H_o} = \dfrac{0.3}{0.8} = 0.375$

4과목 철근콘크리트 및 강구조

	문제유형	출제문항수	출제빈도
설계일반	1 토목일반	9	0.5
	2 토목재료	32	1.9
주요부재설계	3 휨설계	81	4.8
	4 전단 및 비틀림	38	2.2
	5 기둥	13	0.8
	6 기초판	1	0.1
	7 슬래브	18	1.1
	8 사용성과 내구성	27	1.6
토목구조물	9 옹벽, 암거, 라멘, 아치	19	1.1
	10 교량 및 내진설계	7	0.4
	11 PSC	50	2.9
강구조	12 강구조의 이음	45	2.6

| 문제유형1 | 토목일반 |

■2022년 1회■1. 강도설계법에서 구조의 안전을 확보하기 위해 사용되는 강도감소계수(ø) 값으로 틀린 것은?
  ① 인장지배 단면 : 0.85
  ② 포스트텐션 정착구역 : 0.70
  ③ 전단력과 비틀림모멘트를 받는 부재 : 0.75
  ④ 압축지배 단면 중 띠철근으로 보강된 철근콘크리트 부재 : 0.65

해설] ② 포스트텐션 정착구역 : 0.85

■2021년 3회■2. 부재의 설계 시 적용되는 강도감소계수(Φ)에 대한 설명으로 틀린 것은?
  ① 인장지배 단면에서의 강도감소계수는 0.85이다.
  ② 포스트텐션 정착구역에서 강도감소계수는 0.80이다.
  ③ 압축지배단면에서 나선철근으로 보강된 철근콘크리트부재의 강도감소계수는 0.70이다.
  ④ 공칭강도에서 최외단 인장철근의 순인장변형률(εt)이 압축지배와 인장지배단면 사이일 경우에는, εt가 압축지배변형률 한계에서 인장지배변형률 한계로 증가함에 따라 Φ값을 압축지배단면에 대한 값에서 0.85까지 증가시킨다.

해설] ② 포스트텐션 정착구역에서 강도감소계수는 0.85이다.

■2021년 2회■3. 철근콘크리트가 성립되는 조건으로 틀린 것은?
  ① 철근과 콘크리트 사이의 부착강도가 크다.
  ② 철근과 콘크리트의 탄성계수가 거의 같다.
  ③ 철근은 콘크리트 속에서 녹이 슬지 않는다.
  ④ 철근과 콘크리트의 열팽창계수가 거의 같다.

해설] ② 철근의 탄성계수는 콘크리트의 탄성계수 5~8배 가량이다.

■2021년 2회■4. 강도 설계에 있어서 강도감소계수(ø)의 값으로 틀린 것은?
  ① 전단력 : 0.75
  ② 비틀림모멘트 : 0.75
  ③ 인장지배단면 : 0.85
  ④ 포스트텐션 정착구역 : 0.75

해설] ④ 포스트텐션 정착구역 : 0.85

■2021년 1회■5. 강도감소계수(ϕ)를 규정하는 목적으로 옳지 않은 것은?
  ① 부정확한 설계 방정식에 대비한 여유
  ② 구조물에서 차지하는 부재의 중요도를 반영
  ③ 재료 강도와 치수가 변동할 수 있으므로 부재의 강도 저하 확률에 대비한 여유
  ④ 하중의 공칭값과 실제 하중 간의 불가피한 차이 및 예기치 않은 초과하중에 대비한 여유

해설] ④ 하중계수의 목적

■2020년 3회■6. 콘크리트 속에 묻혀 있는 철근이 콘크리트와 일체가 되어 외력에 저항할 수 있는 이유로 틀린 것은?
  ① 철근과 콘크리트 사이의 부착강도가 크다.
  ② 철근과 콘크리트의 탄성계수가 거의 같다.
  ③ 콘크리트 속에 묻힌 철근은 부식하지 않는다.
  ④ 철근과 콘크리트의 열팽창계수가 거의 같다.

해설] ② 철근과 콘크리트의 탄성계수의 비 $n = E_s/E_c$로 6~10 정도의 값을 가진다.

■2019년 1회■7. 강도설계법에서 강도감소계수(ϕ)를 규정하는 목적이 아닌 것은?

① 부정확한 설계 방정식에 대비한 여유를 반영하기 위해

② 구조물에서 차지하는 부재의 중요도 등을 반영하기 위해

③ 재료 강도와 치수가 변동할 수 있으므로 부재의 강도 저하 확률에 대비한 여유를 반영하기 위해

④ 하중의 변경, 구조해석 할 때의 가정 및 계산의 단순화로 인해 야기될지 모르는 초과하중에 대비한 여유를 반영하기 위해

해설] ④ 하중계수의 목적

■2018년 2회■8. 철근콘크리트가 성립하는 이유에 대한 설명으로 잘못된 것은?

① 철근과 콘크리트와의 부착력이 크다.

② 콘크리트 속에 묻힌 철근은 녹슬지 않고 내구성을 갖는다.

③ 철근과 콘크리트의 무게가 거의 같고 내구성이 같다.

④ 철근과 콘크리트는 열에 대한 팽창계수가 거의 같다.

해설] ③
철근의 단위중량 $78kN/m^3$, 콘크리트 단위중량 $24kN/m^3$

■2018년 1회■9. 강도설계법에서 사용하는 강도감소계수(ø)의 값으로 틀린 것은?

① 무근콘크리트의 휨모멘트 : $\phi=0.55$

② 전단력과 비틀림모멘트 : $\phi=0.75$

③ 콘크리트의 지압력 : $\phi=0.70$

④ 인장지배단면 : $\phi=0.85$

해설] ③ 콘크리트의 지압력 : $\phi=0.65$

문제유형2 토목재료

■2022년 2회■1. 그림과 같은 띠철근 기둥에서 띠철근의 최대 수직간격은? (단, D10의 공칭직경은 9.5mm, D32의 공칭직경은 31.8mm이다.)

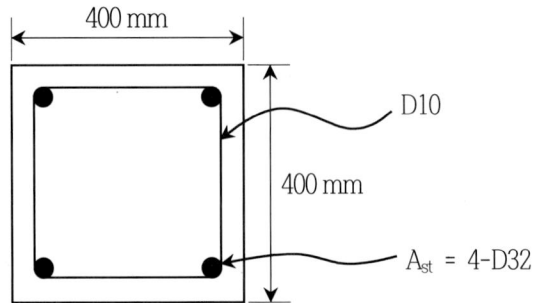

① 400mm

② 456mm

③ 500mm

④ 509mm

해설] ①

$16d_b = 16 \times 31.8 = 508.8mm$

$48d_b = 48 \times 9.5 = 456mm$

기둥단면의 최소치수 = $400mm$

따라서, 최소값인 400mm 이하로 배근해야 한다.

■2022년 2회■2. 콘크리트와 철근이 일체가 되어 외력에 저항하는 철근콘크리트 구조에 대한 설명으로 틀린 것은?

① 콘크리트와 철근의 부착강도가 크다.

② 콘크리트와 철근의 탄성계수는 거의 같다.

③ 콘크리트 속에 묻힌 철근은 거의 부식하지 않는다.

④ 콘크리트와 철근의 열에 대한 팽창계수는 거의 같다.

해설] ② 철근의 탄성계수는 콘크리트에 비해 5~9배 정도이다.

■2022년 2회■3. 보통중량콘크리트에서 압축을 받는 이형철근 D29(공칭지름 28.6mm)를 정착시키기 위해 소요되는 기본정착길이(l_d)는? (단, f_{ck} = 35MPa, f_y = 400MPa 이다.)

① 491.92 mm
② 483.43 mm
③ 464.09 mm
④ 450.38 mm

해설] ①
압축철근 기본정착길이

$$l_d = \frac{0.25 d_b f_y}{\lambda \sqrt{f_{ck}}} = \frac{0.25 \times 28.6 \times 400}{\sqrt{35}} = 483.43 mm$$

$0.043 d_b f_y = 0.043 \times 28.6 \times 400 = 491.92 mm$

따라서, 정착길이는 491.92mm 이상으로 한다.

[참조]
$f_{ck} > 33.8 MPa$인 경우, $0.043 d_b f_y$식에 의한 값이 더 크다.

■2022년 1회■4. 표준갈고리를 갖는 인장 이형철근의 정착에 대한 설명으로 틀린 것은? (단, db는 철근의 공칭지름이다.)

① 갈고리는 압축을 받는 경우 철근정착에 유효하지 않은 것으로 보아야 한다.
② 정착길이는 위험단면으로부터 갈고리의 외측단부까지 거리로 나타낸다.
③ D35 이하 180° 갈고리 철근에서 정착길이 구간을 3db 이하 간격으로 띠철근 또는 스터럽이 정착되는 철근을 수직으로 둘러싼 경우에 보정계수는 0.7이다.
④ 기본 정착 길이에 보정계수를 곱하여 정착길이를 계산하는 데 이렇게 구한 정착길이는 항상 8db 이상, 또한 150 mm 이상이어야 한다.

해설] ③ D35 이하 180° 갈고리 철근에서 정착길이 구간을 3db 이하 간격으로 띠철근 또는 스터럽이 정착되는 철근을 수직으로 둘러싼 경우에 보정계수는 0.8이다.

■2022년 1회■5. 그림과 같은 띠철근 기둥에서 띠철근의 최대 수직간격은? (단, D10의 공칭직경은 9.5mm, D32의 공칭직경은 31.8mm 이다.)

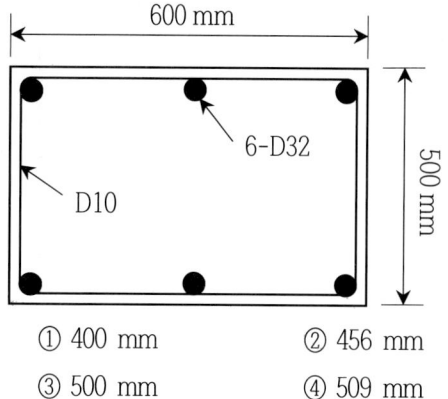

① 400 mm   ② 456 mm
③ 500 mm   ④ 509 mm

해설] ②
$16 d_b = 16 \times 31.8 = 508.8 mm$
$48 d_b = 48 \times 9.5 = 456 mm$
기둥단면의 최소치수 = 500mm
따라서, 최소값인 456mm 이하로 배근해야 한다.

■2021년 3회■6. 철근의 이음 방법에 대한 설명으로 틀린 것은? (단, l_d는 정착길이)

① 인장을 받는 이형철근의 겹침이음길이는 A급 이음과 B급 이음으로 분류하며, A급 이음은 $1.0 l_d$ 이상, B급 이음은 $1.3 l_d$ 이상이며, 두 가지 경우 모두 300mm 이상이어야 한다.
② 인장 이형철근의 겹침이음에서 A급 이음은 배치된 철근량이 이음부 전체 구간에서 해석결과 요구되는 소요 철근량의 2배 이상이고, 소요 겹침이음길이 내 겹침이음된 철근량이 전체 철근량의 1/2 이하인 경우이다.
③ 서로 다른 크기의 철근을 압축부에서 겹침이음하는 경우, D41과 D51 철근은 D35 이하 철근과의 겹침이음은 허용할 수 있다.
④ 휨부재에서 서로 직접 접촉되지 않게 겹침이음된 철근은 횡방향으로 소요 겹침이음길이의 1/3 또는 200mm 중 작은 값 이상 떨어지지 않아야 한다.

■2021년 2회■7. 콘크리트의 크리프에 대한 설명으로 틀린 것은?
① 고강도 콘크리트는 저강도 콘크리트보다 크리프가 크게 일어난다.
② 콘크리트가 놓이는 주위의 온도가 높을수록 크리프 변형은 크게 일어난다.
③ 물-시멘트비가 큰 콘크리트는 물-시멘트비가 작은 콘크리트보다 크리프가 크게 일어난다.
④ 일정한 응력이 장시간 계속하여 작용하고 있을 때 변형이 계속 진행되는 현상을 말한다.

해설] ① 고강도 콘크리트는 저강도 콘크리트보다 크리프가 작게 일어난다.

■2021년 2회■8. 철근콘크리트 구조물 설계 시 철근 간격에 대한 설명으로 틀린 것은? (단, 굵은 골재의 최대 치수에 관련된 규정은 만족하는 것으로 가정한다.)
① 동일 평면에서 평행한 철근 사이의 수평 순간격은 25mm 이상, 또한 철근의 공칭지름 이상으로 하여야 한다.
② 벽체 또는 슬래브에서 휨 주철근의 간격은 벽체나 슬래브 두께의 3배 이하로 하여야 하고, 또한 450mm 이하로 하여야 한다.
③ 나선철근 또는 띠철근이 배근된 압축부재에서 축방향 철근의 순간격은 40mm 이상, 또한 철근 공칭 지름의 1.5배 이상으로 하여야 한다.
④ 상단과 하단에 2단 이상으로 배치된 경우 상하 철근은 동일 연직면 내에 배치되어야 하고, 이때 상하 철근의 순간격은 40mm 이상으로 하여야 한다.

해설] ④ 상단과 하단에 2단 이상으로 배치된 경우 상하 철근은 동일 연직면 내에 배치되어야 하고, 이때 상하 철근의 순간격은 25mm 이상으로 하여야 한다.

■2021년 2회■9. 압축 이형철근의 겹침이음길이에 대한 설명으로 옳은 것은? (단, d_b는 철근의 공칭직경)
① 어느 경우에나 압축 이형철근의 겹침이음길이는 200mm 이상이어야 한다.
② 콘크리트의 설계기준압축강도가 28MPa 미만인 경우는 규정된 겹침이음길이를 1/5 증가시켜야 한다.
③ f_y가 500MPa 이하인 경우는 $0.72f_yd_b$이상, f_y가 500MPa을 초과할 경우는 $(1.3f_y - 24)d_b$이상이어야 한다.
④ 서로 다른 크기의 철근을 압축부에서 겹침이음하는 경우, 이음길이는 크기가 큰 철근의 정착길이와 크기가 작은 철근의 겹침이음길이 중 큰 값 이상이어야 한다.

해설] ④
① 어느 경우에나 압축 이형철근의 겹침이음길이는 300mm 이상이어야 한다.
② 콘크리트의 설계기준압축강도가 21MPa 미만인 경우는 규정된 겹침이음길이를 1/3 증가시켜야 한다.
③ f_y가 400MPa 이하인 경우는 $0.072f_yd_b$이상, f_y가 400MPa을 초과할 경우는 $(1.3f_y - 24)d_b$이상으로 취할 필요가 없다.

■2021년 1회■10. 철근의 정착에 대한 설명으로 틀린 것은?
① 인장 이형철근 및 이형철선의 정착길이(l_d)는 항상 300mm 이상이어야 한다.
② 압축 이형철근의 정착길이(l_d)는 항상 400mm 이상이어야 한다.
③ 갈고리는 압축을 받는 경우 철근정착에 유효하지 않은 것으로 보아야 한다.
④ 단부에 표준갈고리가 있는 인장 이형철근의 정착길이(l_{dh})는 항상 철근의 공칭지름(d_b)의 8배 이상, 또한 150mm 이상이어야 한다.

해설] ② 압축 이형철근의 정착길이(l_d)는 항상 200mm 이상이어야 한다.

■2020년 4회■11. 압축 이형철근의 정착에 대한 설명으로 틀린 것은?

① 정착길이는 항상 200mm 이상이어야 한다.

② 정착길이는 기본정착길이에 적용 가능한 모든 보정계수를 곱하여 구하여야 한다.

③ 해석결과 요구되는 철근량을 초과하여 배치한 경우의 보정계수는 (소요A_s/배근A_s)이다.

④ 지름이 6mm 이상이고 나선 간격이 100mm이하인 나선철근으로 둘러싸인 압축 이형철근의 보정계수는 0.8이다.

해설] ④ 지름이 6mm 이상이고 나선 간격이 100mm이하인 나선철근으로 둘러싸인 압축 이형철근의 보정계수는 0.75이다.

■2020년 3회■12. 철근의 겹침이음에서 A급 이음의 조건에 대한 설명으로 옳은 것은?

① 배근된 철근량이 이음부 전체구간에서 해석결과 요구되는 소요철근량의 2배 이상이고 소요 겹침이음길이 내 겹침이음된 철근량이 전체 철근량이 1/2 이하인 경우

② 배근된 철근량이 이음부 전체구간에서 해석결과 요구되는 소요철근량의 1.5배 이상이고 소요 겹침이음길이 내 겹침이음된 철근량이 전체 철근량이 1/2 이상인 경우

③ 배근된 철근량이 이음부 전체구간에서 해석결과 요구되는 소요철근량의 2배 이상이고 소요 겹침이음길이 내 겹침이음된 철근량이 전체 철근량이 1/3 이하인 경우

④ 배근된 철근량이 이음부 전체구간에서 해석결과 요구되는 소요철근량의 1.5배 이상이고 소요 겹침이음길이 내 겹침이음된 철근량이 전체 철근량이 1/3 이상인 경우

해설] ①

■2020년 1,2회■13. 콘크리트의 설계기준압축강도(fck)가 50MPa인 경우 콘크리트 탄성계수 및 크리프 계산에 적용되는 콘크리트의 평균 압축강도(fcu)는?

① 54MPa

② 55MPa

③ 56MPa

④ 57MPa

해설] ②

f_{ck}가 40~60MPa 범위인 경우,

$f_{cu} = f_{ck} + \Delta f = 1.1 f_{ck} = 55 MPa$

■2020년 1,2회■14. 프리스트레스트 콘크리트의 경우 흙에 접하여 콘크리트를 친 후 영구히 흙에 묻혀 있는 콘크리트의 최소 피복두께는?

① 40mm

② 60mm

③ 75mm

④ 100mm

해설] ③

[참조] 흙에 영구히 묻힌 콘크리트의 최소 피복은 75mm로 변경됨(KDS : 2021)

■2020년 1,2회■15. 인장철근의 겹침이음에 대한 설명으로 틀린 것은?

① 다발철근의 겹침이음은 다발 내의 개개철근에 대한 겹침이음 길이를 기본으로 결정되어야 한다.

② 어떤 경우이든 300mm 이상 겹침이음한다.

③ 겹침이음에는 A급, B급 이음이 있다.

④ 겹침이음된 철근량이 전체 철근량의 1/2 이하인 경우는 B급 이음이다.

해설] ④ 겹침이음된 철근량이 전체 철근량의 1/2 이하인 경우는 A급 이음이다.

■2019년 3회■16. 설계기준압축강도(f_{ck})가 24 MPa이고, 쪼갬인장강도(f_{sp})가 2.4 MPa인 경량골재 콘크리트에 적용하는 경량 콘크리트계수(λ)는?

① 0.75
② 0.81
③ 0.87
④ 0.93

해설] ③

$$\lambda = \frac{f_{sp}}{0.56\sqrt{f_{ck}}} = \frac{2.4}{0.56 \times \sqrt{24}} = 0.875$$

■2019년 3회■17. 휨을 받는 인장 이형철근으로 4-D25 철근이 배치되어 있을 경우 그림과 같은 직사각형 단면 보의 기본정착길이(l_d)는? (단, 철근의 공칭지름 = 25.4 mm, D25철근 1개의 단면적 = 507 mm², f_{ck} = 24 MPa, f_y = 400 MPa, 보통중량콘크리트이다.)

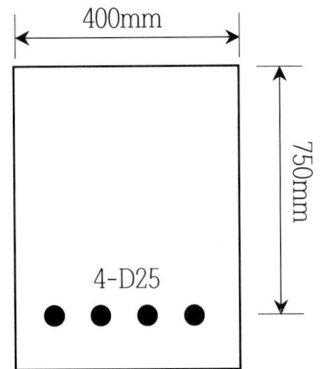

① 519 mm
② 1,150 mm
③ 1,245 mm
④ 1,400 mm

해설] ③

$$l_d = \frac{0.6 d_b f_y}{\lambda \sqrt{f_{ck}}} = \frac{0.6 \times 25.4 \times 400}{\sqrt{24}} = 1,244.3 mm$$

■2019년 2회■18. 철근콘크리트 부재의 피복두께에 관한 설명으로 틀린 것은?

① 최소 피복두께를 제한하는 이유는 철근의 부식방지, 부착력의 증대, 내화성을 갖도록 하기 위해서이다.
② 현장치기 콘크리트로서, 흙에 접하거나 옥외의 공기에 직접 노출되는 콘크리트의 최소 피복두께는 D25이하의 철근의 경우 40 mm이다.
③ 현장치기 콘크리트로서, 흙에 접하여 콘크리트를 친 후 영구히 흙에 묻혀있는 콘크리트의 최소 피복두께는 75 mm이다.
④ 콘크리트 표면과 그와 가장 가까이 배치된 철근 표면 사이의 콘크리트 두께를 피복두께라 한다.

해설] ② 현장치기 콘크리트로서, 흙에 접하거나 옥외의 공기에 직접 노출되는 콘크리트의 최소 피복두께는 D16이하의 철근의 경우 40 mm, D19이상의 철근의 경우 50mm이다.

■2019년 2회■19. 보통중량 콘크리트의 설계기준강도가 35 MPa, 철근의 항복강도가 400 MPa로 설계된 부재에서 공칭지름이 25 mm인 압축 이형철근의 기본정착길이는?

① 425 mm
② 430 mm
③ 1,010 mm
④ 1,015 mm

해설] ②

$0.043 d_b f_y = 0.043 \times 25 \times 400 = 430 mm > 200$

$0.25 \dfrac{d_b f_y}{\lambda \sqrt{f_{ck}}} = 0.25 \times \dfrac{25 \times 400}{\sqrt{35}} = 422.6 mm$

따라서, 최대값인 430mm를 정착길이로 한다.

■2019년 1회■20. 표준갈고리를 갖는 인장 이형철근의 정착에 대한 설명으로 옳지 않은 것은? (단, d_b는 철근의 공칭지름이다.)

① 갈고리는 압축을 받는 경우 철근정착에 유효하지 않은 것으로 본다.
② 정착길이는 위험단면부터 갈고리의 외측단까지 길이로 나타낸다.
③ f_{sp}값이 규정되어 있지 않은 경우 모래경량콘크리트의 경량콘크리트계수 λ는 0.7이다.
④ 기본 정착 길이에 보정계수를 곱하여 정착길이를 계산하는 데 이렇게 구한 정착길이는 항상 $8d_b$이상, 또한 150mm 이상이어야 한다.

해설] ③ f_{sp}값이 규정되어 있지 않은 경우 모래경량콘크리트의 경량콘크리트계수 λ는 0.85이다.(전경량콘크리트는 0.75)

■2019년 1회■21. 철근 콘크리트에서 콘크리트의 탄성계수로 쓰이며, 철근 콘크리트 단면의 결정이나 응력을 계산할 때 쓰이는 것은?

① 전단 탄성계수
② 할선 탄성계수
③ 접선 탄성계수
④ 초기접선 탄성계수

해설] ②

■2018년 3회■22. 휨부재에서 철근의 정착에 대한 안전을 검토하여야 하는 곳으로 거리가 먼 것은?

① 최대 응력점
② 경간내에서 인장철근이 끝나는 곳
③ 경간내에서 인장철근이 굽혀진 곳
④ 집중하중이 재하되는 점

해설] ④
정착 위험지점 : 지간 내 최대응력지점, 절단 및 절곡된 지점
집중하중 재하지점에서 최대응력이 발생할 수 있지만, 반드시 그렇지는 않다.

■2018년 2회■23. 철근의 겹침이음 등급에서 A급 이음의 조건은 다음 중 어느 것인가?

① 배치된 철근량이 이음부 전체 구간에서 해석결과 요구되는 소요 철근량의 3배 이상이고 소요 겹침이음 길이 내 겹침이음된 철근량이 전체 철근량의 1/3 이상인 경우
② 배치된 철근량이 이음부 전체 구간에서 해석결과 요구되는 소요 철근량의 3배 이상이고 소요 겹침이음 길이 내 겹침이음된 철근량이 전체 철근량의 1/2 이하인 경우
③ 배치된 철근량이 이음부 전체 구간에서 해석결과 요구되는 소요 철근량의 2배 이상이고 소요 겹침이음 길이 내 겹침이음된 철근량이 전체 철근량의 1/3 이상인 경우
④ 배치된 철근량이 이음부 전체 구간에서 해석결과 요구되는 소요 철근량의 2배 이상이고 소요 겹침이음 길이 내 겹침이음된 철근량이 전체 철근량의 1/2 이하인 경우

해설] ④

■2018년 1회■24. 철근 콘크리트 보에 배치되는 철근의 순간격에 대한 설명으로 틀린 것은?

① 동일 평면에서 평행한 철근 사이의 수평 순간격은 25mm이상이어야 한다.
② 상단과 하단에 2단 이상으로 배치된 경우 상하 철근의 순간격은 25mm이상으로 하여야 한다.
③ 철근의 순간격에 대한 규정은 서로 접촉된 겹침이음 철근과 인접된 이음철근 또는 연속 철근 사이의 순간격에도 적용하여야 한다.
④ 벽체 또는 슬래브에서 힘 주철근의 간격은 벽체나 슬래브 두께의 2배 이하로 하여야 한다.

해설] ④ 벽체 또는 슬래브에서 힘 주철근의 간격은 벽체나 슬래브 두께의 3배 이하, 450mm이하로 하여야 한다.

■2018년 1회■25. 아래의 표와 같은 조건의 경량콘크리트를 사용하고, 설계기준항복강도가 400MPa인 D25(공칭직경 : 25.4mm) 철근을 인장철근으로 사용하는 경우 기본정착길이(l_{db})는?

> 콘크리트 설계기준 압축강도 $f_{ck} = 24MPa$
> 콘크리트 인장강도 $f_{sp} = 2.17MPa$

① 1,430mm
② 1,515mm
③ 1,535mm
④ 1,573mm

해설] ④

$$\lambda = \frac{f_{sp}}{0.56\sqrt{f_{ck}}} = \frac{2.17}{0.56 \times \sqrt{24}} = 0.791$$

$$0.6\frac{d_b f_y}{\lambda\sqrt{f_{ck}}} = 0.6 \times \frac{25.4 \times 400}{0.791 \times \sqrt{24}} = 1573mm$$

■2018년 1회■26. 철근의 부착응력에 영향을 주는 요소에 대한 설명으로 틀린 것은?

① 경사인장균열이 발생하게 되면 철근이 균열에 저항하게 되고, 따라서 균열면 양쪽의 부착응력을 증가시키기 때문에 결국 인장철근의 응력을 감소시킨다.
② 거푸집 내에 타설된 콘크리트의 상부로 상승하는 물과 공기는 수평으로 놓인 철근에 의해 가로막히게 되며, 이로 인해 철근과 철근 하단에 형성될 수 있는 수막 등에 의해 부착력이 감소될 수 있다.
③ 전단에 의한 인장철근의 장부력(dowel force)은 부착에 의한 쪼갬 응력을 증가시킨다.
④ 인장부 철근이 필요에 의해 절단되는 불연속 지점에서는 철근의 인장력 변화정도가 매우 크며 부착응력 역시 증가한다.

해설] ① 경사인장균열이 발생하게 되면 철근이 균열에 저항하기 때문에 인장철근의 응력은 증가한다.

■2018년 1회■27. 서로 다른 크기의 철근을 압축부에서 겹침이음하는 경우 이음길이에 대한 설명으로 옳은 것은?

① 이음길이는 크기가 큰 철근의 정착길이와 크기가 작은 철근의 겹침이음길이 중 큰 값 이상이어야 한다.
② 이음길이는 크기가 작은 철근의 정착길이와 크기가 큰 철근의 겹침이음길이 중 작은 값 이상이어야 한다.
③ 이음길이는 크기가 작은 철근의 정착길이와 크기가 큰 철근의 겹침이음길이의 평균값 이상이어야 한다.
④ 이음길이는 크기가 큰 철근의 정착길이와 크기가 작은 철근의 겹침이음길이를 합한 값 이상이어야 한다.

해설] ①

■2017년 3회■28. 아래의 표와 같은 조건의 경량콘크리트를 사용할 경우 경량 콘크리트계수(λ)로 옳은 것은?

> 콘크리트 설계기준 압축강도 f_{ck} : $24MPa$
> 콘크리트 인장강도 f_{sp} : $2.17MPa$

① 0.72   ② 0.75
③ 0.79   ④ 0.85

해설] ③

$$\lambda = \frac{f_{sp}}{0.56\sqrt{f_{ck}}} = \frac{2.17}{0.56 \times \sqrt{24}} = 0.791$$

■2017년 3회■29. 이형 철근의 정착길이에 대한 설명으로 틀린 것은? (단, d_b= 철근의 공칭지름)

① 표준갈고리가 있는 인장 이형철근: $10d_b$ 이상, 또한 200mm 이상
② 인장 이형철근 : 300mm 이상
③ 압축 이형철근 : 200mm 이상
④ 확대머리 인장 이형철근 : $8d_b$ 이상, 또한 150mm 이상

해설] ① 표준갈고리가 있는 인장 이형철근: $8d_b$ 이상, 또한 150mm 이상

■2017년 2회■30. 인장 이형철근의 정착길이 산정시 필요한 보정계수(α, β)에 대한 설명으로 틀린 것은?

① 피복두께가 $3d_b$ 미만 또는 순간격이 $6d_b$ 미만인에폭시 도막철근일 때 철근 도막계수(β)는 1.5를 적용한다.

② 상부철근(정착길이 또는 겹침이음부 아래 300mm를 초과되게 굳지 않은 콘크리트를 친 수평철근)인 경우 철근배치 위치계수(α)는 1.3을 사용한다.

③ 아연도금 철근은 철근 도막계수(β)를 1.0으로 적용한다.

④ 에폭시 도막철근이 상부철근인 경우 상부철근의 위치계수(α)와 철근 도막계수(β)의 곱, $\alpha\beta$가 1.7보다 크지 않아야 한다.

해설] ④ 에폭시 도막철근이 상부철근인 경우 상부철근의 위치계수(α)와 철근 도막계수(β)의 곱, $\alpha\beta$가 1.6보다 크지 않아야 한다.

■2017년 2회■31. 철근콘크리트 부재의 철근 이음에 관한 설명 중 옳지 않은 것은?

① D35를 초과하는 철근은 겹침이음을 하지 않아야 한다.

② 인장 이형철근의 겹침이음에서 A급 이음은 $1.3l_d$ 이상, B급 이음은 $1.0l_d$이상 겹쳐야 한다.(단, l_d 규정에 의해 계산된 인장 이형철근의 정착길이이다.)

③ 압축 이형철근의 이음에서 콘크리트의 설계기준압 축강도가 21MPa 미만인 경우에는 겹침이음길이를 1/3증가 시켜야 한다.

④ 용접이음과 기계적이음은 철근의 항복강도의 125%이상을 발휘할 수 있어야 한다.

해설] ② 인장 이형철근의 겹침이음에서 B급 이음은 $1.3l_d$ 이상, A급 이음은 $1.0l_d$이상 겹쳐야 한다.(단, l_d 규정에 의해 계산된 인장 이형철근의 정착길이이다.)

■2017년 1회■32. 설계기준 압축강도(f_{ck})가 35MPa인 보통중량 콘크리트로 제작된 구조물에서 압축이형 철근으로 D29(공칭지름 28.6mm)를 사용한다면 기본정착길이는? (단, f_y=400MPa)

① 483mm
② 492mm
③ 503mm
④ 512mm

해설] ②
$0.043d_b f_y = 0.043 \times 28.6 \times 400 = 492mm$

$0.25\dfrac{d_b f_y}{\lambda\sqrt{f_{ck}}} = 0.25 \times \dfrac{28.6 \times 400}{\sqrt{35}} = 483mm$

따라서, 최대값인 492mm 이상으로 배근한다.

| 문제유형3 | 휨설계 |

■2022년 2회■1. 폭이 300mm, 유효깊이가 500mm인 단철근 직사각형 보에서 인장철근 단면적이 1,700mm^2 일 때 강도설계법에 의한 등가직사각형 압축응력블록의 깊이(a)는? (단, f_{ck} = 20MPa, f_y = 300MPa 이다.)

① 50mm
② 100mm
③ 200mm
④ 400mm

해설] ②
$C = T$에서, $\eta 0.85 f_{ck} ab = A_s f_y$ 이므로,
$0.85 \times 20 \times a \times 300 = 1700 \times 300$에서, $a = 100mm$

■2022년 2회■2. 철근콘크리트 보를 설계할 때 변화구간 단면에서 강도감소계수(ø)를 구하는 식은? (단, fck = 40MPa, fy = 400MPa, 띠철근으로 보강된 부재이며, εt는 최외단 인장철근의 순인장변형률이다.)

① $\phi = 0.65 + (\epsilon_t - 0.002)\dfrac{200}{3}$

② $\phi = 0.70 + (\epsilon_t - 0.002)\dfrac{200}{3}$

③ $\phi = 0.65 + (\epsilon_t - 0.002) \times 50$

④ $\phi = 0.70 + (\epsilon_t - 0.002) \times 50$

해설] ①
변화구간에서는 최외측인장철근의 변형률에 따라 선형보간하여 강도감소계수를 적용하므로,
띠철근 기둥에 대해,

$\phi = 0.65 + \dfrac{\Delta\phi}{\Delta\epsilon} \times (\epsilon_t - \epsilon_y) = 0.65 + \dfrac{0.85 - 0.65}{2.5\epsilon_y - \epsilon_y} \times (\epsilon_t - \epsilon_y)$

$= 0.65 + \dfrac{0.2}{0.005 - 0.002} \times (\epsilon_t - 0.002)$

$= 0.65 + \dfrac{200}{3}(\epsilon_t - 0.002)$

■2022년 2회■3. 단철근 직사각형 보에서 $f_{ck} = 32MPa$ 인 경우, 콘크리트 등가 직사각형 압축응력블록의 깊이를 나타내는 계수 β_1은?

① 0.74 ② 0.76
③ 0.80 ④ 0.85

해설] ③
$f_{ck} \leq 40MPa$인 경우, $\beta_1 = 0.8$

■2022년 2회■4. 폭이 300mm, 유효깊이가 500mm인 단철근직사각형 보에서 강도설계법으로 구한 균형 철근량은? (단, 등가 직사각형 압축응력블록을 사용하며, fck = 35MPa, fy = 350MPa 이다.)

① 5,285 mm² ② 5,890 mm²
③ 6,665 mm² ④ 7,235 mm²

해설] ③

평형철근비 $\rho_b = \dfrac{\eta(0.85 f_{ck})}{f_y}\beta_1 \times \dfrac{\epsilon_{cu}}{\epsilon_{cu} + \epsilon_y}$ 이므로,

$\rho_b = \dfrac{0.85 \times 35}{350} \times 0.8 \times \dfrac{0.0033}{0.0033 + 0.00175} = 0.04444$

$A_s = \rho_b bd = 0.04444 \times 300 \times 500 = 6665.3 mm^2$

f_{ck}	≥40	50	60	70	80	90
ϵ_{cu}	0.0033	0.0032	0.0031	0.003	0.0029	0.0028
η	1.0	0.97	0.95	0.91	0.87	0.84
β_1	0.8	0.8	0.76	0.74	0.72	0.70

■2022년 1회■5. 단철근 직사각형 보에서 $f_{ck} = 38MPa$ 인 경우, 콘크리트 등가 직사각형 압축응력블록의 깊이를 나타내는 계수 β_1은?

① 0.74
② 0.76
③ 0.80
④ 0.85

해설] ③
$f_{ck} \leq 40MPa$인 경우, $\beta_1 = 0.8$

■2022년 1회■6. 철근콘크리트의 강도설계법을 적용하기 위한 설계 가정으로 틀린 것은?

① 철근과 콘크리트의 변형률은 중립축부터 거리에 비례한다.
② 인장 측 연단에서 철근의 극한변형률은 0.003으로 가정한다.
③ 콘크리트 압축연단의 극한변형률은 콘크리트의 설계기준압축강도가 40 MPa이하인 경우에는 0.0033으로 가정한다.
④ 철근의 응력이 설계기준항복강도(fy) 이하일 때 철근의 응력은 그 변형률에 철근의 탄성계수(Es)를 곱한 값으로 한다.

해설] ② 인장연단의 철근의 극한변형률 제한은 없음

■2022년 1회■7. 유효깊이가 600mm인 단철근 직사각형 보에서 균형 단면이 되기 위한 압축연단에서 중립축까지의 거리는? (단, fck = 28 MPa, fy = 300 MPa, 강도설계법에 의한다.)

① 494.5 mm   ② 412.5 mm
③ 390.5 mm   ④ 293.5 mm

해설] ②

$$c_b = \frac{\epsilon_{cu}}{\epsilon_{cu}+\epsilon_y}d = \frac{33}{33+15}\times 600 = 412.5mm$$

■2022년 1회■8. 슬래브와 보가 일체로 타설된 비대칭 T형보(반 T형보)의 유효폭은? (단, 플랜지 두께 = 100mm, 복부 폭 = 300mm, 인접보와의 내측 거리 = 1600mm, 보의 경간 = 6.0m)

① 800 mm   ② 900 mm
③ 1000 mm   ④ 1100 mm

해설] ①

$6t_f + b_w = 6\times 100 + 300 = 900mm$

$\dfrac{L_o}{2} + b_w = \dfrac{1600}{2} + 300 = 1100mm$

$\dfrac{L}{12} + b_w = \dfrac{6000}{12} + 300 = 800mm$이므로,

최소값인 800mm를 유효폭으로 한다.

■2022년 1회■9. 그림과 같은 인장철근을 갖는 보의 유효깊이는? (단, 인장철근은 D19로 하고 공칭단면적은 $287mm^2$이다.)

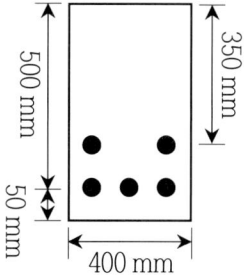

① 350 mm   ② 410 mm
③ 440 mm   ④ 500 mm

해설] ③

모멘트1정리에 의해,

$$d = \frac{2\times 350 + 3\times 500}{5} = 440mm$$

■2021년 3회■10. 균형철근량 보다 적고 최소철근량 보다 많은 인장철근을 가진 과소철근 보가 휨에 의해 파괴될 때의 설명으로 옳은 것은?

① 인장측 철근이 먼저 항복한다.
② 압축측 콘크리트가 먼저 파괴된다.
③ 압축측 콘크리트와 인장측 철근이 동시에 항복한다.
④ 중립축이 인장측으로 내려오면서 철근이 먼저 파괴된다.

해설] ①

■2021년 3회■11. 강도설계법에 의한 콘크리트구조 설계에서 변형률 및 지배단면에 대한 설명으로 틀린 것은?

① 인장철근이 설계기준항복강도 f_y에 대응하는 변형률에 도달하고 동시에 압축콘크리트가 가정된 극한변형률에 도달할 때, 그 단면이 균형변형률 상태에 있다고 본다.
② 압축연단 콘크리트가 가정된 극한변형률에 도달할 때 최외단 인장철근의 순인장변형률 ϵ_t가 0.0025의 인장지배변형률 한계 이상인 단면을 인장지배단면이라고 한다.
③ 압축연단 콘크리트가 가정된 극한변형률에 도달할 때 최외단 인장철근의 순인장변형률 ϵ_t가 압축지배변형률 한계 이하인 단면을 압축지배단면이라고 한다.
④ 순인장변형률 ϵ_t가 압축지배변형률 한계와 인장지배변형률 한계 사이인 단면은 변화구간 단면이라고 한다.

해설] ② 압축연단 콘크리트가 가정된 극한변형률에 도달할 때 최외단 인장철근의 순인장변형률 ϵ_t가 0.005 ($f_y \leq 400MPa$인 경우)의 인장지배변형률 한계 이상인 단면을 인장지배단면이라고 한다.

■2021년 3회■12. 표피 철근(skin reinforcement)에 대한 설명으로 옳은 것은?
① 상하 기둥 연결부에서 단면치수가 변하는 경우에 구부린 주철근이다.
② 비틀림모멘트가 크게 일어나는 부재에서 이에 저항하도록 배치되는 철근이다.
③ 건조수축 또는 온도변화에 의하여 콘크리트에 발생하는 균열을 방지하기 위한 목적으로 배치되는 철근이다.
④ 주철근이 단면의 일부에 집중 배치된 경우일 때 부재의 측면에 발생 가능한 균열을 제어하기 위한 목적으로 주철근 위치에서부터 중립축까지의 표면 근처에 배치하는 철근이다.

해설] ④

■2021년 3회■13. 강도설계법에 대한 기본 가정으로 틀린 것은?
① 철근과 콘크리트의 변형률은 중립축부터 거리에 비례한다.
② 콘크리트의 인장강도는 철근콘크리트 부재단면의 축강도와 휨강도 계산에서 무시한다.
③ 철근의 응력이 설계기준항복강도 f_y 이하일 때 철근의 응력은 그 변형률에 관계없이 f_y와 같다고 가정한다.
④ 휨모멘트 또는 휨모멘트와 축력을 동시에 받는 부재의 콘크리트 압축연단의 극한변형률은 콘크리트의 설계기준 압축강도가 40MPa 이하인 경우에는 0.0033으로 가정한다.

해설] ③ 철근의 응력이 설계기준항복강도 f_y 이상일 때 철근의 응력은 그 변형률에 관계없이 f_y와 같다고 가정한다.

■2021년 2회■14. 경간이 12m인 대칭 T형보에서 양쪽의 슬래브 중심간 거리가 2.0m, 플랜지의 두께가 300mm, 복부의 폭이 400mm 일 때 플랜지의 유효폭은?
① 2000mm   ② 2500mm
③ 3000mm   ④ 5200mm

해설] ①
$L_c = 2m$
$\dfrac{L}{4} = \dfrac{12}{4} = 3m$
$16t_f + b_w = 16 \times 0.3 + 0.4 = 5.2m$
최소값인 2m를 유효폭으로 한다.

■2021년 2회■15. 철근콘크리트 휨부재에서 최소철근비를 규정한 이유로 가장 적당한 것은?
① 부재의 시공 편의를 위해서
② 부재의 사용성을 증진시키기 위해서
③ 부재의 경제적인 단면 설계를 위해서
④ 부재의 급작스런 파괴를 방지하기 위해서

해설] ④

■2021년 2회■16. 아래 그림과 같은 보의 단면에서 표피철근의 간격 s는 최대 얼마 이하로 하여야 하는가? (단, 건조환경에 노출되는 경우로서, 표피철근의 표면에서 부재 측면까지 최단거리(c_c)는 40mm, f_{ck} = 24MPa, f_y = 350MPa 이다.)

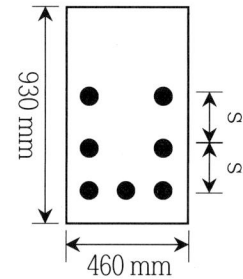

① 330mm
② 340mm
③ 350mm
④ 360mm

해설] ③
건조환경이므로, $k_{cr} = 280$ (그 외 환경에서 210)
$f_s = \dfrac{2}{3} f_y = \dfrac{2}{3} \times 350$
$s = 375 \dfrac{k_{cr}}{f_s} - 2.5 c_c = 375 \times \dfrac{280}{2/3 \times 350} - 2.5 \times 40$
$= 350 mm$
$s = 300 \dfrac{k_{cr}}{f_s} = 300 \times \dfrac{280}{2/3 \times 350} = 360 mm$
따라서, 최소값인 350mm 이하로 배치한다.

■2021년 1회■17. 아래 그림과 같은 철근콘크리트 보-슬래브 구조에서 대칭 T형보의 유효폭(b)은?

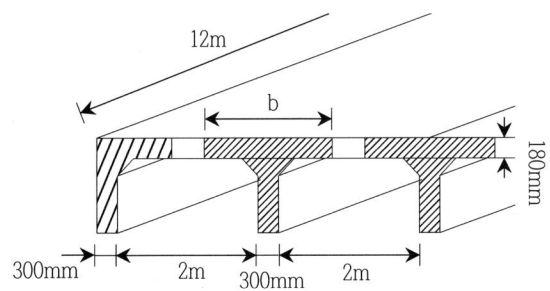

① 2000mm
② 2300mm
③ 3000mm
④ 3180mm

해설] ②
$L_c = 2.3m$
$\dfrac{L}{4} = \dfrac{12}{4} = 3m$
$16t_f + b_w = 16 \times 0.18 + 0.3 = 3.18m$
따라서, 최소값인 2.3m를 유효폭으로 한다.

■2021년 1회■18. 아래에서 ( )안에 들어갈 수치로 옳은 것은?

> 보나 장선의 깊이 h가 ( )mm를 초과하면 종방향 표피철근을 인장연단부터 $h/2$지점까지 부재 양쪽 측면을 따라 균일하게 배치하여야 한다.

① 700
② 800
③ 900
④ 1000

해설] ③

■2020년 4회■19. 강도설계법에서 보의 휨 파괴에 대한 설명으로 틀린 것은?

① 보는 취성파괴 보다는 연성파괴가 일어나도록 설계되어야 한다.
② 과소철근 보는 인장철근이 항복하기 전에 압축연단 콘크리트의 변형률이 극한 변형률에 먼저 도달하는 보이다.
③ 균형철근 보는 인장철근이 설계기준 항복강도에 도달함과 동시에 압축연잔 콘크리트의 변형률이 극한 변형률에 도달하는 보이다.
④ 과다철근 보는 인장철근량이 많아서 갑작스런 압축파괴가 발생하는 보이다.

해설] ② 과소철근 보는 인장철근이 항복한 후에 압축연단 콘크리트의 변형률이 극한 변형률에 도달하는 보이다.

■2020년 4회■20. b=300mm, d=500mm, A_s=3-D25=1,520mm²가 1열로 배치된 단철근 직사각형 보의 설계 휨강도(ϕM_n)는? (단, $f_{ck} = 28MPa$, $f_y = 400MPa$이고, 과소철근보이다.)

① 132.5kN.m
② 183.3kN.m
③ 236.4kN.m
④ 307.7kN.m

해설] ③
$C = T$에서,
$\eta 0.85 f_{ck} ab = A_s f_y$ 이므로,
$0.85 \times 28 \times a \times 300 = 1520 \times 400$에서, $a = 85.15mm$
$\phi M_n = \phi A_s f_y (d - \dfrac{a}{2})$
$= 0.85 \times 1520 \times 400 (500 - \dfrac{85.15}{2})$
$= 236.4 kN.m$

■2020년 4회■21. 다음 중 반 T형보의 유효폭을 구할 때 고려하여야 할 사항이 아닌 것은? (단, b_w는 플랜지가있는 부재의 복부폭이다.)

① 양쪽 슬래브의 중심 간 거리
② (한쪽으로 내민 플랜지 두께의 6배)+b_w
③ (보의 경간의 1/12)+b_w
④ (인접 보와의 내측 거리의 1/2)+b_w

해설] ①

■2020년 4회■22. 표피철근의 정의로서 옳은 것은?

① 전체 깊이가 900mm를 초과하는 휨부재 복부의 양 측면에 부재 축방향으로 배치하는 철근
② 전체 깊이가 1200mm를 초과하는 휨부재 복부의 양 측면에 부재 축방향으로 배치하는 철근
③ 유효 깊이가 900mm를 초과하는 휨부재 복부의 양 측면에 부재 축방향으로 배치하는 철근
④ 유효 깊이가 1200mm를 초과하는 휨부재 복부의 양 측면에 부재 축방향으로 배치하는 철근

해설] ①

■2020년 4회■23. 강도설계법에서 그림과 같은 단철근 T형보의 공칭휨강도(M_n)는? (단, A_s=5,000mm², f_{ck}=21MPa, f_y=300MPa 이다.)

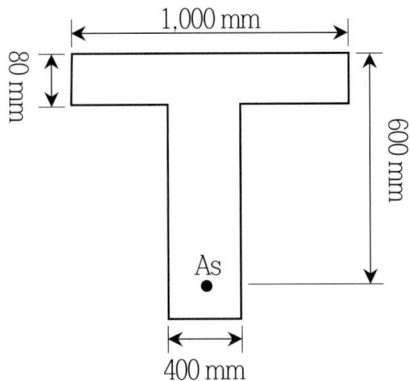

① 711.3kN.m   ② 836.8kN.m
③ 947.5kN.m   ④ 1084.6kN.m

해설] ②

1) A_{sf}

$0.85 f_{ck} t_f (b - b_w) = A_{sf} f_y$ 에서,

$0.85 \times 21 \times 80 \times (1000 - 400) = A_{sf} \times 300$ 이므로,

$A_{sf} = 2856 mm^2$

2) 등가압축응력 깊이 a

$0.85 f_{ck} a b_w = (A_s - A_{sf}) f_y$ 에서,

$0.85 \times 21 \times a \times 400 = (5000 - 2856) \times 300$ 이므로,

$a = 90.1 mm$

3) 공칭휨강도

$M_n = (A_s - A_{sf}) f_y (d - \frac{a}{2}) + A_{sf} f_y (d - \frac{t_f}{2})$

$= (5000 - 2856) \times 300 \times (600 - \frac{90.1}{2})$

$+ 2856 \times 300 \times (600 - \frac{80}{2}) = 836.8 kN.m$

■2020년 3회■24. 보의 경간이 10m이고, 양쪽 슬래브의 중심간 거리가 2.0m 인 대칭형 T형보에 있어서 플랜지 유효폭은? (단, 부재의 복부폭(b_w)은 500mm, 플랜지의 두께(t_f)는 100mm 이다.)

① 2,000 mm
② 2,100 mm
③ 2,500 mm
④ 3,000 mm

해설] ①

$L_c = 2m$

$\frac{L}{4} = \frac{10}{4} = 2.5m$

$16 t_f + b_w = 16 \times 0.1 + 0.5 = 2.1m$

따라서, 최소값인 2m를 유효폭으로 한다.

■2020년 3회■25. 균형철근량 보다 적고 최소철근량 보다 많은 인장철근을 가진 과소철근 보가 휨에 의해 파괴될 때의 설명으로 옳은 것은?
① 인장측 철근이 먼저 항복한다.
② 압축측 콘크리트가 먼저 파괴된다.
③ 압축측 콘크리트와 인장측 철근이 동시에 항복한다.
④ 중립축이 인장측으로 내려오면서 철근이 먼저 파괴된다.

해설] ①

■2020년 3회■26. 아래 그림과 같은 단면을 가지는 직사각형 단철근 보의 설계휨강도를 구할 때 사용되는 강도감소계수(ϕ) 값은 약 얼마인가? (단, A_s = 3,176 mm², f_{ck} = 38 MPa, f_y = 400 MPa)

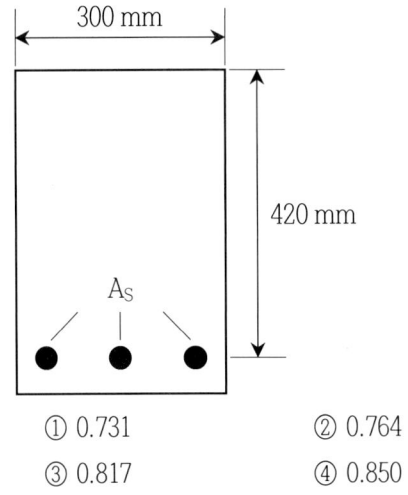

① 0.731
② 0.764
③ 0.817
④ 0.850

해설] ④
$0.85 f_{ck} ab = A_s f_y$ 에서,
$0.85 \times 38 \times a \times 300 = 3176 \times 400$ 이므로,
$a = 131.1 mm$ 이고, $c = \dfrac{a}{\beta_1} = \dfrac{131.1}{0.8} = 163.9 mm$

$\epsilon_t = \dfrac{\epsilon_{cu}}{c} \times (d-c) = \dfrac{0.0033}{163.9} \times (420 - 163.9)$

$= 0.00516 \geqq 2.5 \epsilon_y = 0.005$

최외측 인장철근의 변형률이 인장지배변형률한계보다 크므로, 인장지배단면이다.
따라서, 강도감소계수 $\phi = 0.85$

■2020년 3회■27. 강도설계법에서 f_{ck} = 30 MPa, f_y = 350 MPa 일 때 단철근 직사각형 보의 균형철근비(ρ_b)는?
① 0.0351
② 0.0369
③ 0.0381
④ 0.0391

해설] ③
$\rho_b = \dfrac{0.85 f_{ck}}{f_y} \beta_1 \dfrac{\epsilon_{cu}}{\epsilon_{cu} + \epsilon_y}$

$= \dfrac{0.85 \times 30}{350} \times 0.8 \times \dfrac{33}{33 + 17.5} = 0.0381$

■2020년 3회■28. 강도설계법의 설계가정으로 틀린 것은?
① 콘크리트의 인장강도는 철근콘크리트 부재 단면의 휨강도 계산에서 무시할 수 있다.
② 콘크리트의 변형률은 중립축부터 거리에 비례한다.
③ 콘크리트의 압축응력의 크기는 $0.80 f_{ck}$로 균등하고, 이 응력은 최대 압축변형률이 발생하는 단면에서 $a = \beta_1 c$까지의 부분에 등분포 한다.
④ 사용 철근의 응력이 설계기준항복강도 f_y 이하일 때 철근의 응력은 그 변형률에 E_s를 곱한 값으로 취한다.

해설] ③ 콘크리트의 압축응력의 크기는 $0.85 f_{ck}$로 균등하고, 이 응력은 최대 압축변형률이 발생하는 단면에서 $a = \beta_1 c$까지의 부분에 등분포 한다.

■2020년 1,2회■29. 철근콘크리트 구조물에서 연속 휨부재의 모멘트 재분배를 하는 방법에 대한 설명으로 틀린 것은?
① 근사해법에 의하여 휨모멘트를 계산한 경우에는 연속 휨부재의 모멘트 재분배를 할 수 없다.
② 어떠한 가정의 하중을 적용하여 탄성이론에 의하여 산정한 연속 휨부재 받침부의 부모멘트는 10% 이내에서 $800\epsilon_t$% 만큼 증가 또는 감소시킬 수 있다.
③ 경간 내의 단면에 대한 휨모멘트의 계산은 수정된 부모멘트를 사용하여야 한다.
④ 휨모멘트를 감소시킬 단면에서 최외단 인장철근의 순인장변형률 ϵ_t가 0.0075 이상인 경우에만 가능하다.

해설] ② 어떠한 가정의 하중을 적용하여 탄성이론에 의하여 산정한 연속 휨부재 받침부의 부모멘트는 20% 이내에서 $1,000\epsilon_t\%$ 만큼 증가 또는 감소시킬 수 있다.

[참조] 연속 휨부재의 모멘트 재분배

(1) 근사해법에 의해 휨모멘트를 계산한 경우를 제외하고, 어떠한 가정의 하중을 적용하여 탄성이론에 의하여 산정한 연속 휨부재 받침부의 부모멘트는 20% 이내에서 $1,000\,\varepsilon_t\%$ 만큼 증가 또는 감소시킬 수 있다.

(2) 경간 내의 단면에 대한 휨모멘트의 계산은 수정된 부모멘트를 사용하여야 하며, 휨모멘트 재분배 이후에도 정적 평형은 유지되어야 한다.

(3) 휨모멘트의 재분배는 휨모멘트를 감소시킬 단면에서 최외단 인장철근의 순인장변형률 ε_t 가 0.0075 이상인 경우에만 가능하다.

■2020년 1,2회■30. 유효깊이(d)가 910mm인 아래 그림과 같은 단철근 T형보의 설계휨강도(ϕM_n)를 구하면? (단, 인장철근량 A_s 은 7,652mm², f_{ck}=21MPa, f_y=350MPa, 인장지배단면으로 ϕ=0.85, 경간은 3,040mm 이다.)

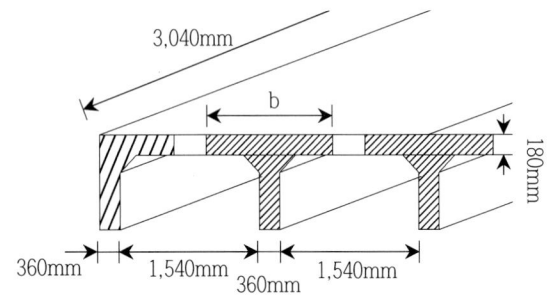

① 1,845kN.m
② 1,863kN.m
③ 1,883kN.m
④ 1,901kN.m

해설] ①
1) 유효폭 판정
$L_c = 1540 + 360 = 1900mm$
$\dfrac{L}{4} = \dfrac{3040}{4} = 760mm$
$16t_f + b_w = 16 \times 180 + 360 = 3240mm$
따라서, 최소값인 760mm를 유효폭으로 한다.
2) T형보 판정
$0.85 f_{ck}ab = A_s f_y$에서,
$0.85 \times 21 \times a \times 760 = 7652 \times 350$이므로,
$a = 197.4 > t_f = 180mm \rightarrow$ T형보로 계산
3) A_{sf} 계산
$0.85 f_{ck} t_f (b - b_w) = A_{sf} f_y$에서,
$0.85 \times 21 \times 180 \times (760 - 360) = A_{sf} \times 350$이므로,
$A_{sf} = 3,672 mm^2$
4) 등가압축응력깊이 계산
$0.85 f_{ck} ab = (A_s - A_{sf}) f_y$에서,
$0.85 \times 21 \times a \times 360 = (7652 - 3672) \times 350$이므로,
$a = 217 mm$
5) 설계휨강도 계산
$\phi M_n = \phi A_{sf} f_y (d - t_f/2) + \phi (A_s - A_{sf}) f_y (d - a/2)$
$= 0.85 \times 3672 \times 350 \times (910 - 180/2)$
$\quad + 0.85 \times (7652 - 3672) \times 350 \times (910 - 217/2)$
$= 1,845 kN.m$

■2020년 1,2회■31. 아래 그림과 같은 보의 단면에서 표피철근의 간격 s는 최대 얼마 이하로 하여야 하는가? (단, 습윤환경에 노출되는 경우로서, 표피철근의 표면에서 부재 측면까지 최단거리(c_c)는 50mm, f_{ck} = 28MPa, f_y = 400MPa 이다.)

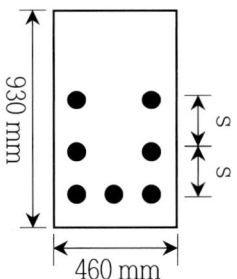

① 170mm ② 200mm
③ 230mm ④ 260mm

해설] ①
습윤환경이므로, $k_{cr} = 210$ (건조환경에서는 280)

$$f_s = \frac{2}{3}f_y = \frac{2}{3} \times 350$$

$$s = 375\frac{k_{cr}}{f_s} - 2.5c_c = 375 \times \frac{210}{2/3 \times 400} - 2.5 \times 60$$

$$= 170.3mm$$

$$s = 300\frac{k_{cr}}{f_s} = 300 \times \frac{210}{2/3 \times 400} = 236.3mm$$

따라서, 최소값인 170mm 이하로 배치한다.

■2020년 1,2회■32. 아래 그림과 같은 직사각형 보를 강도설계 이론으로 해석할 때 콘크리트의 등가사각형 깊이 a는? (단, f_{ck} = 21MPa, f_y = 300MPa이다.)

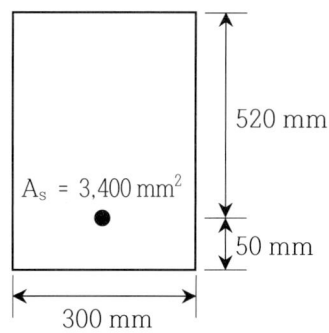

① 109.9mm ② 121.6mm
③ 129.9mm ④ 190.5mm

해설] ④
$C = T$에서, $\eta(0.85f_{ck})ab = A_s f_y$

$0.85 \times 21 \times a \times 300 = 3400 \times 300$ 이므로,

$a = 190.48mm$

■2020년 1,2회■33. 단철근 직사각형 보에서 설계기준압축강도 f_{ck}=60MPa일 때 계수 β_1은? (단, 등가 직사각응력블록의 깊이 $a = \beta_1 c$이다.)

① 0.76 ② 0.72
③ 0.65 ④ 0.64

해설] ①

f_{ck}(MPa)	≤40	50	60	70	80	90
ε_{cu}	0.0033	0.0032	0.0031	0.003	0.0029	0.0028
η	1.00	0.97	0.95	0.91	0.87	0.84
β_1	0.80	0.80	0.76	0.74	0.72	0.70

■2019년 3회■34. 그림과 같은 임의 단면에서 등가 직사각형 응력분포가 빗금 친 부분으로 나타났다면 철근량(A_s)은? (단, f_{ck} = 21MPa, f_y = 400 MPa)

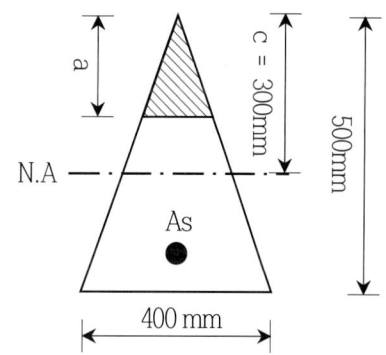

① 874 mm² ② 1,028 mm²
③ 1,543 mm² ④ 2,109 mm²

해설] ②
$a = c\beta_1 = 300 \times 0.8 = 240mm$

$C = T$에서, $0.85f_{ck} \times a \times (\frac{4}{5}a) \times \frac{1}{2} = A_s f_y$

$0.85 \times 21 \times \frac{4}{10} \times 240^2 = A_s \times 400$이므로,

$A_s = 1,028mm^2$

■2019년 3회■35. 다음 설명 중 옳지 않은 것은?
① 과소철근 단면에서는 파괴 시 중립축은 위로 조금 올라간다.
② 과다철근 단면인 경우 강도설계에서 철근의 응력은 철근의 변형률에 비례한다.
③ 과소철근 단면인 보는 철근량이 적어 변형이 갑자기 증가하면서 취성파괴를 일으킨다.
④ 과소철근 단면에서는 계수하중에 의해 철근의 인장응력이 먼저 항복강도에 도달된 후 파괴된다.

해설] ③ 과소철근 단면인 보는 철근량이 적어 변형이 갑자기 증가하면서 연성파괴를 일으킨다.

■2019년 3회■36. T형 보에서 주철근이 보의 방향과 같은 방향일 때, 하중이 직접적으로 플랜지에 작용하게 되면 플랜지가 아래로 휘면서 파괴될 수 있다. 이 휨 파괴를 방지하기 위해서 배치하는 철근은?
① 연결철근
② 표피철근
③ 종방향 철근
④ 횡방향 철근

해설] ④

■2019년 3회■37. 그림과 같은 T형 단면을 강도설계법으로 해석할 경우, 플랜지 내민 부분의 압축력과 균형을 이루기 위한 철근 단면적(A_{sf})은? (단, f_{ck} = 21 MPa, f_y = 400 MPa 이다.)

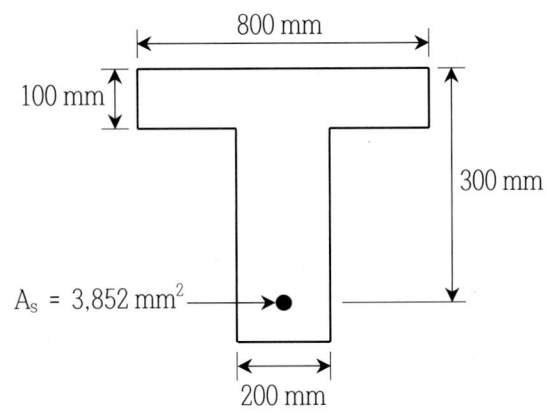

① 1,175.2 mm²
② 1,275.0 mm²
③ 1,375.8 mm²
④ 2,677.5 mm²

해설] ④
$0.85 f_{ck} t_f (b - b_w) = A_{sf} f_y$ 에서,
$0.85 \times 21 \times 100 \times (800 - 200) = A_{sf} \times 400$ 이므로,
$A_{sf} = 2,678 mm^2$

■2019년 3회■38. 단철근 직사각형 보가 균형단면이 되기 위한 압축연단에서 중립축까지 거리는? (단, f_y = 300 MPa, d = 600 mm 이며 강도설계법에 의한다.)
① 494.5 mm
② 412.5 mm
③ 390.8 mm
④ 293.6 mm

해설] ②
$$c_b = \frac{\epsilon_{cu}}{\epsilon_{cu} + \epsilon_y} d = \frac{33}{33 + 15} \times 600 = 412.5 mm$$

■2019년 3회■39. 다음 중 공칭축강도에서 최외단 인장철근의 순인장변형률(ϵ_t)를 계산하는 경우에 제외되는 것은? (단, 콘크리트구조 해석과 설계 원칙에 따른다.)
① 활하중에 의한 변형률
② 고정하중에 의한 변형률
③ 지붕활하중에 의한 변형률
④ 유효프리스트레스 힘에 의한 변형률

해설] ④

■2019년 3회■40. 단철근 직사각형보에서 f_{ck} = 32 MPa 이라면 등가직사각형 응력블록과 관계된 계수 β_1은?
① 0.850
② 0.836
③ 0.800
④ 0.785

해설] ③

f_{ck}(MPa)	≤40	50	60	70	80	90
ε_{cu}	0.0033	0.0032	0.0031	0.003	0.0029	0.0028
η	1.00	0.97	0.95	0.91	0.87	0.84
β_1	0.80	0.80	0.76	0.74	0.72	0.70

■2019년 2회■41. 경간 L=10m 인 대칭 T형보에서 양쪽 슬래브의 중심 간 거리 2100 mm, 슬래브의 두께(t) 100 mm, 복부의 폭(b_w) 400 mm일 때 플랜지의 유효폭은 얼마인가?

① 2,000 mm ② 2,100 mm
③ 2,300 mm ④ 2,500 mm

해설] ①

$L_c = 2,100 mm$

$\dfrac{L}{4} = \dfrac{10}{4} = 2,500 mm$

$16t_f + b_w = 16 \times 100 + 400 = 2,000 mm$

따라서, 최소값인 2,000mm를 유효폭으로 한다.

■2019년 2회■42. b=300 mm, d=600 mm, A_s= 3-D35 = 2,870mm² 인 직사각형 단면보의 파괴양상은? (단, 강도 설계법에 의한 f_y=300 MPa, f_{ck}=21 MPa 이다.)

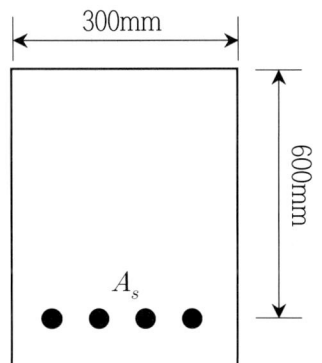

① 취성파괴 ② 연성파괴
③ 균형파괴 ④ 파괴되지 않는다.

해설] ②

철근비 $\rho = \dfrac{A_s}{bd} = \dfrac{2870}{300 \times 600} = 0.01594$

최대철근비 $\rho_{max} = \dfrac{0.85f_{ck}}{f_y} \beta_1 \dfrac{\epsilon_{cu}}{\epsilon_{cu} + 2.0\epsilon_y}$

$= \dfrac{0.85 \times 21}{300} \times 0.8 \times \dfrac{33}{33+40} = 0.0215$

$\rho < \rho_{max}$이므로, 연성파괴된다.

■2019년 2회■43. 폭이 400 mm, 유효깊이가 500 mm인 단철근 직사각형보 단면에서, 강도설계법에 의한 균형철근량은 약 얼마인가? (단, f_{ck}=35 MPa, f_y=400 MPa)

① 6,135 mm² ② 6,623 mm²
③ 7,409 mm² ④ 7,841 mm²

해설] ③

$\rho_b = \dfrac{0.85f_{ck}}{f_y} \beta_1 \dfrac{\epsilon_{cu}}{\epsilon_{cu} + \epsilon_y}$

$= \dfrac{0.85 \times 35}{400} \times 0.8 \times \dfrac{33}{33+20} = 0.037$

$\rho_b \times bd = 0.037 \times 400 \times 500 = 7,409 mm^2$

■2019년 2회■44. 그림과 같은 철근콘크리트 보 단면이 파괴 시 인장철근의 변형률은? (단, f_{ck}=28MPa, f_y=350MPa, A_s=1,520mm²)

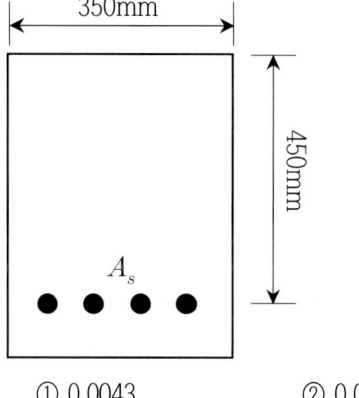

① 0.0043 ② 0.0082
③ 0.0111 ④ 0.0153

해설] ④

$C = T$에서,

$0.85f_{ck}ab = A_s f_y$이므로,

$0.85 \times 28 \times a \times 350 = 1520 \times 350$에서, $a = 63.87 mm$

중립축 높이 $c = \dfrac{a}{\beta_1} = \dfrac{63.87}{0.8} = 79.83 mm$

인장철근 변형률 $\epsilon_t = \dfrac{0.0033}{79.83} \times (450 - 79.83) = 0.0153$

■2019년 2회■45. 계수 하중에 의한 단면의 계수휨모멘트(M_u)가 350 kN.m 인 단철근 직사각형 보의 유효깊이(d)의 최솟값은? (단, ρ=0.0135, b=300mm, f_{ck}=24MPa, f_y=300MPa, 인장지배 단면이다.)

① 245 mm ② 368 mm
③ 490 mm ④ 613 mm

해설] ④
$A_s = \rho b d = 0.0135 \times 300 \times d = 4.05d$
$C = T$에서,
$0.85 \times 24 \times a \times 300 = 4.05d \times 300$에서, $a = 0.199d$
$M_u = \phi M_n = 0.85 \times 4.05d \times 300 \times (d - 0.199d/2)$
$= 930d^2 = 350 \times 10^6$ 에서, $d = 613.5mm$

■2019년 1회■46. 그림과 같은 인장철근을 갖는 보의 유효깊이는? (단, D19철근의 공칭단면적은 287mm²이다.)

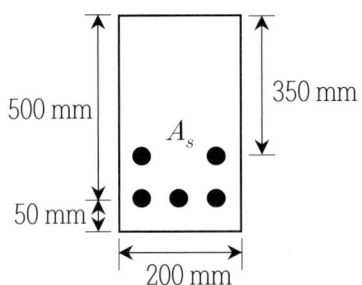

① 350mm ② 410mm
③ 440mm ④ 500mm

해설] ③
모멘트1정리에 의해,
$\dfrac{2 \times 350 + 3 \times 500}{5} = 440 mm$

■2019년 1회■47. 강도설계법에 의한 휨 부재의 등가사각형 압축응력 분포에서 f_{ck}=40MPa일 때 β_1의 값은?

① 0.766 ② 0.800
③ 0.833 ④ 0.850

해설] ②

f_{ck}(MPa)	≤40	50	60	70	80	90
ε_{cu}	0.0033	0.0032	0.0031	0.003	0.0029	0.0028
η	1.00	0.97	0.95	0.91	0.87	0.84
β_1	0.80	0.80	0.76	0.74	0.72	0.70

■2019년 1회■48. 단철근 직사각형 보의 설계휨강도를 구하는 식으로 옳은 것은? (단, $q = \dfrac{\rho f_y}{f_{ck}}$ 이다.)

① $\phi M_n = \phi[f_{ck}bd^2 q(1-0.59q)]$
② $\phi M_n = \phi[f_{ck}bd^2(1-0.59q)]$
③ $\phi M_n = \phi[f_{ck}bd^2 q(1+0.59q)]$
④ $\phi M_n = \phi[f_{ck}bd^2(1+0.59q)]$

해설] ①
$\phi M_n = \phi A_s f_y (d - \dfrac{a}{2})$ 이고, $0.85 f_{ck} ab = A_s f_y$ 이므로,
$a = \dfrac{A_s f_y}{0.85 f_{ck} b} = \dfrac{\rho b d f_y}{0.85 f_{ck} b} = \dfrac{\rho f_y}{f_{ck}} \times 1.1765d$
$= q \times 1.1765d$
$A_s f_y = \rho b d f_y = \dfrac{\rho f_y}{f_{ck}} \times f_{ck} bd = q \times f_{ck} bd$
따라서, $\phi M_n = \phi q f_{ck} bd \times (d - q \times 1.1765d/2)$
$= \phi q f_{ck} bd^2 (1 - 0.59q)$

■2019년 1회■49. 단철근 직사각형 보에서 폭 300mm, 유효깊이 500mm, 인장철근 단면적 1,700mm²일 때 강도해석에 의한 직사각형 압축응력 분포도의 깊이(a)는? (단, f_{ck}=20MPa, f_y=300MPa이다.)

① 50mm
② 100mm
③ 200mm
④ 400mm

해설] ②
$0.85 f_{ck} ab = A_s f_y$ 에서,
$0.85 \times 20 \times a \times 300 = 1700 \times 300$ 이므로, $a = 100 mm$

■2018년 3회■50. 아래 그림과 같은 단면을 가지는 직사각형 단철근 보의 설계휨강도를 구할 때 사용되는 강도감소계수(ϕ) 값은 약 얼마인가? (단, A_s = 2,712 mm², f_{ck} = 28 MPa, f_y = 400 MPa)

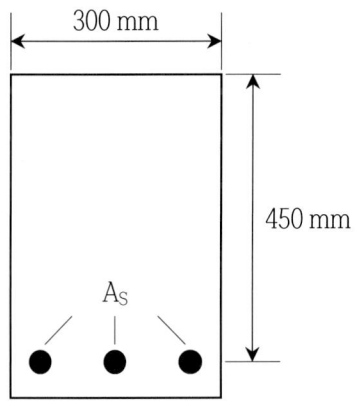

① 0.850
② 0.818
③ 0.792
④ 0.763

해설] ②
$0.85 f_{ck} ab = A_s f_y$ 에서,
$0.85 \times 28 \times a \times 300 = 2712 \times 400$ 이므로,
$a = 151.9 mm$ 이고, $c = \dfrac{a}{\beta_1} = \dfrac{151.9}{0.8} = 189.9 mm$

$\epsilon_t = \dfrac{\epsilon_{cu}}{c} \times (d-c) = \dfrac{0.0033}{189.9} \times (450 - 189.9)$
$= 0.00452 < 2.5\epsilon_y = 0.005$

최외측 인장철근의 변형률이 인장지배변형률한계보다 작으므로, 변화구간단면이다.

$\phi = 0.65 + \dfrac{0.85 - 0.65}{0.005 - 0.002} \times (0.00452 - 0.002) = 0.818$

■2018년 3회■51. 강도설계법의 기본 가정을 설명한 것으로 틀린 것은?
① 철근과 콘크리트의 변형률은 중립축에서의 거리에 비례한다고 가정한다.
② 콘크리트 압축연단의 극한변형률은 0.003으로 가정한다.
③ 철근의 응력이 설계기준항복강도(f_y) 이상일 때 철근의 응력은 그 변형률에 E_s를 곱한 값으로 한다.
④ 콘크리트의 인장강도는 철근콘크리트의 휨계산에서 무시한다.

해설] ③ 철근의 응력이 설계기준항복강도(f_y) 이하일 때 철근의 응력은 그 변형률에 E_s를 곱한 값으로 한다.

■2018년 3회■52. 그림과 같은 직사각형 단면의 보에서 인장철근은 D22철근 3개가 윗부분에, D29철근 3개가 아랫부분에 2열로 배치되었다. 이 보의 공칭 휨강도(M_n)는? (단, 철근 D22 3본의 단면적은 1,161mm², 철근 D29 3본의 단면적은 1,927mm², f_{ck}=24MPa, f_y=350MPa)

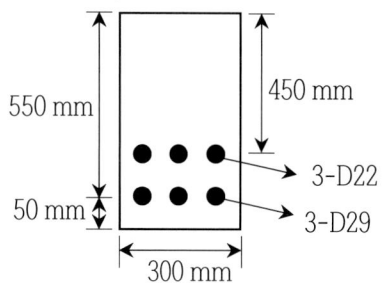

① 396.2kN.m   ② 424.6kN.m
③ 467.3kN.m   ④ 512.4kN.m

해설] ②
압축연단~철근도심 거리 d
$d = \dfrac{1161 \times 450 + 1927 \times 500}{1161 + 1927} = 481.2 mm$

$0.85 f_{ck} ab = A_s f_y$ 에서,
$0.85 \times 24 \times a \times 300 = (1161 + 1927) \times 350$ 이므로,
$a = 176.6 mm$

$M_n = A_s f_y (d - \dfrac{a}{2})$
$= (1161 + 1927) \times 350 \times (481.2 - 176.6/2)$
$= 424.65 kN.m$

■2018년 3회■53. 콘크리트의 강도설계법에서 f_{ck}=38MPa일 때 직사각형 응력분포의 깊이를 나타내는 β_1의 값은 얼마인가?

① 0.78　　② 0.92
③ 0.80　　④ 0.75

해설] ③

$f_{ck} \leqq 50MPa$인 경우, $\beta_1 = 0.8$

■2018년 3회■54. 폭 400mm, 유효깊이 600mm인 단철근 직사각형 보의 단면에서 콘크리트구조기준에 의한 최대 인장철근량은? (단, f_{ck}=28MPa, f_y=400MPa)

① 4,552mm²　　② 4,877mm²
③ 5,164mm²　　④ 5,526mm²

해설] ③

$\rho_{\max} = \dfrac{0.85 \times 28}{400} \times 0.8 \times \dfrac{33}{33+40} = 0.02152$

$A_{s,\max} = \rho_{\max} bd = 0.02152 \times 400 \times 600 = 5164mm^2$

■2018년 2회■55. 강도설계법에서 그림과 같은 단철근 T형보의 공칭휨강도(M_n)는? (단, A_s=4,764mm², f_{ck}=24MPa, f_y=400MPa 이다.)

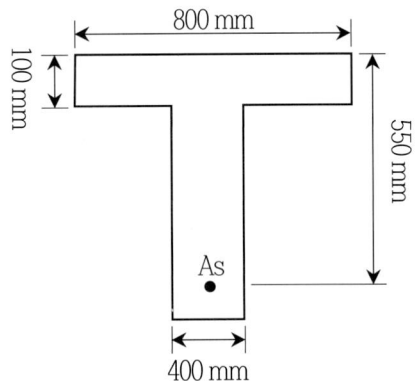

① 812.7kN.m
② 871.6kN.m
③ 912.4kN.m
④ 934.5kN.m

해설] ④

1) A_{sf}

$0.85 f_{ck} t_f (b - b_w) = A_{sf} f_y$에서,

$0.85 \times 24 \times 100 \times (800 - 400) = A_{sf} \times 400$ 이므로,

$A_{sf} = 2040 mm^2$

2) 등가압축응력 깊이 a

$0.85 f_{ck} a b_w = (A_s - A_{sf}) f_y$에서,

$0.85 \times 24 \times a \times 400 = (4764 - 2040) \times 400$이므로,

$a = 133.53 mm$

3) 공칭휨강도

$M_n = (A_s - A_{sf}) f_y (d - \dfrac{a}{2}) + A_{sf} f_y (d - \dfrac{t_f}{2})$

$= (4764 - 2040) \times 400 \times (550 - \dfrac{133.53}{2})$

$+ 2040 \times 400 \times (550 - \dfrac{100}{2}) = 934.53 kN.m$

■2018년 2회■56. 다음 중 반T형보의 유효폭(b)을 구할 때 고려하여야 할 사항이 아닌 것은? (단, b_w는 플랜지가 있는 부재의 복부폭)

① 양쪽 슬래브의 중심 간 거리
② (한쪽으로 내민 플랜지 두께의 6배) + b_w
③ (보의 경간의 1/12) + b_w
④ (인접 보와의 내측 거리의 1/2) + b_w

해설] ① 양쪽 슬래브의 중심 간 거리는 대칭T형보의 유효폭 결정에 필요한 인자이다.

■2018년 2회■57. 복철근 보에서 압축철근에 대한 효과를 설명한 것으로 적절하지 못한 것은?

① 단면 저항 모멘트를 크게 증대시킨다.
② 지속하중에 의한 처짐을 감소시킨다.
③ 파괴시 압축 응력의 깊이를 감소시켜 연성을 증대시킨다.
④ 철근의 조립을 쉽게 한다.

해설] ① 압축영역의 강도를 향상시켜서 연성을 증대시키는 개념으로, 압축철근 배근으로 인장철근량을 증대시킬 수 있다.
(주의) 설계원리적 개념으로, 휨강도 증대를 위해 복철근보를 설계하는 것은 맞다. 그러나, 인장철근의 추가배근이 없는 경우로 이해한다면 단순한 연성 증대로 생각되어질 수 있다. 논란의 여지가 있다.

■2018년 2회■58. 아래 그림과 같은 복철근 직사각형보에서 압축연단에서 중립축까지의 거리(c)는? (단, A_s=4,764mm², A_s' =1,284mm², f_{ck}=38MPa, f_y=400MPa)

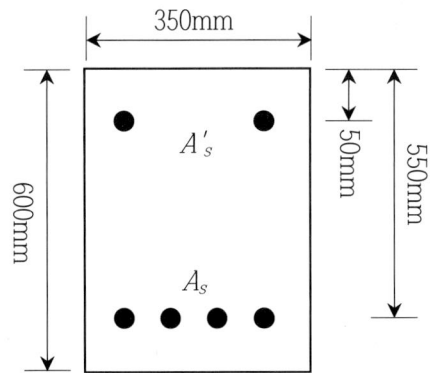

① 143.74mm

② 153.91mm

③ 168.62mm

④ 178.41mm

해설] ②

$0.85 f_{ck} ab = (A_s - A') f_y$ 에서,

$0.85 \times 38 \times a \times 350 = (4764 - 1284) \times 400$ 이므로,

$a = 123.13 mm$

$c = \dfrac{a}{\beta_1} = \dfrac{123.13}{0.8} = 153.91 mm$

■2018년 2회■59. 철근콘크리트 보를 설계할 때 변화구간에서 강도감소계수(ϕ)를 구하는 식으로 옳은 것은? (단, 나선철근으로 보강되지 않은 부재이며, f_y = 400MPa, ϵ_t는 최외단 인장철근의 순인장변형률이다.)

① $\phi = 0.65 + (\epsilon_t - 0.002) \times \dfrac{0.002}{\epsilon_{cu}}$

② $\phi = 0.70 + (\epsilon_t - 0.002) \times \dfrac{0.002}{\epsilon_{cu}}$

③ $\phi = 0.65 + (\epsilon_t - 0.002) \times 50$

④ $\phi = 0.70 + (\epsilon_t - 0.002) \times 50$

해설] ①

$\phi = 0.65 + \dfrac{0.85 - 0.65}{2.5\epsilon_y - \epsilon_y} \times (\epsilon_t - \epsilon_y)$

$= 0.65 + \dfrac{0.2}{0.005 - 0.002} \times (\epsilon_t - 0.002)$

$= 0.65 + \dfrac{200}{3}(\epsilon_t - 0.002)$

■2018년 1회■60. 그림과 같은 복철근 보의 유효깊이(d)는? (단, 철근 1개의 단면적은 250mm²이다.)

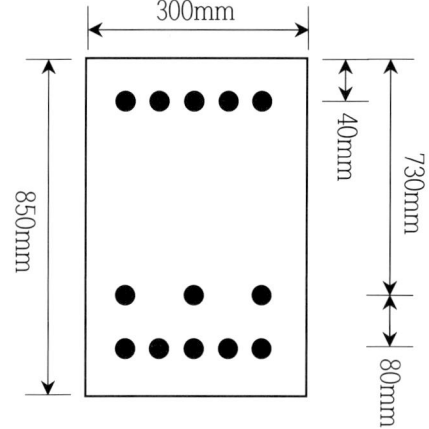

① 810mm　② 780mm

③ 770mm　④ 730mm

해설] ②

$$\frac{3 \times 730 + 5 \times (730+80)}{8} = 780mm$$

■2018년 1회■61. M_u=200kN.m의 계수모멘트가 작용하는 단철근 직사각형보에서 필요한 철근량(A_s)은 약 얼마인가? (단, b = 300mm, d = 500mm, f_{ck}= 28MPa, f_y=400MPa, ϕ=0.85이다.)

① 1,072.7mm²

② 1,266.3mm²

③ 1,524.6mm²

④ 1,785.4mm²

해설] ②

$0.85 f_{ck} ab = A_s f_y$에서, $a = \dfrac{A_s \times 400}{0.85 \times 28 \times 300} = 0.056 A_s$

$M_u = \phi M_n = 0.85 \times A_s f_y (d-a/2)$

$\quad = 0.85 A_s \times 400 \times (500 - 0.056 A_s /2) = 200 \times 10^6$

$9.52 A_s^2 - 170 \times 10^3 A_s + 200 \times 10^6 = 0$

근의 공식에 따라, $A_s = 16,591 mm^2$ 또는 $1,266.3 mm^2$

■2018년 1회■62. 아래 그림과 같은 단철근 직사각형보가 공칭휨강도(M_n)에 도달할 때 인장철근의 변형률은 얼마인가? (단, 철근 D22 4개의 단면적 1,548mm², f_{ck}=35MPa, f_y=400MPa)

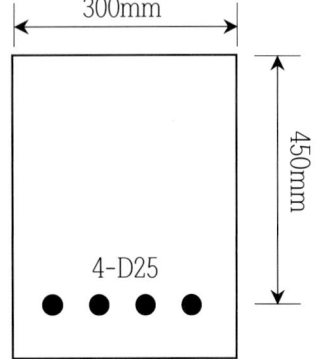

① 0.0102 ② 0.0138
③ 0.0186 ④ 0.0198

해설] ②

$0.85 f_{ck} ab = A_s f_y$에서,

$0.85 \times 35 \times a \times 300 = 1548 \times 400$이므로,

$a = 69.38 mm$

$c = \dfrac{a}{\beta_1} = \dfrac{69.38}{0.8} = 86.73 mm$

$\epsilon_t = \dfrac{0.0033}{86.73} \times (450 - 86.73) = 0.0138$

■2018년 1회■63. 콘크리트의 강도설계에서 등가 직사각형 응력블록의 깊이 a=$\beta_1 c$로 표현할 수 있다. f_{ck}가 60MPa인 경우 β_1의 값은 얼마인가?

① 0.85 ② 0.80
③ 0.76 ④ 0.74

해설] ③

f_{ck}(MPa)	≤40	50	60	70	80	90
ε_{cu}	0.0033	0.0032	0.0031	0.003	0.0029	0.0028
η	1.00	0.97	0.95	0.91	0.87	0.84
β_1	0.80	0.80	0.76	0.74	0.72	0.70

■2018년 1회■64. 강도설계법에서 그림과 같은 단철근 T형보의 공칭휨강도(M_n)는? (단, A_s=5,000mm², f_{ck}=28MPa, f_y=400MPa 이다.)

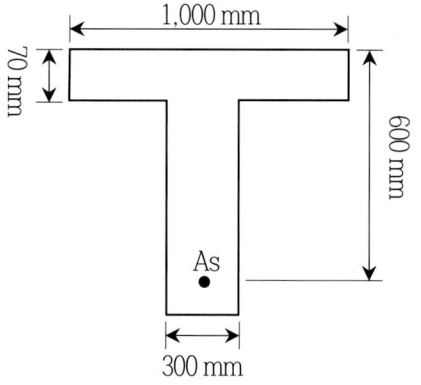

① 1,110.5kN.m ② 1,251.0kN.m
③ 1,372.5kN.m ④ 1,434.0kN.m

해설] ①
1) A_{sf}

$0.85 f_{ck} t_f (b-b_w) = A_{sf} f_y$ 에서,

$0.85 \times 28 \times 70 \times (1000-300) = A_{sf} \times 400$ 이므로,

$A_{sf} = 2915.5 mm^2$

2) 등가압축응력 깊이 a

$0.85 f_{ck} a b_w = (A_s - A_{sf}) f_y$ 에서,

$0.85 \times 28 \times a \times 300 = (5000-2915.5) \times 400$ 이므로,

$a = 116.8 mm$

3) 공칭휨강도

$M_n = (A_s - A_{sf}) f_y (d - \frac{a}{2}) + A_{sf} f_y (d - \frac{t_f}{2})$

$= (5000-2915.5) \times 400 \times (600 - \frac{116.8}{2})$

$+ 2915.5 \times 400 \times (600 - \frac{70}{2}) = 1110.5 kN.m$

■2017년 3회■65. 유효깊이(d)가 910mm인 아래 그림과 같은 단철근 T형보의 설계휨강도(ϕM_n)를 구하면? (단, 인장철근량 A_s은 7,652mm², f_{ck}=21MPa, f_y=350MPa, 인장지배단면으로 ϕ=0.85, 경간은 3,040mm 이다.)

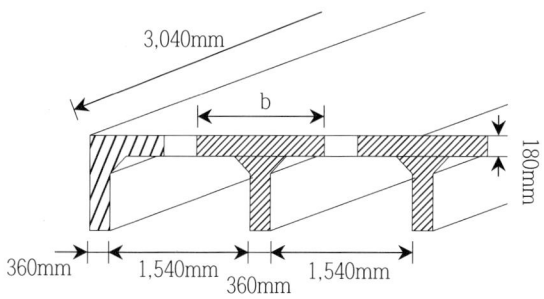

① 1,863kN.m
② 1,845kN.m
③ 1,883kN.m
④ 1,901kN.m

해설] ②
1) 유효폭 판정

$L_c = 1540 + 360 = 1900 mm$

$\frac{L}{4} = \frac{3040}{4} = 760 mm$

$16 t_f + b_w = 16 \times 180 + 360 = 3240 mm$

따라서, 최소값인 760mm를 유효폭으로 한다.

2) T형보 판정

$0.85 f_{ck} a b = A_s f_y$ 에서,

$0.85 \times 21 \times a \times 760 = 7652 \times 350$ 이므로,

$a = 197.4 > t_f = 180 mm \rightarrow$ T형보로 계산

3) A_{sf} 계산

$0.85 f_{ck} t_f (b-b_w) = A_{sf} f_y$ 에서,

$0.85 \times 21 \times 180 \times (760-360) = A_{sf} \times 350$ 이므로,

$A_{sf} = 3,672 mm^2$

4) 등가압축응력깊이 계산

$0.85 f_{ck} a b = (A_s - A_{sf}) f_y$ 에서,

$0.85 \times 21 \times a \times 360 = (7652-3672) \times 350$ 이므로,

$a = 217 mm$

5) 설계휨강도 계산

$\phi M_n = \phi A_{sf} f_y (d - t_f/2) + \phi (A_s - A_{sf}) f_y (d - a/2)$

$= 0.85 \times 3672 \times 350 \times (910 - 180/2)$

$+ 0.85 \times (7652-3672) \times 350 \times (910-217/2)$

$= 1,845 kN.m$

■2017년 3회■66. 아래 그림과 같은 단철근 직사각형보에서 최외단 인장철근의 순인장변형률 ϵ_t는? (단, A_s=2,028mm², f_{ck}=35MPa, f_y=400MPa)

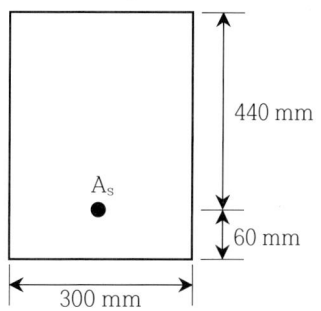

① 0.00432　　② 0.00862
③ 0.00948　　④ 0.00982

해설] ③
$0.85 f_{ck} ab = A_s f_y$에서,
$0.85 \times 35 \times a \times 300 = 2028 \times 400$이므로, $a = 90.89mm$
$c = \dfrac{a}{\beta_1} = \dfrac{90.89}{0.8} = 113.6mm$
$\epsilon_t = \dfrac{0.0033}{113.6} \times (440 - 113.6) = 0.00948$

■2017년 3회■67. 그림과 같은 복철근 보의 유효깊이(d)는? (단, 철근 1개의 단면적은 250mm²이다.)

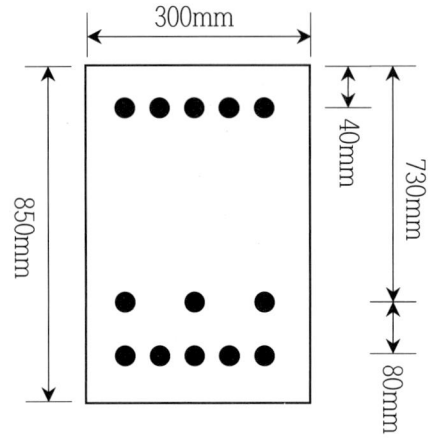

① 810mm ② 730mm
③ 770mm ④ 780mm

해설] ④
$\dfrac{3 \times 730 + 5 \times (730 + 80)}{8} = 780mm$

■2017년 3회■68. 철근콘크리트 구조물에서 연속-휨부재의 모멘트재분배를 하는 방법에 대한 다음 설명 중 틀린 것은?

① 근사해법에 의하여 휨모멘트를 계산한 경우에는 연속 휨부재의 모멘트 재분배를 할 수 없다.
② 휨모멘트를 감소시킬 단면에서 최외단 인장철근의 순인 장변형률 ϵ_t가 0.0075 이상인 경우에만 가능하다.
③ 경간 내의 단면에 대한 휨모멘트의 계산은 수정된 부모멘트를 사용하여야 한다.
④ 재분배량은 산정된 부모멘트의 20%이다.

해설] ④ 어떠한 가정의 하중을 적용하여 탄성이론에 의하여 산정한 연속 휨부재 받침부의 부모멘트는 20% 이내에서 $1,000\epsilon_t$% 만큼 증가 또는 감소시킬 수 있다.

[참조] 연속 휨부재의 모멘트 재분배
(1) 근사해법에 의해 휨모멘트를 계산한 경우를 제외하고, 어떠한 가정의 하중을 적용하여 탄성이론에 의하여 산정한 연속 휨부재 받침부의 부모멘트는 20% 이내에서 $1,000\,\epsilon_t$% 만큼 증가 또는 감소시킬 수 있다.
(2) 경간 내의 단면에 대한 휨모멘트의 계산은 수정된 부모멘트를 사용하여야 하며, 휨모멘트 재분배 이후에도 정적 평형은 유지되어야 한다.
(3) 휨모멘트의 재분배는 휨모멘트를 감소시킬 단면에서 최외단 인장철근의 순인장변형률 ϵ_t가 0.0075 이상인 경우에만 가능하다.

■2017년 3회■69. 강도설계법에 대한 기본가정 중 옳지 않은 것은?

① 철근 및 콘크리트의 변형률은 중립축으로부터의 거리 비례한다.
② 콘크리트의 인장강도는 휨계산에서 무시한다.
③ 압축 측 연단에서 콘크리트의 극한변형률은 $f_{ck} \leq 40MPa$에서는 0.0033으로 가정한다.
④ 항복강도 f_y 이하에서 철근의 응력은 그 변형률에 관계없이 f_y와 같다고 가정한다.

해설] ④ 항복강도 f_y 이하에서 철근의 응력은 그 변형률에 E_s배를 한다.

■2017년 2회■70. 강도 설계에서 f_{ck}=29MPa, f_y=300MPa 일 때 단철근 직사각형보의 균형철근비(ρ_b)는?

① 0.0342
② 0.0452
③ 0.0515
④ 0.0673

해설] ②

$$\rho_b = \frac{0.85 f_{ck}}{f_y} \beta_1 \frac{\epsilon_{cu}}{\epsilon_{cu} + \epsilon_y}$$

$$= \frac{0.85 \times 29}{300} \times 0.8 \times \frac{33}{33+15} = 0.0452$$

■2017년 2회■71. 철근콘크리트의 강도설계법을 적용하기 위한 기본 가정으로 틀린 것은?

① 철근의 변형률은 중립축으로부터의 거리에 비례한다.
② 콘크리트의 변형률은 중립축으로부터의 거리에 비례한다.
③ 인장측 연단에서 철근의 극한변형률은 0.0033으로 가정한다.
④ 항복강도 f_y 이하에서 철근의 응력은 그 변형률의 E_s 배로 본다.

해설] ③ 압축측 연단에서 콘크리트의 극한변형률은 $f_{ck} \leq 40MPa$에서 0.0033으로 가정한다.($f_y \leq 40MPa$)

■2017년 2회■72. b=300mm, d=500mm, A_s=3-D25=1,520mm²가 1열로 배치된 단철근 직사각형 보의 설계휨강도(ϕM_n)는? (단, $f_{ck}=28MPa$, $f_y=400MPa$이고, 과소철근보이다.)

① 132.5kN.m
② 183.3kN.m
③ 236.4kN.m
④ 307.7kN.m

해설] ③
$C = T$에서,
$\eta 0.85 f_{ck} ab = A_s f_y$ 이므로,
$0.85 \times 28 \times a \times 300 = 1520 \times 400$에서, $a = 85.15mm$

$$\phi M_n = \phi A_s f_y (d - \frac{a}{2})$$

$$= 0.85 \times 1520 \times 400 (500 - \frac{85.15}{2})$$

■2017년 2회■73. b_w=300mm, d=500mm인 단철근직사각형 보가 있다. 강도설계법으로 해석할 때 최소철근량은 얼마인가? (단, f_{ck} = 35MPa, f_y = 400MPa, 인장측 피복은 50mm이다.)

① 555mm²
② 525mm²
③ 505mm²
④ 485mm²

해설] ①
[KDS 24 14 21 : 2021] 콘크리트 교량(한계상태설계)

$$A_{s,min} = \frac{0.25 \sqrt{f_{ck}}}{f_y} b_w d$$

$$= \frac{0.25 \sqrt{35}}{400} \times 300 \times 500 = 554.6 mm^2$$

$$A_{s,min} = \frac{1.4}{f_y} b_w d$$

$$= \frac{1.4}{400} \times 300 \times 500 = 525 mm^2$$

따라서, 최대값인 554.6mm² 이상 배근한다.

[KDS 24 14 21 : 2021] 콘크리트 교량(한계상태설계)

$$A_{s,min} = \frac{0.25 \sqrt{f_{ck}}}{f_y} b_w d$$

$$A_{s,min} = \frac{1.4}{f_y} b_w d$$

플랜지가 인장상태인 정정 구조물에 대하여 철근의 단면적 $A_{s,min}$은 위의 식에서 b와 $2b_w$ 중 작은 값을 대입하여 계산되는 단면적 이상으로 하여야 한다.

[KDS 14 20 20 : 2022] 콘크리트 구조
$\phi M_n \geq 1.2 M_{cr}$

$= 236.4 kN.m$

■2017년 2회■74. 슬래브와 보가 일체로 타설된 비대칭 T형보(반 T형보)의 유효폭은? (단, 플랜지 두께 = 100mm, 복부 폭 = 300mm, 인접보와의 내측 거리 = 1600mm, 보의 경간 = 6.0m)

① 800 mm
② 900 mm
③ 1,000 mm
④ 1,100 mm

해설] ①

$6t_f + b_w = 6 \times 100 + 300 = 900mm$

$\dfrac{L_o}{2} + b_w = \dfrac{1600}{2} + 300 = 1100mm$

$\dfrac{L}{12} + b_w = \dfrac{6000}{12} + 300 = 800mm$이므로,

최소값인 800mm를 유효폭으로 한다.

■2017년 2회■75. 강도 설계법에서 그림과 같은 T형보의 응력 사각형 블록의 깊이(a)는 얼마인가? (단, A_s=14-D25=7,094mm², f_{ck}=21MPa, f_y=300MPa)

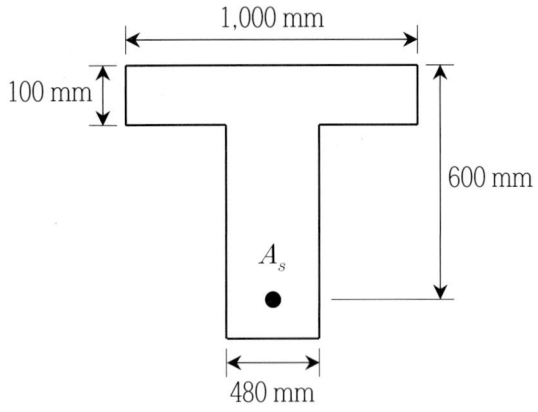

① 120mm
② 130mm
③ 140mm
④ 150mm

해설] ③

$0.85f_{ck}t_f(b-b_w) = A_{sf}f_y$에서,

$0.85 \times 21 \times 100 \times (1000-480) = A_{sf} \times 300$이므로,

$A_{sf} = 3094mm^2$

$0.85f_{ck}ab = (A_s - A_{sf})f_y$에서,

$0.85 \times 21 \times a \times 480 = (7094-3094) \times 300$이므로,

$a = 140.06mm$

■2017년 1회■76. M_u=170kN.m의 계수모멘트가 작용하는 단철근 직사각형보에서 필요한 철근량(A_s)은 약 얼마인가? (단, b = 300mm, d = 450mm, f_{ck} = 28MPa, f_y=350MPa, ϕ=0.85이다.)

① 1,070mm²
② 1,175mm²
③ 1,280mm²
④ 1,375mm²

해설] ④

$0.85f_{ck}ab = A_sf_y$에서, $a = \dfrac{A_s \times 350}{0.85 \times 28 \times 300} = 0.049A_s$

$M_u = \phi M_n = 0.85 \times A_sf_y(d-a/2)$

$= 0.85A_s \times 350 \times (450-0.049A_s/2) = 170 \times 10^6$

$7.289A_s^2 - 133875A_s + 170 \times 10^6 = 0$

근의 공식에 따라, $A_s = 16,994mm^2$ 또는 $1,372.4mm^2$

■2017년 1회■77. 유효깊이(d)가 600mm인 아래 그림과 같은 대칭 T형보의 공칭휨강도(M_n)를 구하면? (단, 인장철근량 A_s은 7,094mm², f_{ck}=28MPa, f_y=400MPa, 인장지배단면으로 ϕ=0.85, 경간은 3,200mm 이다.)

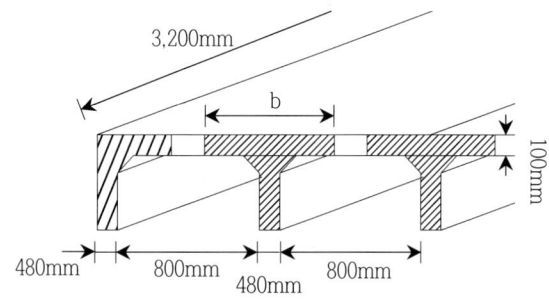

① 1,475.9kN.m
② 1,583.2kN.m
③ 1,648.4kN.m
④ 1,721.6kN.m

해설] ①

1) 유효폭 판정

$L_c = 800 + 480 = 1280mm$

$\dfrac{L}{4} = \dfrac{3200}{4} = 800mm$

$16t_f + b_w = 16 \times 100 + 480 = 2080mm$

따라서, 최소값인 800mm를 유효폭으로 한다.

2) T형보 판정

$0.85f_{ck}ab = A_s f_y$ 에서,

$0.85 \times 28 \times a \times 800 = 7094 \times 400$ 이므로,

$a = 149.0 > t_f = 100mm \rightarrow$ T형보로 계산

3) A_{sf} 계산

$0.85f_{ck}t_f(b-b_w) = A_{sf}f_y$ 에서,

$0.85 \times 28 \times 100 \times (800-480) = A_{sf} \times 400$ 이므로,

$A_{sf} = 1904mm^2$

4) 등가압축응력깊이 계산

$0.85f_{ck}ab = (A_s - A_{sf})f_y$ 에서,

$0.85 \times 28 \times a \times 480 = (7094-1904) \times 400$ 이므로,

$a = 181.7mm$

5) 휨강도 계산

$M_n = A_{sf}f_y(d-t_f/2) + (A_s - A_{sf})f_y(d-a/2)$

$= 1904 \times 400 \times (600 - 100/2)$

$\quad + (7094 - 1904) \times 400 \times (600 - 181.7/2)$

$= 1475.9 kN.m$

■2017년 1회■78. 철근 콘크리트 휨부재에서 최소철근비을 규정한 이유로 가장 적당한 것은?

① 부재의 경제적인 단면 설계를 위해서
② 부재의 사용성을 증진시키기 위해서
③ 부재의 시공 편의를 위해서
④ 부재의 급작스런 파괴를 방지하기 위해서

해설] ④

취성파괴를 방지하기 위해서 최소철근비 규정으로 제한한다.

■2017년 1회■79. 아래 그림과 같은 보의 단면에서 표피철근의 간격 s는 최대 얼마 이하로 하여야 하는가? (단, 습윤환경에 노출되는 경우로서, 표피철근의 표면에서 부재 측면까지 최단거리(c_c)는 50mm, f_{ck} = 28MPa, f_y = 400MPa 이다.)

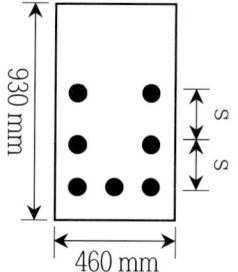

① 170mm
② 200mm
③ 230mm
④ 260mm

해설] ①

습윤환경이므로, $k_{cr} = 210$ (건조환경에서는 280)

$f_s = \dfrac{2}{3}f_y = \dfrac{2}{3} \times 350$

$s = 375\dfrac{k_{cr}}{f_s} - 2.5c_c = 375 \times \dfrac{210}{2/3 \times 400} - 2.5 \times 60$

$= 170.3mm$

$s = 300\dfrac{k_{cr}}{f_s} = 300 \times \dfrac{210}{2/3 \times 400} = 236.3mm$

따라서, 최소값인 170mm 이하로 배치한다.

■2017년 1회■80. 폭이 400 mm, 유효깊이가 500 mm인 단철근 직사각형보 단면에서, 강도설계법에 의한 균형철근량은 약 얼마인가? (단, f_{ck}=35 MPa, f_y=400 MPa)

① 6,135 mm²
② 6,623 mm²
③ 7,409 mm²
④ 7,841 mm²

해설] ③

$$\rho_b = \frac{0.85 f_{ck}}{f_y} \beta_1 \frac{\epsilon_{cu}}{\epsilon_{cu}+\epsilon_y}$$

$$= \frac{0.85 \times 35}{400} \times 0.8 \times \frac{33}{33+20} = 0.037$$

$$\rho_b \times bd = 0.037 \times 400 \times 500 = 7,409 mm^2$$

■2017년 1회■81. 아래 그림과 같은 단면을 가지는 단철근 직사각형보에 최외단 인장철근의 순인장변형률(ϵ_t)이 0.0045일 때 설계휨강도를 구할 때 적용하는 강도감소계수(ϕ)는? (단, f_{ck}= 28MPa, f_y= 400MPa, A_s = 2,730 mm^2)

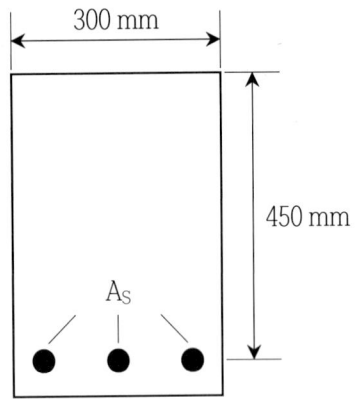

① 0.804
② 0.817
③ 0.826
④ 0.839

해설] ②

$0.0045 < 2.5\epsilon_y = 0.005$

최외측 인장철근의 변형률이 인장지배변형률한계보다 작으므로, 변화구간단면이다.

$$\phi = 0.65 + \frac{0.85-0.65}{0.005-0.002} \times (0.0045-0.002) = 0.817$$

문제유형4 전단 및 비틀림

■2022년 2회■1. 철근콘크리트 부재의 전단철근에 대한 설명으로 틀린 것은?

① 전단철근의 설계기준항복강도는 300MPa을 초과할 수 없다.

② 주인장 철근에 30° 이상의 각도로 구부린 굽힘철근은 전단철근으로 사용할 수 있다.

③ 최소 전단철근량은 $\dfrac{0.35 b_w s}{f_{yt}}$ 보다 작지 않아야 한다.

④ 부재축에 직각으로 배치된 전단철근의 간격은 d/2 이하, 또한 600mm 이하로 하여야 한다.

해설] ① 전단철근의 설계기준항복강도는 500MPa을 초과할 수 없다. (단, 용접철망인 경우는 600MPa을 초과할 수 없다.)

■2022년 2회■2. 폭 350 mm, 유효깊이 500 mm인 보에 설계기준 항복강도가 400 MPa인 D13 철근을 인장 주철근에 대한 경사각(α)이 60°인 U형 경사 스터럽으로 설치했을 때 전단보강철근의 공칭강도(V_s)는? (단, 스트럽 간격 s=250 mm, D13 철근 1본의 단면적은 127 mm^2 이다.)

① 201.4 kN
② 212.7 kN
③ 243.2 kN
④ 277.6 kN

해설] ④

$$V_s = \frac{d}{s} A_v f_y (\sin\alpha + \cos\alpha)$$

$$= \frac{500}{250} \times 127 \times 2 \times 400 \times (\sin 60° + \cos 60°)$$

$$= 227.6 kN$$

■2022년 1회■3. 비틀림철근에 대한 설명으로 틀린 것은? (단, A_{oh}는 가장 바깥의 비틀림 보강철근의 중심으로 닫혀진 단면적(mm^2)이고, p_h는 가장 바깥의 횡방향 폐쇄스터럽 중심선의 둘레(mm)이다.)

① 횡방향 비틀림철근은 종방향 철근 주위로 135° 표준갈고리에 의해 정착하여야 한다.

② 비틀림모멘트를 받는 속빈 단면에서 횡방향 비틀림철근의 중신선부터 내부 벽면까지의 거리는 $0.5A_{oh}/p_h$ 이상이 되도록 설계하여야 한다.

③ 횡방향 비틀림철근의 간격은 $p_h/6$보다 작아야 하고, 또한 400 mm보다 작아야 한다.

④ 종방향 비틀림철근은 양단에 정착하여야 한다.

해설] ③ 횡방향 비틀림철근의 간격은 $p_h/8$보다 작아야 하고, 또한 300 mm보다 작아야 한다.

■2022년 1회■4. 직사각형 단면의 보에서 계수전단력 V_u = 40 kN 을 콘크리트만으로 지지하고자 할 때 필요한 최소 유효깊이(d)는? (단, 보통중량콘크리트이며, f_{ck} = 25 MPa, b_w = 300mm)

① 320 mm
② 348 mm
③ 384 mm
④ 427 mm

해설] ④

$V_u = \frac{1}{2}\phi V_c$에서,

$40 \times 10^3 = \frac{1}{2} \times 0.75 \times \frac{\sqrt{25} \times 300 \times d}{6}$ 이므로,

$d = 426.67mm$

■2021년 3회■5. bw=400mm, d=700mm인 보에 fy=400MPa인 D16 철근을 인장 주철근에 대한 경사각 α=60°인 U형 경사 스터럽으로 설치했을 때 전단철근에 의한 전단강도(V_s)는? (단, 스터럽 간격 s=300mm, D16 철근 1본의 단면적은 199mm²이다.)

① 253.7kN
② 321.7kN
③ 371.5kN
④ 507.4kN

해설] ④

$V_s = \frac{d}{s}A_v f_y(\sin\alpha + \cos\alpha)$

$= \frac{700}{300} \times 199 \times 2 \times 400 \times (\sin 60° + \cos 60°)$

$= 507.4 kN$

■2021년 3회■6. 철근콘크리트 구조물의 전단철근에 대한 설명으로 틀린 것은?

① 전단철근의 설계기준항복강도는 450MPa을 초과할 수 없다.

② 전단철근으로서 스터럽과 굽힘철근을 조합하여 사용할 수 있다.

③ 주인장철근에 45°이상의 각도로 설치되는 스터럽은 전단철근으로 사용할 수 있다.

④ 경사스터럽과 굽힘철근은 부재 중간높이인 0.5d에서 반력점 방향으로 주인장철근까지 연장된 45°선과 한 번 이상 교차되도록 배치하여야 한다.

해설] ① 전단철근의 설계기준항복강도는 500MPa을 초과할 수 없다.

■2021년 2회■7. 폭(b)이 250mm이고, 전체높이(h)가 500mm인 직사각형 철근콘크리트 보의 단면에 균열을 일으키는 비틀림모멘트(T_{cr})는 약 얼마인가? (단, 보통중량콘크리트이며, $f_{ck} = 28MPa$ 이다.)

① 9.8 kN.m
② 11.3 kN.m
③ 12.5 kN.m
④ 18.4 kN.m

해설] ④

$T_{cr} = \frac{\lambda\sqrt{f_{ck}}}{3}\frac{A_{cp}^2}{p_{cp}} = \frac{\sqrt{28}}{3} \times \frac{(250 \times 500)^2}{(250+500) \times 2}$

$= 18.4 kN$

■2021년 2회■8. 전단철근이 부담하는 전단력 V_s = 150 kN 일 때 수직스터럽으로 전단보강을 하는 경우 최대 배치간격은 얼마 이하인가? (단, 전단철근 1개 단면적 = $125mm^2$, 횡방향 철근의 설계기준항복강도(f_{yt}) = 400 MPa, f_{ck} = 28 MPa, b_w = 300mm, d = 500mm, 보통중량콘크리트이다.)

① 167mm ② 250mm
③ 333mm ④ 600mm

해설] ②

$$V_s = \frac{d}{s}A_v f_y = \frac{500}{s} \times 125 \times 2 \times 400 = 150 \times 10^3 \text{에서,}$$

$s = 333mm > \frac{d}{2} = \frac{500}{2} = 250mm$ 이므로,

스터럽 간격은 250mm 이하로 한다.

■2021년 1회■9. 깊은보는 한쪽 면이 하중을 받고 반대쪽 면이 지지되어 하중과 받침부 사이에 압축대가 형성되는 구조요소로서 아래의 (가) 또는 (나)에 해당하는 부재이다. 아래의 ( )안에 들어갈 ㉠, ㉡으로 옳은 것은?

(가) 순경간 l_n이 부재 깊이의 (㉠)배 이하인 부재
(나) 받침부 내면에서 부재 깊이의 (㉡)배 이하인 위치에 집중하중이 작용하는 경우는 집중하중과 받침부 사이의 구간

① ㉠: 4, ㉡: 2   ② ㉠: 3, ㉡: 2
③ ㉠: 2, ㉡: 4   ④ ㉠: 2, ㉡: 3

해설] ①

■2021년 1회■10. 계수하중에 의한 전단력 V_u=75kN을 받을 수 있는 직사각형 단면을 설계하려고 한다. 기준에 의한 최소 전단철근을 사용할 경우 필요한 보통중량콘크리트의 최소단면적($b_w d$)은? (단, f_{ck} = 28MPa, f_y = 300MPa이다.)

① 101,090mm^2 ② 103,073mm^2
③ 106,303mm^2 ④ 113,390mm^2

해설] ④

최소전단철근을 적용하는 구간 $\frac{1}{2}\phi V_c \leq V_u \leq \phi V_c$

$$V_u = \phi V_c = \frac{1}{2} \times 0.75 \times \frac{\lambda\sqrt{f_{ck}}b_w d}{6}$$

$$= 0.75 \times \frac{\sqrt{28} \times b_w d}{6} = 75 \times 10^3 \text{ 에서,}$$

$b_w d = 113.39 \times 10^3 mm^2$

■2021년 1회■11. 철근콘크리트 부재에서 V_s가 $\frac{1}{3}\lambda\sqrt{f_{ck}}b_w d$ 를 초과하는 경우 부재축에 직각으로 배치된 전단철근의 간격 제한으로 옳은 것은? (단, b_w : 복부의폭, d : 유효깊이, λ : 경량콘크리트 계수, V_s : 전단철근에 의한 단면의 공칭전단강도)

① d/2이하, 또 어느 경우이든 600mm 이하
② d/2이하, 또 어느 경우이든 300mm 이하
③ d/4이하, 또 어느 경우이든 600mm 이하
④ d/4이하, 또 어느 경우이든 300mm 이하

해설] ④

■2020년 4회■12. 다음 중 전단철근으로 사용할 수 없는 것은?
① 스터럽과 굽힘철근의 조합
② 부재축에 직각으로 배치한 용접철망
③ 나선철근, 원형 띠철근 또는 후프철근
④ 주인장 철근에 30°의 각도로 설치되는 스터럽

해설] ④ 주인장 철근에 45°의 각도로 설치되는 스터럽

■2020년 4회■13. b_w=250mm, d=500mm인 직사각형 보에서 콘크리트가 부담하는 설계전단강도(ϕV_c)는? (단, f_{ck}=21MPa, f_y=400MPa, 보통중량 콘크리트이다.)

① 91.5kN ② 82.2kN
③ 76.4kN ④ 71.6kN

해설] ④

$$\phi V_c = 0.75 \times \frac{\sqrt{21} \times 250 \times 500}{6} = 71.6 kN$$

■2020년 3회■14. 깊은보의 전단 설계에 대한 구조세목의 설명으로 틀린 것은?

① 휨인장철근과 직각인 수직전단철근의 단면적 A_v를 $0.0025 b_w s$ 이상으로 하여야 한다.

② 휨인장철근과 직각인 수직전단철근의 간격 s를 d/5 이하, 또한 300mm 이하로 하여야 한다.

③ 휨인장철근과 평행한 수평전단철근의 단면적 A_{vh}를 $0.0015 b_w s_h$ 이상으로 하여야 한다.

④ 휨인장철근과 평행한 수평전단철근의 간격 s_h를 d/4 이하, 또한 350mm 이하로 하여야 한다.

해설] ④ 휨인장철근과 평행한 수평전단철근의 간격 s_h를 d/5 이하, 또한 300mm 이하로 하여야 한다.

■2020년 3회■15. 그림의 보에서 계수전단력 V_u = 262.5 kN에 대한 가장 적당한 스터럽 간격은? (단, 사용된 스터럽은 D13철근이다. 철근D13의 단면적은 127mm², f_{ck} = 24 MPa, f_{yt} = 350 MPa 이다.)

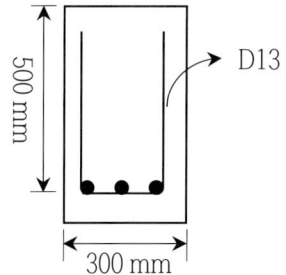

① 125mm
② 195mm
③ 210mm
④ 250mm

해설] ②

$$3\phi V_c = 3 \times 0.75 \times \frac{\sqrt{24} \times 300 \times 500}{6} = 275.6 kN > V_u$$

따라서, 스터럽의 최대간격은 $\frac{d}{2} = \frac{500}{2} = 250 mm$, 300mm

$V_u = \phi V_c + \phi V_s$에서, $262.5 = 91.9 + \phi V_s$ 이므로,

$\phi V_s = 170.6 \times 10^3 = 0.75 \times \frac{500}{s} \times 127 \times 2 \times 350$에서,

$s = 195 mm$

■2020년 1,2회■16. b_w=350mm, d=600mm인 단철근 직사각형 보에서 보통중량콘크리트가 부담할 수 있는 공칭전단강도(V_c)를 정밀식으로 구하면 약 얼마인가? (단, 전단력과 휨모멘트를 받는 부재이며, V_u = 100kN, M_u = 300kN.m, ρ_w=0.016, f_{ck}=24MPa이다.)

① 164.2kN
② 171.5kN
③ 176.4kN
④ 182.7kN

해설] ③

휨과 전단력만 받는 부재의 콘크리트 전단강도 정밀식

$$V_c = \left(0.16\lambda\sqrt{f_{ck}} + 17.6\rho_w \frac{V_u d}{M_u}\right) b_w d$$

$$= \left(0.16 \times \sqrt{24} + 17.6 \times 0.016 \times \frac{10^5 \times 600}{300 \times 10^6}\right) 350 \times 600$$

$$= 176.4 kN$$

V_c의 값은 $0.29\lambda\sqrt{f_{ck}} b_w d$를 초과할 수 없다.

$V_u d/M_u$의 값은 1.0을 초과할 수 없다

■2020년 1,2회■17. 콘크리트 구조물에서 비틀림에 대한 설계를 하려고 할 때, 계수비틀림모멘트(T_u)를 계산하는 방법에 대한 설명으로 틀린 것은?

① 균열에 의하여 내력의 재분배가 발생하여 비틀림 모멘트가 감소할 수 있는 부정정 구조물의 경우, 최대 계수비틀림모멘트를 감소시킬 수 있다.
② 철근콘크리트 부재에서, 받침부에서 d 이내에 위치한 단면은 d에서 계산된 T_u보다 작지 않은 비틀림모멘트에 대하여 설계하여야 한다.
③ 프리스트레스콘크리트 부재에서, 받침부에서 d 이내에 위치한 단면을 설계할 때 d에서 계산된 T_u보다 작지 않은 비틀림모멘트에 대하여 설계하여야 한다.
④ 정밀한 해석을 수행하지 않은 경우, 슬래브에 의해 전달되는 비틀림 하중은 전체 부재에 걸쳐 균등하게 분포하는 것으로 가정할 수 있다.

해설] ③ 프리스트레스콘크리트 부재에서, 받침부에서 $h/2$이내에 위치한 단면을 설계할 때 $h/2$에서 계산된 T_u보다 작지 않은 비틀림모멘트에 대하여 설계하여야 한다.

■2019년 3회■18. 다음 중 최소 전단철근을 배치하지 않아도 되는 경우가 아닌 것은? (단, $\frac{1}{2}\phi V_c < V_u$ 인 경우이며, 콘크리트 구조 전단 및 비틀림 설계기준에 따른다.)

① 슬래브와 기초판
② 전체깊이가 450mm 이하인 보
③ 교대 벽체 및 날개벽, 옹벽의 벽체, 암거 등과 같이 힘이 주거 동인 판부재
④ 전단철근이 없어도 계수휨모멘트와 계수전단력에 저항할 수 있다는 것을 실험에 의해 확인할 수 있는 경우

해설] ② 전체깊이가 250mm 이하인 보

■2019년 3회■19. 철근콘크리트 보에서 스터럽을 배근하는 주목적으로 옳은 것은?

① 철근의 인장강도가 부족하기 때문에
② 콘크리트의 탄성이 부족하기 때문에
③ 콘크리트의 사인장강도가 부족하기 때문에
④ 철근과 콘크리트의 부착강도가 부족하기 때문에

해설] ③
스터럽은 전단응력(사인장응력)에 저항한다.

■2019년 2회■20. 철근 콘크리트보에 스터럽을 배근하는 가장 중요한 이유로 옳은 것은?

① 주철근 상호간의 위치를 바르게 하기 위하여
② 보에 작용하는 사인장 응력에 의한 균열을 제어하기 위하여
③ 콘크리트와 철근과의 부착강도를 높이기 위하여
④ 압축측 콘크리트의 좌굴을 방지하기 위하여

해설] ②
스터럽은 전단응력(사인장응력)에 효과적이다.

■2019년 2회■21. 폭 350 mm, 유효깊이 500 mm인 보에 설계기준 항복강도가 400 MPa인 D13 철근을 인장 주철근에 대한 경사각(α)이 60°인 U형 경사 스터럽으로 설치했을 때 전단보강철근의 공칭강도(V_s)는? (단, 스트럽 간격 s=250 mm, D13 철근 1본의 단면적은 127 mm^2 이다.)

① 201.4 kN ② 212.7 kN
③ 243.2 kN ④ 277.6 kN

해설] ④
$$V_s = \frac{d}{s} A_v f_y (\sin\alpha + \cos\alpha)$$
$$= \frac{500}{250} \times 127 \times 2 \times 400 \times (\sin 60° + \cos 60°)$$
$$= 227.6 kN$$

■2019년 1회■22. 다음 중 철근콘크리트 보에서 사인장철근이 부담하는 주된 응력은?
① 부착응력
② 전단응력
③ 지압응력
④ 휨인장응력

해설] ②

■2019년 1회■23. 철근콘크리트 부재의 비틀림철근 상세에 대한 설명으로 틀린 것은? (단, p_h : 가장 바깥의 횡방향 폐쇄스터럽 중심선의 둘레(mm)이다.)
① 종방향 비틀림철근은 양단에 정착하여야 한다.
② 횡방향 비틀림철근의 간격은 $p_h/4$ 보다 작아야 하고, 또한 200mm보다 작아야 한다.
③ 종방향 철근의 지름은 스터럽 간격의 1/24 이상이어야 하며, 또한 D10 이상의 철근이어야 한다.
④ 비틀림에 요구되는 종방향 철근은 폐쇄스터럽의 둘레를 따라 300mm 이하의 간격으로 분포시켜야 한다.

해설] ② 횡방향 비틀림철근의 간격은 $p_h/8$ 보다 작아야 하고, 또한 300mm보다 작아야 한다.

■2018년 3회■24. 계수 전단강도 V_u=60kN을 받을 수 있는 직사각형 단면이 최소전단철근 없이 견딜 수 있는 콘크리트의 유효깊이 d는 최소 얼마 이상이어야 하는가? (단, f_{ck}=24MPa, 단면의 폭(b)=350mm)
① 560mm
② 525mm
③ 434mm
④ 328mm

해설] ①
$$\frac{1}{2}\phi V_c = \frac{1}{2} \times 0.75 \times \frac{\sqrt{24} \times 350 \times d}{6} = 60 \times 10^3 \text{에서,}$$
$d = 559.9mm$

■2018년 3회■25. 전단철근에 대한 설명으로 틀린 것은?
① 철근콘크리트 부재의 경우 주인장 철근에 45° 이상의 각도로 설치되는 스터럽을 전단철근으로 사용할 수 있다.
② 철근콘크리트 부재의 경우 주인장 철근에 30° 이상의 각도로 구부린 굽힘철근을 전단철근으로 사용할 수 있다.
③ 전단철근으로 사용하는 스터럽과 기타 철근 또는 철선은 콘크리트 압축연단부터 거리 d만큼 연장하여야 한다.
④ 용접 이형철망을 사용할 경우 전단철근의 설계기준항복강도는 500MPa을 초과할 수 없다.

해설] ④ 용접 이형철망을 사용할 경우 전단철근의 설계기준항복강도는 600MPa을 초과할 수 없다.

■2018년 3회■26. 비틀림철근에 대한 설명으로 틀린 것은? (단, A_{oh}는 가장 바깥의 비틀림 보강철근의 중심으로 닫혀진 단면적이고, p_h는 가장 바깥의 횡방향 폐쇄스터럽 중심선의 둘레이다.)
① 횡방향 비틀림철근은 종방향 철근 주위로 135° 표준갈고리에 의해 정착하여야 한다.
② 비틀림모멘트를 받는 속빈 단면에서 횡방향 비틀림철근의 중심선으로부터 내부 벽면까지의 거리는 $0.5A_{oh}/p_h$ 이상이 되도록 설계하여야 한다.
③ 횡방향 비틀림철근의 간격은 $p_h/6$ 및 400mm보다 작아야 한다.
④ 종방향 비틀림철근은 양단에 정착하여야 한다.

해설] ③ 횡방향 비틀림철근의 간격은 $p_h/8$ 및 400mm보다 작아야 한다.

■2018년 3회■27. 깊은 보(deep beam)의 강도는 다음 중 무엇에 의해 지배되는가?
① 압축
② 인장
③ 휨
④ 전단

해설] ④
얕은 보는 주로 휨에, 깊은 보는 전단에 지배된다.

■2018년 2회■28. 직사각형 보에서 계수 전단력 V_u= 70kN을 전단철 근없이 지지하고자 할 경우 필요한 최소 유효깊이 d는 약 얼마인가? (단, b=400mm, f_{ck}=21MPa, f_y = 350MPa)
① d = 426mm
② d = 556mm
③ d = 611mm
④ d = 751mm

해설] ③
$\frac{1}{2}\phi V_c = \frac{1}{2}\times 0.75 \times \frac{\sqrt{21}\times 400 \times d}{6} = 70\times 10^3$에서,
$d = 611mm$

■2018년 2회■29. 철근콘크리트 부재의 전단철근에 관한 다음 설명 중 옳지 않은 것은?
① 주인장철근에 30° 이상의 각도로 구부린 굽힘철근도 전단철근으로 사용할 수 있다.
② 부재축에 직각으로 배치된 전단철근의 간격은 d/2이하, 600mm 이하로 하여야 한다.
③ 최소 전단철근량은 $0.35\frac{b_w s}{y_t}$ 보다 작지 않아야 한다.
④ 전단철근의 설계기준항복강도는 300MPa을 초과할 수 없다.

해설] ④ 전단철근의 설계기준항복강도는 500MPa을 초과할 수 없다.

■2018년 1회■30. 그림의 보에서 계수전단력 V_u = 262.5 kN에 대한 가장 적당한 스터럽 간격은? (단, 사용된 스터럽은 D13철근이다. 철근D13의 단면적은 127mm², f_{ck} = 28 MPa, f_{yt} = 400 MPa 이다.)

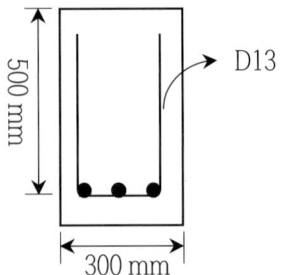

① 195
② 201mm
③ 233mm
④ 265mm

해설] ③
$3\phi V_c = 3\times 0.75 \times \frac{\sqrt{28}\times 300 \times 500}{6} = 297.6 kN > V_u$

따라서, 스터럽의 최대간격은 $\frac{d}{2} = \frac{500}{2} = 250mm$, 300mm

$V_u = \phi V_c + \phi V_s$에서, $262.5 = 99.2 + \phi V_s$ 이므로,

$\phi V_s = 163.3 \times 10^3 = 0.75 \times \frac{500}{s} \times 127 \times 2 \times 400$에서,

$s = 233.3 mm$

■2018년 1회■31. 다음 중 적합 비틀림에 대한 설명으로 옳은 것은?
① 균열의 발생 후 비틀림모멘트의 재분배가 일어날 수 없는 비틀림
② 균열의 발생 후 비틀림모멘트의 재분배가 일어날 수 있는 비틀림
③ 균열의 발생 전 비틀림모멘트의 재분배가 일어날 수 없는 비틀림
④ 균열의 발생 전 비틀림모멘트의 재분배가 일어날 수 있는 비틀림

해설] ②

■2017년 3회■32. 폭(b)이 250mm이고, 전체높이(h)가 500mm인 직사각형 철근콘크리트 보의 단면에 균열을 일으키는 비틀림 모멘트 T_{cr}는 약 얼마인가? (단, f_{ck}=28MPa이다.)

① 9.8kN.m ② 11.3kN.m
③ 12.5kN.m ④ 18.4kN.m

해설] ④
$$T_{cr} = \frac{\lambda \sqrt{f_{ck}}}{3} \frac{A_{cp}^2}{p_{cp}} = \frac{\sqrt{28}}{3} \times \frac{(250 \times 500)^2}{(250+500) \times 2}$$
$$= 18.4 kN.m$$

■2017년 3회■33. 계수전단력(V_u)이 콘크리트에 의한 설계전단(ϕV_c)의 1/2을 초과하는 철근콘크리트 휨부재에는 최소 전단철근을 배치하도록 규정하고 있다. 다음 중 이 규정에서 제외되는 경우에 대한 설명으로 틀린 것은?

① 슬래브와 기초판
② 전체 깊이가 400mm이하인 보
③ I 형보, T형보에서 그 깊이가 플랜지 두께의 2.5배 또는 복부폭의 1/2중 큰 값 이하인 보
④ 교대 벽체 및 날개벽, 옹벽의 벽체, 암거 등과 같이 휨이 주거동인 판 부재

해설] ② 전체 깊이가 250mm이하인 보

■2017년 2회■34. 철근콘크리트 구조물의 전단철근에 대한 설명으로 틀린 것은?

① 이형철근을 전단철근으로 사용하는 경우 설계기준 항복강도 f_y는 550MPa을 초과하여 취할 수 없다.
② 전단철근으로서 스터럽과 굽힘철근을 조합하여 사용할 수 있다.
③ 주인장 철근에 45°이상의 각도로 설치되는 스터럽은 전단철근으로 사용할 수 있다.
④ 경사스터럽과 굽힘철근은 부재 중간높이인 0.5d에서 반력점 방향으로 주인장철근까지 연장된 45°선과 한 번 이상 교차되도록 배치하여야 한다.

해설] ① 이형철근을 전단철근으로 사용하는 경우 설계기준 항복강도 f_y는 500MPa을 초과하여 취할 수 없다.

■2017년 2회■35. 그림의 보에서 계수전단력 V_u = 225 kN에 대한 가장 적당한 스터럽 간격은? (단, 사용된 스터럽은 D13철근이다. 철근D13의 단면적은 127mm², f_{ck} = 24 MPa, f_{yt} = 350 MPa 이다.)

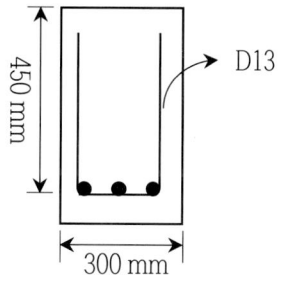

① 125mm
② 195mm
③ 210mm
④ 225mm

해설] ③
$$3\phi V_c = 3 \times 0.75 \times \frac{\sqrt{24} \times 300 \times 450}{6} = 248 kN > V_u$$

따라서, 스터럽의 최대간격은 $\frac{d}{2} = \frac{450}{2} = 225mm$, 300mm

$V_u = \phi V_c + \phi V_s$에서, $225 = 82.67 + \phi V_s$ 이므로,

$\phi V_s = 142.33 \times 10^3 = 0.75 \times \frac{450}{s} \times 127 \times 2 \times 350$에서,

$s = 210mm$

■2017년 2회■36. 직사각형 단순보에서 계수 전단력 V_u =70kN을 전단철근 없이 지지하고자 할 경우 필요한 최소 유효깊이 d는? (단, b=400mm, f_{ck}=24MPa, f_y= 350MPa)

① 426mm
② 572mm
③ 611mm
④ 751mm

해설] ②

$\frac{1}{2}\phi V_c = \frac{1}{2} \times 0.75 \times \frac{\sqrt{24} \times 400 \times d}{6} = 70 \times 10^3$에서,

$d = 571.5mm$

■2017년 1회■37. 다음 중 최소 전단철근을 배치하지 않아도 되는 경우가 아닌 것은? (단, $\frac{1}{2}\phi V_c < V_u$ 인 경우)

① 슬래브나 확대기초의 경우

② 전단철근이 없어도 계수휨모멘트와 계수전단력에 저항할 수 있다는 것을 실험에 의해 확인할 수 있는 경우

③ T형보에서 그 깊이가 플랜지 두께의 2.5배 또는 복부폭의 1/2 중 큰 값 이하인 보

④ 전체깊이가 450mm 이하인 보

해설] ④ 전체깊이가 250mm 이하인 보

■2017년 1회■38. b_w=250mm, d=500mm, f_{ck}=21MPa, f_y=400MPa인 직사각형 보에서 콘크리트가 부담하는 설계전단강도(ϕV_c)는?

① 71.6kN
② 76.4kN
③ 82.2kN
④ 91.5kN

해설] ①

$\phi V_c = 0.75 \times \frac{\sqrt{21} \times 250 \times 500}{6} = 71.6 kN$

문제유형5 기둥

■2021년 3회■1. 그림과 같은 나선철근 단주의 강도설계법에 의한 공칭축강도(P_n)는? (단, D32 1개의 단면적=$794mm^2$, $f_{ck}=24MPa$, $f_y=400MPa$)

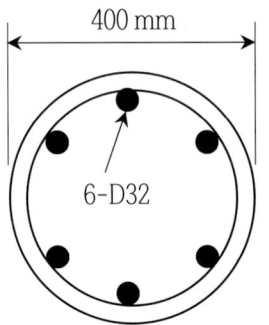

① 2,648kN ② 3,254kN
③ 3,716kN ④ 3,972kN

해설] ③

$A_c = A_g - A_{st} = \pi \times 200^2 - 794 \times 6 = 120.9 \times 10^3$

$P_n = \alpha[\eta 0.85 f_{ck} A_c + f_y A_{st}]$

$= 0.85 \times (0.85 \times 24 \times 120.9 \times 10^3 + 400 \times 794 \times 6)$

$= 3716 kN$

■2021년 3회■2. 나선철근 기둥의 설계에 있어서 나선철근비(ρ_s)를 구하는 식으로 옳은 것은? (단, A_g: 기둥의 총 단면적, A_{ch}: 나선철근 기둥의 심부 단면적, f_{yt}: 나선철근의 설계기준항복강도, f_{ck}: 콘크리트의 설계기준압축강도)

① $0.45\left(\frac{A_g}{A_{ch}}-1\right)\frac{f_{yt}}{f_{ck}}$

② $0.45\left(\frac{A_g}{A_{ch}}-1\right)\frac{f_{ck}}{f_{yt}}$

③ $0.45\left(1-\frac{A_g}{A_{ch}}\right)\frac{f_{ck}}{f_{yt}}$

④ $0.45\left(1-\frac{A_g}{A_{ch}}\right)\frac{f_{yt}}{f_{ck}}$

해설] ②

■2021년 2회■3. 지름 450mm인 원형 단면을 갖는 중심축하중을 받는 나선철근 기둥에서 강도설계법에 의한 축방향 설계축강도(ϕP_n)는 얼마인가? (단, 이 기둥은 단주이고, $f_{ck}=27MPa$, $f_y=350MPa$, $A_{st}=8-D22=3096mm^2$, 압축지배단면이다.)

① 1,166 kN
② 1,299 kN
③ 2,425 kN
④ 2,774 kN

해설] ④

$A_c = A_g - A_{st} = \dfrac{\pi \times 450^2}{4} - 3096 = 155.9 \times 10^3 mm^2$

$\phi P_n = \phi\alpha(\eta 0.85 f_{ck} A_c + f_y A_{st})$

$= 0.7 \times 0.85 \times (0.85 \times 27 \times 155.9 \times 10^3 + 350 \times 3096)$

$= 2774 kN$

■2021년 1회■4. 나선철근 압축부재 단면의 심부 지름이 300mm, 기둥 단면의 지름이 400mm인 나선철근 기둥의 나선철근비는 최소 얼마 이상이어야 하는가? (단, 나선철근의 설계기준항복강도(f_{yt})는 400MPa, 콘크리트의 설계기준압축강도(f_{ck})는 28MPa이다.)

① 0.0184
② 0.0201
③ 0.0225
④ 0.0245

해설] ④

$\rho_s = 0.45\left(\dfrac{A_g}{A_{ch}} - 1\right)\dfrac{f_{ck}}{f_{yt}} = 0.45\left(\dfrac{\pi \times 200^2}{\pi \times 150^2} - 1\right)\dfrac{28}{400}$

$= 0.0245$

■2020년 4회■5. 강도설계법에서 그림과 같은 띠철근 기둥의 최대 설계축강도($\phi P_{n(\max)}$)는? (단, 축방향 철근의 단면적 A_{st}=1,865mm^2, f_{ck}=28MPa, f_y=300MPa이고, 기둥은 중심하중을 받는 단주이다.)

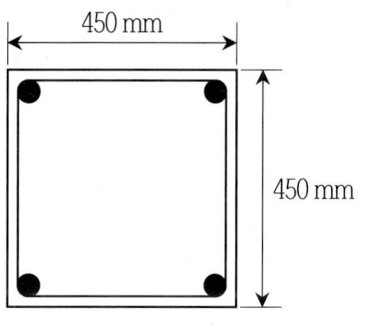

① 1,998kN
② 2,490kN
③ 2,774kN
④ 3,075kN

해설] ③

$A_c = 450^2 - 1865 = 200,635 mm^2$

$\phi P_n = \phi\alpha(0.85 f_{ck} A_c + A_{st} f_y)$

$= 0.65 \times 0.8 \times (0.85 \times 28 \times 200635 + 1865 \times 300)$

$= 2,774 kN$

■2020년 1,2회■6. 그림과 같은 띠철근 기둥에서 띠철근의 최대 수직간격으로 적당한 것은? (단, D10의 공칭직경은 9.5mm, D32의 공칭직경은 31.8mm이다.)

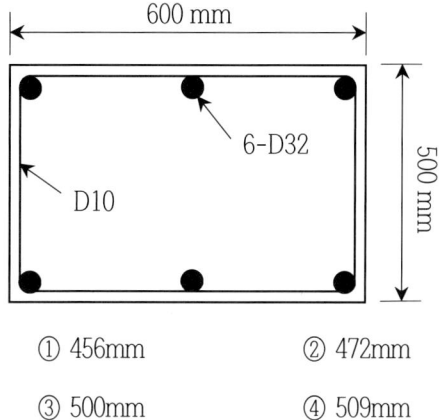

① 456mm
② 472mm
③ 500mm
④ 509mm

해설] ①
$16d_b = 16 \times 31.8 = 508.8mm$

$48d_b = 48 \times 9.5 = 456mm$

기둥단면의 최소치수 = 500mm

따라서, 최소값인 456mm 이하로 배근해야 한다.

■2019년 3회■7. 철골 압축재의 좌굴 안정성에 대한 설명 중 틀린 것은?

① 좌굴길이가 길수록 유리하다.

② 단면2차반지름이 클수록 유리하다.

③ 힌지지지보다 고정지지가 유리하다.

④ 단면2차모멘트 값이 클수록 유리하다.

해설] ① 좌굴길이가 길수록 불리하다.

■2019년 2회■8. 그림과 같은 나선철근 기둥에서 나선철근의 간격(pitch)으로 적당한 것은? (단, 소요나선철근비(ρ_s)는 0.018, 나선철근의 지름은 12 mm, D_c는 나선철근의 바깥지름)

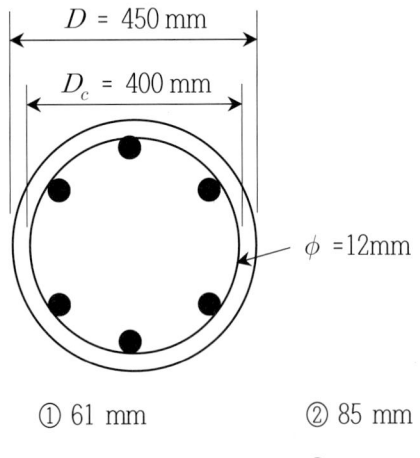

① 61 mm ② 85 mm

③ 93 mm ④ 105 mm

해설] ①
나선철근의 간격은 25~75mm 로 한다.

■2018년 3회■9. 그림과 같은 나선철근 단주의 강도설계법에 의한 공칭축강도(P_n)는? (단, D32 1개의 단면적 = $794mm^2$, $f_{ck} = 24MPa$, $f_y = 400MPa$)

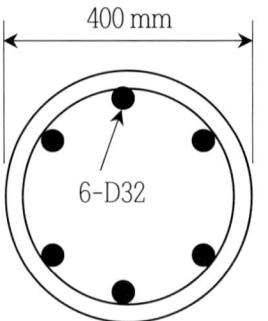

① 2,648kN

② 3,254kN

③ 3,716kN

④ 3,972kN

해설] ③
$A_c = A_g - A_{st} = \pi \times 200^2 - 794 \times 6 = 120.9 \times 10^3$

$P_n = \alpha[\eta 0.85 f_{ck} A_c + f_y A_{st}]$
$= 0.85 \times (0.85 \times 24 \times 120.9 + 400 \times 794 \times 6)$
$= 3716 kN$

■2018년 2회■10. 그림과 같은 띠철근 기둥에서 띠철근의 최대 간격은? (단, D10의 공칭직경은 9.5mm, D32의 공칭직경은 31.8mm)

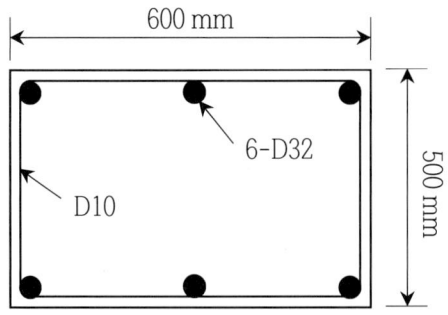

① 400mm

② 456mm

③ 500mm

④ 509mm

해설] ②

기둥단면의 최소치수 500mm

$16d_b = 16 \times 31.8 = 508.8mm$

$48d_b = 48 \times 9.5 = 456mm$

따라서, 최소값인 456mm 이하 간격으로 배치한다.

■2017년 3회■11. 다음과 같은 띠철근 단주 단면의 공칭 축하중강도(P_n)는? (단, 종방향 철근(A_{st}) = 4-D29=2,570mm², f_{ck}=21MPa, f_y=400MPa)

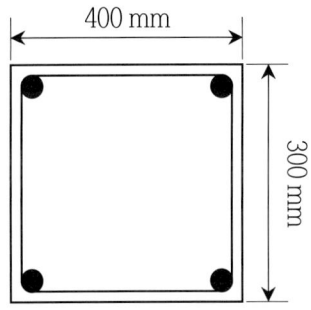

① 3,331.7kN
② 3,070.5kN
③ 2,499.3kN
④ 2,187.2kN

해설] ③

$P_n = \alpha[0.85f_{ck}(A_g - A_{st}) + f_yA_{st}]$

$= 0.8 \times [0.85 \times 21 \times (400 \times 300 - 2570) + 400 \times 2570]$

$= 2499.3kN$

■2017년 2회■12. A_g=180,000mm², f_{ck}=24MPa, f_y=350MPa 이고, 종방향 철근의 전체 단면적(A_{st})=4,500mm²인 나선철근기둥(단주)의 공칭축강도(P_n)는?

① 2,987.7kN
② 3,067.4kN
③ 3,873.2kN
④ 4,381.9kN

해설] ④

$A_c = A_g - A_{st} = 180 \times 10^3 - 4500 = 175.5 \times 10^3 mm^2$

$P_n = \alpha[\eta 0.85f_{ck}A_c + f_yA_{st}]$

$= 0.85 \times (0.85 \times 24 \times 175.5 \times 10^3 + 350 \times 4500)$

$= 4381.9kN$

■2017년 1회■13. 나선철근으로 둘러싸인 압축부재의 축방향 주철근의 최소 개수는?

① 3개   ② 4개
③ 5개   ④ 6개

해설] ④

문제유형6   기초판

■2020년 3회■1. 아래 그림과 같은 독립확대기초에서 1방향 전단에 대해 고려할 경우 위험단면의 계수전단력(V_u)는? (단, 계수하중 P_u = 1,500 kN 이다.)

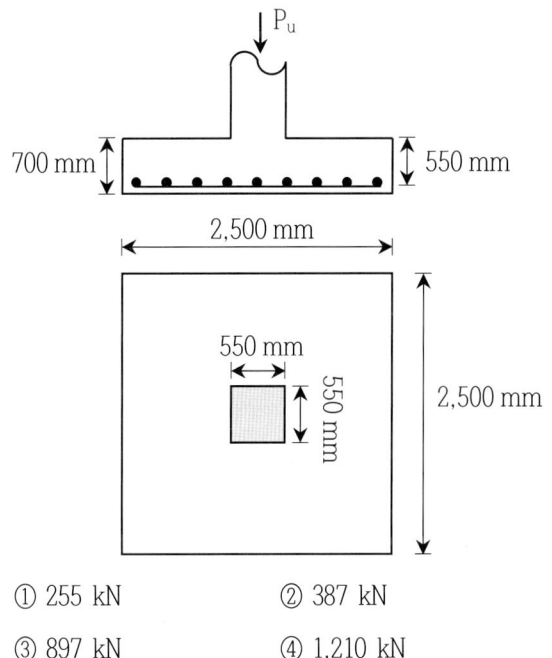

① 255 kN   ② 387 kN
③ 897 kN   ④ 1,210 kN

해설] ①

기초판 끝단에서 전단력 위험지점 x

$$x = \frac{L}{2} - \frac{t}{2} - d = \frac{2500}{2} - \frac{550}{2} - 550 = 425mm$$

$$V_{u1} = q_u \times A = \frac{1500 \times 10^3}{2500^2} \times 425 \times 2500 = 255kN$$

문제유형7 슬래브

■2022년 2회■1. 2방향 슬래브 설계 시 직접설계법을 적용하기 위해 만족하여야 하는 사항으로 틀린 것은?
① 각 방향으로 3경간 이상이 연속되어야 한다.
② 슬래브 판들은 단변 경간에 대한 장변 경간의 비가 2 이하인 직사각형이어야 한다.
③ 각 방향으로 연속한 받침부 중심간 경간차이는 긴 경간의 1/3 이하이어야 한다.
④ 연속한 기둥 중심선을 기준으로 기둥의 어긋남은 그 방향 경간의 20% 이하이어야 한다.

해설] ④ 연속한 기둥 중심선을 기준으로 기둥의 어긋남은 그 방향 경간의 10% 이하이어야 한다.

■참고 [직접설계법의 제한사항]
① 각 방향으로 3경간 이상
② 단변 경간에 대한 장변 경간의 비가 2 이하인 직사각형의 슬래브판
③ 각 방향으로 연속한 받침부 중심간 경간 길이의 차이는 긴 경간의 1/3 이하
④ 연속한 기둥 중심선으로부터 기둥의 이탈은 이탈 방향 경간의 최대 10% 까지 허용
⑤ 모든 하중은 연직하중으로 슬래브 전체에 등분포
⑥ 활하중은 고정하중의 2배 이하

■2022년 2회■2. 아래에서 설명하는 용어는?

보나 지판이 없이 기둥으로 하중을 전달하는 2방향으로 철근이 배치된 콘크리트 슬래브

① 플랫 플레이트 ② 플랫 슬래브
③ 리브 쉘 ④ 주열대

해설] ①
플랫 슬래브 : 슬래브 - 드롭패널 - 기둥
플랫 플레이트 슬래브(평판 플랫 슬래브) : 슬래브 - 기둥

■2022년 2회■3. 단순 지지된 2방향 슬래브의 중앙점에 집중하중 P가 작용할 때 경간비가 1:2라면 단변과 장변이 부담하는 하중비($P_S : P_L$)는? (단, P_S : 단변이 부담하는하중, P_L : 장변이 부담하는 하중)

① 1:8 ② 8:1
③ 1:16 ④ 16:1

해설] ②
집중하중은 경간의 3제곱에 반비례하여 분담된다.
따라서, $2^3 : 1^3 = 8 : 1$

■2022년 1회■4. 연속보 또는 1방향 슬래브의 휨모멘트와 전단력을 구하기 위해 근사해법을 적용할 수 있다. 근사해법을 적용하기 위해 만족하여야 하는 조건으로 틀린 것은?
① 등분포 하중이 작용하는 경우
② 부재의 단면 크기가 일정한 경우
③ 활하중이 고정하중의 3배를 초과하는 경우
④ 인접 2경간의 차이가 짧은 경간의 20% 이하인 경우

해설] ③ 활하중이 고정하중의 3배를 초과하지 않는 경우

■2021년 3회■5. 직접설계법에 의한 2방향 슬래브 설계에서 전체 정적 계수 휨모멘트(M_o)가 340kN.m로 계산되었을 때, 내부 경간의 부계수 휨모멘트는?
① 102kN.m ② 119kN.m
③ 204kN.m ④ 221kN.m

해설] ④
부계수휨모멘트 $= 0.65 M_o = 0.65 \times 340 = 221 kN.m$
정계수휨모멘트 $= 0.35 M_o$

■2021년 2회■6. 2방향 슬래브의 설계에서 직접설계법을 적용할 수 있는 제한 조건으로 틀린 것은?

① 각 방향으로 3경간 이상이 연속되어야 한다.
② 슬래브 판들은 단변 경간에 대한 장변 경간의 비가 2이하인 직사각형이어야 한다.
③ 각 방향으로 연속한 받침부 중심간 경간 차이는 긴 경간의 1/3 이하이어야 한다.
④ 모든 하중은 연직하중으로 슬래브 판 전체에 등분포이고, 활하중은 고정하중의 3배 이상이어야 한다.

해설] ④ 모든 하중은 연직하중으로 슬래브 판 전체에 등분포이고, 활하중은 고정하중의 2배 이하이어야 한다.

■2021년 1회■7. 아래는 슬래브의 직접설계법에서 모멘트 분배에 대한 내용이다. 아래의 ( )안에 들어갈 ㉠, ㉡으로 옳은 것은?

| 내부 경간에서는 전체 정적 계수휨모멘트 M_o를 다음과 같은 비율로 분배하여야 한다. |
| ○ 부계수 휨모멘트 --------------- (㉠) |
| ○ 정계수 휨모멘트 --------------- (㉡) |

① ㉠: 0.65, ㉡: 0.35
② ㉠: 0.55, ㉡: 0.45
③ ㉠: 0.45, ㉡: 0.55
④ ㉠: 0.35, ㉡: 0.65

해설] ①

■2021년 1회■8. 2방향 슬래브의 설계에서 직접설계법을 적용할 수 있는 제한 사항으로 틀린 것은?

① 각 방향으로 3경간 이상 연속되어야 한다.
② 슬래브 판들은 단변 경간에 대한 장변 경간의 비가 2이하인 직사각형이어야 한다.
③ 각 방향으로 연속한 받침부 중심간 경간 차이는 긴 경간의 1/3 이하이어야 한다.
④ 연속한 기둥 중심선을 기준으로 기둥의 어긋남은 그 방향 경간의 20% 이하이어야 한다.

해설] ④ 연속한 기둥 중심선을 기준으로 기둥의 어긋남은 그 방향 경간의 10% 이하이어야 한다.

■2020년 4회■9. 그림과 같이 단순 지지된 2방향 슬래브에 등분포 하중 w가 작용할 때, ab 방향에 분배되는 하중은 얼마인가?

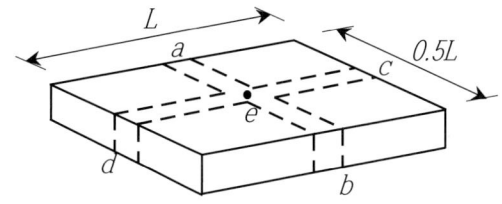

① 0.059w
② 0.111w
③ 0.889w
④ 0.941w

해설] ④

등분포하중이 재하되는 경우 L^4에 반비례하여 분담

$$\omega_{ab} = \frac{L^4}{L^4 + (0.5L)^4} \times \omega = \frac{16\omega}{17} = 0.941\omega$$

■2020년 4회■10. 슬래브의 구조상세에 대한 설명으로 틀린 것은?

① 1방향 슬래브의 두께는 최소 100mm이상으로 하여야 한다.
② 1방향 슬래브의 정모멘트 철근 및 부모멘트 철근의 중심 간격은 위험단면에서는 슬래브 두께의 2배 이하이어야 하고, 또한 300mm이하로 하여야 한다.
③ 1방향 슬래브의 수축.온도철근의 간격은 슬래브 두께의 3배 이하, 또한 400mm이하로 하여야 한다.
④ 2방향 슬래브의 위험단면에서 철근 간격은 슬래브 두께의 2배 이하, 또한 300mm이하로 하여야 한다.

해설] ③ 1방향 슬래브의 수축.온도철근의 간격은 슬래브 두께의 5배 이하, 또한 450mm이하로 하여야 한다.

■2020년 3회■11. 2방향 슬래브 직접설계법의 제한상으로 틀린 것은?

① 각 방향으로 3경간 이상 연속되어야 한다.
② 슬래브 판들은 단변 경간에 대한 장변 경간의 비가 2 이하인 직사각형이어야 한다.
③ 각 방향으로 연속한 받침부 중심간 경간 차이는 긴 경간의 1/3 이하이어야 한다.
④ 연속한 기둥 중심선을 기준으로 기둥의 어긋남은 그 방향 경간의 20% 이하이어야 한다.

해설] ④ 연속한 기둥 중심선을 기준으로 기둥의 어긋남은 그 방향 경간의 10% 이하이어야 한다.

■2020년 1,2회■12. 2방향 슬래브의 직접설계법을 적용하기 위한 제한사항으로 틀린 것은?

① 각 방향으로 3경간 이상이 연속되어야 한다.
② 슬래브 판들은 단변 경간에 대한 장변 경간의 비가 2이하인 직사각형이어야 한다.
③ 모든 하중은 슬래브 판 전체에 걸쳐 등분포된 연직하중이어야 한다.
④ 연속한 기둥 중심선을 기준으로 기둥의 어긋남은 그 방향 경간의 최대 20%까지 허용할 수 있다.

해설] ④ 연속한 기둥 중심선을 기준으로 기둥의 어긋남은 그 방향 경간의 최대 10%까지 허용할 수 있다.

■2019년 3회■13. 2방향 슬래브 설계에 사용되는 직접설계법의 제한 사항으로 틀린 것은?

① 각 방향으로 2경간 이상 연속되어야 한다.
② 각 방향으로 연속한 받침부 중심간 경간 차이는 긴 경간의 1/3 이하이어야 한다.
③ 연속한 기둥 중심선을 기준으로 기둥의 어긋남은 그 방향 경간의 10% 이하이어야 한다.
④ 모든 하중은 슬래브 판 전체에 걸쳐 등분포된 연직하중이어야 하며, 활하중은 고정하중의 2배 이하이어야 한다.

해설] ① 각 방향으로 3경간 이상 연속되어야 한다.

■2019년 2회■14. 1방향 철근콘크리트 슬래브에서 설계기준 항복강도(f_y)가 450 MPa인 이형철근을 사용한 경우 수축·온도철근비는?

① 0.0016
② 0.0018
③ 0.0020
④ 0.0022

해설] ②

$$0.002 \times \frac{400}{f_y} = 0.002 \times \frac{400}{450} = 0.00178 > 0.0014$$

■2019년 1회■15. 콘크리트 슬래브 설계 시 직접설계법을 적용할 수 있는 제한사항에 대한 설명 중 틀린 것은?

① 각 방향으로 3경간 이상 연속되어야 한다.
② 각 방향으로 연속한 받침부 중심간 경간 차이는 긴 경간의 1/3 이하이어야 한다.
③ 슬래브 판들은 단변 경간에 대한 장변 경간의 비가 2 이하인 직사각형이어야 한다.
④ 연속한 기둥 중심선을 기준으로 기둥의 어긋남은 그 방향 경간의 15% 이하이어야 한다.

해설] ④ 연속한 기둥 중심선을 기준으로 기둥의 어긋남은 그 방향 경간의 10% 이하이어야 한다.

■2018년 3회■16. 4번에 의해 지지되는 2방향 슬래브 중에서 1방향 슬래브로 보고 해석할 수 있는 경우에 대한 기준으로 옳은 것은? (단, L: 2방향 슬래브의 장경간, S: 2방향 슬래브의 단경간)

① L/S가 2보다 클 때
② L/S가 1일 때
③ L/S가 3/2이상일 때
④ L/S가 3보다 작을 때

해설]
장단비(L/S)가 2를 초과할 때 1방향 슬래브로 해석한다.

■2018년 2회■17. 단순 지지된 2방향 슬래브의 중앙점에 집중하중 P가 작용할 때 경간비가 1:2라면 단변과 장변이 부담하는 하중비($P_S : P_L$)는? (단, P_S : 단변이 부담하는하중, P_L : 장변이 부담하는 하중)

① 1:8　　　　　② 8:1
③ 1:16　　　　　④ 16:1

해설] ②
집중하중은 경간의 3제곱에 반비례하여 분담된다.
따라서, $2^3 : 1^3 = 8 : 1$

■2017년 3회■18. 1방향 슬래브에 대한 설명으로 틀린 것은?
① 1방향 슬래브의 두께는 최소 80mm 이상으로 하여야한다.
② 4번에 의해 지지되는 2방향 슬래브 중에서 단변에 대한 장변의 비가 2배를 넘으면 1방향 슬래브로서 해석한다.
③ 슬래브의 정포멘트 철근 및 부모멘트 철근의 2배 이하이어야 하고, 또한 300mm 이하 하여야 한다.
④ 슬래브의 정모멘트 철근 및 부모멘트 철근의 중심 간격은 위험단면을 제외한 단면에서는 슬래브 두께의 3배 이하이어야 하고, 또한 450mm 이하로 하여야 한다.

해설] ① 1방향 슬래브의 두께는 최소 100mm 이상으로 하여야 한다.

> 문제유형8　　사용성과 내구성

■2022년 2회■1. 폭이 350mm, 유효깊이가 550mm인 직사각형 단면의 보에서 지속하중에 의한 순간 처짐이 16mm일 때 1년 후 총 처짐량은? (단, 배근된 인장철근량(As)은 2,246mm², 압축철근량(As')은 1,284mm² 이다.)

① 20.5 mm　　　② 26.5 mm
③ 32.8 mm　　　④ 42.1 mm

해설] ③
$$\rho' = \frac{A_s'}{bd} = \frac{1284}{350 \times 550} = 6.67 \times 10^{-3}$$
$$\lambda_D = \frac{\xi}{1+50\rho'} = \frac{1.4}{1+50 \times 6.67 \times 10^{-3}} = 1.05$$
장기처짐량 = $\lambda_D \delta = 1.05 \times 16 = 16.8 mm$
총 처짐량 = 16+16.8 = 32.8mm

■2022년 1회■2. 콘크리트 설계기준압축강도가 28 MPa, 철근의 설계기준항복강도가 400 MPa로 설계된 길이가 7m인 양단 연속보에서 처짐을 계산하지 않는 경우 보의 최소 두께는? (단, 보통중량콘크리트($m_c = 2300 kg/m^3$) 이다.)

① 275 mm
② 334 mm
③ 379 mm
④ 438 mm

해설] ②
$$\frac{l}{21} = \frac{7}{21} = 0.333m$$

■2022년 1회■3. 순간 처짐이 20mm 발생한 캔틸레버 보에서 5년 이상의 지속하중에 의한 총 처짐은? (단, 보의 인장 철근비는 0.02, 받침부의 압축철근비는 0.01이다.)

① 26.7 mm
② 36.7 mm
③ 46.7 mm
④ 56.7 mm

해설] ③
$$\lambda_D = \frac{\xi}{1+50\rho'} = \frac{2}{1+50 \times 0.01} = \frac{2}{1.5}$$
총처짐량 = $\delta(1+\lambda_D) = 20(1+\frac{2}{1.5}) = 46.67 mm$

■2021년 3회■4. 압축철근비가 0.01이고, 인장철근비가 0.003인 철근콘크리트보에서 장기 추가처짐에 대한 계수(λ△)의 값은? (단, 하중재하기간은 5년 6개월이다.)

① 0.66
② 0.80
③ 0.93
④ 1.33

해설] ④

$$\lambda_D = \frac{\xi}{1+50\rho'} = \frac{2}{1+50\times0.01} = 1.33$$

■2021년 1회■5. 단철근 직사각형 보의 폭이 300mm, 유효깊이가 500mm, 높이가 600mm일 때, 외력에 의해 단면에서 휨균열을 일으키는 휨모멘트(M_{cr})는? (단, f_{ck} = 28MPa, 보통중량콘크리트이다.)

① 58kN.m
② 60kN.m
③ 62kN.m
④ 64kN.m

해설] ②

$$M_{cr} = \frac{f_r I_g}{y_y} = \frac{0.63\sqrt{28}\times300\times600^3/12}{600/2} = 60kN.m$$

■2021년 1회■6. 복철근 콘크리트보 단면에 압축철근비 ρ' = 0.01 배근되어 있다. 이 보의 순간처짐이 20mm일 때 1년간 지속하중에 의해 유발되는 전체 처짐량은?

① 38.7mm
② 40.3mm
③ 42.4mm
④ 45.6mm

해설] ①

$$\lambda_D = \frac{\xi}{1+50\rho'} = \frac{1.4}{1+50\times0.01} = \frac{1.4}{1.5}$$

총처짐량 $= \delta(1+\lambda_D) = 20\times(1+\frac{1.4}{1.5}) = 38.7mm$

■2021년 1회■7. 콘크리트 설계기준압축강도가 28MPa, 철근의 설계기준항복강도가 350MPa로 설계된 길이가 4m인 캔틸레버 보가 있다. 처짐을 계산하지 않는 경우의 최소 두께는? (단, 보통중량콘크리트($m_c = 2,300kg/m^3$)이다.)

① 340mm
② 465mm
③ 512mm
④ 600mm

해설] ②

$$\frac{l}{8}(0.43+\frac{f_y}{700}) = \frac{4}{8}(0.43+\frac{350}{700}) = 0.465m$$

■2020년 4회■8. 복철근 콘크리트 단면에 인장 철근비는 0.02, 압축철근비는 0.01이 배근된 경우 순간처짐이 20mm일 때 6개월이 지난 후 총 처짐량은? (단, 작용하는 하중은 지속하중이다.)

① 26mm
② 36mm
③ 48mm
④ 68mm

해설] ②

$$\lambda_D = \frac{\xi}{1+50\rho'} = \frac{1.2}{1+50\times0.01} = 0.8$$

총처짐량 $\delta(1+\lambda_D) = 20\times(1+0.8) = 36mm$

■2020년 4회■9. 처짐을 계산하지 않는 경우 단순 지지된 보의 최소 두께(h)는? (단, 보통중량콘크리트($m_c = 2,300kg/m^3$) 및 $f_y = 300MPa$인 철근을 사용한 부재이며, 길이가 10m인 보이다.)

① 429mm
② 500mm
③ 537mm
④ 625mm

해설] ③

$$\frac{l}{16}(0.43+\frac{f_y}{700}) = \frac{10}{16}(0.43+\frac{300}{700}) = 0.537m$$

■2020년 3회■10. 그림과 같은 단면의 균열모멘트 M_{cr}은? (단, f_{ck} = 24MPa, f_y = 400 MPa, 보통중량 콘크리트이다.)

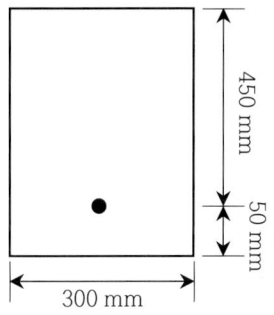

① 22.46 kN.m ② 28.24 kN.m
③ 30.81 kN.m ④ 38.58 kN.m

해설] ④

$$f_{cr} = 0.63\lambda\sqrt{f_{ck}} = 0.63\times\sqrt{24} = 3.09 MPa$$

$$M_{cr} = \frac{f_r I_g}{y_t} = \frac{3.09\times 300\times 500^3/12}{500/2} = 38.58 kN.m$$

■2020년 3회■11. $A_s' $ = 1500 mm², A_s = 1800 mm² 로 배근된 그림과 같은 복철근 보의 순간처짐이 10mm일 때, 5년 후 지속하중에 의해 유발되는 장기처짐은?

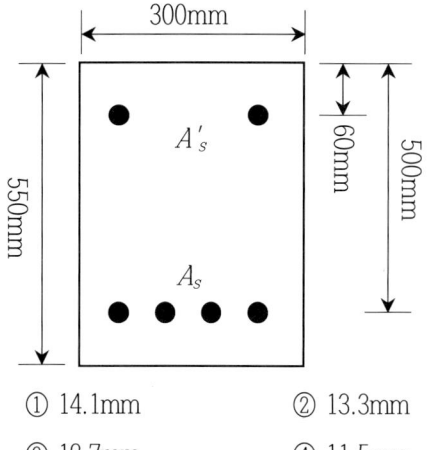

① 14.1mm ② 13.3mm
③ 12.7mm ④ 11.5mm

해설] ②

$$\rho' = \frac{1500}{300\times 500} = 0.01$$

$$\lambda_D = \frac{\xi}{1+50\rho'} = \frac{2}{1+50\times 0.01} = 1.33$$

장기처짐량 $\delta\times\lambda_D = 10\times 1.33 = 13.3mm$

■2020년 1,2회■12. 아래에서 설명하는 부재 형태의 최대 허용 처짐은? (단, l은 부재 길이이다.)

| 과도한 처짐에 의해 손상되기 쉬운 비구조 요소를 지지 또는 부착한 지붕 또는 바닥요소 |

① $l/180$ ② $l/240$
③ $l/360$ ④ $l/480$

해설] ④

처짐에 의해 손상되기 쉬운 요소를 지지하지 않는 경우	평지붕	$l/180$
	바닥	$l/360$
처짐에 의해 손상되기 쉬운 요소를 지지	평지붕 바닥	$l/480$
처짐에 의해 손상될 우려있는 요소를 지지	평지붕 바닥	$l/240$

■2020년 1,2회■13. A_s=3,600mm², $A_s' $=1,200mm² 로 배근된 그림과 같은 복철근 보의 탄성처짐이 12mm라 할 때 5년 후 지속하중에 의해 유발되는 추가 장기처짐은 얼마인가?

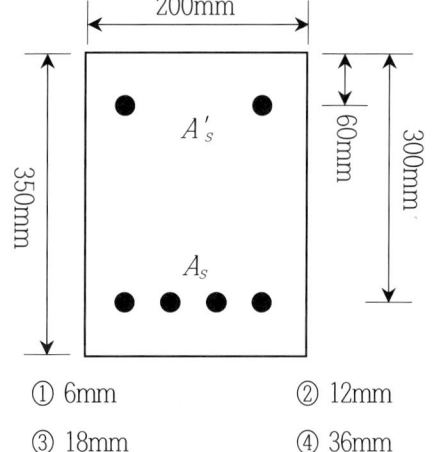

① 6mm ② 12mm
③ 18mm ④ 36mm

해설] ②

$$\rho' = \frac{A_s'}{bd} = \frac{1200}{200 \times 300} = 0.02$$

$$\lambda_D = \frac{\xi}{1+50\rho'} = \frac{2}{1+50 \times 0.02} = 1$$

추가장기처짐량 $\lambda_D \times \delta = 1 \times 12 = 12mm$

■2019년 3회■14. 단면이 300mm × 300mm 인 철근콘크리트 보의 인장부에 균열이 발생할 때의 모멘트(M_{cr})가 13.9 kN.m이다. 이 콘크리트의 설계기준압축강도(f_{ck})는? (단, 보통중량콘크리트이다.)

① 18 MPa ② 21 MPa
③ 24 MPa ④ 27 MPa

해설] ③

$$M_{cr} = \frac{f_r I_g}{y_t} = 0.63 \lambda \sqrt{f_{ck}} \times \frac{bh^2}{6}$$

$$= 0.63 \times \sqrt{f_{ck}} \times \frac{300^3}{6} = 13.9 \times 10^6 \text{ 이므로,}$$

따라서, $f_{ck} = 24 MPa$

■2019년 2회■15. 철근콘크리트 부재에서 처짐을 방지하기 위해서는 부재의 두께를 크게 하는 것이 효과적인데, 구조상 가장 두꺼워야 될 순서대로 나열된 것은? (단, 동일한 부재 길이(L)를 갖는다고 가정)

① 캔틸레버 > 단순지지 > 일단연속 > 양단연속
② 단순지지 > 캔틸레버 > 일단연속 > 양단연속
③ 양단연속 > 양단연속 > 단순지지 > 캔틸레버
④ 양단연속 > 일단연속 > 단순지지 > 캔틸레버

해설] ①

부재	캔틸레버	단순지지	일단연속	양단연속
최소두께	L/8	L/16	L/18.5	L/21

■2019년 2회■16. 복철근 콘크리트 단면에 인장철근비는 0.02, 압축철근비는 0.01이 배근된 경우 순간처짐이 20 mm일 때 6개월이 지난 후 총 처짐량은? (단, 작용하는 하중은 지속하중이며 6개월 재하기간에 따르는 계수 ξ 는 1.2 이다.)

① 56 mm ② 46 mm
③ 36 mm ④ 26 mm

해설] ③

$$\lambda_D = \frac{\xi}{1+50\rho'} = \frac{1.2}{1+50 \times 0.01} = 0.8$$

총처짐량 $\delta(1+\lambda_D) = 20 \times (1+0.8) = 36mm$

■2019년 1회■17. 길이 6m의 단순지지 보통중량 철근콘크리트 보의 처짐을 계산하지 않아도 되는 보의 최소두께는? (단, f_{ck}=21MPa, f_y=350MPa이다.)

① 349mm ② 356mm
③ 375mm ④ 403mm

해설] ①

$$\frac{l}{16}(0.43 + \frac{f_y}{700}) = \frac{6}{16} \times (0.43 + \frac{350}{700}) = 0.3488m$$

■2019년 1회■18. 철근콘크리트 구조물의 균열에 관한 설명으로 옳지 않은 것은?

① 하중으로 인한 균열의 최대폭은 철근 응력에 비례한다.
② 인장측에 철근을 잘 분배하면 균열폭을 최소로 할 수 있다.
③ 콘크리트 표면의 균열폭은 철근에 대한 피복두께에 반비례한다.
④ 많은 수의 미세한 균열보다는 폭이 큰 몇개의 균열이 내구성에 불리하다.

해설] ③ 콘크리트 표면의 균열폭은 철근에 대한 피복두께에 비례한다.

■2018년 3회■19. 길이가 7m인 양단 연속보에서 처짐을 계산하지 않는 경우 보의 최소두께로 옳은 것은? (단, f_{ck}=28MPa, f_y=400MPa)

① 275mm   ② 334mm
③ 379mm   ④ 438mm

해설] ②
$$\frac{l}{21} = \frac{7}{21} = 0.333m$$

■2018년 2회■20. 휨부재 설계시 처짐계산을 하지 않아도 되는 보의 최소 두께를 콘크리트구조기준에 따라 설명한 것으로 틀린 것은? (단, 보통중량콘크리트(m_c=2300kg/m³)와 f_y는 400MPa인 철근을 사용한 부재이며, L부재의 길이이다.)

① 단순지지된 보 : $L/16$
② 1단 연속 보 : $L/18.5$
③ 양단 연속 보 : $L/21$
④ 캔틸레버 보 : $L/12$

해설] ④ 캔틸레버 보 : $L/8$

■2018년 1회■21. A_s=4,000mm², $A_s{'}$=1,500mm²로 배근된 그림과 같은 복철근 보의 탄성처짐이 15mm이다. 5년 이상의 지속하중에 의해 유발되는 장기처짐은 얼마인가?

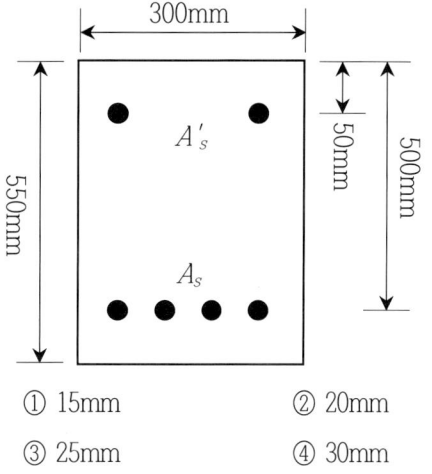

① 15mm   ② 20mm
③ 25mm   ④ 30mm

해설] ②
$$\rho' = \frac{1500}{300 \times 500} = 0.01$$
$$\lambda_D = \frac{\xi}{1+50\rho'} = \frac{2}{1+50 \times 0.01} = \frac{4}{3}$$
장기처짐량 $\lambda_D \delta = \frac{4}{3} \times 15 = 20mm$

■2018년 1회■22. 그림과 같은 단면의 균열모멘트 M_{cr}은? (단, f_{ck} = 24MPa, 보통중량 콘크리트이다.)

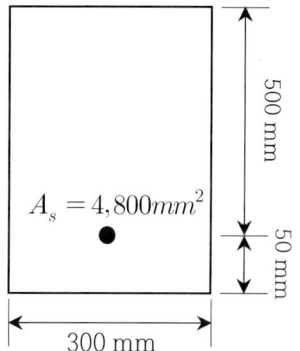

① 46.7kN·m   ② 52.3kN·m
③ 56.4kN·m   ④ 62.1kN·m

해설] ①
$$f_{cr} = 0.63\lambda\sqrt{f_{ck}} = 0.63 \times \sqrt{24} = 3.09 MPa$$
$$M_{cr} = \frac{f_r I_g}{y_t} = \frac{3.09 \times 300 \times 550^3/12}{550/2} = 46.74 kN.m$$

■2017년 3회■23. A_s=3,600mm², $A_s{'}$=1,200mm²로 배근된 그림과 같은 복철근 보의 탄성처짐이 12mm라 할 때 5년 후 지속하중에 의해 유발되는 추가 장기처짐은 얼마인가?

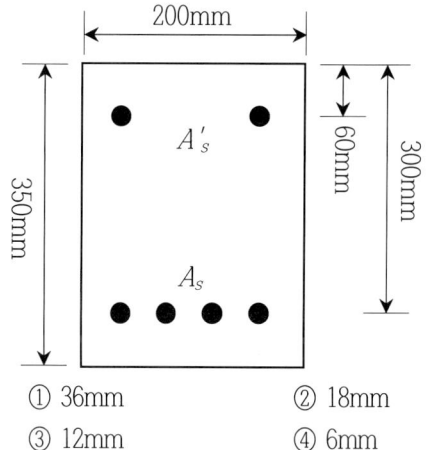

① 36mm   ② 18mm
③ 12mm   ④ 6mm

해설] ③

$$\rho' = \frac{A_s'}{bd} = \frac{1200}{200 \times 300} = 0.02$$

$$\lambda_D = \frac{\xi}{1+50\rho'} = \frac{2}{1+50\times 0.02} = 1$$

추가장기처짐량 $\lambda_D \times \delta = 1 \times 12 = 12mm$

■2017년 2회■24. 아래의 그림과 같은 복철근 보의 탄성처짐이 15mm라면 5년 후 지속하중에 의해 유발되는 전체 처짐은? (단, A_s=3,000mm², A_s'=1,000mm², ξ=2.0)

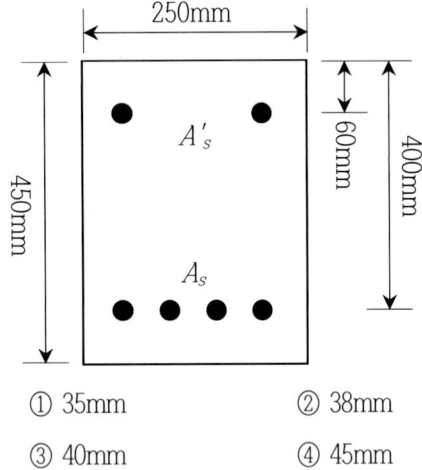

① 35mm ② 38mm
③ 40mm ④ 45mm

해설] ①

$$\rho' = \frac{1000}{250\times 400} = 0.01$$

$$\lambda_D = \frac{\xi}{1+50\rho'} = \frac{2}{1+50\times 0.01} = \frac{4}{3}$$

총처짐량 $\delta(1+\lambda_D) = 15 \times (1+\frac{4}{3}) = 35mm$

■2017년 1회■25. 지간이 4m이고 단순지지된 1방향 슬래브에서 처짐을 계산하지 않는 경우 슬래브의 최소두께로 옳은 것은? (단, 보통중량 콘크리트를 사용하고, f_{ck}=28MPa, f_y=400MPa인 경우)

① 100mm ② 150mm
③ 200mm ④ 250mm

해설] ③

$$\frac{l}{20} = \frac{4}{20} = 0.2m$$

■2017년 1회■26. 처짐과 균열에 대한 다음 설명 중 틀린 것은?
① 처짐에 영향을 미치는 인자로는 하중, 온도, 습도, 재령, 함수량, 압축철근의 단면적 등이다.
② 크리프, 건조수축 등으로 인하여 시간의 경과와 더불어 진행되는 처짐이 탄성처짐이다.
③ 균열폭을 최소화하기 위해서는 적은 수의 굵은 철근보다는 많은 수의 가는 철근을 인장측에 분포시켜야 한다.
④ 콘크리트 표면의 균열폭은 피복두께의 영향을 받는다.

해설] ② 크리프, 건조수축 등으로 인하여 시간의 경과와 더불어 진행되는 처짐은 소성처짐이다.

■2017년 1회■27. 폭(b_w) 300mm, 유효 깊이(d) 450mm, 전체 높이(h) 550mm, 철근량(A_s) 4,800mm²인 보의 균열 모멘트 M_{cr}의 값은? (단, f_{ck}가 21MPa인 보통중량 콘크리트 사용)

① 24.5kN.m ② 28.9N.m
③ 35.6N.m ④ 43.7N.m

해설] ④

문제유형9　옹벽, 암거, 라멘, 아치

■2022년 2회■1. 옹벽의 설계 및 구조해석에 대한 설명으로 틀린 것은?
① 지반에 유발되는 최대 지반반력은 지반의 허용지지력을 초과할 수 없다.
② 전도에 대한 저항휨모멘트는 횡토압에 의한 전도모멘트의 1.5배 이상이어야 한다.
③ 저판의 뒷굽판은 정확한 방법이 사용되지 않는 한, 뒷굽판 상부에 재하되는 모든 하중을 지지하도록 설계하여야 한다.
④ 캔틸레버식 옹벽의 저판은 전면벽과의 접합부를 고정단으로 간주한 켄틸레버로 가정하여 단면을 설계할 수 있다.

해설] ② 전도에 대한 저항휨모멘트는 횡토압에 의한 전도모멘트의 2배 이상이어야 한다.

■2022년 1회■2. 뒷부벽식 옹벽에서 뒷부벽을 어떤 보로 설계하여야 하는가?
① T형보
② 단순보
③ 연속보
④ 직사각형보

해설] ①

■2021년 3회■3. 옹벽의 설계에 대한 설명으로 틀린 것은?
① 무근콘크리트 옹벽은 부벽식 옹벽의 형태로 설계하여야 한다.
② 활동에 대한 저항력은 옹벽에 작용하는 수평력의 1.5배 이상이어야 한다.
③ 저판의 뒷굽판은 정확한 방법이 사용되지 않는 한, 뒷굽판 상부에 재하되는 모든 하중을 지지하도록 설계하여야 한다.
④ 부벽식 옹벽의 저판은 정밀한 해석이 사용되지 않는 한, 부벽 사이의 거리를 경간으로 가정한 고정보 또는 연속보로 설계할 수 있다.

해설] ① 무근콘크리트 옹벽은 중력식 옹벽의 형태로 설계하여야 한다.

■2021년 3회■4. 옹벽에서 T형보로 설계하여야 하는 부분은?
① 앞부벽식 옹벽의 전면벽
② 뒷부벽식 옹벽의 뒷부벽
③ 앞부벽식 옹벽의 저판
④ 앞부벽식 옹벽의 앞부벽

해설] ②

■2021년 2회■5. 옹벽의 구조해석에 대한 설명으로 틀린 것은?
① 뒷부벽식 옹벽의 뒷부벽은 직사각형보로 설계하여야 한다.
② 캔틸레버식 옹벽의 전면벽은 저판에 지지된 캔틸레버로 설계할 수 있다.
③ 저판의 뒷굽판은 정확한 방법이 사용되지 않는 한, 뒷굽판 상부에 재하되는 모든 하중을 지지하도록 설계하여야 한다.
④ 부벽식 옹벽 저판은 정밀한 해석이 사용되지 않는 한, 부벽 사이의 거리를 경간으로 가정한 고정보 또는 연속보로 설계할 수 있다.

해설] ① 뒷부벽식 옹벽의 뒷부벽은 T형보로 설계하여야 한다.

■2021년 2회■6. 옹벽의 활동에 대한 저항력은 옹벽에 작용하는 수평력에 최소 몇 배 이상이어야 하는가?
① 1.5배
② 2배
③ 2.5배
④ 3배

해설] ①

■2021년 1회■7. 옹벽의 설계에 대한 일반적인 설명으로 틀린 것은?
① 뒷부벽은 캔틸레버로 설계하여야 하며, 앞부벽은 T형보로 설계하여야 한다.
② 활동에 대한 저항력은 옹벽에 작용하는 수평력의 1.5배 이상이어야 한다.
③ 전도에 대한 저항휨모멘트는 횡토압에 의한 전도모멘트의 2.0배 이상이어야 한다.
④ 저판의 뒷굽판은 정확한 방법이 사용되지 않는 한, 뒷굽판 상부에 재하되는 모든 하중을 지지하도록 설계하여야 한다.

해설] ① 뒷부벽은 T형보로 설계하여야 하며, 앞부벽은 부벽을 폭으로 하는 직사각형보로 설계하여야 한다.

■2020년 4회■8. 옹벽설계에서 안정조건에 대한 설명으로 틀린 것은?

① 전도에 대한 저항모멘트는 횡토압에 의한 전도모멘트의 1.5배 이상이어야 한다.
② 옹벽의 활동에 대한 저항력은 옹벽에 작용하는 수평력의 1.5배 이상이어야 한다.
③ 지반에 유발되는 최대 지반반력은 지반의 허용지지력을 초과하지 않아야 한다.
④ 전도 및 지반지지력에 대한 안정조건만을 만족하지 못할 경우 활동방지벽 혹은 횡방향 앵커 등을 설치하여 활동 저항력을 증대시킬 수 있다.

해설] ① 전도에 대한 저항모멘트는 횡토압에 의한 전도모멘트의 2배 이상이어야 한다.

■2020년 3회■9. 옹벽의 구조해석에 대한 설명으로 틀린 것은?

① 뒷부벽은 직사각형보로 설계하여야 하며, 앞부벽은 T형보로 설계하여야 한다.
② 저판의 뒷굽판은 정확한 방법이 사용되지 않는 한, 뒷굽판 상부에 재하되는 모든 하중을 지지하도록 설계하여야 한다.
③ 캔틸레버식 옹벽의 저판은 전면벽과의 접합부를 고정단으로 간주한 켄틸레버로 가정하여 단면을 설계할 수 있다.
④ 부벽식 옹벽의 전면벽은 3변 지지된 2방향 슬래브로 설계할 수 있다.

해설] ① 뒷부벽은 T형보로 설계하여야 하며, 앞부벽은 부벽을 폭으로 하는 직사각형보로 설계하여야 한다.

■2020년 1,2회■10. 옹벽의 안정조건 중 전도에 대한 저항힘모멘트는 횡토압에 의한 전도모멘트의 최소 몇 배 이상이어야 하는가?

① 1.5배 ② 2.0배
③ 2.5배 ④ 3.0배

해설] ②
전도에 대한 안전율 2.0
활동에 대한 안전율 1.5

■2019년 3회■11. 옹벽의 구조해석에 대한 설명으로 틀린 것은? (단, 기타 콘크리트구조 설계기준에 따른다.)

① 부벽식 옹벽의 전면벽은 2변 지지된 1방향 슬래브로 설계하여야 한다.
② 뒷부벽은 T형보로 설계하여야 하며, 앞부벽은 직사각형보로 설계하여야 한다.
③ 저판의 뒷굽판은 정확한 방법이 사용되지 않는 한, 뒷굽판 상부에 재하되는 모든 하중을 지지하도록 설계하여야 한다.
④ 캔틸레버식 옹벽의 저판은 전면벽과의 접합부를 고정단으로 간주한 캔틸레버로 가정하여 단면을 설계할 수 있다.

해설] ① 부벽식 옹벽의 전면벽은 3변 지지된 2방향 슬래브로 설계하여야 한다.

■2019년 2회■12. 옹벽의 토압 및 설계일반에 대한 설명 중 옳지 않은 것은?

① 활동에 대한 저항력은 옹벽에 작용하는 수평력의 1.5배 이상이어야 한다.
② 뒷부벽식 옹벽의 저판은 정밀한 해석이 사용되지 않는 한, 3변 지지된 2방향 슬래브로 설계하여야 한다.
③ 뒷부벽은 T형보로 설계하여야 하며, 앞부벽은 직사각형 보로 설계하여야 한다.
④ 지반에 유발되는 최대 지반반력이 지반의 허용지지력을 초과하지 않아야 한다.

해설] ② 뒷부벽식 옹벽의 저판은 정밀한 해석이 사용되지 않는 한, 고정 또는 연속보로 설계하여야 한다.

■2019년 1회■13. 그림과 같은 캔틸레버 옹벽의 최대 지반 반력은?

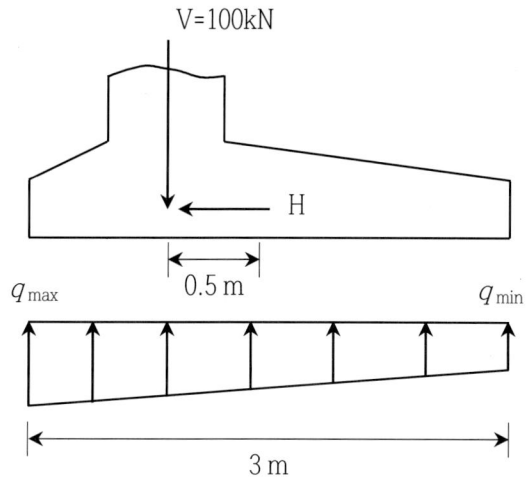

① 10.2 kN/m^2
② 20.5 kN/m^2
③ 66.7 kN/m^2
④ 33.3 kN/m^2

해설] ③

$$q_{max} = \frac{W}{B}(1 + \frac{6e}{B}) = \frac{100}{3} \times (1 + \frac{6 \times 0.5}{3}) = 66.7 kN/m^2$$

■2019년 1회■14. 옹벽의 구조해석에 대한 내용으로 틀린 것은?
① 부벽식 옹벽의 전면벽은 3변 지지된 2방향 슬래브로 설계할 수 있다.
② 캔틸레버식 옹벽의 전면벽은 저판에 지지된 캔틸레버로 설계할 수 있다.
③ 뒷부벽은 T형 보로 설계하여야 하며, 앞부벽은 직사각형 보로 설계하여야 한다.
④ 부벽식 옹벽의 저판은 정밀한 해석이 사용되지 않는 한, 부벽의 높이를 경간으로 가정한 고정보 또는 연속보로 설계할 수 있다.

해설] ④ 부벽식 옹벽의 저판은 정밀한 해석이 사용되지 않는 한, 부벽간의 거리를 경간으로 가정한 고정보 또는 연속보로 설계할 수 있다.

■2019년 1회■15. 캔틸레버식 옹벽(역 T형 옹벽)에서 뒷굽판의 길이를 결정할 때 가장 주가 되는 것은?
① 전도에 대한 안정
② 침하에 대한 안정
③ 활동에 대한 안정
④ 지반 지지력에 대한 안정

해설] ③

캔틸레버 본체 구조물에 대해, 활동저항력은 뒷굽판의 길이에 지배된다. 반면에, 전도와 지지력은 앞굽판과 뒷굽판의 길이에 모두 영향을 받는다.

■2018년 3회■16. 옹벽의 구조해석에 대한 설명으로 틀린 것은?
① 저판의 뒷굽판은 정확한 방법이 사용되지 않는 한, 뒷굽판 상부에 재하되는 모든 하중을 지지하도록 설계하여야 한다.
② 부벽식 옹벽의 전면벽은 저판에 지지된 캔틸레버로 설계하여야 한다.
③ 부벽식 옹벽의 저판은 정밀한 해석이 사용되지 않는 한, 부벽 사이의 거리를 경간으로 가정한 고정보 또는 연속보로 설계할 수 있다.
④ 뒷부벽은 T형보로 설계하여야 하며, 앞부벽은 직사각형보로 설계하여야 한다.

해설] ② 부벽식 옹벽의 전면벽은 3변이 지지된 2방향 슬래브로 설계하여야 한다.

■2018년 2회■17. 옹벽에서 T형보로 설계하여야 하는 부분은?
① 뒷부벽식 옹벽의 뒷부벽
② 뒷부벽식 옹벽의 전면벽
③ 앞부벽식 옹벽의 저판
④ 앞부벽식 옹벽의 앞부벽

해설] ①

■2017년 3회■18. 옹벽의 설계 및 해석에 대한 설명으로 틀린 것은?
① 옹벽 저판의 설계는 슬래브의 설계방법 규정에 따라 수행하여야 한다.
② 앞 부벽식 옹벽에서 앞 부벽은 직사각형 보로 설계한다.
③ 부벽식 옹벽의 전면벽은 3변 지지된 2방향 슬래브로 설계할 수 있다.
④ 옹벽은 상재하중, 뒷채움 흙의 중량, 옹벽의 자중 및 옹벽에 작용하는 토압, 필요에 따라서 수압에 도 견디도록 설계하여야 한다.

해설] ① 옹벽 저판의 설계는 기초판의 설계방법 규정에 따라 수행하여야 한다.

■2017년 1회■19. 옹벽의 구조해석에 대한 설명으로 틀린 것은?
① 뒷부벽은 직사각형보로 설계하여야 하며, 앞부벽은 T형보로 설계하여야 한다.
② 저판의 뒷굽판은 정확한 방법이 사용되지 않는 한, 뒷굽판 상부에 재하되는 모든 하중을 지지하도록 설계하여야 한다.
③ 캔틸레버식 옹벽의 저판은 전면벽과의 접합부를 고정단으로 간주한 캔틸레버로 가정하여 단면을 설계할 수 있다.
④ 부벽식 옹벽의 전면적은 3변 지지된 2방향 슬래브로 설계할 수 있다.

해설] ① 앞부벽은 부벽을 폭으로 하는 직사각형보로 설계하여야 하며, 뒷부벽은 T형보로 설계하여야 한다.

문제유형10 교량 및 내진설계

■2021년 2회■1. 강판형(Plate girder) 복부(web) 두께의 제한이 규정되어 있는 가장 큰 이유는?
① 시공상의 난이   ② 좌굴의 방지
③ 공비의 절약   ④ 자중의 경감

해설] ② 국부좌굴방지를 목적으로 일정 이상의 복부 두께가 요구된다.

■2021년 2회■2. 강합성 교량에서 콘크리트 슬래브와 강(鋼)주형 상부 플랜지를 구조적으로 일체가 되도록 결합시키는 요소는?
① 볼트
② 접착제
③ 전단연결재
④ 합성철근

해설] ③

■2018년 3회■3. 강판형(Plate girder) 복부(web) 두께의 제한이 규정되어 있는 가장 큰 이유는?
① 시공상의 난이
② 공비의 절약
③ 자중의 경감
④ 좌굴의 방지

해설] ④
국부좌굴을 방지하기 위해 일정 두께 이상의 복부가 요구된다.

■2018년 2회■4. 다음 중 콘크리트구조물을 설계할 때 사용하는 하중인 "활하중(live load)"에 속하지 않는 것은?
① 건물이나 다른 구조물의 사용 및 점용에 의해 발생되는 하중으로서 사람, 가구, 이동칸막이 등의 하중
② 적설하중
③ 교량 등에서 차량에 의한 하중
④ 풍하중

해설] ④

■2017년 3회■5. 활하중 20kN/m, 고정하중 30kN/m를 지지하는 지간 8m의 단순보에서 강도설계법에 따른 계수모멘트(M_u)는?

① 512kN/m ② 544kN/m
③ 576kN/m ④ 605kN/m

해설] ②

$\omega_u = 1.2D + 1.6L = 1.2 \times 30 + 1.6 \times 20 = 68$

$M_u = \dfrac{\omega_u l^2}{8} = \dfrac{68 \times 8^2}{8} = 544 kN.m$

■2017년 2회■6. 보의 활하중은 17kN/m, 자중은 11kN/m인 등분포하중을 받는 경간 12m인 단순 지지보의 계수 휨모멘트(M_u)는?(단, 강도설계법에 따른다.)

① 684kN.m
② 727kN.m
③ 749kN.m
④ 754kN.m

해설] ②

$\omega_u = 1.2D + 1.6L = 1.2 \times 11 + 1.6 \times 17 = 40.4 kN/m$

$M_u = \dfrac{\omega_u l^2}{8} = \dfrac{40.4 \times 12^2}{8} = 727.2 kN.m$

■2017년 1회■7. 플레이트 보(plate girder)의 경제적인 높이는 다음 중 어느 것에 의해 구해지는가?

① 전단력
② 지압력
③ 휨모멘트
④ 비틀림모멘트

해설] ③
플레이트 거더는 휨에 지배되는 구조

문제유형11   PSC

■2022년 2회■1. 프리텐션 PSC부재의 단면적이 200,000 mm^2인 콘크리트 도심에 PS강선을 배치하여 초기의 긴장력(P_i)을 800kN 가하였다. 콘크리트의 탄성변형에 의한 프리스트레스의 감소량은? (단, 탄성계수비(n)은 6이다.)

① 12 MPa ② 18 MPa
③ 20 MPa ④ 24 MPa

해설] ④
프리텐션 PSC에서, 콘크리트 탄성변형에 의한 응력감소

$\Delta \sigma = n f_{cs} = 6 \times \dfrac{800 \times 10^3}{2 \times 10^5} = 24 MPa$

■2022년 2회■2. 경간이 8m인 단순 지지된 프리스트레스트 콘크리트 보에서 등분포하중(고정하중과 활하중의 합)이 w=40kN/m 작용할 때 중앙 단면 콘크리트 하연에서의 응력이 0이 되려면 PS 강재에 작용되어야 할 프리스트레스 힘(P)은? (단, PS강재는 단면 중심에 배치되어 있다.)

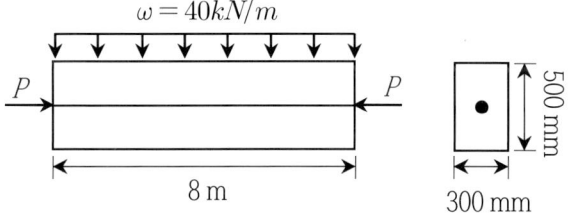

① 1,250 kN ② 1,880 kN
③ 2,650 kN ④ 3,840 kN

해설] ④

$\sigma = \dfrac{P}{A}(1 - \dfrac{e_1}{e_{max}} + \dfrac{e_2}{e_{max}}) = 0$에서,

$e_{max} - e_1 + e_2 = \dfrac{0.5}{6} - \dfrac{\omega l^2}{8P} + 0 = 0$이므로,

$\dfrac{0.5}{6} = \dfrac{40 \times 8^2}{8 \times P}$에서, $P = 3,840 kN$

■2022년 2회■3. 다음 그림과 같은 직사각형 단면의 단순보에 PS강재가 포물선으로 배치되어 있다. 보의 중앙단면에서 일어나는 상연응력(㉠) 및 하연응력(㉡)은? (단, PS강재의 긴장력은 3300kN이고, 자중을 포함한 작용하중은 27kN/m이다.)

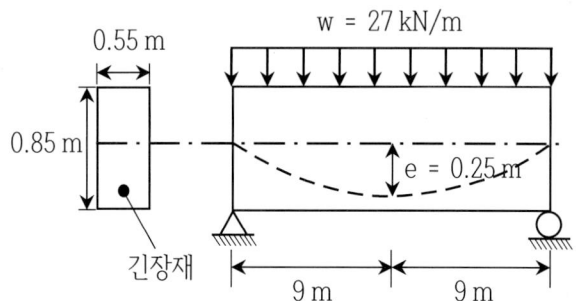

① ㉠ : 21.21 MPa, ㉡ : 1.8 MPa
② ㉠ : 12.07 MPa, ㉡ : 0 MPa
③ ㉠ : 11.11 MPa, ㉡ : 3.00 MPa
④ ㉠ : 8.6 MPa, ㉡ : 2.45 MPa

해설] ③

$M_1 = Pe_1 = \dfrac{\omega l^2}{8}$ 에서, $e_1 = \dfrac{27 \times 18^2}{8 \times 3300} = 0.331m$

$\sigma_{1,2} = \dfrac{P}{A}(1 \pm \dfrac{e_1}{e_{max}} \mp \dfrac{e_2}{e_{max}})$

$\dfrac{3300 \times 10^3}{550 \times 850}(1 \pm \dfrac{331}{850/6} \mp \dfrac{250}{850/6}) = 7.06(1 \pm 0.572)$

$\sigma_1 = 11.1 MPa, \sigma_2 = 3.02 MPa$

■2022년 1회■4. 프리스트레스를 도입할 때 일어나는 손실(즉시 손실)의 원인은?

① 콘크리트의 크리프
② 콘크리트의 건조수축
③ 긴장재 응력의 릴랙세이션
④ 포스트텐션 긴장재와 덕트 사이의 마찰

해설] ④
즉시손실 : 마찰손실, 콘크리트 탄성변형손실, 정착장치 활동손실

■2022년 1회■5. 그림과 같은 단면을 갖는 지간 20m의 PSC보에 PS강재가 200mm의 편심거리를 가지고 직선배치 되어 있다. 자중을 포함한 계수등분포하중 16kN/m가 보에 작용할 때 보 중앙단면의 콘크리트 상연응력은? (단, 유효 프리스트레스 힘(Pe)은 2400kN 이다.)

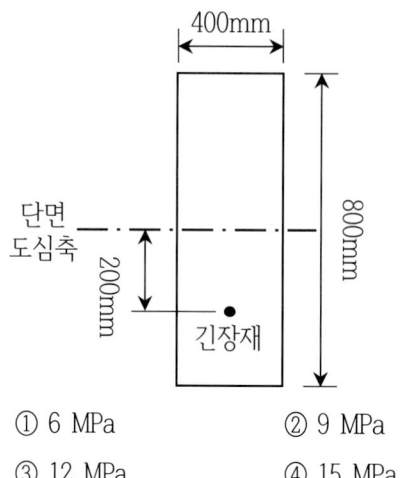

① 6 MPa
② 9 MPa
③ 12 MPa
④ 15 MPa

해설] ④

$M_1 = \dfrac{16 \times 20^2}{8} = Pe_1 = 2400e_1$ 에서, $e_1 = \dfrac{1}{3}$

$\sigma_1 = \dfrac{P}{A}(1 + \dfrac{e_1}{e_{max}} - \dfrac{e_2}{e_{max}})$

$= \dfrac{2400}{0.8 \times 0.4}(1 + \dfrac{1/3}{0.8/6} - \dfrac{0.2}{0.8/6}) = 15 \times 10^3 kN/m^2$

$= 15 MPa$

■2022년 1회■6. 보의 길이가 20m, 활동량이 4mm, 긴장재의 탄성계수(E_P)가 200,000 MPa 일 때 프리스트레스의 감소량(Δf_{an})은? (단, 일단 정착이다.)

① 40 MPa
② 30 MPa
③ 20 MPa
④ 15 MPa

해설] ①

$\sigma = E_{ps}\epsilon = 2 \times 10^5 \times \dfrac{4}{20 \times 10^3} = 40 MPa$

■2021년 3회■7. 경간이 8m인 단순 프리스트레스트 콘크리트보에 등분포하중(고정하중과 활하중의 합)이 $w=30kN/m$ 작용할 때 중앙 단면 콘크리트 하연에서의 응력이 0이 되려면 PS강재에 작용되어야 할 프리스트레스 힘(P)은? (단, PS강재는 단면 중심에 배치되어 있다.)

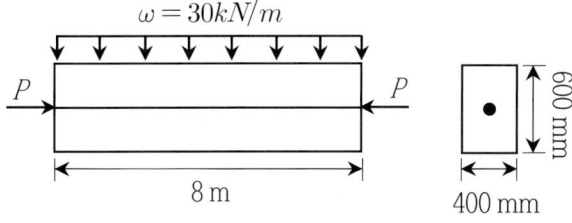

① 2400kN
② 3500kN
③ 4000kN
④ 4920kN

해설] ①

$\sigma = \frac{P}{A}(1 - \frac{e_1}{e_{max}} + \frac{e_2}{e_{max}}) = 0$에서,

$e_{max} - e_1 + e_2 = \frac{600}{6} - \frac{wl^2}{8P} + 0 = 0$이므로,

$P = 2400 kN$

■2021년 3회■8. 그림과 같은 단순 프리스트레스트 콘크리트보에서 등분포하중(자중포함) w=30kN/m가 작용하고 있다. 프리스트레스에 의한 상향력과 이 등분포하중이 평형을 이루기 위해서는 프리스트레스 힘(P)을 얼마로 도입해야 하는가?

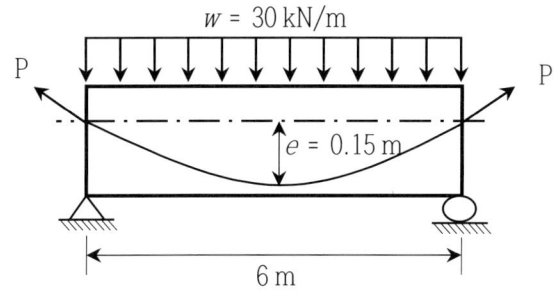

① 900kN
② 1,200kN
③ 1,500kN
④ 1,800kN

해설] ①

$M_1 = \frac{wl^2}{8} = \frac{30 \times 6^2}{8} = 135 kN.m$

$M_2 = P \times e_2 = P \times 0.15 = M_1 = 135$에서, $P = 900kN$

■2021년 3회■9. 프리스트레스트 콘크리트(PSC)에 대한 설명으로 틀린 것은?
① 프리캐스트를 사용할 경우 거푸집 및 동바리공이 불필요하다.
② 콘크리트 전 단면을 유효하게 이용하여 철근콘크리트(RC) 부재보다 경간을 길게 할 수 있다.
③ 철근콘크리트(RC)에 비해 단면이 작아서 변형이 크고 진동하기 쉽다.
④ 철근콘크리트(RC)보다 내화성에 있어서 유리하다.

해설] ④ 철근콘크리트(RC)보다 내화성에 있어서 불리하다.

■2021년 2회■10. 그림과 같은 단순지지 보에서 긴장재는 C점에 150mm의 편차에 직선으로 배치되고 1,000kN으로 긴장되었다. 보에는 120kN의 집중하중이 C점에 작용한다. 보의 고정하중은 무시할 때 C점에서의 휨모멘트는 얼마인가? (단, 긴장재의 경사가 수평압축력에 미치는 영향 및 자중은 무시한다.)

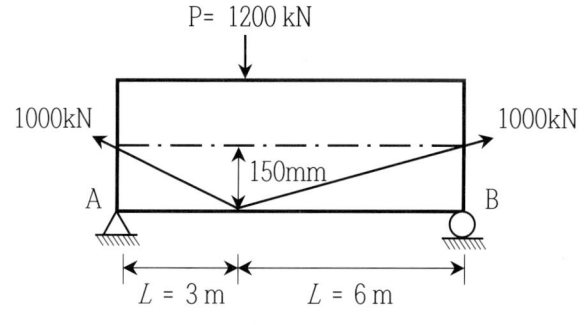

① -150 kN.m
② 90 kN.m
③ 240 kN.m
④ 390 kN.m

해설] ②

$M_1 = 120 \times \frac{2}{3} \times 3 = 240 kN.m (+)$

$M_2 = 1000 \times 0.15 = 150 kN.m (-)$

따라서, $M_c = 240 - 150 = 90 kN.m (+)$

■2021년 2회■11. 프리스트레스트 콘크리트(PSC)의 균등질 보의 개념(homogeneous beam concept)을 설명한 것으로 옳은 것은?

① PSC는 결국 부재에 작용하는 하중의 일부 또는 전부를 미리 가해진 프리스트레스와 평행이 되도록 하는 개념
② PSC보를 RC보처럼 생각하여, 콘크리트는 압축력을 받고 긴장재는 인장력을 받게 하여 두 힘의 우력 모멘트로 외력에 의한 휨모멘트에 저항시킨다는 개념
③ 콘크리트에 프리스트레스가 가해지면 PSC부재는 탄성재료로 전환되고 이의 해석은 탄성이론으로 가능하다는 개념
④ PSC는 강도가 크기 때문에 보의 단면을 강재의 단면으로 가정하여 압축 및 인장을 단면전체가 부담할 수 있다는 개념

해설] ③
③ 균등질보(응력) 개념 : 콘크리트를 탄성재료로 변환, 탄성이론 적용
② 내력모멘트(강도) 개념 : RC로 변환하여 우력모멘트로 저항
① 하중평형(등가하중) 개념 : 프리스트레스와 하중을 비기도록 하는 원리

■2021년 1회■12. 포스트텐션 긴장재의 마찰손실을 구하기 위해 아래와 같은 근사식을 사용하고자 할 때 근사식을 사용할 수 있는 조건으로 옳은 것은?

$$P_{px} = \frac{P_{pj}}{(1 + Kl_{px} + \mu_p \alpha_{px})}$$

P_{px} : 임의점 x에서 긴장재의 긴장력(N)
P_{pj} : 긴장단에서 긴장재의 긴장력(N)
K : 긴장재의 단위길이 1m 당 파상마찰계수
l_{px} : 정착단부터 임의의 지점 x까지 긴장재의 길이(m)
μ_p : 곡선부의 곡률마찰계수
α_{px} : 긴장단부터 임의점 x까지 긴장재의 전체 회전각 변화량 (라디안)

① P_{pj}의 값이 5,000kN 이하인 경우
② P_{pj}의 값이 5,000kN 초과하는 경우
③ $(Kl_{px} + \mu_p \alpha_{px})$ 값이 0.3 이하인 경우
④ $(Kl_{px} + \mu_p \alpha_{px})$ 값이 0.3 초과인 경우

해설] ③
프리스트레스 손실 힘 $P_o e^{-(\mu\alpha + kl)}$
$l \leq 40m$이고, $\alpha \leq 30°$인 경우의 근사식 $P_o(\mu\alpha + kl)$을 사용할 수 있으며, $\mu\alpha + kl \leq 0.3$이어야 한다.

■2021년 1회■13. 그림과 같은 단면의 도심에 PS강재가 배치되어 있다. 초기 프리스트레스 1,800kN을 작용시켰다. 30%의 손실을 가정하여 콘크리트의 하연응력이 0이 되기 위한 휨모멘트 값은? (단, 자중은 무시한다.)

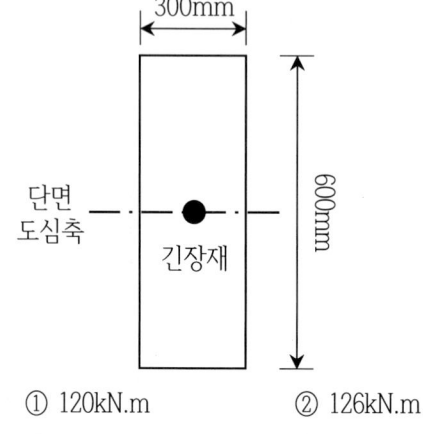

① 120kN.m ② 126kN.m
③ 130kN.m ④ 150kN.m

해설] ②
$\sigma_2 = \frac{P}{A}(1 - \frac{e_1}{e_{\max}}) = 0$에서, $e_1 = e_{\max}$

$e_1 = \frac{M_1}{P} = \frac{M_1}{1800 \times 0.7} = e_{\max} = \frac{h}{6} = \frac{0.6}{6}$이므로,

$M_1 = 126 kN.m$

■2021년 2회■14. 프리스트레스 손실 원인 중 프리스트레스 도입 후 시간의 경과에 따라 생기는 것이 아닌 것은?

① 콘크리트의 크리프
② 콘크리트의 건조수축
③ 정착 장치의 활동
④ 긴장재 응력의 릴랙세이션

해설] ③ 정착장치 활동 손실은 즉시손실이다.

■2021년 1회■15. 단면이 300×400mm이고, 150mm²의 PS 강선 4개를 단면 도심축에 배치한 프리텐션 PS 콘크리트 부재가 있다. 초기 프리스트레스 1000MPa일 때 콘크리트의 탄성수축에 의한 프리스트레스의 손실량은? (단, 탄성계수비(n)는 6.0이다.)

① 30MPa　　② 34MPa
③ 42MPa　　④ 52MPa

해설] ①
프리텐션방식 PSC에서, 콘크리트 탄성변형에 의한 손실

$$nf_{cs} = 6 \times \frac{150 \times 4 \times 10^3}{300 \times 400} = 30MPa$$

■2020년 4회■16. 그림과 같은 직사각형 단면을 가진 프리텐션 단순보에 편심 배치한 긴장재를 820kN으로 긴장하였을 때 콘크리트 탄성 변형으로 인한 프리스트레스의 감소량은? (단, 탄성계수비 n=6이고, 자중에 의한 영향은 무시한다.)

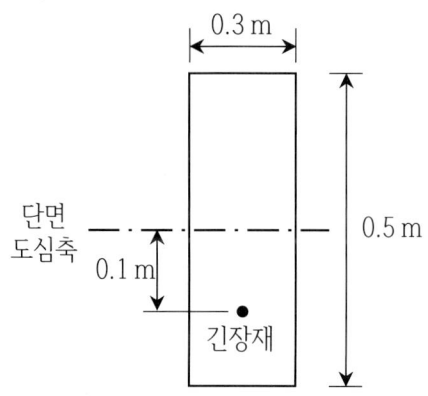

① 44.5MPa　　② 46.5MPa
③ 48.5MPa　　④ 50.5MPa

해설] ③
편심이 있는 경우의 콘크리트 탄성변형 손실

$$f_{cs} = \frac{P_s}{A_c}(1 + \frac{e^2}{r^2}) = \frac{820 \times 10^3}{300 \times 500}(1 + \frac{100^2}{(500/2\sqrt{3})^2})$$
$$= 8.09 MPa$$
$$nf_{cs} = 6 \times 8.09 = 48.5 MPa$$

■2020년 4회■17. PSC보를 RC보처럼 생각하여, 콘크리트는 압축력을 받고 긴장재는 인장력을 받게 하여 두 힘의 우력 모멘트로 외력에 의한 휨모멘트에 저항시킨다는 개념은?

① 응력개념
② 강도개념
③ 하중평형개념
④ 균등질 보의 개념

해설] ② 내력모멘트 개념 = 강도개념
균등질보(응력) 개념 : 콘크리트를 탄성재료로 변환, 탄성이론 적용
내력모멘트(강도) 개념 : RC로 변환하여 우력모멘트로 저항
하중평형(등가하중) 개념 : 프리스트레스와 하중을 비기도록 하는 원리

■2020년 4회■18. 프리스트레스의 손실 원인은 그 시기에 따라 즉시 손실과 도입 후에 시간적인 경과 후에 일어나는 손실로 나눌 수 있다. 다음 중 손실 원인의 시기가 나머지와 다른 하나는?

① 콘크리트의 크리프
② 콘크리트의 건조수축
③ 긴장재 응력의 릴랙세이션
④ 포스트텐션 긴장재와 덕트 사이의 마찰

해설] ④ 마찰손실은 즉시손실에 해당한다.

■2020년 3회■19. 부분적 프리스트레싱(Partial Prestressing)에 대한 설명으로 옳은 것은?

① 구조물에 부분적으로 PSC부재를 사용하는 것
② 부재단면의 일부에만 프리스트레스를 도입하는 것
③ 설계하중의 일부만 프리스트레스에 부담시키고 나머지는 긴장재에 부담시키는 것
④ 설계하중이 작용할 때 PSC부재 단면의 일부에 인장응력이 생기는 것

해설] ④

■2020년 3회■20. 프리스트레스트 콘크리트의 원리를 설명하는 개념 중 아래의 표에서 설명하는 개념은?

> PSC보를 RC보처럼 생각하여, 콘크리트는 압축력을 받고 긴장재는 인장력을 받게 하여 두 힘의 우력 모멘트로 외력에 의한 휨모멘트에 저항시킨다는 개념

① 균등질 보의 개념
② 하중평형의 개념
③ 내력 모멘트의 개념
④ 허용응력의 개념

해설] ③

균등질보(응력) 개념 : 콘크리트를 탄성재료로 변환, 탄성이론 적용
내력모멘트(강도) 개념 : RC로 변환하여 우력모멘트로 저항
하중평형(등가하중) 개념 : 프리스트레스와 하중을 비기도록 하는 원리

■2020년 3회■21. PS강재를 포물선으로 배치한 PSC보에서 상향의 등분포력(u)의 크기는 얼마인가? (단, P=2,600kN, 단면의 폭은 500mm, 높이는 800mm, 지간 중앙에서 PS강재의 편심(s)은 200mm 이다.)

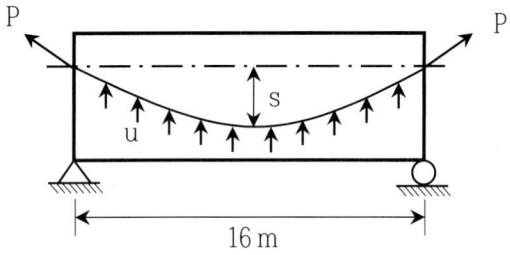

① 8.50 kN/m
② 16.25 kN/m
③ 19.65 kN/m
④ 35.60 kN/m

해설] ②

$M_2 = Pe_2 = \dfrac{ul^2}{8}$ 에서, $2600 \times 0.2 = \dfrac{u \times 16^2}{8}$ 이므로,

$u = 16.25 kN/m$

■2020년 1,2회■22. 경간이 8m인 PSC보에 계수등분포하중(ω)이 20kN/m 작용할 때 중앙 단면 콘크리트 하연에서의 응력이 0이 되려면 강재에 줄 프리스트레스 힘(P)은? (단, PS강재는 콘크리트 도심에 배치되어 있다.)

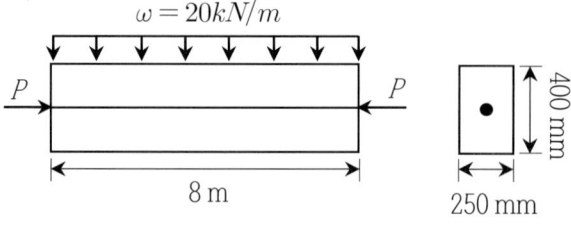

① P=2,000kN
② P=2,200kN
③ P=2,400kN
④ P=2,600kN

해설] ③

$\sigma_2 = \dfrac{P}{A}(1 - \dfrac{e_1}{e_{max}}) = 0$ 에서, $e_{max} = e_1$

$e_1 = \dfrac{\omega l^2}{8P} = \dfrac{20 \times 8^2}{8 \times P} = \dfrac{160}{P}$

$e_{max} = \dfrac{h}{6} = \dfrac{0.4}{6} = \dfrac{160}{P} = e_2$ 이므로, $P = 2,400 kN$

■2020년 1,2회■23. 그림과 같은 2경간 연속보의 양단에서 PS강재를 긴장 할 때 단 A에서 중간 B까지의 근사법으로 구한 마찰에 의한 프리스트레스의 감소율은? (단, 각은 radian이며, 곡률마찰계수(μ)는 0.4, 파상마찰계수(k)는 0.0027이다.)

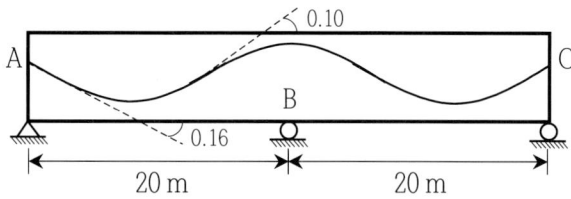

① 12.6%
② 18.2%
③ 10.4%
④ 15.8%

해설] ④

$L \leq 40m$이고, 각변화 $\alpha \leq 30°$인 경우,

손실된 힘 $\Delta P = P_s(\mu\alpha + kl)$

손실율 $\dfrac{\Delta P}{P_s} = \mu\alpha + kl$

$= 0.4 \times (0.16 + 0.1) + 0.0027 \times 20 = 15.8\%$

■2019년 3회■24. PS 강재응력 f_{ps} = 1200 MPa, PS 강재 도심 위치에서 콘크리트의 압축응력 f_c = 7 MPa 일 때, 크리프에 의한 PS 강재의 인장응력 감소율은? (단, 크리프 계수는 2 이고, 탄성계수비는 6 이다.)

① 7%   ② 8%
③ 9%   ④ 10%

해설] ①

감소율 $\dfrac{C_u n f_{cs}}{f_{ps}} = \dfrac{2 \times 6 \times 7}{1200} = 7\%$

■2019년 3회■25. 그림과 같이 긴장재를 포물선으로 배치하고, P = 2500 kN 으로 긴장했을 때 발생하는 등분포 상향력을 등가하중의 개념으로 구한 값은?

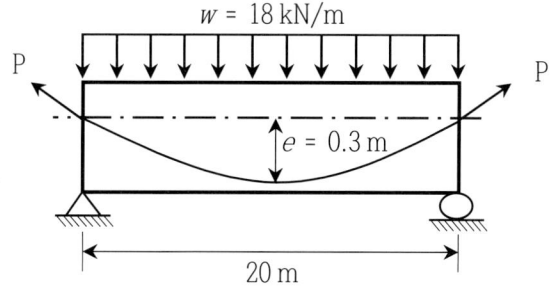

① 10 kN/m   ② 15 kN/m
③ 20 kN/m   ④ 25 kN/m

해설] ②

$M_2 = Pe_2 = \dfrac{ul^2}{8}$ 에서, $2500 \times 0.3 = \dfrac{u \times 20^2}{8}$ 이므로,

$u = 15 kN/m$

■2019년 3회■26. 부분 프리스트레싱(partial pre-stressing)에 대한 설명으로 옳은 것은?

① 부재단면의 일부에만 프리스트레스를 도입하는 방법
② 구조물에 부분적으로 프리스트레스트 콘크리트 부재를 사용하는 방법
③ 사용하중 작용 시 프리스트레스트 콘크리트 부재 단면의 일부에 인장응력이 생기는 것을 허용하는 방법
④ 프리스트레스트 콘크리트 부재 설계 시 부재 하단에만 프리스트레스를 주고 부재 상단에는 프리스트레스 하지 않는 방법

해설] ③

■2019년 2회■27. 그림과 같은 단면의 중간 높이에 초기 프리스트레스 900 kN을 작용시켰다 20%의 손실을 가정하여 하단 또는 상단의 응력이 영(零)이 되도록 이 단면에 가할 수 있는 모멘트의 크기는?

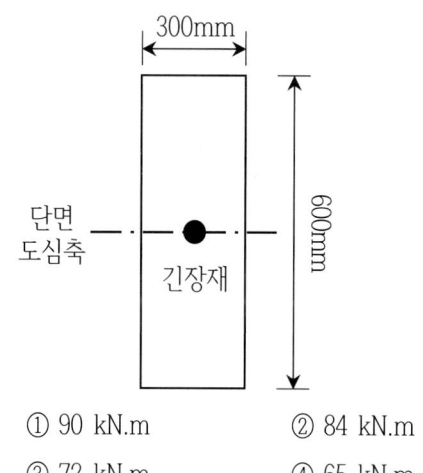

① 90 kN.m   ② 84 kN.m
③ 72 kN.m   ④ 65 kN.m

해설] ③

$\sigma_{1,2} = \dfrac{P}{A}(1 \pm \dfrac{e_1}{e_{max}})$ 이므로, 하단응력 σ_2만 0이 될 수 있다.

$1 - \dfrac{e_1}{e_{max}} = 0$에서, $e_1 = e_{max}$

따라서, $e_1 = \dfrac{M_1}{P} = e_{max} = \dfrac{h}{6} = \dfrac{600}{6} = 100mm$

$M_1 = P \times e_1 = 900 \times 0.8 \times 0.1 = 72 kN.m$

■2019년 2회■28. 프리스트레스의 도입 후에 일어나는 손실의 원인이 아닌 것은?
① 콘크리트의 크리프
② PS강재와 쉬스 사이의 마찰
③ 콘크리트의 건조수축
④ PS강재의 릴렉세이션

해설] ②
마찰손실은 즉시손실

■2019년 2회■29. 다음은 프리스트레스트 콘크리트에 관한 설명이다. 옳지 않은 것은?
① 프리캐스트를 사용할 경우 거푸집 및 동바리공이 불필요하다.
② 콘크리트 전 단면을 유효하게 이용하여 RC부재보다 경간을 길게 할 수 있다.
③ RC에 비해 단면이 작아서 변형이 크고 진동하기 쉽다.
④ RC보다 내화성에 있어서 유리하다.

해설] ④ RC보다 내화성에 있어서 불리하다.

■2019년 1회■30. 다음 그림과 같은 직사각형 단면의 단순보에 PS강재가 포물선으로 배치되어 있다. 보의 중앙단면에서 일어나는 상연응력(㉠) 및 하연응력(㉡)은? (단, PS강재의 긴장력은 3300kN이고, 자중을 포함한 작용하중은 27kN/m이다.)

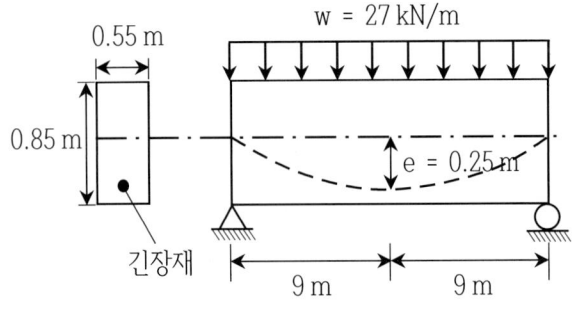

① ㉠ : 21.21 MPa, ㉡ : 1.8 MPa
② ㉠ : 12.07 MPa, ㉡ : 0 MPa
③ ㉠ : 8.6 MPa, ㉡ : 2.45 MPa
④ ㉠ : 11.11 MPa, ㉡ : 3.00 MPa

해설] ④
$M_1 = Pe_1 = \dfrac{\omega l^2}{8}$ 에서, $e_1 = \dfrac{27 \times 18^2}{8 \times 3300} = 0.331m$

$\sigma_{1,2} = \dfrac{P}{A}(1 \pm \dfrac{e_1}{e_{max}} \mp \dfrac{e_2}{e_{max}})$

$\dfrac{3300 \times 10^3}{550 \times 850}(1 \pm \dfrac{331}{850/6} \mp \dfrac{250}{850/6}) = 7.06(1 \pm 0.572)$

$\sigma_1 = 11.1 MPa, \sigma_2 = 3.02 MPa$

■2019년 1회■31. 그림과 같은 직사각형 단면을 가진 프리텐션 단순보에 편심 배치한 긴장재를 760kN으로 긴장하였을 때 콘크리트 탄성 변형으로 인한 프리스트레스의 감소량은? (단, $I = 2.5 \times 10^9 mm^4$, 탄성계수비 n=6이고, 자중에 의한 영향은 무시한다.)

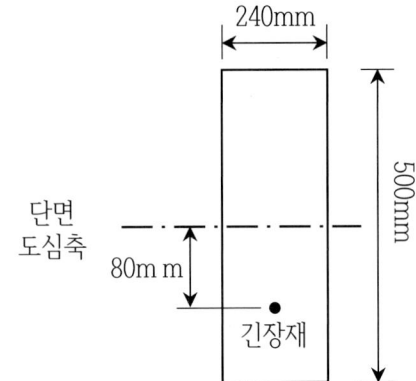

① 43.67 MPa
② 45.67 MPa
③ 47.67 MPa
④ 49.67 MPa

해설] ④
편심이 있는 경우의 콘크리트 탄성변형 손실
$f_{cs} = \dfrac{P_s}{A_c}(1 + \dfrac{e^2}{r^2}) = \dfrac{760 \times 10^3}{240 \times 500}(1 + \dfrac{80^2}{(500/2\sqrt{3})^2})$
$= 8.28 MPa$
$nf_{cs} = 6 \times 8.28 = 49.67 MPa$

■2018년 3회■32. 단면이 400×500mm이고 150mm²의 PSC강선 4개를 단면 도심축에 배치한 프리텐션 PSC부재가 있다. 초기 프리스트레스가 1,000MPa일 때 콘크리트의 탄성변형에 의한 프리스트레스 감소량의 값은? (단, n = 6)

① 22MPa
② 20MPa
③ 18MPa
④ 16MPa

해설] ③

$$nf_{cs} = 6 \times \frac{150 \times 4 \times 10^3}{400 \times 500} = 18 MPa$$

■2018년 3회■33. 다음 그림과 같이 W=40kN/m 일 때 PS강재가 단면 중심에서 긴장되며 인장측의 콘크리트 응력이 "0"이 되려면 PS 강재에 얼마의 긴장력이 작용하여야 하는가?

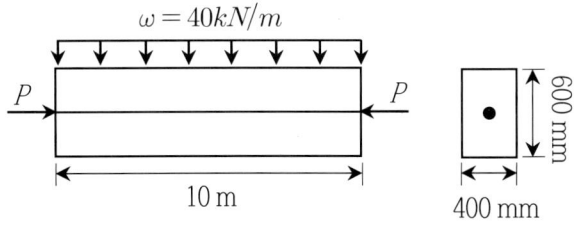

① 4,605kN
② 5,000kN
③ 5,200kN
④ 5,625kN

해설] ②

하연의 응력이 0이 되기 위해, $e_1 = e_{max}$여야 한다.

$$e_1 = \frac{M_1}{P} = \frac{\omega l^2}{8P} = \frac{40 \times 10^2}{8 \times P} = e_{max} = \frac{0.6}{6} = 0.1 \text{에서,}$$

$P = 5,000kN$

■2018년 3회■34. 프리스트레스트콘크리트의 원리를 설명할 수 있는 기본 개념으로 옳지 않은 것은?

① 균등질 보의 개념
② 내력 모멘트의 개념
③ 하중평형의 개념
④ 변형도 개념

해설] ④

PSC는 균등질보 개념, 내력모멘트 개념, 하중평형 개념으로 설명할 수 있다.

■2018년 2회■35. PSC 보의 휨 강도 계산 시 긴장재의 응력 f_{ps}의 계산은 강재 및 콘크리트의 응력-변형률 관계로부터 정확히 계산할 수도 있으나 콘크리트구조기준에서는 f_{ps}를 계산하기 위한 근사적 방법을 제시하고 있다. 그 이유는 무엇인가?

① PSC 구조물은 강재가 항복한 이후 파괴까지 도달함에 있어 강도의 증가량이 거의 없기 때문이다.
② PS 강재의 응력은 항복응력 도달 이후에도 파괴시까지 점진적으로 증가하기 때문이다.
③ PSC 보를 과보강 PSC 보로부터 저보강 PSC 보의 파괴상태로 유도하기 위함이다.
④ PSC 구조물은 균열에 취약하므로 균열을 방지하기 위함이다.

해설] ②

■2018년 2회■36. PSC 부재에서 프리스트레스의 감소 원인중 도입 후에 발생하는 시간적 손실의 원인에 해당하는 것은?

① 콘크리트의 크리프
② 정착장치의 활동
③ 콘크리트의 탄성수축
④ PS 강재와 쉬스의 마찰

해설] ①

시간적 손실 : 크리프, 건조수축, 릴렉세이션

■2018년 2회■37. 경간 6m인 단순 직사각형 단면(b=300mm, h=400mm)보에 계수하중 30kN/m가 작용할 때 PS강재가 단면도심에서 긴장되며 경간 중앙에서 콘크리트 단면의 하연 응력이 0이 되려면 PS강재에 얼마의 긴장력이 작용되어야 하는가?

① 1,805kN
② 2,025kN
③ 3,054kN
④ 3,557kN

해설] ②

$e_1 = \dfrac{\omega l^2}{8P} = \dfrac{30 \times 6^2}{8 \times P} = e_{\max} = \dfrac{0.4}{6}$ 에서, $P = 2025 kN$

■2018년 1회■38. 주어진 T형 단면에서 부착된 프리스트레스트 보강재의 인장응력(f_{ps})은 얼마인가? (단, 긴장재의 단면적 A_{ps} =1,290mm², 이고, 프리스트레싱 긴장재의 종류에 따른 계수 γ_p =0.4, 긴장재의 설계기준 인장강도 f_{pu}=1,900MPa, f_{ck}=35MPa)

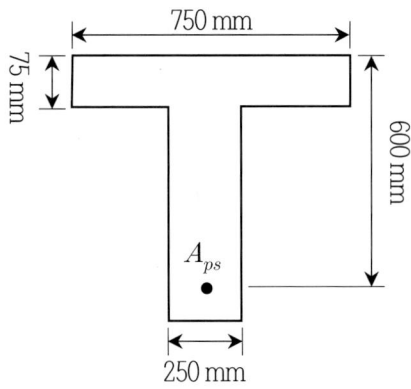

① 1,900MPa ② 1,861MPa
③ 1,804MPa ④ 1,752MPa

해설] ④

$\rho_p = \dfrac{A_{sp}}{bd_p} = \dfrac{1290}{750 \times 600} = 0.00287$

부착긴장재를 가진 긴장재의 응력

$f_{ps} = f_{pu}(1 - \dfrac{\gamma_p}{\beta_1}\rho_p \dfrac{f_{pu}}{f_{ck}})$

$= 1900 \times (1 - \dfrac{0.4}{0.8} \times 0.00287 \times \dfrac{1900}{35})$

$= 1752 MPa$

■2018년 1회■39. 프리스트레스 감소 원인 중 프리스트레스 도입 후 시간의 경과에 따라 생기는 것이 아닌 것은?

① PC강재의 릴랙세이션 ② 콘크리트의 건조수축
③ 콘크리트의 크리프 ④ 정착장치의 활동

해설] ④ 정착장치 활동손실은 즉시손실이다.

■2018년 1회■40. 그림의 PSC 콘크리트보에서 PS강재를 포물선으로 배치하여 프리스트레스 P=1,000kN이 작용할 때 프리스트레스의 상향력(u)은? (단, 보 단면은 b=300mm, h=600mm이고, s=250mm이다.)

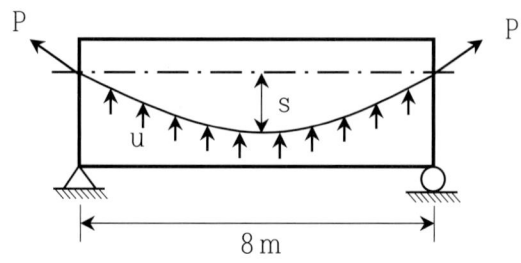

① 51.65kN/m ② 41.76kN/m
③ 31.25kN/m ④ 21.38kN/m

해설] ③

$M_2 = Pe_2 = \dfrac{ul^2}{8}$ 에서, $1000 \times 0.25 = \dfrac{u \times 8^2}{8}$ 이므로,

$u = 31.25 kN/m$

■2017년 3회■41. 그림과 같은 포스트텐션 보에서 마찰에 의한 C점의 프리스트레스 감소량(ΔP)의 크기는? (단, 긴장단에서 긴장재의 긴장력(P_j)=1,000kN, 근사식을 사용하며, 곡률마찰계수(μ_p) = 0.3/rad, 파상마찰계수(k)=0.004/m)

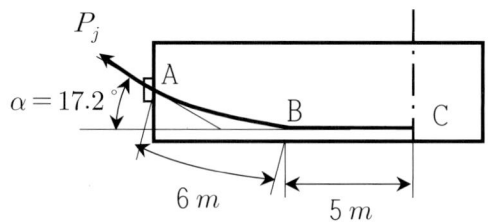

① 54kN
② 81kN
③ 134kN
④ 141kN

해설] ③

$$\alpha = \frac{17.2°}{180} \times \pi = 0.3 rad$$

근사식을 적용하면, $\Delta P = P_j(\mu\alpha + kl)$ 이므로,

$$\Delta P = 10^3(0.3 \times 0.3 + 0.004 \times 11) = 134 kN$$

■2017년 3회■42. 프레스트레스의 손실 원인 중 프리스트레스 도입후 시간이 경과함에 따라서 생기는 것은 어느 것인가?

① 콘크리트의 탄성수축
② 콘크리트의 크리프
③ PS 강재와 쉬스의 마찰
④ 정착단의 활동

해설] ②

■2017년 3회■43. 그림과 같이 단면의 중심에 PS강선이 배치된 부재에 자중을 포함한 계수하중(w) 30kN/m가 작용한다. 부재의 연단에 인장응력이 발생하지 않으려면 PS강선에 도입되어야 할 긴장력(P)은 최소 얼마 이상인가?

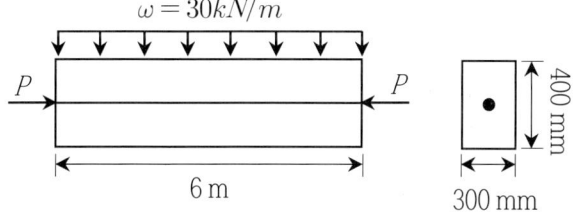

① 1,805kN
② 2,025kN
③ 3,054kN
④ 3,557kN

해설] ②

$$e_1 = \frac{\omega l^2}{8P} = \frac{30 \times 6^2}{8 \times P} = e_{max} = \frac{0.4}{6} \text{에서}, \ P = 2025 kN$$

■2017년 2회■44. T형 PSC 보에 설계하중을 작용시킨 결과 보의 처짐은 0이었으며, 프리스트레스 도입단계부터 부착된 계측장치로부터 상부 탄성변형률 $\epsilon = 3.5 \times 10^{-4}$을 얻었다. 콘크리트 탄성계수 E_c=26,000MPa, T형보의 단면적 A_g =150,000mm², 유효율 R=0.85일 때, 강재의 초기긴장력 P_i를 구하면?

① 1,606kN
② 1,365kN
③ 1,160kN
④ 2,269kN

해설] ①

콘크리트가 받은 압축력 = 도입된 유효 긴장력

$$E_c \epsilon_c \times A_g = 26 \times 10^3 \times 3.5 \times 10^{-4} \times 150 \times 10^3$$
$$= 1365 kN = P_e$$

유효 긴장력 $P_e = R \times P_i = 0.85 \times P_i = 1365 kN$

따라서, $P_i = 1606 kN$

■2017년 2회■45. 프리스트레스의 손실을 초래하는 원인 중 프리텐션 방식보다 포스트텐션 방식에서 크게 나타나는 것은?

① 콘크리트의 탄성수축
② 강재와 쉬스의 마찰
③ 콘크리트의 크리프
④ 콘크리트의 건조수축

해설] ②
프리텐션방식에서는 마찰손실이 없다.

■2017년 2회■46. 경간이 8m인 직사각형 PSC에 계수하중 ω =40kN/m가 작용할 때 인장측의 콘크리트 응력이 0이 되려면 얼마의 긴장력으로 PS강재를 긴장해야 하는가? (단, PS강재는 콘크리트 단면 도심에 배치되어 있음.)

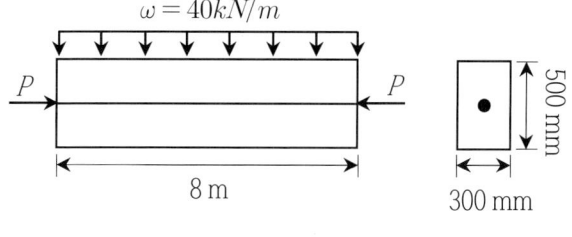

① P = 1,250 kN
② P = 1,880 kN
③ P = 2,650 kN
④ P = 3,840 kN

해설] ④

$e_1 = \dfrac{\omega l^2}{8P} = \dfrac{40 \times 8^2}{8 \times P} = e_{max} = \dfrac{0.5}{6}$ 에서, $P = 3840 kN$

■2017년 2회■47. 프리스트레스트 콘크리트 중 포스트텐션 방식의 특징에 대한 설명으로 틀린 것은?

① 부착시키지 않은 PSC 부재는 부착시킨 PSC 부재에 비하여 파괴강도가 높고, 균열 폭이 작아지는 등 역학적 성능이 우수하다.
② PS 강재를 곡선상으로 배치 할 수 있어서 대형구조물에 적합하다.
③ 프리캐스트 PSC 부재의 결합과 조립에 편리하게 이용된다.
④ 부착시키지 않은 PSC 부재는 그라우팅이 필요하지 않으며, PS 강재의 재긴장도 가능하다.

해설] ① 부착시킨 PSC 부재는 부착시키지 않은 PSC 부재에 비하여 파괴강도가 높고, 균열 폭이 작아지는 등 역학적 성능이 우수하다.

■2017년 1회■48. 프리스트레스의 손실을 초래하는 요인 중 포스트텐션 방식에서만 두드러지게 나타나는 것은?
① 마찰
② 콘크리트의 탄성수축
③ 콘크리트의 크리프
④ 정착장치 활동

해설] ①

■2017년 1회■49. 정착구와 커플러의 위치에서 프리스트레스 도입 직후 포스트텐션 긴장재의 응력은 얼마 이하로 하여야 하는가? (단, f_{pu}는 긴장재의 설계기준인장강도)
① $0.6 f_{pu}$
② $0.74 f_{pu}$
③ $0.70 f_{pu}$
④ $0.85 f_{pu}$

해설] ③

프리스트레스 도입 직후 정착부 긴장재의 허용응력 $0.7 f_{pu}$

도입시		$0.8 f_{pu}$와 $0.94 f_{py}$ 중 작은 값
도입직후	긴장재	$0.74 f_{pu}$와 $0.82 f_{py}$ 중 작은 값
	정착구 및 커플러	$0.7 f_{pu}$

■2017년 1회■50. 그림과 같은 단면을 갖는 지간 10m의 PSC보에 PS강재가 100mm의 편심거리를 가지고 직선배치 되어 있다. 자중을 포함한 계수등분포하중 16kN/m가 보에 작용할 때 보 중앙단면의 콘크리트 상연응력은? (단, 유효 프리스트레스 힘(P_e)은 2,400kN 이다.)

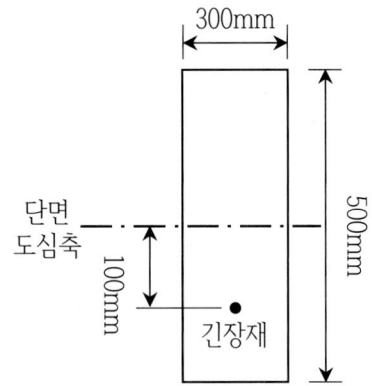

① 11.2MPa
② 12.8MPa
③ 13.6MPa
④ 14.9MPa

해설] ②

$M_1 = \dfrac{16 \times 10^2}{8} = Pe_1 = 2400 e_1$ 에서, $e_1 = \dfrac{1}{12} m$

$\sigma_1 = \dfrac{P}{A}(1 + \dfrac{e_1}{e_{max}} - \dfrac{e_2}{e_{max}})$

$= \dfrac{2400}{0.5 \times 0.3}(1 + \dfrac{1/12}{0.5/6} - \dfrac{0.1}{0.5/6}) = 12.8 \times 10^3 kN/m^2$

$= 12.8 MPa$

문제유형12   강구조의 이음

■2022년 2회■1. 강구조의 특징에 대한 설명으로 틀린 것은?
① 소성변형능력이 우수하다.
② 재료가 균질하여 좌굴의 영향이 낮다.
③ 인성이 커서 연성파괴를 유도할 수 있다.
④ 단위면적당 강도가 커서 자중을 줄일 수 있다.

해설] ② 재료강도가 높아 소요면적이 작게 요구되지만, 작은 단면으로 인해 압축을 받는 부재는 좌굴에 취약하다.

■2022년 2회■2. 그림과 같이 지름 25mm의 구멍이 있는 판(plate)에서 인장응력 검토를 위한 순폭은?

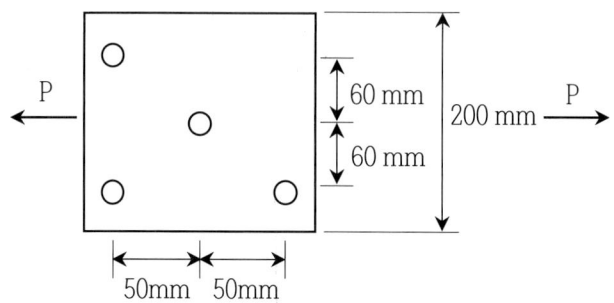

① 160.4 mm
② 150 mm
③ 145.8 mm
④ 130 mm

해설] ③
1) 직선파단
$b_n = b_g - nd = 200 - 2 \times 25 = 150mm$

2) 지그재그파단
$\omega = d - \dfrac{p^2}{4g} = 25 - \dfrac{50^2}{4 \times 60} = 14.58mm$
$b_n = b_g - d - (n-1)\omega = 200 - 25 - (3-1) \times 14.58$
$= 145.84mm$
따라서, 최소값인 145.84mm를 순폭으로 한다.

■2022년 2회■3. 그림과 같은 L형강에서 인장응력 검토를 위한 순폭계산에 대한 설명으로 틀린 것은?

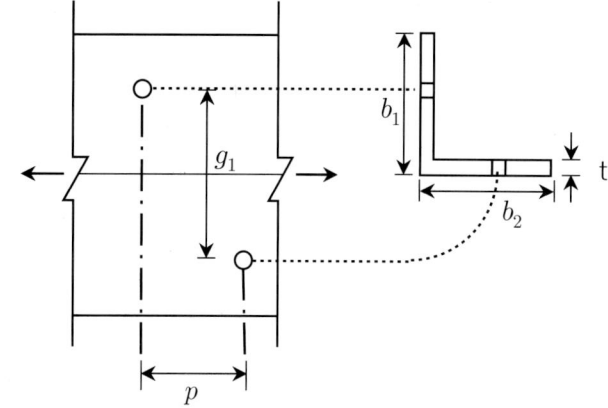

① 전개된 총 폭(b) = $b_1 + b_2 - t$ 이다.
② 리벳선간 거리(g) = $g_1 - t$ 이다.
③ $\dfrac{p^2}{4g} \geq d$ 인 경우 순폭(b_n) = $b - d$ 이다.
④ $\dfrac{p^2}{4g} < d$ 인 경우 순폭(b_n) = $b - d - \dfrac{p^2}{4g}$ 이다.

해설] ④

[순폭계산 방법]
① $b_{n1} = b_g - nd$
② $b_{n2} = b_g - d - (n-1)\omega$, $\omega = d - \dfrac{p^2}{4g}$
$= b_g - d - (n-1)d + (n-1) \times \dfrac{p^2}{4g}$
$= b_g - d + (n-1) \times \dfrac{p^2}{4g}$

따라서, $\omega > 0$인 조건에서는 b_{n2}가 순폭이 된다.
또한, $n = 2$이므로,
$d > \dfrac{p^2}{4g}$ 인 경우, $b_{n2} = b_g - d + \dfrac{p^2}{4g}$
$d < \dfrac{p^2}{4g}$ 인 경우, $b_{n1} = b_g - 2d$

■2022년 1회■4. 그림과 같은 맞대기 용접의 이음부에 발생하는 응력의 크기는? (단, P=360kN, 강판두께=12mm)

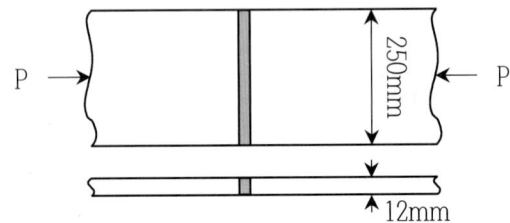

① 압축응력 14.4 MPa ② 인장응력 3000 MPa
③ 전단응력 150 MPa ④ 압축응력 120 MPa

해설] ④

$$\sigma = \frac{P}{A} = \frac{360 \times 10^3}{250 \times 12} = 120 MPa \text{ (압축)}$$

■2022년 1회■5. 강판을 리벳(Rivet)이음할 때 지그재그로 리벳을 체결한 모재의 순폭은 총폭으로부터 고려하는 단면의 최초의 리벳 구멍에 대하여 그 지름을 공제하고 이하 순차적으로 다음 식을 각 리벳 구멍으로 공제하는데 이때의 식은? (단, g : 리벳 선간의 거리, d : 리벳 구멍의 지름, p : 리벳 피치)

① $d - \frac{p^2}{4g}$ ② $d - \frac{g^2}{4p}$
③ $d - \frac{4p^2}{g}$ ④ $d - \frac{4g^2}{p}$

해설] ①

■2022년 1회■6. 인장응력 검토를 위한 L-150×90×12인 형강(angle)의 전개한 총 폭(b_g)은?

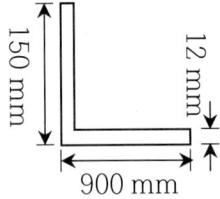

① 228 mm ② 232 mm
③ 240 mm ④ 252 mm

해설] ①
$b_g = L_a + L_b - t = 150 + 90 - 12 = 228 mm$

■2021년 3회■7. 그림과 같은 필릿용접의 유효목두께로 옳게 표시된 것은? (단, KDS 14 30 25 강구조 연결 설계기준(허용응력설계법)에 따른다.)

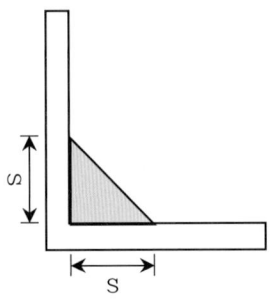

① S
② 0.9S
③ 0.7S
④ 0.5L

해설] ③

필릿용접의 유효목두께 $a = \frac{S}{\sqrt{2}} = 0.7S$

■2021년 3회■8. 그림과 같은 맞대기 용접의 인장응력은?

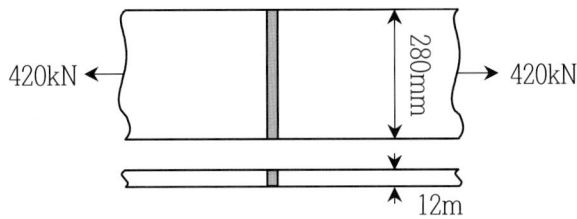

① 25MPa
② 125MPa
③ 250MPa
④ 1250MPa

해설] ②

$$\sigma = \frac{P}{A} = \frac{420 \times 10^3}{12 \times 280} = 125 MPa$$

■2021년 3회■9. 그림과 같은 필릿용접에서 일어나는 응력으로 옳은 것은? (단, KDS 14 30 25 강구조 연결설계기준(허용응력설계법)에 따른다.)

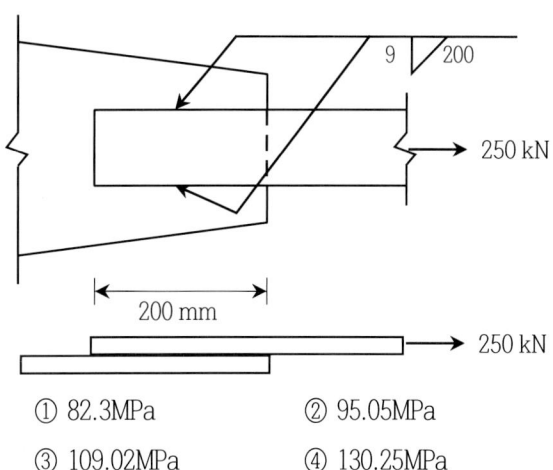

① 82.3MPa ② 95.05MPa
③ 109.02MPa ④ 130.25MPa

해설] ③

$$\tau = \frac{250 \times 10^3}{0.7 \times 9 \times (200 - 2 \times 9) \times 2} = 109.02 MPa$$

필릿용접의 유효길이는 각 용접길이에서 용접치수의 2배를 공제

■2021년 2회■10. 리벳으로 연결된 부재에서 리벳이 상.하 두 부분으로 절단되었다면 그 원인은?
① 리벳의 압축파괴   ② 리벳의 전단파괴
③ 연결부의 인장파괴 ④ 연결부의 지압파괴

해설] ②

■2021년 1회■11. 그림과 같은 맞대기 용접의 용접부에 생기는 인장응력은?

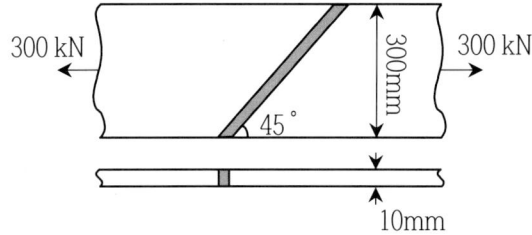

① 50MPa ② 70.7MPa
③ 100MPa ④ 141.4MPa

해설] ③
하중재하방향에 직각인 투영단면적으로 저항한다.
$$\sigma = \frac{P}{A} = \frac{300 \times 10^3}{300 \times 10} = 100 MPa$$

■2021년 1회■12. 아래 그림과 같은 인장재의 순단면적은 약 얼마인가? (단, 구멍의 지름은 25mm이고, 강판두께는 10mm이다.)

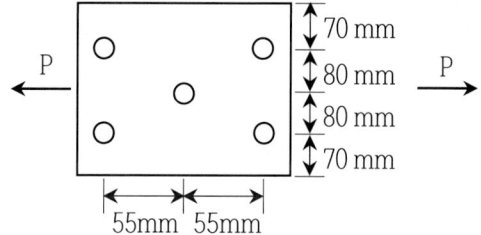

① 2,323mm² ② 2,439mm²
③ 2,500mm² ④ 2,595mm²

해설] ②
1) 직선파단
$$b_n = b_g - nd = 300 - 2 \times 25 = 250 mm$$
2) 지그재그파단
$$\omega = d - \frac{p^2}{4g} = 25 - \frac{55^2}{4 \times 80} = 15.55 mm$$
$$b_n = b_g - d - (n-1)\omega$$
$$= 300 - 25 - 2 \times 15.55 = 243.9 mm$$
따라서, 순폭은 최소값인 243.9mm로 한다.
순단면적 $A_n = b_n \times t = 243.9 \times 10 = 2439 mm^2$

■2021년 1회■13. 용접이음에 관한 설명으로 틀린 것은
① 내부 검사(X-선 검사)가 간단하지 않다.
② 작업의 소음이 적고 경비와 시간이 절약된다.
③ 리벳구멍으로 인한 단면 감소가 없어서 강도 저하가 없다.
④ 리벳이음에 비해 약하므로 응력 집중 현상이 일어나지 않는다.

해설] ④ 리벳이음에 비해 강하므로 응력 집중 현상이 일어나지 않는다.

■2020년 4회■14. 그림과 같은 두께 13mm의 플레이트에 4개의 볼트구멍이 배치되어 있을 때 부재의 순단면적은? (단, 구멍의 지름은 24mm이다.)

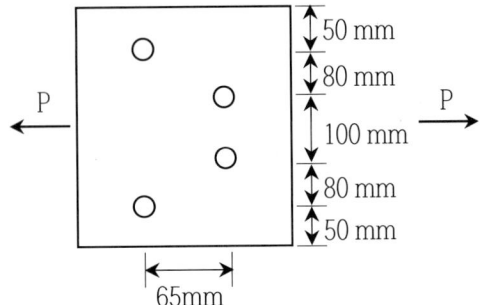

① 4,056mm² ② 3,916mm²
③ 3,775mm² ④ 3,524mm²

해설] ③
1) 직선파단
$b_n = b_g - nd = 360 - 2 \times 24 = 312mm$

2) 지그재그파단
$\omega = d - \dfrac{p^2}{4g} = 24 - \dfrac{65^2}{4 \times 80} = 10.8mm$

$b_n = b_g - 2d - (n-2)\omega = 360 - 2 \times 24 - (4-2) \times 10.8$
$= 290.8mm$

따라서, 순폭은 최소값인 290.8mm로 한다.

순단면적 $A_n = b_n \times t = 290.8 \times 13 = 3,775mm^2$

(주의) 직선구간에 2개, 지그재그 구간에 2개의 볼트가 존재

■2020년 4회■15. 그림과 같은 용접 이음에서 이음부의 응력은?

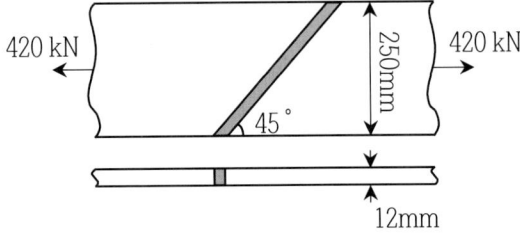

① 140MPa ② 152MPa
③ 168MPa ④ 180MPa

해설] ①
$\sigma = \dfrac{P}{A} = \dfrac{420 \times 10^3}{250 \times 12} = 140MPa$

■2020년 4회■16. 그림과 같은 강재의 이음에서 P=600kN이 작용할 때 필요한 리벳의 수는? (단, 리벳의 지름은 19mm, 허용전단응력은 110MPa, 허용지압응력은 240MPa이다.)

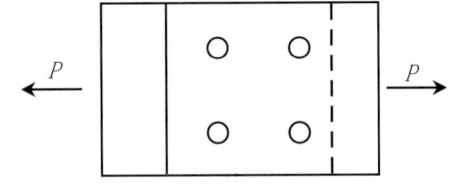

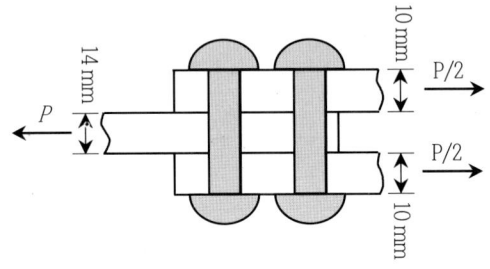

① 6개
② 8개
③ 10개
④ 12개

해설] ③
1개당 허용 지압력
$P_{all} = \sigma_{all} \times A = 240 \times 14 \times 19 = 63.84kN$

1개당 허용 전단력
$V_{all} = \tau_{all} \times A = 110 \times (\pi \times 19^2/4) \times 2 = 62.38kN$

따라서, 전단력에 지배된다.

소요개수 $n = \dfrac{P_u}{V_{all}} = \dfrac{600}{62.38} = 9.6$개이므로,

올림하여, 10개로 한다.

■2020년 3회■17. 그림과 같은 맞대기 용접의 용접부에 발생하는 인장 응력은?

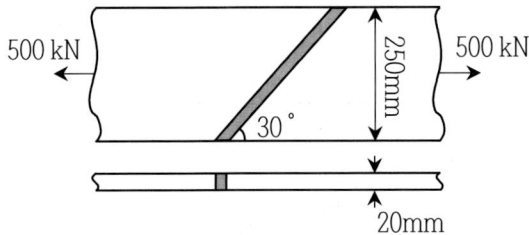

① 100 MPa ② 150 MPa
③ 200 MPa ④ 220 MPa

해설] ①

$\sigma = \dfrac{P}{A} = \dfrac{500 \times 10^3}{250 \times 20} = 100 MPa$

■2020년 3회■18. 다음 중 용접부의 결함이 아닌 것은?

① 오버랩(Overlap)
② 언더컷(Undercut)
③ 스터드(Stud)
④ 균열(Crack)

해설] ③
스터드는 핀결합의 일종

■2020년 3회■19. 순단면이 볼트의 구멍 하나를 제외한 단면(즉, A-B-C 단면)과 같도록 피치(s)를 결정하면? (단, 구멍의 지름은 22mm 이다.)

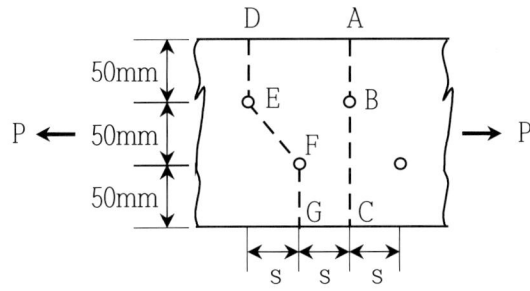

① 114.9 mm ② 90.6 mm
③ 66.3 mm   ④ 50 mm

해설] ③

직선파단면(ABC)이 순폭이 되기 위해서는 지그재그파단면(DEFG)보다 작은 순폭이 되어야 한다.

$b_{n1} = b_g - nd = 150 - 22 = 128mm$

$b_{n2} = b_g - d - (n-1)\omega = 150 - 22 - \omega > b_{n1}$ 에서,

$\omega = d - \dfrac{p^2}{4g} = 22 - \dfrac{s^2}{4 \times 50} \leq 0$ 이므로, $s \geq 66.33mm$

■2020년 1,2회■20. 복전단 고장력 볼트(bolt)의 마찰이음에서 강판에 P=350kN이 작용할 때 볼트의 수는 최소 몇 개가 필요한가? (단, 볼트의 지름(d)은 20mm이고, 허용전단응력(τ_{all})은 120MPa이다.)

① 3개   ② 5개
③ 8개   ④ 10개

해설] ②

개당 허용력 $V_{all} = \tau_{all} \times A = 120 \times \pi \times 10^2 \times 2$
$= 75.4 kN/EA$

소요개수 $n = \dfrac{P}{V_{all}} = \dfrac{350}{75.4} = 4.64$개 → 올림하여 5개로 한다.

*주의) 복전단이므로, 전단저항면적은 볼트단면적의 2배로 한다.

■2020년 1,2회■21. 부재의 순단면적을 계산할 경우 지름 22mm의 리벳을 사용하였을 때 리벳 구멍의 지름은 얼마인가? (단, 강구조 연결 설계기준(허용응력설계법)을 적용한다.)

① 21.5mm   ② 22.5mm
③ 23.5mm   ④ 24.5mm

해설] ③

[KDS 14 30 25 : 2019] 강구조 연결기준(허용응력설계)

리벳의 지름 (mm)	리벳 구멍 지름 (mm)
d < 20	d + 1.0
d ≧ 20	d + 1.5

■2020년 1,2회■22. 강판을 그림과 같이 용접 이음할 때 용접부의 응력은?

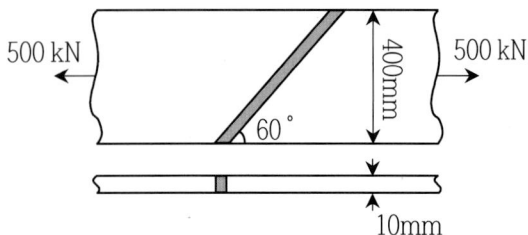

① 110MPa
② 125MPa
③ 250MPa
④ 722MPa

해설] ②

$$\tau = \frac{V}{A} = \frac{500 \times 10^3}{10 \times 400} = 125 MPa$$

■2019년 3회■23. 그림과 같이 P = 300 kN 의 응장응력이 작용하는 판 두께 10mm인 철판에 φ19mm 인 리벳을 사용하여 접합할 때 소요 리벳 수는? (단, 허용전단응력 = 110 MPa, 허용지압응력 = 220 MPa 이다.)

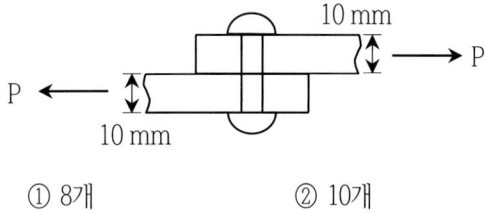

① 8개   ② 10개
③ 12개 ④ 14개

해설] ②

$V_{all} = \tau_{all} \times A = 110 \times (\pi \times 19^2/4) = 31.2 kN/EA$

$P_{all} = \sigma_{all} \times A = 220 \times 19 \times 10 = 41.8 kN/EA$

따라서, 최소값인 31.2kN이 허용력이 된다.

소요개수 $n = \frac{300}{31.2} = 9.62$이므로, 올림하여 10개로 한다.

■2019년 3회■24. 순단면이 볼트의 구멍 하나를 제외한 단면(즉, A-B-C 단면)과 같도록 피치(s)를 결정하면? (단, 구멍의 지름은 18mm이다.)

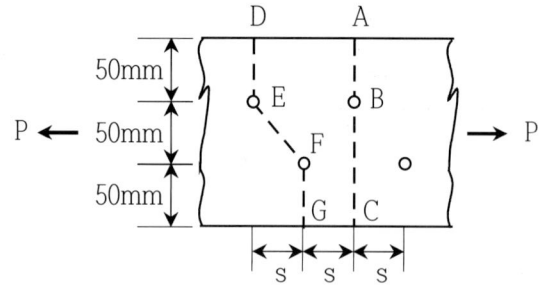

① 50 mm   ② 55 mm
③ 60 mm   ④ 65 mm

해설] ③

직선파단면(ABC)이 순폭이 되기 위해서는 지그재그파단면(DEFG)보다 작은 순폭이 되어야 한다.

$b_{n1} = b_g - nd = 150 - 18 = 132mm$

$b_{n2} = b_g - d - (n-1)\omega = 150 - 18 - \omega > b_{n1}$ 에서,

$\omega = d - \frac{p^2}{4g} = 18 - \frac{s^2}{4 \times 50} \leq 0$ 이므로, $s \geq 60mm$

■2019년 2회■25. 다음 그림의 고장력 볼트 마찰이음에서 필요한 볼트 수는 최소 몇 개인가? (단, 볼트는 M22(ø=22mm), F10T를 사용하며, 마찰이음의 허용력은 48kN이다.)

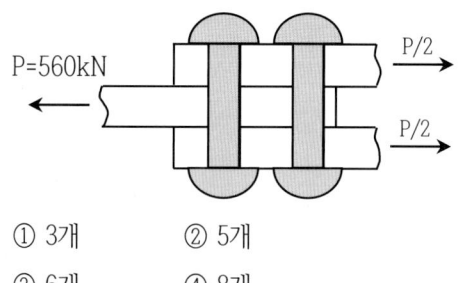

① 3개   ② 5개
③ 6개   ④ 8개

해설] ③

볼트 1개당 마찰면이 2개이므로,

소요개수 $n = \frac{560}{48 \times 2} = 5.8$개 → 올림하여 6개로 한다.

■2019년 2회■26. 아래 그림과 같은 두께 12 mm 평판의 순단면적은? (단, 구멍의 지름은 23 mm이다.)

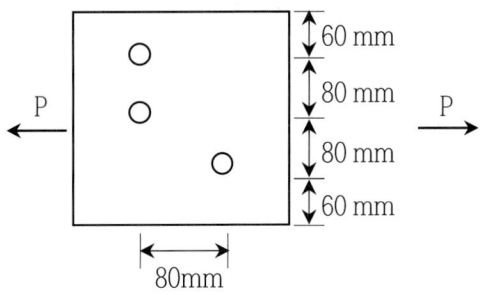

① 2,310 mm² ② 2,440 mm²
③ 2,772 mm² ④ 2,928 mm²

해설] ③

직선파단 $b_{n1} = 280 - 2 \times 23 = 234mm$

$\omega = d - \dfrac{p^2}{4g} = 23 - \dfrac{80^2}{4 \times 80} = 3mm$

지그재그파단 $b_{n2} = 280 - 2 \times 23 - 3 = 231mm$

따라서, 최소값인 231mm를 순폭으로 한다.

순단면적 $A_n = b_n \times t = 231 \times 12 = 2,772mm$

■2019년 2회■27. 그림과 같은 필릿용접의 유효목두께로 옳게 표시된 것은? (단, KDS 14 30 25 강구조 연결 설계기준(허용응력설계법)에 따른다.)

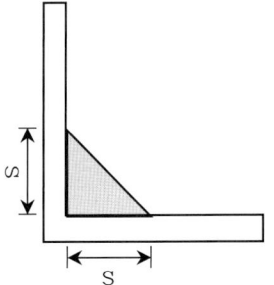

① S ② 0.9S
③ 0.7S ④ 0.5L

해설] ③

필릿용접의 유효목두께 $a = \dfrac{S}{\sqrt{2}} = 0.7S$

■2019년 1회■28. 아래와 같은 맞대기 이음부에 발생하는 응력의 크기는? (단, P=360kN, 강판두께=12mm)

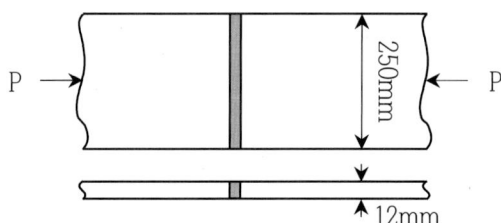

① 압축응력 f_c=14.4MPa
② 인장응력 f_t=3000MPa
③ 전단응력 τ=150MPa
④ 압축응력 f_c=120MPa

해설] ④

압축력을 받으므로, $\sigma = \dfrac{P}{A} = \dfrac{360 \times 10^3}{12 \times 250} = 120 MPa$

■2019년 1회■29. 그림과 같은 필렛 용접에서 일어나는 응력으로 옳은 것은?

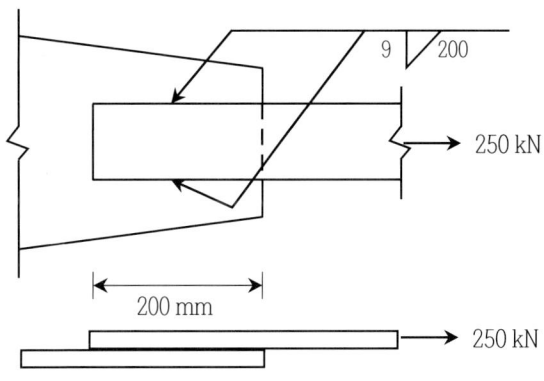

① 109.02 MPa
② 98.25 MPa
③ 97.25 MPa
④ 100.00 MPa

해설] ①

$\tau = \dfrac{250 \times 10^3}{0.7 \times 9 \times (200 - 2 \times 9) \times 2} = 109.02 MPa$

필릿용접의 유효길이는 각 용접길이에서 용접치수의 2배를 공제

■2019년 1회■30. 용접작업 중 일반적인 주의사항에 대한 내용으로 옳지 않은 것은?

① 구조상 중요한 부분을 지정하여 집중 용접한다.
② 용접은 수축이 큰 이음을 먼저 용접하고, 수축이 작은 이음은 나중에 한다.
③ 앞의 용접에서 생긴 변형을 다음 용접에서 제거할 수 있도록 진행시킨다.
④ 특히 비틀어지지 않게 평행한 용접은 같은 방향으로 할 수 있으며 동시에 용접을 한다.

해설] ① 한 지점을 집중하여 용접하지 않는다.

■2018년 3회■31. 그림과 같은 필렛 용접에서 일어나는 응력으로 옳은 것은?

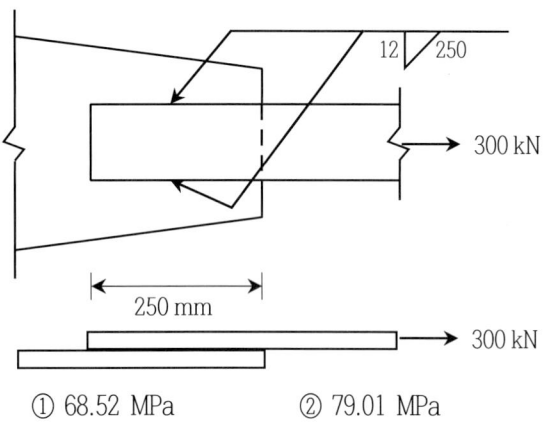

① 68.52 MPa ② 79.01 MPa
③ 87.25 MPa ④ 100.00 MPa

해설] ②
$$\tau = \frac{300 \times 10^3}{0.7 \times 12 \times (250 - 2 \times 12) \times 2} = 79.01 MPa$$

필릿용접의 유효길이는 각 용접길이에서 용접치수의 2배를 공제

■2018년 3회■32. 인장응력 검토를 위한 L-150×90×12인 형강(angle)의 전개 총폭(b_g)은 얼마인가?

① 228mm ② 232mm
③ 240mm ④ 252mm

해설] ①
$b_g = L_a + L_b - t = 150 + 90 - 12 = 228mm$

■2018년 2회■33. 그림과 같은 두께 13mm의 플레이트에 4개의 볼트구멍이 배치되어 있을 때 부재의 순단면적은? (단, 구멍의 지름은 24mm이다.)

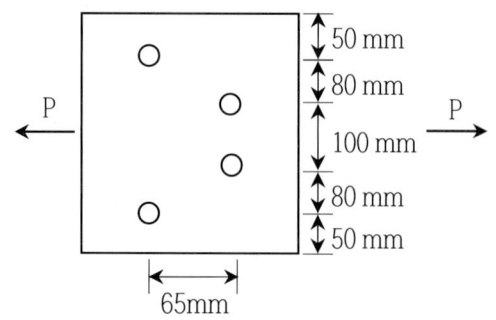

① 4,056mm² ② 3,916mm²
③ 3,775mm² ④ 3,524mm²

해설] ③

1) 직선파단
$b_n = b_g - nd = 360 - 2 \times 24 = 312mm$

2) 지그재그파단
$\omega = d - \frac{p^2}{4g} = 24 - \frac{65^2}{4 \times 80} = 10.8mm$
$b_n = b_g - 2d - (n-2)\omega = 360 - 2 \times 24 - (4-2) \times 10.8$
$= 290.8mm$

따라서, 순폭은 최소값인 290.8mm로 한다.
순단면적 $A_n = b_n \times t = 290.8 \times 13 = 3,775mm^2$

(주의) 직선구간에 2개, 지그재그 구간에 2개의 볼트가 존재

■2018년 2회■34. 다음 중 용접부의 결함이 아닌 것은?

① 오버랩(overlap) ② 언더컷(undercut)
③ 스터드(stud)   ④ 균열(crack)

해설] ③
스터드는 핀결합의 일종

■2018년 2회■35. 아래 그림과 같은 필렛용접의 형상에서 S=9mm일 때 목두께 a의 값으로 적당한 것은?

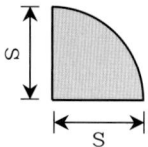

① 5.46mm   ② 6.36mm
③ 7.26mm   ④ 8.16mm

해설] ②

$$a = \frac{S}{\sqrt{2}} = \frac{9}{\sqrt{2}} = 6.364 mm$$

■2018년 1회■36. 아래 그림의 지그재그로 구멍이 있는 판에서 순폭을 구하면? (단, 구멍직경은 25mm)

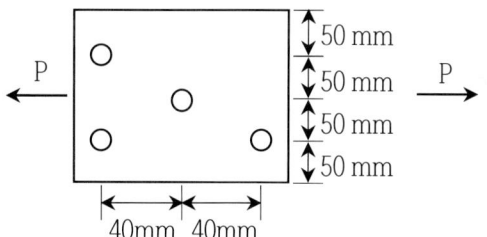

① 187mm   ② 141mm
③ 137mm   ④ 125mm

해설] ②

직선파단 $b_{n1} = 200 - 2 \times 25 = 150 mm$

$$\omega = d - \frac{p^2}{4g} = 25 - \frac{40^2}{4 \times 50} = 17 mm$$

지그재그파단 $b_{n2} = 200 - 25 - 2 \times 17 = 141 mm$

따라서, 최소값인 141mm를 순폭으로 한다.

■2018년 1회■37. 용접 시의 주의사항에 관한 설명 중 틀린 것은?

① 용접의 열을 될 수 있는 대로 균등하게 분포 시킨다.
② 용접부의 구속을 될 수 있는 대로 적게 하여 수축변형을 일으키더라도 해로운 변형이 남지 않도록 한다.
③ 평행한 용접은 같은 방향으로 동시에 용접하는 것이 좋다.
④ 주변에서 중심으로 향하여 대칭으로 용접해 나간다.

해설] ④ 중심에서 주변으로 향하여 대칭으로 용접해 나간다.

■2018년 1회■38. 그림과 같은 용접부의 응력은?

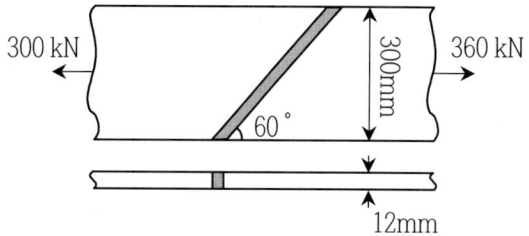

① 115MPa   ② 110MPa
③ 100MPa   ④ 94MPa

해설] ③

$$\sigma = \frac{P}{A} = \frac{360 \times 10^3}{300 \times 12} = 100 MPa$$

■2017년 3회■39. 순단면이 볼트의 구멍 하나를 제외한 단면(즉, A-B-C 단면)과 같도록 피치(s)를 결정하면? (단, 구멍의 지름은 22mm 이다.)

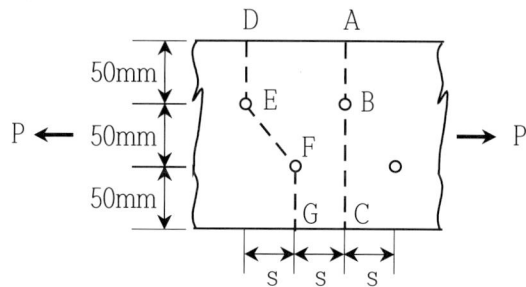

① 114.9 mm   ② 90.6 mm
③ 66.3 mm   ④ 50 mm

해설 ③

직선파단면(ABC)이 순폭이 되기 위해서는 지그재그파단면(DEFG)보다 작은 순폭이 되어야 한다.

$b_{n1} = b_g - nd = 150 - 22 = 128 mm$

$b_{n2} = b_g - d - (n-1)\omega = 150 - 22 - \omega > b_{n1}$ 에서,

$\omega = d - \frac{p^2}{4g} = 22 - \frac{s^2}{4 \times 50} \leq 0$ 이므로, $s \geq 66.33 mm$

■2017년 3회■40. 그림과 같은 맞대기 용접의 용접부에 생기는 인장응력은?

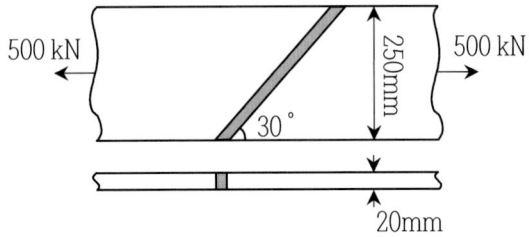

① 100MPa   ② 150MPa
③ 200MPa   ④ 220MPa

해설] ①
하중재하방향에 직각인 투영단면적으로 저항한다.
$$\sigma = \frac{P}{A} = \frac{500 \times 10^3}{250 \times 20} = 100 MPa$$

■2017년 3회■41. 리벳으로 연결된 부재에서 리벳이 상.하 두 부분으로 절단되었다면 그 원인은?

① 연결부의 인장파괴   ② 리벳의 압축파괴
③ 연결부의 지압파괴   ④ 리벳의 전단파괴

해설] ④

■2017년 2회■42. 그림과 같은 용접부에 작용하는 응력은?

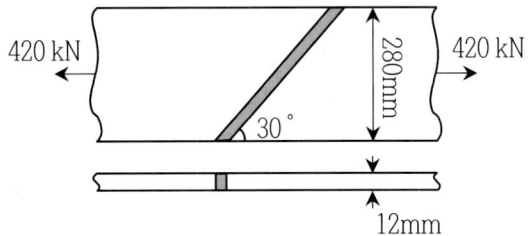

① 112.7MPa   ② 118.0MPa
③ 120.3MPa   ④ 125.0MPa

해설] ④
$$\sigma = \frac{P}{A} = \frac{420 \times 10^3}{12 \times 280} = 125 MPa$$

■2017년 2회■43. 다음은 L형강에서 인장응력 검토를 위한 순폭 계산에 대한 설명이다. 틀린 것은?

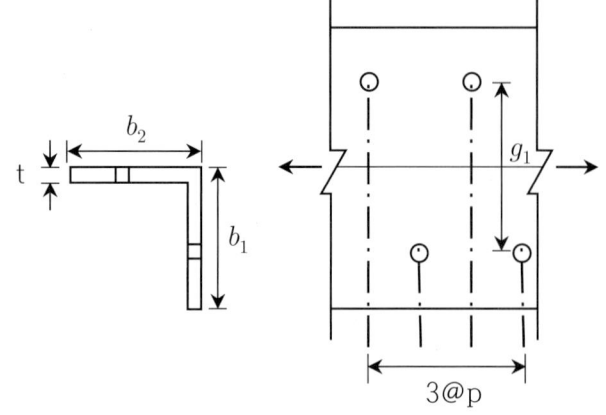

① 전개 총폭(b) = $b_1 + b_2 - t$ 이다.

② $d < \frac{p^2}{4g}$ 인 경우 순폭(b_n) = $b - d$ 이다.

③ 리벳선간거리(g) = $g_1 - t$이다.

④ $d > \frac{p^2}{4g}$ 인 경우 순폭(b_n) = $b - d - \frac{p^2}{4g}$ 이다.

해설] ④
$d > \frac{p^2}{4g}$ 인 경우, $b_n = b - d - (d - \frac{p^2}{4g}) = b - 2d + \frac{p^2}{4g}$

■2017년 1회■44. 순단면이 볼트의 구멍 하나를 제외한 단면(즉, A-B-C 단면)과 같도록 피치(s)를 결정하면? (단, 구멍의 지름은 18mm이다.)

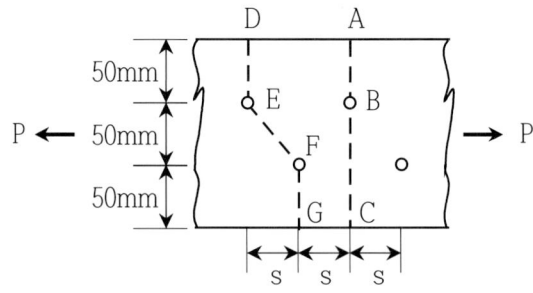

① 50 mm   ② 55 mm
③ 60 mm   ④ 65 mm

해설] ③
직선파단면(ABC)이 순폭이 되기 위해서는 지그재그파단면(DEFG)보다 작은 순폭이 되어야 한다.
$b_{n1} = b_g - nd = 150 - 18 = 132mm$
$b_{n2} = b_g - d - (n-1)\omega = 150 - 18 - \omega > b_{n1}$ 에서,
$\omega = d - \dfrac{p^2}{4g} = 18 - \dfrac{s^2}{4 \times 50} \leqq 0$ 이므로, $s \geqq 60mm$

■2017년 1회■45. 그림과 같은 맞대기 용접의 용접부에 생기는 인장응력은?

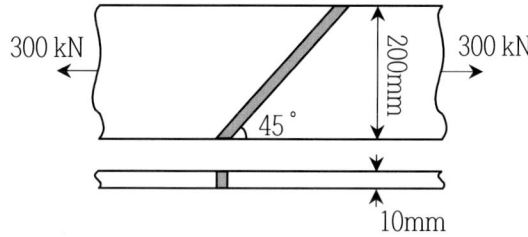

① 150.0MPa ② 106.1MPa
③ 200.0MPa ④ 212.1MPa

해설] ①
하중재하방향에 직각인 투영단면적으로 저항한다.
$\sigma = \dfrac{P}{A} = \dfrac{300 \times 10^3}{200 \times 10} = 150 MPa$

5과목 토질 및 기초

	문제유형	출제문항수	출제빈도
흙의 기본성질	1 흙의 기본성질과 분류	32	1.9
다짐과 투수	2 다짐과 지반개량	40	2.4
	3 투수계수	21	1.2
	4 유선망과 흙댐의 침투	9	0.5
지반응력	5 침투와 지반응력	22	1.3
	6 모관상승을 고려한 지반응력	7	0.4
	7 상재하중을 고려한 지반응력	13	0.8
압밀	8 압밀	34	2.0
전단강도	9 전단강도시험	38	2.2
	10 응력경로	4	0.2
	11 현장시험	31	1.8
토압	12 토압	18	1.1
사면	13 사면안정	16	0.9
기초의 지지력	14 직접기초 지지력	22	1.3
	15 말뚝기초 지지력	21	1.2
	16 지지력 시험	12	0.7

문제유형1 흙의 기본성질과 분류

■2022년 2회■1. 4.75mm체(4번 체) 통과율이 90%이고, 0.075mm체(200번 체) 통과율이 4%, D_{10} = 0.25mm, D_{30} = 0.6mm, D_{60} = 2mm인 흙을 통일분류법으로 분류하면?

① GP
② GW
③ SP
④ SW

해설] ③

No.200번 체 통과율 4% < 50% ⇒ 조립토
No.4번 체 통과율 90% > 50%
No.200번 체 통과율 4% < 5% ⇒ 모래
따라서, 통일분류 첫 문자 S

균등계수 $C_u = \dfrac{D_{60}}{D_{10}} = \dfrac{2}{0.25} = 8 \geq 4$ 이고,

곡률계수 $C_c = \dfrac{D_{30}^2}{D_{60} \times D_{10}} = \dfrac{0.6^2}{2 \times 0.25} = 0.72$ 이므로, 빈입도

(양입도는 C_c가 1~3 범위에 있어야 한다.)
따라서, 통일분류 두 번째 문자 P

■2022년 2회■2. 3층 구조로 구조결합 사이에 치환성 양이온이 있어서 활성이 크고, 시트(sheet) 사이에 물이 들어가 팽창·수축이 크고, 공학적 안정성이 약한 점토 광물은?

① sand
② illite
③ kaolinite
④ montmorillonite

해설] ④

[몬모릴로나이트]
3층 구조로 구조결합 사이에 치환성 양이온이 있어서 활성이 크고, 시트(sheet) 사이에 물이 들어가 팽창·수축이 크고, 공학적 안정성이 약한 점토 광물

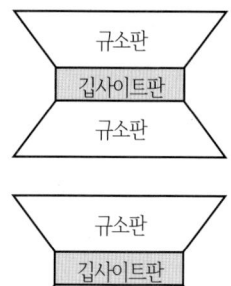

■2022년 1회■3. 점토지반으로부터 불교란 시료를 채취하였다. 이 시료의 지름이 50mm, 길이가 100mm, 습윤 질량이 350g, 함수비가 40%일 때 이 시료의 건조밀도는?

① 1.78 g/cm³
② 1.43 g/cm³
③ 1.27 g/cm³
④ 1.14 g/cm³

해설] ③

$W_w + W_s = 350g$ 이고,

$\omega = \dfrac{W_w}{W_s} = 0.4$에서, $W_s = 350 \times \dfrac{1}{1.4} = 250g$

$\gamma_d = \dfrac{W_s}{V} = \dfrac{250}{(\pi \times 5^2/4) \times 10} = 1.273 g/cm^3$

■2022년 1회■4. 비교적 가는 모래와 실트가 물속에서 침강하여 고리 모양을 이루며 작은 아치를 형성한 구조로 단립구조보다 간극비가 크고 충격과 진동에 약한 흙의 구조는?

① 봉소구조
② 낱알구조
③ 분산구조
④ 면모구조

해설] ①

봉소구조는 미세한 모래와 실트 입자들이 고리 모양을 이루면서 형성하여 큰 간극비를 가진다.
분산구조는 침강된 점토입자가 층을 이루며 형성된다.
면모구조는 분산된 점토입자가 면과 모서리를 이루면 형성된다.

■2022년 1회■5. 아래의 그림과 같은 흙의 구성도에서 체적 V를 1로 했을 때의 간극의 체적은? (단, 간극률은 n 함수비는 ω, 흙입자의 비중은 G_s, 물의 단위중량은 γ_w)

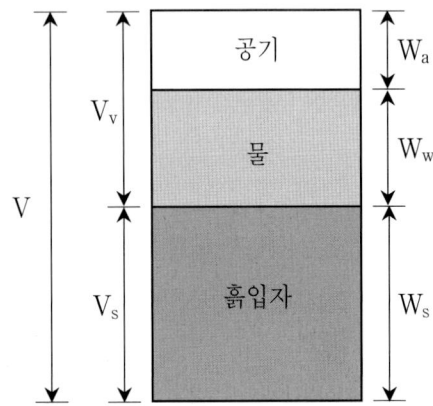

① n ② ωG_s
③ $\gamma_w(1-n)$ ④ $[G_s - n(G_s-1)]\gamma_w$

해설] ①

간극율 $n = \dfrac{V_v}{V}$ 에서 $V=1$로 두면, $V_v = n$

■2021년 3회■6. 포화상태에 있는 흙의 함수비가 40%이고, 비중이 2.60이다. 이 흙의 간극비는?

① 0.65   ② 0.065
③ 1.04   ④ 1.40

해설] ③

$\omega G_s = Se$ 에서, $0.4 \times 2.6 = 1 \times e$ 이므로, $e = 1.04$

■2021년 2회■7. 통일분류법에 의한 분류기호와 흙의 성질을 표현한 것으로 틀린 것은?
① SM : 실트 섞인 모래
② GC : 점토 섞인 자갈
③ CL : 소성이 큰 무기질 점토
④ GP : 입도분포가 불량한 자갈

해설] ③ CL : 소성이 작은 무기질 점토

■2021년 2회■8. 아래와 같은 조건에서 AASHTO분류법에 따른 군지수(GI)는?

○ 흙의 액성한계 : 45%
○ 흙의 소성한계 : 25%
○ 200번 체 통과율 : 50%

① 7   ② 10
③ 13   ④ 16

해설] ①

$PI = LL - PL = 45 - 25 = 20\%$
$GI = (F_{200} - 35)[0.2 + 0.005(LL-40)]$
$\quad + 0.01(F_{200} - 15)(PI - 10)$
$\quad = (50 - 35) \times [0.2 + 0.005(45-40)]$
$\quad + 0.01(50 - 15)(20 - 10)$
$\quad = 6.875 ≒ 7$

■2021년 1회■9. 흙의 분류법인 AASHTO분류법과 통일분류법을 비교·분석한 내용으로 틀린 것은?
① 통일분류법은 0.075mm체 통과율 35%를 기준으로 조립토와 세립토로 분류하는데 이것은 AASHTO분류법보다 적합하다.
② 통일분류법은 입도분포, 액성한계, 소성지수 등을 주요 분류인자로 한 분류법이다.
③ AASHTO분류법은 입도분포, 군지수 등을 주요 분류인자로 한 분류법이다.
④ 통일분류법은 유기질토 분류방법이 있으나 AASHTO분류법은 없다.

해설] ① AASHTO분류법은 0.075mm(No.200)체 통과율 35%를 기준으로 조립토와 세립토로 분류한다.

No.	4	10	40	200
mm	4.75	2.0	0.425	0.075

■2020년 4회■10. 습윤단위중량이 19kN/m³, 함수비 25%, 비중이 2.7인 경우 건조단위중량과 포화도는? (단, 물의 단위중량은 9.81kN/m³이다.)

① 17.3kN/m³, 97.8%
② 17.3kN/m³, 90.9%
③ 15.2kN/m³, 97.8%
④ 15.2kN/m³, 90.9%

해설] ④

$\gamma_d = \dfrac{G_s \gamma_w}{1+e}$ 이고, $\gamma_t = \dfrac{1+\omega}{1+e} G_s \gamma_w$ 에서,

$\dfrac{\gamma_t}{\gamma_d} = 1+\omega$ 이므로, $\gamma_d = \dfrac{\gamma_t}{1+\omega} = \dfrac{19}{1+0.25} = 15.2 kN/m^2$

$\gamma_t = \dfrac{1+\omega}{1+e} G_s \gamma_w = \dfrac{1+0.25}{1+e} \times 2.7 \times 9.81 = 19$ 에서,

$e = 0.743$

$\omega G_s = Se$ 이므로, $0.25 \times 2.7 = S \times 0.743$ 에서, $S = 0.909$

■2020년 4회■11. 어떤 시료를 입도분석 한 결과, 0.075mm 체 통과율이 65%이었고, 애터버그한계 시험결과 액성한계가 40%이 었으며 소성도표(Plasticity chart)에서 A선 위의 구역에 위치한 다면 이 시료의 통일분류법(USCS)상 기호로서 옳은 것은? (단, 시료는 무기질이다.)

① CL
② ML
③ CH
④ MH

해설] ①
No. 200 통과율이 50% 이상 ⇒ C 또는 M
A선 위 구역 ⇒ C
액성한계가 50% 이하 ⇒ L
따라서, CL

■2020년 4회■12
. 두 개의 규소판 사이에 한 개의 알루미늄판이 결합된 3층 구조가 무수히 많이 연결되어 형성된 점토광물로서 각 3층 구조 사이에는 칼륨이온(K+)으로 결합되어 있는 것은?

① 일라이트(illite)
② 카올리나이트(kaolinite)
③ 할로이사이트(halloysite)
④ 몬모릴로나이트(montmorillonite)

해설] ①

■2020년 3회■13. 흙의 활성도에 대한 설명으로 틀린 것은?
① 점토의 활성도가 클수록 물을 많이 흡수하여 팽창이 많이 일어난다.
② 활성도는 $2\mu m$ 이하의 점토함유율에 대한 액성지수의 비로 정의된다.
③ 활성도는 점토광물의 종류에 따라 다르므로 활성도로부터 점토를 구성하는 점토광물을 추정할 수 있다.
④ 흙 입자의 크기가 작을수록 비표면적이 커져 물을 많이 흡수하므로, 흙의 활성은 점토에서 뚜렷이 나타난다.

해설] ② 활성도는 $2\mu m$ 이하의 점토함유율에 대한 소성지수의 비로 정의된다.

■2020년 1_2회■14. 어떤 흙의 입경가적곡선에서 D_{10}=0.05mm, D_{30}=0.09mm, D_{60}=0.15mm이었다. 균등계수(C_u)와 곡률계수(C_g)의 값은?
① 균등계수=1.7, 곡률계수=2.45
② 균등계수=2.4, 곡률계수=1.82
③ 균등계수=3.0, 곡률계수=1.08
④ 균등계수=3.5, 곡률계수=2.08

해설] ③

$C_u = \dfrac{D_{60}}{D_{10}} = \dfrac{0.15}{0.05} = 3$

$C_c = \dfrac{D_{30}^2}{D_{60} \times D_{10}} = \dfrac{0.09^2}{0.15 \times 0.05} = 1.08$

■2020년 1_2회■15. 100% 포화된 흐트러지지 않은 시료의 부피가 20cm³이고 질량이 36g이었다. 이 시료를 건조로에서 건조시킨 후의 질량이 24g일 때 간극비는 얼마인가?
① 1.36　　② 1.50
③ 1.62　　④ 1.70

해설] ②
$W_s = 24g$, $W = 36g = W_s + W_w$이므로, $W_w = 12g$

$V_w = V \times \dfrac{e}{1+e}$ 이므로, $W_w = V_w \gamma_w$ 에서,

$12g = 20 \times \dfrac{e}{1+e} \times 1g$ 이므로, $e = 1.5$

(g는 중력가속도)

■2019년 3회■16. 통일분류법에 의해 흙의 MH로 분류되었다면, 이 흙의 공학적 성질로 가장 옳은 것은?
① 액성한계가 50% 이하인 점토이다.
② 액성한계가 50% 이상인 실트이다.
③ 소성한계가 50% 이하인 실트이다.
④ 소성한계가 50% 이상인 점토이다.

해설] ②
A라인 아래이고, 액성한계가 50%이상인 실트

■2019년 3회■17. 함수비 15%인 흙 23kN이 있다. 이 흙의 함수비를 25%가 되도록 증가시키려면 얼마의 물을 가해야 하는가?
① 2.0kN　　② 2.3kN
③ 3.45kN　　④ 5.75kN

해설] ①
현재 함수비 $\omega = \dfrac{W_{w15}}{W_s} = 0.15$ 에서,

$W_s = \dfrac{W}{1+\omega} = \dfrac{23}{1+0.15} = 20kN$이고,

$W_{w15} = W - W_s = 23 - 20 = 3kN$

$\omega = 0.25 = \dfrac{W_{w25}}{W_s} = \dfrac{W_{w25}}{20}$ 에서, $W_{w25} = 5kN$

따라서, 추가로 필요한 물은 $5 - 3 = 2kN$

■2019년 2회■18. 흙 입자의 비중은 2.56, 함수비는 35%, 습윤 단위중량은 17.5 kN/m³ 일 때 간극률은 약 얼마인가? (단, 물의 단위중량은 9.81kN/m³ 이다.)
① 32%　　② 37%
③ 43%　　④ 48%

해설] ④
$\gamma_t = \dfrac{1+\omega}{1+e} G_s \gamma_w = \dfrac{1+0.35}{1+e} \times 2.56 \times 9.81 = 17.5$에서,

간극비 $e = 0.937 = \dfrac{n}{1-n}$ 이므로, $n = 0.484$

■2019년 1회■19. 시료가 점토인지 아닌지 알아보고자 할 때 가장 거리가 먼 사항은?
① 소성지수　　② 소성도표 A선
③ 포화도　　④ 200번체 통과량

해설] ③ 포화도는 흙의 분류와 무관한 인자이다.

■2019년 1회■20. 100% 포화된 흐트러지지 않은 시료의 부피가 20.5×10³mm³이고 무게는 0.342N이었다. 이 시료를 오븐(Oven) 건조 시킨 후의 무게는 0.226N이었다. 간극비는? (단, 물의 단위중량은 9.81 kN/m² 으로 한다.)
① 1.36　　② 1.55
③ 2.14　　④ 2.67

해설] ①
$\omega = \dfrac{W_w}{W_s} = \dfrac{342-226}{226} = 0.513$

$Se = \omega G_s$ 에서, 포화상태이므로,

$e = \omega G_s = 0.513 G_s$ ---------------------- 식(1)

$\gamma_d = \dfrac{W_s}{V} = \dfrac{G_s \gamma_w}{1+e}$ 에서, $\dfrac{226 \times 10^{-6}}{20.5 \times 10^{-6}} = \dfrac{G_s \times 9.81}{1+e}$ 이므로,

$\dfrac{G_s}{1+e} = 1.123$에 식(1)을 대입하면,

$\dfrac{G_s}{1+0.513 G_s} = 1.123$이므로, $G_s = 2.649$

따라서, $e = 0.513 \times 2.649 = 1.359$

■2019년 1회■21. 세립토를 비중계법으로 입도분석을 할 때 반드시 분산제를 쓴다. 다음 설명 중 옳지 않은 것은?
① 입자의 면모화를 방지하기 위하여 사용한다.
② 분산제의 종류는 소성지수에 따라 달라진다.
③ 현탁액이 산성이면 알칼리성의 분산제를 쓴다.
④ 시험도중 물의 변질을 방지하기 위하여 분산제를 사용한다.

해설] ④

■2019년 1회■22. 흙의 다짐시험을 실시한 결과 다음과 같았다. 이 흙의 건조단위중량은 얼마인가?

○ 몰드 + 젖은 시료 무게 : 36N
○ 몰드 무게 : 21N
○ 젖은 흙의 함수비 : 15.4%
○ 몰드의 체적 : 944×10³mm³

① 13.44 kN/m³ ② 15.62 kN/m³
③ 13.18 kN/m³ ④ 14.25 kN/m³

해설] ①
습윤시료의 무게 $36-21=15N$
흙의 무게 $(1-\omega)W = (1-0.154) \times 15 = 12.69N$
$\gamma_d = \dfrac{W_s}{V} = \dfrac{12.69 \times 10^{-3}}{944 \times 10^{-6}} = 13.44 kN/m^3$

■2018년 3회■23. 아래 표와 같은 흙을 통일분류법에 따라 분류한 것으로 옳은 것은?

○ No.4번 체 통과율 37.5%
○ No.200번 체 통광율 2.3%
○ 균등계수 C_u = 7.9
○ 곡률계수 C_c = 1.4

① GW ② GP
③ SW ④ SP

해설] ①
No.200번 체 통과율 2.3% < 50% ⇒ 조립토
No.4번 체 통과율 37.5% < 50% ⇒ 자갈
따라서, 통일분류 첫 문자 G
균등계수 $C_u = 7.9 \geq 4$ 이고,
곡률계수 $C_c = 1.4 (1~3)$ 이므로, 양입도
따라서, 통일분류 두 번째 문자 W

■2018년 3회■24. 포화된 흙의 건조단위중량이 17kN/m³이고, 함수비가 20%일 때 비중은 얼마인가?(단, 물의 단위중량은 9.81kN/m³ 이다.)
① 2.65 ② 2.71
③ 2.78 ④ 2.88

해설] ①
$Se = \omega G_s$에서, $S=1$이므로, $e = \omega G_s = 0.2 G_s$
$\gamma_d = \dfrac{G_s \gamma_w}{1+e} = 17$에서, $\dfrac{G_s \times 9.81}{1+0.2 G_s} = 17$ 이므로,
$G_s = 2.652$

■2018년 2회■25. 노건조한 흙 시료의 부피가 1,000cm³, 무게가 17N, 비중이 2.65이라면 간극비는? (단, 물의 단위중량은 9.81kN/m³ 이다.)
① 0.70 ② 0.42
③ 0.64 ④ 0.53

해설] ④
$\gamma_d = \dfrac{W_s}{V} = \dfrac{17 \times 10^{-3}}{1000 \times 10^{-6}} = 17 kN/m^3$
$\gamma_d = \dfrac{G_s \gamma_w}{1+e} = \dfrac{2.65 \times 9.81}{1+e} = 17$ 에서, $e = 0.529$

■2018년 2회■26. 흙의 공학적 분류방법 중 통일분류법과 관계 없는 것은?
① 소성도　　　　　② 액성한계
③ No.200체 통과율　④ 군지수

해설] ④ 군지수는 AASHTO분류법에서 필요한 인자

■2018년 1회■27. 4.75mm체(4번 체) 통과율이 90%이고, 0.075mm체(200번 체) 통과율이 4%, D10=0.25mm, D30=0.6mm, D60=2mm인 흙을 통일분류법으로 분류하면?
① GW　　　② GP
③ SW　　　④ SP

해설] ④
No.200번 체 통과율 4% < 50% ⇒ 조립토
No.4번 체 통과율 90% > 50%
No.200번 체 통과율 4% < 5% ⇒ 모래
따라서, 통일분류 첫 문자 S

균등계수 $C_u = \dfrac{D_{60}}{D_{10}} = \dfrac{2}{0.25} = 8 \geqq 4$ 이고,

곡률계수 $C_c = \dfrac{D_{30}^2}{D_{60} \times D_{10}} = \dfrac{0.6^2}{2 \times 0.25} = 0.72$ 이므로, 빈입도
(양입도는 C_c가 1~3 범위에 있어야 한다.)

따라서, 통일분류 두 번째 문자 P

■2017년 3회■28. 간극비(e)와 간극률(n, %)의 관계를 옳게 나타낸 것은?
① $e = \dfrac{n-1}{n}$　　② $e = \dfrac{n}{1-n}$
③ $e = \dfrac{n+1}{n}$　　④ $e = \dfrac{n}{1+n}$

해설] ②

■2017년 2회■29. 점토지반으로부터 불교란 시료를 채취하였다. 이 시료는 직경 50mm, 길이 100mm이고, 습윤무게는 3.5N이고, 함수비가 40%일 때 이 시료의 건조단위무게는?
① 17.8kN/m³　　② 14.3kN/m³
③ 12.7kN/m³　　④ 11.4kN/m³

해설] ③

$\gamma_d : \gamma_t = \dfrac{1}{1+e} G_s \gamma_w : \dfrac{1+\omega}{1+e} G_s \gamma_w = 1 : 1+\omega$ 이므로,

$\gamma_t = \dfrac{W}{V} = \dfrac{3.5 \times 10^{-3}}{\pi \times 50^2/4 \times 100 \times 10^{-9}} = 17.83 kN/m^3$

$\gamma_d = \dfrac{\gamma_t}{1+\omega} = \dfrac{17.83}{1+0.4} = 12.73 kN/m^3$

■2017년 2회■30. 두 개의 규소판 사이에 한 개의 알루미늄판이 결합된 3층구조가 무수히 많이 연결되어 형성된 점토광물로서 각 3층구조 사이에는 칼륨이온(K+)으로 결합되어 있는 곳은?
① 몬모릴로나이트(montmorillonite)
② 할로이사이트(halloysite)
③ 고령토(kaolinite)
④ 일라이트(illite)

해설] ④

■2017년 1회■31. 어떤 흙의 습윤 단위중량이 20kN/m³, 함수비 20%, 비중 Gs=2.7인 경우 포화도는 얼마인가? (단, 물의 단위중량은 9.81kN/m³ 이다.)
① 84.1%　　② 91.7%
③ 95.6%　　④ 98.5%

해설] ②

$\gamma_t = \dfrac{1+\omega}{1+e} G_s \gamma_w = \dfrac{1+0.2}{1+e} \times 2.7 \times 9.81 = 20$ 에서,
$e = 0.589$
$Se = \omega G_s$ 에서, $S \times 0.589 = 0.2 \times 2.7$ 이므로, $S = 0.917$

■2017년 1회■32. 아래의 표와 같은 조건에서 군지수는?

○ 흙의 액성한계 : 49%
○ 흙의 소성지수 : 25%
○ 10번체 통과율 : 96%
○ 40번체 통과율 : 89%
○ 200번체 통과율 : 70%

① 9　　　　　　② 12
③ 15　　　　　　④ 18

해설] ③

$A : F_{200} - 35$ (0~40의 정수) $= 70 - 35 = 35$

$B : F_{200} - 15$ (0~40의 정수) $= 70 - 15 = 55 > 40$

$C : LL - 40$ (0~20의 정수) $= 49 - 40 = 9$

$D : PI - 10$ (0~20의 정수) $= 25 - 10 = 15$

$GI = A(0.2 + 0.005C) + 0.01BD$
$= 35(0.2 + 0.005 \times 9) + 0.01 \times 40 \times 15 = 14.6 \approx 15$

문제유형2　다짐과 지반개량

■2022년 2회■1. 다음 지반 개량공법 중 연약한 점토지반에 적합하지 않은 것은?
① 프리로딩 공법　　　② 샌드 드레인 공법
③ 페이퍼 드레인 공법　④ 바이브로 플로테이션 공법

해설] ④ 바이브로 플로테이션은 사질토 개량공법이다.

[점토지반 개량공법]
치환공법, 프리 로딩(Pre-loading) 공법, 샌드 드레인(Sand drain) 공법, 페이퍼 드레인(Paper drain) 공법, 전기침투 공법, 침투압 공법(MAIS), 생석회 말뚝 공법

[사질토 개량공법]
다짐말뚝 공법, 마짐모래말뚝 공법, 바이브로 플로테이션(Vibro-flotaion), 폭파다짐 공법, 약액주입 공법, 전기충격 공법

■2022년 2회■2. 흙의 다짐에 대한 설명으로 틀린 것은?
① 다짐에 의하여 간극이 작아지고 부착력이 커져서 역학적 강도 및 지지력은 증대하고, 압축성, 흡수성 및 투수성은 감소한다.
② 점토를 최적함수비보다 약간 건조측의 함수비로 다지면 면모구조를 가지게 된다.
③ 점토를 최적함수비보다 약간 습윤측에서 다지면 투수계수가 감소하게 된다.
④ 면모구조를 파괴시키지 못할 정도의 작은 압력으로 점토시료를 압밀할 경우 건조측 다짐을 한 시료가 습윤측 다짐을 한 시료보다 압축성이 크게 된다.

해설] ④ 낮은 압력으로 다지는 경우 습윤시료의 압축성이 크다.

■2022년 2회■3. 다음 연약지반 개량공법 중 일시적인 개량공법은?
① 치환 공법　　　　　② 동결 공법
③ 약액주입 공법　　　④ 모래다짐말뚝 공법

해설] ②

일시적인 지반개량 : 웰 포인트(Well point) 공법, 딥 웰(Deep well)공법, 대기압(진공) 공법, 동결 공법

■2022년 1회■4. 지반개량공법 중 주로 모래질 지반을 개량하는 데 사용되는 공법은?
① 프리로딩 공법　　　② 생석회 말뚝 공법
③ 페이퍼 드레인 공법　④ 바이브로 플로테이션 공법

해설] ④

○ 점토지반 개량 : 치환, pre-loading, sand drain, paper drain, 전기침투, 침투압, 생석회 말뚝공법

○ 사질토지반 개량 : 다짐말뚝, 모짐모래 말뚝, 바이브로 플로테이션, 폭파다짐, 약액주입, 전기충격공법

■2022년 1회■5. 흙의 다짐시험에서 다짐에너지를 증가시킬 때 일어나는 결과는?
① 최적함수비는 증가하고, 최대건조단위중량은 감소한다.
② 최적함수비는 감소하고, 최대건조단위중량은 증가한다.
③ 최적함수비와 최대건조단위중량이 모두 감소한다.
④ 최적함수비와 최대건조단위중량이 모두 증가한다.

해설] ②

■2021년 3회■6. 다짐곡선에 대한 설명으로 틀린 것은?
① 다짐에너지를 증가시키면 다짐곡선은 왼쪽 위로 이동하게 된다.
② 사질성분이 많은 시료일수록 다짐곡선은 오른쪽 위에 위치하게 된다.
③ 점성분이 많은 흙일수록 다짐곡선은 넓게 퍼지는 형태를 가지게 된다.
④ 점성분이 많은 흙일수록 오른쪽 아래에 위치하게 된다.

해설] ② 사질성분이 많은 시료일수록 다짐곡선은 왼쪽 위에 위치하게 된다.

■2021년 3회■7. 지반개량공법 중 연약한 점성토 지반에 적당하지 않은 것은?
① 치환 공법
② 침투압 공법
③ 폭파다짐 공법
④ 샌드 드레인 공법

해설] ③
○ 점토지반 개량 : 치환, pre-loading, sand drain, paper drain, 전기침투, 침투압, 생석회 말뚝공법
○ 사질토지반 개량 : 다짐말뚝, 모집모래 말뚝, 바이브로 플로테이션, 폭파다짐, 약액주입, 전기충격공법

■2021년 3회■8. 자연 상태의 모래지반을 다져 e_{min}에 이르도록 했다면 이 지반의 상대밀도는?
① 0%
② 50%
③ 75%
④ 100%

해설] ④

상대밀도 $D_r = \dfrac{e_{max} - e}{e_{max} - e_{min}}$ 이므로, $e = e_{min}$인 경우, $D_r = 1$

■2021년 3회■9. 현장 도로 토공에서 모래치환법에 의한 흙의 밀도 시험 결과 흙을 파낸 구멍의 체적과 파낸 흙의 질량은 각각 1,800cm³, 3,950g이었다. 이 흙의 함수비는 11.2%이고, 흙의 비중은 2.65이다. 실내시험으로부터 구한 최대건조밀도가 2.05g/cm³일 때 다짐도는?
① 92% ② 94%
③ 96% ④ 98%

해설] ③

$\omega = \dfrac{W_w}{W_s} = 0.112$ 이고, $W = W_w + W_s = 3950$이므로,

$W_s = 3552g$

$\gamma_d = \dfrac{W_s}{V} = \dfrac{3552}{1800} = 1.973 g/cm^3$

다짐도 $R = \dfrac{\gamma_d}{\gamma_{d,max}} = \dfrac{1.973}{2.05} = 0.962$

■2021년 2회■10. 다음 중 연약점토지반 개량공법이 아닌 것은?
① 프리로딩(Pre-loading) 공법
② 샌드 드레인(Sand drain) 공법
③ 페이퍼 드레인(Paper drain) 공법
④ 바이브로 플로테이션(Vibro flotation) 공법

해설] ④ 바이브로 플로테이션(Vibro flotation) 공법은 사질토 다짐방법
○ 점토지반 개량 : 치환, pre-loading, sand drain, paper drain, 전기침투, 침투압, 생석회 말뚝공법
○ 사질토지반 개량 : 다짐말뚝, 모집모래 말뚝, 바이브로 플로테이션, 폭파다짐, 약액주입, 전기충격공법

■2021년 2회■11. 흙의 다짐곡선은 흙의 종류나 입도 및 다짐에너지 등의 영향으로 변한다. 흙의 다짐 특성에 대한 설명으로 틀린 것은?
① 세립토가 많을수록 최적함수비는 증가한다.
② 점토질 흙은 최대건조단위중량이 작고 사질토는 크다.
③ 일반적으로 최대건조단위중량이 큰 흙일수록 최적함수비도 커진다.
④ 점성토는 건조측에서 물을 많이 흡수하므로 팽창이 크고 습윤측에서는 팽창이 작다.

해설] ③ 일반적으로 최대건조단위중량이 큰 흙일수록 최적함수비는 작아진다.

■2021년 1회■12. 다짐에 대한 설명으로 틀린 것은?
① 다짐에너지는 해머의 중량에 비례한다.
② 입도배합이 양호한 흙에서는 최대건조 단위중량이 높다.
③ 동일한 흙일지라도 다짐기계에 따라 다짐효과는 다르다.
④ 세립토가 많을수록 최적함수비가 감소한다.

해설] ④ 세립토가 많을수록 최적함수비가 증가한다.

■2021년 1회■13. 연약지반 개량공법 중 점성토지반에 이용되는 공법은?
① 전기충격 공법
② 폭파다짐 공법
③ 생석회말뚝 공법
④ 바이브로플로테이션 공법

해설] ③
○ 점토지반 개량 : 치환, pre-loading, sand drain, paper drain, 전기침투, 침투압, 생석회 말뚝공법
○ 사질토지반 개량 : 다짐말뚝, 모집모래 말뚝, 바이브로 플로테이션, 폭파다짐, 약액주입, 전기충격공법

■2020년 4회■14. 다음 지반 개량공법 중 연약한 점토지반에 적당하지 않은 것은?
① 프리로딩 공법
② 샌드 드레인 공법
③ 생석회 말뚝 공법
④ 바이브로 플로테이션 공법

해설] ④
○ 점토지반 개량 : 치환, pre-loading, sand drain, paper drain, 전기침투, 침투압, 생석회 말뚝공법
○ 사질토지반 개량 : 다짐말뚝, 모집모래 말뚝, 바이브로 플로테이션, 폭파다짐, 약액주입, 전기충격공법

■2020년 4회■15. 현장 흙의 밀도 시험 중 모래치환법에서 모래는 무엇을 구하기 위하여 사용하는가?
① 시험구멍에서 파낸 흙의 중량
② 시험구멍 체적
③ 지반의 지지력
④ 흙의 함수비

해설] ②

■2020년 3회■16. 흙의 다짐에 대한 설명 중 틀린 것은?
① 일반적으로 흙의 건조밀도는 가하는 다짐에너지가 클수록 크다.
② 모래질 흙은 진동 또는 진동을 동반하는 다짐 방법이 유효하다.
③ 건조밀도-함수비 곡선에서 최적 함수비와 최대건조밀도를 구할 수 있다.
④ 모래질을 많이 포함한 흙의 건조밀도-함수비 곡선의 경사는 완만하다.

해설] ④ 모래질을 많이 포함한 흙의 건조밀도-함수비 곡선의 경사는 급하다.

■2020년 3회■17. 연약지반 개량공법에 대한 설명 중 틀린 것은?
① 샌드드레인 공법은 2차 압밀비가 높은 점토 및 이탄 같은 유기질 흙에 큰 효과가 있다.
② 화학적 변화에 의한 흙의 강화공법으로는 소결 공법, 전기화학적 공법 등이 있다.
③ 동압밀공법 적용 시 과잉간극 수압의 소산에 의한 강도증가가 발생한다.
④ 장기간에 걸친 배수공법은 샌드드레인이 페이퍼 드레인보다 유리하다.

해설] ① 샌드드레인 공법은 2차 압밀비가 높은 점토 및 이탄 같은 유기질 흙에 큰 효과가 없다.

■2020년 3회■18. 다짐되지 않은 두께 2m, 상대밀도 40%의 느슨한 사질토 지반이 있다. 실내시험결과 최대 및 최소 간극비가 0.80, 0.40으로 각각 산출되었다. 이 사질토를 상대밀도 70%까지 다짐할 때 두께는 얼마나 감소되겠는가?
① 12.41cm
② 14.63cm
③ 22.71cm
④ 25.83cm

해설] ②

다짐 전 $D_r = \dfrac{e_{max}-e_o}{e_{max}-e_{min}} = \dfrac{0.8-e_o}{0.8-0.4} = 0.4$에서, $e_0 = 0.64$

다짐 후 $D_r = \dfrac{e_{max}-e}{e_{max}-e_{min}} = \dfrac{0.8-e}{0.8-0.4} = 0.7$에서, $e = 0.52$

감소량 $\Delta h = H \times \dfrac{\Delta e}{1+e} = 200 \times \dfrac{0.64-0.52}{1+0.64} = 14.63 cm$

■2020년 1_2회■19. Paper drain 설계 시 Drain paper의 폭이 10cm, 두께가 0.3cm일 때 Drain paper의 등치환산원의 직경이 약 얼마이면 Sand drain과 동등한 값으로 볼 수 있는가? (단, 형상계수(a)는 0.75이다.)
① 5cm
② 8cm
③ 10cm
④ 15cm

해설] ①
등치환산원의 지름
$D = a\dfrac{2(b+t)}{\pi} = 0.75 \times \dfrac{2(10+0.3)}{\pi} = 4.92 cm$

■2020년 1_2회■20. 흙의 다짐에 대한 설명으로 틀린 것은?
① 최적함수비로 다질 때 흙의 건조밀도는 최대가 된다.
② 최대건조밀도는 점성토에 비해 사질토일수록 크다.
③ 최적함수비는 점성토일수록 작다.
④ 점성토일수록 다짐곡선은 완만하다.

해설] ③ 최적함수비는 점성토일수록 크다.

■2020년 1_2회■21. 다음 중 일시적인 지반 개량 공법에 속하는 것은?
① 동결공법
② 프리로딩 공법
③ 약액주입 공법
④ 모래다짐말뚝 공법

해설] ①
○ 일시적인 개량공법 : 웰포인트(well point), 깊은 우물(Deep well), 대기압(진공), 동결공법

■2019년 3회■22. 흙의 다짐에 대한 설명으로 틀린 것은?
① 최적함수비는 흙의 종류와 다짐 에너지에 따라 다르다.
② 일반적으로 조립토일수록 다짐곡선의 기울기가 급하다.
③ 흙이 조립토에 가까울수록 최적함수비가 커지며 최대건조단위중량은 작아진다.
④ 함수비의 변화에 따라 건조단위중량이 변하는데 건조단위중량이 가장 클 때의 함수비를 최적함수비라 한다.

해설] ③ 흙이 조립토에 가까울수록 최적함수비가 작아지며 최대 건조단위중량은 커진다.

■2019년 3회■23. 모래치환법에 의한 밀도 시험을 수행한 결과 퍼낸 흙의 체적과 중량이 각각 365.0 cm³, 7.45N 이었으며, 함수비는 12.5% 였다. 흙의 비중이 2.65이며, 실내표준다짐 시 최대 건조밀도가 19kN/m³ 일 때 상대다짐도는?
① 88.7% ② 93.1%
③ 96.1% ④ 97.8%

해설] ③
$W_s + W_w = W_s + \omega W_s = W$ 에서,
$W_s = \dfrac{W}{1+\omega} = \dfrac{7.45}{1+0.125} = 6.622N$
$\gamma_d = \dfrac{W_s}{V} = \dfrac{6.662 \times 10^{-3}}{365 \times 10^{-6}} = 18.252 kN/m^3$
$R = \dfrac{\gamma_d}{\gamma_{d,max}} = \dfrac{18.252}{19} = 0.961$

■2019년 3회■24. 연약지반 처리공법 중 sand drain 공법에서 연직 및 수평 방향을 고려한 평균 압밀도 U는? (단, U_v = 0.20, U_h = 0.71 이다.)
① 0.573 ② 0.697
③ 0.712 ④ 0.768

해설] ④
$U = 1 - (1-U_v)(1-U_h)$
$= 1 - (1-0.2)(1-0.71) = 0.768$

■2019년 2회■25. 다음 중 점성토 지반의 개량공법으로 거리가 먼 것은?
① paper drain 공법 ② vibro-flotation 공법
③ chemico pile 공법 ④ sand compaction pile 공법

해설] ② 바이브로 플로테이션은 사질토 개량공법

■2019년 2회■26. 흙의 다짐 효과에 대한 설명 중 틀린 것은?
① 흙의 단위중량 증가 ② 투수계수 감소
③ 전단강도 저하 ④ 지반의 지지력 증가

해설] ③ 전단강도 증대
[다짐의 효과]
① 흙의 강도 증대
② 압축성과 투수성 감소
③ 균질한 지반 형성
④ 동상(frost heave) 및 수축량 감소 ⇒ 흙의 성능 개선

■2019년 1회■27. 다음 지반 개량공법 중 연약한 점토지반에 적당하지 않은 것은?
① 샌드 드레인 공법
② 프리로딩 공법
③ 치환 공법
④ 바이브로 플로테이션 공법
해설] ④ 바이브로 플로테이션은 사질토 지반개량공법

■2018년 3회■28. 점성토를 다지면 함수비의 증가에 따라 입자의 배열이 달라진다. 최적함수비의 습윤측에서 다짐을 실시하면 흙은 어떤 구조로 되는가?
① 단립구조 ② 봉소구조
③ 이산구조 ④ 면모구조

해설] ③

■2018년 3회■29. 흙의 다짐에 대한 일반적인 설명으로 틀린 것은?
① 다진 흙의 최대건조밀도와 최적함수비는 어떻게 다짐하더라도 일정한 값이다.
② 사질토의 최대건조밀도는 점성토의 최대건조밀도보다 크다.
③ 점성토의 최적함수비는 사질토보다 크다.
④ 다짐에너지가 크면 일반적으로 밀도는 높아진다.

해설] ① 다짐에너지가 클수록 최대건조밀도는 증가하고 최적함수비는 감소한다.

■2018년 3회■30. 고성토의 제방에서 전단파괴가 발생되기 전에 제방의 외측에 흙을 돋우어 활동에 대한 저항모멘트를 증대시켜 전단파괴를 방지하는 공법은?
① 프리로딩공법   ② 압성토공법
③ 치환공법   ④ 대기압공법

해설] ②

■2018년 2회■31. 점토의 다짐에서 최적함수보다 함수비가 적은 건조측 및 함수비가 많은 습윤측에 대한 설명을 옳지 않은 것은?
① 다짐의 목적에 따라 습윤 및 건조측으로 구분하여 다짐계획을 세우는 것이 효과적이다.
② 흙의 강도 증가가 목적인 경우, 건조측에서 다지는 것이 유리하다.
③ 습윤측에서 다지는 경우, 투수계수 증가 효과가 크다.
④ 다짐의 목적이 차수를 목적으로 하는 경우, 습윤측에서 다지는 것이 유리하다.

해설] ③ 습윤측에서 다지는 경우, 투수계수 감소 효과가 크다.

■2018년 1회■32. 흙의 다짐시험에서 다짐에너지를 증가시킬 때 일어나는 결과는?
① 최적함수비는 증가하고, 최대건조 단위중량은 감소한다.
② 최적함수비는 감소하고, 최대건조 단위중량은 증가한다.
③ 최적함수비와 최대건조 단위중량이 모두 감소한다.
④ 최적함수비와 최대건조 단위중량이 모두 증가한다.

해설] ②

■2017년 3회■33. 다음 중 연약점토지반 개량공법이 아닌 것은?
① Preloading 공법   ② Sand drain 공법
③ Paper drain공법   ④ Vibro Floatation 공법

해설] ④ 바이브로 플로테이션은 사질토 개량공법

■2017년 3회■34. 흙의 다짐에 대한 설명으로 틀린 것은?
① 조립토는 세립토보다 최대 건조단위 중량이 커진다.
② 습윤측 다짐을 하면 흙 구조가 면모구조가 된다.
③ 최적 함수비로 다질 때 최대 건조단위중량이 된다.
④ 동일한 다짐 에너지에 대해서는 건조측이 습윤측 보다 더 큰 강도를 보인다.

해설] ② 습윤측 다짐을 하면 흙 구조가 이산구조가 된다.

■2017년 3회■35. 자연상태의 모래지반을 다져 e_{min}에 이르도록 했다면 이 지반의 상대밀도는?
① 0%   ② 50%
③ 75%   ④ 100%

해설] ④

상대밀도 $D_r = \dfrac{e_{max} - e}{e_{max} - e_{min}}$ 에서, $e = e_{min}$이면, $D_r = 1$

■2017년 3회■36. Sand drain공법의 지배 영역에 관한 Barron의 정사각형 배치에서 사주(Sand plie)의 간격을 d, 유효원의 지름을 d_e라 할 때 d_e를 구하는 식으로 옳은 것은?
① $d_e = 1.13d$
② $d_e = 1.05d$
③ $d_e = 1.08d$
④ $d_e = 1.5d$

해설] ①
정삼각형 배치 $d_e = 1.05d$
정사각형 배치 $d_e = 1.13d$

■2017년 2회■37. 다짐되지 않은 두께 2m, 상대밀도 40%의 느슨한 사질토 지반이 있다. 실내시험결과 최대 및 최소간극비가 0.80, 0.40으로 각각 산출되었다. 이 사질토를 상대 밀도 70%까지 다짐할 때 두께의 감소는 약 얼마나 되겠는가?

① 124mm
② 146mm
③ 227mm
④ 258mm

해설] ②

$D_r = \dfrac{e_{max} - e_1}{e_{max} - e_{min}} = \dfrac{0.8 - e_1}{0.8 - 0.4} = 0.4$에서, $e_1 = 0.64$

다짐 후 $D_r = 0.7 = \dfrac{0.8 - e_2}{0.8 - 0.4}$에서, $e_2 = 0.52$

$\Delta H = H \times \dfrac{\Delta e}{1 + e_1} = 2 \times \dfrac{0.64 - 0.52}{1 + 0.64} = 0.146 m$

■2017년 2회■38. 흙의 다짐에 관한 설명으로 틀린 것은?
① 다짐에너지가 클수록 최대건조단위중량(r_{max})은 커진다.
② 다짐에너지가 클수록 최적함수비(ω_{opt})는 커진다.
③ 점토를 최적함수비(ω_{opt})보다 작은 함수비로 다지면 면모구조를 갖는다.
④ 투수계수는 최적함수비(ω_{opt}) 근처에서 거의 최소값을 나타낸다.

해설] ② 다짐에너지가 클수록 최적함수비(ω_{opt})는 작아진다.

■2017년 1회■39. 흙의 다짐에 관한 설명 중 옳지 않은 것은?
① 조립토는 세립토보다 최적함수비가 적다.
② 최대 건조단위중량이 큰 흙일수록 최적함수비는 작은 것이 보통이다.
③ 점성토 지반을 다질 때는 진동 롤러로 다지는 것이 유리하다.
④ 일반적으로 다짐에너지를 크게 할수록 최대 건조단위 중량은 커지고 최적함수비는 줄어든다.

해설] ③ 사질토 지반을 다질 때는 진동 롤러로 다지는 것이 유리하다. (점성토에는 Sheep foot roller가 효과적이다.)

■2017년 1회■40. 다음의 연약지반개량공법에서 일시적인 개량공법은?
① well point 공법
② 치환공법
③ paper drain 공법
④ sand compaction pile 공법

해설] ①

○ 일시적인 연약지반개량공법
Well Point, Deep well, 대기압, 동결공법

문제유형3 투수계수

■2022년 2회■1. 그림과 같이 동일한 두께의 3층으로 된 수평모래층이 있을 때 토층에 수직한 방향의 평균투수계수(k_v)는?

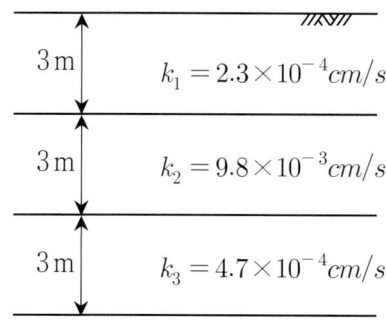

① 2.38×10⁻³ cm/s
② 3.01×10⁻⁴ cm/s
③ 4.56×10⁻⁴ cm/s
④ 5.60×10⁻⁴ cm/s

해설] ③

흐름방향 다층 투수의 등가투수계수 $k_{eq} = \dfrac{L}{\Sigma(L_i/k_i)}$ 에서,

$k_{eq} = \dfrac{(300 + 300 + 300) \times 10^{-3}}{300/0.23 + 300/9.8 + 300/0.47}$

$= 456.1 \times 10^{-6} cm/s$

■2022년 1회■2. 그림과 같이 3개의 지층으로 이루어진 지반에서 토층에 수직한 방향의 평균 투수계수(k_v)는?

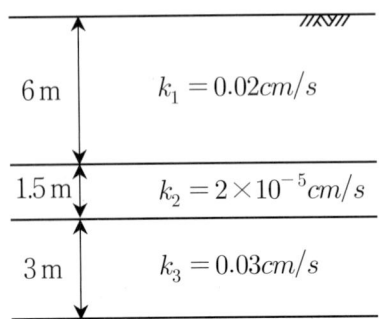

① 2.516×10^{-6} cm/s
② 1.274×10^{-5} cm/s
③ 1.393×10^{-4} cm/s
④ 2.0×10^{-2} cm/s

해설] ③

흐름방향 다층 투수의 등가투수계수 $k_{eq} = \dfrac{L}{\Sigma(L_i/k_i)}$ 에서,

$k_{eq} = \dfrac{600 + 150 + 300}{600/0.02 + 150/(2 \times 10^{-5}) + 300/0.03}$

$= 1.393 \times 10^{-4} cm/s$

■2021년 3회■3. 아래 그림에서 투수계수 k=4.8×10⁻³cm/s일 때 Darcy 유출속도(V)와 실제 물의 속도(침투속도 V_s)는?

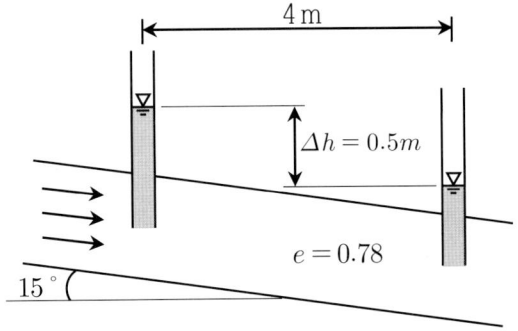

① $V = 0.34 \times 10^{-3} cm/s$, $V_s = 1.080 \times 10^{-3} cm/s$
② $V = 0.34 \times 10^{-3} cm/s$, $V_s = 1.321 \times 10^{-3} cm/s$
③ $V = 0.58 \times 10^{-3} cm/s$, $V_s = 1.080 \times 10^{-3} cm/s$
④ $V = 0.58 \times 10^{-3} cm/s$, $V_s = 1.321 \times 10^{-3} cm/s$

해설] ④

투수길이 $l = \dfrac{4}{\cos\theta} = \dfrac{4}{\cos 15°} = 4.14 m$

$V = ki = 4.8 \times 10^{-3} \times \dfrac{0.5}{4.14} = 579 \times 10^{-6} cm/s$

간극율 $n = \dfrac{e}{1+e} = \dfrac{0.78}{1+0.78} = 0.438$

실제 물의 속도 $V_s = \dfrac{V}{n} = \dfrac{579}{0.438} = 1.321 \times 10^{-3} cm/s$

■2021년 3회■4. 수조에 상향의 침투에 의한 수두를 측정한 결과, 그림과 같이 나타났다. 이때 수조 속에 있는 흙에 발생하는 침투력을 나타낸 식은? (단, 시료의 단면적은 A, 시료의 길이는 L, 시료의 포화단위중량은 γ_{sat}, 물의 단위중량은 γ_w이다.)

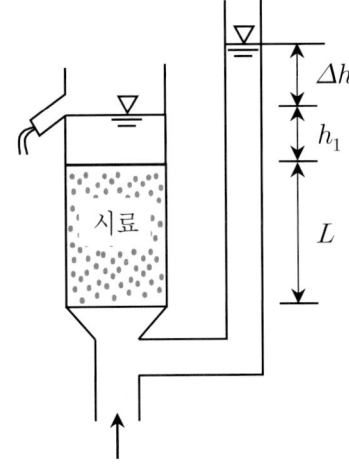

① $\gamma_w \Delta h A$
② $\gamma_w \Delta h A / L$
③ $\gamma_{sat} \Delta h A$
④ $\gamma_{sat} \Delta h A / L$

해설] ①

침투압 $\gamma_w \Delta h$이므로, 침투력은 $\gamma_w \Delta h \times A$

■2021년 2회■5. 그림과 같은 지반에 대해 수직방향 등가투수계수를 구하면?

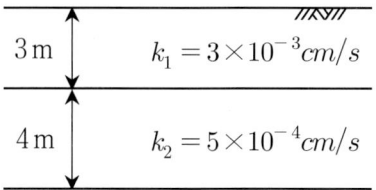

① 3.89×10^{-4} cm/s

② 7.78×10^{-4} cm/s

③ 1.57×10^{-3} cm/s

④ 3.14×10^{-3} cm/s

해설] ②

흐름방향 다층 투수의 등가투수계수 $k_{eq} = \dfrac{L}{\Sigma(L_i/k_i)}$ 에서,

$k_{eq} = \dfrac{300+400}{300/(3 \times 10^{-3}) + 400/(0.5 \times 10^{-3})}$

$= 777.78 \times 10^{-6} cm/s = 7.78 \times 10^{-4} cm/s$

■2021년 2회■6. 단면적이 100cm², 길이가 30cm 인 모래 시료에 대하여 정수두 투수시험을 실시하였다. 이때 수두차가 50cm, 5분 동안 집수된 물이 350cm³ 이었다면 이 시료의 투수계수는?

① 0.001 cm/s

② 0.007 cm/s

③ 0.01 cm/s

④ 0.07 cm/s

해설] ②

$k = \dfrac{QL}{hA} = \dfrac{350/5/60 \times 30}{50 \times 100} = 7 \times 10^{-3} cm/s$

■2020년 3회■7. 그림에서 흙의 단면적이 40cm² 이고 투수계수가 0.1cm/s 일 때 흙 속을 통과하는 유량은?

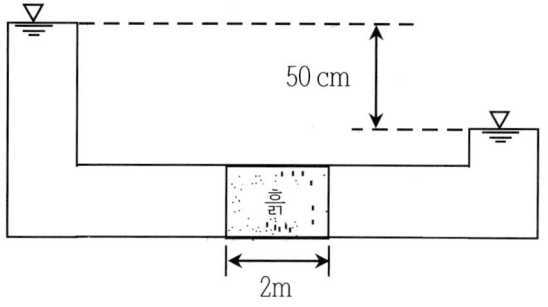

① 1 m³/h

② 1 cm³/s

③ 100 m³/h

④ 100 cm³/s

해설] ②

$Q = AV = Aki = 40 \times 0.1 \times \dfrac{50}{200} = 1 cm^3/s$

■2020년 3회■8. 아래 그림에서 완전포화된 3개의 토층에 연직하향으로 투수가 발생하고 있다. 각 층의 손실수두 Δh_1, Δh_2, Δh_3를 각각 구한 값으로 옳은 것은? (단, k는 cm/s, H와 Δh는 m 단위이다.)

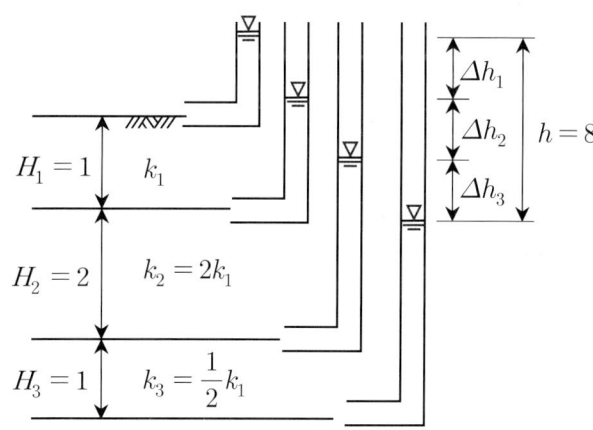

① Δh_1=2, Δh_2=2, Δh_3=4

② Δh_1=2, Δh_2=3, Δh_3=3

③ Δh_1=2, Δh_2=4, Δh_3=2

④ Δh_1=2, Δh_2=5, Δh_3=1

해설] ①

$$V_1 = V_2 = V_3 = k_1\frac{h_1}{L_1} = k_2\frac{h_2}{L_2} = k_3\frac{h_3}{L_3}$$ 이므로,

$k_1\frac{\Delta h_1}{1} = 2k_1\frac{\Delta h_2}{2} = \frac{k_1}{2}\frac{\Delta h_3}{1}$ 에서, $\frac{\Delta h_1}{1} = \frac{\Delta h_2}{1} = \frac{\Delta h_3}{2}$

$\Delta h_1 : \Delta h_2 : \Delta h_3 = 1 : 1 : 2$

$\Delta h_1 = \frac{1}{4} \times 8 = 2m = \Delta h_2$, $\Delta h_3 = \frac{2}{4} \times 8 = 4m$

■2020년 1_2회■9. 흙의 투수성에서 사용되는 Darcy의 법칙 ($Q = Ak\frac{\Delta h}{L}$)에 대한 설명으로 틀린 것은?

① Δh는 수두차이다.
② 투수계수(k)의 차원은 속도의 차원(m/s)과 같다.
③ A는 실제로 물이 통하는 공극부분의 단면적이다.
④ 물의 흐름이 난류인 경우에는 Darcy의 법칙이 성립하지 않는다.

해설] ③ A는 투수층의 단면적이다.

■2019년 3회■10. 아래 그림에서 완전포화된 3개의 토층에 연직하향으로 투수가 발생하고 있다. 총 수두손실 h가 8m이고, 최상층의 수두손실 $\Delta h_1 = 5m$ 이고, $k_2 = 10k_1$일 때, k_3의 크기는?

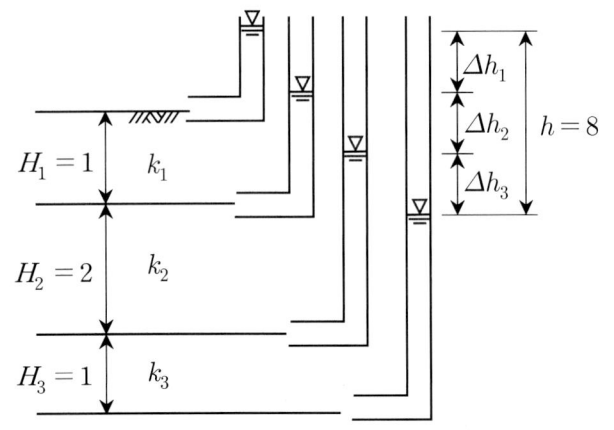

① $1.0k_1$ ② $1.5k_1$
③ $2.0k_1$ ④ $2.5k_1$

해설] ④

$$V_1 = V_2 = V_3 = k_1\frac{h_1}{L_1} = k_2\frac{h_2}{L_2} = k_3\frac{h_3}{L_3}$$ 이므로,

$k_1\frac{5}{1} = 10k_1\frac{\Delta h_2}{2} = k_3\frac{\Delta h_3}{1}$ 에서, $\Delta h_2 = 1m$이고,

$\Delta h_3 = h - \Delta h_1 - \Delta h_2 = 8 - 5 - 1 = 2m$

따라서, $10k_1\frac{1}{2} = k_3\frac{2}{1}$ 에서, $k_3 = 2.5k_1$

■2019년 3회■11. 흙의 투수계수(k)에 관한 설명으로 옳은 것은?
① 투수계수(k)는 물의 단위중량에 반비례한다.
② 투수계수(k)는 입경의 제곱에 반비례한다.
③ 투수계수(k)는 형상계수에 반비례한다.
④ 투수계수(k)는 점성계수에 반비례한다.

해설] ④
[사질토 투수계수 경험식]

Hazen 경험식 $k = CD_{10}^2$ (C 형상계수, D_{10} 유효직경)

Amer 경험식 $k = B \times (\frac{e^3}{1+e})\frac{C_u^{0.6}D_{10}^{2.32}}{\eta}$

② 투수계수(k)는 유효입경의 제곱에 비례한다.
③ 투수계수(k)는 형상계수에 비례한다.

■2019년 1회■12. 다음의 투수계수에 대한 설명 중 옳지 않은 것은?
① 투수계수는 간극비가 클수록 크다.
② 투수계수는 흙의 입자가 클수록 크다.
③ 투수계수는 물의 온도가 높을수록 크다.
④ 투수계수는 물의 단위중량에 반비례한다.

해설] ④ 물의 단위중량과는 무관하다.
[사질토 투수계수 경험식]

Hazen 경험식 $k = CD_{10}^2$ (C 형상계수, D_{10} 유효직경)

Amer 경험식 $k = B \times (\frac{e^3}{1+e})\frac{C_u^{0.6}D_{10}^{2.32}}{\eta}$

③ 물의 온도가 올라가면 점성력이 낮아지므로, 투수계수는 커진다.

■2018년 3회■13. 흙의 투수계수에 영향을 미치는 요소들로만 구성된 것은?

- ㉮ 흙입자의 크기
- ㉯ 간극비
- ㉰ 간극의 모양과 배열
- ㉱ 활성도
- ㉲ 물의 점성계수
- ㉳ 포화도
- ㉴ 흙의 비중

① ㉮, ㉯, ㉱, ㉳
② ㉮, ㉯, ㉰, ㉲, ㉳
③ ㉮, ㉯, ㉱, ㉲, ㉴
④ ㉯, ㉰, ㉲, ㉴

해설] ②
활성도와 흙의 비중은 관계가 없다.

■2018년 3회■14. 그림과 같은 지반에 대해 수직방향 등가투수계수를 구하면?

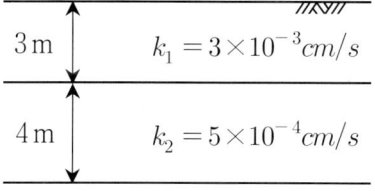

① 3.89×10⁻⁴cm/sec
② 7.78×10⁻⁴cm/sec
③ 1.57×10⁻³cm/sec
④ 3.14×10⁻³cm/sec

해설] ②
흐름방향 다층투수계수

$$k_{eq} = \frac{L}{\Sigma(L_i/k_i)} = \frac{700}{(300/3 + 400/0.5) \times 10^3}$$

$$= 778 \times 10^{-6} cm/s$$

■2018년 2회■15. 수조에 상방향의 침투에 의한 수두를 측정한 결과, 그림과 같이 나타났다. 이때, 수조 속에 있는 흙에 발생하는 침투력을 나타낸 식은? (단, 시료의 단면적은 A, 시료의 길이는 L, 시료의 포화단위중량은 γ_{sat}, 물의 단위중량은 γ_w이다.)

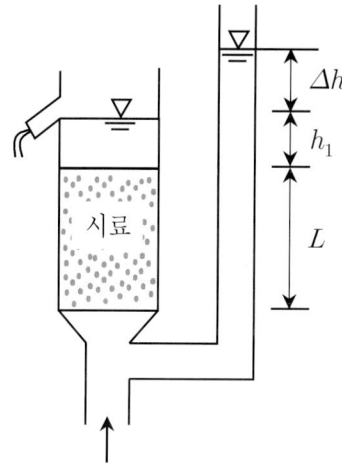

① $\gamma_w \Delta h \dfrac{A}{L}$ ② $\gamma_w \Delta h A$

③ $\gamma_{sat} \Delta h A$ ④ $\dfrac{\gamma_{sat}}{\gamma_w} A$

해설] ②
침투수압력 $P = (\gamma_w \Delta h) \times A$

■2018년 2회■16. 그림과 같이 3개의 지층으로 이루어진 지반에서 토층에 수직한 방향의 평균 투수계수(k_v)는?

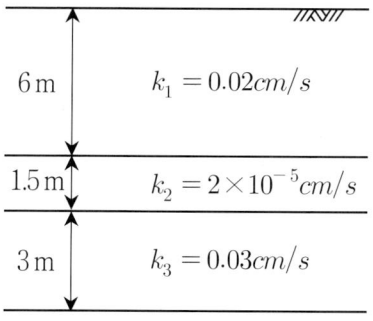

① 2.516×10⁻⁶ cm/s
② 1.274×10⁻⁵ cm/s
③ 1.393×10⁻⁴ cm/s
④ 2.0×10⁻² cm/s

해설] ③

흐름방향 다층 투수의 등가투수계수 $k_{eq} = \dfrac{L}{\Sigma(L_i/k_i)}$ 에서,

$k_{eq} = \dfrac{600+150+300}{600/0.02 + 150/(2 \times 10^{-5}) + 300/0.03}$

$= 1.393 \times 10^{-4} cm/s$

■2018년 1회■17. 다음 중 투수계수를 좌우하는 요인이 아닌 것은?
① 토립자의 비중
② 토립자의 크기
③ 포화도
④ 간극의 형상과 배열

해설] ① 투수계수는 토립자 사이의 간극을 통과하는 물에 대한 것으로, 토립자의 입경, 간극비, 점성 등이 중요인자로, 토립자의 비중은 영향이 없다.

■2017년 3회■18. 아래 그림에서 투수계수 k=4.8×10⁻³cm/s일 때 Darcy 유출속도(V)와 실제 물의 속도(침투속도 V_s)는?

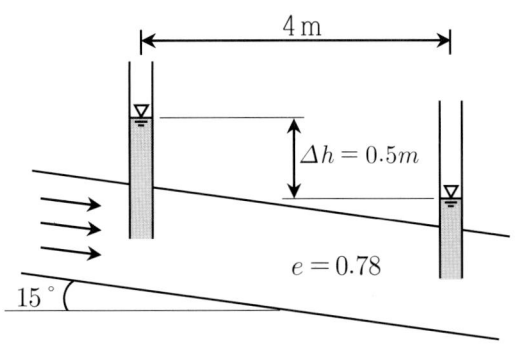

① $V = 0.34 \times 10^{-3} cm/s$, $V_s = 1.080 \times 10^{-3} cm/s$
② $V = 0.34 \times 10^{-3} cm/s$, $V_s = 1.321 \times 10^{-3} cm/s$
③ $V = 0.58 \times 10^{-3} cm/s$, $V_s = 1.080 \times 10^{-3} cm/s$
④ $V = 0.58 \times 10^{-3} cm/s$, $V_s = 1.321 \times 10^{-3} cm/s$

해설] ④

투수길이 $l = \dfrac{4}{\cos\theta} = \dfrac{4}{\cos 15°} = 4.14 m$

$V = ki = 4.8 \times 10^{-3} \times \dfrac{0.5}{4.14} = 579 \times 10^{-6} cm/s$

간극율 $n = \dfrac{e}{1+e} = \dfrac{0.78}{1+0.78} = 0.438$

실제 물의 속도 $V_s = \dfrac{V}{n} = \dfrac{579}{0.438} = 1.321 \times 10^{-3} cm/s$

■2017년 2회■19. 단면적 2,000mm², 길이 100mm의 시료를 150mm의 수두차로 정수위 투수시험을 한 결과 2분 동안 150,000mm³의 물이 유출되었다. 이 흙의 비중은 2.67이고, 건조중량이 4.2N이었다. 공극을 통하여 침투하는 실제 침투유속 V_s는 약 얼마인가?(단, 물의 단위중량은 9.81kN/m³ 이다.)
① 0.18mm/sec
② 3.13mm/sec
③ 4.37mm/sec
④ 6.28mm/sec

해설] ②

$Q = kiA$에서,

$\dfrac{150 \times 10^3}{60 \times 2} = k \times \dfrac{150}{100} \times 2 \times 10^3$ 이므로, $k = 0.417 mm/sec$

$V_s = ki = 0.417 \times \dfrac{150}{100} = 0.625 mm/sec$

$\gamma_d = \dfrac{W_s}{V} = \dfrac{4.2}{2 \times 10^3 \times 100}$

$= \dfrac{G_s}{1+e}\gamma_w = \dfrac{2.67}{1+e} \times 9.81 \times 10^{-6}$ 에서, $e = 0.248$

$n = \dfrac{e}{1+e} = \dfrac{0.248}{1+0.248} = 0.2$

$V_n = \dfrac{V_s}{n} = \dfrac{0.625}{0.2} = 3.125 mm/se$

■2017년 2회■20. 두께 2m인 투수성 모래층에서 동수경사가 1/10이고, 모래의 투수계수가 5×10⁻⁴m/sec라면이 모래층의 폭 1m에 대하여 흐르는 수량은 매 분당 얼마나 되는가?

① 0.006m³/min

② 0.0006m³/min

③ 0.06m³/min

④ 0.00006m³/min

해설] ①

$Q = kiA = 5 \times 10^{-4} \times \frac{1}{10} \times 2 = 10^{-4} m^3/sec$

$= 6 \times 10^{-3} m^3/min$

■2017년 1회■21. 간극비 e_1=0.80인 어떤 모래의 투수계수 k_1= 8.5×10⁻² cm/sec 일 때, 이 모래를 다져서 간극비를 e_2=0.57로 하면 투수계수 k_2는?

① 8.5×10⁻³cm/sec

② 3.5×10⁻²cm/sec

③ 8.1×10⁻²cm/sec

④ 4.1×10⁻¹cm/sec

해설] ②

사질토 투수계수 Carrier경험식

$k = A \frac{e^3}{1+e}$ (A 비례상수)에서,

$k_1 : k_2 = \frac{0.8^3}{1+0.8} : \frac{0.57^3}{1+0.57} = 0.284 : 0.118$이므로,

$k_2 = \frac{0.118}{0.248} \times k_1 = \frac{0.118}{0.284} \times 8.5 \times 10^{-2}$

$= 3.53 \times 10^{-2} cm/sec$

| 문제유형4 | 유선망과 흙댐의 침투 |

■2021년 1회■1. 그림과 같은 지반내의 유선망이 주어졌을 때 폭 10m에 대한 침투 유량은? (단, 투수계수(K)는 2.2×10⁻²cm/s이다.)

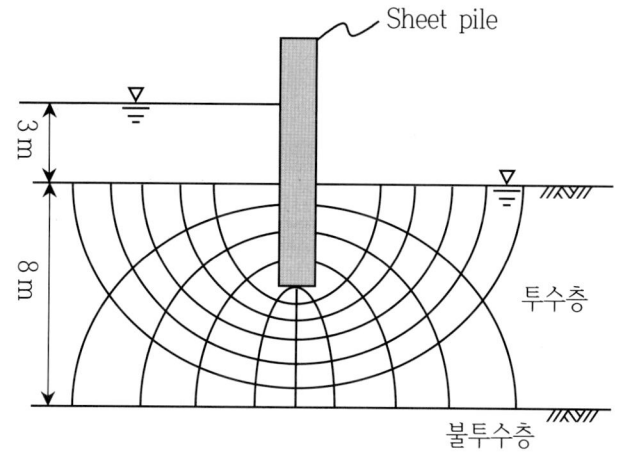

① 3.96cm³/s

② 39.6cm³/s

③ 396cm³/s

④ 3,960cm³/s

해설] ④

등수두선 총 간격 수 $N_d = 10$

유로수 $N_f = 6$

투수량 $Q = k \frac{\Delta H}{N_d} N_f = 2.2 \times 10^{-2} \times \frac{300}{10} \times 6$

$= 3.96 cm^3/s/cm$ (단위 폭당 투수량)

총 투수량 $3.69 \times 10^3 = 3960 cm^3/s$

■2020년 4회■2. 유선망의 특징에 대한 설명으로 틀린 것은?

① 각 유로의 침투유량은 같다.

② 유선과 등수두선은 서로 직교한다.

③ 인접한 유선 사이의 수두 감소량(head loss)은 동일하다.

④ 침투속도 및 동수경사는 유선망의 폭에 반비례한다.

해설] ③ 인접한 등수두선 사이의 수두 감소량(head loss)은 동일하다.

■2019년 2회■3. 다음과 같이 널말뚝을 박은 지반의 유선망을 작도하는데 있어서 경계조건에 대한 설명으로 틀린 것은?

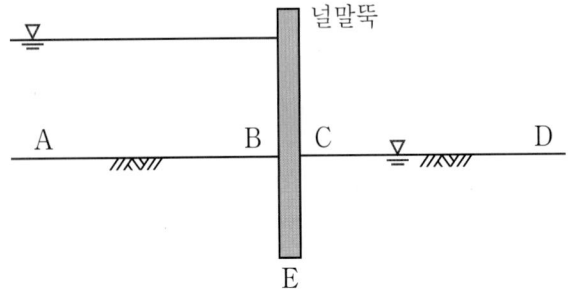

① $\overline{AB}$ 는 등수두선이다.   ② $\overline{CD}$ 는 등수두선이다.
③ $\overline{FG}$ 는 유선이다.   ④ $\overline{BEC}$ 는 등수두선이다.

해설] ④ $\overline{BEC}$ 는 유선이다.

■2019년 2회■4. 유선망의 특징을 설명한 것으로 옳지 않은 것은?
① 각 유로의 침투유량은 같다.
② 유선과 등수두선은 서로 직교한다.
③ 유선망으로 이루어지는 사각형은 이론상 정사각형이다.
④ 침투속도 및 동수경사는 유선망의 폭에 비례한다.

해설] ④ 침투속도 및 동수경사는 유선망의 폭에 반비례한다.

■2019년 1회■5. 흙댐에서 상류면 사면의 활동에 대한 안전율이 가장 저하되는 경우는?
① 만수된 물의 수위가 갑자기 저하할 때이다.
② 흙댐에 물을 담는 도중이다.
③ 흙댐이 만수되었을 때이다.
④ 만수된 물이 천천히 빠져나갈 때이다.

해설] ①
○ 흙댐의 위험 시기
상류측 : 완공직후, 방류시
하류측 : 완공직후, 정상침투시(만수 후 일정 시간 경과)

■2019년 1회■6. 유선망의 특징을 설명한 것 중 옳지 않은 것은?
① 각 유로의 투수량은 같다.
② 인접한 두 등수두선 사이의 수두손실은 같다.
③ 유선망을 이루는 사변형은 이론상 정사각형이다.
④ 동수경사는 유선망의 폭에 비례한다.

해설] ④ 동수경사는 유선망의 폭에 반비례한다.

■2018년 1회■7. 유선망(Flow Net)의 성질에 대한 설명으로 틀린 것은?
① 유선과 등수두선은 직교한다.
② 동수경사(i)는 등수두선의 폭에 비례한다.
③ 유선망으로 되는 사각형은 이론상 정사각형이다.
④ 인접한 두 유선 사이, 즉 유로를 흐르는 침투수량은 동일하다.

해설] ② 동수경사(i)는 등수두선(유선망)의 폭에 반비례한다.

■2017년 3회■8. 수직방향의 투수계수가 4.5×10^{-8}m/sec 이고, 수평방향의 투수계수가 1.6×10^{-8}m/sec인 균질하고 비등방(比等方)인 흙댐의 유선망을 그린 결과 유로(流路)수가 4개이고 등수두선의 간격수가 18개이다. 단위길이(m)당 침투수량은?(단, 상하류 수면차 H=18m)
① 1.1×10^{-7}m³/sec
② 2.3×10^{-7}m³/sec
③ 2.3×10^{-6}m³/sec
④ 1.5×10^{-6}m³/sec

해설] ①
이방성 지반에서 침투량
$$Q = \sqrt{k_x k_z} \frac{\Delta H}{N_d} N_f = \sqrt{4.5 \times 1.6} \times 10^{-8} \times \frac{18}{18} \times 4$$
$$= 1.073 \times 10^{-7} m^3/s$$

■2017년 1회■9. 유선망은 이론상 정사각형으로 이루어진다. 동수경사가 가장 큰 곳은?
① 어느 곳이나 동일 함
② 땅속 제일 깊은 곳
③ 정사각형이 가장 큰 곳
④ 정사각형이 가장 작은 곳

해설] ④ 동수경사는 유선망 폭에 반비례하므로, 유선망의 폭(정사각형)이 작은 곳에서 동수경사가 가장 크다.

문제유형5   침투와 지반응력

■2022년 1회■1. 유선망의 특징에 대한 설명으로 틀린 것은?
① 각 유로의 침투수량은 같다.
② 동수경사는 유선망의 폭에 비례한다.
③ 인접한 두 등수두선 사이의 수두손실은 같다.
④ 유선망을 이루는 사변형은 이론상 정사각형이다.

해설] ② 동수경사는 유선망의 폭에 무관하다.

■2021년 3회■2. 그림과 같은 지반에서 x-x'단면에 작용하는 유효응력은? (단, 물의 단위중량은 9.81kN/m³이다.)

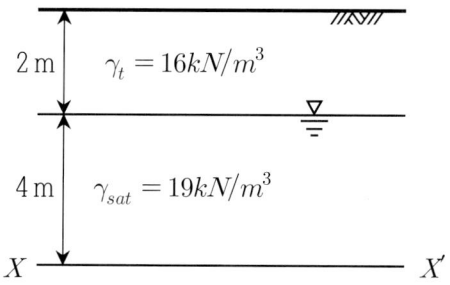

① 46.7kN/m²   ② 68.8kN/m²
③ 90.5kN/m²   ④ 108kN/m²

해설] ②
$\gamma' = 2 \times 16 + 4 \times (19 - 9.81) = 68.76 kN/m^3$

■2021년 1회■3. 그림에서 지표면으로부터 깊이 6m에서의 연직응력(σ_v)과 수평응력(σ_h)의 크기를 구하면? (단, 토압계수는 0.6이다.)

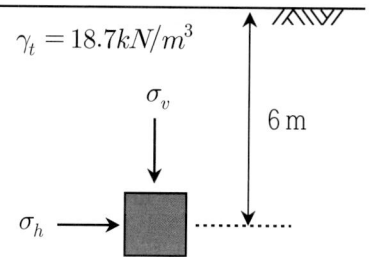

① $\sigma_v = 124.3 kN/m^2$, $\sigma_h = 52.6 kN/m^2$
② $\sigma_v = 112.2 kN/m^2$, $\sigma_h = 52.6 kN/m^2$
③ $\sigma_v = 112.2 kN/m^2$, $\sigma_h = 67.3 kN/m^2$
④ $\sigma_v = 124.3 kN/m^2$, $\sigma_h = 67.3 kN/m^2$

해설] ③
$\sigma_v = q = \gamma_t h = 18.7 \times 6 = 112.2 kN/m^2$
$\sigma_h = k\sigma_v = 0.6 \times 112.2 = 67.32 kN/m^2$

■2021년 1회■4. 어떤 모래층의 간극비(e)는 0.2, 비중(G_s)은 2.60이었다. 이 모래가 분사현상(Quick Sand)이 일어나는 한계 동수경사(i_{cr})는?
① 0.56
② 0.95
③ 1.33
④ 1.80

해설] ③
$i_{cr} = \dfrac{\gamma'}{\gamma_w} = \dfrac{G_s - 1}{1 + e} = \dfrac{2.6 - 1}{1 + 0.2} = 1.33$

■2020년 4회■5. 단위중량(γ_t)=19kN/m³, 내부마찰각(ϕ)=30°, 정지토압계수(K_o)=0.5인 균질한 사질토 지반이 있다. 이 지반의 지표면 아래 2m 지점에 지하수위면이 있고 지하수위면 아래의 포화단위중량(γ_{sat})=20kN/m³이다. 이때 지표면 아래 4m 지점에서 지반 내 응력에 대한 설명으로 틀린 것은? (단, 물의 단위중량은 9.81kN/m³이다.)

① 연직응력(σ_v)은 80kN/m²이다.
② 간극수압(u)은 19.62kN/m²이다.
③ 유효연직응력(σ_v')은 58.38kN/m²이다.
④ 유효수평응력(σ_h')은 29.19kN/m²이다.

해설] ①

$\sigma_v = 2 \times 19 + 2 \times 20 = 78 kN/m^2$

$u = \gamma_w h = 9.81 \times 2 = 19.62 kN/m^2$

$\sigma_v' = \sigma_v - u = 78 - 19.62 = 58.38 kN/m^2$

$\sigma_h' = K_o \sigma_v = 0.5 \times 58.38 = 29.19 kN/m^2$

■2020년 4회■6. 그림과 같은 모래시료의 분사현상에 대한 안전율을 3.0이상이 되도록 하려면 수주차 h를 최대 얼마 이하로 하여야 하는가?

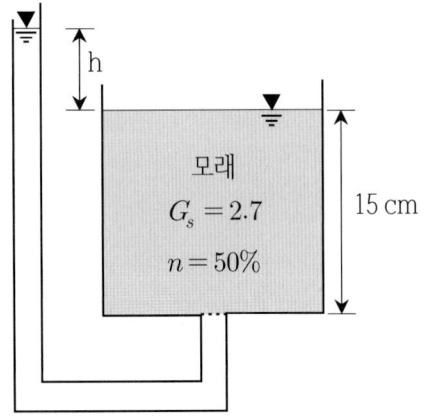

① 12.75cm
② 9.75cm
③ 4.25cm
④ 3.25cm

해설] ③

$e = \dfrac{n}{1-n} = \dfrac{0.5}{1-0.5} = 1$

한계동수경사 $i_{cr} = \dfrac{\gamma'}{\gamma_w} = \dfrac{G_s - 1}{1+e} = \dfrac{2.7-1}{1+1} = 0.85$

동수경사 $i = \dfrac{\Delta h}{L} = \dfrac{\Delta h}{15}$

$SF = \dfrac{i_{cr}}{i} = \dfrac{0.85}{\Delta h/15} = 3$에서, $\Delta h = 4.25 cm$

■2020년 3회■7. 그림과 같은 지반에서 유효응력에 대한 점착력 및 마찰각이 각각 $c' = 10$ kN/m², $\phi' = 20°$일 때, A점의 전단강도는? (단, 물의 단위중량은 9.81 kN/m³ 이다.)

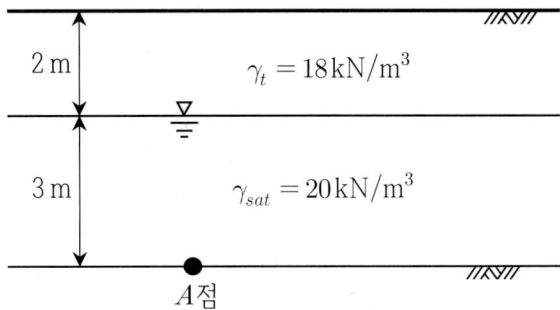

① 34.25 kN/m² ② 44.94 kN/m²
③ 54.25 kN/m² ④ 66.17 kN/m²

해설] ①

$\sigma' = 2 \times 18 + 3 \times (20 - 9.81) = 66.57 kN/m^2$

$\tau = c' + \sigma' \tan\phi' = 10 + 66.57 \times \tan 20° = 34.23 kN/m^2$

■2020년 1_2회■8. 어느 모래층의 간극률이 35%, 비중이 2.66이다. 이 모래의 분사현상(Quick Sand)에 대한 한계동수경사는 얼마인가?

① 0.99   ② 1.08
③ 1.16   ④ 1.32

해설] ②

$e = \dfrac{n}{1-n} = \dfrac{0.35}{1-0.35} = 0.538$

$i_{cr} = \dfrac{\gamma'}{\gamma_w} = \dfrac{G_s - 1}{1+e} = \dfrac{2.66-1}{1+0.538} = 1.079$

■2020년 1_2회■9. 아래 그림과 같은 지반의 A점에서 전응력(σ), 간극수압(u), 유효응력(σ')을 구하면? (단, 물의 단위중량은 9.81kN/m³이다.)

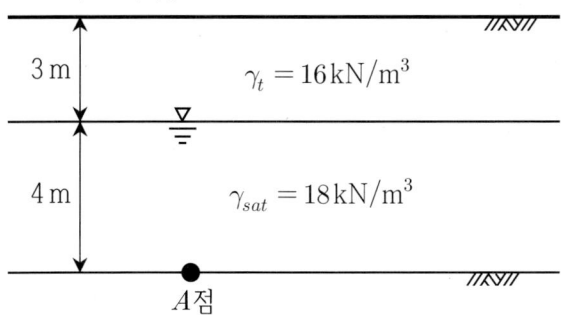

① $\sigma = 94kN/m^2$, $u = 39.24kN/m^2$, $\sigma' = 54.76kN/m^2$
② $\sigma = 94kN/m^2$, $u = 32.15kN/m^2$, $\sigma' = 61.85kN/m^2$
③ $\sigma = 120kN/m^2$, $u = 32.15kN/m^2$, $\sigma' = 87.85N/m^2$
④ $\sigma = 120kN/m^2$, $u = 39.24kN/m^2$, $\sigma' = 80.76kN/m^2$

해설] ④
$\sigma = 3 \times 16 + 4 \times 18 = 120 kN/m^2$
$u = 4 \times 9.81 = 39.24 kN/m^2$
$\sigma' = \sigma - u = 120 - 39.24 = 80.76 kN/m^2$

■2020년 1_2회■10. 그림에서 A점 흙의 강도정수가 $c' = 30kN/m^2$, $\phi' = 30°$일 때, A점에서의 전단강도는? (단, 물의 단위중량은 9.81kN/m³이다.)

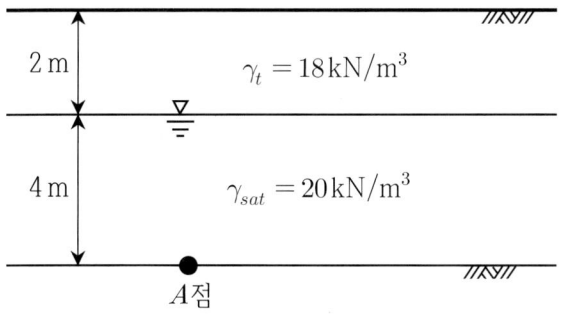

① 69.31kN/m²　② 74.32kN/m²
③ 96.97kN/m²　④ 103.92kN/m²

해설] ②
$\sigma' = 2 \times 18 + 4 \times (20 - 9.81) = 76.76 kN/m^2$
$\tau = c' + \sigma' \tan\phi' = 30 + 76.76 \times \tan 30° = 74.317 kN/m^2$

■2019년 3회■11. 널말뚝을 모래지반에 5m 깊이로 박았을 때 상류와 하류의 수두차가 4m 이었다. 이때 모래지반의 포화단위중량이 19.62 kN/m³ 이다. 현재 이 지반의 분사현상에 대한 안전율은? (단, 물의 단위중량은 9.81 kN/m³ 이다.)

① 0.85　② 1.25
③ 1.85　④ 2.25

해설] ②
한계경사 $i_{cr} = \dfrac{\gamma'}{\gamma_w} = \dfrac{19.62 - 9.81}{9.81} = 1$
$F_s = \dfrac{i_{cr}}{i} = \dfrac{1}{\Delta h/L} = \dfrac{5}{4} = 1.25$

■2019년 3회■12. 점성토 지반굴착 시 발생할 수 있는 Heaving 방지대책으로 틀린 것은?
① 지반개량을 한다.
② 지하수위를 저하시킨다.
③ 널말뚝의 근입 깊이를 줄인다.
④ 표토를 제거하여 하중을 작게 한다.

해설] ③ 널말뚝의 근입 깊이를 늘린다.

■2019년 2회■13. 그림과 같이 모래층에 널말뚝을 설치하여 물막이공 내의 물을 배수하였을 때, 분사현상을 방지하기 위해 얼마의 압력을 가하여야 하는가? (단, 모래의 비중은 2.65, 간극비는 0.65, 안전율은 3, 물의 단위중량은 9.81kN/m³ 이다.)

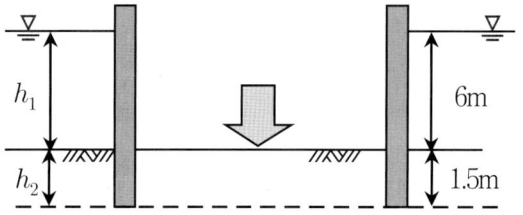

① 655 kN/m²
② 162 kN/m²
③ 233 kN/m²
④ 333 kN/m²

해설] ②

$$i_{cr} = \frac{\gamma'}{\gamma_w} = \frac{G_s - 1}{1 + e} = \frac{2.65 - 1}{1 + 0.65} = 1$$

$$i = \frac{\Delta h}{L} = \frac{6}{1.5} = 4$$

$$F_s = \frac{i_{cr} + \Delta i}{i} = 3 에서, \ \frac{1 + \Delta i}{4} = 3 이므로,$$

$$\Delta i = 11 = \frac{h}{L} = \frac{h}{1.5} 에서, \ 소요 수두 \ h = 16.5m$$

압력으로 환산하면, $p = \gamma_w h = 9.81 \times 16.5 = 161.9 kN/m^2$

■2019년 1회■14. 아래 그림과 같은 모래지반에서 깊이 4m 지점에서의 전단강도는? (단, 모래의 내부마찰각 $\phi = 30°$이며, 점착력 c = 0, 물의 단위중량 $9.81 kN/m^2$으로 한다.)

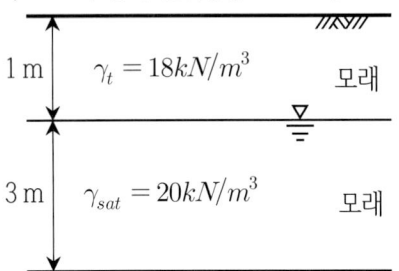

① 45.0 kN/m^2 ② 28.0 kN/m^2
③ 23.2 kN/m^2 ④ 18.6 kN/m^2

해설] ②

$\gamma' = \gamma_{sat} - \gamma_w = 20 - 9.81 = 10.19 kN/m^2$

$\tau = c + \sigma' tan\phi = (18 \times 1 + 10.19 \times 3) \times tan30°$
$\quad = 28.04 kN/m^2$

■2018년 3회■15. 다음 그림과 같은 점성토 지반의 굴착저면에서 바닥융기에 대한 안전율을 Terzaghi의 식에 의해 구하면? (단, γ = 17.3 kN/m^3, c = 24 kN/m^3 이다.)

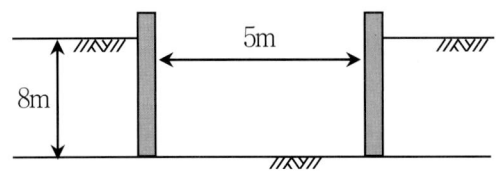

① 3.21 ② 2.32
③ 1.64 ④ 1.17

해설] ③

점토지반 바닥융기 안전율

$$F_s = \frac{1}{H}\left(\frac{5.7c}{\gamma - \frac{c}{0.7B}}\right)$$

$$= \frac{1}{8} \times \frac{5.7 \times 24}{17.3 - 24/0.7/5} = 1.637$$

■2018년 3회■16. 간극률이 50%, 함수비가 40%인 포화토에 있어서 지반의 분사현상에 대한 안전율이 3.5라고 할 때 이 지반에 허용되는 최대 동수경사는?

① 0.21 ② 0.51
③ 0.61 ④ 1.00

해설] ①

$$e = \frac{n}{1-n} = \frac{0.5}{1-0.5} = 1$$

$Se = \omega G_s$에서, $1 \times 1 = 0.4 \times G_s$이므로, $G_s = 2.5$

$$i_{cr} = \frac{\gamma'}{\gamma_w} = \frac{G_s - 1}{1 + e} = \frac{2.5 - 1}{1 + 1} = 0.75$$

$$F_s = \frac{i_{cr}}{i} = 3.5 이므로, \ i = \frac{0.75}{3.5} = 0.214$$

■2018년 2회■17. 다음 그림과 같이 피압수압을 받고 있는 2m 두께의 모래층이 있다. 그 위로 포화된 점토층을 5m 깊이로 굴착하는 경우 분사현상이 발생하지 않기 위한 수심(h)은 최소 얼마를 초과하도록 하여야 하는가?(단, 물의 단위중량은 9.81kN/m^3 이다.)

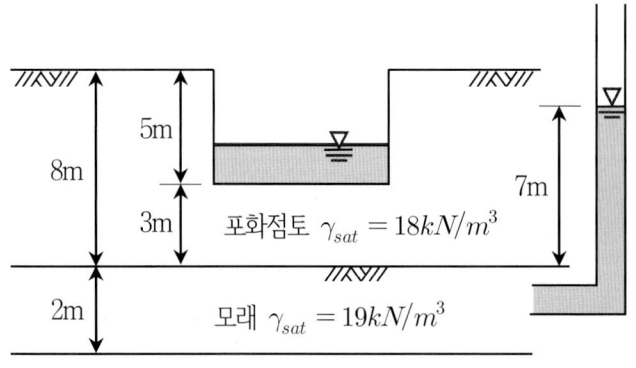

① 1.25m ② 1.49m
③ 1.93m ④ 2.41m

해설] ②
모래층 최상단에서 유효응력
$\sigma' = \gamma_{sat}h_s + \gamma_w h - u$
$= 18 \times 3 + 9.8h - 7 \times 9.8 = 0$에서,
$h = 1.49m$

■2018년 2회■18. 포화단위중량이 18kN/m³인 흙에서의 한계동수경사는 얼마인가? (단, 물의 단위중량은 9.81kN/m³ 이다.)

① 0.83
② 1.00
③ 1.82
④ 2.00

해설] ①
$i_{cr} = \dfrac{\gamma'}{\gamma_w} = \dfrac{18-9.81}{9.81} = 0.835$

■2018년 1회■19. 포화된 지반의 간극비를 e, 함수비를 ω, 간극률을 n, 비중을 G_s라 할 때, 다음 중 한계 동수 경사를 나타내는 식으로 적절한 것은?

① $\dfrac{G_s+1}{1+e}$
② $\dfrac{e-\omega}{\omega(1+e)}$
③ $\dfrac{G_s+1}{1+n}$
④ $\dfrac{G_s+1}{\omega(1+e)}$

해설] ②
$i_{cr} = \dfrac{\gamma'}{\gamma_w} = \dfrac{G_s-1}{1+e}$ 이고,

$Se = \omega G_s$에서 $S=1$이므로, $G_s = \dfrac{e}{\omega}$

따라서, $i_{cr} = \dfrac{e/\omega - 1}{1+e} = \dfrac{e-\omega}{\omega(1+e)}$

■2017년 3회■20. 분사현상에 대한 안전율이 2.5 이상이 되기 위해서는 Δh를 최대 얼마 이하로 하여야 하는가? (단, 간극률 n = 50%)

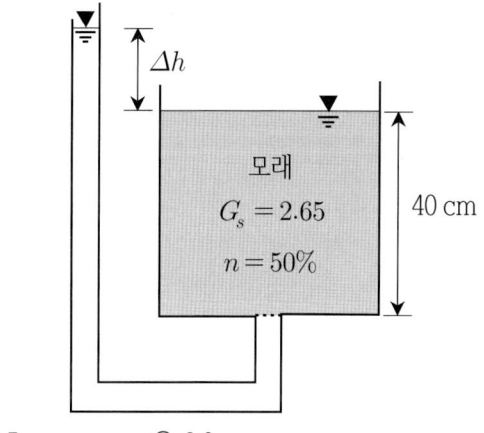

① 7.5cm
② 8.9cm
③ 13.2cm
④ 16.5cm

해설] ③
$e = \dfrac{n}{1-n} = \dfrac{0.5}{1-0.5} = 1$

한계동수경사 $i_{cr} = \dfrac{\gamma'}{\gamma_w} = \dfrac{G_s-1}{1+e} = \dfrac{2.65-1}{1+1} = 0.825$

동수경사 $i = \dfrac{\Delta h}{L} = \dfrac{\Delta h}{40}$

$F_s = \dfrac{i_{cr}}{i} = \dfrac{0.825}{\Delta h/40} = 2.5$에서, $\Delta h = 13.2cm$

■2017년 2회■21. 다음 그림에서 A점의 간극 수압은?(단, 물의 단위중량은 9.81kN/m² 이다.)

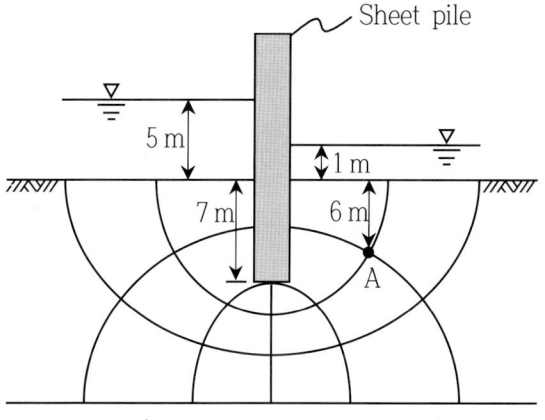

① 48.7kN/m²
② 75.2kN/m²
③ 123.1kN/m²
④ 146.5kN/m²

해설] ②

총 수두손실 5-1=4m

A점의 전수두 $H \times \dfrac{n}{N_d} = 4 \times \dfrac{1}{6} = 0.67m$

A점의 위치수두 -7m

A점의 압력수두 0.67-(-7) = 7.67m

A점의 간극수압 $\gamma_w h = 9.81 \times 7.67 = 75.24 kN/m^2$

■2017년 1회■22. 침투유량(Q) 및 B점에서의 간극수압(u_B)을 구한값으로 옳은 것은? (단, 투수층의 투수계수는 3×10^{-3}m/sec, 물의 단위중량은 $9.81kN/m^2$ 이다.)

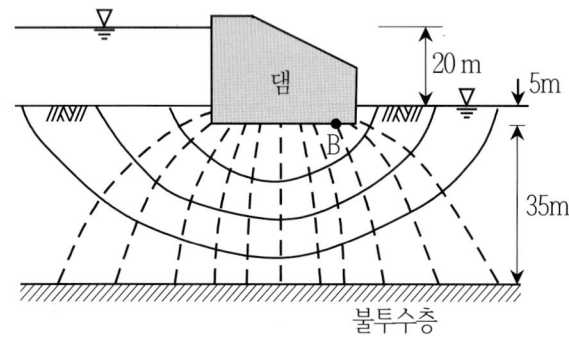

① Q = 0.01m³/sec/m, u_B = 49.5kN/m²

② Q = 0.01m³/sec/m, u_B = 98.1kN/m²

③ Q = 0.02m³/sec/m, u_B = 49.5kN/m²

④ Q = 0.02m³/sec/m, u_B = 98.1kN/m²

해설] ④

$Q = k \dfrac{\Delta H}{N_d} N_f = 3 \times 10^{-3} \times \dfrac{20}{12} \times 4 = 20 \times 10^{-3} m^3/sec/m$

B점의 전수두 $\Delta H \times \dfrac{n}{N_d} = 20 \times \dfrac{3}{12} = 5m$

B점의 위치수두 -5m

B점의 압력수두 $5-(-5) = 10m$

따라서, B점의 간극수압 $u_B = \gamma_w h = 9.81 \times 10 = 98.1 kN/m^2$

문제유형6 모관상승을 고려한 지반응력

■2021년 3회■1. 유효응력에 대한 설명으로 틀린 것은?

① 항상 전응력보다는 작은 값이다.

② 점토지반의 압밀에 관계되는 응력이다.

③ 건조한 지반에서는 전응력과 같은 값으로 본다.

④ 포화된 흙인 경우 전응력에서 간극수압을 뺀 값이다.

해설] ① 모관상승이 있는 경우에는 전응력보다 크다.

■2021년 2회■2. 다음 중 동상에 대한 대책으로 틀린 것은?

① 모관수의 상승을 차단한다.

② 지표부근에 단열재료를 매립한다.

③ 배수구를 설치하여 지하수위를 낮춘다.

④ 동결심도 상부의 흙을 실트질 흙으로 치환한다.

해설] ④ 동결심도 상부의 흙을 사질토로 치환한다.

[동해방지대책]
동결깊이보다 더 깊이 구조물 설치
동해가 잘 일어나지 않는 흙(자갈, 모래 등)로 치환
배수구를 설치하여 지하수위 하강
약액처리
단열제 설치

■2021년 1회■3. 그림에서 a-a´면 바로 아래의 유효응력은? (단, 흙의 간극비(e)는 0.4, 비중(G_s)은 2.65, 물의 단위중량은 $9.81kN/m^3$이다.)

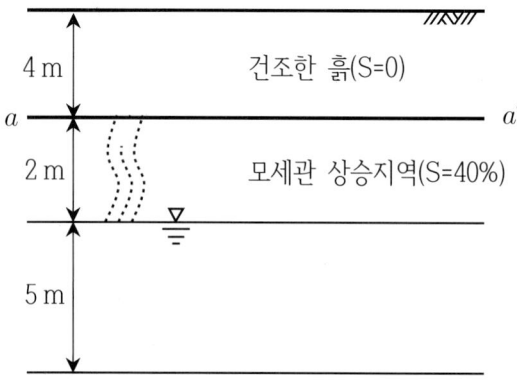

① 68.2kN/m²   ② 82.1kN/m²

③ 97.4kN/m²   ④ 102.1kN/m²

해설] ②
$$\gamma_d = \frac{G_s \gamma_w}{1+e} = \frac{2.65 \times 9.81}{1+0.4} = 18.57 kN/m^3$$
$$\gamma'_a = \gamma_d + S\gamma_w h = 18.57 + 0.4 \times 9.81 \times 2 = 82.12 kN/m^2$$

■2020년 4회■4. 동상 방지대책에 대한 설명으로 틀린 것은?
① 배수구 등을 설치하여 지하수위를 저하시킨다.
② 지표의 흙을 화학약품으로 처리하여 동결온도를 내린다.
③ 동결 깊이보다 깊은 흙을 동결하지 않는 흙으로 치환한다.
④ 모관수의 상승을 차단하기 위해 조립의 차단층을 지하수위보다 높은 위치에 설치한다.

해설] ③ 동결 깊이보다 얕은 흙을 동결하지 않는 흙으로 치환한다.

■2020년 3회■5. 흙의 동상에 영향을 미치는 요소가 아닌 것은?
① 모관 상승고   ② 흙의 투수계수
③ 흙의 전단강도   ④ 동결온도의 계속시간

해설] ③

■2019년 1회■6. 유효응력에 관한 설명 중 옳지 않은 것은?
① 포화된 흙인 경우 전응력에서 공극수압을 뺀 값이다.
② 항상 전응력보다는 작은 값이다.
③ 점토지반의 압밀에 관계되는 응력이다.
④ 건조한 지반에서는 전응력과 같은 값으로 본다.

해설] ② 모관상승영역에서는 유효응력이 클 수도 있다.

■2019년 1회■7. 흙이 동상을 일으키기 위한 조건으로 가장 거리가 먼 것은?
① 아이스 렌즈를 형성하기 위한 충분한 물의 공급이 있을 것
② 양(+)이온을 다량 함유 할 것
③ 0°C 이하의 온도가 오랫동안 지속될 것
④ 동상이 일어나기 쉬운 토질일 것

해설] ② 이온과는 무관
○ 동상이 잘 일어나는 조건
동상이 잘 일어나는 토질(유기질/무기질 실트)
충분한 수분의 공급
혹한의 장기화

문제유형7   상재하중을 고려한 지반응력

■2022년 2회■1. 그림과 같은 지반에서 하중으로 인하여 수직응력($\Delta\sigma_1$)이 100kN/m² 증가되고 수평응력($\Delta\sigma_3$)이 50kN/m² 증가되었다면 간극수압은 얼마나 증가되었는가? (단, 간극수압계수 A =0.5이고 B = 1이다.

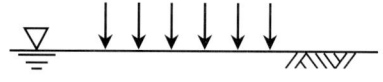

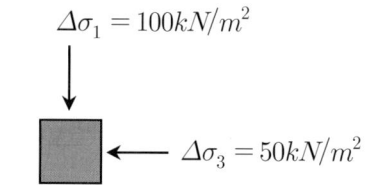

① 50kN/m²   ② 75kN/m²
③ 100kN/m²   ④ 125kN/m²

해설] ②
$$u = B\sigma_3 + \overline{A}\Delta\sigma = 1 \times 50 + 0.5 \times (100-50) = 75kN/m^2$$

■2022년 2회■2. 그림과 같이 지표면에 집중하중이 작용할 때 A점에서 발생하는 연직응력의 증가량은?

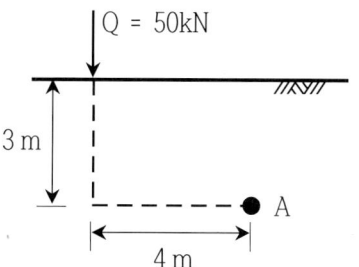

① 0.21 kN/m2   ② 0.24 kN/m2
③ 0.27 kN/m2   ④ 0.30 kN/m2

해설] ①
직각삼각형 닮은비에 의해, $L = 5m$
$$\Delta\sigma_z = \frac{3P}{2\pi}\frac{z^3}{L^5} = \frac{3 \times 50}{2\pi} \times \frac{3^3}{5^5} = 0.206 kN/m^2$$

■2022년 2회■3. 지표에 설치된 3m×3m의 정사각형 기초에 80kN/m² 의 등분포하중이 작용할 때, 지표면 아래 5m 깊이에서의 연직응력의 증가량은? (단, 2:1 분포법을 사용한다.)

① 7.15 kN/m²
② 9.20 kN/m²
③ 11.25 kN/m²
④ 13.10 kN/m²

해설] ③
$$\Delta\sigma_z = \frac{qBL}{(B+z)(L+z)} = \frac{80 \times 3^2}{(3+5)^2} = 11.25 kN/m^2$$

■2022년 1회■4. 그림과 같이 폭이 2m, 길이가 3m인 기초에 $q = 100 kN/m^2$의 등분포 하중이 작용할 때, A점 아래 4m 깊이에서의 연직응력 증가량은? (단, 아래 표의 영향계수 값을 활용하여 구하며, m=B/z, n=L/z 이고, B는 직사각형 단면의 폭, L은 직사각형 단면의 길이, z는 토층의 깊이이다.)

영향계수 I

m	0.25	0.5	0.5	0.5
n	0.5	0.25	0.75	1.0
I	0.048	0.048	0.115	0.122

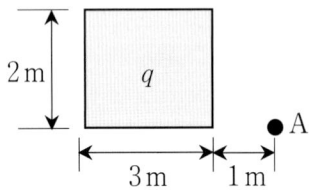

① 6.7 kN/m²
② 7.4 kN/m²
③ 12.2 kN/m²
④ 17.0 kN/m²

해설] ②
4×2m 에 대해,
$m = \frac{2}{4} = 0.5$, $n = \frac{4}{4} = 1$ 에서, $I_1 = 0.122$

1×2m에 대해,
$m = \frac{1}{4} = 0.25$, $n = \frac{2}{4} = 0.5$ 에서, $I_2 = 0.048$

$Q = q(I_1 - I_2) = 100 \times (0.122 - 0.048) = 7.4 kN/m^2$

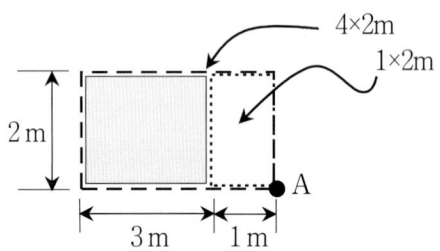

■2020년 3회■5. 5m×10m의 장방형 기초위에 q=60kN/m²의 등분포하중이 작용할 때, 지표면 아래 10m에서의 연직응력증가량($\Delta\sigma_z$)은? (단, 2:1 응력분포법을 사용한다.)

① 10 kN/m²
② 20 kN/m²
③ 30 kN/m²
④ 40 kN/m²

해설] ①
$$\Delta\sigma_z = \frac{qBL}{(B+z)(L+z)} = \frac{60 \times 5 \times 10}{(5+10)(10+10)} = 10 kN/m^2$$

■2020년 1_2회■6. 지표면에 설치된 2m×2m의 정사각형 기초에 100kN/m²의 등분포 하중이 작용하고 있을 때 5m 깊이에 있어서의 연직응력 증가량을 2 : 1 분포법으로 계산한 값은?

① 0.83kN/m²
② 8.16kN/m²
③ 19.75kN/m²
④ 28.57kN/m²

해설] ②

$$\Delta\sigma_z = \frac{qBL}{(B+z)(L+z)} = \frac{100\times 2\times 2}{(2+5)(2+5)} = 8.16 kN/m^2$$

■2019년 3회■7. 지표면에 집중하중이 작용할 때, 지중연직 응력증가량($\Delta\sigma_z$)에 관한 설명 중 옳은 것은? (단, Boussinesq 이론을 사용)

① 탄성계수 E에 무관하다.
② 탄성계수 E에 정비례한다.
③ 탄성계수 E의 제곱에 정비례한다.
④ 탄성계수 E의 제곱에 반비례한다.

해설] ①

영향인자 $I_1 = \frac{3}{\pi}[(r/z)^2 + 1]^{-5/2}$ 로 깊이와 거리의 영향을 받는다.

■2019년 2회■8. 아래 그림과 같이 지표면에 집중하중이 작용할 때 A점에서 발생하는 연직응력의 증가량은?

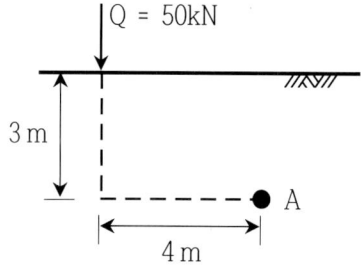

① 206 Pa
② 244 Pa
③ 272 Pa
④ 303 Pa

해설] ①

직각삼각형 닮은비에 의해, $L=5m$

$$\Delta\sigma_z = \frac{3P}{2\pi}\frac{z^3}{L^5} = \frac{3\times 50}{2\pi}\times\frac{3^3}{5^5} = 0.206 kN/m^2 = 206 Pa$$

■2018년 3회■9. 그림과 같이 폭이 2m, 길이가 3m인 기초에 $q=100kN/m^2$의 등분포 하중이 작용할 때, A점 아래 4m 깊이에서의 연직응력 증가량은? (단, 아래 표의 영향계수 값을 활용하여 구하며, m=B/z, n=L/z 이고, B는 직사각형 단면의 폭, L은 직사각형 단면의 길이, z는 토층의 깊이이다.)

영향계수 I				
m	0.25	0.5	0.5	0.5
n	0.5	0.25	0.75	1.0
I	0.048	0.048	0.115	0.122

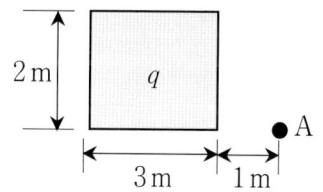

① 6.7 kN/m²
② 7.4 kN/m²
③ 12.2 kN/m²
④ 17.0 kN/m²

해설] ②

4×2m 에 대해,

$m = \frac{2}{4} = 0.5$, $n = \frac{4}{4} = 1$ 에서, $I_1 = 0.122$

1×2m에 대해,

$m = \frac{1}{4} = 0.25$, $n = \frac{2}{4} = 0.5$ 에서, $I_2 = 0.048$

$Q = q(I_1 - I_2) = 100\times(0.122-0.048) = 7.4 kN/m^2$

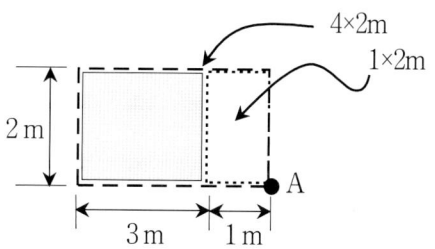

■2018년 2회■10. 다음 중 임의 형태 기초에 작용하는 등분포하중으로 인하여 발생하는 지중응력계산에 사용하는 가장 적합한 계산법은?
① Boussinesq 법
② Osterberg 법
③ Newmark 영향원법
④ 2:1 간편법

해설] ③

■2018년 1회■11. 그림과 같은 지반에서 하중으로 인하여 수직응력($\Delta\sigma_1$)이 100kN/m² 증가되고 수평응력($\Delta\sigma_3$)이 50kN/m² 증가되었다면 간극수압은 얼마나 증가되었는가? (단, 간극수압계수 A = 0.5이고 B = 1이다.)

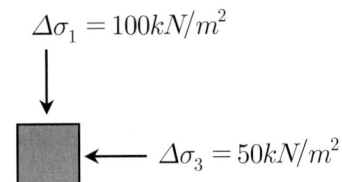

① 50kN/m²
② 75kN/m²
③ 100kN/m²
④ 125kN/m²

해설] ②
$u = B\sigma_3 + \overline{A}\Delta\sigma = 1 \times 50 + 0.5 \times (100-50) = 75 kN/m^2$

■2018년 1회■12. 반무한 지반의 지표상에 무한길이의 선하중 q_1, q_2가 다음의 그림과 같이 작용할 때 A점에서의 연직응력 증가는?

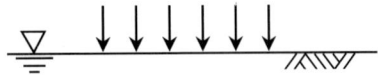

① 30.3N/m²
② 121.2N/m²
③ 151.5N/m²
④ 181.8N/m²

해설] ③
$\Delta\sigma_z = \dfrac{2\omega}{\pi} \dfrac{z^3}{(x^2+z^2)^2}$ 이므로,

$\Delta\sigma_{z1} = \dfrac{2\times 5}{\pi} \times \dfrac{4^3}{(5^2+4^2)^2} = 0.121 kN/m^2$

$\Delta\sigma_{z2} = \dfrac{2\times 10}{\pi} \times \dfrac{4^3}{(10^2+4^2)^2} = 0.0303 kN/m^2$

$\Delta\sigma = 0.121 + 0.0303 = 0.151 kN/m^2$

■2017년 3회■13. 아래 그림과 같은 지표면에 2개의 집중하중이 작용하고 있다. 3t의 집중하중 작용점 하부 2m지점 A에서의 연직하중의 증가량은 약 얼마인가? (단, 영향계수는 소수점이하 넷째자리까지 구하여 계산하시오.)

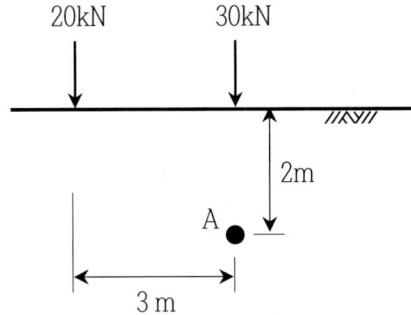

① 3.7kN/m²
② 8.9kN/m²
③ 14.2kN/m²
④ 19.4kN/m²

해설] ①
$\Delta\sigma_z = \dfrac{3P}{2\pi} \dfrac{z^3}{L^5}$ 에서,

$\Delta\sigma_{z1} = \dfrac{3\times 30}{2\pi} \times \dfrac{2^3}{2^5} = 3.581 kN/m^2$

$L_2 = \sqrt{3^2+2^2} = 3.606m$

$\Delta\sigma_{z2} = \dfrac{3\times 30}{2\pi} \times \dfrac{2^3}{3.606^5} = 0.188 kN/m^2$

$\Delta\sigma = 3.581 + 0.188 = 3.769 kN/m^2$

문제유형8 압밀

■2022년 2회■1. 접지압(또는 지반반력)이 그림과 같이 되는 경우는?

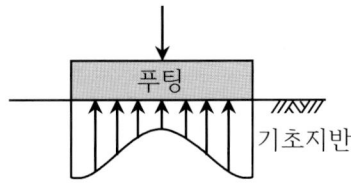

① 푸팅 : 강성, 기초지반 : 점토
② 푸팅 : 강성, 기초지반 : 모래
③ 푸팅 : 연성, 기초지반 : 점토
④ 푸팅 : 연성, 기초지반 : 모래

해설] ①

■2022년 2회■2. Terzaghi의 1차 압밀에 대한 설명으로 틀린 것은?
① 압밀방정식은 점토 내에 발생하는 과잉간극수압의 변화를 시간과 배수거리에 따라 나타낸 것이다.
② 압밀방정식을 풀면 압밀도를 시간계수의 함수로 나타낼 수 있다.
③ 평균압밀도는 시간에 따른 압밀침하량을 최종압밀침하량으로 나누면 구할 수 있다.
④ 압밀도는 배수거리에 비례하고, 압밀계수에 반비례 한다.

해설] ④ 압밀도는 배수거리에 반비례하고, 압밀계수의 제곱근에 비례 한다.

$\overline{U}^2 \propto T_v = \dfrac{C_v t}{H_{dr}^2}$ 이므로, $\overline{U} \propto \dfrac{1}{H_{dr}}$, $\overline{U} \propto \sqrt{C_v}$

■2022년 2회■3. 간극비 e_1 = 0.80 인 어떤 모래의 투수계수가 k_1 = 8.5×10⁻² cm/s 일 때, 이 모래를 다져서 간극비를 e_2 = 0.57 로 하면 투수계수 k_2는?
① 4.1×10⁻¹ cm/s
② 8.1×10⁻² cm/s
③ 3.5×10⁻² cm/s
④ 8.5×10⁻³ cm/s

해설] ③
Carrier 경험식에 따라, $k \propto \dfrac{e^3}{1+e}$ 이므로,

$k_1 : k_2 = \dfrac{0.8^3}{1+0.8} : \dfrac{0.57^3}{1+0.57} = 0.284 : 0.118$ 에서,

$k_2 = 3.53 \times 10^{-2} cm/s$

■2022년 2회■4. 연약지반에 구조물을 축조할 때 피에조미터를 설치하여 과잉간극수압의 변화를 측정한 결과 어떤 점에서 구조물 축조 직후 과잉간극수압이 100 kN/m² 이었고, 4년 후에 20 kN/m² 이었다. 이때의 압밀도는?
① 20%
② 40%
③ 60%
④ 80%

해설] ④
압밀도 = 소산된 과잉간극수압 / 초기 과잉간극수압
$\overline{U} = \dfrac{100-20}{100} = 0.8$

■2022년 1회■5. 두께 9m의 점토층에서 하중강도 P_1 일 때 간극비는 2.0 이고 하중강도를 P_2로 증가시키면 간극비는 1.8로 감소되었다. 이 점토층의 최종 압밀 침하량은?
① 20 cm
② 30 cm
③ 50 cm
④ 60 cm

해설] ④
초기간극비 $e_o = \dfrac{V_v}{V_s} = \dfrac{H_v}{H_s} = 2$ 에서, $H_s = \dfrac{9}{3} = 3m$

$\Delta e = \dfrac{\Delta H_v}{H_s} = \dfrac{\Delta H_v}{3} = e_o - e_1 = 2.0 - 1.8 = 0.2$

침하량 $\Delta H_v = 0.6m$

■2022년 1회■6. 두께 2cm의 점토시료에 대한 압밀 시험결과 50%의 압밀을 일으키는데 6분이 걸렸다. 같은 조건 하에서 두께 3.6m의 점토층 위에 축조한 구조물이 50%의 압밀에 도달하는데 며칠이 걸리는가?

① 1350일 ② 270일
③ 135일 ④ 27일

해설] ③

동일한 압밀도에서, $\dfrac{t}{H_{dr}^2}$ 는 일정하므로,

$\dfrac{6}{2^2} = \dfrac{t}{360^2}$ 에서, $t = 194.4 \times 10^3 \text{min} = 135 day$

■2021년 3회■7. 그림과 같은 지반에서 하중 재하 순간 수주(水柱)가 지표면(지하수위)으로부터 5m이었다. 40% 압밀이 일어난 후 A점에서의 전체 간극수압은? (단, 물의 단위중량은 9.81kN/m³이다.)

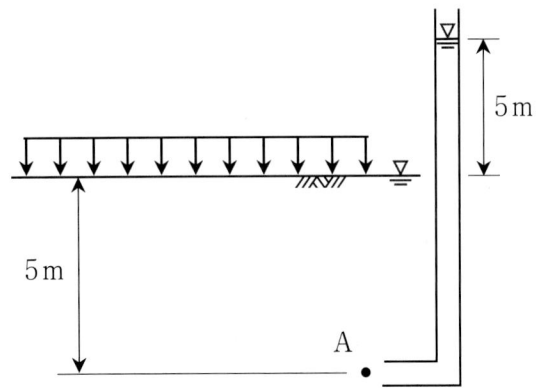

① 19.62kN/m²
② 29.43kN/m²
③ 49.05kN/m²
④ 78.48kN/m²

해설] ④

압밀도 $U_z = \dfrac{\Delta h_o - \Delta h_e}{\Delta h_o} = \dfrac{5 - \Delta h_e}{5} = 0.4$ 에서, $\Delta h_e = 3m$

전체 간극수압 $\gamma(h + \Delta h_e) = 9.81 \times (5 + 3) = 78.48 kN/m^2$

■2021년 3회■8. 두께 2cm의 점토시료의 압밀시험 결과 전압밀량의 90%에 도달하는데 1시간이 걸렸다. 만일 같은 조건에서 같은 점토로 이루어진 2m의 토층 위에 구조물을 축조한 경우 최종 침하량의 90%에 도달하는데 걸리는 시간은?

① 약 250일 ② 약 368일
③ 약 417일 ④ 약 525일

해설] ③

동일한 압밀도에서, $\dfrac{t}{H_{dr}^2}$ 는 일정하므로,

$\dfrac{1}{2^2} = \dfrac{t}{200^2}$ 에서, $t = 10 \times 10^3 hr = 416.6 day$

■2021년 3회■9. 하중이 완전히 강성(剛性) 푸팅(Footing) 기초판을 통하여 지반에 전달되는 경우의 접지압(또는 지반반력) 분포로 옳은 것은?

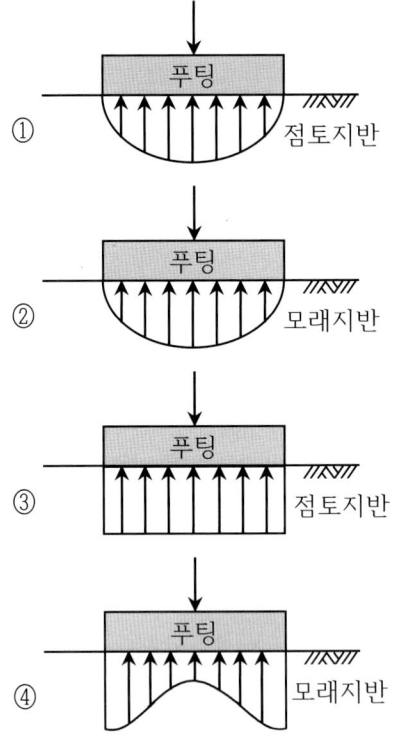

해설] ②

■2021년 2회■10. 그림과 같은 지반에 재하순간 수주(水柱)가 지표면으로부터 5m 이었다. 20% 압밀이 일어난 후 지표면으로부터 수주의 높이는? (단, 물의 단위중량은 9.81 kN/m³ 이다.)

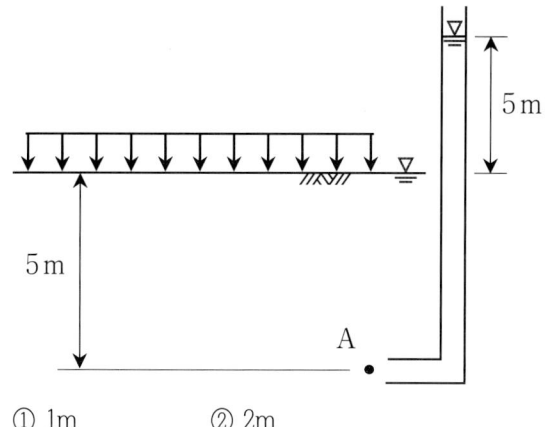

① 1m   ② 2m
③ 3m   ④ 4m

해설] ④

압밀도 $U_z = \dfrac{\Delta h_o - \Delta h_e}{\Delta h_o} = \dfrac{5 - \Delta h_e}{5} = 0.2$ 에서, $\Delta h_e = 4m$

[별해] 압밀도 = 과잉간극수압의 소산율이므로,
20% 압밀 = 과잉간극수압 20% 소산 ⇒ 수주 높이 20%(1m)감소

■2021년 2회■11. 현장에서 채취한 흙 시료에 대하여 아래 조건과 같이 압밀시험을 실시하였다. 이 시료에 320kPa 의 압밀압력을 가했을 때, 0.2cm의 최종 압밀침하가 발생되었다면 압밀이 완료된 후 시료의 간극비는? (단, 물의 단위중량은 9.81 kN/m³ 이다.)

○ 시료의 단면적 A : 30cm²
○ 시료의 높이 H : 2.6cm
○ 시료의 비중 G_s : 2.5
○ 시료의 건조중량 W_s : 1.18N

① 0.125
② 0.385
③ 0.500
④ 0.625

해설] ③

압밀 전 시료에 대해,
$\gamma_w = 9.81 kN/m^3 = 9.81 \times 10^{-3} N/cm^3$

$\dfrac{W_s}{V_s} = \gamma_s = G_s \gamma_w$ 에서,

$\dfrac{1.18}{30 \times H_s} = 2.5 \times 9.81 \times 10^{-3}$ 이므로, $H_s = 1.6 cm$

따라서, $H_v = 2.6 - 1.6 = 1.0 cm$

압밀이 0.2cm발생했으므로, 압밀 후 $H_v = 1.0 - 0.2 = 0.8 cm$

압밀 후 간극비 $e = \dfrac{H_v}{H_s} = \dfrac{0.8}{1.6} = 0.5$

■2021년 2회■12. 점토 지반에 있어서 강성 기초와 접지압 분포에 대한 설명으로 옳은 것은?
① 접지압은 어느 부분이나 동일하다.
② 접지압은 토질에 관계없이 일정하다.
③ 기초의 모서리 부분에서 접지압이 최대가 된다.
④ 기초의 중앙 부분에서 접지압이 최대가 된다.

해설] ③

■2021년 1회■13. 압밀시험에서 얻은 $e - \log P$곡선으로 구할 수 있는 것이 아닌 것은?
① 선행압밀압력   ② 팽창지수
③ 압축지수   ④ 압밀계수

해설] ④
압밀계수는 $\log t$법이나 $\sqrt{t}$ 법에 의해 산출된다.

■2021년 1회■14. 상·하층이 모래로 되어 있는 두께 2m의 점토층이 어떤 하중을 받고 있다. 이 점토층의 투수계수가 5×10⁻⁷cm/s, 체적변화계수(m_v)가 5.0cm²/kN일 때 90% 압밀에 요구되는 시간은? (단, 물의 단위중량은 9.81kN/m³이다.)
① 약 5.6일   ② 약 9.6일
③ 약 15.2일   ④ 약 47.2일

해설] ②

$C_v = \dfrac{k}{\gamma_w m_v}$ 에서,

$C_v = \dfrac{5 \times 10^{-7}}{9.81 \times 10^{-6} \times 5} = 0.0102 cm^2/s = 0.612 cm^2/\min$

$T_{90} = \dfrac{C_v t_{90}}{H_{dr}^2} = 0.848$ 에서, $\dfrac{0.612 \times t_{90}}{100^2} = 0.848$ 이므로,

$t_{90} = 13.856 \times 10^3 \min = 9.62 day$

■2020년 4회■15. 사질토 지반에 축조되는 강성기초의 접지압 분포에 대한 설명으로 옳은 것은?
① 기초 모서리 부분에서 최대 응력이 발생한다.
② 기초에 작용하는 접지압 분포는 토질에 관계없이 일정하다.
③ 기초의 중앙 부분에서 최대 응력이 발생한다.
④ 기초 밑면의 응력은 어느 부분이나 동일하다.

해설] ③

■2020년 4회■16. 두께 H인 점토층에 압밀하중을 가하여 요구되는 압밀도에 달할때까지 소요되는 기간이 단면배수일 경우 400일이었다면 양면배수일 때는 며칠이 걸리겠는가?
① 800일 ② 400일
③ 200일 ④ 100일

해설] ④

동일한 압밀도에서 $\dfrac{t}{H_{dr}^2}$ 는 일정하므로,

$\dfrac{400}{H^2} = \dfrac{t}{(H/2)^2}$ 에서, $t = 100$일

■2020년 4회■17. 어떤 점토의 압밀계수는 $1.92 \times 10^{-7} m^2/s$, 압축계수는 $2.86 \times 10^{-1} m^2/kN$이었다. 이 점토의 투수계수는? (단, 이 점토의 초기간극비는 0.8이고, 물의 단위중량은 9.81kN/m³이다.)
① $0.99 \times 10^{-5} cm/s$ ② $1.99 \times 10^{-5} cm/s$
③ $2.99 \times 10^{-5} cm/s$ ④ $3.99 \times 10^{-5} cm/s$

해설] ③

체적변화계수 $m_v = \dfrac{a_v}{1 + e_{avg}} = \dfrac{2.86 \times 10^{-1}}{1 + 0.8} = 0.159$

$k = C_v \gamma_w m_v = 1.92 \times 10^{-7} \times 9.81 \times 0.159$

$= 299.3 \times 10^{-9} m/s = 29.93 \times 10^{-6} cm/s$

■2020년 3회■18. 흐트러지지 않은 시료를 이용하여 액성한계 40%, 소성한계 22.3%를 얻었다. 정규압밀점토의 압축지수(C_c)값을 Terzaghi 와 Peck의 경험식에 의하 구하면?
① 0.25
② 0.27
③ 0.30
④ 0.35

해설] ②

불교란 시료 경험식

$C_c = 0.009(LL - 10) = 0.009 \times (40 - 10) = 0.27$

[참고] 교란시료 경험식

$C_c = 0.007(LL - 10)$

■2020년 3회■19. 모래지층 사이에 두께 6m의 점토층이 있다. 이 점토의 토질시험 결과가 아래 표와 같을 때, 이 점토층의 90% 압밀을 요하는 시간은 약 얼마인가? (단, 1년은 365일로 하고, 물의 단위중량(γ_w)은 9.81 kN/m³ 이다.)

○ 간극비 $e = 1.5$
○ 압축계수 $a_v = 4 \times 10^{-3} m^2/kN$
○ 투수계수 $k = 3 \times 10^{-7} cm/s$

① 50.7년
② 12.7년
③ 5.07년
④ 1.27년

해설] ④

$$m_v = \frac{a_v}{1+e_{avg}} = \frac{4 \times 10^{-3}}{1+1.5} = 1.6 \times 10^{-3} m^2/kN$$

$$C_v = \frac{k}{\gamma_w m_v} = \frac{3 \times 10^{-9}}{9.81 \times 1.6 \times 10^{-3}} = 191.1 \times 10^{-9} m^2/s$$

$$C_v = \frac{0.848 H_{dr}^2}{t_{90}} = \frac{0.848 \times 3^2}{t_{90}} = 191.1 \times 10^{-9} 에서,$$

$t_{90} = 39.93 \times 10^6 sec = 1.27 yr$

■2020년 1_2회■20. 압밀시험결과 시간-침하량 곡선에서 구할 수 없는 값은?
① 초기 압축비
② 압밀계수
③ 1차 압밀비
④ 선행압밀 압력

해설] ④
선행압밀응력은 $e - \log P$ 곡선에서 구할 수 있다.

■2020년 1_2회■21. Terzaghi의 1차원 압밀이론에 대한 가정으로 틀린 것은?
① 흙은 균질하다.
② 흙은 완전 포화되어 있다.
③ 압축과 흐름은 1차원적이다.
④ 압밀이 진행되면 투수계수는 감소한다.

해설] ④ 투수계수는 압밀과정 중에 일정한 것으로 가정한다.

■2019년 3회■22. Terzaghi는 포화점토에 대한 1차 압밀이론에서 수학적 해를 구하기 위하여 다음과 같은 가정을 하였다. 이 중 옳지 않은 것은?
① 흙은 균질하다.
② 흙은 완전히 포화되어 있다.
③ 흙 입자와 물의 압축성을 고려한다.
④ 흙 속에서의 물의 이동은 Darcy 법칙을 따른다.

해설] ③ 흙 입자와 물의 압축성은 무시한다.
[1차원 압밀이론 기본가정사항]
① 균질 포화 점토층
② 토립자와 물은 비압축성(토립자의 재배열은 인정)
③ Darcy법칙에 따른 흐름
④ 물의 흐름은 연직방향 1차원 흐름
⑤ 투수계수는 압밀과정 중에 일정하게 유지
⑥ 유효응력과 간극비는 선형 반비례

■2019년 3회■23. 접지압(또는 지반반력)이 그림과 같이 되는 경우는?

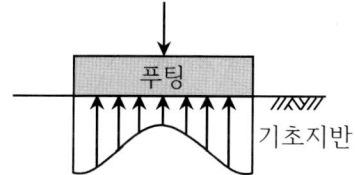

① 푸팅 : 강성, 기초지반 : 점토
② 푸팅 : 강성, 기초지반 : 모래
③ 푸팅 : 연성, 기초지반 : 점토
④ 푸팅 : 연성, 기초지반 : 모래

해설] ①

■2019년 2회■24. 표준압밀실험을 하였더니 하중 강도가 24MPa에서 36MPa로 증가할 때 간극비는 1.8에서 1.2로 감소하였다. 이 흙의 최종침하량은 약 얼마인가? (단, 압밀층의 두께는 20 m이다.)
① 4.286m
② 5.143m
③ 6.429m
④ 7.857m

해설] ①

$$\frac{\Delta H}{H} = \frac{\Delta e}{1+e_o} 에서, \frac{\Delta H}{20} = \frac{1.8-1.2}{1+1.8} 이므로, \Delta H = 4.286m$$

■2019년 1회■25. 비중이 2.67, 함수비가 35%이며, 두께 10m인 포화점토층이 압밀 후에 함수비가 25%로 되었다면, 이 토층 높이의 변화량은 얼마인가?

① 113cm
② 128cm
③ 138cm
④ 155cm

해설] ③
$Se = \omega G_s$에서, 포화상태이므로, $e = \omega G_s$
$$\frac{\Delta H}{H} = \frac{\Delta e}{1+e_o} = \frac{G_s(0.35-0.25)}{1+0.35 \times G_s} = 0.138$$ 이므로,
$\Delta h = 0.138 \times 10 = 1.38m$

■2018년 3회■26. 얕은 기초 아래의 접지압력 분포 및 침하량에 대한 설명으로 틀린 것은?
① 접지압력의 분포는 기초의 강성, 흙의 종류, 형태 및 깊이 등에 따라 다르다.
② 점성토 지반에 강성기초 아래의 접지압 분포는 기초의 모서리 부분이 중앙부분보다 작다.
③ 사질토 지반에서 강성기초인 경우 중앙부분이 모서리 부분보다 큰 접지압을 나타낸다.
④ 사질토 지반에서 유연성 기초인 경우 침하량은 중심부보다 모서리 부분이 더 크다.

해설] ② 점성토 지반에 강성기초 아래의 접지압 분포는 기초의 모서리 부분이 중앙부분보다 크다.

■2018년 3회■27. 연약점토지반에 압밀촉진공법을 적용한 후, 전체 평균압밀도가 90%로 계산되었다. 압밀촉진공법을 적용하기 전, 수직방향의 평균압밀도가 20%였다고 하면 수평방향의 평균압밀도는?
① 70%
② 77.5%
③ 82.5%
④ 87.5%

해설] ④
$U = 1-(1-U_v)(1-U_h)$
$0.9 = 1-(1-0.2)(1-U_h)$에서, $U_h = 0.875$

■2018년 2회■28. 점토 지반의 강성 기초의 접지압 분포에 대한 설명으로 옳은 것은?
① 기초 모서리 부분에서 최대응력이 발생한다.
② 기초 중앙 부분에서 최대응력이 발생한다.
③ 기초 밑면의 응력은 어느 부분이나 동일하다.
④ 기초 밑면에서의 응력은 토질에 관계없이 일정하다.

해설] ①

■2018년 1회■29. 어떤 점토의 압밀계수는 $1.92 \times 10^{-7} m^2/s$, 압축계수는 $2.86 \times 10^{-1} m^2/kN$이었다. 이 점토의 투수계수는? (단, 이 점토의 초기간극비는 0.8이고, 물의 단위중량은 $9.81 kN/m^3$이다.)
① 0.99×10^{-5}cm/s
② 1.99×10^{-5}cm/s
③ 2.99×10^{-5}cm/s
④ 3.99×10^{-5}cm/s

해설] ③
체적변화계수 $m_v = \frac{a_v}{1+e_{avg}} = \frac{2.86 \times 10^{-1}}{1+0.8} = 0.159$
$k = C_v \gamma_w m_v = 1.92 \times 10^{-7} \times 9.81 \times 0.159$
$= 299.3 \times 10^{-9} m/s = 29.93 \times 10^{-6} cm/s$

■2017년 3회■30. 10m 두께의 점토층이 10년 만에 90% 압밀이 된다면, 40m 두께가 동일한 점토층이 90% 압밀에 도달하는 소요되는 기간은?
① 16년
② 80년
③ 160년
④ 240년

해설] ③
동일한 압밀도에서 $\frac{t}{H_{dr}^2}$은 일정하다.
$\frac{10}{10^2} = \frac{t}{40^2}$에서, $t = 160$년

■2017년 2회■31. 단위중량이 18kN/m³인 점토지반의 지표면에서 5m되는 곳의 시료를 채취하여 압밀시험을 실시한 결과 과압밀비(over consolidation ratio)가 2임을 알았다. 선행압밀압력은?

① 90kN/m³
② 120kN/m³
③ 150kN/m³
④ 180kN/m³

해설] ④

$OCR = \dfrac{\sigma_c}{\sigma_o} = \dfrac{\sigma_c}{\gamma h} = 2$에서, $\dfrac{\sigma_c}{18 \times 5} = 2$이므로,

$\sigma_c = 180 kN/m^2$

■2017년 2회■32. 연약지반에 구조물을 축조할 때 피조미터를 설치하여 과잉간극수압의 변화를 측정했더니 어떤 점에서 구조물 축조 직후 100kN/m²이었지만, 4년 후는 20kN/m²이었다. 이때의 압밀도는?

① 20%   ② 40%
③ 60%   ④ 80%

해설] ④

압밀도 $U_z = \dfrac{\Delta u_o - \Delta u_e}{\Delta u_o} = \dfrac{100 - 20}{100} = 0.8$

Δu_o : 초기 과잉간극수압

Δu_e : 현재 과잉간극수압

■2017년 2회■33. 사질토 지반에 축조되는 강성기초 접지압 분포에 대한 설명 중 맞는 것은?

① 기초 모서리 부분에서 최대 응력이 발생한다.
② 기초에 작용하는 접지압 분포는 토질에 관계없이 일정하다.
③ 기초의 중앙 부분에서 최대 응력이 발생한다.
④ 기초 밑면의 응력은 어느 부분이나 동일하다.

해설] ③

■2017년 1회■34. 흐트러지지 않은 시료를 이용하여 액성한계 40%, 소성한계 22.3%를 얻었다. 정규압밀 점토의 압축지수(C_c) 값을 Terzaghi와 Peck이 발표한 경험식에 의해 구하면?

① 0.25
② 0.27
③ 0.30
④ 0.35

해설] ②

불교란시료의 경험식

$C_c = 0.009(LL - 10) = 0.009 \times (40 - 10) = 0.27$

교란시료의 경험식 $C_c = 0.007(LL - 10)$

문제유형9   전단강도시험

■2022년 1회■1. 포화된 점토에 대하여 비압밀비배수(UU)시험을 하였을 때 결과에 대한 설명으로 옳은 것은? (단, ϕ : 내부마찰각, c : 점착력)

① ϕ와 c가 나타나지 않는다.
② ϕ와 c가 모두 "0"이 아니다.
③ ϕ는 "0"이 아니지만 c는 "0"이다.
④ ϕ는 "0"이고 c는 "0"이 아니다.

해설] ④

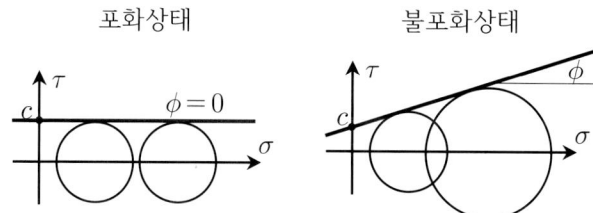

■2022년 1회■2. 모래시료에 대해서 압밀배수 삼축압축시험을 실시하였다. 초기 단계에서 구속응력(σ_3)은 100 kN/m² 이고, 전단파괴시에 작용된 축차응력(σ_{df})은 200 kN/m² 이었다. 이와 같은 모래시료의 내부마찰각(ϕ) 및 파괴면에 작용하는 전단응력(τ_f)의 크기는?

① $\phi = 30°$, $\tau_f = 115.47$ kN/m²
② $\phi = 40°$, $\tau_f = 115.47$ kN/m²
③ $\phi = 30°$, $\tau_f = 86.60$ kN/m²
④ $\phi = 40°$, $\tau_f = 86.60$ kN/m²

해설] ③

$\sigma_1 = 200 + 100 = 300 kN/m^2$

응력원의 중심 $\dfrac{\sigma_1+\sigma_3}{2} = \dfrac{300+100}{2} = 200 kN/m^2$

응력원의 반경 $\dfrac{\sigma_1-\sigma_3}{2} = \dfrac{300-100}{2} = 100 kN/m^2$

내부마찰각 $\sin\phi = \dfrac{100}{200}$ 에서, $\phi = 30°$

$\tau_f = \tau_{\max}\sin(90-\phi) = 100 \times sin(90-30) = 86.6 kN/m^2$

■2021년 3회■3. 포화된 점토에 대한 일축압축시험에서 파괴시 축응력이 0.2MPa일 때, 이 점토의 점착력은?

① 0.1MPa   ② 0.2MPa
③ 0.4MPa   ④ 0.6MPa

해설] ①
포화점토에 대해,
$\tau_f = c = \dfrac{\sigma}{2} = \dfrac{0.2}{2} = 0.1 MPa$

■2021년 3회■4. 포화된 점토지반에 성토하중으로 어느 정도 압밀된 후 급속한 파괴가 예상될 때, 이용해야 할 강도정수를 구하는 시험은?

① CU-test   ② UU-test
③ UC-test   ④ CD-test

해설] ①

■2021년 2회■5. 흙 속에 있는 한 점의 최대 및 최소 주응력이 각각 200 kN/m² 및 100 kN/m² 일 때 최대 주응력과 30°를 이루는 평면상의 전단응력을 구한 값은?

① 10.5 kN/m²
② 21.5 kN/m²
③ 32.3 kN/m²
④ 43.3 kN/m²

해설] ④

응력원 반경 $\dfrac{\sigma_1-\sigma_2}{2} = \dfrac{200-100}{2} = 50 kN/m^2$

$\tau_\theta = 50\sin2\theta = 50 \times sin60° = 43.3 kN/m^2$

■2021년 2회■6. 점토층 지반위에 성토를 급속히 하려 한다. 성토 직후에 있어서 이 점토의 안정성을 검토하는데 필요한 강도정수를 구하는 합리적인 시험은?

① 비압밀 비배수시험(UU-test)
② 압밀 비배수시험(CU-test)
③ 압밀 배수시험(CD-test)
④ 투수시험

해설] ①
성토 직후이기 때문에 압밀이 진행되지 않았다.

■2021년 2회■7. 토질시험 결과 내부마찰각이 30°, 점착력이 50 kN/m², 간극수압이 800 kN/m², 파괴면에 작용하는 수직응력이 3,000 kN/m² 일 때 이 흙의 전단응력은?

① 1,270 kN/m²
② 1,320 kN/m²
③ 1,580 kN/m²
④ 1,950 kN/m²

해설] ②
$\tau = c' + \sigma' tan\phi' = 50 + (3000-800)\tan30° = 1320 kN/m^2$

■2021년 1회■8. 흙 시료의 잔단시험 중 일어나는 다일러턴시(Dilatancy) 현상에 대한 설명으로 틀린 것은?
① 흙이 전단될 때 전단면 부근의 흙입자가 재배열되면서 부피가 팽창하거나 수축하는 현상을 다일러턴시라 부른다.
② 사질토 시료는 전단 중 다일러턴시가 일어나지 않는 한계의 간극비가 존재한다.
③ 정규압밀 점토의 경우 정(+)의 다일러턴시가 일어난다.
④ 느슨한 모래는 보통 부(-)의 다일러턴시가 일어난다.

해설] ③ 조밀한 모래는 정(+)의 다일러턴시가 발생한다.

■2021년 1회■9. 아래와 같은 상황에서 강도정수 결정에 접촉한 삼축압축시험의 종류는?

> 최근에 매립된 포화 점성토지반 위에 구조물을 시공한 직후의 초기 안정 검토에 필요한 지반 강도정수 결정

① 비압밀 비배수시험(UU)
② 비압밀 배수시험(UD)
③ 압밀 비배수시험(CU)
④ 압밀 배수시험(CD)

해설] ①
압밀이 진행되지 않은 포화 점성토이므로, UU시험이 적합하다.

■2020년 4회■10. 사질토에 대한 직접 전단시험을 실시하여 다음과 같은 결과를 얻었다. 내부 마찰각은 약 얼마인가?

수직응력(kN/m^2)	30	60	90
최대전단응력(kN/m^2)	17.3	34.6	51.9

① 25°
② 30°
③ 35°
④ 40°

해설] ②
$\tan\phi = \dfrac{\Delta\tau}{\Delta\sigma} = \dfrac{51.9 - 17.3}{90 - 30} = 0.577$에서, $\phi = 30°$

■2020년 4회■11. 아래의 공식은 흙 시료에 삼축압력이 작용할 때 흙 시료 내부에 발생하는 간극수압을 구하는 공식이다. 이 식에 대한 설명으로 틀린 것은?

$$u = B\sigma_3 + \overline{A}\Delta\sigma$$

① 포화된 흙의 경우 B=1 이다.
② 간극수압계수 A값은 언제나 (+)의 값을 갖는다.
③ 간극수압계수 A값은 삼축압축시험에서 구할 수 있다.
④ 포화된 점토에서 구속응력을 일정하게 두고 간극수압을 측정했다면, 축차응력과 간극수압으로부터 A값을 계산할 수 있다.

해설] ② 과압밀 점토에서는 음수(-)가 된다.
[참조] 간극수압계수
1) Skempton 간극수압계수 B

간극수압/구속압 = $B = \dfrac{u_c}{\sigma_3}$

(u_c : 구속압 σ_3에 의해 발생하는 간극수압, 포화된 시료에서 $B \approx 1$)

2) Skempton 간극수압 계수 $\overline{A}$

간극수압증분/축차응력증분 = $\overline{A} = \dfrac{\Delta u}{\Delta\sigma}$ (정규압밀 점토 : 0.5~1.0, 과압밀 점토 : -0.5~0)

■2020년 3회■12. 포화된 점토에 대하여 비압밀비배수(UU) 삼축압축시험을 하였을 때의 결과에 대한 설명으로 옳은 것은? (단, ϕ는 마찰각이고 c는 점착력이다.)
① ϕ와 c가 나타나지 않는다.
② ϕ와 c가 모두 "0"이 아니다.
③ ϕ는 "0"이고, c는 "0"이 아니다.
④ ϕ는 "0"이 아니지만, c는 "0"이다.

해설] ③

■2020년 3회■13. 모래나 점토 같은 입상재료를 전단할 때 발생하는 다일러턴시(dilatancy) 현상과 간극수압의 변화에 대한 설명으로 틀린 것은?
① 정규압밀 점토에서는 (-) 다일러턴시에 (+)의 간극수압이 발생한다.
② 과압밀 점토에서는 (+) 다일러턴시에 (-)의 간극수압이 발생한다.
③ 조밀한 모래에서는 (+) 다일러턴시가 일어난다.
④ 느슨한 모래에서는 (+) 다일러턴시가 일어난다.

해설] ④ 느슨한 모래에서는 (-) 다일러턴시가 일어난다.
과압밀 점토 및 조밀한 모래 : (+) 다일러턴시, (-)간극수압
정규압밀 점토 및 느슨한 모래 : (-) 다일러턴시, (+)간극수압

■2020년 1_2회■14. 성토나 기초지반에 있어 특히 점성토의 압밀완료 후 추가 성토 시 단기 안정문제를 검토하고자 하는 경우 적용되는 시험법은?
① 비압밀 비배수시험
② 압밀 비배수시험
③ 압밀 배수시험
④ 일축압축시험

해설] ②

■2019년 3회■15. 흙 시료의 일축압축시험 결과 일축압축강도가 0.3 MPa이었다. 이 흙의 점착력은? (단, $\phi = 0$ 인 점토)
① 0.1 MPa
② 0.15 MPa
③ 0.3 MPa
④ 0.6 MPa

해설] ②
$$c = \frac{\sigma}{2} = \frac{0.3}{2} = 0.15 MPa$$

■2019년 3회■16. 어떤 흙에 대해서 직접 전단시험을 한 결과 수직응력이 1.0 MPa 일 때 전단저항이 0.5 MPa 이었고, 또 수직응력이 2.0 MPa 일 때에는 전단저항이 0.8 MPa 이었다. 이 흙의 점착력은?
① 0.2 MPa
② 0.3 MPa
③ 0.8 MPa
④ 1.0 MPa

해설] ①
파괴포락선의 기울기 $\frac{\Delta\tau}{\Delta\sigma} = \frac{0.8 - 0.5}{2 - 1} = 0.3$
$\tau = c + 0.3\sigma$에서, $0.5 = c + 0.3 \times 1$이므로, $c = 0.2 MPa$

■2019년 3회■17. 예민비가 매우 큰 연약 점토지반에 대해서 현장의 비배수 전단강도를 측정하기 위한 시험방법으로 가장 적합한 것은?
① 압밀비배수시험
② 표준관입시험
③ 직접전단시험
④ 현장베인시험

해설] ④
베인전단시험은 시료교란을 최소화한 것으로, 예민한 점토에서 효과적이다.

■2019년 3회■18. Mohr 응력원에 대한 설명 중 옳지 않은 것은?
① 임의 평면의 응력상태를 나타내는데 매우 편리하다.
② σ_1과 σ_3의 차의 벡터를 반지름으로 해서 그린 원이다.
③ 한 면에 응력이 작용하는 경우 전단력이 0 이면, 그 연직응력을 주응력으로 가정한다.
④ 평면기점(O_p)은 최소 주응력이 표시되는 좌표에서 최소 주응력면과 평행하게 그은 Mohr 원과 만나는 점이다.

해설] ② σ_1과 σ_3의 차의 절반 벡터를 반지름으로 해서 그린 원이다.

■2019년 2회■19. 예민비가 큰 점토란 어느 것인가?
① 입자의 모양이 날카로운 점토
② 입자가 가늘고 긴 형태의 점토
③ 다시 반죽했을 때 강도가 감소하는 점토
④ 다시 반죽했을 때 강도가 증가하는 점토

해설] ③

■2019년 2회■20. 어떤 종류의 흙에 대해 직접전단(일면전단) 시험을 한 결과 아래 표와 같은 결과를 얻었다. 이 값으로부터 점착력(c)을 구하면? (단, 시료의 단면적은 1,000mm²이다.)

수직하중(N)	100	200	300
전단력(N)	247.85	255.70	263.55

① 0.30 MPa   ② 0.27 MPa
③ 0.24 MPa   ④ 0.18 MPa

해설] ③

파괴포락선 기울기 $\dfrac{\Delta \tau}{\Delta \sigma} = \dfrac{(263.55-247.85)/A}{(300-100)/A} = 0.0785$

$\tau = c + 0.0785\sigma$에서,

$\dfrac{247.85}{10^3} = c + 0.0785 \times \dfrac{100}{10^3}$ 이므로,

$c = 240 \times 10^{-3} N/mm^2 = 0.24 MPa$

■2019년 2회■21. 모래의 밀도에 따라 일어나는 전단특성에 대한 다음 설명 중 옳지 않은 것은?
① 다시 성형한 시료의 강도는 작아지지만 조밀한 모래에서는 시간이 경과됨에 따라 강도가 회복 된다.
② 내부마찰각(∅)은 조밀한 모래일수록 크다.
③ 직접 전단시험에 있어서 전단응력과 수평변위 곡선은 조밀한 모래에서는 peak가 생긴다.
④ 조밀한 모래에서는 전단변형이 계속 진행되면 부피가 팽창한다.

해설] ① 점토시료는 성형후 시간이 경과하면 강도가 회복된다. (틱소트로피)

■2019년 1회■22. 흙의 강도에 대한 설명으로 틀린 것은?
① 점성토에서는 내부마찰이 작고 사질토에서는 점착력이 작다.
② 일축압축 시험은 주로 점성토에 많이 사용한다.
③ 이론상 모래의 내부마찰각은 0 이다.
④ 흙의 전단응력은 내부마찰각과 점착력의 두 성분으로 이루어진다.

해설] ③ 이론상 점성토의 내부마찰각은 0 이다.

■2019년 1회■23. 연약점토지반에 성토제방을 시공하고자 한다. 성토로 인한 재하속도가 과잉간극수압이 소산되는 속도보다 빠를 경우, 지반의 강도정수를 구하는 가장 적합한 시험방법은?
① 압밀 배수시험   ② 압밀 비배수시험
③ 비압밀 비배수시험   ④ 직접전단시험

해설] ③

■2018년 3회■24. 토질실험 결과 내부마찰각(∅)=30° 점착력 c=50kN/m², 간극수압이 80kN/m²이고 파괴면에 작용하는 수직응력이 300kN/m²일 때 이 흙의 전단응력은?
① 115 kN/m²   ② 130 kN/m²
③ 158 kN/m²   ④ 195 kN/m²

해설] ②

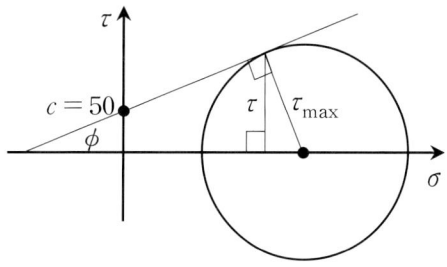

응력원의 반경 $\tau_{max} = \dfrac{\sigma_1 - \sigma_3}{2} = \dfrac{380-80}{2} = 150 kN/m^2$

$\tau = 150\cos\phi = 150\cos 30° = 129.9 kN/m^2$

■2018년 3회■25. 다음 그림의 파괴포락선 중에서 완전포화된 점토를 UU(비압밀 비배수)시험했을 때 생기는 파괴포락선은?

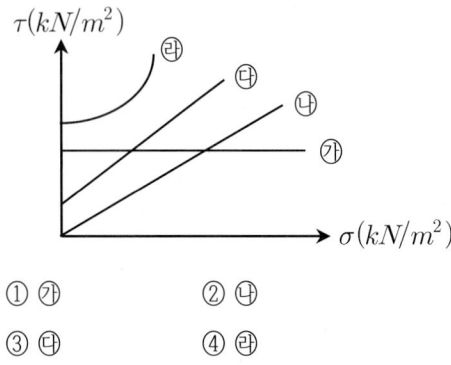

① ㉮
② ㉯
③ ㉰
④ ㉱

해설] ①

■2018년 3회■26. 실내시험에 의한 점토의 강도 증가율($\frac{c_u}{\sigma}$) 산정 방법이 아닌 것은?

① 소성지수에 의한 방법
② 비배수 전단강도에 의한 방법
③ 압밀비배수 삼축압축시험에 의한 방법
④ 직접전단시험에 의한 방법

해설] ④
직접전단시험 : 압축력과 전단력의 증가율에 따라, 흙의 전단강도 c와 내부마찰각 ϕ를 산출하는 방법

■2018년 2회■27. 어떤 시료에 대해 액압 $100kN/m^2$를 가해 각 수직변위에 대응하는 수직하중을 측정한 결과가 아래 표와 같다. 파괴시의 축차응력은? (단, 피스톤의 지름과 시료의 지름은 같다고 보며, 시료의 단면적 $A_0=18\times10^{-4}m^2$, 길이 $L=140mm$이다.)

ΔL(mm)	0	10	11	12	13	14
P(N)	0	540	580	600	590	580

① $305\ kN/m^2$
② $255\ kN/m^2$
③ $205\ kN/m^2$
④ $155\ kN/m^2$

해설] ①

파괴시 단면적 $A = \dfrac{A_o}{1-\epsilon} = \dfrac{18\times10^{-4}}{1-12/140} = 19.7\times10^{-4}m^2$

파괴시 축차응력 $\Delta\sigma = \dfrac{600}{19.7\times10^{-4}} = 305 kN/m^2$

■2018년 2회■28. 입경이 균일한 도포화된 사질지반에 지진이나 진동 등 동적하중이 작용하면 지반에서는 일시적으로 전단강도를 상실하게 되는데, 이러한 현상을 무엇이라고 하는가?
① 분사현상(quice sand)
② 틱소트로피 현상(Thixotropy)
③ 히빙현상(heaving)
④ 액상화현상(liquefaction)

해설] ④

■2018년 2회■29. $200kN/m^2$의 구속응력을 가하여 시료를 완전히 압밀시킨 다음, 축차응력을 가하여 비배수 상태로 전단시켜 파괴시 축변형률 ϵ_f=10%, 축차응력 $\Delta\sigma_f=280kN/m^2$, 간극수압 $\Delta u_f=210kN/m^2$를 얻었다. 파괴시 간극수압계수 A는? (단, 간극수압계수 B는 1.0으로 가정한다.)
① 0.44
② 0.75
③ 1.33
④ 2.27

해설] ③

$A = \dfrac{\Delta u}{\Delta \sigma} = \dfrac{210}{280} = 0.75$

■2018년 1회■30. 흙 시료의 전단파괴면을 미리 정해놓고 흙의 강도를 구하는 시험은?
① 직접전단시험
② 평판재하시험
③ 일축압축시험
④ 삼축압축시험

해설] ①

■2018년 1회■31. 어떤 흙에 대해서 일축압축시험을 한 결과 일축압축 강도가 10MPa이고 이 시료의 파괴면과 수평면이 이루는 각이 50°일 때 이 흙의 점착력(c_u)과 내부 마찰각(ϕ)은?

① c_u=6.0MPa, ϕ=10°
② c_u=4.2MPa, ϕ=50°
③ c_u=6.0MPa, ϕ=50°
④ c_u=4.2MPa, ϕ=10°

해설] ④

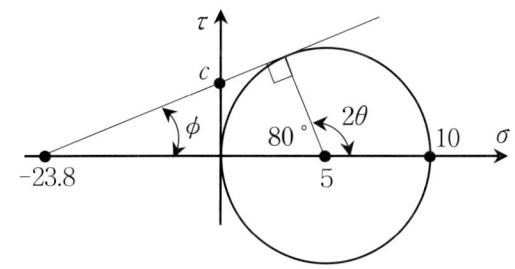

응력원에서, $2\theta = 2 \times 50 = 100°$ 이므로, 내부마찰각 $\phi = 10°$

$\sin 10° = \dfrac{5}{l}$ 에서, $l = 28.8$이므로,

파괴포락선과 축응력축의 교점은 $5 - 28.8 = -23.8$

$\tau = c + \sigma \tan\phi$에 (-23.8,0)을 대입하면,

$0 = c - 23.8 \tan 10°$ 에서, $c = 4.2 MPa$

■2017년 3회■32. 성토나 기초지반에 있어 특히 점성토 압밀완료 후, 추가 성토 시 단기 안정문제를 검토하고자 하는 경우 적용되는 시험법은?

① 비압밀 비배수시험
② 압밀 비배수시험
③ 압밀 배수시험
④ 일축 압축시험

해설] ②

■2017년 3회■33. 어떤 지반의 미소한 흙요소에 최대 및 최소 주응력이 각각 100kN/m² 및 60kN/m² 일 때, 최소주응력면과 60°를 이루는 면상의 전단응력은?

① 10kN/m²
② 17kN/m²
③ 20kN/m²
④ 27kN/m²

해설] ②

응력원의 반경 $\tau_{\max} = \dfrac{100-60}{2} = 20 kN/m^2$

최소주응력원에서 $2\theta = 120°$ 회전하면,

$\tau = \tau_{\max} \times \sin 60° = 17.32 kN/m^2$

■2017년 2회■34. 아래 그림에서 A점 흙의 강도정수가 c=30kN/m², ϕ=30°일 때 A점의 전단강도는?(단, 물의 단위중량은 9.81kN/m³ 이다.)

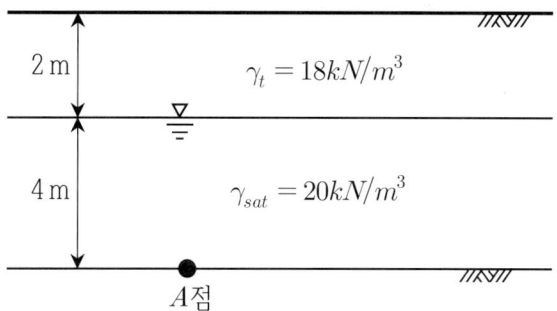

① 69.3kN/m²
② 74.3kN/m²
③ 99.3kN/m²
④ 103.9kN/m²

해설] ②

$\gamma' = \gamma_{sat} - \gamma_w = 20 - 9.81 = 10.19 kN/m^3$

$\tau_f = c + \sigma' \tan\phi = 30 + (18 \times 2 + 10.19 \times 4)\tan 30°$

$= 74.32 kN/m^2$

■2017년 2회■35. 아래 표의 설명과 같은 경우 강도정수 결정에 적합한 삼축 압축 시험의 종류는?

> 최근에 매립된 포화 점성토지반 위에 구조물을 시공한 직후의 초기 안정검토에 필요한 지반 강도정수 결정

① 압밀배수 시험(CD)
② 압밀비배수 시험(CU)
③ 비압밀비배수 시험(UU)
④ 비압밀배수 시험(UD)

해설] ③

■2017년 1회■36. 아래 그림과 같은 점성토 지반의 토질실험결과 내부마찰각 $\phi' = 30°$, 점착력 $c' = 15 \, kN/m^2$ 일 때 A점의 전단강도는? (단, 물의 단위중량은 9.81 kN/m^3 이다.)

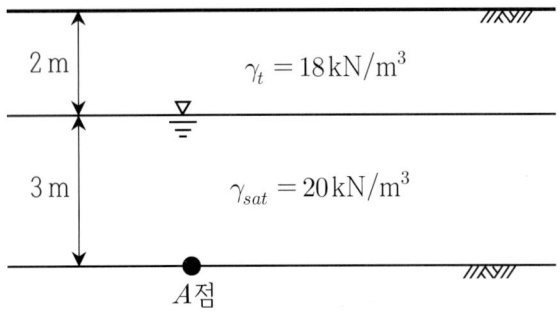

① 38.4 kN/m^2
② 42.7 kN/m^2
③ 48.3 kN/m^2
④ 53.1 kN/m^2

해설] ④
$\sigma' = 2 \times 18 + 3 \times (20 - 9.81) = 66.57 kN/m^2$
$\tau = c' + \sigma' tan\phi' = 15 + 66.57 \times tan30° = 53.43 kN/m^2$

■2017년 1회■37. 흐트러지지 않은 연약한 점토시료를 채취하여 일축압축시험을 실시하였다. 공시체의 직경이 35mm, 높이가 100mm이고 파괴 시의 하중계의 읽음값이 20N, 축방향의 변형량이 12mm일 때 이 시료의 전단강도는?

① 4.12 kN/m^2
② 6.25 kN/m^2
③ 9.14 kN/m^2
④ 12.2 kN/m^2

해설] ③
파괴시 단면적 $A = \dfrac{A_o}{1-\epsilon} = \dfrac{\pi \times 35^2/4}{1-12/100} = 1,093 mm^2$

파괴시 축차응력 $\Delta\sigma = \dfrac{20}{1093} = 18.29 \times 10^{-3} N/mm^2$

$\tau_f = c_u = \dfrac{q_u}{2} = \dfrac{18.29}{2} = 9.14 kN/m^2$

■2017년 1회■38. 정규압밀점토에 대하여 구속응력 100kN/m^2로 압밀배수 시험한 결과 파괴 시 축차응력이 200kN/m^2이었다. 이 흙의 내부마찰각은?

① 20°
② 25°
③ 30°
④ 40°

해설] ③

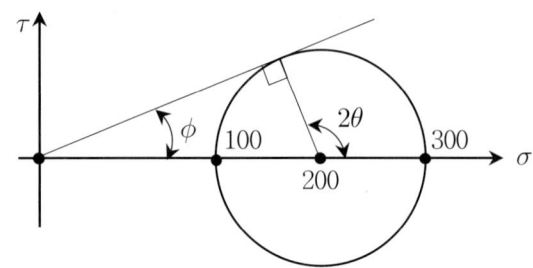

압밀배수시험이므로, $c = 0$

응력원의 중심 $= \dfrac{\sigma_1 + \sigma_3}{2} = \dfrac{300+100}{2} = 200 kN/m^2$

응력원의 반경 $= \dfrac{\sigma_1 - \sigma_3}{2} = \dfrac{300-100}{2} = 100 kN/m^2$

$sin\phi =$ 응력원의 반경/응력원의 중심 $= \dfrac{100}{200}$

따라서, $\phi = 30°$

문제유형10　응력경로

■2022년 1회■1. 응력경로(stress path)에 대한 설명으로 틀린 것은?
① 응력경로는 특성상 전응력으로만 나타낼 수 있다.
② 응력경로란 시료가 받는 응력의 변화과정을 응력공간에 궤적으로 나타낸 것이다.
③ 응력경로는 Mohr의 응력원에서 전단응력이 최대의 점을 연결하여 구한다.
④ 시료가 받는 응력상태에 대한 응력경로는 직선 또는 곡선으로 나타난다.

해설] ① 응력경로는 전응력 및 유효응력으로 나타낼 수 있다.

■2019년 2회■2. 다음은 흙 시료의 전단시험을 한 응력경로이다. 어느 경우인가?

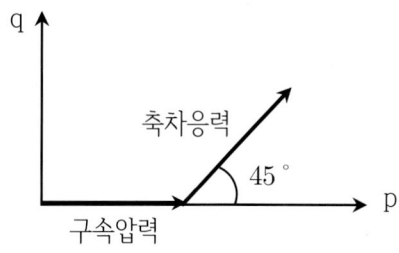

① 초기단계의 최대주응력과 최소주응력이 같은 상태에서 시행한 삼축압축시험의 전응력 경로이다.
② 초기단계의 최대주응력과 최소주응력이 같은 상태에서 시행한 일축압축시험의 전응력 경로이다.
③ 초기단계의 최대주응력과 최소주응력이 같은 상태에서 K_o=0.5인 조건에서 시행한 삼축압축시험의 전응력 경로이다.
④ 초기단계의 최대주응력과 최소주응력이 같은 상태에서 K_o=0.7인 조건에서 시행한 일축압축시험의 전응력 경로이다.

해설] ①

■2018년 1회■3. 아래 그림에서 토압계수 K = 0.5일 때의 응력경로는 어느 것인가?

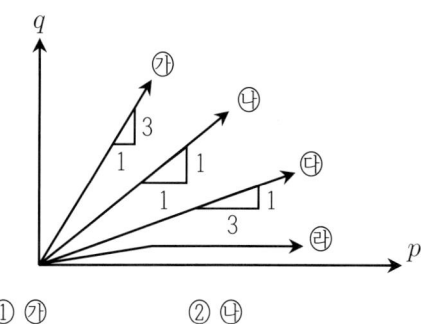

① ㉮   ② ㉯
③ ㉰   ④ ㉱

해설] ③
K_0-Line 기울기 $\dfrac{1-K_0}{1+K_0} = \dfrac{1-0.5}{1+0.5} = \dfrac{1}{3}$

■2017년 2회■4. 다음 그림과 같은 p - q 다이아그램에서 K 선이 파괴선을 나타낼 때 이 흙의 내부마찰각은?

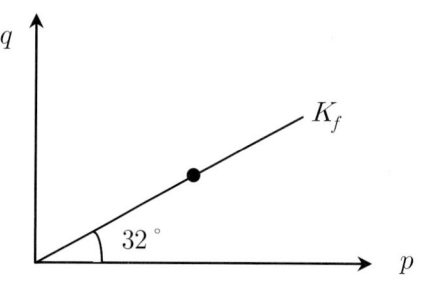

① 32°   ② 36.5°
③ 38.7°   ④ 40.8°

해설] ③
$\sin\phi = \tan\alpha$ 이므로,
$\phi = \sin^{-1}(\tan 32°) = 38.67°$

문제유형11   현장시험

■2022년 2회■1. 표준관입시험(S.P.T) 결과 N값이 25이었고, 이때 채취한 교란시료로 입도시험을 한 결과 입자가 둥글고, 입도분포가 불량할 때 Dunham의 공식으로 구한 내부 마찰각(ø)은?
① 32.3°   ② 37.3°
③ 42.3°   ④ 48.3°

해설]
$\phi = \sqrt{12N} + 15° = \sqrt{12 \times 25} + 15 = 32.32°$

[참고] Dunham의 공식
둥글고 빈입도인 경우 $\phi = \sqrt{12N} + 15°$
둥글고 양입도인 경우 $\phi = \sqrt{12N} + 20°$
모나고 양입도인 경우 $\phi = \sqrt{12N} + 25°$

■2022년 2회■2. 현장에서 완전히 포화되었던 시료라 할지라도 시료 채취 시 기포가 형성되어 포화도가 저하될 수 있다. 이 경우 생성된 기포를 원상태로 용해시키기 위해 작용시키는 압력을 무엇이라고 하는가?

① 배압(back pressure)

② 축차응력(deviator stress)

③ 구속압력(confined pressure)

④ 선행압밀압력(preconsolidation pressure)

해설] ①

■2022년 2회■3. 어떤 점토지반에서 베인 시험을 실시하였다. 베인의 지름이 50mm, 높이가 100mm, 파괴 시 토크가 59 N·m 일 때 이 점토의 점착력은?

① 129 kN/m²

② 157 kN/m²

③ 213 kN/m²

④ 276 kN/m²

해설] ①

베인전단시험에 의한 전단강도

$$c_u = \frac{T}{\pi d^2 (h/2 + \beta d/4)} = \frac{59 \times 10^3}{\pi \times 50^2 (100/2 + 2/3 \times 50/4)}$$

$$= 129 \times 10^{-3} N/mm^2 = 129 kN/m^2$$

(점토지반에서 $\beta = 2/3$)

■2022년 1회■4. 토립자가 둥글고 입도분포가 나쁜 모래지반에서 표준관입시험을 한 결과 N값이 10이었다. 이 모래의 내부 마찰각(ϕ)을 Dunham의 공식으로 구하면?

① 21°

② 26°

③ 31°

④ 36°

해설] ②

$\phi = \sqrt{12N} + 15° = \sqrt{12 \times 10} + 15 = 29.95°$

[참고] Dunham의 공식

둥글고 빈입도인 경우 $\phi = \sqrt{12N} + 15°$

둥글고 양입도인 경우 $\phi = \sqrt{12N} + 20°$

모나고 양입도인 경우 $\phi = \sqrt{12N} + 25°$

■2021년 3회■5. 보링(boring)에 대한 설명으로 틀린 것은?

① 보링(boring)에는 회전식(rotary boring)과 충격식(percussion boring)이 있다.

② 충격식은 굴진속도가 빠르고 비용도 싸지만 분말 상의 교란된 시료만 얻어진다.

③ 회전식은 시간과 공사비가 많이 들 뿐만 아니라 확실한 코어(core)도 얻을 수 없다.

④ 보링은 지반의 상황을 판단하기 위해 실시한다.

해설] ③ 회전식은 시간과 공사비가 많이 들지만 확실한 코어(core)도 얻을 수 있다.

■2021년 3회■6. 표준관입시험에 대한 설명으로 틀린 것은?

① 표준관입시험의 N값으로 모래지반의 상대밀도를 추정할 수 있다.

② 표준관입시험의 N값으로 점토지반의 연경도를 추정할 수 있다.

③ 지층의 변화를 판단할 수 있는 시료를 얻을 수 있다.

④ 모래지반에 대해서 흐트러지지 않은 시료를 얻을 수 있다.

해설] ④ 모래지반에 대해서 흐트러지지 않은 시료를 얻을 수 없다.

■2021년 2회■7. 토립자가 둥글고 입도분포가 양호한 모래지반에서 N치를 측정한 결과 N = 19가 되었을 경우, Dunham의 공식에 의한 이 모래의 내부 마찰각(ϕ)은?

① 20°   ② 25°

③ 30°   ④ 35°

해설] ④

$\phi = \sqrt{12N} + 20° = \sqrt{12 \times 19} + 20 = 35.1°$

[참고] Dunham의 공식

둥글고 빈입도인 경우 $\phi = \sqrt{12N} + 15°$

둥글고 양입도인 경우 $\phi = \sqrt{12N} + 20°$

모나고 양입도인 경우 $\phi = \sqrt{12N} + 25°$

■2021년 2회■8. 다음 중 사운딩 시험이 아닌 것은?
① 표준관입시험
② 평판재하시험
③ 콘 관입시험
④ 베인 시험

해설] ②

■2021년 1회■9. 어떤 지반에 대한 흙의 입도분석결과 곡률계수(C_g)는 1.5, 균등계수(C_u)는 15이고 입자는 모난 형상이었다. 이때 Dunham의 공식에 의한 흙의 내부마찰각(ϕ)의 추정치는? (단, 표준관입시험 결과 N치는 10이었다.)
① 25°
② 30°
③ 36°
④ 40°

해설] ③

구분	양입도 조건(모두 만족)	
	균등계수 C_u	곡률계수 C_c
자갈	4이상	1~3
모래	6이상	

위 조건을 모두 만족하므로, 양입도 조건이다.

모나고 양입도인 경우 $\phi = \sqrt{12N} + 25°$ 이므로,

$\phi = \sqrt{12 \times 10} + 25 = 35.95°$

■2021년 1회■10. 시료채취 시 샘플러(sampler)의 외경이 6cm, 내경이 5.5cm일 때 면적비는?
① 8.3%
② 9.0%
③ 16%
④ 19%

해설] ④

면적비 $\dfrac{D^2 - d^2}{d^2} = \dfrac{6^2 - 5.5^2}{5.5^2} = 0.19$

■2021년 1회■11. 베인전단시험(vane shear test)에 대한 설명으로 틀린 것은?
① 베인전단시험으로부터 흙의 내부마찰각을 측정할 수 있다.
② 현장 원위치 시험의 일종으로 점토의 비배수 전단강도를 구할 수 있다.
③ 연약하거나 중간 정도의 점토성 지반에 적용된다.
④ 십자형의 베인(vane)을 땅 속에 압입한 후, 회전모멘트를 가해서 흙이 원통형으로 전단파괴될 때 저항모멘트를 구함으로써 비배수 전단강도를 측정하게 된다.

해설] ① 베인전단시험은 시료 교란을 최소화한 점토의 비배수 전단강도 c_u를 측정한다.

■2020년 4회■12. 전체 시추코어 길이가 150cm이고 이중 회수된 코어 길이의 합이 80cm이었으며, 10cm 이상인 코어 길이의 합이 70cm이었을 때 코어의 회수율(TCR)은?
① 56.67%
② 53.33%
③ 46.67%
④ 43.33%

해설] ②

회수율 TCR $\dfrac{80}{150} = 0.5333$

[참고] 암질지수 RQD $\dfrac{70}{150} = 0.4667$

■2020년 4회■13. 사운딩에 대한 설명으로 틀린 것은?
① 로드 선단에 지중저항체를 설치하고 지반내관입, 압입, 또는 회전하거나 인발하여 그 저항치로부터 지반의 특성을 파악하는 지반조사방법이다.
② 정적사운딩과 동적사운딩이 있다.
③ 압입식 사운딩의 대표적인 방법은 Standard Penetration Test(SPT)이다.
④ 특수사운딩 중 측압사운딩의 공내횡방향 재하시험은 보링공을 기계적으로 수평으로 확장시키면서 측압과 수평변위를 측정한다.

해설] ③ 표준관입시험(SPT)는 타입식 사운딩이다.

■2020년 3회■14. 표준관입시험(SPT)을 할 때 처음 150mm 관입에 요하는 N값은 제외하고, 그 후 300mm 관입에 요하는 타격수로 N값을 구한다. 그 이유로 옳은 것은?
① 흙은 보통 150mm 밑부터 그 흙의 성질을 가장 잘 나타낸다.
② 관입봉의 길이가 정확히 450mm 이므로 이에 맞도록 관입시키기 위함이다.
③ 정확히 300mm를 관입시키기가 어려워서 150mm 관입에 요하는 N값을 제외한다.
④ 보링구멍 밑면 흙이 보링에 의하여 흐트러져 150mm 관입 후부터 N값을 측정한다.

해설] ④

■2020년 1_2회■15. 사운딩(Sounding)의 종류에서 사질토에 가장 적합하고 점성토에서도 쓰이는 시험법은?
① 표준 관입 시험
② 베인 전단 시험
③ 더치 콘 관입 시험
④ 이스키미터(Iskymeter)

해설] ①

■2020년 1_2회■16. 외경이 50.8mm, 내경이 34.9mm인 스플릿 스푼 샘플러의 면적비는?
① 112% ② 106%
③ 53%   ④ 46%

해설] ①
면적비 $\dfrac{D^2 - d^2}{d^2} = \dfrac{50.8^2 - 34.9^2}{34.9^2} = 1.119$

■2019년 3회■17. 토질조사에 대한 설명 중 옳지 않은 것은?
① 표준관입시험은 정적인 사운딩이다.
② 보링의 깊이는 설계의 형태 및 크기에 따라 변한다.
③ 보링의 위치와 수는 지형조건 및 설계형태에 따라 변한다.
④ 보링 구멍은 사용 후에 흙이나 시멘트 그라우트로 메워야 한다.

해설] ① 표준관입시험은 동적인 사운딩이다.
○ 동적 사운딩
표준관입시험, 동적 원추관입시험
○ 정적 사운딩
원추관입시험, 베인시험, 이스키미터시험, 스웨덴식 관입시험

■2019년 2회■18. 토립자가 둥글고 입도분포가 나쁜 모래 지반에서 표준관입시험을 한 결과 N치는 10이었다. 이 모래의 내부마찰각을 Dunham의 공식으로 구하면?
① 21°   ② 26°
③ 31°   ④ 36°

해설] ②
$\phi = \sqrt{12N} + 15° = \sqrt{12 \times 10} + 15 = 26°$
[참고] Dunham의 공식
둥글고 빈입도인 경우 $\phi = \sqrt{12N} + 15°$
둥글고 양입도인 경우 $\phi = \sqrt{12N} + 20°$
모나고 양입도인 경우 $\phi = \sqrt{12N} + 25°$

■2019년 2회■19. Rod에 붙인 어떤 저항체를 지중에 넣어 관입, 인발 및 회전에 의해 흙의 전단강도를 측정하는 원위치 시험은?
① 보링(boring)
② 사운딩(sounding)
③ 시료채취(sampling)
④ 비파괴 시험(NDT)

해설] ②

■2019년 1회■20. 보링(boring)에 관한 설명으로 틀린 것은?
① 보링(boring)에는 회전식(rotary boring)과 충격식(percussion boring)이 있다.
② 충격식은 굴진속도가 빠르고 비용도 싸지만 분말상의 교란된 시료만 얻어진다.
③ 회전식은 시간과 공사비가 많이들 뿐만 아니라 확실한 코어(core)도 얻을 수 없다.
④ 보링은 지반의 상황을 판단하기 위해 실시한다.

해설] ③ 회전식은 확실한 코어(core)를 얻을 수 있다.

■2018년 3회■21. 토립자가 둥글고 입도분포가 양호한 모래지반에서 N치를 측정한 결과 N=19가 되었을 경우, Dunham의 공식에 의한 이 모래의 내부 마찰각 ∅는?
① 20° ② 25°
③ 30° ④ 35°

해설] ④
$\phi = \sqrt{12N} + 20° = \sqrt{12 \times 19} + 20 = 35.1°$

[참고] Dunham의 공식
둥글고 빈입도인 경우 $\phi = \sqrt{12N} + 15°$
둥글고 양입도인 경우 $\phi = \sqrt{12N} + 20°$
모나고 양입도인 경우 $\phi = \sqrt{12N} + 25°$

■2018년 3회■22. 표준관입시험에 대한 설명으로 틀린 것은?
① 질량(63.5±0.5)kg인 해머를 사용한다.
② 해머의 낙하높이는 (760±10)mm이다.
③ 고정 piston 샘플러를 사용한다.
④ 샘플러를 지반에 300mm 박아 넣는 데 필요한 타격 횟수를 N값이라고 한다.

해설] ③
split spoon sampler를 사용한다.

■2018년 2회■23. 다음 시료채취에 사용되는 시료기(sampler) 중 불교란시료 채취에 사용되는 것만 고른 것으로 옳은 것은?

(1) 분리형 원통 시료기(Split spoon sampler)
(2) 피스톤 튜브 시료기(Piston tube sampler)
(3) 얇은 관 시료기(Thin wall tube sampler)
(4) Laval 시료기(Laval sampler)

① (1), (2), (3)   ② (1), (2), (4)
③ (1), (3), (4)   ④ (2), (3), (4)

해설] ④
분리형 원통시료기는 교란시료 채취에 사용된다.

■2018년 2회■24. 토질조사에 대한 설명 중 옳지 않은 것은?
① 사운딩(Sounding)이란 지중에 저항체를 삽입하여 토층의 성상을 파악하는 현장 시험이다.
② 불교란시료를 얻기 위해서 Foil Sampler, Thin wall tube sampler 등이 사용된다.
③ 표준관입시험은 로드(Rod)의 길이가 길어질수록 N치가 작게 나온다.
④ 베인 시험은 정적인 사운딩이다.

해설] ③ 표준관입시험은 로드(Rod)의 길이가 길어질수록 N치가 크게 나오기 때문에, (-)보정을 한다.

■2018년 1회■25. 피조콘(piezocone) 시험의 목적이 아닌 것은?
① 지층의 연속적인 조사를 통하여 지층 분류 및 지층 변화 분석
② 연속적인 원지반 전단강도의 추이 분석
③ 중간 점토 내 분포한 sand seam 유무 및 발달 정도 확인
④ 불교란 시료 채취

해설] ④
[피조콘 시험의 목적]
○ 연속된 토층상태 파악
○ 점토층의 sand seem의 깊이 및 두께 측정
○ 지반개량 전후의 지반변화 파악
○ 간극수압 측정

■2018년 1회■26. 표준관입 시험에서 N치가 20으로 측정되는 모래 지반에 대한 설명으로 옳은 것은?
① 내부마찰각이 약 30°~40° 정도인 모래이다.
② 유효상재 하중이 200kN/m²인 모래이다.
③ 간극비가 1.2인 모래이다.
④ 매우 느슨한 상태이다.

해설] ①
$\phi = \sqrt{12N} + (15 \sim 25) = \sqrt{12 \times 20} + (15 \sim 25)$
$= 15.5 + (15 \sim 25) = 30.5 \sim 40.5$

■2017년 3회■27. 샘플러(sampler)의 외경이 6cm, 내경이 5.5cm 일 때, 면적비(A_r)는?
① 8.3%
② 9.0%
③ 16%
④ 19%

해설] ④
면적비 $\dfrac{D^2 - d^2}{d^2} = \dfrac{6^2 - 5.5^2}{5.5^2} = 0.19$

■2017년 3회■28. 다음 중 시료재취에 대한 설명으로 틀린 것은?
① 오거보링(Auger Boring)은 흐트러지지 않은 시료를 채취하는 데 적합하다.
② 교란된 흙은 자연상태의 흙보다 전단강도가 작다.
③ 액성한계 및 소성한계 시험에서는 교란시료를 사용하여도 괜찮다.
④ 입도분석시험에서는 교란시료를 사용하여도 괜찮다.

해설] ① 오거보링(Auger Boring)은 흐트러진 시료를 채취할 수 있다.

■2017년 2회■29. Vane Test에서 Vane의 지름 50mm, 높이 100mm, 파괴시 토크가 59N.m일 때 점착력은?
① 129kN/m²
② 157kN/m²
③ 213kN/m²
④ 276kN/m²

해설] ①
균일분포응력이라 가정하면 $\beta = \dfrac{1}{4}$

$c_u = \dfrac{T}{\pi d^2 (h/2 + \beta d/4)}$

$= \dfrac{59 \times 10^{-3}}{\pi \times 0.05^2 \times (0.1/2 + 0.05/6)} = 128.8 kN/m^2$

■2017년 1회■30. 표준관압시험에 관한 설명 중 옳지 않은 것은?
① 표준관입시험의 N값으로 모래지반의 상대밀도를 추정할 수 있다.
② N값으로 점토지반의 연경도에 관한 추정이 가능하다.
③ 지층의 변화를 판단할 수 있는 시료를 얻을 수 있다.
④ 모래지반에 대해서도 흐트러지지 않은 시료를 얻을 수 있다.

해설] ④ 표준관입시험은 교란시료만 얻을 수 있다.

■2017년 1회■31. 베인전단시험(vane shear test)에 대한 설명으로 옳지 않은 것은?
① 베인전단시험으로부터 흙의 내부마찰각을 측정할 수 있다.
② 현장 원위치 시험의 일종으로 점토의 비배수전단강도를 구할 수 있다.
③ 십자형의 베인(vane)을 땅속에 압입한 후, 회전모멘트를 가해서 흙이 원통형으로 전단파괴될 때 저항모멘트를 구함으로써 비배수 전단강도를 측정하게 된다.
④ 연약점토지반에 적용된다.

해설] ① 베인전단시험은 연약한 점토의 점착력을 측정한다.

문제유형12 토압

■2022년 2회■1. 지표면이 수평이고 옹벽의 뒷면과 흙과의 마찰각이 0°인 연직옹벽에서 Coulomb 토압과 Rankine 토압은 어떤 관계가 있는가? (단, 점착력은 무시한다.)
① Coulomb 토압은 항상 Rankine 토압보다 크다.
② Coulomb 토압과 Rankine 토압은 같다.
③ Coulomb 토압과 Rankine 토압보다 작다.
④ 옹벽의 형상과 흙의 상태에 따라 클 때도 있고 작을 때도 있다.

해설] ② 지표면이 수평이고 옹벽의 뒷면과 흙과의 마찰각이 0°인 연직옹벽에서 Coulomb 토압과 Rankine 토압은 같다.

■2022년 1회■2. 벽체에 작용하는 주동토압을 P_a, 수동토압을 P_p, 정지토압을 P_o라 할 때 크기의 비교로 옳은 것은?
① $P_a > P_o > P_p$
② $P_p > P_o > P_a$
③ $P_o > P_a > P_p$
④ $P_p > P_a > P_o$

해설] ②

■2021년 3회■3. Coulomb토압에서 옹벽배면의 지표면 경사가 수평이고, 옹벽배면 벽체의 기울기가 연직인 벽체에서 옹벽과 뒤채움 흙 사이의 벽면마찰각(δ)을 무시할 경우, Coulomb토압과 Rankine토압의 크기를 비교할 때 옳은 것은?
① Rankine토압이 Coulomb토압 보다 크다.
② Coulomb토압이 Rankine토압 보다 크다.
③ Rankine토압과 Coulomb토압의 크기는 항상 같다.
④ 주동토압은 Rankine토압이 더 크고, 수동토압은 Coulomb토압이 더 크다.

해설] ③ Rankine토압과 Coulomb토압의 크기는 항상 같다.

■2021년 2회■4. 내부마찰각이 30°, 단위중량이 18 kN/m³인 흙의 인장균열 깊이가 3m 일 때 점착력은?
① 15.6 kN/m²
② 16.7 kN/m²
③ 17.5 kN/m²
④ 18.1 kN/m²

해설] ①
균열깊이 $z_o = \dfrac{2c'}{\gamma\sqrt{K_a}}$ 에서, $3 = \dfrac{2c}{18 \times \sqrt{1/3}}$ 이므로,
$c = 15.59 kN/m^2$

■2021년 1회■5. 주동토압을 P_a, 수동토압을 P_p, 정지토압을 P_o라 할 때 크기의 비교로 옳은 것은?
① $P_a > P_o > P_p$
② $P_p > P_o > P_a$
③ $P_o > P_a > P_p$
④ $P_p > P_a > P_o$

해설] ②

■2020년 4회■6. γ_t=19kN/m³, ϕ=30°인 뒤채움 모래를 이용하여 8m 높이의 보강토 옹벽을 설치하고자 한다. 폭 75mm, 두께 3.69mm의 보강띠를 연직방향 설치 간격 S_v=0.5m, 수평방향 설치간격 S_h=1.0m로 시공하고자 할 때, 보강띠에 작용하는 최대힘(T_{max})의 크기는?
① 15.33kN
② 25.33kN
③ 35.33kN
④ 45.33kN

해설] ②
보강토 옹벽의 벽체를 강체로 가정하고, 보강띠 1개의 강성을 k로 두면, 최하단 보강띠 1개가 받는 힘 $T = k\delta$로 할 수 있다.

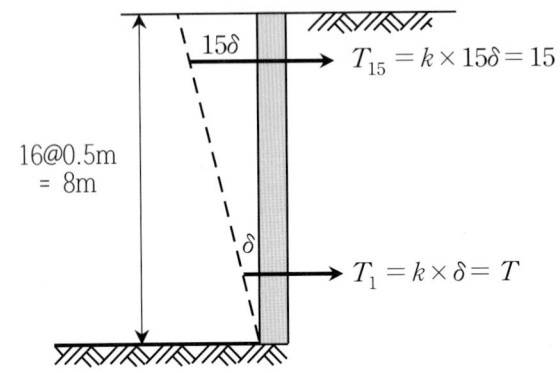

단위폭 1m당 총 저항력 $\Sigma T_i = 120T$

작용력 $P = \dfrac{1}{2} C_a \gamma h^2 = \dfrac{1}{2} \times \dfrac{1}{3} \times 19 \times 8^2 = 202.67 kN$

$P = 120T$이므로, $T = 1.689 kN$

최대힘은 최상단의 힘이므로,

$T_{max} = T_{15} = 15T = 15 \times 1.689 = 25.33 kN$

■2020년 3회■7. 그림과 같이 수평지표면 위에 등분포하중 q가 작용할 때 연직옹벽에 작용하는 주동토압의 공식으로 옳은 것은? (단, 뒤채움 흙은 사질토이며, 이 사질토의 단위중량을 γ, 내부마찰각을 ϕ 라 한다.)

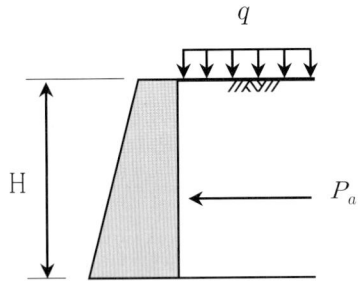

① $P_a = \left(\dfrac{1}{2}\gamma H^2 + qH\right)\tan^2\left(45 - \dfrac{\phi}{2}\right)$

② $P_a = \left(\dfrac{1}{2}\gamma H^2 + qH\right)\tan^2\left(45 + \dfrac{\phi}{2}\right)$

③ $P_a = \left(\dfrac{1}{2}\gamma H^2 - qH\right)\tan^2\left(45 - \dfrac{\phi}{2}\right)$

④ $P_a = \left(\dfrac{1}{2}\gamma H^2 - qH\right)\tan^2\left(45 + \dfrac{\phi}{2}\right)$

해설] ①

■2020년 1_2회■8. 점착력이 8kN/m², 내부 마찰각이 30°, 단위중량 16kN/m³인 흙이 있다. 이 흙에 인장균열은 약 몇 m 깊이까지 발생할 것인가?

① 6.92m ② 3.73m
③ 1.73m ④ 1.00m

해설] ③

$K_a = \tan^2\left(45 - \dfrac{\phi}{2}\right) = \tan^2\left(45 - \dfrac{30}{2}\right) = \dfrac{1}{3}$

균열깊이 $z_o = \dfrac{2c'}{\gamma\sqrt{K_a}} = \dfrac{2 \times 8}{16 \times \sqrt{1/3}} = 1.732 m$

■2019년 2회■9. 토압에 대한 다음 설명 중 옳은 것은?
① 일반적으로 정지토압 계수는 주동토압 계수보다 작다.
② Rankine 이론에 의한 주동토압의 크기는 Coulomb 이론에 의한 값보다 작다.
③ 옹벽, 흙막이벽체, 널말뚝 중 토압분포가 삼각형 분포에 가장 가까운 것은 옹벽이다.
④ 극한 주동상태는 수동상태보다 훨씬 더 큰 변위에서 발생한다.

해설] ③
① 일반적으로 정지토압 계수는 주동토압 계수보다 크다.
② Rankine 이론에 의한 주동토압의 크기는 Coulomb 이론에 의한 값보다 크다.
④ 극한 주동상태는 수동상태보다 훨씬 더 작은 변위에서 발생한다.(주동상태에서 강도가 약하므로, 작은 변위에서도 파괴가 발생한다.)

■2019년 1회■10. 다음 중 Rankine 토압이론의 기본가정에 속하지 않는 것은?
① 흙은 비압축성이고 균질의 입자이다.
② 지표면은 무한히 넓게 존재한다.
③ 옹벽과 흙과의 마찰을 고려한다.
④ 토압은 지표면에 평행하게 작용한다.

해설] ③

Coulomb 토압은 벽면마찰을 고려하지만, Rankine 토압은 벽면마찰을 무시한다.

■2018년 2회■11. 내부마찰각이 25°인 점토의 현장에 작용하는 수직응력이 50 kN/m²이다. 과거 작용했던 최대 하중이 100kN/m²이라고 할 때 대상 지반의 정지토압계수를 추정하면?

① 0.04
② 0.57
③ 0.82
④ 1.14

해설] ③

과압밀비 $OCR = \dfrac{\sigma_c'}{\sigma_o'} = \dfrac{100}{50} = 2$

정규압밀상태의 정지토압계수

$K_o = 1 - \sin\phi = 1 - \sin 25° = 0.577$

과압밀 상태의 정지토압계수

$K_o' = K_o\sqrt{OCR} = 0.577 \times \sqrt{2} = 0.817$

[참조] Mayne 수정 정지토압계수(과압밀 점토)

$K_o = (1 - \sin\phi')OCR^{\sin\phi'}$

$\quad = (1 - \sin 25°) \times 2^{\sin 25°} = 0.774$

■2018년 2회■12. 어떤 지반에 대한 토질시험결과 점착력 c =50kN/m², 흙의 단위중량 γ=20kN/m³이었다. 그 지반에 연직으로 7m를 굴착했다면 안전율은 얼마인가? (단, ϕ=0 이다.)

① 1.43
② 1.51
③ 2.11
④ 2.61

해설] ①

점토층의 균열깊이 $z_o = \dfrac{2c_u}{\gamma} = \dfrac{2 \times 50}{20} = 5m$

한계고 $H_c = 2z_o = 2 \times 5 = 10m$

$F_s = \dfrac{H_c}{H} = \dfrac{10}{7} = 1.43$

■2018년 1회■13. 그림과 같이 옹벽 배면의 지표면에 등분포하중이 작용할 때, 옹벽에 작용하는 전체 주동토압의 합력(P_a)과 옹벽 저면으로부터 합력의 작용점까지의 높이(h)는?

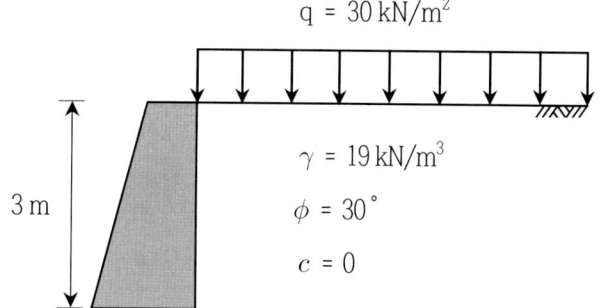

① P_a = 28.5kN/m, h = 1.26m
② P_a = 28.5kN/m, h = 1.38m
③ P_a = 58.5kN/m, h = 1.26m
④ P_a = 58.5kN/m, h = 1.38m

해설] ③

순수 토압 $P_{a1} = \dfrac{1}{2}K_a\gamma H^2 = \dfrac{1}{2} \times \dfrac{1}{3} \times 19 \times 3^2 = 28.5 kN$

상재하중에 의한 토압 $P_{a2} = K_a qH = \dfrac{1}{3} \times 30 \times 3 = 30 kN$

전 주동토압 $P_a = 28.5 + 30 = 58.5 kN$

모멘트 1정리에 의해,

$P_a \times \bar{y} = P_{a1} \times \dfrac{H}{3} + P_{a2} \times \dfrac{H}{2}$ 에서,

$58.5 \times \bar{y} = 28.5 \times \dfrac{3}{3} + 30 \times \dfrac{3}{2}$ 이므로, $\bar{y} = 1.256 m$

(상단의 균열폭을 무시하고 계산된 값)

■2017년 3회■14. 옹벽배면의 지표면 경사가 수평이고, 옹벽배면 벽체의 기울기가 연직인 벽체에서 옹벽과 뒷세움 흙사의 벽면마찰각(δ)을 무시할 경우, Rankine토압과 Coulomb 토양의 크기를 비교하면?
① Rankine토압이 Coulomb토압 보다 크다.
② Coulomb토압이 Rankine토압 보다 크다.
③ Rankine토압과 Coulomb토압의 크기는 항상 같다.
④ 수동토압은 Rankine토압 더 크고, 수동토압은 Coulomb토압의 크기는 항상 같다.
해설] ③

■2017년 3회■15. 어떤 굳은 점토층을 깊이 7m까지 연직 절토하였다. 이 점토층의 일축압축강도가 140kN/m², 흙의 단위중량이 20kN/m³라 하면 파괴의 안전율은?(내부마찰각 $\phi = 0°$ 이다.)
① 0.5
② 1.0
③ 1.5
④ 2.0

해설] ④
점토층의 균열깊이 $z_o = \dfrac{2c_u}{\gamma} = \dfrac{2 \times 140/2}{20} = 7m$
한계고 $H_c = 2z_o = 2 \times 5 = 14m$
$F_s = \dfrac{H_c}{H} = \dfrac{14}{7} = 2$

■2017년 2회■16. γ_t=19kN/m³, ϕ=30°인 뒤채움 모래를 이용하여 8m 높이의 보강토 옹벽을 설치하고자 한다. 폭 75mm, 두께 3.69mm의 보강띠를 연직방향 설치 간격 S_v=0.5m, 수평방향 설치간격 S_h=1.0m로 시공하고자 할 때, 보강띠에 작용하는 최대힘(T_{max})의 크기는?
① 15.33kN
② 25.33kN
③ 35.33kN
④ 45.33kN

해설] ②
보강토 옹벽의 벽체를 강체로 가정하고, 보강띠 1개의 강성을 k로 두면, 최하단 보강띠 1개가 받는 힘 $T = k\delta$로 할 수 있다.

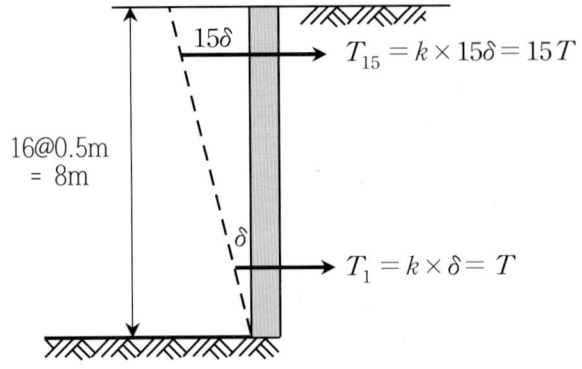

단위폭 1m당 총 저항력 $\Sigma T_i = 120T$
작용력 $P = \dfrac{1}{2} K_a \gamma h^2 = \dfrac{1}{2} \times \dfrac{1}{3} \times 19 \times 8^2 = 202.67 kN$
$P = 120T$이므로, $T = 1.689 kN$
최대힘은 최상단의 힘이므로,
$T_{max} = T_{15} = 15T = 15 \times 1.689 = 25.33 kN$

■2017년 1회■17. 지반내 응력에 대한 다음 설명 중 틀린 것은?
① 전응력이 커지는 크기만큼 간극수압이 커지면 유효응력은 변화없다.
② 정지토압계수 K_o는 1보다 클 수 없다.
③ 지표면에 가해진 하중에 의해 지중에 발생하는 연직응력의 증가량은 깊이가 깊어지면서 감소한다.
④ 유효응력이 전응력보다 클 수도 있다.

해설] ② 잘 다져진 모래나 점토, 또는 과압밀 점토는 1보다 큰 값을 가진다.

■2017년 1회■18. 흙막이 벽체의 지지없이 굴착 가능한 한계굴착높이에 대한 설명으로 옳지 않은 것은?
① 흙의 내부마찰각이 증가할수록 한계굴착깊이는 증가한다.
② 흙의 단위중량이 증가할수록 한계굴착깊이는 증가한다.
③ 흙의 점착력이 증가할수록 한계굴착깊이는 증가한다.
④ 인장응력이 발생되는 깊이를 인장균열 깊이라고 하며, 보통 한계굴착깊이는 인장균열깊이의 2배 정도이다.

해설] ② 균열깊이 $z_o = \dfrac{2c'}{\gamma\sqrt{K_a}}$ 로, 흙의 단위중량이 증가하면 균열깊이는 감소한다.

문제유형13   사면안정

■2022년 2회■1. 사면안정 해석방법에 대한 설명으로 틀린 것은?
① 일체법은 활동면의 위에 있는 흙덩어리를 하나의 물체로 보고 해석하는 방법이다.
② 절편법은 활동면 위에 있는 흙을 몇 개의 절편으로 분할하여 해석하는 방법이다.
③ 마찰원방법은 점착력과 마찰각을 동시에 갖고 있는 균질한 지반에 적용된다.
④ 절편법은 흙이 균질하지 않아도 적용이 가능하지만, 흙속에 간극수압이 있을 경우 적용이 불가능하다.

해설] ④ 절편법은 흙이 균질하지 않아도 적용이 가능하지만, 흙속에 간극수압이 있을 경우에도 적용이 가능하다.

■2022년 1회■2. 암반층 위에 5m 두께의 토층이 경사 15°의 자연사면으로 되어 있다. 이 토층의 강도정수 c = 15 kN/m², ϕ = 30°이며, 포화단위중량(γ_{sat})은 18 kN/m³ 이다. 지하수면은 토층의 지표면과 일치하고 침투는 경사면과 대략 평행이다. 이때 사면의 안전율은? (단, 물의 단위중량은 9.81 kN/m³ 이다.)
① 0.85   ② 1.15
③ 1.65   ④ 2.05

해설] ③
$\gamma' = \gamma_{sat} - \gamma_w = 18 - 9.81 = 8.19 kN/m^3$
$F_s = \dfrac{c'}{\gamma_{sat} H \cos i \sin i} + \dfrac{\gamma'}{\gamma_{sat}} \dfrac{\tan\phi'}{\tan i}$
$= \dfrac{15}{18 \times 5 \times \cos 15° \times \sin 15°} + \dfrac{8.19}{18} \times \dfrac{\tan 30°}{\tan 15°}$
$= 1.647$

■2021년 3회■3. 다음 중 사면의 안정해석방법이 아닌 것은?
① 마찰원법
② 비숍(Bishop)의 방법
③ 펠레니우스(Fellenius) 방법
④ 테르자기(Terzaghi)의 방법

해설] ④
[원호파괴 사면안정해석]
일체법 : 안정수에 의한 방법, Michalowski방법
절편법 : Fellenius방법, Bishop 간편법, Janbu 간편법

■2021년 2회■4. 흙의 포화단위중량이 20 kN/m³ 인 포화점토층을 45° 경사로 8m를 굴착하였다. 흙의 강도정수 $C_u = 65 kN/m^2$, $\phi = 0$ 이다. 그림과 같은 파괴면에 대하여 사면의 안전율은? (단, ABCD의 면적은 70m² 이고 O점에서 ABCD의 무게중심까지의 수직거리는 4.5m 이다.)

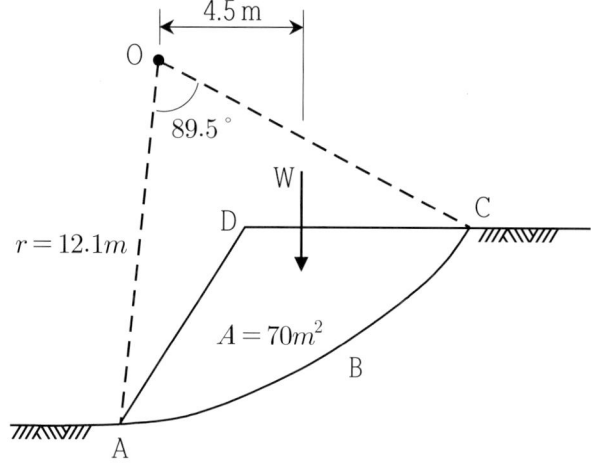

① 4.72   ② 4.21
③ 2.67   ④ 2.36

해설] ④
작용모멘트 $M_o = W \times \bar{x} = 20 \times 70 \times 4.5 = 6300 kN.m$
저항모멘트 $M_r = C_u LR = 65 \times (12.1 \times \dfrac{89.5}{180}\pi) \times 12.1$
$= 14.87 \times 10^3 kN.m$
안전율 $SF = \dfrac{M_r}{M_o} = \dfrac{14.87}{6.3} = 2.36$

■2021년 1회■5. 포화단위중량(γ_{sat})이 19.62kN/m³인 사질토로 된 무한사면이 20°로 경사져 있다. 지하수위가 지표면과 일치하는 경우 이 사면의 안전율이 1 이상이 되기 위해서 흙의 내부마찰각이 최소 몇 도 이상이어야 하는가? (단, 물의 단위중량은 9.81kN/m³이다.)

① 18.21° ② 20.52°
③ 36.06° ④ 45.47°

해설] ③
$\gamma' = \gamma_{sat} - \gamma_w = 19.62 - 9.81 = 9.81 kN/m^2$
침투가 있는 사면의 안전율
$F_s = \dfrac{\gamma' tan\phi'}{\gamma_{sat} tan i} = \dfrac{9.81 \times tan\phi'}{19.62 \times tan 20°} = 1$에서, $\phi' = 36.05°$

■2020년 4회■6. 그림과 같이 c=0인 모래로 이루어진 무한사면이 안정을 유지(안전율≥1)하기 위한 경사각(β)의 크기로 옳은 것은? (단, 물의 단위중량은 9.81kN/m³이다.)

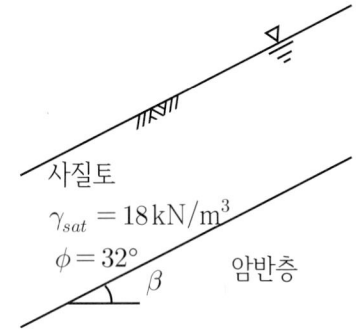

① $\beta \leq 7.94°$ ② $\beta \leq 15.87°$
③ $\beta \leq 23.79°$ ④ $\beta \leq 31.76°$

해설] ②
$\gamma' = 18 - 9.81 = 8.19 kN/m^2$
$F_s = \dfrac{\gamma' tan\phi'}{\gamma_{sat} tan\beta} = \dfrac{8.19 \times tan 32°}{18 \times tan\beta} = 1$ 에서, $\beta = 15.87°$

■2020년 3회■7. 다음 중 흙댐(Dam)의 사면안정 검토 시 가장 위험한 상태는?
① 상류사면의 경우 시공 중과 만수위일 때
② 상류사면의 경우 시공 직후와 수위 급강하일 때
③ 하류사면의 경우 시공 직후와 수위 급강하일 때
④ 하류사면의 경우 시공 중과 만수위일 때

해설] ②
[흙댐의 위험시기]
상류측 : 완공직후, 방류시
하류측 : 완공직후, 정상침투시

■2020년 1_2회■8. 그림과 같은 점토지반에서 안정수(m)가 0.1인 경우 높이 5m의 사면에 있어서 안전율은?

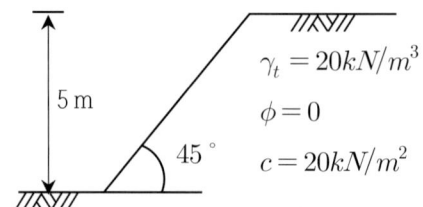

① 1.0
② 1.25
③ 1.50
④ 2.0

해설] ④
안정수 N_s를 이용한 비탈면 안정검토
$F_s = \dfrac{C_u}{\gamma H N_s} = \dfrac{20}{20 \times 5 \times 0.1} = 2$

■2019년 3회■9. 그림과 같은 사면에서 활동에 대한 안전율은?

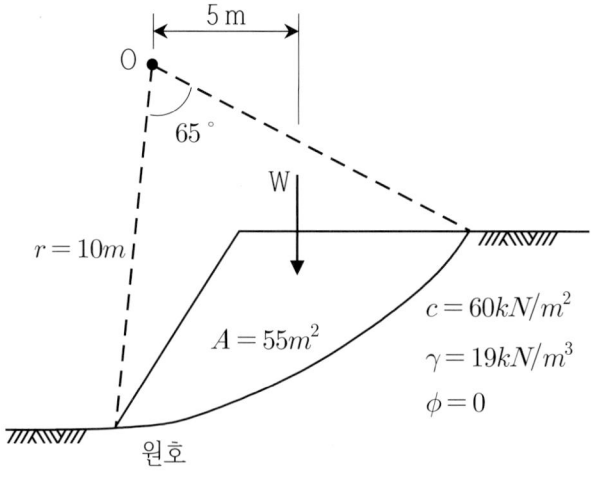

① 1.30 ② 1.50
③ 1.70 ④ 1.90

해설] ①

작용모멘트 $M_o = W \times 5 = 55 \times 19 \times 5 = 5225 kN.m$

저항모멘트 $M_r = clr = c(r\theta)r = cr^2\theta$

$$= 60 \times 10^2 \times \frac{65}{180}\pi = 6807 kN.m$$

$F_s = \dfrac{M_r}{M_o} = \dfrac{6807}{5225} = 1.303$

■2019년 2회■10. 사면의 안전에 관한 다음 설명 중 옳지 않은 것은?
① 임계 활동면이란 안전율이 가장 크게 나타나는 활동면을 말한다.
② 안전율이 최소로 되는 활동면을 이루는 원을 임계원이라 한다.
③ 활동면에 발생하는 전단응력이 흙의 전단강도를 초과할 경우 활동이 일어난다.
④ 활동면은 일반적으로 원형활동면으로 가정한다.

해설] ① 임계 활동면이란 안전율이 가장 작게 나타나는 활동면을 말한다.

■2018년 3회■11. 아래 그림에서 활동에 대한 안전율은?

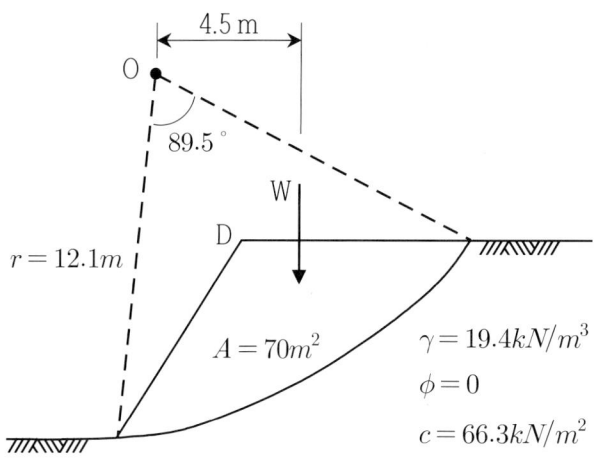

① 1.30 ② 2.05
③ 2.15 ④ 2.48

해설] ④

작용모멘트 $M_o = W \times 5 = 70 \times 19.4 \times 4.5 = 6,111 kN.m$

저항모멘트 $M_r = clr = c(r\theta)r = cr^2\theta$

$$= 66.3 \times 12.1^2 \times \frac{89.5}{180}\pi = 15,163 kN.m$$

$F_s = \dfrac{M_r}{M_o} = \dfrac{15,163}{6,111} = 2.481$

■2018년 2회■12. 내부마찰각 ϕ_u=0, 점착력 c_u=45kN/m², 단위중량이 19 kN/m³되는 포화된 점토층에 경사각 45°로 높이 8m인 사면을 만들었다. 그림과 같은 하나의 파괴면을 가정했을 때 안전율은? (단, ABCD의 면적은 70m²이고, ABCD의 무게중심은 O점에서 4.5m거리에 위치하며, 호 AC의 길이는 20.0m이다.)

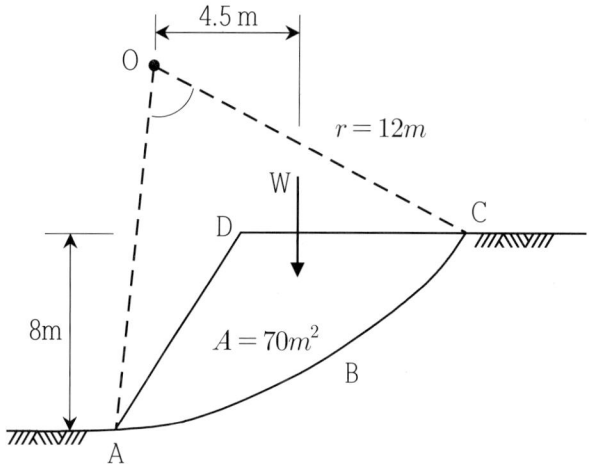

① 1.2
② 1.8
③ 2.5
④ 3.2

해설] ②

작용모멘트 $M_o = W \times \bar{x} = 19 \times 70 \times 4.5 = 5,985 N.m$

저항모멘트 $M_r = c_u lr = 45 \times 20 \times 12 = 10,800 kN.m$

안전율 $SF = \dfrac{M_r}{M_o} = \dfrac{10,800}{5,985} = 1.805$

■2018년 1회■13. γ_{sat}=20kN/m³인 사질토가 20°로 경사진 무한사면이 있다. 지하수위가 지표면과 일치하는 경우 이 사면의 안전율이 1 이상이 되기 위해서는 흙의 내부마찰각이 최소 몇 도 이상이어야 하는가? (단, 물의 단위중량은 9.81kN/m³ 이다.)

① 18.21°   ② 20.52°
③ 35.54°   ④ 45.47°

해설] ③

$$F_s = \frac{\gamma' \tan\phi'}{\gamma_{sat}\tan\beta} = \frac{(20-9.81)\times \tan\phi'}{20\times \tan20°}=1 \text{ 에서,}$$

$\phi' = 35.54°$

■2017년 3회■14. 사면안정 해석방법에 대한 설명으로 틀린 것은?

① 일체법은 활동면의 위에 있는 흙덩어리를 하나의 물체로 보고 해석하는 방법이다.
② 절편법은 활동면 위에 있는 흙을 몇 개의 절편으로 분할하여 해석하는 방법이다.
③ 마찰원방법은 점착력과 마찰각을 동시에 갖고 있는 균질한 지반에 적용된다.
④ 절편법은 흙이 균질하지 않아도 적용이 가능하지만, 흙속에 간극수압이 있을 경우 적용이 불가능하다.

해설] ④ 절편법은 흙이 균질하지 않아도 적용이 가능하지만, 흙속에 간극수압이 있을 경우에도 적용이 가능하다.

■2017년 2회■15. ϕ=33°인 사질토에 25°경사의 사면을 조성하려고 한다. 이 비탈면의 지표까지 포화되었을 때 안전율을 계산하면? (단, 사면 흙의 γ_{sat} = 18kN/m³ 이고, 물의 단위중량은 9.81kN/m³이다.)

① 0.63   ② 0.70
③ 1.12   ④ 1.41

해설] ①

$$F_s = \frac{\gamma'}{\gamma_{sat}}\frac{\tan\phi'}{\tan\beta} = \frac{18-9.81}{18}\times\frac{\tan33°}{\tan25°}=0.634$$

■2017년 1회■16. 아래 그림과 같은 무한 사면이 있다. 흙과 암반의 경계면에서 흙의 강도정수 c = 18 kN/m², ϕ = 25°이고, 흙의 단위중량 19 kN/m³ 인 경우 경계면에서 활동에 대한 안전율을 구하면? (단, 물의 단위중량은 9.81 kN/m³ 이다.)

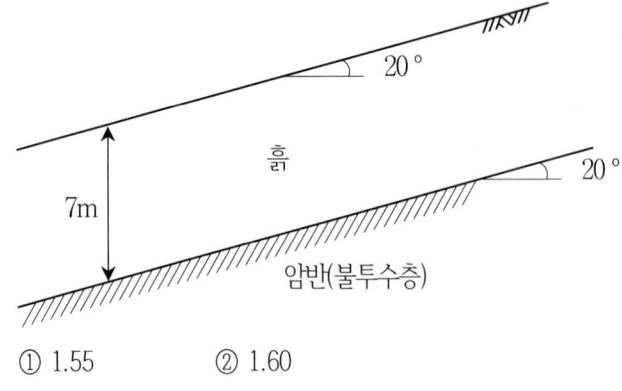

① 1.55   ② 1.60
③ 1.65   ④ 1.70

해설] ④

$$F_s = \frac{c'}{\gamma H \cos i \sin i} + \frac{\tan\phi'}{\tan i}$$

$$= \frac{18}{19\times 7 \times \cos20° \times \sin20°} + \frac{\tan25°}{\tan20°} = 1.7$$

문제유형14   직접기초 지지력

■2022년 2회■1. 그림과 같은 정사각형 기초에서 안전율을 3으로 할 때 Terzaghi의 공식을 사용하여 지지력을 구하고자 한다. 이때 한 변의 최소길이(B)는? (단, 물의 단위중량은 9.81 kN/m³, 점착력(c)은 60 kN/m², 내부 마찰각(ø)은 0°이고, 지지력계수 N_c = 5.7, N_q = 1.0, N_γ = 0 이다.)

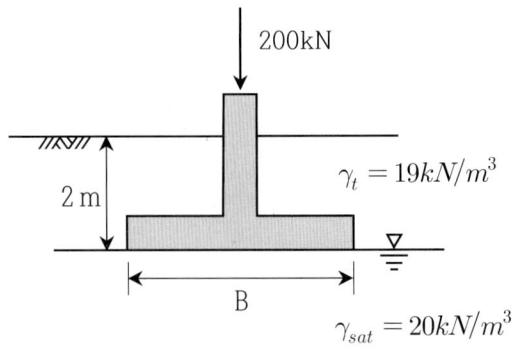

① 1.12m   ② 1.43m
③ 1.51m   ④ 1.62m

해설] ①

$\gamma' = \gamma_{sat} - \gamma_w = 20 - 9.81 = 10.19 kN/m^3$

정사각형 기초판이므로, $\alpha = 1.3$, $\beta = 0.4$

$q_u = q_c + q_q + q_\gamma = \alpha c' N_c + q N_q + \beta \gamma' B N_r$

$= 1.3 \times 60 \times 5.7 + 19 \times 2 \times 1 + 0 = 482.6 kN/m^2$

$Q_a = q_a \times B^2 = \dfrac{482.6}{3} \times B^2 = 200 kN$ 에서,

$B = 1.115 m$

■2022년 1회■2. 기초가 갖추어야 할 조건이 아닌 것은?

① 동결, 세굴 등에 안전하도록 최소한의 근입깊이를 가져야 한다.

② 기초의 시공이 가능하고 침하량이 허용치를 넘지 않아야 한다.

③ 상부로부터 오는 하중을 안전하게 지지하고 기초지반에 전달하여야 한다.

④ 미관상 아름답고 주변에서 쉽게 구분할 수 있는 재료로 설계되어야 한다.

해설] ④

■2021년 3회■3. 4m×4m 크기인 정사각형 기초를 내부마찰각 $\phi = 20°$, 점착력 $c = 30 kN/m^2$인 지반에 설치하였다. 흙의 단위중량 $\gamma = 19 kN/m^3$이고 안전율(F_s)을 3으로 할 때 Terzaghi 지지력 공식으로 기초의 허용하중을 구하면? (단, 기초의 근입깊이는 1m이고, 전반전단파괴가 발생한다고 가정하며, 지지력계수 $N_c = 17.69$, $N_q = 7.44$, $N_\gamma = 4.97$이다.)

① 3,780kN

② 5,239kN

③ 6,750kN

④ 8,140kN

해설] ②

정사각형 기초판이므로, $\alpha = 1.3$, $\beta = 0.4$

$q_u = q_c + q_q + q_\gamma = \alpha c' N_c + q N_q + \beta \gamma B N_r$

$= 1.3 \times 30 \times 17.69 + 19 \times 1 \times 7.44 + 0.4 \times 19 \times 4 \times 4.97$

$= 982.36 kN/m^2$

$q_a = \dfrac{q_u}{SF} = \dfrac{982.36}{3} = 327.45 kN/m^2$

허용하중 $P_a = q_a \times A = 327.45 \times 4 \times 4 = 5239 kN$

■2021년 2회■4. 일반적인 기초의 필요조건으로 틀린 것은?

① 침하를 허용해서는 안 된다.

② 지지력에 대해 안정해야 한다.

③ 사용성, 경제성이 좋아야 한다.

④ 동해를 받지 않는 최소한의 근입깊이를 가져야 한다.

해설] ①

■2021년 2회■5. 연속 기초에 대한 Terzaghi의 극한지지력 공식은 $q_u = cN_c + 0.5\gamma_1 BN_\gamma + \gamma_2 D_f N_q$로 나타낼 수 있다. 아래 그림과 같은 경우 극한지지력 공식의 두 번째 항의 단위중량 (γ_1)의 값은? (단, 물의 단위중량은 9.81 kN/m³ 이다.)

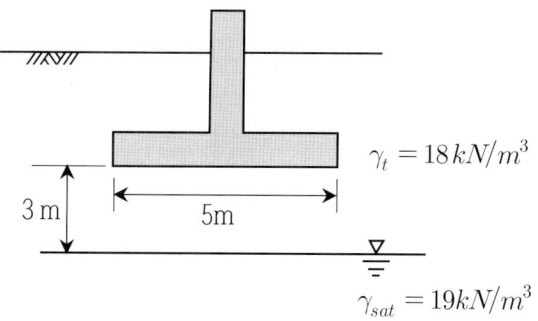

① 14.48 kN/m³

② 16.00 kN/m³

③ 17.45 kN/m³

④ 18.20 kN/m³

해설] ①
$\gamma' = 19 - 9.81 = 9.19 kN/m^3$

$\gamma_{avg} = \dfrac{\gamma D + \gamma'(B-D)}{B}$

$= \dfrac{18 \times 3 + 9.19 \times (5-3)}{5} = 14.476 kN/m^3$

■2021년 1회■6. 흙의 내부마찰각이 20°, 점착력이 50kN/m², 습윤단위중량이 17kN/m³, 지하수위 아래 흙의 포화단중량이 19kN/m³일 때 3m×3m 크기의 정사각형 기초의 극한지지력을 Terzaghi의 공식으로 구하면? (단, 지하수위는 기초바닥 깊이와 같으며 물의 단위중량은 9.81kN/m³이고, 지지력계수 $N_c = 18$, $N_\gamma = 5$, $N_q = 7.5$이다.)

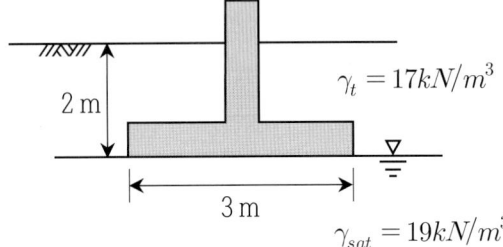

① 1,231.24kN/m²
② 1,337.31kN/m²
③ 1,480.14kN/m²
④ 1,540.42kN/m²

해설] ③
$\gamma' = \gamma_{sat} - \gamma_w = 19 - 9.81 = 9.19 kN/m^3$
정사각형 기초판이므로, $\alpha = 1.3$, $\beta = 0.4$
$q_u = q_c + q_q + q_\gamma = \alpha c' N_c + q N_q + \beta \gamma' B N_\gamma$
$= 1.3 \times 50 \times 18 + 17 \times 2 \times 7.5 + 0.4 \times 9.19 \times 3 \times 5$
$= 1,480.14 kN/m^2$

■2020년 4회■7. Terzaghi의 극한지지력 공식에 대한 설명으로 틀린 것은?
① 기초의 형상에 따라 형상계수를 고려하고 있다.
② 지지력계수 N_c, N_q, N_γ는 내부 마찰각에 의해 결정된다.
③ 점성토에서의 극한지지력은 기초의 근입깊이가 깊어지면 증가된다.
④ 사질토에서의 극한지지력은 기초의 폭에 관계없이 기초 하부의 흙에 의해 결정된다.

해설] ④ 사질토에서의 극한지지력은 기초의 폭과 기초 상부 및 하부 흙에 의해 결정된다.
$q_u = q_c + q_q + q_\gamma = \alpha c' N_c + q N_q + \beta \gamma B N_\gamma$에서, 기초폭 B의 영향을 받는다.

■2020년 3회■8. Terzaghi의 얕은 기초에 대한 수정지지력 공식에서 형상계수에 대한 설명 중 틀린 것은? (단, B는 단변의 길이, L은 장변의 길이이다.)
① 연속기초에서 $\alpha = 1.0$, $\beta = 0.5$ 이다.
② 원형기초에서 $\alpha = 1.3$, $\beta = 0.6$ 이다.
③ 정사각형기초에서 $\alpha = 1.3$, $\beta = 0.4$ 이다.
④ 직사각형기초에서 $\alpha = 1 + 0.3 B/L$, $\beta = 0.5 - 0.1 B/L$ 이다.

해설] ② 원형기초에서 $\alpha = 1.3$, $\beta = 0.3$ 이다.

■2020년 3회■9. 기초의 구비조건에 대한 설명 중 틀린 것은?
① 상부하중을 안전하게 지지해야 한다.
② 기초 깊이는 동결 깊이 이하여야 한다.
③ 기초는 전체 침하나 부등침하가 전혀 없어야 한다.
④ 기초는 기술적, 경제적으로 시공 가능하여야 한다.

해설] ③ 기초는 허용침하량 이하가 되도록 하여 침하에 대한 안정을 확보해야 한다.

■2020년 1_2회■10. 얕은 기초에 대한 Terzaghi의 수정지지력 공식은 아래의 표와 같다. 4m×5m의 직사각형 기초를 사용할 경우 형상계수 α와 β의 값으로 옳은 것은?

$$q_u = \alpha c' N_c + q N_q + \beta \gamma B N_\gamma$$

① α=1.18, β=0.32
② α=1.24, β=0.42
③ α=1.28, β=0.42
④ α=1.32, β=0.38

해설] ②

$$a = 1 + 0.3\frac{B}{L} = 1 + 0.3 \times \frac{4}{5} = 1.24$$

$$\beta = 0.5 - 0.1\frac{B}{L} = 0.5 - 0.1 \times \frac{4}{5} = 0.42$$

■2019년 2회■11. 아래 그림과 같은 3m×3m 크기의 정사각형 기초의 극한지지력을 Terzaghi 공식으로 구하면? (단, 내부마찰각 ϕ=20°, 점착력 c=50kN/m², 물의 단위중량 γ_w=9.81kN/m², 지지력계수 N_c=18, N_γ=5, N_q=7.5 이다.)

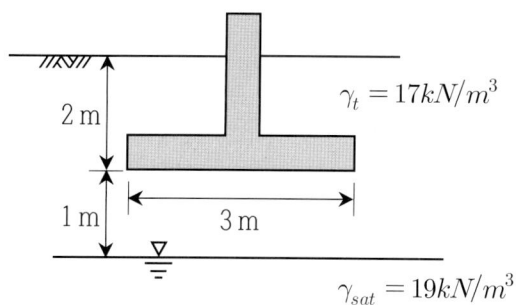

① 1,325 kN/m² ② 1,495 kN/m²
③ 1,578 kN/m² ④ 1,746 kN/m²

해설] ②
정사각형 기초이므로, $\alpha = 1.3$, $\beta = 0.4$
$\gamma' = 19 - 9.81 = 9.19 kN/m^2$
지하수위를 고려한 $\gamma_{avg} = \frac{\gamma D + \gamma'(B-D)}{B}$ 에서,
$\gamma_{avg} = \frac{17 \times 1 + 9.19(3-1)}{3} = 11.79 kN/m^2$

$q_u = q_c + q_q + q_\gamma = \alpha c' N_c + q N_q + \beta \gamma B N_\gamma$
$= 1.3 \times 50 \times 18 + 2 \times 17 \times 7.5 + 0.4 \times 11.79 \times 3 \times 5$
$= 1,495.7 kN/m^2$

■2019년 1회■12. Meyerhof의 일반 지지력 공식에 포함되는 계수가 아닌 것은?
① 국부전단계수 ② 근입깊이계수
③ 경사하중계수 ④ 형상계수

해설] ①
Meyerhof 수정지지력
$q_u = \lambda_c c' N_c + \lambda_q q N_q + \lambda_\gamma \gamma B N_\gamma$
λ_c 형상계수, λ_q 심도계수, λ_γ 경사계수

■2019년 1회■13. 기초가 갖추어야 할 조건이 아닌 것은?
① 동결, 세굴 등에 안전하도록 최소의 근입깊이를 가져야 한다.
② 기초의 시공이 가능하고 침하량이 허용치를 넘지 않아야 한다.
③ 상부로부터 오는 하중을 안전하게 지지하고 기초지반에 전달하여야 한다.
④ 미관상 아름답고 주변에서 쉽게 획득할 수 있는 재료로 설계되어야 한다.

해설] ④ 기초는 일반적으로 미관을 고려하지 않는다.

■2018년 3회■14. 얕은기초의 지지력 계산에 적용하는 Terzaghi의 극한지지력 공식에 대한 설명으로 틀린 것은?
① 기초의 근입깊이가 증가하면 지지력도 증가한다.
② 기초의 폭이 증가하면 지지력도 증가한다.
③ 기초지반이 지하수에 의해 포화되면 지지력은 감소한다.
④ 국부전단 파괴가 일어나는 지반에서 내부마찰각(∅')은 2/3∅를 적용한다.

해설] ④ 국부전단 파괴가 일어나는 지반에서 내부마찰각(ϕ')은
$\phi'_2 = \tan^{-1}(\frac{2}{3}\tan\phi'_1)$를 적용한다.

[참고] 국부전단파괴에 대한 수정
① 전반전단파괴의 극한지지력을 수정하여 적용
② 점착력은 2/3배로 적용 $\frac{2}{3}c'$
③ 내부마찰각에 의한 지지력 계산시 $\frac{2}{3}\tan\phi'$ 적용
$\Rightarrow \tan\phi'_2 = \frac{2}{3}\tan\phi'_1$ (ϕ'_2 국부전단파괴시 내부마찰각, ϕ'_1 전반전단파괴시 내부마찰각)
$\Rightarrow \phi'_2 = \tan^{-1}(\frac{2}{3}\tan\phi'_1)$

■2018년 2회■15. 다음 그림과 같이 점토질 지반에 연속기초가 설치되어 있다. Terzaghi 공식에 의한 이 기초의 허용 지지력은? (단, $\phi=0$이며, 폭(B)=2m, N_c=5.14, N_q=1.0, N_γ=0, 안전율 F_s=3이다.)

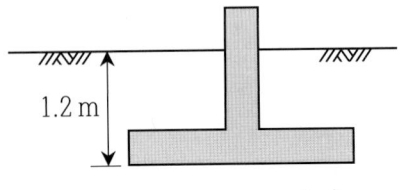

점토질 지반 $\gamma = 19.2 kN/m^3$

일축압축강도 $q_u = 148.6 kN/m^2$

① 64kN/m³
② 135kN/m³
③ 185kN/m³
④ 405kN/m³

해설] ②

연속 기초이므로, $\alpha = 1.0$, $\beta = 0.5$

$c_u = \dfrac{q_u}{2} = \dfrac{148.6}{2} = 74.3 kN/m^2$

$q_u = q_c + q_q + q_\gamma = \alpha c' N_c + q N_q + \beta \gamma B N_r$

$\quad = 1.0 \times 74.3 \times 5.14 + 1.2 \times 19.2 \times 1.0 = 404.94 kN/m^2$

$q_a = \dfrac{q_u}{F_s} = \dfrac{404.94}{3} = 135 kN/m$

■2018년 2회■16. Meyerhof의 극한지지력 공식에서 사용하지 않는 계수는?

① 형상계수
② 깊이계수
③ 시간계수
④ 하중경사계수

해설] ③

■2018년 1회■17. 아래 그림과 같은 폭(B) 1.2m, 길이(L) 1.5m인 사각형 얕은 기초에 폭(B) 방향에 대한 편심이 작용하는 경우 지반에 작용하는 최대압축응력은?

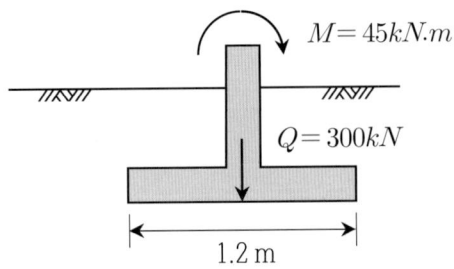

① 292 kN/m²
② 385 kN/m²
③ 397 kN/m²
④ 415 kN/m²

해설] ①

$q_{max} = \dfrac{Q}{A}(1 + \dfrac{e}{e_{max}}) = \dfrac{300}{1.2 \times 1.5}(1 + \dfrac{45/300}{1.2/6})$

$\quad = 291.7 kN/m^2$

■2018년 1회■18. Terzagh의 극한지지력 공식에 대한 설명으로 틀린 것은?

① 기초의 형상에 따라 형상계수를 고려하고 있다.
② 지지력계수 Nc, Nq, Nγsms 내부마찰각에 의해 결정된다.
③ 점성토에서의 극한지지력은 기초의 근입깊이가 깊어지면 증가된다.
④ 극한지지력은 기초의 폭에 관계없이 기초 하부의 흙에 의해 결정된다.

해설] ④ 극한지지력은 기초의 폭에 관계있으며, 기초 상부 및 하부 흙에 의해 결정된다.

$q_u = q_c + q_q + q_\gamma = \alpha c' N_c + q N_q + \beta \gamma' B N_r$

■2017년 3회■19. 기초 폭 4m인 연속기초에서 기초면에 작용하는 합력의 연직성분 100kN이고 편심거리가 0.4m일 때, 기초지반에 작용하는 최대 압력은?

① 20kN/m²
② 40kN/m²
③ 60kN/m²
④ 80kN/m²

해설] ②

$q_{max} = \dfrac{P}{A}(1+\dfrac{e}{e_{max}}) = \dfrac{100}{4 \times 1}(1+\dfrac{0.4}{4/6}) = 40 kN/mm^2$

■2017년 3회■20. 테르쟈기(Terzaghi)의 얕은 기초에 대한 지지력공식 $q_u = \alpha c' N_c + \gamma_1 D_f N_q + \beta \gamma_2 B N_r$에 대한 설명으로 틀린 것은?

① 계수 α, β를 형상계수라 하며 기초의 모양에 따라 결정한다.
② 기초의 깊이 D_f가 클수록 극한지지력도 이와 더불어 커진다고 볼 수 있다.
③ N_c, N_γ, N_q는 지지력계수라 하는데 내부마찰각과 점착력에 의해서 정해진다.
④ γ_1, γ_2는 흙의 단위중량이며 지하수위 아래에서는 수중단위중량을 써야 한다.

해설] ③ N_c, N_γ, N_q는 지지력계수라 하는데 내부마찰각에 의해서 정해진다.

$N_q = e^{\pi \tan\phi'} \tan^2(45+\dfrac{\phi'}{2})$

$N_c = (N_q-1)\cot\phi'$

$N_\gamma = 2(N_q+1)\tan\phi'$

⇒ 지지력계수는 모두 내부마찰각 ϕ'에 관한 함수형태

■2017년 2회■21. 얕은 기초에 대한 Terzaghi의 수정지지력 공식은 아래의 표와 같다. 4m×5m의 직사각형 기초를 용할 경우 형상계수 α, β의 값으로 옳은 것은?

$$q_u = \alpha c' N_c + q N_q + \beta \gamma B N_r$$

① α=1.2, β=0.4
② α=1.28, β=0.42
③ α=1.24, β=0.42
④ α=1.32, β=0.38

해설] ③

구분	연속(띠)기초	원형	정사각형	직사각형
α	1.0	1.3	1.3	$1+0.3\dfrac{B}{L}$
β	0.5	0.3	0.4	$0.5-0.1\dfrac{B}{L}$

$\alpha = 1+0.3\dfrac{B}{L} = 1+0.3 \times \dfrac{4}{5} = 1.24$

$\beta = 0.5-0.1\dfrac{B}{L} = 0.5-0.1 \times \dfrac{4}{5} = 0.42$

■2017년 1회■22. 연속 기초에 대한 Terzaghi의 극한지지력 공식은 $q_u = cN_c + 0.5\gamma_1 BN_\gamma + \gamma_2 D_f N_q$로 나타낼 수 있다. 아래 그림과 같은 경우 극한지지력 공식의 두 번째 항의 단위중량(γ_1)의 값은? (단, 물의 단위중량은 9.81 kN/m³ 이다.)

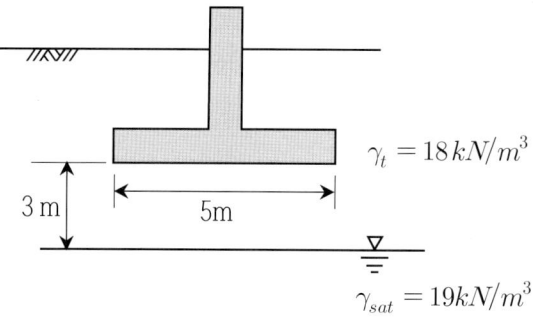

① 14.48 kN/m³ ② 16.00 kN/m³
③ 17.45 kN/m³ ④ 18.20 kN/m³

해설] ①
$$\gamma' = 19 - 9.81 = 9.19 kN/m^3$$
$$\gamma_{avg} = \frac{\gamma D + \gamma'(B-D)}{B}$$
$$= \frac{18 \times 3 + 9.19 \times (5-3)}{5} = 14.476 kN/m^3$$

문제유형15 말뚝기초 지지력

■2022년 1회■1. 말뚝이 부주면마찰력에 대한 설명으로 틀린 것은?
① 연약한 지반에서 주로 발생한다.
② 말뚝 주변의 지반이 말뚝보다 더 침하될 때 발생한다.
③ 말뚝주면에 역청 코팅을 하면 부주면마찰력을 감소시킬 수 있다.
④ 부주면마찰력의 크기는 말뚝과 흙 사이의 상대적인 변위속도와는 큰 연관성이 없다.

해설] ④
부주면마찰력은 말뚝보다 주변지반의 침하량이 큰 경우에 발생하므로, 말뚝과 흙 사이의 상대적인 변위속도에 관계한다.

■2022년 1회■2. 말뚝기초에 대한 설명으로 틀린 것은?
① 군항은 전달되는 응력이 겹쳐지므로 말뚝 1개의 지지력에 말뚝 개수를 곱한 값보다 지지력이 크다.
② 동역학적 지지력 공식 중 엔지니어링 뉴스 공식의 안전율(Fs)은 6 이다.
③ 부주면마찰력이 발생하면 말뚝의 지지력은 감소한다.
④ 말뚝기초는 기초의 분류에서 깊은 기초에 속한다.

해설] ① 군항은 전달되는 응력이 겹쳐지므로 말뚝 1개의 지지력에 말뚝 개수를 곱한 값보다 지지력이 작다.
$Q_{u(g)} = EnQ_u$ (E : 군말뚝 효율)

■2021년 3회■3. 말뚝에서 부주면마찰력에 대한 설명으로 틀린 것은?
① 아래쪽으로 작용하는 마찰력이다.
② 부주면마찰력이 작용하면 말뚝의 지지력은 증가한다.
③ 압밀층을 관통하여 견고한 지반에 말뚝을 박으면 일어나기 쉽다.
④ 연약지반에 말뚝을 박은 후 그 위에 성토를 하면 일어나기 쉽다.

해설] ② 부주면마찰력이 작용하면 말뚝의 지지력은 감소한다.

■2021년 1회■4. 20개의 무리말뚝에 있어서 효율이 0.75이고, 단항으로 계산된 말뚝 한 개의 허용지지력이 150kN일 때 무리말뚝의 허용지지력은?
① 1,125kN
② 2,250kN
③ 3,000kN
④ 4,000kN

해설] ②
극한지지력 $Q_{u(g)} = EnQ_u$ 에서,
$Q_u = 0.75 \times 20 \times 150 = 2250 kN$

■2021년 1회■5. 연약지반 위에 성토를 실시한 다음, 말뚝을 시공하였다. 시공 후 발생될 수 있는 현상에 대한 설명으로 옳은 것은?
① 성토를 실시하였으므로 말뚝의 지지력은 점차 증가한다.
② 말뚝을 암반층 상단에 위치하도록 시공하였다면 말뚝의 지지력에는 변함이 없다.
③ 압밀이 진행됨에 따라 지반의 전단강도가 증가되므로 말뚝의 지지력은 점차 증가한다.
④ 압밀로 인해 부주면마찰력이 발생하므로 말뚝의 지지력은 감소된다.

해설] ④

■2020년 4회■6. 말뚝기초의 지반거동에 대한 설명으로 틀린 것은?
① 연약지반 상에 타입되어 지반이 먼저 변형하고 그 결과 말뚝이 저항하는 말뚝을 주동말뚝이라 한다.
② 말뚝에 작용한 하중은 말뚝 주변의 마찰력과 말뚝 선단의 지지력에 의하여 주변 지반에 전달된다.
③ 기성말뚝을 타입하면 전단파괴를 일으키며 말뚝 주위의 지반은 교란된다.
④ 말뚝 타입 후 지지력의 증가 또는 감소 현상을 시간효과(time effect)라 한다.

해설] ① 연약지반 상에 타입되어 지반이 먼저 변형하고 그 결과 말뚝이 저항하는 말뚝을 수동말뚝이라 한다.

■2020년 3회■7. 중심 간격이 2m, 지름 40cm 인 말뚝을 가로 4개, 세로 5개씩 전체 20개의 말뚝을 박았다. 말뚝 한 개의 허용지지력이 150kN이라면 이 군항의 허용지지력은 약 얼마인가? (단, 군말뚝의 효율은 Converse-Labarre 공식을 사용한다.)
① 4,500kN
② 3,000kN
③ 2,415kN
④ 1,215kN

해설] ③
$$\theta = \tan^{-1}\left(\frac{D}{S}\right) = \tan^{-1}\left(\frac{0.4}{2}\right) = 11.31°$$
군말뚝 효율 $E = 1 - \frac{\theta}{90}\left(\frac{(m-1)n + (n-1)m}{mn}\right)$에서,
$$E = 1 - \frac{11.31}{90} \times \frac{3 \times 5 + 4 \times 4}{4 \times 5} = 0.805$$
$$Q_g = EnQ = 0.805 \times 20 \times 150 = 2415 kN$$

■2020년 1_2회■8. 말뚝 지지력에 관한 여러 가지 공식 중 정역학적 지지력 공식이 아닌 것은?
① Dörr의 공식
② Terzaghi의 공식
③ Meyerhof의 공식
④ Engineering news 공식

해설] ④
○ 동역학적 지지력 공식 : Hiley 공식, Engineering News 공식, Sander 공식, Weisbach 공식

■2019년 3회■9. 직경 30cm 콘크리트 말뚝을 단동식 증기 헤머로 타입하였을 때 엔지니어링 뉴스 공식을 적용한 말뚝의 허용지지력은? (단, 타격에너지 = 36 kN·m, 해머효율 = 0.8, 손실상수 = 0.25cm, 마지막 25 mm 관입에 필요한 타격횟수 = 5 이다.)
① 640 kN
② 1280 kN
③ 1920 kN
④ 3840 kN

해설] ①
단동식 해머에 의한 허용지지력
$$Q_u = \frac{EH_E}{S+C} = \frac{0.8 \times 36}{(25/5 + 2.5) \times 10^{-3}} = 3840 kN$$
$$\frac{Q_a}{F_s} = \frac{3840}{6} = 640 kN$$

■2019년 3회■10. 연약점토 지반에 말뚝을 시공하는 경우, 말뚝을 타입 후 어느 정도 기간이 경과한 후에 재하시험을 하게 된다. 그 이유로 가장 적합한 것은?
① 말뚝에 부마찰력이 발생하기 때문이다.
② 말뚝에 주면마찰력이 발생하기 때문이다.
③ 말뚝 타입 시 교란된 점토의 강도가 원래대로 회복하는데 시간이 걸리기 때문이다.
④ 말뚝 타입 시 말뚝 자체가 받는 충격에 의해 두부의 손상이 발생할 수 있어 안정화에 시간이 걸리기 때문이다.

해설] ③

■2019년 2회■11. 말뚝의 부마찰력에 대한 설명 중 틀린 것은?
① 부마찰력이 작용하면 지지력이 감소한다.
② 연약지반에 말뚝을 박은 후 그 위에 성토를 한 경우 일어나기 쉽다.
③ 부마찰력은 말뚝 주변 침하량이 말뚝의 침하량보다 클 때 아래로 끌어내리는 마찰력을 말한다.
④ 연약한 점토에 있어서는 상대변위의 속도가 느릴수록 부마찰력은 크다.

해설] ④ 연약한 점토에 있어서는 상대변위의 속도가 느릴수록 부마찰력은 작다.

■2019년 2회■12. 단동식 증기 해머로 말뚝을 박았다. 해머의 무게 25kN, 낙하고 3m, 타격 당 말뚝의 평균관입량 10mm, 안전율 6 일 때, Engineering News 공식으로 허용지지력을 구하면?
① 6,000 kN ② 3,000 kN
③ 1,000 kN ④ 500 kN

해설] ③
$$Q_u = \frac{W_h H}{S+C} = \frac{25 \times 3}{(10+2.5) \times 10^{-3}} = 6,000 kN$$
$$Q_a = \frac{Q_u}{F_s} = \frac{6000}{6} = 1,000 kN$$

■2019년 1회■13. 말뚝에서 부마찰력에 관한 설명 중 옳지 않은 것은?
① 아래쪽으로 작용하는 마찰력이다.
② 부마찰력이 작용하면 말뚝의 지지력은 증가한다.
③ 압밀층을 관통하여 견고한 지반에 말뚝을 박으면 일어나기 쉽다.
④ 연약지반에 말뚝을 박은 후 그 위에 성토를 하면 일어나기 쉽다.

해설] ② 부마찰력이 작용하면 말뚝의 지지력은 감소한다.

■2018년 3회■14. 말뚝의 부마찰력(Negative Skin Friction)에 대한 설명 중 틀린 것은?
① 말뚝의 허용지지력을 결정할 때 세심하게 고려해야 한다.
② 연약지반에 말뚝을 박은 후 그 위에 성토를 한 경우 일어나기 쉽다.
③ 연약한 점토에 있어서는 상대변위의 속도가 느릴수록 부마찰력은 크다.
④ 연약지반을 관통하여 견고한 지반까지 말뚝을 박은 경우 일어나기 쉽다.

해설] ③ 연약한 점토에 있어서는 상대변위의 속도가 느릴수록 부마찰력은 작다.

■2018년 2회■15. 무게 30kN인 단동식 증기 hammer를 사용하여 낙하고 1.2m에서 pile을 타입할 때 1회 타격당 최종 침하량이 20mm 이었다. Engineering News 공식을 사용하여 허용 지지력을 구하면 얼마인가?
① 133 kN ② 267 kN
③ 808 kN ④ 1,600 kN

해설] ②
$$Q_u = \frac{W_h H}{S+C} = \frac{30 \times 1.2}{(20+2.5) \times 10^{-3}} = 1,600 kN$$
$$Q_a = \frac{Q_u}{F_s} = \frac{1600}{6} = 266.7 kN$$

■2018년 1회■16. 다음 중 부마찰력이 발생할 수 있는 경우가 아닌 것은?
① 매립된 생활쓰레기 중에 시공된 관측정
② 붕적토에 시공된 말뚝 기초
③ 성토한 연약점토지반에 시공된 말뚝 기초
④ 다짐된 사질지반에 시공된 말뚝기초

해설] ④ 부마찰력은 연약한 점토층에서 주변 지반의 침하로 인해 발생한다.

■2018년 1회■17. 깊은 기초의 지지력 평가에 관한 설명으로 틀린 것은?
① 현장 타설 콘크리트 말뚝 기초는 동역학적 방법으로 지지력을 추정한다.
② 말뚝 항타분석기(PDA)는 말뚝의 응력분포, 경시 효과 및 해머 효율을 파악할 수 있다.
③ 정역학적 지지력 추정방법은 논리적으로 타당하나 강도정수를 추정하는데 한계성을 내포하고 있다.
④ 동역학적 방법은 항타장비, 말뚝과 지반조건이 고려된 방법으로 해머 효율의 측정이 필요하다.

해설] ① 현장 타설 콘크리트 말뚝 기초는 정역학적 방법으로 지지력을 추정한다.

■2017년 2회■18. 연약지반 위에 성토를 실시한 다음, 말뚝을 시공하였다. 시공 후 발생될 수 있는 현상에 대한 설명으로 옳은 것은?
① 성토를 실시하였으므로 말뚝의 지지력은 점차 증가한다.
② 말뚝을 암반층 상단에 위치하도록 시공하였다면말뚝의 지지력에는 변함이 없다.
③ 압밀이 진행됨에 따라 지반의 전단강도가 증가되므로 말뚝의 지지력은 점차 증가된다.
④ 압밀로 인해 부의 주면 마찰력이 발생되므로 말뚝의 지지력은 감소된다.

해설] ④
연약지반에 설치된 말뚝의 주변지반이 압밀에 의해 침하하는 경우 부주면 마찰이 작용하고, 이는 지지력을 감소시킨다.

■2017년 2회■19. 말뚝 지지력에 관한 여러 가지 공식 중 정역학적 지지력 공식이 아닌 것은?
① Dorr의 공식　② Terzaghi의 공식
③ Meyerhof의 공식　④ Engineering - News 공식

해설] ④
○ 정역학적 지지력 공식
Terzaghi, Meyerhof, Dorr, Dunham
○ 동역학적 지지력 공식
Engineering-news, Hiley, Sander, Weisbach

■2017년 1회■20. 말뚝기초의 지반거동에 관한 설명으로 틀린 것은?
① 연약지반 상에 타입되어 지반이 먼저 변형하고 그 결과 말뚝이 저항하는 말뚝을 주동말뚝이라 한다.
② 말뚝에 작용한 하중은 말뚝주변의 마찰력과 말뚝선단의 지지력에 의하여 주변 지반에 전달된다.
③ 기성말뚝을 타입하면 전단파괴를 일으키며 말뚝 주위의 지반은 교란된다.
④ 말뚝 타입 후 지지력의 증가 또는 감소

해설] ① 연약지반 상에 타입되어 지반이 먼저 변형하고 그 결과 말뚝이 저항하는 말뚝을 수동말뚝이라 한다.
○ 주동말뚝 : 말뚝의 변형에 의해 말뚝이 토압을 받는 경우
○ 수동말뚝 : 지반의 변형에 의해 말뚝이 토압을 받는 경우

■2017년 1회■21. 중심 간격이 2m, 지름 40cm 인 말뚝을 가로 4개, 세로 5개씩 전체 20개의 말뚝을 박았다. 말뚝 한 개의 허용 지지력이 150kN이라면 이 군항의 허용지지력은 약 얼마인가? (단, 군말뚝의 효율은 Converse-Labarre 공식을 사용한다.)
① 4,500kN　② 3,000kN
③ 2,415kN　④ 1,215kN

해설] ③
$$\theta = \tan^{-1}\left(\frac{D}{S}\right) = \tan^{-1}\left(\frac{0.4}{2}\right) = 11.31°$$

군말뚝 효율 $E = 1 - \frac{\theta}{90}\left(\frac{(m-1)n+(n-1)m}{mn}\right)$ 에서,

$$E = 1 - \frac{11.31}{90} \times \frac{3 \times 5 + 4 \times 4}{4 \times 5} = 0.805$$

$$Q_g = EnQ = 0.805 \times 20 \times 150 = 2415 kN$$

문제유형16 지지력 시험

■2022년 2회■1. 도로의 평판 재하 시험에서 1.25mm 침하량에 해당하는 하중 강도가 250kN/m² 일 때 지반반력 계수는?
① 100 MN/m³
② 200 MN/m³
③ 1,000 MN/m³
④ 2,000 MN/m³

해설] ②
지반스프링강성
$$K_{sp} = \frac{q}{S_i} = \frac{250}{1.25 \times 10^{-3}} = 2000 \times 10^3 kN/m^3$$
$$= 200 MN/m^3$$

■2022년 1회■2. 평판재하시험에 대한 설명으로 틀린 것은?
① 순수한 점토지반의 지지력은 재하판 크기와 관계 없다.
② 순수한 모래지반의 지지력은 재하판의 폭에 비례한다.
③ 순수한 점토지반의 침하량은 재하판의 폭에 비례한다.
④ 순수한 모래지반의 침하량은 재하판의 폭에 관계없다.

해설] ④
지지력 : 점토에서는 재하판과 무관하고, 사질토에서는 재하판의 폭에 비례
침하량 : 점토에서는 재하판의 폭에 비례, 사질토에서는 재하판과 기초판의 크기에 관계

사질토 기초의 침하량 $S_{eF} = S_{eP}(\frac{2B_F}{B_F + B_P})^2$

■2021년 2회■3. 노상토 지지력비(CBR)시험에서 피스톤 2.5mm 관입될 때와 5.0mm 관입될 때를 비교한 결과, 관입량 5.0mm에서 CBR이 더 큰 경우 CBR 값을 결정하는 방법으로 옳은 것은?
① 그대로 관입량 5.00mm 일때의 CBR 값으로 한다.
② 2.5mm 값과 5.0mm 값의 평균을 CBR 값으로 한다.
③ 5.0mm 값을 무시하고 2.5mm 값을 표준으로 하여 CBR 값으로 한다.
④ 새로운 공시체로 재시험을 하며, 재시험 결과도 5.0mm 값이 크게 나오면 관입량 5.0mm 일 때의 CBR 값으로 한다.

해설] ④

■2021년 1회■4. 도로의 평판재하 시험에서 시험을 멈추는 조건으로 틀린 것은?
① 완전히 침하가 멈출 때
② 침하량이 15mm에 달할 때
③ 재하 응력이 지반의 항복점을 넘을 때
④ 재하 응력이 현장에서 예상할 수 있는 가장 큰 접지 압력의 크기를 넘을 때

해설] ①

■2020년 3회■5. 도로의 평판 재하 시험방법(KS F 2310)에서 시험을 끝낼 수 있는 조건이 아닌 것은?
① 재하 응력이 현장에서 예상할 수 있는 가장 큰 접지 압력의 크기를 넘으면 시험을 멈춘다.
② 재하 응력이 그 지반의 항복점을 넘을 때 시험을 멈춘다.
③ 침하가 더 이상 일어나지 않을 때 시험을 멈춘다.
④ 침하량이 15mm 에 달할 때 시험을 멈춘다.

해설] ③
[평판재하시험 종료조건]
○ 침하량이 15mm에 달할 때
○ 재하 응력이 지반의 항복점을 넘을 때
○ 재하 응력이 현장에서 예상할 수 있는 가장 큰 접지 압력의 크기를 넘을 때

■2020년 1_2회■6. 평판 재하 실험에서 재하판의 크기에 의한 영향(scale effect)에 관한 설명으로 틀린 것은?
① 사질토 지반의 지지력은 재하판의 폭에 비례한다.
② 점토지반의 지지력은 재하판의 폭에 무관하다.
③ 사질토 지반의 침하량은 재하판의 폭이 커지면 약간 커지기는 하지만 비례하는 정도는 아니다.
④ 점토지반의 침하량은 재하판의 폭에 무관하다.

해설] ④ 점토지반의 침하량은 재하판의 폭에 비례한다.

■2019년 2회■7. 모래지반에 30cm×30cm 의 재하판으로 재하실험을 한 결과 100 kN/m²의 극한 지지력을 얻었다. 4m×4m의 기초를 설치할 때 기대되는 극한지지력은?
① 100 kN/m²   ② 1,000 kN/m²
③ 1,333 kN/m²   ④ 1,540 kN/m²

해설] ③
$$q_{uF} = \frac{B_F}{B_P}q_{uP} = \frac{4}{0.3} \times 100 = 1,333 kN/m^2$$

■2019년 1회■8. 어떤 사질 기초지반의 평판재하 시험결과 항복강도가 600kN/m², 극한강도가 1,000kN/m² 이었다. 그리고 그 기초는 지표에서 1.5m 깊이에 설치될 것이고 그 기초 지반의 단위중량이 18kN/m³일 때 지지력계수 N_q=5 이었다. 이 기초의 장기 허용지지력은?
① 247 kN/m²   ② 269 kN/m²
③ 300 kN/m²   ④ 345 kN/m²

해설] ④

$$\frac{q_{ty}}{2} = \frac{600}{2} = 300 kN/m^2, \quad \frac{q_{tu}}{3} = \frac{1000}{3} = 333 kN/m^2$$

따라서, 최소값인 $q_t = 300 kN/m^2$

장기허용지지력 q_a

$$q_a = q_t + \frac{1}{3}qN_q = 300 + \frac{1}{3} \times 18 \times 1.5 \times 5 = 345 kN/m^2$$

■2018년 1회■9. 크기가 30cm×30cm의 평판을 이용하여 사질토 위에서 평판재하시험을 실시하고 극한지지력 200kN/m²를 얻었다. 크기가 1.8m×1.8m인 정사각형기초의 총허용하중은 약 얼마인가? (단, 안전율 3을 사용)
① 215 kN   ② 665 kN
③ 1,296 kN ④ 1,500 kN

해설] ③

사질토에서 재하판의 폭에 비례하므로, $\frac{q_{uF}}{B_F} = \frac{q_{uP}}{B_P}$

$\frac{q_{uF}}{1.8} = \frac{200}{0.3}$에서, $q_{uF} = 1,200 kN/m^2$

$q_a = \frac{q_u}{F_s} = \frac{1200}{3} = 400 kN/m^2$

$Q_a = q_a \times A = 400 \times 1.8^2 = 1,296 kN$

■2017년 3회■10. 도로 연장이 3km 건설 구간에서 7개 지점의 시료를 채취하여 다음과 같은 CBR을 구하였다. 이때의 설계 CBR은 얼마인가?

7개의 CBR : 5.3, 5.7, 7.6, 8.7, 7.4, 8.6, 7.2

개수 (n)	2	3	4	5	6	7	8	9	10 이상
d_2	1.41	1.91	2.24	2.48	2.67	2.83	2.96	3.08	3.18

① 4   ② 5
③ 6   ④ 7

해설] ③

평균 CBR = $\frac{5.3+5.7+7.6+8.7+7.4+8.6+7.2}{7} = 7.214$

설계 CBR = 평균 CBR - (최대CRB - 최소CBR)/d_2 이므로,

설계 CBR = $7.214 - \frac{(8.7-5.3)}{2.83} = 6.013$

■2017년 2회■11. 평판재하실험 결과로부터 지반의 허용지지력 값은 어떻게 결정하는가?
① 항복강도의 1/2, 극한강도의 1/3 중 작은 값
② 항복강도의 1/2, 극한강도의 1/3 중 큰 값
③ 항복강도의 1/3, 극한강도의 1/2 중 작은 값
④ 항복강도의 1/3, 극한강도의 1/2 중 큰 값

해설] ①

■2017년 1회■12. 사질토 지반에서 직경 30cm의 평판재하시험 결과 300kN/m²의 압력이 작용할 때 침하량이 10mm라면, 직경 1.5m의 실제 기초에 300kN/m²의 하중이 작용할 때 침하량의 크기는?

① 14mm ② 25mm
③ 28mm ④ 35mm

해설] ③

$$S_{eF} = S_{eP} \times \left(\frac{2B_F}{B_F + B_P}\right)^2$$
$$= 10 \times \left(\frac{2 \times 1.5}{0.3 + 1.5}\right)^2 = 27.8mm$$

6과목 상하수도 공학

	문제유형	출제문항수	출제빈도
상수도 계획	1 상수도 기본계획	13	0.8
	2 계획급수량의 추정	19	1.1
취수와 수실	3 취수시설	17	1.0
	4 수질	28	1.6
상수관로	5 상수관로	21	1.2
	6 상수관로 부대시설	6	0.4
정수장	7 정수장 시설	52	3.1
	8 배출수 처리	2	0.1
하수도 계획	9 하수도 시설의 계획	22	1.3
	10 계획하수량	37	2.2
하수관로	11 하수관로	19	1.1
	12 하수관로 부대시설	8	0.5
하수처리장	13 하수처리장 시설	34	2.0
	14 슬러지 처리	14	0.8
펌프장	15 펌프장	36	2.1
수리학	16 수리학	12	0.7

문제유형1   상수도 기본계획

■2022년 2회■1. 송수시설에 대한 설명으로 옳은 것은?

① 급수관, 계량기 등이 붙어 있는 시설

② 정수장에서 배수지까지 물을 보내는 시설

③ 수원에서 취수한 물을 정수장까지 운반하는 시설

④ 정수 처리된 물을 소요수량만큼 수요자에게 보내는 시설

해설] ②

취수 : 수원에서 물을 유입하는 것

도수 : 취수장에서 정수장으로 원수를 보내는 것

정수 : 원수를 정화

송수 : 정수장에서 배수지로 원수를 보내는 것

배수 : 급수구역에 적정수압으로 보내는 것

급수 : 개별 사용자에게 공급하는 것

■2021년 2회■2. 수원으로부터 취수된 상수가 소비자까지 전달되는 일반적 상수도의 구성순서로 옳은 것은?

① 도수 → 송수 → 정수 → 배수 → 급수

② 송수 → 정수 → 도수 → 급수 → 배수

③ 도수 → 정수 → 송수 → 배수 → 급수

④ 송수 → 정수 → 도수 → 배수 → 급수

해설] ③

취수 → 도수 → 정수 → 송수 → 배수 → 급수

■2021년 1회■3. 보통 상수도의 기본계획에서 대상이 되는 기간인 계획(목표)년도는 계획수립부터 몇 년간을 표준으로 하는가?

① 3~5년간   ② 5~10년간

③ 15~20년간   ④ 25~30년간

해설] ③

상수도 계획년도는 15~20년으로 한다.

■2021년 1회■4. 일반적인 상수도 계통도를 올바르게 나열한 것은?

① 수원 및 저수시설 → 취수 → 배수 → 송수 → 정수 → 도수 → 급수

② 수원 및 저수시설 → 취수 → 도수 → 정수 → 송수 → 배수 → 급수

③ 수원 및 저수시설 → 취수 → 배수 → 정수 → 송수 → 배수 → 송수

④ 수원 및 저수시설 → 취수 → 도수 → 정수 → 급수 → 배수 → 송수

해설] ② 수원 및 저수시설 → 취수 → 도수 → 정수 → 송수 → 배수 → 급수

■2020년 4회■5. 지표수를 수원으로 하는 일반적인 상수도의 계통도로 옳은 것은?

① 취수탑 → 침사지 → 급속여과 → 보통침전지 → 소독 → 배수지 → 급수

② 침사지 → 취수탑 → 급속여과 → 응집침전지 → 소독 → 배수지 → 급수

③ 취수탑 → 침사지 → 보통침전지 → 급속여과 → 배수지 → 소독 → 급수

④ 취수탑 → 침사지 → 응집침전지 → 급속여과 → 소독 → 배수지 → 급수

해설] ④

취수-도수-침전-여과-소독-송수-배수-급수

■2019년 3회■6. 상수도의 계통을 올바르게 나타낸 것은?

① 취수 → 송수 → 도수 → 정수 → 급수 → 배수

② 취수 → 도수 → 정수 → 송수 → 배수 → 급수

③ 취수 → 정수 → 도수 → 급수 → 배수 → 송수

④ 도수 → 취수 → 정수 → 송수 → 배수 → 급수

해설] ② 취수 → 도수 → 정수 → 송수 → 배수 → 급수

■2019년 2회■7. 수원지에서부터 각 가정까지의 상수도 계통도를 나타낸 것으로 옳은 것은?
① 수원-취수-도수-배수-정수-송수-급수
② 수원-취수-배수-정수-도수-송수-급수
③ 수원-취수-도수-정수-송수-배수-급수
④ 수원-취수-도수-송수-정수-배수-급수

해설] ③ 수원-취수-도수-정수-송수-배수-급수

■2018년 3회■8. 정수시설로부터 배수시설의 시점까지 정화된 물, 즉 상수를 보내는 것을 무엇이라 하는가?
① 도수
② 송수
③ 정수
④ 배수

해설] ②
도수 : 취수장 → 정수장
송수 : 정수장 → 배수지
배수 : 배수지 → 급수구역

■2018년 2회■9. 도수(conveyance of water)시설에 대한 설명으로 옳은 것은?
① 상수원으로부터 원수를 취수하는 시설이다.
② 원수를 음용 가능하게 처리하는 시설이다.
③ 배수지로부터 급수관까지 수송하는 시설이다.
④ 취수원으로부터 정수시설까지 보내는 시설이다.

해설] ④
① 취수
② 정수
③ 배수

■2018년 2회■10. 상수도 계통에서 상수의 공급과정으로 옳은 것은?
① 취수 - 정수 - 도수 - 배수 - 송수 - 급수
② 취수 - 도수 - 정수 - 송수 - 배수 - 급수
③ 취수 - 배수 - 정수 - 도수 - 급수 - 송수
④ 취수 - 정수 - 송수 - 배수 - 도수 - 급수

해설] ② 취수 - 도수 - 정수 - 송수 - 배수 - 급수

■2018년 1회■11. 일반적인 상수도 계통도를 바르게 나열한 것은?
① 수원 및 저수시설→ 취수 → 배수 → 송수→ 정수 → 도수 → 급수
② 수원 및 저수시설→ 취수 → 도수 → 정수→ 급수 → 배수 → 송수
③ 수원 및 저수시설 → 취수 → 도수 → 정수 → 송수→ 배수→ 급수
④ 수원 및 저수시설→ 취수 → 배수 → 정수→ 급수 → 도수 → 송수

해설] ③ 수원 및 저수시설 → 취수 → 도수 → 정수 → 송수→ 배수→ 급수

■2018년 1회■12. 정수장으로부터 배수지까지 정수를 수송하는 시설은?
① 도수시설
② 송수시설
③ 정수시설
④ 배수시설

해설] ②
도수 : 취수장 → 정수장
송수 : 정수장 → 배수지
배수 : 배수지 → 급수구역

■2017년 3회■13. 상수도 계획에서 계획 년차 결정에 있어서 일반적으로 고려해야 할 사항으로 틀린 것은?
① 장비 및 시설물의 내구년한
② 시설확장 시 난이도와 위치
③ 도시발전 상황과 물사용량
④ 도시급수지역의 전염병 발생상황

해설] ④
[계획연도(15~20년 후를 계획)]
구조물의 내구수명, 시설확장성, 산업발전 및 인구증가, 건설비용, 수도사업 연차계획 등

문제유형2 계획급수량의 추정

■2022년 2회■1. 1인1일평균급수량에 대한 일반적인 특징으로 옳지 않은 것은?
① 소도시는 대도시에 비해서 수량이 크다.
② 공업이 번성한 도시는 소도시보다 수량이 크다.
③ 기온이 높은 지방이 추운 지방보다 수량이 크다.
④ 정액급수의 수도는 계량급수의 수도보다 소비수량이 크다.

해설] ① 대도시의 사용수량이 크다.

■2022년 2회■2. 어느 A시에 장래 2030년의 인구추정 결과 85000명으로 추산되었다. 계획년도의 1인 1일당 평균급수량을 380L, 급수보급률을 95%로 가정할 때 계획년도의 계획 1일 평균급수량은?
① 30,685 m³/d   ② 31,205 m³/d
③ 31,555 m³/d   ④ 32,305 m³/d

해설] ①
계획 1일 평균급수량
= 계획 1인 1일 평균급수량 × 인구수 × 급수보급률
= $380 \times 10^{-3} \times 85,000 \times 0.95 = 30,685 m^3/d$

■2022년 1회■3. "A"시의 2021년 인구는 588,000명이며 연간 약 3.5%씩 증가하고 있다. 2027년도를 목표로 급수시설의 설계에 임하고자 한다. 1일 1인 평균급수량은 250L이고 급수율은 70%로 가정할 때 계획1일평균급수량은? (단, 인구추정식은 등비증가법으로 산정한다.)
① 약 126,500 m³/day
② 약 129,000 m³/day
③ 약 258,000 m³/day
④ 약 387,000 m³/day

해설] ①
2027년 인구 $P_n = P_o(1+r)^n = 588 \times 10^3 \times (1+0.035)^6$
$= 722.8 \times 10^3$
계획1일평균급수량 = $722.8 \times 10^3 \times 250 \times 10^{-3} \times 0.7$
$= 126.5 \times 10^3 m^3/day$

■2021년 3회■4. 급수보급율 90%, 계획 1인 1일 최대급수량 440L/인, 인구 12만의 도시에 급수계획을 하고자 한다. 계획 1일 평균급수량은? (단, 계획유효율은 0.85로 가정한다.)
① 33,915m³/d
② 36,660m³/d
③ 38,600m³/d
④ 40,392m³/d

해설] ④
계획1일 평균급수량 = 1인1일최대급수량 × 계획유효율
× 계획급수인구
계획급수인구 = 인구수 × 급수보급율
$440 \times 10^{-3} \times 120 \times 10^3 \times 0.9 \times 0.85 = 40.392 \times 10^3 m^3/day$

■2021년 1회■5. 송수시설의 계획송수량은 원칙적으로 무엇을 기준으로 하는가?
① 연평균급수량   ② 시간최대급수량
③ 계획1일평균급수량   ④ 계획1일최대급수량

해설] ④

구 분	활 용
계획 1일 최대급수량	취수, 도수, 정수, 송수시설
계획 1일 평균급수량	약품, 전력, 유지관리, 수도요금
계획 시간 최대급수량	배수, 급수시설

■2020년 3회■6. 급수량에 관한 설명으로 옳은 것은?
① 시간최대급수량은 일최대급수량보다 작게 나타난다.
② 계획1일평균급수량은 시간최대급수량에 부하율을 곱해 산정한다.
③ 소화용수는 일최대급수량에 포함되므로 별도로 산정하지 않는다.
④ 계획1일최대급수량은 계획1일평균급수량에 계획첨두율을 곱해 산정한다.

해설] ④
① 시간최대급수량은 일최대급수량보다 크게 나타난다.
② 계획1일평균급수량은 계획1일최대급수량에 부하율을 곱해 산정한다.
③ 소화용수는 일최대급수량에 포함되지 않으므로, 별도로 산정해야 한다.

■2020년 3회■7. 다음 중 계획 1일 최대급수량을 기준으로 하지 않는 시설은?
① 배수시설
② 송수시설
③ 정수시설
④ 취수시설

해설] ①

구 분	활 용
계획 1일 최대급수량	취수, 도수, 정수, 송수시설
계획 1일 평균급수량	약품, 전력, 유지관리, 수도요금
계획 시간 최대급수량	배수, 급수시설

■2020년 1회_2회 통합■8. 계획급수량을 산정하는 식으로 옳지 않은 것은?
① 계획1인1일평균급수량=계획1인1일평균사용수량/계획첨두율
② 계획1일최대급수량=계획1일평균급수량×계획첨두율
③ 계획1일평균급수량=계획1인1일평균급수량×계획급수인구
④ 계획1일최대급수량=계획1인1일최대급수량×계획급수인구

해설] ① 계획1인1일평균급수량=계획1인1일평균사용수량

■2019년 2회■9. 어느 도시의 급수 인구 자료가 표와 같을 때 등비증가법에 의한 2020년도의 예상 급수 인구는?

연도	인구(명)
2005	7,200
2010	8,800
2015	10,200

① 약 12000명
② 약 15000명
③ 약 18000명
④ 약 21000명

해설] ①
연평균 인구증가율
$$r = \left(\frac{P_o}{P_t}\right)^{1/t} - 1 = \left(\frac{10200}{7200}\right)^{1/10} - 1 = 0.0354$$

계획연차 n년 후의 인구
$$P_n = P_o(1+r)^n = 10200(1+0.0035)^5 = 12,140$$

(P_o : 현재인구, P_t : t년 전의 인구)

■2019년 1회■10. 계획수량에 대한 설명으로 옳지 않은 것은?
① 송수시설의 계획송수량은 원칙적으로 계획1일최대급수량을 기준으로 한다.
② 계획취수량은 계획1일최대급수량을 기준으로 하며, 기타 필요한 작업용수를 포함한 손실수량 등을 고려한다.
③ 계획배수량은 원칙적으로 해당 배수구역의 계획1일최대급수량으로 한다.
④ 계획정수량은 계획1일최대급수량을 기준으로 하고, 여기에 정수장내 사용되는 작업용수와 기타용수를 합산 고려하여 결정한다.

해설] ③ 계획배수량은 원칙적으로 해당 배수구역의 계획시간최대급수량으로 한다.

■2018년 3회■11. 계획급수인구 50,000인, 1인 1일 최대급수량 300L, 여과속도 100m/day로 설계하고자 할 때, 급속여과지의 면적은?

① 150m²
② 300m²
③ 1500m²
④ 3000m²

해설] ①
계획급수량 = $300 \times 10^{-3} \times 50 \times 10^3 = 15 \times 10^3 m^3$
여과지소요면적 = $\frac{15 \times 10^3}{100} = 150 m^2$

(참고) 여과지는 정수시설에 포함되므로, 계획1일최대급수량으로 설계한다.

■2018년 2회■12. 어느 도시의 인구가 10년 전 10만명에서 현재는 20만명이 되었다. 등비급수법에 의한 인구증가를 보였다고 하면 연평균 인구증가율은?

① 0.08947
② 0.07177
③ 0.06251
④ 0.03589

해설] ②
등비급수법에 의한 연평균 인구증가율
$$r = \left(\frac{P_o}{P_t}\right)^{1/t} - 1 = \left(\frac{2 \times 10^4}{10^4}\right)^{1/10} - 1 = 0.07177$$

■2018년 2회■13. 1인 1일 평균 급수량의 일반적인 증가·감소에 대한 설명으로 틀린 것은?

① 기온이 낮은 지방일수록 증가한다.
② 인구가 많은 도시일수록 증가한다.
③ 문명도가 낮은 도시일수록 감소한다.
④ 누수량이 증가하면 비례하여 증가한다.

해설] ① 기온이 낮은 지방일수록 사용수량은 감소한다.

■2018년 1회■14. 계획시간최대배수량 $q = K \times \frac{Q}{24}$에 대한 설명으로 틀린 것은?

① 계획시간최대배수량은 배수구역내의 계획급수인구가 그 시간대에 최대량의 물을 사용한다고 가정하여 결정한다.
② Q는 계획1일평균급수량으로 단위는 [m³/day]이다.
③ K는 시간계수로 주야간의 인구변동, 공장, 사업소 등에 의한 사용형태, 관광지 등의 계절적 인구이동에 의하여 변한다.
④ 이 시간 계수 K는 1일최대급수량이 클수록 작아지는 경향이 있다.

해설] ② Q는 계획1일최대급수량으로 단위는 [m³/day]이다.
계획 시간 최대급수량 = 계획 1일 최대급수량/24 × 시간계수

■2018년 1회■15. 어느 도시의 인구가 200,000명, 상수보급률이 80%일 때 1인1일평균급수량이 380L/인·일이라면 연간 상수 수요량은?

① 11.096×10⁶m³/년
② 13.874×10⁶m³/년
③ 22.192×10⁶m³/년
④ 27.742×10⁶m³/년

해설] ③
연간 상수 수요량
= 인구수 × 1인1일평균급수량 × 보급률 × 365일
$20 \times 10^4 \times (380 \times 10^{-3}) \times 0.8 \times 365 = 22.192 \times 10^6 m^3/y$

■2018년 1회■16. 계획급수인구가 5,000명, 1인1일최대급수량을 150L/(인·day), 여과속도는 150m/day로 하면 필요한 급속여과지의 면적은?

① 5.0m²
② 10.0m²
③ 15.0m²
④ 20.0m²

해설] ①
1일 최대급수량 = $5000 \times 150 \times 10^{-3} = 750 m^3/day$
$Q = AV$에서, $750 = A \times 150$이므로, $A = 5 m^2$

■2017년 3회■17. 인구 30만의 도시에 급수계획을 하고자한다. 계획 1인 1일 최대급수량을 350L로 하고 계획급수 보급률을 80%라고 할 때 계획 1일 평균 급수량은? (단, 이 도시는 중소도시로 계획, 첨두율은 1.5로 가정한다.)

① 126,000m³/day　　② 84,000m³/day
③ 73,500m³/day　　④ 56,000m³/day

해설] ④

1일최대급수량 = $300 \times 10^3 \times 350 \times 10^{-3} \times 0.8 = 84 \times 10^3 m^3$

최대급수량 = 평균급수량 × 첨두율 이므로,

평균급수량 = $\frac{84 \times 10^3}{1.5} = 56 \times 10^3 m^3$

■2017년 2회■18. 계획급수인구를 추정하는 이론곡선식이 $P_n = \frac{K}{1+e^{(a-bn)}}$ 로 표현할 때, 식 중의 K가 의미하는 것은? (단, P_n : n년 후의 인구, n : 기준년부터의 경과 년수, e : 자연대수의 밑, a, b:상수)

① 현재인구　　② 포화인구
③ 증가인구　　④ 상주인구

해설] ②

■ Logistic 곡선법(이론 곡선법) : 포화인구 추정은 어려우나, 도시 인구동태와 잘 맞아 널리 사용

> 계획연차 n년 후의 인구 $P_n = \frac{K}{1+e^{(a-bn)}}$
>
> K : 포화인구
> a, b : 계산 상수

■2017년 1회■19. 1인1일평균급수량에 대한 일반적인 특징으로 옳지 않은 것은?
① 소도시는 대도시에 비해서 수량이 크다.
② 공업이 번창한 도시는 소도시보다 수량이 크다.
③ 기온이 높은 지방이 추운 지방보다 수량이 크다.
④ 정액급수의 수도는 계량급수의 수도보다 소비수량의 크다.

해설] ① 도시화가 고도화될수록 상수도 소비량은 증가한다.

문제유형3　취수시설

■2022년 1회■1. 집수매거(infiltration galleries)에 관한 설명으로 옳지 않은 것은?
① 철근콘크리트조의 유공관 또는 권선형 스크린관을 표준으로 한다.
② 집수매거 내의 평균유속은 유출단에서 1m/s 이하가 되도록 한다.
③ 집수매거의 부설방향은 표류수의 상황을 정확하게 파악하여 위수할 수 있도록 한다.
④ 집수매거는 하천부지의 하상 밑이나 구하천 부지 등의 땅속에 매설하여 복류수나 자유수면을 갖는 지하수를 취수하는 시설이다.

해설] ③ 집수매거의 부설방향은 복류수의 상황을 정확하게 파악하여 위수할 수 있도록 한다.
[참조] 집수매거는 복류수를 취수하는 시설로, 복류수 방향에 직각으로 설치한다.

■2022년 1회■2. 수원의 구비요건으로 틀린 것은?
① 수질이 좋아야 한다.
② 수량이 풍부하여야 한다.
③ 가능한 한 낮은 곳에 위치하여야 한다.
④ 가능한 한 수돗물 소비지에서 가까운 곳에 위치하여야 한다.

해설] ③ 가능한 한 자연유하식을 이용할 수 있는 곳에 위치하여야 한다.

■2021년 2회■3. 상수도관의 관종 선정 시 기본으로 하여야 하는 사항으로 틀린 것은?
① 매설조건에 적합해야 한다.
② 매설환경에 적합한 시공성을 지녀야 한다.
③ 내압보다는 외압에 대하여 안전해야 한다.
④ 관 재질에 의하여 물이 오염될 우려가 없어야 한다.

해설] ③ 외압보다는 내압에 대하여 안전해야 한다.
상수도관은 하수도관과 달리 내부에 압력을 받기 때문에 내압에 대해 충분히 안전하도록 설계해야 한다.

■2020년 4회■4. 취수보의 취수구에서의 표준 유입속도는?
① 0.3~0.6m/s
② 0.4~0.8m/s
③ 0.5~1.0m/s
④ 0.6~1.2m/s

해설] ②
취수보(취수언)의 유입속도 0.4~0.8m/s

■2020년 3회■5. 상수도의 수원으로서 요구되는 조건이 아닌 것은?
① 수질이 좋을 것
② 수량이 풍부할 것
③ 상수 소비자에서 가까울 것
④ 수원이 도시 가운데 위치할 것

해설] ④ 수원이 도시와 가까우면 유리하지만, 도시 가운데에 위치할 필요는 없다.

■2020년 1회_2회 통합■6. 저수시설의 유효저수량 결정방법이 아닌 것은?
① 합리식
② 물수지계산
③ 유량도표에 의한 방법
④ 유량누가곡선 도표에 의한 방법

해설] ① 합리식은 강우에 따른 유출량 결정방법이다.

■2019년 3회■7. 지표수를 수원으로 하는 경우의 상수시설 배치 순서로 가장 적합한 것은?
① 취수탑 → 침사지 → 응집침전지 → 여과지 → 배수지
② 취수구 → 약품침전지 → 혼화지 → 여과지 → 배수지
③ 집수매거 → 응집침전지 → 침사지 → 여과지 → 배수지
④ 취수문 → 여과지 → 보통침전지 → 배수탑 → 배수관망

해설] ①
취수 - 침사 - 침전 - 여과 - 배수 - 급수
(집수매거는 지하수 취수시설이다.)

■2019년 2회■8. 수원(水源)에 관한 설명 중 틀린 것은?
① 심층수는 대지의 정화작용으로 인해 무균 또는 거의 이에 가까운 것이 보통이다.
② 용천수는 지하수가 자연적으로 지표로 솟아나온 것으로 그 성질은 대개 지표수와 비슷하다.
③ 복류수는 어느 정도 여과된 것이므로 지표수에 비해 수질이 양호하며, 대개의 경우 침전지를 생략할 수 있다.
④ 천층수는 지표면에서 깊지 않은 곳에 위치하여 공기의 투과가 양호하므로 산화작용이 활발하게 진행된다.

해설] ② 용천수는 지하수가 자연적으로 지표로 솟아나온 것으로 그 성질은 대개 지하수와 비슷하다.

■2019년 1회■9. 취수보에 설치된 취수구의 구조에서 유입속도의 표준으로 옳은 것은?
① 0.5 ~ 1.0cm/s
② 3.0 ~ 5.0cm/s
③ 0.4 ~ 0.8m/s
④ 2.0 ~ 3.0m/s

해설] ③ 취수보의 유입유속 0.4 ~ 0.8m/s

■2019년 1회■10. 그림은 유효저수량을 결정하기 위한 유량누가 곡선도이다. 이 곡선의 유효저수용량을 의미하는 것은?

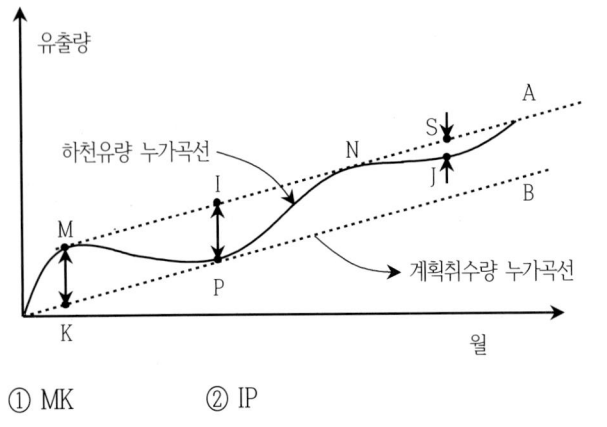

① MK   ② IP
③ SJ   ④ OP

해설] ② 유효저수용량은 저수위~상시만수위까지 용량(저장할 수 있는 용량으로 표현된 IP)
■ 저수지 용량
① 총저수용량(= 비활용 용량 + 활용 용량) : 0~홍수위까지 용량
② 비활용 용량 : 0~저수위까지 용량
③ 활용 용량 : 저수위~홍수위까지 용량
④ 초과용량 : 홍수위~최고수위까지 용량
⑤ 유효저수용량 : 저수위~상시만수위까지 용량

■2019년 1회■11. 수원의 구비요건에 대한 설명으로 옳지 않은 것은?
① 수량이 풍부해야 한다.
② 수질이 좋아야 한다.
③ 가능하면 낮은 곳에 위치해야 한다.
④ 상수 소비지에서 가까운 곳에 위치해야 한다.

해설] ③ 가급적 자연유하식을 이용할 수 있어야 하므로, 높은 곳에 위치하는 것이 좋다.
○ 수원의 구비조건
① 수량이 풍부하고 수질이 양호한 곳
② 수량과 수질의 변동이 적은 곳
③ 가급적 자연유하식을 이용할 수 있는 곳
④ 주위의 오염원이 없는 곳
⑤ 소비지와 가까운 곳

■2018년 3회■12. 수원 선정 시의 고려사항으로 가장 거리가 먼 것은?
① 갈수기의 수량   ② 갈수기의 수질
③ 장래 예측되는 수질의 변화   ④ 홍수 시의 수량

해서] ④
수원은 수량이 풍부하고 수질이 양호해야 한다.
갈수기에도 수량과 수질이 양호하게 유지되어야 한다.
장래에 수질악화의 우려가 없어야 한다.
홍수시의 수량은 사용되지 못하므로 검토할 필요가 없다.

■2018년 3회■13. 집수매거(infiltration galleries)에 관한 설명 중 옳지 않은 것은?
① 집수매거는 하천부지의 하상 밑이나 구하천 부지 등의 땅속에 매설하여 복류수나 자유수면을 갖는 지하수를 취수하는 시설이다.
② 철근콘크리트조의 유공관 또는 권선형 스크린관을 표준으로 한다.
③ 집수매거 내의 평균유속은 유출단에서 1m/s 이하가되도록 한다.
④ 집수매거의 집수개구부(공) 직경은 3~5cm를 표준으로하고, 그 수는 관거표면적 1m² 당 5~10개로 한다.

해설] ④ 집수매거의 집수개구부(공) 직경은 1~2cm를 표준으로하고, 그 수는 관거표면적 1m² 당 20~30개로 한다.
○ 집수매거 : 복류수 취수를 목적, 집수공의 크기 10~20mm, 개수 20~30개/m², 유입속도 3cm/s, 유출속도 1m/s이하, 표준 매설깊이 5m, 구배 1/500 이하

■2017년 3회■14. 취수보의 취수구에서의 표준 유입속도는?
① 0.3~0.6m/s   ② 0.4~0.8m/s
③ 0.5~1.0m/s   ④ 0.6~1.2m/s

해설] ②
취수보(취수언)의 유입속도 0.4~0.8m/s

■2017년 3회■15. Ripple's method에 의하여 저수지 용량을 결정하려고 할 때 그림에서 최대 갈수량을 대비한 저수개시 지점은? (단, $\overline{AB}$, $\overline{CD}$, $\overline{EF}$, $\overline{GH}$, $\overline{OX}$와 평행)

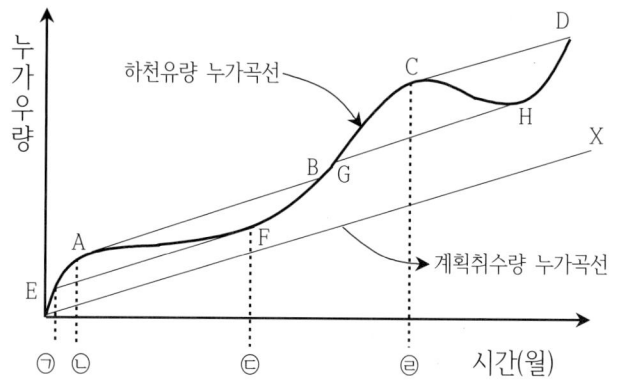

① ㉠시점
② ㉡시점
③ ㉢시점
④ ㉣시점

해설] ①
하천유량곡선의 꼭지점(A)에서 계획취수량곡선과 평행한 선(AB) 작도
→ AB선에서 하천유량곡선에 내린 점F에서 계획취수량곡선과 평행한 선(EF) 작도
→ 선EF와 하천유량곡선과 만나는 점 E에서 저수시작

■2017년 1회■16. 지하수를 취수하기 위한 시설이 아닌 것은?
① 취수틀
② 집수매거
③ 얕은 우물
④ 깊은 우물

해설] ① 취수틀은 지표수 취수시설

■2017년 1회■17. 상수 취수시설인 집수매거에 관한 설명으로 틀린 것은?
① 철근콘크리트조의 유공관 또는 권선형 스크린관을 표준으로 한다.
② 집수매거의 경사는 수평 또는 흐름방향으로 향하여 완경사로 설치한다.
③ 집수매거의 유출단에서 매거내의 평균유속은 3m/s 이상으로 한다.
④ 집수매거는 가능한 직접 지표수의 영향을 받지 않도록 매설깊이는 5m 이상으로 하는 것이 바람직하다.

해설] ③ 집수매거의 유출단에서 매거 내의 1m/s 이하로 한다.
[집수매거]
집수공의 크기 10~20mm, 개수 20~30개/m²
유입속도 3cm/s, 유출속도 1m/s이하
표준 매설깊이 5m
구배 1/500 이하

문제유형4   수질

■2022년 2회■1. pH가 5.6에서 4.3으로 변화할 때 수소이온 농도는 약 몇 배가 되는가?
① 약 13배
② 약 15배
③ 약 17배
④ 약 20배

해설] ④

pH는 수소이온농도의 10의 지수로 표현되므로, $\dfrac{10^{5.6}}{10^{4.3}} = 19.95$

■2022년 2회■2. 저수지에서 식물성 플랑크톤의 과도성장에 따라 부영양화가 발생될 수 있는데, 이에 대한 가장 일반적인 지표 기준은?
① COD 농도
② 색도
③ BOD와 DO 농도
④ 투명도(Secchi disk depth)

해설] ④ 투명도는 부영향화의 일반적인 지표기준이다.

■2021년 3회■3. 우리나라 먹는 물 수질기준에 대한 내용으로 틀린 것은?
① 색도는 2도를 넘지 아니할 것
② 페놀은 0.005 mg/L를 넘지 아니할 것
③ 암모니아성 질소는 0.5mg/L 넘지 아니할 것
④ 일반세균은 1mL 중 100CFU을 넘지 아니할 것

해설] ① 색도는 5도를 넘지 아니할 것

■2021년 3회■4. 호소의 부영양화에 관한 설명으로 옳지 않은 것은?
① 부영양화의 원인물질은 질소와 인 성분이다.
② 부영양화는 수심이 낮은 호소에서도 잘 발생된다.
③ 조류의 영향으로 물에 맛과 냄새가 발생되어 정수에 어려움을 유발시킨다.
④ 부영양화된 호소에서는 조류의 성장이 왕성하여 수심이 깊은 곳까지 용존산소농도가 높다.

해설] ④ 부영양화된 호소에서는 사멸된 조류의 분해작용으로, 심층수부터 용존산소가 줄어든다.

■2021년 2회■5. 호수의 부영양화에 대한 설명으로 틀린 것은?
① 부영양화는 정체성 수역의 상층에서 발생하기 쉽다.
② 부영양화된 수원의 상수는 냄새로 인하여 음료수로 부적당하다.
③ 부영양화로 식물성 플랑크톤의 번식이 증가되어 투명도가 저하된다.
④ 부영양화로 생물활동이 활발하여 깊은 곳의 용존산소가 풍부하다.

해설] ④ 사멸된 조류의 분해로 인해 심층수부터 용존산소가 감소한다.

■2021년 2회■6. 먹는 물의 수질기준 항목에서 다음 특성을 갖고 있는 수질기준항목은?

- 수질기준은 10mg/L를 넘지 아니할 것
- 하수, 공장폐수, 분뇨 등과 같은 오염물의 유입에 의한 것으로 물의 오염을 추정하는 지표항목
- 유아에게 청색증 유발

① 불소 ② 대장균군
③ 질산성질소 ④ 과망간산칼륨 소비량

해설] ③ 질산성 질소는 유아에게 청색증을 유발한다.
○ 청색증 : 오염된 물 속의 질산염(NO_3)이 헤모글로빈과 결합해 혈액의 산소공급 기능을 방해하는 증상

■2021년 2회■7. 정수시설 내에서 조류를 제거하는 방법 중 약품으로 조류를 산화시켜 침전처리 등으로 제거하는 방법에 사용되는 것은?
① Zeolite ② 황산구리
③ 과망간산칼륨 ④ 수산화나트륨

해설] ② 황산구리($CuSO_4$)와 염산구리($CuCl_3$) 살포하여 질소와 인의 유입을 억제하면 조류에 의한 적조현상을 방지할 수 있다.

■2021년 1회■8. 유량이 100,000m³/d이고 BOD가 2mg/L인 하천으로 유량 1,000m³/d, BOD 100mg/L인 하수가 유입된다. 하수가 유입된 후 혼합된 BOD의 농도는?
① 1.97mg/L ② 2.97mg/L
③ 3.97mg/L ④ 4.97mg/L

해설] ②
혼합수의 BOD농도 : 가중평균법 적용
$$\frac{100\times2+1\times100}{100+1}=2.97mg/L$$

■2021년 1회■9. 자연수 중 지하수의 경도(硬度)가 높은 이유는 어떤 물질이 지하수에 많이 함유되어 있기 때문인가?
① O_2 ② CO_2
③ NH_3 ④ Colloid

해설] ②
빗물이 토양층을 통과하면서 CO_2를 용해하여 염기성 물질인 석회암을 용해한다.

■2020년 4회■10. 경도가 높은 물을 보일러 용수로 사용할 때 발생되는 주요 문제점은?
① Cavitation ② Scale 생성
③ Priming 생성 ④ Foaming 생성

해설] ② 경도가 높은 물은 석회 등으로 인해, 관로 내에 scale이 생성될 우려가 크다.

■2020년 4회■11. 수질오염 지표항목 중 COD에 대한 설명으로 옳지 않은 것은?
① $NaNO_3$, SO_2^-는 COD값에 영향을 미친다.
② 생물분해 가능한 유기물도 COD로 측정할 수 있다.
③ COD는 해양오염이나 공장폐수의 오염지표로 사용된다.
④ 유기물 농도값은 일반적으로 COD > TOD > TOC > BOD이다.

해설] ④ 유기물 농도값은 일반적으로 TOD > COD > TOC > BOD이다.

■2020년 3회■12. 조류(algae)가 많이 유입되면 여과지를 폐쇄시키거나 물에 맛과 냄새를 유발시키기 때문에 이를 제거해야 하는데, 조류제거에 흔히 쓰이는 대표적인 약품은?
① $CaCO_3$ ② $CuSO_4$
③ $KMnO_4$ ④ $K_2Cr_2O_7$

해설] ② 조류유입으로 인한 적조현상에 대한 대책으로, 황산구리($CuSO_4$)와 염산구리($CuCl_3$) 살포한다.

■2020년 1회_2회 통합■13. 먹는 물에 대장균이 검출될 경우 오염수로 판정되는 이유로 옳은 것은?
① 대장균은 병원균이기 때문이다.
② 대장균은 반드시 병원균과 공존하기 때문이다.
③ 대장균은 번식 시 독소를 분비하여 인체에 해를 끼치기 때문이다.
④ 사람이나 동물의 체내에 서식하므로 병원성 세균의 존재 추정이 가능하기 때문이다.

해설] ④ 대장균은 사람이나 동물의 체내에 서식하여, 먹는 물 내의 병원균 존재 확인이 가능하기 때문이다.

■2019년 3회■14. 호수의 부영양화에 대한 설명으로 옳지 않은 것은?
① 부영양화의 주된 원인물질은 질소와 인이다.
② 조류의 이상증식으로 인하여 물의 투명도가 저하된다.
③ 조류의 발생이 과다하면 정수공정에서 여과지를 폐색시킨다.
④ 조류제거 약품으로는 일반적으로 황산알루미늄을 사용한다.

해설] ④ 조류증식을 억제하기 위해 황산동 및 염소제 살포을 사용한다.

■2019년 3회■15. 어느 하천의 자정작용을 나타낸 아래 용존 산소 곡선을 보고 어떤 물질이 하천으로 유입되었다고 보는 것이 가장 타당한가?

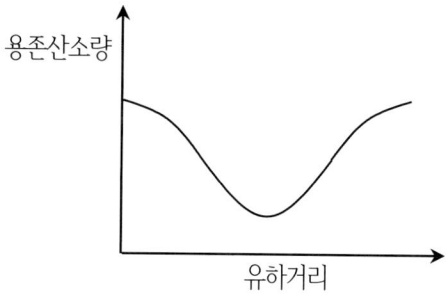

① 생활하수
② 질산성질소
③ 농도가 매우 낮은 폐알칼리
④ 농도가 매우 낮은 폐산(廢散)

해설] ①
용존산소부족곡선은 유기물의 하천유입에 따른 용존산소 변화를 표현한다. 생활하수에는 유기물이 포함되어 있다.

■2019년 3회■16. 먹는 물의 수질기준 항목인 화학물질과 분류 항목의 조합이 옳지 않은 것은?
① 황산이온 - 심미적
② 염소이온 - 심미적
③ 질산성질소 - 심미적
④ 트리클로로에틸렌 - 건강

해설] ③ 질산성질소 - 건강
먹는물 수질기준은, 미생물, 건강상 유해한 무기 및 유기물질, 소독물질, 심미적물질, 방사능물질로 구분되어 있다.

■2019년 2회■17. 호수나 저수지에 대한 설명으로 틀린 것은?
① 여름에는 성층을 이룬다.
② 가을에는 순환(turn over)을 한다.
③ 성층은 연직방향의 밀도차에 의해 구분된다.
④ 성층 현상이 지속되면 하층부의 용존산소량이 증가한다.

해설] ④ 여름(겨울)에 성층 현상이 주로 발생하고, 이로 인해 하층부의 용존산소량이 감소한다.

■2019년 2회■18. BOD 200 mg/L, 유량 600 m³/day 인 어느 식료품 공장폐수가 BOD 10 mg/L, 유량 2 m³/s 인 하천에 유입한다. 폐수가 유입되는 지점으로부터 하류 15 km지점의 BOD는? (단, 다른 유입원은 없고, 하천의 유속은 0.05 m/s, 20℃ 탈산소계수(K_1) =0.1/day 이고, 상용대수, 20℃ 기준이며 기타 조건은 고려하지 않음)
① 4.79 mg/L
② 5.39 mg/L
③ 7.21 mg/L
④ 8.16 mg/L

해설] ①
가중평균법에 의해, 하천의 BOD농도는
$$\frac{200 \times 10^3 \times 600 + 10 \times 10^3 \times 2 \times 3600 \times 24}{600 + 2 \times 3600 \times 24}$$
$$= 19.657 \times 10^3 mg/m^3 = 10.657 mg/L$$

경과시간 $t = \frac{15 \times 10^3}{0.05} = 300 \times 10^3 \sec = 3.472 day$

t 일 경과 후 BOD : $BOD_t = BOD_o \times 10^{-kt}$
$= 10.657 \times 10^{-0.1 \times 3.472} = 4.791 mg/L$

■2019년 2회■19. 다음 설명 중 옳지 않은 것은?
① BOD가 과도하게 높으면 DO는 감소하며 악취가 발생된다.
② BOD, COD는 오염의 지표로서 하수 중의 용존산소량을 나타낸다.
③ BOD는 유기물이 호기성 상태에서 분해·안정화 되는데 요구되는 산소량이다.
④ BOD는 보통 20℃에서 5일간 시료를 배양했을 때 소비된 용존산소량으로 표시된다.

해설] ② BOD, COD는 오염의 지표로서, 산화에 필요한 산소요구량을 나타낸다.

■2019년 1회■20. 정수장으로 유입되는 원수의 수역이 부영양화 되어 녹색을 띠고 있다. 정수방법에서 고려할 수 있는 가장 우선적인 방법으로 적합한 것은?
① 침전지의 깊이를 깊게 한다.
② 여과사의 입경을 작게 한다.
③ 침전지의 표면적을 크게 한다.
④ 마이크로 스트레이너로 전처리 한다.

해설] ④ 부영양화의 처리방법으로 사용되는 마이크로 스트레이너는 회전식 드럼 내에 스테인레스 미세구멍의 그물로 여과하는 장치로, 설치면적에 비해 대량을 물을 처리할 수 있다.

■2018년 3회■21. 대장균군의 수를 나타내는 MPN(최확수)에 대한 설명으로 옳은 것은?
① 검수 1mL 중 이론상 있을 수 있는 대장균군의 수
② 검수 10mL 중 이론상 있을 수 있는 대장균군의 수
③ 검수 50mL 중 이론상 있을 수 있는 대장균군의 수
④ 검수 100mL 중 이론상 있을 수 있는 대장균군의 수

해설] ④
MPN : 검수 100mL 중 이론상 있을 수 있는 대장균군의 수
(참고 : 수질검사시 대장균검사는 검수 100mL에 대해 수행한다.)

■2018년 2회■22. 수질오염 지표항목 중 COD에 대한 설명으로 옳지 않은 것은?
① COD는 해양오염이나 공장폐수의 오염지표로 사용된다.
② 생물분해 가능한 유기물도 COD로 측정할 수 있다.
③ NaNO2, SO-2는 COD값에 영향을 미친다.
④ 유기물 농도값은 일반적으로 COD > TOD > TOC > BOD이다.

해설] ④ 유기물 농도값은 일반적으로 TOD > COD > TOC > BOD이다.

■2018년 2회■23. 호수의 부영양화에 대한 설명으로 틀린 것은?
① 부영양화는 정체성 수역의 상층에서 발생하기 쉽다.
② 부영양화된 수원의 상수는 냄새로 인하여 음료수로 부적당하다.
③ 부영양화로 식물성 플랑크톤의 번식이 증가되어 투명도가 저하된다.
④ 부영양화로 생물활동이 활발하여 깊은 곳의 용존산소가 풍부하다.

해설] ④ 사멸된 조류의 분해로 인해 심층수부터 용존산소가 감소한다.

■2017년 2회■24. 용존산소 부족곡선(DO Sag Curve)에서 산소의 복귀율(회복속도)이 최대로 되었다가 감소하기 시작하는 점은?
① 임계점
② 변곡점
③ 오염 직후 점
④ 포화 직전 점

해설] ②
변곡점 : 산소 복귀율이 가장 큰 지점
임계점 : 용존산소량이 최소가 되는 점

■2017년 2회■25. 유량이 100,000m³/d이고 BOD가 2mg/L인 하천으로 유량 1,000m³/d, BOD 100mg/L인 하수가 유입된다. 하수가 유입된 후 혼합된 BOD의 농도는?
① 1.97mg/L
② 2.97mg/L
③ 3.97mg/L
④ 4.97mg/L

해설] ②
혼합수의 BOD농도 : 가중평균법 적용
$$\frac{100 \times 2 + 1 \times 100}{100 + 1} = 2.97 mg/L$$

■2017년 2회■26. 호수나 저수지에서 발생되는 성층현상의 원인과 가장 관계가 깊은 요소는?
① 적조현상
② 미생물
③ 질소(N), 인(P)
④ 수온

해설] ④
성층현상은 여름과 겨울에 주로 발생한다.

■2017년 2회■27. 수질시험 항목에 관한 설명으로 옳지 않은 것은?
① DO(용존산소) 물속에 용해되어 있는 분자상의 산소를 말하며 온도가 높을수록 DO농도는 감소한다.
② COD(화학적 산소요구량)는 수중의 산화 가능한 유기물이 일정 조건에서 산화제에 의해 산화되는데 요구되는 산소량을 말한다.
③ 잔류염소는 처리수를 염소소독하고 남은 염소로 차아염소산이온과 같은 유리잔류염소와 클로라민 같은 결합잔류염소를 말한다.
④ BOD(생물화학적 산소요구량)는 수중 유기물이 혐기성 미생물에 의해 3일간 분해될 때 소비되는 산소량을 ppm으로 표시한 것이다.

해설] ④ BOD(생물화학적 산소요구량)는 수중 유기물이 호기성 미생물에 의해 5일간 분해될 때 소비되는 산소량을 ppm으로 표시한 것이다.

■2017년 1회■28. 하천수의 5일간 BOD(BOD_5)에서 주로 측정되는 것은?
① 탄소성 BOD
② 질소성 BOD
③ 산소성 BOD 및 질소성 BOD
④ 탄소성 BOD 및 산소성 BOD

해설] ①
1단계 BOD(BOD_5) : 탄소계 BOD
2단계 BOD(BOD_u) : 질소계 BOD

문제유형5 상수관로

■2022년 2회■1. 배수관망의 구성방식 중 격자식과 비교한 수지상식의 설명으로 틀린 것은?
① 수리계산이 간단하다.
② 사고 시 단수구간이 크다.
③ 제수밸브를 많이 설치해야 한다.
④ 관의 말단부에 물이 정체되기 쉽다.

해설] ③ 격자식에서는 제수밸브를 많이 설치해야 한다.

■2021년 2회■2. 배수관의 갱생공법으로 기존 관내의 세척(cleaning)을 수행하는 일반적인 공법으로 옳지 않은 것은?
① 제트(jet) 공법
② 실드(shield) 공법
③ 로터리(rotary) 공법
④ 스크레이퍼(scraper) 공법

해설] ②
쉴드공법은 연약지반 터널굴착공법이다.
노후관 갱생공법 : 제트 공법, 로터리 공법, 스크레퍼 공법 등

■2021년 1회■3. 도수관을 설계할 때 자연유하식인 경우에 평균 유속의 허용한도로 옳은 것은?
① 최소한도 0.3m/s, 최대한도 3.0m/s
② 최소한도 0.1m/s, 최대한도 2.0m/s
③ 최소한도 0.2m/s, 최대한도 1.5m/s
④ 최소한도 0.5m/s, 최대한도 1.0m/s

해설] ①
도수관은 침전물의 퇴적을 방지하기 위해 최소 0.3m/s 이상, 관내 마모를 방지하기 위해 3m/s 이하의 유속이 되도록 제한한다.

■2020년 4회■4. 도수관로에 관한 설명으로 틀린 것은?
① 도수관거 동수경사의 통상적인 범위는 1/1,000~1/3,000이다.
② 도수관의 평균유속은 자연유하식인 경우에 허용최소한도를 0.3m/s로 한다.
③ 도수관의 평균유속은 자연유하식인 경우에 최대한도를 3.0m/s로 한다.
④ 관경의 산정에 있어서 시점의 고수위, 종점의 저수위를 기준으로 동수경사를 구한다.

해설] ④ 관경의 산정에 있어서 시점의 저수위, 종점의 고수위를 기준으로 동수경사를 구한다.

■2020년 3회■5. 배수지의 적정 배치와 용량에 대한 설명으로 옳지 않은 것은?
① 배수 상 유리한 높은 장소를 선정하여 배치한다.
② 용량은 계획1일최대급수량의 18시간분 이상을 표준으로 한다.
③ 시설물의 배치에는 가능한 한 안정되고 견고한 지반의 장소를 선정한다.
④ 가능한 한 비상시에도 단수없이 급수할 수 있도록 배수지 용량을 설정한다.

해설] ② 용량은 계획1일최대급수량의 8~12시간분을 표준으로 한다.

■2020년 3회■6. 상수도 계통의 도수시설에 관한 설명으로 옳은 것은?
① 수원에서 취한 물을 정수장까지 운반하는 시설을 말한다.
② 정수 처리된 물을 수용가에게 공급하는 시설을 말한다.
③ 적당한 수질의 물을 수원지에서 모아서 취하는 시설을 말한다.
④ 정수장에서 정수 처리된 물을 배수지까지 보내는 시설을 말한다.

해설] ① 도수 : 취수장→정수장
② 급수
③ 취수장
④ 송수 : 정수장→배수지
(수용가 : 물을 소비하는 곳으로 가정이나 공장 등)

■2020년 3회■7. 다음 상수도관의 관종 중 내식성이 크고 중량이 가벼우며 손실수두가 적으나 저온에서 강도가 낮고 열이나 유기용제에 약한 것은?
① 흄관   ② 강관
③ PVC관 ④ 석면 시멘트관

해설] ③
PVC는 열과 처짐에 취약하다.

■2020년 1회_2회 통합■8. 배수 및 급수시설에 관한 설명으로 틀린 것은?
① 배수본관은 시설의 신뢰성을 높이기 위해 2개열 이상으로 한다.
② 배수지의 건설에는 토압, 벽체의 균열, 지하수의 부상, 환기 등을 고려한다.
③ 급수관 분기지점에서 배수관 내의 최대정수압은 1000kPa이상으로 한다.
④ 관로공사가 끝나면 시공의 적합 여부를 확인하기 위하여 수압시험 후 통수한다.

해설] ③ 급수관 분기지점에서 배수관 내의 최대정수압은 700kPa 이상으로 한다.

■2019년 3회■9. 상수도 관로 시설에 대한 설명 중 옳지 않은 것은?
① 배수관 내의 최소 동수압은 150 kPa이다.
② 상수도의 송수방식에는 자연유하식과 펌프가압식이 있다.
③ 도수거가 하천이나 깊은 계곡을 횡단할 때는 수로교를 가설한다.
④ 급수관을 공공도로에 부설할 경우 다른 매설물과의 간격을 15cm 이상 확보한다.

해설] ④
○ 상수관 매설
0.9m 이상 매설 (보도부에 매설하는 경우)
1.2m 이상 매설 (관경 900mm 이하)
1.5m 이상 매설 (관경 1,000mm 이하)
한랭지에서는 동결심도보다 200mm 이상 깊게 매설
다른 지하매설물과 0.3m 이상 이격
오수관 보다는 높게 매설

■2019년 2회■10. 도수 및 송수관을 자연유하식으로 설계할 때 평균유속의 허용최대한도는?
① 0.3 m/s ② 3.0 m/s
③ 13.0 m/s ④ 30.0 m/s

해설] ②
상수도 도수 및 송수관이 유속범위 0.3~3.0m/s

■2019년 1회■11. 도수 및 송수 관로 내의 최소 유속을 정하는 주요 이유는?
① 관로 내면의 마모를 방지하기 위하여
② 관로 내 침전물의 퇴적을 방지하기 위하여
③ 양정에 소모되는 전력비를 절감하기 위하여
④ 수격작용이 발생할 가능성을 낮추기 위하여

해설] ②

최소한도	0.3m/s	침전물 퇴적방지
최대한도	3.0m/s	관내 마모방지

■2019년 1회■12. 도수 및 송수관로 계획에 대한 설명으로 옳지 않은 것은?
① 비정상적 수압을 받지 않도록 한다.
② 수평 및 수직의 급격한 굴곡을 많이 이용하여 자연유하식이 되도록 한다.
③ 가능한 한 단거리가 되도록 한다.
④ 가능한 한 적은 공사비가 소요되는 곳을 택한다.

해설] ② 가급적 수평 및 수직의 급격한 굴곡없이 자연유하식이 되도록 한다.

■2018년 3회■13. 하수관로의 접합 중에서 굴착 깊이를 얕게하여 공사비용을 줄일 수 있으며, 수위상승을 방지하고 양정고를 줄일 수 있어 펌프로 배수하는 지역에 적합한 방법은?
① 관정접합 ② 관저접합
③ 수면접합 ④ 관중심접합

해설] ②
[관저접합] - 관저를 일치시키는 접합
○ 굴착깊이가 얕아 공사비 절감
○ 수위상승 방지, 양정고 감소
○ 상류부에서는 동수경사보다 관정이 높아질 우려가 있다.
○ 수리학적으로 가장 부적절하지만 가장 경제적인 접합방법

■2018년 2회■14. 상수도 배수관망 중 격자식 배수관망에 대한 설명으로 틀린 것은?
① 물이 정체하지 않는다.
② 사고시 단수구역이 작아진다.
③ 수리계산이 복잡하다.
④ 제수밸브가 적게 소요되며 시공이 용이하다.

해설] ④ 제수밸브가 많이 소요되며 건설비용이 고가이고 시공이 불리하다.

■2018년 1회■15. 배수관망의 구성방식 중 격자식과 비교한 수지상식의 설명으로 틀린 것은?
① 수리계산이 간단하다.
② 사고 시 단수구간이 크다.
③ 제수밸브를 많이 설치해야 한다.
④ 관의 말단부에 물이 정체되기 쉽다.

해설] ③ 격자식에서는 제수밸브를 많이 설치해야 한다.

■2017년 3회■16. 상수도 배수관에 사용하는 관 종류와 특징으로 옳지 않은 것은?
① 경질폴리염화비닐(PVC)관은 내구성이 크고 유기용제, 열 및 자외선에 강하다
② 덕타일주철관은 강도가 커서 충격에 강하나 비교적 무겁다.
③ 강관은 내압 및 충격에 강하나 부식에 약하며 처짐이 크다
④ 스테인리스강관은 강도가 크지만 다른 금속과의 절연처리가 필요하다.

해설] ① 경질폴리염화비닐(PVC)관은 열과 처짐에 취약하다.

■2017년 3회■17. 도수거에 대한 설명으로 틀린 것은?
① 개거나 암거인 경우에는 대개 30~50m 간격으로 시공조인트를 겸한 신축조인트를 설치한다.
② 개수로의 평균유속 공식 Manning공식을 주로 사용한다.
③ 도수거에서 평균유속의 최대한도는 5m/s로 한다.
④ 도수거의 최소유속은 0.3m/s로 한다.

해설] ③ 도수거에서 평균유속의 최대한도는 3m/s로 한다.
[도수관거 내 유속제한]

최소한도	0.3m/s	침전물 퇴적방지
최대한도	3.0m/s	관내 마모방지

■2017년 2회■18. 관망에서 등치관에 대한 설명으로 옳은 것은?
① 관의 직경이 같은 관을 말한다.
② 유속이 서로 같으면서 관의 직경이 다른 관을 말한다.
③ 수두손실이 같으면서 관의 직경이 다른 관을 말한다.
④ 수원과 수질이 같은 주관과 지관을 말한다.

해설] ③
등치관 : 수두손실이 같으면서 관의 직경이 다른 관

■2017년 2회■19. 도수 및 송수관로 중 일부분이 동수경사선보다 높은 경우 조치할 수 있는 방법으로 옳은 것은?
① 상류 측에 대해서는 관경을 작게 하고, 하류 측에 대해서는 관경을 크게 한다.
② 상류 측에 대해서는 관경을 작게 하고, 하류측에 대해서는 접합정을 설치한다.
③ 상류 측에 대해서는 관경을 크게 하고, 하류 측에 대해서는 관경을 작게 한다.
④ 상류 측에 대해서는 접합정을 설치하고, 하류 측에 대해서는 관경을 크게 한다.

해설] ③
■ 도수관 노선선정 원칙 및 고려사항
○ 공공도로 및 수도용지를 활용
○ 급격한 굴곡은 가급적 회피(최소동수구배선 아래로 유지)
○ 상류측 관경 확대/하류측 관경 축소 ⇒ 동수구배선 상승
(통상적인 동수구배 1/1,000~1/3,000)
○ 인위적인 동수구배선 상승 ⇒ 관내 압력 감소 필요(접합정, 감압밸드 설치)

■2017년 2회■20. 급수방법에는 고가수조식과 압력수조식이 있다. 압력수조식을 고가수조식과 비교한 설명으로 옳지 않은 것은?
① 조작 상에 최고·최저의 압력차가 적고, 큰수압의 변동 폭이 적다.
② 큰 설비에는 공기 압축기를 설치해서 때때로 고익를 보급하는 것이 필요하다.
③ 취급이 비교적 어렵고 고장이 많다.
④ 저수량이 비교적 적다.

해설] ① 고가수조식에 대한 설명

■2017년 1회■21. 급수관의 배관에 대한 설비기준으로 옳지 않은 것은?
① 급수관을 부설하고 되메우기를 할 때에는 양질토 또는 모래를 사용하여 적절하게 다짐한다.
② 동결이나 결로의 우려가 있는 급수장치의 노출부에 대해서는 적절한 방한 장치가 필요하다.
③ 급수관의 부설은 가능한 한 배수관에서 분기하여 수도계량기 보호통까지 직선으로 배관한다.
④ 급수관을 지하층에 배관할 경우에는 가급적 지수밸브와 역류방지장치를 설치하지 않는다.

해설] ④ 급수관을 지하층에 배관할 경우에는 지수밸브와 역류방지장치의 설치가 필요하다.

문제유형6 상수관로 부대시설

■2022년 2회■1. 교차연결(cross connection)에 대한 설명으로 옳은 것은?
① 2개의 하수도관이 90°로 서로 연결된 것을 말한다.
② 상수도관과 오염된 오수관이 서로 연결된 것을 말한다.
③ 두 개의 하수관로가 교차해서 지나가는 구조를 말한다.
④ 상수도관과 하수도관이 서로 교차해서 지나가는 것을 말한다.

해설] ②
[교차연결]
음용수를 공급하고 있는 어떤 수도와 음용에 대한 안전성에 의심이 있는 다른 계통의 수도와의 사이에 관 등이 직·간접적으로 연결되는 것

■2021년 3회■2. 상수도 시설 중 접합정에 관한 설명으로 옳지 않은 것은?
① 철근콘크리트조의 수밀구조로 한다.
② 내경은 점검이나 모래반출을 위해 1m 이상으로 한다.
③ 접합정의 바닥을 얕은 우물 구조로 하여 접수하는 예도 있다.
④ 지표수나 오수가 침입하지 않도록 맨홀을 설치하지 않는 것이 일반적이다.
해설] ④ 접합정에는 유지관리를 목적으로 맨홀을 설치한다.

■2019년 2회■3. 상수도 시설 중 접합정에 관한 설명으로 옳은 것은?
① 상부를 개방하지 않은 수로시설
② 복류수를 취수하기 위해 매설한 유공관로 시설
③ 배수지 등의 유입수의 수위조절과 양수를 위한 시설
④ 관로의 도중에 설치하여 주로 관로의 수압을 조절할 목적으로 설치하는 시설

해설] ④
접합정 : 수로의 합류, 관수로에서 개수로 변화지점 등에서 수압이나 유속을 조절할 목적으로 설치

■2018년 1회■4. 상수시설 중 가장 일반적인 장방형 침사지의 표면부하율의 표준으로 옳은 것은?
① 50~150mm/min
② 200~500mm/min
③ 700~1000mm/min
④ 1000~1250mm/min

해설] ② 상수도 침사지의 표면부하율 : 200~500mm/min

■2017년 2회■5. 하수관거 직선부에서 맨홀(Man hole)의 관경에 대한 최대 간격의 표준으로 옳은 것은?
① 관경 600mm 이하의 경우 최대간격 50m
② 관경 600mm 초과 1000mm 이하의 경우 최대 간격 100m
③ 관경 1000mm 초과 1500mm 이하의 경우 최대간격 125m
④ 관경 1650mm 이상의 경우 최대간격 150m

해설] ②

관경(mm)	300이하	600이하	1,000이하	1,500이하	1,650이상
최대간격(m)	50	75	100	150	200

■2017년 1회■6. 접합정(接合井:Junction well)에 대한 설명으로 옳은 것은?
① 수로에 유입한 토사류를 침전시켜서 이를 제거하기 위한 시설
② 종류가 다른 도수관 또는 도수거의 연결 시, 도수관 또는 도수거의 수압을 조정하기 위하여 그 도중에 설치하는 시설
③ 양수장이나 배수시에서 유입수의 수위조절과 양수를 위하여 설치한 작은 우물
④ 배수지의 유입지점과 유출지점의 부근에 수질을 감시하시 위하여 설치하는 시설

해설] ②
접합정 : 수로의 합류, 관수로에서 개수로 변화지점 등에서 수압이나 유속을 조절할 목적으로 설치

문제유형7   정수장 시설

■2022년 2회■1. 침전지의 수심이 4m이고 체류시간이 1시간일 때 이 침전지의 표면부하율(Surface loading rate)은?
① 48 $m^3/m^2 \cdot d$
② 72 $m^3/m^2 \cdot d$
③ 96 $m^3/m^2 \cdot d$
④ 108 $m^3/m^2 \cdot d$

해설] ③
표면부하율
$$V_o = \frac{Q}{A} = \frac{h_e}{t} = \frac{4}{1} = 4m/hr = 4 \times 24 = 96 m/day$$

■2022년 2회■2. 정수처리 시 트리할로메탄 및 곰팡이 냄새의 생성을 최소화하기 위해 침전지가 여과지 사이에 염소제를 주입하는 방법은?
① 전염소처리
② 중간염소처리
③ 후염소처리
④ 이중염소처리

해설] ②

구분	전염소	중간염소	후염소(일반적 경우)
목적	산화, 분배	THM, 곰팡이 냄새 최소화	소독
위치	착수정 전	침전지와 여과지 사이	최종

■2022년 2회■3. 정수장의 소독 시 처리수량이 10,000m^3/d 인 정수장에서 염소를 5mg/L의 농도로 주입할 경우 잔류염소농도가 0.2mg/L이었다. 염소요구량은? (단, 염소의 순도는 80% 이다.)
① 24 kg/d
② 30 kg/d
③ 48 kg/d
④ 60 kg/d

해설] ④
사용된 염소 5-0.2 = 4.8mg/L 이고, 순도가 80%이므로,
$$\frac{4.8 \times 10^4}{0.8} = 60 kg/d \quad (참조\ mg/L = g/m^3)$$

■2022년 1회■4. 상수도의 정수공정에서 염소소독에 대한 설명으로 틀린 것은?
① 염소살균은 오존살균에 비해 가격이 저렴하다.
② 염소소독의 부산물로 생성되는 THM은 발암성이 있다.
③ 암모니아성질소가 많은 경우에는 클로라민이 형성된다.
④ 염소요구량은 주입염소량과 유리 및 결합잔류염소량의 합이다.

해설] ④ 주입염소량은 염소요구량과 유리 및 결합잔류염소량의 합이다.

■2022년 1회■5. 원수수질 상황과 정수수질 관리목표를 중심으로 정수방법을 선정할 때 종합적으로 검토하여야 할 사항으로 틀린 것은?
① 원수수질
② 원수시설의 규모
③ 정수시설의 규모
④ 정수수질의 관리목표

해설] ② 원수시설의 규모는 해당사항이 아니다.

■2022년 1회■6. 다음 중 저농도 현탁입자의 침전형태는?
① 단독침전
② 응집침전
③ 지역침전
④ 압밀침전

해설] ① 부유물질 입자의 농도가 낮은 상태에서, 응결되지 않은 입자가 다른 입자와 상호 방해없이 침전하는 형태

■2022년 1회■7. 염소 소독 시 생성되는 염소성분 중 살균력이 가장 강한 것은?
① OCl-
② HOCl
③ $NHCl_2$
④ NH_2Cl

해설] ②
살균력 : 차아염소산 > 염소산 이온 > 클로라민
OCl- : 염소산 이온
HOCl : 차아염소산
$NHCl_2$, NH_2Cl : 클로라민

■2022년 1회■8. 정수처리의 단위 조작으로 사용되는 오존처리에 관한 설명으로 틀린 것은?
① 유기물질의 생분해성을 증가시킨다.
② 염소주입에 앞서 오존을 주입하면 염소의 소비량을 감소시킨다.
③ 오존은 자체의 높은 산화력으로 염소에 비하여 높은 살균력을 가지고 있다.
④ 인의 제거능력이 뛰어나고 수온이 높아져도 오존 소비량은 일정하게 유지된다.

해설] ④ 수온이 높아지면 오존 소비량이 증가한다.

■2021년 3회■9. 상수도에서 많이 사용되고 있는 응집제인 황산알루미늄에 대한 설명으로 옳지 않은 것은?
① 가격이 저렴하다.
② 독성이 없으므로 대량으로 주입할 수 있다.
③ 결정은 부식성이 없어 취급이 용이하다.
④ 철염에 비하여 플록의 비중이 무겁고 적정 pH의 폭이 넓다.

해설] ④ 철염에 비하여 플록이 가볍고 적정 pH의 폭이 좁다.

■2021년 2회■10. 정수지에 대한 설명으로 틀린 것은?
① 정수지 상부는 반드시 복개해야 한다.
② 정수지의 유효수심은 3~6m를 표준으로 한다.
③ 정수지의 바닥은 저수위보다 1m 이상 낮게 해야 한다.
④ 정수지란 정수를 저류하는 탱크로 정수시설로는 최종단계의 시설이다.

해설] ③ 정수지의 바닥은 저수위보다 15cm 이상 낮게 해야 한다.

■2021년 2회■11. 정수처리 시 염소소독 공정에서 생성될 수 있는 유해물질은?
① 유기물   ② 암모니아
③ 환원성 금속이온   ④ THM(트리할로메탄)

해설] ④ 염소소독 공정에서 THM이 생성될 수 있다.

■2021년 2회■12. 병원성미생물에 의하여 오염되거나 오염될 우려가 있는 경우, 수도꼭지에서의 유리잔류염소는 몇 mg/L 이상 되도록 하여야 하는가?
① 0.1 mg/L
② 0.4 mg/L
③ 0.6 mg/L
④ 1.8 mg/L

해설] ②
평상시에는 0.2ppm(mg/L) 이하
전염병 발생시에는 0.4ppm(mg/L) 이하

■2021년 1회■13. 정수장에서 응집제로 사용하고 있는 폴리염화알루미늄(PACl)의 특성에 관한 설명으로 틀린 것은?
① 탁도제거에 우수하며 특히 흥수 시 효과가 탁월하다.
② 최적 주입율의 폭이 크며, 과잉으로 주입하여도 효과가 떨어지지 않는다.
③ 물에 용해되면 가수분해가 촉진되므로 원액을 그대로 사용하는 것이 바람직하다.
④ 낮은 수온에 대해서도 응집효과가 좋지만 황산알루미늄과 혼합하여 사용하야 한다.

해설] ④

■2021년 1회■14. 완속여과지와 비교할 때, 급속여과시에 대한 설명으로 틀린 것은?
① 대규모처리에 적합하다.
② 세균처리에 있어 확실성이 적다.
③ 유입수가 고탁도인 경우에 적합하다.
④ 유지관리비가 적게 들고 특별한 관리기술이 필요치 않다.

해설] ④ 유지관리비가 많이 들고 특별한 관리기술이 필요하다.

■2021년 1회■15. 정수시설에 관한 사항으로 틀린 것은?
① 착수정의 용량은 체류시간을 5분 이상으로 한다.
② 고속응집침전지의 용량은 계획정수량의 1.5~2.0시간분으로 한다.
③ 정수지의 용량은 첨두수요대처용량과 소독접촉시간용량을 고려하여 최소 2시간분 이상을 표준으로 한다.
④ 플록형성지에서 플록형성시간은 계획정수량에 대하여 20~40분간을 표준으로 한다.

해설] ① 착수정의 용량은 체류시간을 1.5분 이상으로 한다.

■2020년 4회■16. 고속응집침전지를 선택할 때 고려하여야 할 사항으로 옳지 않은 것은?
① 처리수량의 변동이 적어야 한다.
② 탁도와 수온의 변동이 적어야 한다.
③ 원수 탁도는 10NTU 이상이어야 한다.
④ 최고 탁도는 10,000NTU 이하인 것이 바람직하다.

해설] ④ 최고 탁도는 1,000NTU 이하인 것이 바람직하다.

■2020년 4회■17. 침전지의 침전효율을 크게 하기 위한 조건과 거리가 먼 것은?
① 유량을 작게 한다.
② 체류시간을 작게 한다.
③ 침전지 표면적을 크게 한다.
④ 플록의 침강속도를 크게 한다.

해설] ② 체류시간을 길게 한다.

■2020년 4회■18. 여과면적이 1지당 120m²인 정수장에서 역세척과 표면세척을 6분/회씩 수행할 경우 1지당 배출되는 세척수량은? (단, 역세척 속도는 5m/분, 표면세척 속도는 4m/분이다.)
① 1,080m³/회
② 2,640m³/회
③ 4,920m³/회
④ 6,480m³/회

해설] ④
$Q = AV$에서,
$120 \times (5 \times 6 + 4 \times 6) = 6480 m^3/회$

■2020년 3회■19. 활성탄흡착 공정에 대한 설명으로 옳지 않은 것은?
① 활성탄흡착을 통해 소수성의 유기물질을 제거할 수 있다.
② 분말활성탄의 흡착능력이 떨어지면 재생공정을 통해 재활용한다.
③ 활성탄은 비표면적이 높은 다공성의 탄소질 입자로, 형상에 따라 입상활성탄과 분말활성탄으로 구분된다.
④ 모래여과 공정 전단에 활성탄흡착 공정을 두게 되면, 탁도 부하가 높아져서 활성탄 흡착효율이 떨어지므로 역세척을 자주 해야할 필요가 있다.

해설] ② 분말활성탄의 재사용이 불가능하다. (입상활성탄은 재사용 가능)

■2020년 3회■20. 다음 중 오존처리법을 통해 제거할 수 있는 물질이 아닌 것은?
① 철
② 망간
③ 맛·냄새물질
④ 트리할로메탄(THM)

해설] ④
트리할로메탄은 염소소독으로 인한 것으로, 오존으로 제거되지 않는다.

■2020년 3회■21. 알칼리도가 30mg/L의 물에 황산알루미늄을 첨가했더니 20mg/L의 알칼리도가 소비되었다. 여기에 Ca(OH)₂를 주입하여 알칼리도를 15mg/L로 유지하기 위해 필요한 Ca(OH)₂는? (단, Ca(OH)₂ 분자량 74, CaCO₃ 분자량 100)
① 1.2 mg/L
② 3.7 mg/L
③ 6.2 mg/L
④ 7.4 mg/L

해설] ②

Ca(OH)$_2$ 1mole(74g)에서, $2 \times 17 \times \frac{100/2}{17} = 100g$ 생성

$74 : x = 100 : 5$에서, $x = 3.7 \, mg/L$

■2020년 1회_2회 통합■22. 정수장 침전지의 침전효율에 영향을 주는 인자에 대한 설명으로 옳지 않은 것은?
① 수온이 낮을수록 좋다.
② 체류시간이 길수록 좋다.
③ 입자의 직경이 클수록 좋다.
④ 침전지의 수표면적이 클수록 좋다.

해설] ① 수온이 높을수록 좋다.

침전속도 $V_s = \frac{(\gamma_s - \gamma_w)d^2}{18\mu}$

표면부하율 $V_o = \frac{Q}{A} = \frac{h_e}{t}$

온도가 높으면 점성계수가 낮아져서 침전속도가 빨라진다.

■2020년 1회_2회 통합■23. 금속이온 및 염소이온(염화나트륨 제거율 93% 이상)을 제거할 수 있는 막여과공법은?
① 역삼투법   ② 나노여과법
③ 정밀여과법   ④ 한외여과법

해설] ①
역삼투압은 제거효율이 높은 막여과공법으로, 염화나트륨은 93% 이상 제거한다.

■2020년 1회_2회 통합■24. 정수 처리에서 염소소독을 실시할 경우 물이 산성일수록 살균력이 커지는 이유는?
① 수중의 OCl 감소   ② 수중의 OCl 증가
③ 수중의 HOCl 감소   ④ 수중의 HOCl 증가

해설] ④
낮은 pH(산성)에서는 HOCl, 높은 pH(염기성)에서는 H$^+$가 발생한다.

■2020년 1회_2회 통합■25. 상수도 취수시설 중 침사지에 관한 시설기준으로 틀린 것은?
① 길이는 폭의 3~8배를 표준으로 한다.
② 침사지의 체류시간은 계획취수량의 10~20분을 표준으로 한다.
③ 침사지의 유효수심은 3~4m를 표준으로 한다.
④ 침사지 내의 평균유속은 20~30cm/s를 표준으로 한다.

해설] ④ 침사지 내의 평균유속은 2~7cm/s를 표준으로 한다.

■2020년 1회_2회 통합■26. 정수장의 약품침전을 위한 응집제로서 사용되지 않는 것은?
① PACl
② 황산철
③ 활성탄
④ 황산알루미늄

해설] ③ 활성탄은 고도처리에 사용된다.

■2019년 3회■27. 다음과 같은 조건으로 입자가 복합되어 있는 플록의 침강속도를 Stokes의 법칙으로 구하면 전체가 흙 입자로 된 플록의 침강속도에 비해 침강속도는 몇 % 정도인가? (단, 비중이 2.5인 흙 입자의 전체부피 중 차지하는 부피는 50% 이고, 플록의 나머지 50% 부분의 비중은 0.9 이며, 입자의 지름은 10mm 이다.)

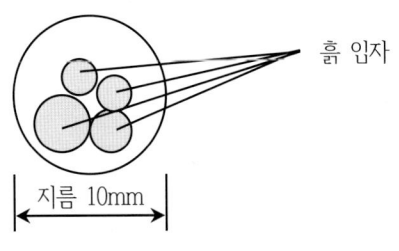

① 38%
② 48%
③ 58%
④ 68%

해설] ④

전체가 흙 입자인 경우 비중 2.5

50% 혼합 플록 전체 비중 $\frac{2.5 \times 0.5 + 0.9 \times 0.5}{0.5 + 0.5} = 1.7$

침전속도 $V_s = \frac{(\gamma_s - \gamma_w)d^2}{18\mu} = \frac{g}{18}(S-1)\frac{d^2}{\nu}$

따라서, $V_s \propto (S-1)$

$V_1 : V_2 = 2.5 - 1 : 1.7 - 1 = 1.5 : 0.7$

$V_2 = V_1 \times \frac{0.7}{1.5} = 0.47 V_1$ (정답오류)

[출제자 풀이 방법추정]

$V_s \propto S$ 이므로, $V_2 = \frac{1.7}{2.5} V_1 = 0.68 V_1$

■2019년 3회■28. 막여과시설의 약품세척에서 무기물질 제거에 사용되는 약품이 아닌 것은?

① 염산   ② 황산
③ 구연산   ④ 차아염소산나트륨

해설] ④
무기질제거 : 황산, 염산, 구연산, 옥살산
유기질제거 : 차아염소산나트륨

■2019년 3회■29. 원수의 알칼리도가 50 ppm, 탁도가 500 ppm 일 때, 황산알루미늄의 소비량은 60 ppm 이다. 이러한 원수가 48,000 m³/day 로 흐를 때 6% 용액의 황산알루미늄의 1일 필요량은? (단, 액체의 비중을 1로 가정한다.)

① 48.0 m³/day   ② 50.6 m³/day
③ 53.0 m³/day   ④ 57.6 m³/day

해설] ①

황산알루미늄 소비량 = $\frac{60}{10^6} \times 48000 = 2.88 m^3/day$

농도 6%로 용액으로 환산하면, $\frac{2.88}{0.06} = 48 m^3/day$

[참고] ppm : 농도를 나타내는 단위로, $1/10^6$의 비율

■2019년 3회■30. 일반적인 정수과정으로서 옳은 것은?
① 스크린 → 소독 → 여과 → 응집침전
② 스크린 → 응집침전 → 여과 → 소독
③ 여과 → 응집침전 → 스크린 → 소독
④ 응집침전 → 여과 → 소독 → 스크린

해설] ②
스크린는 침전지 보다 선행
침전 후에 여과
소독은 마지막 처리과정

■2019년 2회■31. 완속여과지에 관한 설명으로 옳지 않은 것은?
① 응집제를 필수적으로 투입해야 한다.
② 여과속도는 4~5m/d를 표준으로 한다.
③ 비교적 양호한 원수에 알맞은 방법이다.
④ 급속여과지에 비해 넓은 부지면적을 필요로 한다.

해설] ① 급속여과지에서 응집제를 필수적으로 투입한다.

■72019년 2회■32. 활성탄처리를 적용하여 제거하기 위한 주요 항목으로 거리가 먼 것은?
① 질산성 질소   ② 냄새유발물질
③ THM 전구물질   ④ 음이온 계면활성제

해설] ① 활성탄흡착을 통해 소수성의 유기물질, 냄새물질, 색도, THM전구물질, 음이온 계면활성제 등을 제거할 수 있다.

■2019년 2회■33. 정수처리의 단위 조직으로 사용되는 오존처리에 관한 설명으로 틀린 것은?
① 유기물질의 생분해성을 증가시킨다.
② 염소주입에 앞서 오존을 주입하면 염소의 소비량을 감소시킨다.
③ 오존은 자체의 높은 산화력으로 염소에 비하여 높은 살균력을 가지고 있다.
④ 인의 제거능력이 뛰어나고 수온이 높아져도 오존 소비량은 일정하게 유지된다.

해설] ④ 수온이 높아지면 오존 소비량이 증가한다.

■2019년 1회■34. 정수과정에서 전염소처리의 목적과 거리가 먼 것은?
① 철과 망간의 제거
② 맛과 냄새의 제거
③ 트리할로메탄의 제거
④ 암모니아성 질소와 유기물의 처리

해설] ③ 트리할로메탄은 오존 등의 방법으로 제거된다. 전염소처리로 인해 트리할로메탄의 생성될 수 있다.

■2018년 3회■35. 다음 중 일반적으로 정수장의 응집 처리 시 사용되지 않는 것은?
① 황산칼륨
② 황산알루미늄
③ 황산 제1철
④ 폴리염화알루미늄(PAC)

해설] ①
응집제 : 황산알루미늄, 폴리염화알루미늄(PAC), 알루민산나트륨, 황산제1철, 황산제2철

■2018년 3회■36. 정수방법 선정 시의 고려사항(선정조건)으로 가장 거리가 먼 것은?
① 원수의 수질
② 도시발전 상황과 물 사용량
③ 정수수질의 관리목표
④ 정수시설의 규모

해설] ② 물 사용량은 정수시설규모 계획시 필요한 인자이다.
[정수방법 선정시 고려사항]
원수수질, 정수수질의 관리목표, 정수시설의 규모, 정수시설 운전제어와 유지관리기술의 수준

■2018년 3회■37. 침전지 내에서 비중이 0.7인 입자의 부상속도를 V라 할 때, 비중이 0.4인 입자의 부상속도는? (단, 기타의 모든 조건은 같다.)
① 0.5V
② 1.25V
③ 1.75V
④ 2V

해설] ④

침전속도 $V_s = \dfrac{(\gamma_s - \gamma_w)d^2}{18\mu} = \dfrac{g}{18}(S-1)\dfrac{d^2}{\nu}$ 에서,

$V_s \propto (S-1)$ 이므로,

$V_1 : (0.7-1) = V_2 : (0.4-1)$ 에서, $V_2 = 2V_1$

■2018년 3회■38. 상수도의 구성이나 계통에서 상수원의 부영양화가 가장 큰 영향을 미칠 수 있는 시설은?
① 취수시설
② 정수시설
③ 송수시설
④ 배·급수시설

해설] ②
취수, 송수, 배수, 급수 시설 등은 물을 다른 곳으로 이동시키는 배관시설이지만, 정수시설은 수처리 공정시설로 부영양화 발생시 수처리 공정에 영향을 미친다.

■2018년 2회■39. 완속여과와 급속여과의 비교 설명으로 틀린 것은?
① 원수가 고농도의 현탁물일 때는 급속여과가 유리하다.
② 여과속도가 다르므로 용지 면적의 차이가 크다.
③ 여과의 손실수두는 급속여과보다 완속여과가 크다.
④ 완속여과는 약품처리 등이 필요하지 않으나 급속여과는 필요하다.

해설] ③ 완속여과의 손실수두가 작다.

구분	완속여과	급속여과
적용성	소규모처리 저탁도 유입수	대규모처리 고탁도 유입수
균등계수	2.0이하	1.7이하
모래여재직경	최대입경 2mm	최소입경 0.3mm 최대입경 2.0mm
모래여과층 두께	70~90cm	60~120cm
여과속도	4~5m/day	120~150m/day
손실수두	작다	크다
세균처리	확실	불확실
응집제	필요시 사용	필수적 사용
유지관리	저렴하고 단순	고가이고 특별기술요구

■2018년 2회■40. 정수처리 시 트리할로메탄 및 곰팡이 냄새의 생성을 최소화하기 위해 침전지와 여과지 사이에 염소제를 주입하는 방법은?
① 전염소처리 ② 중간염소처리
③ 후염소처리 ④ 이중염소처리

해설] ②

구분	전염소	중간염소	후염소(일반적 경우)
목적	산화, 분해	THM, 곰팡이 냄새 최소화	소독
위치	착수정 전	침전지와 여과지 사이	최종

■2018년 1회■41. 정수지에 대한 설명으로 틀린 것은?
① 정수지란 정수를 저류하는 탱크로 정수시설로는 최종단계의 시설이다.
② 정수지 상부는 반드시 복개해야 한다.
③ 정수지의 유효수심은 3~6m를 표준으로 한다.
④ 정수지의 바닥은 저수위보다 1m 이상 낮게 해야 한다.

해설] ④ 정수지의 바닥은 저수위보다 15cm 이상 낮게 해야 한다.

■2018년 1회■42. Jar-Test는 적정 응집제의 주입량과 적정 pH를 결정하기 위한 시험이다. Jar-Test 시 응집제를 주입한 후 급속교반 후 완속교반을 하는 이유는?
① 응집제를 용해시키기 위해서
② 응집제를 고르게 섞기 위해서
③ 플록이 고르게 퍼지게 하기 위해서
④ 플록을 깨뜨리지 않고 성장시키기 위해서

해설] ④ 플록을 깨뜨리지 않고 성장시키기 위해서

■2018년 1회■43. 고도처리를 도입하는 이유와 거리가 먼 것은?
① 잔류 용존유기물의 제거
② 잔류염소의 제거
③ 질소의 제거
④ 인의 제거

해설] ② 잔류염소는 제거 대상이 아니다.

■2017년 3회■44. 활성탄흡착 공정에 대한 설명으로 옳지 않은 것은?
① 활성탄은 비표면적이 높은 다공성의 탄소질 입자로 형상에 따라 입상활성탄과 분말활성탄으로 구분된다.
② 분말활성탄의 흡착능력이 떨어지면 재생공정을 통해 재활용한다.
③ 활성탄흡착을 통해 소수성의 유기물질을 제거할수 있다.
④ 모래여과 공정 전단에 활성탄흡착 공정을 두게 되면, 탁도 부하가 높아져서 활성탄 흡착효율이 떨어지거나 역세척을 자주 해야 할 필요가 있다.

해설] ② 분말활성탄의 재사용이 불가능하다. (입상활성탄은 재사용 가능)

■2017년 3회■45. 물의 맛·냄새의 제거 방법으로 식물성 냄새, 생선 비린내, 황화수소냄새, 부패한 냄새의 제거에 효과가 있지만, 곰팡이 냄새 제거에는 효과가 없으며, 페놀류는 분해할 수 있지만, 약품냄새 중에는 아민류와 같이 냄새를 강하게 할 수도 있으므로 주의가 필요한 처리 방법은?

① 폭기방법　　　　② 염소처리법
③ 오존처리법　　　④ 활성탄처리법

해설] ② 염소처리법
오존처리는 소독력이 우수하며, 특히 바이러스에 효과적이다.
활성탄처리는 냄새, 색도, THM, 계면활성제에 효과적
폭기는 정수방법이 아니다.

■2017년 3회■46. 다음 중 하수 고도처리의 주요 처리대상 물질에 해당 되는 것은?

① 질소, 인　　　　② 유기물
③ 소독부산물　　　④ 미생물

해설] ①
■ 하수처리단계
예비처리 : 스크린 및 침사지에서, pH조정, 나무, 토사 등 제거
1차처리 : 1차 침전지에서 현탁고형물을 침전제거
2차처리 : 2차 침전지에서 미생물을 이용하여 유기물 제거
　　　　　(활성슬러지법, 살수여상법, 회전원판법, 산화지법)
3차처리(고도처리) : 염소소독 및 질소, 인 제거

■2017년 3회■47. 완속여과지와 비교힐 때, 급속여과지에 대한 설명으로 옳지 않은 것은?

① 유입수가 고탁도인 경우에 적합하다.
② 세균처리에 있어 확실성이 적다.
③ 유지관리비가 적게 들고 특별한 관리기술이 필요치 않다.
④ 대규모처리에 적합하다.

해설] ③ 유지관리비가 많이 들고 특별한 관리기술이 필요하다.

■2017년 2회■48. 그림은 급속여과지에서 시간경과에 따른 여과유량(여과속도)의 변화를 나타낸 것이다. 정압 여과를 나타내고 있는 것은?

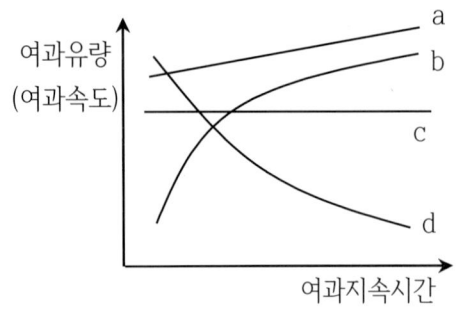

① a
② b
③ c
④ d

해설] ④
c : 정속여과
d : 정압여과

■2017년 2회■49. 정수장에서 1일 50,000m³의 물을 정수하는데 침전지의 크기가 폭 10m, 길이 40m, 수심 4m인 침전지 2개를 가지고 있다. 2지의 침전지가 이론상 100% 제거할 수 있는 입자의 최소 침전속도는? (단, 병렬연결기준)

① 31.25m/d
② 62.5m/d
③ 125m/d
④ 625m/d

해설] ②
침전지 2개가 병렬연결되어 있으므로, 1개의 침전지에 부하되는 처리수량 = 50,000/2 = 25,000m³/d

표면부하율 $V_o = \dfrac{Q}{A} = \dfrac{h_e}{t} = \dfrac{25 \times 10^3}{10 \times 40} = 62.5 m/d$

■2017년 2회■50. 특정오염물의 제거가 필요하여 활성탄 흡착으로 제거하고자 한다. 연구결과 수량 대비 5%의 활성탄을 사용할 때 오염물질의 75%가 제거되며 10%의 활성탄을 사용한 때는 96.5%가 제거되었다. 이 특정오염물의 잔류농도를 처음 농도의 0.5% 이하로 처리하기 위해서는 활성탄을 수량대비 몇 %로 처리하여야 하는가? (단 흡착과정은 Freundlich 방정식 X=K · C/n 만족한다.)

① 약 10% ② 약 12%
③ 약 14% ④ 약 16%

해설] ④
Freundlich 방정식

$\frac{x}{m} = X = KC^{1/n}$ 에서, $\frac{x}{m} = q$로 두고 양변을 로그로 하면,

$\ln q = \ln K + \frac{1}{n} \ln C$

1) $\ln \frac{1-0.25}{0.05} = \ln K + \frac{1}{n} \ln 0.25$

2) $\ln \frac{1-0.035}{0.1} = \ln K + \frac{1}{n} \ln 0.035$

두 식을 연립하면, $\frac{1}{n} = 0.2243$, $\ln K = 3.019$

농도 0.5%로 제거하기 위한 투입량 m

$\ln \frac{1-0.005}{m} = 3.019 + 0.2243 \times \ln 0.005$

$\ln \frac{1-0.005}{m} = 1.8304$ 이고, $\frac{1-0.005}{m} = e^{1.8304}$ 이므로,

$m = 0.1595$

■2017년 1회■51. 조수지를 수원으로 하는 원수에서 맛과 냄새를 유발할 경우 기존 정수장에서 취할 수 있는 가장 바람직한 조치는?
① 적정위치에 활성탄 투여
② 취수탑 부근에 펜스설치
③ 침사지에 모래제거
④ 응집제의 다량주입

해설] ①
활성탄흡착을 통해 소수성의 유기물질, 냄새물질, 색도, THM전구물질, 음이온 계면활성제 등을 제거할 수 있다.

■2017년 1회■52. 고도정수처리 단위 공정 중 하나인 오존처리에 관한 설명으로 옳지 않은 것은?
① 오존은 철·망간의 산화능력이 크다.
② 오존의 산화력은 염소보다 훨씬 강하다.
③ 유기물의 생분해성을 증가시킨다.
④ 오존의 잔류성이 우수하므로 염소의 대체소독제로 쓰인다.

해설] ④ 오존은 소독력은 우수하나 잔류성이 나쁘다.

문제유형8 배출수 처리

■2021년 3회■1. 정수시설 중 배출수 및 슬러지처리시설에 대한 아래 설명 중 ㉠, ㉡에 알맞은 것은?

> 농축조의 용량은 계획슬러지량의 (㉠)시간분, 고형물부하는 (㉡)kg/(m². d)을 표준으로 하되, 원수의 종류에 따라 슬러지의 농축특성에 큰 차이가 발생할 수 있으므로, 처리대상 슬러지의 농축특성을 조사하여 결정한다.

① ㉠ : 12~24, ㉡ : 5~10
② ㉠ : 12~24, ㉡ : 10~20
③ ㉠ : 24~48, ㉡ : 5~10
④ ㉠ : 24~48, ㉡ : 10~20

해설] ④ 농축조의 용량은 계획슬러지량의 24~48시간분, 고형물부하는 10~20kg/(m². d)을 표준으로 하되, 원수의 종류에 따라 슬러지의 농축특성에 큰 차이가 발생할 수 있으므로 처리대상 슬러지의 농축특성을 조사하여 결정한다. (상수도 정수시설 설계기준 KDS 57 55 00)

■2019년 3회■2. 정수장 배출수 처리의 일반적인 순서로 옳은 것은?
① 농축 → 조정 → 탈수 → 처분
② 농축 → 탈수 → 조정 → 처분
③ 조정 → 농축 → 탈수 → 처분
④ 조정 → 탈수 → 농축 → 처분

해설] ③ 정수장 배출수 처리 순서 : 조정 → 농축 → 탈수 → 건조 → 처분

문제유형9	하수도 시설의 계획

■2022년 2회■1. 합류식과 분류식에 대한 설명으로 옳지 않은 것은?
① 분류식의 경우 관로 내 퇴적은 적으나 수세효과는 기대할 수 없다.
② 합류식의 경우 일정량 이상이 되면 우천 시 오수가 월류한다.
③ 합류식의 경우 관경이 커지기 때문에 2계통인 분류식보다 건설비용이 많이 든다.
④ 분류식의 경우 오수와 우수를 별개의 관로로 배제하기 때문에 오수의 배제계획이 합리적이다.

해설] ③ 합류식의 경우 관경이 크지만 1계통의 관망이 구성되어 건설비용이 저렴하다.

■2021년 3회■2. 간이공공하수처리시설에 대한 설명으로 틀린 것은?
① 계획구역이 작으므로 유입하수의 수량 및 수질의 변동을 고려하지 않는다.
② 용량은 우천 시 계획오수량과 공공하수처리시설의 강우 시 처리가능량을 고려한다.
③ 강우 시 우수처리에 대한 문제가 발생할 수 있으므로 강우 시 3Q처리가 가능하도록 계획한다.
④ 간이공공하수처리시설은 합류식 지역 내 500m³/일 이상 공공하수처리장에 설치하는 것을 원칙으로 한다.

해설] ① 계획시 강우현황, 하수도시설 현황, 유량 및 수질 등을 조사하여 타당성을 검토한다.

■2021년 3회■3. 하수도의 효과에 대한 설명으로 적합하지 않은 것은?
① 도시환경의 개선
② 토지이용의 감소
③ 하천의 수질보전
④ 공중위생상의 효과

해설] ②
하수도 설치효과 : 보건위생, 우수범람방지, 토지이용증대, 도시미관개선 및 환경유지, 하천수질개선

■2021년 3회■4. 하수의 배제방식에 대한 설명으로 옳지 않은 것은?
① 분류식은 관로오접의 철저한 감시가 필요하다.
② 합류식은 분류식보다 유량 및 유속의 변화폭이 크다.
③ 합류식은 2계통의 분류식에 비해 일반적으로 건설비가 많이 소요된다.
④ 분류식은 관로내의 퇴적이 적고 수세효과를 기대할 수 없다.

해설] ③ 합류식은 2계통의 분류식에 비해 일반적으로 건설비가 적게 소요된다.

■2021년 2회■5. 하수 배제방식의 특징에 관한 설명으로 틀린 것은?
① 분류식은 합류식에 비해 우천시 월류의 위험이 크다.
② 합류식은 단면적이 크기 때문에 검사, 수리 등에 유리하다.
③ 합류식은 분류식(2계통 건설)에 비해 건설비가 저렴하고 시공이 용이하다.
④ 분류식은 강우초기에 노면의 오염물질이 포함된 세정수가 직접 하천 등으로 유입된다.

해설] ① 합류식은 분류식에 비해 우천시 월류의 위험이 크다.

■2021년 1회■6. 분류식 하수도의 장점이 아닌 것은?
① 오수관내 유량이 일정하다.
② 방류장소 선정이 자유롭다.
③ 사설 하수관 연결하기가 쉽다.
④ 모든 발생 오수를 하수처리장으로 보낼 수 있다.

해설] ③
합류식에 비해 분류식 오수관경이 작아 신축건물 등의 사설 하수관 연결이 까다롭다.

■2020년 4회■7. 하수관로의 배제방식에 대한 설명으로 틀린 것은?
① 합류식은 청천 시 관내 오물이 침전하기 쉽다.
② 분류식은 합류식에 비해 부설비용이 많이 든다.
③ 분류식은 우천 시 오수가 월류하도록 설계한다.
④ 합류식 관로는 단면이 커서 환기가 잘되고 검사에 편리하다.

해설] ③ 합류식은 우천 시 오수가 월류하도록 설계한다.

■2020년 3회■8. 오수 및 우수의 배제방식인 분류식과 합류식에 대한 설명으로 틀린 것은?
① 합류식은 관의 단면적이 크기 때문에 패쇄의 염려가 적다.
② 합류식은 일정량 이상이 되면 우천 시 오수가 월류할 수 있다.
③ 분류식은 별도의 시설 없이 오염도가 높은 초기우수를 처리장으로 유입시켜 처리한다.
④ 분류식은 2계통을 건설하는 경우, 합류식에 비하여 일반적으로 관거의 부설비가 많이 든다.

해설] ③ 분류식은 우수와 오수를 분리하여 오수만 처리장으로 유입시킨다.

■2020년 1회_2회 통합■9. 하수도 계획의 기본적 사항에 관한 설명으로 옳지 않은 것은?
① 계획구역은 계획목표년도까지 시가화 예상구역을 포함하여 광역적으로 정하는 것이 좋다.
② 하수도 계획의 목표년도는 시설의 내용년수, 건설 기간등을 고려하여 50년을 원칙으로 한다.
③ 신시가지 하수도 계획의 수립시에는 기존시가지를 포함하여 종합적으로 고려해야 한다.
④ 공공수역의 수질보전 및 자연환경보전을 위하여 하수도정비를 필요로 하는 지역을 계획구역으로 한다.

해설] ② 하수도 계획의 목표년도는 시설의 내용년수, 건설 기간등을 고려하여 20년을 원칙으로 한다.

■2020년 1회_2회 통합■10. 하수도시설에 관한 설명으로 옳지 않은 것은?
① 하수 배제방식은 합류식과 분류식으로 대별할 수 있다.
② 하수도시설은 관로시설, 펌프장시설 및 처리장시설로 크게 구별할 수 있다.
③ 하수배제는 자연유하를 원칙으로 하고 있으며 펌프시설도 사용할 수 있다.
④ 하수처리장시설은 물리적 처리시설을 제외한 생물학적, 화학적 처리시설을 의미한다.

해설] ④ 하수처리장시설은 물리적 처리시설을 포함한 생물학적, 화학적 처리시설을 의미한다.

■2019년 1회■11. 하수의 배제방식에 대한 설명 중 옳지 않은 것은?
① 합류식은 2계통의 분류식에 비해 일반적으로 건설비가 많이 소요된다.
② 합류식은 분류식보다 유량 및 유속의 변화폭이 크다.
③ 분류식은 관로내의 퇴적이 적고 수세효과를 기대할 수 없다.
④ 분류식은 관로오접의 철저한 감시가 필요하다.

해설] ① 합류식은 2계통의 분류식에 비해 일반적으로 건설비가 적게 소요된다.

■2019년 1회■12. 하수도 계획의 원칙적인 목표년도로 옳은 것은?
① 10년   ② 20년
③ 30년   ④ 40년

해설] ② 하수도 계획은 목표연도 20년으로 한다.

■2018년 3회■13. 하수배제 방식에 대한 설명 중 틀린 것은?
① 분류식 하수관거는 청천 시 관로 내 퇴적량이 합류식 하수관거에 비하여 많다.
② 합류식 하수배제 방식은 폐쇄의 염려가 없고 검사 및 수리가 비교적 용이하다.
③ 합류식 하수관거에서는 우천 시 일정유량 이상이 되면 하수가 직접 수역으로 방류될 수 있다.
④ 분류식 하수배제 방식은 강우초기에 도로 위의 오염물질이 직접 하천으로 유입되는 단점이 있다.

해설] ① 평상시 작은 오수관으로만 배수되어 퇴적량이 작다. 이에 비해 합류식에서는 큰 하수관에 오수만 배수되어 퇴적량이 많다.

■2018년 2회■14. 하수 배제방식의 특징에 관한 설명으로 틀린 것은?
① 분류식은 합류식에 비해 우천시 월류의 위험이 크다.
② 합류식은 단면적이 크기 때문에 검사, 수리 등에 유리하다.
③ 합류식은 분류식(2계통 건설)에 비해 건설비가 저렴하고 시공이 용이하다.
④ 분류식은 강우초기에 노면의 오염물질이 포함된 세정수가 직접 하천 등으로 유입된다.

해설] ① 합류식은 분류식에 비해 우천시 월류의 위험이 크다.

■2018년 1회■15. 합류식 하수도에 대한 설명으로 옳지 않은 것은?
① 청천시에는 수위가 낮고 유속이 적어 오물이 침전하기 쉽다.
② 우천시에 처리장으로 다량의 토사가 유입되어 침전지에 퇴적된다.
③ 소규모 강우시 강우 초기에 도로나 관로 내에 퇴적된 오염물이 그대로 강으로 합류할 수 있다.
④ 단일관로로 오수와 우수를 배제하기 때문에 침수 피해의 다발지역이나 우수배제 시설이 정비되지 않은 지역에서는 유리한 방식이다.

해설] ③ 분류식 하수도는 소규모 강우시 강우 초기에 도로나 관로 내에 퇴적된 오염물이 그대로 강으로 합류할 수 있다.

■2018년 1회■16. 하수도의 목적에 관한 설명으로 가장 거리가 먼 것은?
① 하수도는 도시의 건전한 발전을 도모하기 위한 필수시설이다.
② 하수도는 공중위생의 향상에 기여한다.
③ 하수도는 공공용 수역의 수질을 보전함으로써 국민의 건강보호에 기여한다.
④ 하수도는 경제발전과 산업기반의 정비를 위하여 건설된 시설이다.

해설] ④ 경제발전과 산업기반 정비를 목적으로 하기에는 거리가 멀다.
[하수도 설치의 목적과 효과]
보건위생향상, 토지이용증대, 우수범람 방지, 도시미관승대

■2017년 3회■17. 하수도계획의 목표연도는 원칙적으로 몇 년으로 설정하는가?
① 5년   ② 10년
③ 15년   ④ 20년

해설] ④ 하수도계획 목표연도는 20년으로 한다.

■2017년 3회■18. 합류식과 분류식에 대한 설명으로 옳지 않은 것은?
① 합류식의 경우 관경이 커지기 때문에 2계통인 분류식보다 건설비용이 많이 든다.
② 분류식의 경우 오수와 우수를 별개의 관로로 배제하기 때문에 오수의 배제계획이 합리적이 된다.
③ 분류식의 경우 관거내 퇴적은 적으나 수세효과는 기대할 수 없다.
④ 합류식의 경우 일정량 이상이 되면 우천 시 오수가 월류한다.

해설] ① 합류식의 경우 관경이 크지만 1계통의 관망이 구성되어 건설비용이 저렴하다.

■2017년 2회■19. 하수도계획의 원칙적인 목표연도로 옳은 것은?
① 10년
② 20년
③ 50년
④ 100년

해설] ② 하수도는 20년을 목표연도로 한다.

■2017년 2회■20. 하수의 배제방식 중 분류식 하수도에 대한 설명으로 틀린 것은?
① 우수관 및 오수관의 구별이 명확하지 않은 곳에서는 오접의 가능성이 있다.
② 강우초기의 오염된 우수가 직접 하천 등으로 유입될 수 있다.
③ 우천 시에 수세효과가 있다.
④ 우천 시 월류의 우려가 없다.

해설] ③ 우수와 오수가 분리되어, 우천시에도 오수관에는 우수가 배제되어 수세효과는 없다.

■2017년 1회■21. 계획우수량 산정에 있어서 하수관거의 확률년수는 원칙적으로 몇 년으로 하는가?
① 2~3년
② 3~5년
③ 10~30년
④ 30~50년

해설] ③ 계획목표연도는 20년으로 한다.

■2017년 1회■22. 오수 및 우수의 배제방식인 분류식과 합류식에 대한 설명으로 틀린 것은?
① 합류식은 관의 단면적이 크기 때문에 폐쇄의 염려가 적다.
② 합류식은 일정량 이상이 되면 우천 시 오수가 월류할 수 있다.
③ 분류식은 2계통을 건설하는 경우, 합류식에 비하여 일반적으로 관거의 부설비가 많이 든다.
④ 분류식은 별도의 시설 없이 오염도가 높은 초기우수를 처리장으로 유입시켜 처리한다.

해설] ④ 분류식에서는 우수를 처리장으로 유입시키지 않는다.

문제유형10 계획하수량

■2022년 2회■1. 인구가 10,000명인 A시에 폐수 배출시설 1개소가 설치될 계획이다. 이 폐수 배출시설의 유량은 200m³/d 이고 평균 BOD 배출농도는 500g BOD/m³ 이다. 이를 고려하여 A시에 하수종말처리장을 신설할 때 적합한 최소 계획인구수는? (단, 하수종말처리장 건설 시 1인 1일 BOD 부하량은 50g BOD/인.d 로 한다.)
① 10,000명
② 12,000명
③ 14,000명
④ 16,000명

해설] ②

> [조건]
> ① 기존 인구 : 10,000명
> ② 추가로 신설되는 폐수처리시설 조건
>   처리유량 : 200m³/d
>   유입되는 BOD농도 : 500g BOD/m³
> ③ 1인당 1일 배출하는 BOB농도 : 50g BOD/인.d
> [질문]
> 추가로 신설되는 폐수처리시설로 추가로 유입 가능한 인구수?
> 기존 인구와 추가 인구를 합한 총 계획인구?

신설 하수처리시설 BOD처리량
= 시설유량 × 유입되는 BOB농도 = $200 \times 500 = 100,000 g/d$

추가인구수 × 1인당 BOD량 = 신설 하수처리시설 BOD처리량

따라서, 추가인구수 = $\frac{100,000}{50}$ = 2,000명

총 계획인구 = 기존 인구 + 추가 인구
= 10,000 + 2,000 = 12,000명

*주의 : 문제에서 제시된 문장이 명확하지 않아, 오해의 소지가 있다. 수험생이 명확하게 문제 내용을 인지하도록 출제할 필요가 있다. 출제자의 배려가 부족하다.

■2022년 2회■2. 하수처리계획 및 재이용계획을 위한 계획오수량에 대한 설명으로 옳은 것은?
① 지하수량은 계획1일평균오수량의 10~20%로 한다.
② 계획1일평균오수량은 계획1일최대오수량의 70~80%를 표준으로 한다.
③ 합류식에서 우천 시 계획오수량은 원칙적으로 계획1일평균오수량의 3배 이상으로 한다.
④ 계획1일최대오수량은 계획시간최대오수량을 1일의 수량으로 환산하여 1.3~1.8배를 표준으로 한다.

해설] ②
① 지하수량은 계획1일최대오수량의 20% 이하로 한다.
③ 합류식에서 우천 시 계획오수량은 원칙적으로 계획시간최대오수량의 3배 이상으로 한다.
④ 계획시간최대오수량은 계획1일최대오수량을 1시간 수량으로 환산하여 1.3~1.8배를 표준으로 한다.

■2022년 1회■3. 하수도의 계획오수량 산정 시 고려할 사항이 아닌 것은?
① 계획오수량 산정 시 산업폐수량을 포함하지 않는다.
② 오수관로는 계획시간최대오수량을 기준으로 계획한다.
③ 합류식에서 하수의 차집관로는 우천 시 계획오수량을 기준으로 계획한다.
④ 우천 시 계획오수량 산정 시 생활오수량 외 우천 시 오수관로에 유입되는 빗물의 양과 지하수의 침입량을 추정하여 합산한다.

해설] ① 계획오수량 = 생활오수 + 산업폐수 + 지하수 외

■2022년 1회■4. 주요 관로별 계획하수량으로서 틀린 것은?
① 오수관로 : 계획시간최대오수량
② 차집관로 : 우천 시 계획오수량
③ 오수관로 : 계획우수량 + 계획오수량
④ 합류식 관로 : 계획시간최대오수량 + 계획우수량

해설] ③ 오수관로 : 계획시간 최대오수량

■2022년 1회■5. 계획우수량 산정 시 유입시간을 산정하는 일반적인 Kervby 식과 스에이시 식에서 각 계수와 유입시간의 관계로 틀린 것은?
① 유입시간과 지표먼거리는 비례 관계이다.
② 유입시간과 지체계수는 반비례 관계이다.
③ 유입시간과 설계강우강도는 반비례 관계이다.
④ 유입시간과 지표면 평균경사는 반비례 관계이다.

해설] ② 유입시간과 지체계수는 비례 관계이다.
$$t_1 = 1.44\left(\frac{L \times n}{S^{1/2}}\right)^{0.467}$$

■2021년 3회■6. 하수관로의 개 보수 계획 시 불명수량산정방법 중 일평균하수량, 상수사용량, 지하수사용량, 오수전환율 등을 주요 인자로 이용하여 산정하는 방법은?
① 물사용량 평가법
② 일최대유량 평가법
③ 야간생활하수 평가법
④ 일최대-최소유량 평가법

해설] ①
물사용량 평가 : 건기평균유량 - 물사용량×오수전환율
일최대유량 평가 : 일최소유량중 최대 - 일최소유량중 최소
일최대-최대유량 평가 : 전체발생하수 - 일최소유량
야간생활하수 평가 : 일최소유량 - 야간생활하수 - 공장폐수

■2021년 3회■7. 계획우수량 산정에 필요한 용어에 대한 설명으로 옳지 않은 것은?
① 강우강도는 단위시간 내에 내린 비의 양을 깊이로 나타낸 것이다.
② 유하시간은 하수관로로 유입한 우수가 하수관 길이 L을 흘러가는데 필요한 시간이다.
③ 유출계수는 배수구역 내로 내린 강우량에 대하여 증발과 지하로 침투하는 양의 비율이다.
④ 유입시간은 우수가 배수구역의 가장 원거리 지점으로부터 하수관로로 유입하기까지의 시간이다.

해설] ③ 유출계수는 배수구역 내로 내린 강우량에 대하여 지표수로 유출되는 양의 비율이다.

■2021년 2회■8. 계획오수량을 결정하는 방법에 대한 설명으로 틀린 것은?
① 지하수량은 1일1인최대오수량의 20% 이하로 한다.
② 생활오수량의 1일1인최대오수량은 1일1인최대급수량을 감안하여 결정한다.
③ 계획1일평균오수량은 계획1일최소오수량의 1.3~1.8배를 사용한다.
④ 합류식에서 우천 시 계획오수량은 원칙적으로 계획시간최대오수량의 3배 이상으로 한다.

해설] ③ 계획1일평균오수량은 계획1일최대오수량의 0.7~0.8배를 사용한다.

■2021년 2회■9. 하수도 계획에서 계획우수량 산정과 관계가 없는 것은?
① 배수면적
② 설계강우
③ 유출계수
④ 집수관로

해설] ④
배수면적, 설계강우, 유출계수 등에 의해 계획우수량을 선정한다. 집수관은 지하수 취수시설이다.(상수도 시설)

■2021년 2회■10. 유출계수가 0.6이고, 유역면적 2km^{2}에 강우강도 200 mm/h 의 강우가 있었다면 유출량은? (단, 합리식을 사용한다.)
① 24.0 m^3/s
② 66.7 m^3/s
③ 240 m^3/s
④ 667 m^3/s

해설] ②
$$Q = CIA = 0.6 \times \frac{0.2}{3600} \times 2 \times 10^6 = 66.7 m^3/s$$

■2021년 2회■11. 합류식 관로의 단면을 결정하는데 중요한 요소로 옳은 것은?
① 계획우수량
② 계획1일평균오수량
③ 계획시간최대오수량
④ 계획시간평균오수량

해설] ①
합류식 관로는 우수량과 오수량을 합하여 고려하지만, 우수량이 압도적으로 많다.

■2021년 1회■12. 배수면적이 2km²인 유역 내 강우의 하수관로 유입시간이 6분, 유출계수가 0.70일 때 하수관로 내 유속이 2m/s인 1km 길이의 하수관에서 유출되는 우수량은? (단, 강우강도 $I = \frac{3500}{t+25} mm/h$, t의 단위:[분])
① 0.3m³/s
② 2.6m³/s
③ 34.6m³/s
④ 43.9m³/s

해설] ③
강우지속시간(유달시간으로 검토) $t = t_1 + t_2$
유입시간 $t_1 = 6min$
유하시간 $t_2 = \frac{L}{V} = \frac{1000}{2 \times 60} = 8.33min$
$t = 6 + 8.33 = 14.33min$
$I = \frac{3500}{14.33 + 25} = 89mm/hr$
$Q = CIA = 0.7 \times 89 \times 10^{-3}/3600 \times 2 \times 10^6 = 34.6m^3/s$

■2020년 4회■13. 유출계수 0.6, 강우강도 2mm/min, 유역면적 2km²인 지역의 우수량을 합리식으로 구하면?
① 0.007m³/s
② 0.4m³/s
③ 0.667m³/s
④ 40m³/s

해설] ④
$Q = CIA = 0.6 \times \frac{2 \times 10^{-3}}{60} \times 2 \times 10^6 = 40m^3/s$

■2020년 4회■14. 어떤 지역의 강우지속시간(t)과 강우강도 역수(1/I)와의 관계를 구해보니 그림과 같이 기울기가 1/3000, 절편이 1/150이 되었다. 이 지역의 강우강도(I)를 Talbot형 ($I = \frac{a}{t+b}$)으로 표시한 것으로 옳은 것은?

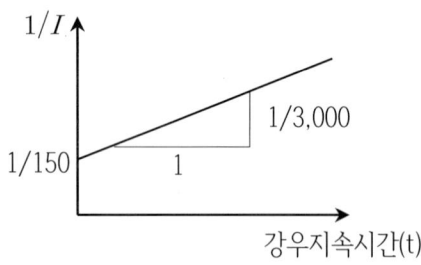

① $\frac{3,000}{t+20}$
② $\frac{10}{t+1,500}$
③ $\frac{1,500}{t+10}$
④ $\frac{20}{t+3,000}$

해설] ①
$\frac{1}{I} = \frac{t+b}{a} = \frac{1}{a}t + \frac{b}{a}$ 에서,

그래프의 기울기 $\frac{1}{3,000} = \frac{1}{a}$ 이므로, $a = 3,000$

또한, $t = 0$ 일 때, $\frac{1}{I} = \frac{1}{150}$ 이므로,

$I = \frac{a}{t+b}$ 에서, $150 = \frac{a}{b}$ 에서, $b = 20$

따라서, $I = \frac{a}{t+b} = \frac{3,000}{t+20}$

■2020년 3회■15. 아래와 같이 구성된 지역의 총괄유출계수는?

○ 주거지역 : 면적 4ha, 유출계수 0.6
○ 상업지역 : 면적 2ha, 유출계수 0.8
○ 녹지 : 면적 1ha, 유출계수 0.2

① 0.42
② 0.53
③ 0.60
④ 0.70

해설] ③
가중평균법에 따라,
$\frac{4 \times 0.6 + 2 \times 0.8 + 1 \times 0.2}{4 + 2 + 1} = 0.6$

■2020년 3회■16. 하수처리계획 및 재이용계획의 계획오수량에 대한 설명 중 옳지 않은 것은?
① 계획1일최대오수량은 1인1일최대오수량에 계획인구를 곱한 후, 공장폐수량, 지하수량 및 기타 배수량을 더한 것으로 한다.
② 계획오수량은 생활오수량, 공장폐수량 및 지하수량으로 구분한다.
③ 지하수량은 1인1일최대오수량의 20% 이하로 한다.
④ 계획시간최대오수량은 계획1일평균오수량의 1시간당 수량의 2~3배를 표준으로 한다.

해설] ④
-계획1일 평균오수량 = 계획1일 최대오수량의 70~80%
-계획시간 최대오수량 = 계획1일최대오수량/24 ×(1.3~1.8)

■2020년 3회■17. 하수처리수 재이용 기본계획에 대한 설명으로 틀린 것은?
① 하수처리 재이용수는 용도별 요구되는 수질기준을 만족하여야 한다.
② 하수처리수 재이용지역은 가급적 해당지역 내의 소규모 지역 범위로 한정하여 계획한다.
③ 하수처리 재이용수의 용도는 생활용수, 공업용수, 농업용수, 유지용수를 기본으로 계획한다.
④ 하수처리수 재이용량은 해당지역 물 재이용 관리계획과에서 제시된 재이용량을 참고하여 계획하여야 한다.

해설] ② 하수처리수 재이용지역은 가급적 해당지역 내의 대규모 지역 범위로 한정하여 계획한다.

■2020년 1회_2회 통합■18. 우수가 하수관로로 유입하는 시간이 4분, 하수관로에 서의 유하시간이 15분, 이 유역의 유역면적이 4km², 유출계수는 0.6, 강우강도식 $I = \dfrac{6,500}{t+40} mm/h$일 때 첨두유량은? (단, t의 단위 : [분])
① 73.4m³/s   ② 78.8m³/s
③ 85.0m³/s   ④ 98.5m³/s

해설] ①
$t = 4 + 15 = 19 min$
$Q = CIA = 0.6 \times \dfrac{6500}{19+40} \times \dfrac{10^{-3}}{3600} \times 4 \times 10^6$
$= 73.446 m^3/s$

■2020년 1회_2회 통합■19. 계획오수량에 대한 설명으로 옳지 않은 것은?
① 오수관로의 설계에는 계획시간최대오수량을 기준으로 한다.
② 계획오수량의 산정에서는 일반적으로 지하수의 유입량은 무시할 수 있다.
③ 계획1일평균오수량은 계획1일 최대오수량의 70~80%를 표준으로 한다.
④ 계획시간최대오수량은 계획1일최대오수량의 1시간당 수량의 1.3~1.8배를 표준으로 한다.

해설] ② 계획오수량 : 생활오수, 공장폐수, 지하수, 온천, 축산폐수 등

■2019년 3회■20. 계획오수량을 생활오수량, 공장폐수량 및 지하수량으로 구분할 때, 이것에 대한 설명으로 옳지 않은 것은?
① 지하수량은 1인 1일 최대오수량의 10 ~ 20%로 한다.
② 계획1일평균오수량은 계획1일최대오수량의 70 ~ 80%를 표준으로 한다.
③ 합류식에서 우천 시 계획오수량은 원칙적으로 계획시간 최대오수량의 2배 이상으로 한다.
④ 계획1일최대오수량은 1인1일최대오수량에 계획인구를 곱한 후, 여기에 공장폐수량 지하수량 및 기타 배수량을 더한 것으로 한다.

해설] ③
[우천시 계획오수량]
○ 합류식 지역 : 계획시간최대오수량의 3배(3Qhr)
○ 합류식과 분류식이 병용된 지역 : 계획시간최대오수량(Qhr)으로 하고, 합류식의 우천시 계획오수량과 합산하여 전체 우천시 계획오수량을 산정하여야 한다.

■2019년 3회■21. 관로별 계획하수량에 대한 설명으로 옳지 않은 것은?
① 우수관로는 계획우수량으로 한다.
② 차집관로는 우천 시 계획오수량으로 한다.
③ 오수관로의 계획오수량은 계획1일최대 오수량으로 한다.
④ 합류식 관로에서는 계획시간최대오수량에 계획우수량을 합한 것으로 한다.

해설] ③ 오수관로의 계획오수량은 계획시간최대 오수량으로 한다.

■2019년 2회■22. 합류식에서 하수 차집관로의 계획하수량 기준으로 옳은 것은?
① 계획시간최대오수량 이상
② 계획시간최대오수량의 3배 이상
③ 계획시간최대오수량과 계획시간최대우수량의 합 이상
④ 계획우수량과 계획시간최대오수량의 합의 2배 이상

해설] ②
합류식 지역에서, 하수처리시설의 처리용량은 계획시간최대오수량의 3배 이상으로 한다.

■2019년 1회■23. 관로별 계획하수량에 대한 설명으로 옳지 않은 것은?
① 오수관로에서는 계획시간최대오수량으로 한다.
② 우수관로에서는 계획우수량으로 한다.
③ 합류식 관로는 계획시간최대오수량에 계획우수량을 합한 것으로 한다.
④ 차집관로는 계획1일최대오수량에 우천시 계획우수량을 합한 것으로 한다.

해설] ④ 차집관로는 계획시간최대오수량의 3배 또는 우천시 계획우수량으로 한다.

■2019년 1회■24. 하수도의 계획오수량에서 계획1일최대오수량 산정식으로 옳은 것은?
① 계획배수인구 + 공장폐수량 + 지하수량
② 계획인구 × 1인1일최대오수량 + 공장폐수량 + 지하수량 + 기타 배수량
③ 계획인구 × (공장폐수량 + 지하수량)
④ 1인1일최대오수량 + 공장폐수량 + 지하수량

해설] ②
계획1일최대오수량 = 계획인구 × 1인1일최대오수량 + 공장폐수량 + 지하수량 + 기타 배수량

■2019년 1회■25. 어느 지역에 비가 내려 배수구역내 가장 먼 지점에서 하수거의 입구까지 빗물이 유하하는데 5분이 소요되었다. 하수거의 길이가 1200m, 관내 유속이 2m/s일 때 유달시간은?
① 5분
② 10분
③ 15분
④ 20분

해설] ③
유달시간 = 유입시간 + 유하시간 ($t = t_1 + t_2$)
$$= 5 + \frac{1200}{2 \times 60} = 15 \min$$

■2018년 3회■26. $Q = \frac{1}{360} CIA$ 는 합리식으로서 첨두유량을 산정할 때 사용된다. 이 식에 대한 설명으로 옳지 않은 것은?
① C는 유출계수로 무차원이다.
② I는 도달시간내의 강우강도로 단위는 mm/hr이다.
③ A는 유역면적으로 단위는 km^2이다.
④ Q는 첨두유출량으로 단위는 m^3/sec이다.

해설] ③

$$Q(m^3/s) = CIA = C \times \frac{10^{-3}}{3600}(m/s) \times m^2$$

$$= \frac{1}{360} \times 10^{-4} \times C \times mm/h \times m^2$$

10^{-4}을 제거하기 위해서, 면적은 ha가 되어야 한다.
($1ha = 100m \times 100m$)

■2018년 2회■27. 계획오수량 중 계획시간최대오수량에 대한 설명으로 옳은 것은?

① 계획1일최대오수량의 1시간당 수량의 1.3~1.8배를 표준으로 한다.

② 계획1일최대오수량의 70~80%를 표준으로 한다.

③ 1인1일최대오수량의 10~20%로 한다.

④ 계획1일평균오수량의 3배 이상으로 한다.

해설] ①
-계획1일 평균오수량 = 계획1일 최대오수량의 70~80%
-계획시간 최대오수량 = 계획1일최대오수량/24 ×(1.3~1.8)

■2018년 2회■28. 합리식을 사용하여 우수량을 산정할 때 필요한 자료가 아닌 것은?

① 강우강도

② 유출계수

③ 지하수의 유입

④ 유달시간

해설] ③
합리식은 우수에 의한 지표수 유출량을 산정하는 것으로 지하수의 유입에 대한 자료는 필요없다.

■2018년 1회■29. 하수처리계획 및 재이용계획을 위한 계획오수량에 대한 설명으로 옳은 것은?

① 계획1일최대오수량은 계획시간최대오수량을 1일의 수량으로 환산하여 1.3~1.8배를 표준으로 한다.

② 합류식에서 우천 시 계획오수량은 원칙적으로 계획1일평균오수량의 3배 이상으로 한다.

③ 계획1일평균오수량은 계획1일최대오수량의 70~80%를 표준으로 한다.

④ 지하수량은 계획1일평균오수량의 10~20%로 한다.

해설] ③
① 계획시간최대오수량은 계획1일최대오수량을 1시간 수량으로 환산하여 1.3~1.8배를 표준으로 한다.

② 합류식에서 우천 시 계획오수량은 원칙적으로 계획시간최대오수량의 3배 이상으로 한다.

④ 지하수량은 계획1일최대오수량의 20% 이하로 한다.

■2018년 1회■30. 주요 관로별 계획하수량으로서 틀린 것은?

① 우수관로 : 계획우수량+계획오수량

② 합류식관로 : 계획시간최대오수량+계획우수량

③ 차집관로 : 우천시 계획오수량

④ 오수관로 : 계획시간최대오수량

해설] ① 우수관로 : 계획우수량

■2017년 3회■31. 배수면적 2km²인 유역 내 강우의 하수관거 유입 시간이 6분, 유출계수가 0.70일 때 하수관거내 유속이 2m/s인 1km 길이의 하수관에서 유출되는 우수량은? (단, 강우강도 $I = \frac{3500}{t+25} mm/hr$, t의 단위:[분])

① 0.3m³/s

② 2.6.m³/s

③ 34.6m³/s

④ 43.9m³/s

해설] ③

$t = 6 + \dfrac{1000}{2 \times 60} = 14.33 \text{min}$

$Q = CIA = 0.7 \times \dfrac{3500 \times 10^{-3}}{(14.33 + 25) \times 3600} \times 2 \times 10^6$

$= 34.61 m^3/s$

■2017년 3회■32. 하수처리계획 및 재이용계획의 계획오수량에 대한 설명 중 옳지 않은 것은?
① 계획1일최대오수량은 1인1일최대오수량에 계획인구를 곱한 후, 공장폐수량, 지하수량 및 기타 배수량을 더한 것으로 한다.
② 계획오수량은 생활오수량, 공장폐수량 및 지하수량으로 구분한다.
③ 지하수량은 1인1일최대오수량의 20% 이하로 한다.
④ 계획시간최대오수량은 계획1일평균오수량의 1시간당 수량의 2~3배를 표준으로 한다.

해설] ④
-계획1일 평균오수량 = 계획1일 최대오수량의 70~80%
-계획시간 최대오수량 = 계획1일최대오수량/24 ×(1.3~1.8)

■2017년 2회■33. 어떤 지역의 강우지속시간(t)과 강우강도 역수(1/I)와의 관계를 구해보니 그림과 같이 기울기가 1/3000, 절편이 1/150이 되었다. 이 지역의 강우강도(I)를 Talbot형 ($I = \dfrac{a}{t+b}$)으로 표시한 것으로 옳은 것은?

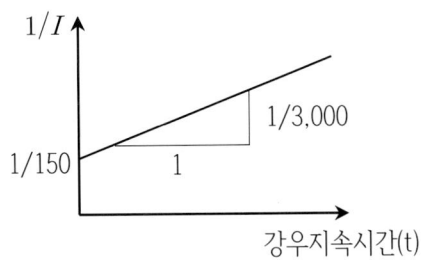

① $\dfrac{3,000}{t+20}$ ② $\dfrac{10}{t+1,500}$
③ $\dfrac{1,500}{t+10}$ ④ $\dfrac{20}{t+3,000}$

해설] ①

$\dfrac{1}{I} = \dfrac{t+b}{a} = \dfrac{1}{a}t + \dfrac{b}{a}$ 에서,

그래프의 기울기 $\dfrac{1}{3,000} = \dfrac{1}{a}$ 이므로, $a = 3,000$

또한, $t = 0$ 일 때, $\dfrac{1}{I} = \dfrac{1}{150}$ 이므로,

$I = \dfrac{a}{t+b}$ 에서, $150 = \dfrac{a}{b}$ 에서, $b = 20$

따라서, $I = \dfrac{a}{t+b} = \dfrac{3,000}{t+20}$

■2017년 2회■34. 계획오수량 산정시 고려 사항에 대한 설명으로 옳지 않은 것은?
① 지하수량은 1인1일최대오수량의 10~20%로 한다.
② 계획1일 평균오수량은 계획 1일 최대오수량의 70~80%를 표준으로 한다.
③ 계획시간 최대오수량은 계획 1일 평균오수량의 1시간당 수량의 0.9~1.2배를 표준으로 한다.
④ 계획 1일 최대오수량은 1인1일 최대오수량에 계획인구를 곱한 후 공장폐수량, 지하수량 기타 배수량을 더한 값으로 한다.

해설] ③ 계획시간 최대오수량은 계획 1일 평균오수량의 1시간당 수량의 1.3~1.8배를 표준으로 한다.

■2017년 1회■35. 하수처리·재이용계획의 계획오수량에 대한 설명으로 틀린 것은?
① 계획시간최대오수량은 계획1일최대오수량의 1시간당 수량의 1.3~1.8배를 표준으로 한다.
② 계획오수량은 생활오수량, 공장폐수량 및 지하수량으로 구분할 수 있다.
③ 지하수량은 1인1일평균오수량의 5% 이하로 한다.
④ 계획1일평균오수량은 계획1일최대오수량의 70~80%를 표준으로 한다.

해설] ③ 지하수량은 1인1일최대오수량의 20% 이하로 한다.

■2017년 1회■36. 하수도시설기준에 의한 관거별 계획하수량에 대한 설명으로 틀린 것은?
① 오수관거에서는 계획1일최대오수량으로 한다.
② 우수관거에서는 계획우수량으로 한다.
③ 합류식 관거에서는 계획시간최대오수량에 계획우수량을 합한 것으로 한다.
④ 차집관거에서는 우천 시 계획오수량으로 한다.

해설] ① 오수관거에서는 계획시간최대오수량으로 한다.

■2017년 1회■37. 강우강도 $I=\dfrac{3500}{t+10}mm/hr$, 유입시간 7분, 유출계수 C=0.7, 유역면적 2.0km², 관내유속이 1m/s 인 경우, 관의 길이 500m인 하수관에서 흘러나오는 우수량은?
① 35.8m³/s
② 45.7m³/s
③ 48.9m³/s
④ 53.7m³/s

해설] ④
강우지속시간(유달시간으로 검토) $t = t_1 + t_2$
유입시간 $t_1 = 7min$
유하시간 $t_2 = \dfrac{L}{V} = \dfrac{500}{1 \times 60} = 8.33min$
$t = 7 + 8.33 = 15.33min$
$I = \dfrac{3500}{15.33+10} = 138.2mm/hr$
$Q = CIA = 0.7 \times 138.2 \times 10^{-3}/3600 \times 2 \times 10^6 = 53.74m^3/s$

문제유형11 하수관로

■2022년 2회■1. 우수관로 및 합류식관로 내에서의 부유물 침전을 막기 위하여 계획우수량에 대하여 요구되는 최소 유속은?
① 0.3 m/s
② 0.6 m/s
③ 0.8 m/s
④ 1.2 m/s

해설] ③
오수관거 및 차집관거 : 0.6~3.0m/s
우수관거 및 합류관거 : 0.8~3.0m/s

■2022년 2회■2. 압력식 하수도 수집 시스템에 대한 특징 틀린 것은?
① 얕은 층으로 매설할 수 있다.
② 하수를 그라인더 펌프에 의해 압송한다.
③ 광범위한 지형 조건 등에 대응할 수 있다.
④ 유지관리가 비교적 간편하고, 일반적으로는 유리관리비용이 저렴하다.

해설] ④ 압송식(압력식) 하수관거는 유지관리가 번거롭고, 일반적으로는 유리관리비용이 고가이다.

배제방식	자연유하식	압송식
경사	하향경사 유지	-
매설깊이	깊음	얕음
지하수 등 불명수 침입	우려	없음
유지관리	용이	어려움

■2022년 1회■3. 자연유하방식과 비교할 때 압송식 하수도에 관한 특징으로 틀린 것은?
① 불명수(지하수 등)의 침입이 없다.
② 하향식 경사를 필요로 하지 않는다.
③ 관로의 매설깊이를 낮게 할 수 있다.
④ 유지관리가 비교적 간편하고 관로 점검이 용이하다.

해설] ④ 자연유하방식이 유지관리가 간편하고 점검이 용이하다.

■2021년 2회■4. 하수관의 접합방법에 관한 설명으로 틀린 것은?
① 관중심접합은 관의 중심을 일치시키는 방법이다.
② 관저접합은 관의 내면하부를 일치시키는 방법이다.
③ 단차접합은 지표의 경사가 급한 경우에 이용되는 방법이다.
④ 관정접합은 토공량을 줄이기 위하여 평탄한 지형에 많이 이용되는 방법이다.

해설] ④ 관정접합은 토공량을 줄이기 위하여 평탄한 지형에 많이 이용되는 방법이다.

■2021년 2회■5. 하수관로시설의 유량을 산출할 때 사용하는 공식으로 옳지 않은 것은?
① Kutter 공식   ② Jamssen 공식
③ Manning 공식   ④ Hazen-Williams 공식

해설] ②
Jamssen 공식 : 지하매설관 토압산정
Manning 공식 / Kutter 공식 / Hazen-Williams 공식 : 관 조도계수 및 마찰손실, 유속 산정

■2021년 2회■6. 관의 길이가 1000m이고, 지름이 20cm인 관을 지름 40cm의 등치관으로 바꿀 때, 등치관의 길이는? (단, Hazen-Williams 공식을 사용한다.)
① 2,924.2m   ② 5,924.2m
③ 19,242.6m   ④ 29,242.6m

해설] ④
Hazen-Williams 공식에서,
유속 $V = 0.84935 C_{HW} R_h^{0.63} I^{0.54}$ 이고 $I = \dfrac{h}{L}$ 이므로,

$V \propto D^{0.63} \times L^{-0.54}$

$Q = AV$에서, $Q \propto D^{2.63} \times L^{-0.54}$

등치관이므로, $Q_1 = Q_2$에서,

$D_1^{2.63} \times I_1^{-0.54} = 0.2^{2.63} \times 1000^{-0.54} = 0.4^{2.63} \times L_2^{-0.54}$

$L_2 = 29,250 m$

■2020년 4회■7. 원형 하수관에서 유량이 최대가 되는 때는?
① 수심비가 72~78% 차서 흐를 때
② 수심비가 80~85% 차서 흐를 때
③ 수심비가 92~94% 차서 흐를 때
④ 가득차서 흐를 때

해설] ③
원형단면 유속최대 수심 : 0.81D
원형단면 유량최대 수심 : 0.94D

■2020년 4회■8. 오수 및 우수관로의 설계에 대한 설명으로 옳지 않은 것은?
① 우수관경의 결정을 위해서는 합리식을 적용한다.
② 오수관로의 최소관경은 200mm를 표준으로 한다.
③ 우수관로 내의 유속은 가능한 사류상태가 되도록 한다.
④ 오수관로의 계획하수량은 계획시간최대오수량으로 한다.

해설] ③ 우수관로 내의 유속은 1~1.8m/s가 이상적이다.

■2020년 4회■9. 도수관에서 유량을 Hazen-Williams 공식으로 다음과 같이 나타내었을 때 a, b의 값은? (단, C: 유속계수, D: 관의 지름, I: 동수경사)

$$Q = 0.84935 C D^a I^b$$

① a=0.63, b=0.54   ② a=0.63, b=2.54
③ a=2.63, b=2.54   ④ a=2.63, b=0.54

해설] ④
$V = 0.84935 C_{HW} R_h^{0.63} I^{0.54}$

$Q = AV$이므로, $Q = 0.84935 C D^{2.63} I^{0.54}$

■2020년 3회■10. 하수관로의 유속 및 경사에 대한 설명으로 옳은 것은?
① 유속은 하류로 갈수록 점차 작아지도록 설계한다.
② 관로의 경사는 하류로 갈수록 점차 커지도록 설계한다.
③ 오수관로는 계획1일최대수량에 대하여 유속을 최소 1.2 m/s로 한다.
④ 우수관로 및 합류식관로는 계획우수량에 대하여 유속을 최대 3.0 m/s 로 한다.

해설] ④
① 유속은 하류로 갈수록 점차 커지도록 설계한다.
② 관로의 경사는 하류로 갈수록 점차 완만해지도록 설계한다.
③ 오수관로는 계획1일최대수량에 대하여 유속은 0.6~3.0m/s로 한다.

■2020년 1회_2회 통합■11. 하수관로의 매설방법에 대한 설명으로 틀린 것은?
① 쉴드공법은 연약한 지반에 터널을 시공할 목적으로 개발 되었다.
② 추진공법은 쉴드공법에 비해 공사기간이 짧고 공사비용도 저렴하다.
③ 하수도 공사에 이용되는 터널공법에는 개착공법, 추진공법, 쉴드공법 등이 있다.
④ 추진공법은 중요한 지하매설물의 횡단공사 등으로 개착공법으로 시공하기 곤란할 때 가끔 채용된다.

해설] ③ 터널공법(비개착공법)에는 추진공법, 쉴드공법 등이 있다.

[하수도 매설공법]
○ 개착공법
○ 비개착공법(터널공법) : 추진공법(NATM 등), 쉴드공법 등

■2019년 3회■12. 하수관로 설계 기준에 대한 설명으로 옳지 않은 것은?
① 관경은 하류로 갈수록 크게 한다.
② 유속은 하류로 갈수록 작게 한다.
③ 경사는 하류로 갈수록 완만하게 한다.
④ 오수관로의 유속은 0.6 ~ 3m/s가 적당하다.

해설] ② 하류로 갈수록 유속과 관경(유량)은 크게, 구배는 작게 한다.

■2019년 3회■13. 하수도시설기준에 의한 우수관로 및 합류관로거의 표준 최소 관경은?
① 200 mm
② 250 mm
③ 300 mm
④ 350 mm

해설] ②

구분	최소관경	최소매설위치
오수관거	200mm	1.0m
우수 및 합류관거	250mm	차도 1.2m, 보도 1.0m

■2019년 2회■14. 하수관로 매설시 관로의 최소 흙 두께는 원칙적으로 얼마로 하여야 하는가?
① 0.5 m
② 1.0 m
③ 1.5 m
④ 2.0 m

해설] ②

구분	최소관경	최소매설위치
오수관거	200mm	1.0m
우수 및 합류관거	250mm	차도 1.2m, 보도 1.0m

■2018년 3회■15. 하수관로에 대한 설명으로 옳지 않은 것은?
① 관로의 최소 흙두께는 원칙적으로 1m로 하나, 노반두께, 동결심도 등을 고려하여 적절한 흙두께로 한다.
② 관로의 단면은 단면형상에 따른 수리적 특성을 고려하여 선정하되 원형 또는 직사각형을 표준으로 한다.
③ 우수관로의 최소관경은 200mm를 표준으로 한다.
④ 합류관로의 최소관경은 250mm를 표준으로 한다.

해설] ③ 오수관로의 최소관경은 200mm를 표준으로 한다.

구분	최소관경	최소매설위치
오수관거	200mm	1.0m
우수 및 합류관거	250mm	차도 1.2m, 보도 1.0m

■2018년 2회■16. 콘크리트 하수관의 내부 천정이 부식되는 현상에 대한 대응책으로 틀린 것은?
① 방식재료를 사용하여 관을 방호한다.
② 하수 중의 유황 함유량을 낮춘다.
③ 관내의 유속을 감소시킨다.
④ 하수에 염소를 주입하여 박테리아 번식을 억제한다.

해설] ③ 관내의 유속을 증대시켜 퇴적을 방지한다.
[관정부식 방지대책]
○ 유속 증대로 퇴적방지 → 혐기상태 예방
○ 용존산소 농도 증대 → 생성된 황화물질 변화
○ 라이닝, 역청제 주입, 내식성 재료사용, 에폭시 코팅
○ 살균제(염소)주입 → 박테리아 번식 억제

■2018년 2회■17. 우수관거 및 합류관거 내에서의 부유물 침전을 막기 위하여 계획우수량에 대하여 요구되는 최소 유속은?
① 0.3m/s
② 0.6m/s
③ 0.8m/s
④ 1.2m/s

해설] ③
오수관거 및 차집관거 : 0.6~3.0m/s
우수관거 및 합류관거 : 0.8~3.0m/s
이상적인 유속 : 1.0~1.8m/s

■2018년 1회■18. 계획하수량을 수용하기 위한 관로의 단면과 경사를 결정함에 있어 고려할 사항으로 틀린 것은?
① 우수관로는 계획우수량에 대하여 유속을 최소 0.8m/s, 최대 3.0m/s로 한다.
② 오수관로의 최소관경은 200mm를 표준으로 한다.
③ 관로의 단면은 수리적 특성을 고려하여 선정하되 원형 또는 직사각형을 표준으로 한다.
④ 관로경사는 하류로 갈수록 점차 급해지도록 한다.

해설] ④ 하류로 갈수록 유속과 관경(유량)은 크게, 구배는 작게 한다.
오수관거 및 차집관거 : 0.6~3.0m/s
우수관거 및 합류관거 : 0.8~3.0m/s

구분	최소관경	최소매설위치
오수관거	200mm	1.0m
우수 및 합류관거	250mm	차도 1.2m, 보도 1.0m

■2017년 3회■19. 하수관거의 설계기준에 대한 설명으로 틀린 것은?
① 경사는 상류에서 크게 하고 하류로 갈수록 감소시켜야 한다.
② 유속은 하류로 갈수록 작게 하여야 한다.
③ 오수관거의 최소관경은 200mm를 표준으로 한다.
④ 관거의 최소 흙두께는 원칙적으로 1m로 한다.

해설] ② 유속은 하류로 갈수록 크게 하여야 한다.
하류로 갈수록 유속과 관경(유량)은 크게, 구배는 작게 한다.

구분	최소관경	최소매설위치
오수관거	200mm	1.0m
우수 및 합류관거	250mm	차도 1.2m, 보도 1.0m

문제유형12 하수관로 부대시설

■2022년 2회■1. 하수도의 관로계획에 대한 설명으로 옳은 것은?
① 오수관로는 계획1일평균오수량을 기준으로 계획한다.
② 관로의 역사이펀을 많이 설치하여 유지관리 측면에서 유리하도록 계획한다.
③ 합류식에서 하수의 차집관로는 우천 시 계획오수량을 기준으로 계획한다.
④ 오수관로와 우수관로가 교차하여 역사이펀을 피할 수 없는 경우는 우수관로를 역사이펀으로 하는 것이 바람직하다.

해설] ③
① 오수관로는 계획시간최대오수량을 기준으로 계획한다.
② 역사이펀은 관거가 장애물을 횡단하는 경우에 설치하는 것으로 가급적 회피하는 것이 좋다.
④ 오수관로와 우수관로가 교차하여 역사이펀을 피할 수 없는 경우는 관경이 작은 오수관로를 역사이펀으로 하는 것이 바람직하다.

■2022년 1회■2. 맨홀 설치 시 관경에 따라 맨홀의 최대 간격에 차이가 있다. 관로 직선부에서 관경 600mm 초과 1000mm 이하에서 맨홀의 최대 간격 표준은?
① 60 m   ② 75 m
③ 90 m   ④ 100 m

해설] ④

관경(mm)	300이하	600이하	1,000이하	1,500이하	1,650이상
최대간격(m)	50	75	100	150	200

■2021년 3회■3. 맨홀에 인버트(invert)를 설치하지 않았을 때의 문제점이 아닌 것은?
① 맨홀 내에 퇴적물이 쌓이게 된다.
② 환기가 되지 않아 냄새가 발생한다.
③ 퇴적물이 부패되어 악취가 발생한다.
④ 맨홀 내에 물기가 있어 작업이 불편하다.

해설] ② 인버트는 맨홀 내의 퇴적물을 쌓이는 것을 방지하는 것이 목적이다. 환기는 별도의 장치가 필요하다.

■2021년 3회■4. 우수 조정지의 구조형식으로 옳지 않은 것은?
① 댐식(제방높이 15m 미만)
② 월류식
③ 지하식
④ 굴착식

해설] ②
우수조정지 형식 : 댐식, 굴착식, 지하식, 현지저류식

■2018년 3회■5. 하수도의 관로계획에 대한 설명으로 옳은 것은?
① 오수관로는 계획1일평균오수량을 기준으로 계획한다.
② 관로의 역사이펀을 많이 설치하여 유지관리 측면에서 유리하도록 계획한다.
③ 합류식에서 하수의 차집관로는 우천 시 계획오수량을 기준으로 계획한다.
④ 오수관로와 우수관로가 교차하여 역사이펀을 피할 수 없는 경우는 우수관로를 역사이펀으로 하는 것이 바람직하다.

해설] ③
① 오수관로는 계획시간최대오수량을 기준으로 계획한다.
② 역사이펀은 관거가 장애물을 횡단하는 경우에 설치하는 것으로 가급적 회피하는 것이 좋다.
④ 오수관로와 우수관로가 교차하여 역사이펀을 피할 수 없는 경우는 관경이 작은 오수관로를 역사이펀으로 하는 것이 바람직하다.

■2017년 2회■6. 유입하수의 유량과 수질변동을 흡수하여 균등화함으로서 처리시설의 효율화를 위한 유량조정조에 대한 설명으로 옳지 않은 것은?
① 조의 유효수심은 3~5m를 표준으로 한다.
② 조의 형상은 직사각형 또는 정사각형을 표준으로 한다.
③ 조 내에는 오염물질의 효율적 침전을 위하여 난류를 일으킬 수 있는 교반시설을 하지 않도록 한다.
④ 조의 용량은 유입하수량 및 유입부하량의 시간변동을 고려하여 설정수량을 초과하는 수량을 일시 저류하도록 정한다.

해설] ③ 조 내에는 침전물의 발생을 방지하기 위해 교반장치를 설치해야 한다.

■2017년 2회■7. 우수조정지의 설치장소로 적당하지 않은 곳은?
① 토사의 이동이 부족한 장소
② 하수관거의 유하능력이 부족한 장소
③ 방류수로의 유하능력이 부족한 장소
④ 하류지역 펌프장 능력이 부족한 장소

해설] ①
[우수조정지 설치장소]
○ 하수관거 및 방류수로의 유하능력이 부족한 곳
○ 하류펌프장의 능력이 부족한 곳

■2017년 1회■8. 우수조정지에 대한 설명으로 틀린 것은?
① 하류관거의 유하능력이 부족한 곳에 설치한다.
② 하류지역의 펌프장 능력이 부족한 곳에 설치한다.
③ 우수의 방류방식은 펌프가압식을 원칙으로 한다.
④ 구조형식은 댐식, 굴착식 및 지하식으로 한다.

해설] ③ 우수의 방류방식은 자연유하식을 원칙으로 한다.

문제유형13 하수처리장 시설

■2022년 2회■1. 하수의 고도처리에 있어서 질소와 인을 동시에 제거하기 어려운 공법은?
① 수정 phostrip 공법
② 막분리 활성슬러지법
③ 혐기무산소호기조합법
④ 응집제병용형 생물학적 질소제거법

해설] ② 막분리 활성슬러지법은 생물학적 질소제거 공법이다.

[질소와 인 동시제거 공법]
A^2/O공법(혐기-무산소 호기 조합법), 수정 바덴포 공법, 수정 포스트립 공법, UCT공법, VIP공법, SBR공법

■2022년 1회■2. 하수처리시설의 2차 침전지에 대한 내용으로 틀린 것은?
① 유효수심은 2.5~4m를 표준으로 한다.
② 침전지 수면의 여유고는 40~60cm 정도로 한다.
③ 직사각형인 경우 길이와 폭의 비는 3 : 1 이상으로 한다.
④ 표면부하율은 계획1일 최대오수량에 대하여 25~40 $m^3/m^2 \cdot day$ 로 한다.

해설] ③ 직사각형인 경우 길이와 폭의 비는 3 : 1 ~ 5 : 1로 한다.

■2022년 1회■3. 석회를 사용하여 하수를 응집 침전하고자 할 경우의 내용으로 틀린 것은?
① 콜로이드성 부유물질의 침전성이 향상된다.
② 알칼리도, 인산염, 마그네슘 등과도 결합하여 제거시킨다.
③ 석회첨가에 의한 인 제거는 황산반토보다 슬러지 발생량이 일반적으로 적다.
④ 알칼리제를 응집보조제로 첨가하여 응집침전의 효과가 향상되도록 pH를 조정한다.

해설] ③ 석회첨가에 의한 인 제거는 황산반토보다 슬러지 발생량이 일반적으로 많다.

■2021년 3회■4. 수중의 질소화합물의 질산화 진행과정으로 옳은 것은?
① $NH_3^-N \to NO_2^-N \to NO_3^-N$
② $NH_3^-N \to NO_3^-N \to NO_2^-N$
③ $NO_2^-N \to NO_3^-N \to NH_3^-N$
④ $NO_3^-N \to NO_2^-N \to NH_3^-N$

해설] ①
질산화 반응(호기조건) : $NH_3^-N \to NO_2^-N \to NO_3^-N$
탈질산화 반응(혐기조건) : $NO_3^-N \to NO_2^-N \to N_2$

■2021년 3회■5. 혐기성 소화 공정의 영향인자가 아닌 것은?
① 독성물질 ② 메탄함량
③ 알칼리도 ④ 체류시간

해설] ②
혐기성 소화 영향인자 : 온도, pH, 영양염류(질소, 인), 독성물질, 산소, 체류시간
메탄은 혐기성소화에 따라 발생한다.

■2021년 3회■6. 다음 그림은 포기조에서 부유물질의 물질수지를 나타낸 것이다. 포기조내 MLSS를 3000mg/L로 유지하기 위한 슬러지의 반송비는?

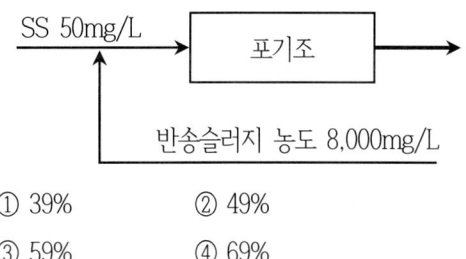

① 39% ② 49%
③ 59% ④ 69%

해설] ③
반송유량 × (반송슬러지 농도 - 포기조 MLSS농도)
= 유입유량 × (포기조 MLSS농도 - 유입수의 SS농도)
$Q_r \times (S_r - S) = Q_i \times (S - S_i)$ 에서,
$Q_r \times (8000 - 3000) = Q_i \times (3000 - 50)$ 이므로,
$5000 Q_r = 2950 Q$
반송비 $r = \dfrac{Q_r}{Q_i} = \dfrac{2950}{5000} = 59\%$

■2021년 2회■7. 하수처리장 유입수의 SS농도는 200mg/L 이다. 1차 침전지에서 30% 정도가 제거되고, 2차 침전지에서 85%의 제거효율을 갖고 있다. 하루 처리용량이 3000 m³/d 일 때 방류되는 총 SS량은?
① 63 kg/d ② 2800 g/d
③ 6300 kg/d ④ 6300 mg/d

해설] ①
유출률 = $(1-0.3) \times (1-0.85) = 0.105$
방류량 = $0.105 \times 0.2 kg/m^3 \times 3000 m^3/d = 63 kg/d$

■2021년 2회■8. 폭기조의 MLSS농도 2,000 mg/L, 30분간 정치시킨 후 침전된 슬러지 체적이 300 mL/L 일 때 SVI는?
① 100 ② 150
③ 200 ④ 250

해설] ②
$SVI = \dfrac{SV}{X} = \dfrac{300}{2} = 150$

■2021년 1회■9. 활성슬러지의 SVI가 현저하게 증가되어 응집성이 나빠져 최종 침전지에서 처리수의 분리가 곤란하게 되었다. 이것은 활성슬러지의 어떤 이상 현상에 해당되는가?
① 활성슬러지의 부패 ② 활성슬러지의 상승
③ 활성슬러지의 팽화 ④ 활성슬러지의 해제

해설] ③
SVI가 200을 초과하면 활성슬러지 팽화로 인해 침전이 잘 되지 않는다.

■2021년 1회■10. 일반활성슬러지 공정에서 다음 조건과 같은 반응조의 수리학적 체류시간(HRT) 및 미생물 체류시간(SRT)을 모두 올바르게 배열한 것은? (단, 처리수 SS를 고려한다.)

○ 반응조 유량 V : 10,000m³
○ 반응조 유입수량 Q : 40,000m³/d
○ 반응조로부터의 잉여슬러지량 Q_w : 400m³/d
○ 반응조 내 SS 농도 X : 4,000mg/L
○ 처리수의 SS 농도 X_e : 200mg/L
○ 잉여슬러지농도 X_w : 10,000mg/L

① HRT: 0.25일, SRT: 8.35일
② HRT: 0.25일, SRT: 9.53일
③ HRT: 0.5일, SRT: 10.35일
④ HRT: 0.5일, SRT: 11.53일

해설] ①

처리수량 $Q_e = Q_i - Q_r = 40,000 - 400 = 39,600 m^3/d$

$X \times A \times h = SRT \times (X_r \times Q_r + X_e \times Q_e)$에서,

$4000 \times 10000 = SRT \times (10000 \times 400 + 39600 \times 20)$

따라서, $SRT = 8.35d$

$HRT = \dfrac{Ah}{Q} = \dfrac{10000}{40000} = 0.25d$

■2021년 1회■11. 하수도 시설에 손상을 주지 않기 위하여 설치되는 전처리(primary treatment)공정을 필요로 하지 않는 폐수는?
① 산성 또는 알카리성이 강한 폐수
② 대형 부유물질만을 함유하는 폐수
③ 침전성 물질을 다량으로 함유하는 폐수
④ 아주 미세한 부유물질만을 함유하는 폐수

해설] ④ 미세 부유물질은 전처리 대상이 아니다.
[하수시설 전처리]
공장폐수, 분뇨, 쓰레기 매립지 침출수 등 오염물질 유입
BOD, COD, SS의 처리효율 향상이 필요한 경우

■2020년 4회■12. 잉여슬러지 양을 크게 감소시키기 위한 방법으로 BOD-SS부하를 아주 작게, 포기시간을 길게 하여 내생호흡상으로 유지되도록 하는 활성슬러지 변법은?
① 계단식 포기법(Step Aeration)
② 점감식 포기법(Tapered Aeration)
③ 장시간 포기법(Extended Aeration)
④ 완전혼합 포기법(Completed Mixing Aeration)

해설] ③
장시간 포기법은 장시간 포기로 내성호흡단계를 유지한다.

■2020년 4회■13. 하수고도처리 방법으로 질소, 인 동시제거 가능한 공법은?
① 정석탈인법
② 혐기 호기 활성슬러지법
③ 혐기 무산소 호기 조합법
④ 연속 회분식 활성슬러지법

해설] ③
[질소와 인 동시제거 공법]
A^2/O공법(혐기-무산소 호기 조합법), 수정 바덴포 공법, 수정 포스트립 공법, UCT공법, VIP공법, SBR공법

■2020년 3회■14. 하수 고도처리 중 하나인 생물학적 질소 제거방법에서 질소의 제거 직전 최종형태(질소제거의 최종산물)는?
① 질소가스(N_2)
② 질산염(NO_3^-)
③ 아질산염(NO_2^-)
④ 암모니아상 질소(NH_4^+)

해설] ① 질소제거로 인한 최종산물은 질소가스

■2020년 3회■15. 하수처리에 관한 설명으로 틀린 것은?
① 하수처리 방법은 크게 물리적, 화학적, 생물학적 처리공정으로 분류된다.
② 화학적 처리공정은 소독, 중화, 산화 및 환원, 이온교환 등이 있다.
③ 물리적 처리공정은 여과, 침사, 활성탄 흡착, 응집침전 등이 있다.
④ 생물학적 처리공정은 호기성 분해와 혐기성 분해로 크게 분류된다.

해설] ③ 응집침전과 활성탄흡착은 화학적공정에 포함된다.

■2020년 3회■16. 장기 포기법에 관한 설명으로 옳은 것은?
① F/M비가 크다.
② 슬러지 발생량이 적다.
③ 부지가 적게 소요된다.
④ 대규모 하수처리장에 많이 이용된다.

해설] ②
① F/M비가 작다.
③ 부지가 많이 소요된다.
④ 소규모 하수처리장에 많이 이용된다.

■2020년 1회_2회 통합■17. 다음 생물학적 처리 방법 중 생물막 공법은?
① 산화구법 ② 살수여상법
③ 접촉안정법 ④ 계단식 폭기법

해설] ②
생물막 공법에는 살수여상법, 회전원판법, 침지여상법, 유동상법 등이 있다.

■2019년 3회■18. 활성슬러지법에서 MLSS가 의미하는 것은?
① 폐수 중의 부유물질 ② 방류수 중의 부유물질
③ 포기조 내의 부유물질 ④ 반송슬러지의 부유물질

해설] ③ MLSS : 폭기조 내의 부유물질

■2019년 3회■19. 활성슬러지법의 여러 가지 변법 중에서 잉여슬러지량을 현저하게 감소시키고 슬러지 처리를 용이하게 하기 위해 개발된 방법으로서 포기시간이 16~24시간, F/M비가 0.03 ~ 0.05 kgBOD/kgSS·day 정도의 낮은 BOD-SS부하로 운전하는 방식은?
① 장기포기법 ② 순산소포기법
③ 계단식 포기법 ④ 표준활성슬러지법

해설] ①
장시간 포기법은 미생물의 자기분해로 잉여슬러지 생산이 감소되지만, 산소소모량이 크고 포기조의 용적이 큰 단점이 있다.

■2019년 2회■20. 슬러지용량지표(SVI : sludge volume index)에 관한 설명으로 옳지 않은 것은?
① 정상적으로 운전되는 반응조의 SVI는 50~150 범위이다.
② SVI는 포기시간, BOD 농도, 수온 등에 영향을 받는다.
③ SVI는 슬러지 밀도지수(SDI)에 100을 곱한 값을 의미한다.
④ 반응조 내 혼합액을 30분간 정체한 경우 1g의 활성슬러지 부유물질이 포함하는 요적을 mL로 표시한 것이다.

해설] ③ 슬러지 지표 $SDI = \dfrac{100}{SVI}$

■2019년 1회■21. 반송찌꺼기(슬러지)의 SS농도가 6000mg/L이다. MLSS 농도를 2500mg/L로 유지하기 위한 찌꺼기(슬러지) 반송비는?
① 25% ② 55%
③ 71% ④ 100%

해설] ③
반송비 $r = \dfrac{Q_r}{Q_i} = \dfrac{X - X_i}{X_r - X} = \dfrac{2500 - 0}{6000 - 2500} = 0.714$

■2019년 1회■22. 1개의 반응조에 반응조와 이차침전지의 기능을 갖게 하여 활성슬러지에 의한 반응과 혼합액의 침전, 상징수의 배수, 침전찌꺼기(슬러지)의 배출공정 등을 반복해 처리하는 하수처리공법은?
① 수정식폭기조법
② 장시간폭기법
③ 접촉안정법
④ 연속회분식활성슬러지법

해설] ④
■ SBR(연속회분식 활성슬러지법, Sequencing Batch Reator)
○ 한 반응조에서 유입, 반응, 침전, 배출, 휴지 공정을 연속적으로 수행
○ MLSS 누출없음
○ 공정변경 용이
○ 까다로운 운영관리
○ 주로 소규모 처리장에서 적용

■2018년 3회■23. 부유물 농도 200mg/L, 유량 3000m³/day인 하수가 침전지에서 70% 제거된다. 이때 슬러지의 함수율이 95%, 비중 1.1일 때 슬러지의 양은?
① 5.9m³/day ② 6.1m³/day
③ 7.6m³/day ④ 8.5m³/day

해설] ③
침전된 슬러지 중량(순수한 슬러지만의 중량)
$200g/m^3 \times 3000m^3/day \times 0.7 = 420kg/day$
슬러지의 함수비가 95%이므로, 슬러지 입자의 비율은 5%
함수비 95%인 슬러지 액의 중량 $W = \dfrac{0.42}{0.05} = 8.4 tonf/day$
체적으로 표현하면, $\dfrac{8.4}{1.1} = 7.64 m^3/day$

(참고) 함수비는 $\omega = \dfrac{W_w}{W_s}$ 로 물과 입자의 중량비율이다.

(참고) 일반적으로 비중은 순수한 입자에 대한 값으로 이해되지만, 이 문제에서는 문맥상 슬러지 액의 비중으로 해석된다. 논란을 없애기 위해서는 비중을 단위중량으로 표현해야 한다.

■2018년 3회■24. 하수 중의 질소와 인을 동시에 제거할 때 이용될 수 있는 고도처리시스템은?
① 혐기호기조합법
② 3단 활성슬러지법
③ Phostrip법
④ 혐기무산소호기조합법

해설] ④
[질소와 인 동시제거 공법]
A^2/O공법(혐기-무산소 호기 조합법), 수정 바덴포 공법, 수정 포스트립 공법, UCT공법, VIP공법, SBR공법

■2018년 2회■25. 고형물 농도가 30mg/L인 원수를 Alum 25mg/L를 주입하여 응집 처리하고자 한다. 1000m³/day 원수를 처리할 때 발생 가능한 이론적 최종 슬러지(Al(OH)₃)의 부피는? (단, Alum=Al₂(SO₄)₃·18H₂O, 최종 슬러지 고형물농도=2%, 고형물 비중=1.2)

[반응식] Al₂(SO₄)₃·18H₂O+3Ca(HCO₃)₂
→ 2Al(OH)₃+3CaSO₄+18H₂)+6CO₂
[분자량] Al₂(SO₄)₃·18H₂O = 666,
Ca(HCO₃)₂ = 162, Al(OH) = 78,
CaSO₄ = 136

① 1.1m³/day
② 1.5m³/day
③ 2.1m³/day
④ 2.5m³/day

해설] ②
고형물 중량 $30 \times 10^3 = 30 kg/day$
Alum 중량 $25 \times 10^3 = 25 kg/day$
Alum 중량/분자량 = Al(OH)₃ 중량/(2×분자량)
(반응식에서 Al(OH)₃는 2개 생성)
따라서, $\dfrac{25}{666} = \dfrac{W}{2 \times 78}$ 이므로,
Al(OH)₃ 중량 $W = 5.86 kg/day$
총 슬러지 중량 = $30 + 5.86 = 35.86 kg/day$
농도가 2%이고, 비중이 1.2이므로, 체적으로 환산하면,
$\dfrac{35.86 \times 10^{-3} tonf}{0.02} \times \dfrac{1}{1.2} = 1.49 m^3/day$

■2018년 2회■26. 일반적인 하수처리장의 2차침전지에 대한 설명으로 옳지 않은 것은?
① 표면부하율은 표준활성슬러지의 경우, 계획1일최대오수량에 대하여 20~30m³/m²·d로 한다.
② 유효수심은 2.5~4m를 표준으로 한다.
③ 침전시간은 계획1일평균오수량에 따라 정하며 5~10시간으로 한다.
④ 수면의 여유고는 40~60cm 정도로 한다.

해설] ③ 침전시간은 계획1일평균오수량에 따라 정하며 3~5시간으로 한다.

■2018년 2회■27. 하수고도처리에서 인을 제거하기 위한 방법이 아닌 것은?
① 응집제첨가 활성슬러지법
② 활성탄흡착법
③ 정석탈인법
④ 혐기호기조합법

해설] ② 활성탄흡착을 통해 소수성의 유기물질, 냄새물질, 색도, THM전구물질, 음이온 계면활성제 등을 제거할 수 있다.
○ 물리적 인 제거 방법 : 응집침전, 정석탈인
○ 생물학적 인 제거 방법 : 혐기호기조합, 포스트립

■2018년 1회■28. 하수도시설의 일차침전지에 대한 설명으로 옳지 않은 것은?
① 침전지의 형상은 원형, 직사각형 또는 정사각형으로 한다.
② 직사각형 침전지의 폭과 길이의 비는 1 : 3 이상으로 한다.
③ 유효수심은 2.5~4m를 표준으로 한다.
④ 침전시간은 계획1일 최대오수량에 대하여 일반적으로 12시간 정도로 한다.

해설] ④ 침전시간(체류시간)은 계획1일 최대오수량에 대하여 일반적으로 2~4시간 정도로 한다.

■2017년 3회■29. 활성슬러지법과 비교하여 생물막법의 특징으로 옳지 않은 것은?
① 운전조작이 간단하다.
② 다량의 슬러지 유출에 따른 처리수 수질악화가 발생하지 않는다.
③ 반응조를 다단화하여 반응효율과 처리안정성 향상이 도모된다.
④ 생물종 분포가 단순하여 처리효율을 높일 수 있다.

해설] ④ 생물종 분포가 다양하다.
[막미생물 공정의 특징]
침전성 확보 용이, 높은 미생물 농도 유지, 낮은FM비 유지, 슬러지 발생량 감소, 운전용이, 다양한 미생물 분포

■2017년 3회■30. 하수처리장 유입수의 SS농도는 200mg/L 이다. 1차 침전지에서 30% 정도가 제거되고, 2차 침전지에서 85%의 제거효율을 갖고 있다. 하루 처리용량이 3000 m^3/d 일 때 방류되는 총 SS량은?
① 6300kg/day　　② 6300mg/day
③ 63kg/day　　④ 2800g/day

해설] ③
유출률 = $(1-0.3) \times (1-0.85) = 0.105$
방류량 = $0.105 \times 0.2 kg/m^3 \times 3000 m^3/d = 63 kg/d$

■2017년 2회■31. 슬러지지표(SVI)에 대한 설명으로 옳지 않은 것은?
① SVI는 침전슬러지량 100mL중에 포함되는 MLSS를 그램(g)수로 나타낸 것이다.
② SVI는 활성슬러지의 침강성을 보여주는 지표로 광범위하게 사용된다.
③ SVI가 50~150일 때 침전성이 양호하다.
④ SVI가 200 이상이면 슬러지 팽화가 의심된다.

해설] ① SVI : 오수 $1l$를 30분간 침전시켰을 때, 1g의 MLSS에 해당하는 슬러지의 체적(ml)

■2017년 1회■32. 깊이 3m, 폭(너비) 10m, 길이 50m인 어느 수평류 침전지에 1,000m^3/hr의 유량이 유입된다. 이상적인 침전지임을 가정할 때, 표면부하율은?
① 0.5m/hr　　② 1.0m/hr
③ 2.0m/hr　　④ 2.5m/hr

해설] ③
표면부하율 $V_o = \dfrac{Q}{A} = \dfrac{10^3}{50 \times 10} = 2 m/hr$

■2017년 1회■33. BOD가 200 mg/L인 하수를 1,000m^3의 유효용량을 가진 포기조로 처리할 경우 유량이 20,000m^3/day이면 BOD 용적부하량은?
① 2.0 kg/m^3.day　② 4.0 kg/m^3.day
③ 5.0 kg/m^3.day　④ 8.0 kg/m^3.day

해설] ②
BOD용적부하 = 1일 BOD유입량/(1+반송률)/폭기조 체적 = BOD농도/(1+반송률)/체류시간
$= \dfrac{Q_i \times X_i/(1+r)}{Ah} = \dfrac{X_i/(1+r)}{t}$ 　 $(Q_i = Ah/t)$

$\dfrac{200 g/m^3 \times 20 \times 10^3 m^3/day}{10^3 m^3} = 4 kg/m^3 \cdot day$

■2017년 1회■34. 하수의 처리방법 중 생물막법에 해당되는 것은?
① 산화구법
② 심층포기법
③ 회전원판법
④ 순산소활성슬러지법

해설] ③
생물막 공법에는 살수여상법, 회전원판법, 침지여상법, 유동상법 등이 있다.

문제유형14 슬러지 처리

■2022년 2회■1. 슬러지 농축과 탈수에 대한 설명으로 틀린 것은?
① 탈수는 기계적 방법으로 진공여과, 가압여과 및 원심탈수법 등이 있다.
② 농축은 매립이나 해양투기를 하기 전에 슬러지 용적을 감소시켜 준다.
③ 농축은 자연의 중력에 의한 방법이 가장 간단하며 경제적인 처리 방법이다.
④ 중력식 농축조에 슬러지 제거기 설치 시 탱크바닥의 기울기는 1/10 이상이 좋다.

해설] ④ 중력식 농축조에 슬러지 제거기 설치 시 탱크바닥의 기울기는 5/100 이상이 좋다.

■2022년 2회■2. 슬러지 처리의 목표로 옳지 않은 것은?
① 중금속 처리
② 병원균의 처리
③ 슬러지의 생화학적 안정화
④ 최종 슬러지 부피의 감량화

해설] ①
[슬러지 처리 목적]
유기물질을 무기물질로 바꾸는 안정화
병원균의 살균 및 제거로 안전화
농축, 소화, 탈수 등의 공정으로 슬러지의 체적감소로 감량화

■2021년 3회■3. 상수슬러지의 함수율이 99%에서 98%로 되면 슬러지의 체적은 어떻게 변하는가?
① 1/2로 증대
② 1/2로 감소
③ 2배로 증대
④ 2배로 감소

해설] ②
슬러지의 무게가 일정하므로,
$V_1(1-0.99) = V_2(1-0.98)$
따라서, $V_2 = \dfrac{V_1}{2}$

■2021년 2회■4. 혐기성 소화법과 비교할 때, 호기성 소화법의 특징으로 옳은 것은?
① 최초시공비 과다
② 유기물 감소율 우수
③ 저온시의 효율 향상
④ 소화슬러지의 탈수 불량

해설] ④

구분	호기성	혐기성
장점	악취없음 시설비 저렴 간단한 운전 상징수 수질 양호	슬러지 발생 감소 영양소 소비 감소 고농도 유기물에 적합 유용가스(CH_4)생산 병원균 사멸
단점	슬러지 탈수성 악화 폭기로 인한 동력비 소요 유효가스 없음	악취 처리수의 높은 BOD 비료가치 낮음 운전조작 난해

■2021년 1회■5. 혐기성 소화 공정의 영향인자가 아닌 것은?
① 온도 ② 메탄함량
③ 알칼리도 ④ 체류시간

해설] ②
혐기성 소화 영향인자 : 소화온도, pH, 영양염류, 중금속 등 독성물질, 산소, 체류시간

■2020년 4회■6. 혐기성 소화공정을 적절하게 운전 및 관리하기 위하여 확인해야 할 사항으로 옳지 않은 것은?
① COD 농도 측정 ② 가스발생량 측정
③ 상징수의 pH 측정 ④ 소화슬러지의 성상 파악

해설] ① 산소가 없는 상태에서 소화가 진행되기 때문에 BOD/COD는 관계가 없다.
[혐기성 소화 영향인자]
소화온도, pH, 영양염류, 중금속 등 독성물질, 산소, 체류시간

◆■2020년 1회_2회 통합■7. 함수율 95%인 슬러지를 농축시켰더니 최초부피의 1/3이 되었다. 농축된 슬러지의 함수율은? (단, 농축 전후의 슬러지 비중은 1로 가정)
① 65% ② 70%
③ 85% ④ 90%

해설] ③
농축에 따른 체적의 변화 $\dfrac{V_2}{V_1} = \dfrac{1-\omega_1}{1-\omega_2}$ 이므로,

$\dfrac{1}{3} = \dfrac{1-0.95}{1-\omega_2}$ 에서, $\omega_2 = 0.85$

■2019년 2회■8. 혐기성 상태에서 탈질산화(denitrification) 과정으로 옳은 것은?
① 아질산성 질소→질산성 질소→질소가스(N_2)
② 암모니아성 질소→질산성 질소→아질산성 질소
③ 질산성 질소→아질산성 질소→질소가스(N_2)
④ 암모니아성 질소→아질산성 질소→질산성 질소

해설] ③
○ 질산화 반응(호기성 조건)
$NH_3 - N$ → $NO_2^- - N$ → $NO_3^- - N$

○ 탈질산화 반응(혐기성 조건) ⇒ 대기중 방출
$NO_3^- - N$ → $NO_2^- - N$ → N_2

■2019년 2회■9. 하수 슬러지처리 과정과 목적이 옳지 않은 것은?
① 소각 - 고형물의 감소, 슬러지 용적의 감소
② 소화 - 유기물과 분해하여 고형물 감소, 질적 안정화
③ 탈수 - 수분제거를 통해 함수율 85% 이하로 양의 감소
④ 농축 - 중간 슬러지 처리공정으로 고형물 농도의 감소

해설] ④ 농축 - 중간 슬러지 처리공정으로 고형물 농도의 증가

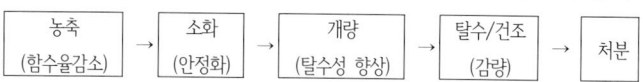

■2019년 1회■10. 호기성 처리방법과 비교하여 혐기성 처리방법의 특징에 대한 설명으로 틀린 것은?
① 유용한 자원인 메탄이 생성된다.
② 동력비 및 유지관리비가 적게 든다.
③ 하수찌꺼기(슬러지) 발생량이 적다.
④ 운전조건의 변화에 적응하는 시간이 짧다.

해설] ④ 운전조건의 변화에 적응하는 시간이 길다.

구분	호기성	혐기성
장점	악취없음 시설비 저렴 간단한 운전 상징수 수질 양호	슬러지 발생 감소 영양소 소비 감소 고농도 유기물에 적합 유용가스(CH_4)생산 병원균 사멸 동력비 및 유지관리비 저렴
단점	슬러지 탈수성 악화 폭기로 인한 동력비 소요 유효가스 없음	악취 처리수의 높은 BOD 비료가치 낮음 운전조작 난해

■2018년 3회■11. 혐기성 소화공정에서 소화가스 발생량이 저하될 때 그 원인으로 적합하지 않은 것은?
① 소화슬러지의 과잉배출
② 조내 퇴적 토사의 배출
③ 소화조내 온도의 저하
④ 소화가스의 누출

해설] ② 소화가스 발생량이 저하될 경우, 조내 퇴적토사를 배출하여 조내 용적을 늘여야 한다.(원인이 아니라 조치방법)
○ 소화슬러지양이 작거나 가스 누출이 있는 경우 소화가스 발생량이 저하된다.
○ 온도가 저하되면 혐기성 소화가 잘 되지 안는다.

■2018년 2회■12. 다음 중 하수슬러지 개량방법에 속하지 않는 것은?
① 세정
② 열처리
③ 동결
④ 농축

해설] ④
하수슬러지 개량방법 : 세정, 약품처리, 열처리

■2018년 1회■13. 호기성 소화의 특징을 설명한 것으로 옳지 않은 것은?
① 처리된 소화 슬러지에서 악취가 나지 않는다.
② 상징수의 BOD 농도가 높다.
③ 폭기를 위한 동력 때문에 유지관리비가 많이 든다.
④ 수온이 낮을 때에는 처리 효율이 떨어진다.

해설] ② 상징수의 수질이 양호하므로, BOD농도가 낮다.

구분	호기성	혐기성
장점	악취없음 시설비 저렴 간단한 운전 상징수 수질 양호	슬러지 발생 감소 영양소 소비 감소 고농도 유기물에 적합 유용가스(CH₄)생산 병원균 사멸 동력비 및 유지관리비 저렴
단점	슬러지 탈수성 악화 폭기로 인한 동력비 소요 유효가스 없음	악취 처리수의 높은 BOD 비료가치 낮음 운전조작 난해

■2017년 1회■14. 하수슬러지 소화공정에서 혐기성 소화법에 비하여 호기성 소화법의 장점이 아닌 것은?
① 유효 부산물 생성
② 상징수 수질 양호
③ 악취발생 감소
④ 운전용이

해설] ① 혐기성소화에서 유효부산물(CH₄)이 생성된다.

구분	호기성	혐기성
장점	악취없음 시설비 저렴 간단한 운전 상징수 수질 양호	슬러지 발생 감소 영양소 소비 감소 고농도 유기물에 적합 유용가스(CH₄)생산 병원균 사멸 동력비 및 유지관리비 저렴
단점	슬러지 탈수성 악화 폭기로 인한 동력비 소요 유효가스 없음	악취 처리수의 높은 BOD 비료가치 낮음 운전조작 난해

문제유형15   펌프장

■2022년 1회■1. 운전 중인 펌프의 토출량을 조절할 때 공동현상을 일으킬 우려가 있는 것은?
① 펌프의 회전수를 조절한다.
② 펌프의 운전대수를 조절한다.
③ 펌프의 흡입측 밸브를 조절한다.
④ 펌프의 토출측 밸브를 조절한다.

해설] ③ 공동현상은 흡입관으로부터 공기가 혼입되어 발생한다.

■2022년 1회■2. 하수도시설에서 펌프의 선정기준 중 틀린 것은?
① 전양정이 5m 이하이고 구경이 400mm 이상인 경우는 축류펌프를 선정한다.
② 전양정이 4m 이상이고 구경이 80mm 이상인 경우는 원심펌프를 선정한다.
③ 전양정이 5~20m 이고 구경이 300mm 이상인 경우 원심사류펌프를 선정한다.
④ 전양정이 3~12m 이고 구경이 400mm 이상인 경우는 원심펌프를 선정한다.

해설] ④ 전양정이 3~12m 이고 구경이 400mm 이상인 경우는 사류펌프를 선정한다.

■2022년 1회■3. 아래 펌프의 표준특성 곡선에서 양정을 나타내는 것은? (단, N_s : 100~250)

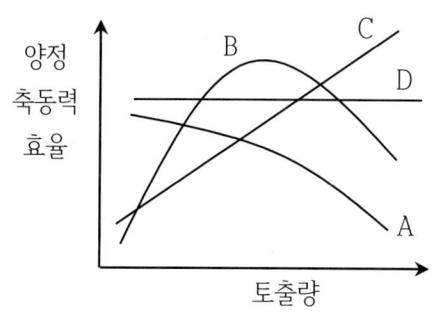

① A
② B
③ C
④ D

해설] ①
토출량이 많을수록 양정은 작아진다.

■2022년 1회■4. 양수량이 15.5m³/min 이고 전양정이 24m일 때, 펌프의 축동력은? (단, 펌프의 효율은 80%로 가정한다.)
① 4.65 kW
② 7.58 kW
③ 46.57 kW
④ 75.95 kW

해설] ④

$$E = \frac{QgH}{\eta} = \frac{15.5/60 \times 9.8 \times 24}{0.8} = 75.95 kW$$

■2021년 3회■5. 공동현상(cavitation)의 방지책에 대한 설명으로 옳지 않은 것은?
① 마찰손실을 작게 한다.
② 흡입양정을 작게 한다.
③ 펌프의 흡입관경을 작게 한다.
④ 임펠러(Impeller) 속도를 작게 한다.

해설] ③ 펌프의 흡입관경을 크게 한다.

■2021년 3회■6. 지름 15cm. 길이 50m인 주철관으로 유량 0.03m³/s의 물을 50m 양수하려고 한다. 양수시 발생되는 총 손실수두가 5m이었다면 이 펌프의 소요축동력(kW)은? (단, 여유율은 0이며 펌프의 효율은 80%이다.)
① 20.2kW
② 30.5kW
③ 33.5kW
④ 37.2kW

해설] ①

$$E = \frac{QgH}{\eta} = \frac{0.03 \times 9.8 \times (50+5)}{0.8} = 20.21 kW$$

■2021년 3회■7. 비교회전도(N_s)의 변화에 따라 나타나는 펌프의 특성곡선의 형태가 아닌 것은?
① 양정곡선
② 유속곡선
③ 효율곡선
④ 축동력곡선

해설] ②
펌프의 특성곡선은 비교회전도에 따라 양정, 축동력, 효율이 표현된다.

■2021년 1회■8. 하수도용 펌프 흡입구의 표준 유속으로 옳은 것은? (단, 흡입구의 유속은 펌프의 회전수 및 흡입실양정 등을 고려한다.)
① 0.3~0.5m/s
② 1.0~1.5m/s
③ 1.5~3.0m/s
④ 5.0~10.0m/s

해설] ③
펌프 흡입구 유속은 1.5~3.0m/s을 표준으로 한다.

■2021년 1회■9. 양수량이 8m³/min, 전양정이 4m, 회전수 1,160rpm인 펌프의 비교회전도는?
① 316　　　　② 985
③ 1160　　　　④ 1436

해설] ③
$$N_s = N\frac{Q^{1/2}}{H^{3/4}} = 1160 \times \frac{8^{1/2}}{4^{3/4}} = 1,160$$

■2021년 1회■10. 펌프의 흡입구경(口徑)을 결정하는 식으로 옳은 것은? (단, Q: 펌프의 토출량(m³/min), V: 흡입구의 유속(m/s))

① $D = 146\sqrt{\frac{Q}{V}}$ (mm)

② $D = 186\sqrt{\frac{Q}{V}}$ (mm)

③ $D = 273\sqrt{\frac{Q}{V}}$ (mm)

④ $D = 157\sqrt{\frac{Q}{V}}$ (mm)

해설] ①

$Q = AV$에서, $Q \times \frac{10^9}{60} = \frac{\pi D^2}{4} \times V \times 10^3$ 이므로,

$D = 145.7\sqrt{\frac{Q}{V}}$

■2021년 1회■11. 펌프의 공동현상(cavitation)에 대한 설명으로 틀린 것은?
① 공동현상이 발생하면 소음이 발생한다.
② 공동현상은 펌프의 성능 저하의 원인이 될 수 있다.
③ 공동현상을 방지하려면 펌프의 회전수를 크게 해야 한다.
④ 펌프의 흡입양정이 너무 작고 임펠러 회전속도가 빠를 때 공동현상이 발생한다.

해설] ③ 공동현상을 방지하려면 펌프의 회전수를 작게 해야 한다.

■ 방지대책(펌프 내 압력 감소 대책)
㉠ 흡입양정 감소 : 펌프의 설치위치 하향조정, 펌프손실수두 감소, 펌프 직경 확대
㉡ 펌프 회전수 감소
㉢ 임펠러가 수중에 있으면 공동현상 없음
㉣ 펌프의 유효흡입수두(NPSH$_a$) > 필요흡입수두(NPSH$_r$)

■2020년 4회■12. 양수량이 500m³/h, 전양정이 10m, 회전수가 1,100rpm일 때 비교회전도(N$_s$)는?
① 362　　　　② 565
③ 614　　　　④ 809

해설] ②
$$N_s = N\frac{Q^{1/2}}{H^{3/4}} = 1100 \times \frac{(500/60)^{1/2}}{10^{3/4}} = 564.7$$

■2020년 4회■13. 펌프대수 결정을 위한 일반적인 고려사항에 대한 설명으로 옳지 않은 것은?
① 펌프는 용량이 작을수록 효율이 높으므로 가능한 소용량의 것으로 한다.
② 펌프는 가능한 최고효율점 부근에서 운전하도록 대수 및 용량을 정한다.
③ 건설비를 절약하기 위해 예비는 가능한 대수를 적게 하고 소용량으로 한다.
④ 펌프의 설치대수는 유지관리상 가능한 적게하고 동일용량의 것으로 한다.

해설] ① 펌프는 용량이 클수록 효율이 높으므로 가능한 대용량의 것으로 한다.

■2020년 3회■14. 다음 펌프 중 가장 큰 비교회전도(N$_s$)를 나타내는 것은?
① 사류펌프　　　　② 원심펌프
③ 축류펌프　　　　④ 터빈펌프

해설] ③

구분	축류펌프	사류펌프	원심펌프
적용	4m이하 양정 경제적	우수용	상수도용/범용
크기	소형	보통	대형
구동력	양력	원심력+양력	원심력
효율	저효율	보통	고효율
회전수	고속	보통	저속

■2020년 1회_2회 통합■15. 송수에 필요한 유량 Q=0.7m³/s, 길이 L=100m, 지름 d=40cm, 마찰손실계수 f=0.03인 관을 통하여 높이 30m에 양수할 경우 필요한 동력(HP)은? (단, 펌프의 합성효율은 80%이며, 마찰 이외의 손실은 무시한다.)

① 122HP
② 244HP
③ 489HP
④ 978HP

해설] ③

$Q = AV$에서, $0.7 = \dfrac{\pi \times 0.4^2}{4} \times V$이므로, $V = 5.57 m/s$

마찰손실수두

$\Delta h_f = f \dfrac{L}{D} \dfrac{V^2}{2g} = 0.03 \times \dfrac{100}{0.4} \times \dfrac{5.57^2}{2 \times 10} = 11.63 m$

$E = \dfrac{mgh}{\eta} = \dfrac{Qgh}{\eta} = \dfrac{0.7 \times 1000/75 \times (30 + 11.63)}{0.8}$

$= 485.7 HP$

■2020년 1회_2회 통합■16. 대기압이 10.33m, 포화수증기압이 0.238m, 흡입관내의 전 손실수두가 1.2m, 토출관의 전 손실수두가 5.6m, 펌프의 공동현상계수(σ)가 0.8이라 할 때, 공동 현상을 방지하기 위하여 펌프가 흡입수면으로부터 얼마의 높이까지 위치할 수 있겠는가?

① 약 0.8m까지
② 약 2.4m까지
③ 약 3.4m까지
④ 약 4.5m까지

해설] ②

필요흡입수두 $h_{sv} = \sigma H = 0.8 \times (H_z + 5.6)$

유효흡입수두 $NPSH_a = H_A + H_V \pm H_z - H_{VP} - \Delta H_i$

$= 10.33 + 0 \pm H_z - 0.238 - 1.2 = \pm H_z + 8.892 m$

공동현상을 방지하기 위해, 유효흡입수두 > 필요흡입수두

$- H_z + 8.892 > 0.8 H_z + 0.8 \times 5.6$ 에서,

$H_z < 2.451 m$

■2019년 3회■17. 일반적으로 작용하는 펌프의 특성곡선에 포함되지 않는 것은?

① 토출량-양정 곡선
② 토출량-효율 곡선
③ 토출량-축동력 곡선
④ 토출량-회전도 곡선

해설] ④

■2019년 2회■18. 양수량 15.5 m³/min, 양정 24 m, 펌프효율 80%, 여유율(α) 15%일 때 펌프의 진동기 출력은?

① 57.8 kW
② 75.8 kW
③ 78.2 kW
④ 87.2 kW

해설] ④

$E = \dfrac{mgh}{\eta} = \dfrac{Qgh}{\eta} = \dfrac{15.5/60 \times 9.8 \times 24}{0.8} = 75.95 kW$

여유치를 고려하면, $77.95 \times (1 + 0.15) = 87.34 kW$

■2019년 2회■19. 전양정 4 m, 회전속도 100 rpm, 펌프의 비교회전도가 920일 때 양수량은?

① 677 m³/min
② 834 m³/min
③ 975 m³/min
④ 1,134 m³/min

해설] ①

비교회전도 $N_s = N \dfrac{Q^{1/2}}{H^{3/4}}$ 이므로,

$920 = 100 \times \dfrac{Q^{1/2}}{4^{3/4}}$ 에서, $Q = 677.12 m^3/min$

■2019년 2회■20. 수격현상(water hammer)의 방지 대책으로 틀린 것은?
① 펌프의 급정지를 피한다.
② 가능한 관내 유속을 크게 한다.
③ 토출측 관로에 에어 챔버(air chamber)를 설치한다.
④ 토출관 측에 압력 조정용 수조(surge tank)를 설치한다.

해설] ② 가능한 관내 유속을 작게 한다.
■ 수격현상 방지대책
토출관에 서지탱크(Surge Tank) 설치
압력수조(Air-Chamber) 설치
펌프에 플라이 휠(Fly Wheel) 부착
공기밸브, 안전밸브, 역지밸브 설치
밸브를 가급적 송출구 근처에 설치
밸브를 천천히 개폐
펌프의 급정지, 급가동 회피
펌프양정을 낮게 조정
관경을 크게, 유속을 낮게 조정

■2019년 1회■21. 양수량이 15.5m³/min이고 전양정이 24m 일 때, 펌프의 축동력은? (단, 펌프의 효율은 80%로 가정한다.)
① 75.95kW   ② 7.58kW
③ 4.65kW   ④ 46.57kW

해설] ①
$$E = \frac{mgh}{\eta} = \frac{Qgh}{\eta} = \frac{15.5/60 \times 9.8 \times 24}{0.8} = 75.95 kW$$

■2019년 1회■22. 펌프의 비속도(비교회전도, N_s)에 대한 설명으로 틀린 것은?
① N_s가 작으면 유량이 많은 저양정의 펌프가 된다.
② 수량 및 전양정이 같다면 회전수가 클수록 N_s가 크게 된다.
③ 1m³/min의 유량을 1m 양수하는데 필요한 회전수를 의미한다.
④ N_s가 크게 되면 사류형으로 되고 계속 커지면 축류형으로 된다.

해설] ① N_s가 작으면 유량이 적고 양정은 높다.
○ 비교회전수가 높으면, 유량은 많고 양정은 낮다.
○ 비교회전수가 낮으면, 유량은 적고 양정은 높다.
○ 유량과 양정이 동일한 경우 회전수(N)가 클수록 펌프는 소형
⇒ 경제성 향상

■2019년 1회■23. 수격작용(water hammer)의 방지 또는 감소 대책에 대한 설명으로 틀린 것은?
① 펌프의 토출구에 완만히 닫을 수 있는 역지밸브를 설치하여 압력상승을 적게 한다.
② 펌프 설치 위치를 높게 하고 흡입양정을 크게 한다.
③ 펌프에 플라이휠(fly wheel)을 붙여 펌프의 관성을 증가시켜 급격한 압력강하를 완화한다.
④ 토출측 관로에 압력조절수조를 설치한다.

해설] ② 펌프 설치 위치를 낮게 하고 흡입양정을 작게 한다.
■ 수격작용 방지대책
토출관에 서지탱크(Surge Tank) 설치
압력수조(Air-Chamber) 설치
펌프에 플라이 휠(Fly Wheel) 부착
공기밸브, 안전밸브, 역지밸브 설치
밸브를 가급적 송출구 근처에 설치
밸브를 천천히 개폐
펌프의 급정지, 급가동 회피
펌프양정을 낮게 조정
관경을 크게, 유속을 낮게 조정

■2018년 3회■24. 펌프의 특성 곡선(characteristic curve)은 펌프의 양수량(토출량)과 무엇들과의 관계를 나타낸 것인가?
① 비속도, 공동지수, 총양정
② 총양정, 효율, 축동력
③ 비속도, 축동력, 총양정
④ 공동지수, 총양정, 효율

해설] ②

펌프특성곡선 : 펌프의 회전수가 고정된 상태에서, 양수량(Q)의 변화에 따른 양정(H), 효율(η), 축동력(E)의 변화를 표현

■2018년 3회■25. 펌프의 비교회전도(specific speed)에 대한 설명으로 옳은 것은?
① 임펠러(impeller)가 배출량 1m³/min을 전양정 1m로 운전 시 회전수
② 임펠러(impeller)가 배출량 1m³/sec을 전양정 1m로 운전 시 회전수
③ 작은 비회전도 값에 대한 대유량, 저양정의 정도
④ 큰 비회전도 값에 대한 소유량, 대양정의 정도

해설] ① 비표회전도 N_s
○ 펌프의 성능이 최고가 되는 상태를 표현한 회전수
○ 임펠러가 유량 $1m^3/\min$을 $1m$ 양수하는데 필요한 회전수

■2018년 2회■26. 양수량이 50m³/min 이고 전양정이 8m 일 때 펌프의 축동력은? (단, 펌프의 효율(η)=0.8)
① 65.2kW ② 73.6kW
③ 81.5kW ④ 92.4kW

해설] ③
$$E = \frac{mgh}{\eta} = \frac{50/60 \times 9.8 \times 8}{0.8} = 81.67 kW$$

■2018년 2회■27. 하수도용 펌프 흡입구의 유속에 대한 설명으로 옳은 것은?
① 0.3~0.5m/s를 표준으로 한다.
② 1.0~1.5m/s를 표준으로 한다.
③ 1.5~3.0m/s를 표준으로 한다.
④ 5.0~10.0m/s를 표준으로 한다.

해설] ③
펌프 흡입구 유속은 1.5~3.0m/s을 표준으로 한다.

■2018년 1회■28. 펌프의 회전수 N = 3000rpm, 양수량 Q = 1.7m³/min, 전양정 H = 300m인 6단 원심펌프의 비교회전도 N_s는?
① 약 100회
② 약 150회
③ 약 170회
④ 약 210회

해설] ④
300m 양정을 6단으로 나누어서 양수하므로,
1단에 대한 양정높이 $H = \dfrac{300}{6} = 50m$

$$N_s = N\frac{Q^{1/2}}{H^{3/4}} = 3000 \times \frac{1.7^{1/2}}{50^{3/4}} = 208$$

■2018년 1회■29. 하수처리시설의 펌프장시설의 중력식 침사지에 관한 설명으로 틀린 것은?
① 체류시간은 30~60초를 표준으로 하여야 한다.
② 모래퇴적부의 깊이는 최소 50cm 이상이어야 한다.
③ 침사지의 평균유속은 0.3m/s를 표준으로 한다.
④ 침사지 형상은 정방형 또는 장방형 등으로 하고 지수는 2지 이상을 원칙으로 한다.

해설] ② 모래퇴적부의 깊이는 최소 50cm 이상이어야 한다.
[펌프장 침사지]
○ 체류시간은 30~60초를 표준으로 하여야 한다.
○ 모래퇴적부의 깊이는 최소 30cm 이상, 수심의 10~30%로 한다. (유효수심 1.5~2.0m)
○ 침사지의 평균유속은 0.3m/s를 표준으로 한다.
○ 침사지 형상은 정방형 또는 장방형 등으로 하고 지수는 2지 이상을 원칙으로 한다.
○ 수면적 부하는 오수침사지에서 1,800m/d, 우수침사지에서 3,600m/d 이하로 한다.

■2018년 1회■30. 지름 15cm, 길이 500m인 주철관으로 유량 0.03m³/s의 물을 50m 양수하려고 한다. 양수시 발생되는 총 손실수두가 5m이었다면 이 펌프의 소요축동력(kW)은? (단, 여유율은 0이며 펌프의 효율은 80%이다.)
① 20.2kW
② 30.5kW
③ 33.5kW
④ 37.2kW

해설] ①
$$E = \frac{mgh}{\eta} = \frac{0.03 \times 9.8 \times (5+50)}{0.8} = 20.21 kW$$

■2017년 3회■31. 펌프대수 결정을 위한 일반적인 고려사항에 대한 설명으로 옳지 않은 것은?
① 건설비를 절약하기 위해 예비는 가능한 대수를 적게하고 소용량으로 한다.
② 펌프의 설치대수는 유지관리상 가능한 적게하고 동일 용량의 것으로 한다.
③ 펌프는 가능한 최고효율점 부근에서 운전하도록 대수 및 용량을 정한다.
④ 펌프는 용량이 작을수록 효율이 높으므로 가능한 소용량의 것으로 한다.

해설] ④ 펌프는 용량이 클수록 효율이 높으므로 가능한 대용량의 것으로 한다.

■2017년 3회■32. 양수량이 8m³/min, 전양정이 4m, 회전수 1,160rpm인 펌프의 비교회전도는?
① 316
② 985
③ 1160
④ 1436

해설] ③
$$N_s = N \frac{Q^{1/2}}{H^{3/4}} = 1160 \times \frac{8^{1/2}}{4^{3/4}} = 1,160$$

■2017년 3회■33. 펌프의 토출량이 0.94m³/min이고, 흡입구의 유속이 2m/s라 가정할 때 펌프의 흡입구경은?
① 100mm
② 200mm
③ 250mm
④ 300mm

해설] ①
$Q = AV$ 에서, $\frac{0.94}{60} = \frac{\pi D^2}{4} \times 2$ 이므로, $D = 99.9mm$

■2017년 2회■34. 80%의 전달효율을 가진 전동기에 의해서 가동되는 85% 효율의 펌프가 300L/s의 물을 25.0m 양수할 때 요구되는 전동기의 출력(kW)은?
① 60.0kW
② 73.3kW
③ 86.3kW
④ 107.9kW

해설] ④
$$E = \frac{mgh}{\eta} = \frac{(300 \times 10^{-3}/0.8) \times 9.8 \times 25}{0.85} = 108 kW$$

■2017년 1회■35. 하수도시설에서 펌프장시설의 계획하수량과 설치대수에 대한 설명으로 옳지 않은 것은?
① 오수펌프의 용량은 분류식의 경우, 계획시간 최대오수량으로 계획한다.
② 펌프의 설치대수는 계획오수량과 계획우수량에 대하여 각 2대 이하를 표준으로 한다.
③ 합류식의 경우, 오수펌프의 용량은 우천 시 계획오수량으로 계획한다.
④ 빗물펌프는 예비기를 설치하지 않는 것을 원칙으로 하지만, 필요에 따라 설치를 검토한다.

해설] ② 펌프의 설치대수는 계획오수량과 계획우수량에 대하여 각 2대 이상을 표준으로 한다.

■2017년 1회■36. 상수도의 펌프설비에서 캐비테이션(공동현상)의 대책에 대한 설명으로 옳은 것은?
① 펌프의 설치위치를 높게 한다.
② 펌프의 회전속도를 낮게 선정한다.
③ 펌프를 운전할 때 흡입측 밸브를 완전히 개방하지 않도록 한다.
④ 동일한 토출량과 회전속도이면 한쪽흡입펌프가 양쪽흡입펌프보다 유리하다.

해설] ②
● 펌프설비의 공동현상 방지대책(펌프 내 압력 감소 대책)
㉠ 흡입양정 감소 : 펌프의 설치위치 하향조정, 펌프손실수두 감소, 펌프 직경 확대
㉡ 펌프 회전수 감소
㉢ 임펠러가 수중에 있으면 공동현상 없음
㉣ 펌프의 유효흡입수두(NPSH$_a$) > 필요흡입수두(NPSH$_r$)

문제유형16 수리학

■2022년 2회■1. 지름 400mm, 길이 1000m인 원형 철근 콘크리트 관에 물이 가득 차 흐르고 있다. 이 관로 시점의 수두가 50m 라면 관로 종점의 수압(kgf/cm²)은? (단, 손실수두는 마찰손실 수두만을 고려하며 마찰계수(f) = 0.05, 유속은 Manning 공식을 이용하여 구하고 조도계수(n) = 0.013, 동수경사(I) = 0.001 이다.)
① 2.92 kgf/cm²
② 3.28 kgf/cm²
③ 4.83 kgf/cm²
④ 5.31 kgf/cm²

해설] ③

$$R_h = \frac{A}{P} = \frac{\pi D^2}{4\pi D} = \frac{D}{4} = \frac{0.4}{4} = 0.1m$$

Manning 유속 공식 $V = \frac{1}{n}R_h^{2/3}I^{1/2}$ 에서,

$$V = \frac{1}{0.013} \times 0.1^{2/3} \times 0.001^{1/2} = 0.524 m/s$$

손실수두 = 압력수두 변화량이고, 마찰손실만 고려하므로,

$$h_L = f\frac{l}{D}\frac{V^2}{2g} = 0.05 \times \frac{1000}{0.4} \times \frac{0.524^2}{2 \times 10} = 1.72m$$

종점의 압력수두 = $50 - 1.72 = 48.3m = \frac{p}{\gamma}$

종점의 압력 $p = 48.3 \times \gamma = 48.3 \times 10 kN/m^2 = 483 kN/m^2$
$= 48.3 tonf/m^2 = 48.3 \times 10^3 \times 100^{-2} = 4.83 kgf/cm^2$

■2022년 1회■2. 수평으로 부설한 지름 400mm, 길이 1,500m의 주철판으로 20,000m³/day 물이 수송될 때 펌프에 의한 송수압이 53.95 N/cm² 이면 관수로 끝에서 발생되는 압력은? (단, 관의 마찰손실계수 f=0.03, 물의 단위중량 γ = 9.81 kN/m³, 중력가속도 g=9.8m/s²)
① 3.5×10⁵ N/m²
② 4.5×10⁵ N/m²
③ 5.0×10⁵ N/m²
④ 5.5×10⁵ N/m²

해설] ①

$Q = AV$에서, $20 \times 10^3 = \frac{\pi \times 0.4^2}{4} \times V$ 이므로,

$V = 159.2 \times 10^3 m/day = 1.842 m/s$

마찰손실수두 $\Delta h_f = f\frac{L}{D}\frac{V^2}{2g}$

$= 0.03 \times \frac{1500}{0.4} \times \frac{1.842^2}{2 \times 9.8} = 19.5m$

압력 $53.95 N/cm^2 = 539.5 \times 10^3 N/m$

압력수두 $\frac{p}{\gamma} = \frac{539.5}{9.81} = 55m$

따라서, 유효압력수두 = $55 - 19.5 = 35.5m$
압력으로 변환하면,
$35.5 \times 9.81 = 348 kN/m^2 = 3.5 \times 10^5 N/m^2$

■2021년 1회■3. 지하의 사질(砂質) 여과층에서 수두차 h가 0.5m이며 투과거리 L이 2.5m 인 경우 이곳을 통과하는 지하수의 유속은? (단, 투수계수는 0.3cm/s)

① 0.06cm/s   ② 0.015cm/s
③ 1.5cm/s   ④ 0.375cm/s

해설] ①
$$V = ki = 0.3 \times \frac{0.5}{2.5} = 0.06 cm/s$$

■2020년 4회■4. 하천 및 저수지의 수리해석을 위한 수학적 모형을 구성하고자 할 때 가장 기본이 되는 수학적 방정식은?
① 질량보존의 식   ② 에너지보존의 식
③ 운동량보존의 식 ④ 난류의 운동방정식

해설] ①
일반적으로 수리학적 모델에서, 질량보존, 에너지보존, 운동량보존 이 사용된다. 하천 및 저수지는 유입량과 유출량이 주요 관점이므로, 질량보존법칙($Q=AV$)이 기본적인 방정식으로 활용된다.

■2020년 3회■5. 구형수로가 수리학상 유리한 단면을 얻으려 할 경우 폭이 28m라면 경심(R)은?
① 3m   ② 5m
③ 7m   ④ 9m

해설] ③
수리상 유리한 직사각형 단면은 높이 $h = \frac{b}{2} = \frac{28}{2} = 14m$
$$R_h = \frac{A}{P} = \frac{28 \times 14}{28+14+14} = 7m$$

■2020년 1회_2회 통합■6. 1/1,000의 경사로 묻힌 지름 2,400mm의 콘크리트 관내에 20°C의 물이 만관상태로 흐를 때의 유량은? (단, Manning 공식을 적용하며, 조도계수 n= 0.015)

① 6.78m³/s   ② 8.53m³/s
③ 12.71m³/s ④ 20.57m³/s

해설] ①
$$R_h = \frac{A}{P} = \frac{\pi D^2}{4\pi D} = \frac{D}{4} = \frac{2.4}{4} = 0.6m$$
$$V = \frac{1}{n} R_h^{2/3} I^{1/2} = \frac{1}{0.015} \times 0.6^{2/3} \times (10^{-3})^{1/2} = 1.5 m/s$$
$$Q = AV = \frac{\pi D^2}{4} \times 1.5 = \frac{\pi \times 2.4^2}{4} \times 1.5 = 6.78 m^3/s$$

■2020년 1회_2회 통합■7. 원형침전지의 처리유량이 10,200m³/day, 위어의 월류부하가 169.2m³/m-day라면 원형침전지의 지름은?

① 18.2m   ② 18.5m
③ 19.2m   ④ 20.5m

해설] ③
원형침전지의 월류는 침전지 둘레에서 발생하므로,
$\pi D \times 169.2 = 10200$에서, $D = 19.2m$

■2019년 3회■8. 관로를 개수로와 관수로로 구분하는 기준은?
① 자유수면 유무   ② 지하매설 유무
③ 하수관과 상수관 ④ 콘크리트관과 주철관

해설] ①
자유수면 유무에 따라, 관수로와 개수로를 구분한다.
관수로는 관내압에 따른 수두가 존재하지만, 개수로는 압력수두가 없다.

■2019년 3회■9. 지름 300mm의 주철관을 설치할 때, 40 kgf/cm² 의 수압을 받는 부분에서는 주철관의 두께는 최소한 얼마로 하여야 하는가? (단, 허용인장응력 σ_{ta} = 1,400 kgf/cm² 이다.)

① 3.1 mm   ② 3.6 mm
③ 4.3 mm   ④ 4.8 mm

해설] ③
원환응력에 따라, $\sigma t = pr$에서,
$1400 \times t = 40 \times 15$이므로, $t = 0.429 cm = 4.3 mm$

■2019년 2회■10. 하수처리장에서 480,000 L/day의 하수량을 처리한다. 펌프장의 습정(wet well)을 하수로 채우기 위하여 40분이 소요된다면 습정의 부피는?

① 13.3 m³   ② 14.3 m³
③ 15.3 m³   ④ 16.3 m³

해설] ①

$\frac{480}{24 \times 60} = 0.333 m^3/min$

40분간 유량 = $0.333 \times 40 = 13.3 m^3$

■2019년 1회■11. 침전지의 유효수심이 4m, 1일 최대 사용수량이 450m³, 침전시간이 12시간일 경우 침전지의 수면적은?

① 56.3 m²   ② 42.7 m²
③ 30.1 m²   ④ 21.3 m²

해설] ①

1일 처리수량이 450m³이고 12시간 침전하므로, 1일 2회 처리
1회당 처리수량 = 450/2 = 225m³

$Q = 225 = A \times h = A \times 4$ 에서, $A = 56.25 m^2$

■2018년 3회■12. 그림은 Hardy-cross 방법에 의한 배수관망의 도해법이다. 그림에 대한 설명으로 틀린 것은? (단, Q는 유량, H는 손실수두를 의미한다.)

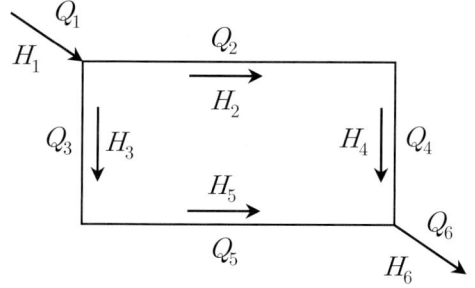

① Q_1과 Q_6은 같다.
② Q_2의 방향은 +이고, Q_3의 방향은 -이다.
③ $H_2 + H_4 + H_3 + H_5$ 는 0이다.
④ H_1은 H_6과 같다.

해설] ④ $H_3 + H_4 = H_2 + H_4$

$Q_2 + Q_4 = Q_3 + Q_5 = Q_1 = Q_6$

■ Hardy-Cross의 관망 가정

○ 폐회로를 따라 한 방향으로 측정된 손실수두의 합은 항상 0이 된다. ($\Sigma h_{Li} = 0$, 시계방향 흐름 +, 반시계방향 흐름 -)

○ 각 교차점에 대해, 유입되는 유량과 유출되는 유량은 동일하다.(연속방정식)

○ 흐름의 경로에 관계없이 손실수두는 동일하다.

○ 각 유로의 합류점에서 유량은 정지하지 않고 모두 유출한다.